NEW ENCOUNTERS WITH MATHEMATICS
II·B

Lectures on mathematics

Ryosuke Nagaoka

Obunsha

はじめに

1. 本書のこのページを開いてくれたあなたに

こんな厚い本を手にとって,しかも,序文のような「実利」に結び付かなさそうなところを読んでくれる若い読者は,それほど多くないかも知れません.考えてみれば私も子供のころは,細かい字ばかりの本を読むのが苦手だった記憶がありますから,必ず読んで欲しいとはいいにくいのですが,出来たら少し時間があるときに,ゆったりとした気分で読んでもらえればと思って書きます.この本全体を貫く若い世代へのメッセージを数学以外の言葉で伝えることも重要だと思うからです.

2. 『本質の研究 数学 I・A』の序文から

本書の姉妹書『本質の研究 数学 I・A』において,私はかなり長い序文を書きました.その中で,大概は高校生であろう読者の皆さんの顔を想像しながら

- なんのために数学を学ぶのか
- 数学は計算でない！
- 早いことはいいことでない！
- 基礎は初歩と違う！

などの項目について私の考えを書きました.まだ読んでいない方は是非読んでください.ここでは重複を避けて,大学入試に向かって,皆さんにより身近な話題を取り上げましょう.

3. 勉強は先に進むほど簡単になる！

皆さんの中には,高校に入って,数学 I,数学 II,数学 III,あるいは,数学 A,数学 B,数学 C と上に向かって進むに連れてその勉強が難しくなると思っている人が多いのではないかと思います.確かに,常識的にはその通りなのですが,勉強の難しさを,それを理解するための準備の多さではなく,認識の開拓の難しさというやや哲学的な視点から見ると,実は,この「常識」は必ずしも正しくないのです.確かに,上に行けば行くほど一見すると難しそうなものが現れます.たとえば,まだ皆さんの学んでいない数学 III では,

$$\lim_{n\to\infty} \sum_{k=1}^{n} \frac{1}{n} f\left(\frac{k}{n}\right) = \int_0^1 f(x)dx$$

のように,不馴れな人には,いかにも物々しい式が出てきます.さらに一般化すれば,

$$\lim_{n\to\infty} \sum_{k=1}^{n} \frac{b-a}{n} f\left(a + \frac{k(b-a)}{n}\right) = \int_a^b f(x)dx$$

です.しかし,これらの式を構成している個々の表現 (たとえば,$\lim_{n\to\infty}$ とか $\sum_{k=1}^{n}$ とか $\frac{1}{n} f\left(\frac{k}{n}\right)$) の意味がわかる人であれば,これは,次頁の左図のような,細長い長方形で出来た柱状図形の面積において,個々の長方形の横幅を限りなく小さくしていったときの究極の値,結局は,右図の斜線部分の面積を表すものであることを納得することは,(その時期が来れば) 難しくないはずです.

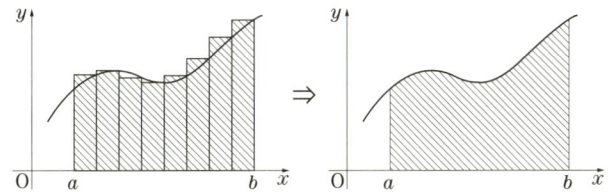

　少なくとも，このことを納得することは，私が『本質の研究 数学Ⅰ・A』の序文で書いた小学生の算数の場合に，扇形の面積を，弧を底辺，半径を高さとする三角形の面積と見なして求めることができるという直観的認識を体得することに比べて，はるかに単純であると思うのですが，いかがでしょうか．

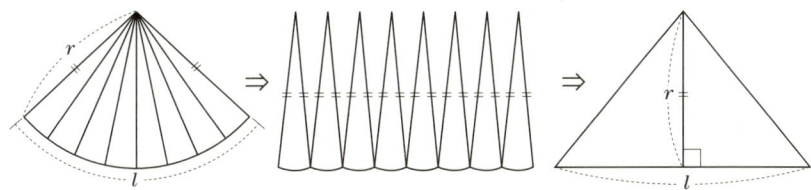

　反対にいうと，小学生のときにこのような極限移行の精神をきちんと体得している人にとっては，高等数学の最高峰ともいうべき積分法の考え方を理解することはごく簡単なことであるということです．

4. 数学＝難しい言語をどのように修得するか

　もちろん，ここで，先ほどあげたような，いささか抽象的で複雑な"数式"という数学の言語を自在に操ることができなくてはいけません．言葉はコミュニケーションの必須の前提です．"数式"に代表される抽象的な言語は，日常生活で自然に修得されるもの —いわゆる *mother tongue*— と違って，たとえていえば，外国語のように，それなりの訓練，努力をして修得しなければなりません．どんなものでもそうですが，ここでいう「それなりの訓練，努力」を継続して行うことは意外に難しいものです．一般に，勉強は先に進めば進むほど，そこまで進むために払うべき努力の量は大きくなりますので，先に進んだ勉強が素人に難しく見えてしまうのは，きっと私たち人間のこの性向によるのでしょう．

　しかし，「それなりの訓練，努力」をしっかりとすれば，勉強は，進めば進むほど簡単になるものなのです．「それなりの訓練，努力」とは，抽象的な記号を経由して概念的内容を理解する力（国語の先生なら，文章を読む力とか読解力というでしょう）と概念的な理解を人工的な記号と言葉を用いて表現する力（文章表現力ですね）です．これを欠いて数学を修得することは不可能です．しかし，このことは不思議なことに一般の人に知られていません．そして人はしばしば，数学の修得に必須のこの前提条件を疎かにしたまま数学に立ち向かおうとするので，決まって挫折し，数学の修得には，天才的な霊感か，気の遠くなるような絶望的な努力しかないと思ってしまうのではないかと思います．

私は，ここでは，数学を理解するために"数学的な言語"を自由自在に操ることができるようになることが大切であると述べましたが，それは，単に，公式を正しく覚えたり，計算が正確にできるようになることだけを意味するのではありません．単語の綴りや単語の活用変化を正確に覚えたり，高度な文法知識を詰め込んだだけでは英語を操ることができるようにならないでしょう．美しい英語の文章を暗唱するというような，一見遠回りに見える勉強法が実は意外に効果的であると聞きます．同じように，数学でも，公式集や頻出問題の解法集を暗記しても，数学の基礎力はなかなかつきません．私は，"良い数学"との確実な出会いが重要であると思います．これを通じて，人は楽しみながら，いつのまにか正しい"数学的言語"を修得し，それと同時に，数理的知性へと昇華する基礎知力を鍛え上げていくことができるのだと思っています．

5. 本書では

　「数学Ⅱ」，「数学B」という教科では，〈微分・積分〉という近代数学のもっとも華やかな成果（したがって我が国の高校教育の最高目標）と〈ベクトル，複素数〉という現代数学，現代科学にとって必須の考え方を学びます．

　私は本書で，皆さんがこの目標に向かって，勉強を楽しみながらしっかりとした数学の基礎力をつけていくことができる本を作ろうと思いました．そのため，ときには，数学Ⅱ，数学Bの範囲を逸脱して，基礎概念の説明に多くのページを割きました．基礎的な理解さえしっかりしていれば，その先に展開する「進んだ数学」の理解ははるかにやさしいという，上に述べた主張を実感してもらえると思っているからです．

　こういう厚い本を読みきるのはとても大変なことです．しかし，結局は，それこそが早道であることを私は確信しています．高校数学の指導者の中には，基礎的な学習をさっと終わらせて，実践的な演習の繰り返しで入試に備えることが効率的であるという命題を信仰している人も多いようです．この命題に部分的な真実が含まれていることも事実なのですが，私はこれを全面的に受け入れることには賛成できません．人間の認識が，直線的な発展というよりは非能率的にも見える反芻的な深化にたとえるべきである，ということは私自身の経験からも当然だと思いますが，しかし，そうであるからこそ，そのときどきの理解を犠牲にしてとにかく先に進むというやり方には，賛成できないのです．理解の喜びから隔絶された勉強という名の拷問の中で，いま多くの若者の知性が虐殺されつつあるように感じます．実際，基礎を簡素化した現行の学習指導要領が実施されて以降，特に大学生の学力低下と知的意欲の低下がしばしば指摘されますが，きちんとした基礎の欠落と過度の「応用練習」が招いた災害だと思っているのは私一人ではないでしょう．結局，大学受験に向けても，大学に入ってからの勉強に関しても，きちんとした数学的知力を磨くこと，それがもっとも合理的で能率的な方法であると思います．

6. 最後に

　この本を作るにあたっては，多くの方の御助力をいただきました．まず，演習問題の選定，解答作りで協力してもらったのは海城高校教諭元木稔先生と私の弟，東進ハイスクール・東進衛星予備校専任講師長岡恭史です．私の原稿をお読みくださり，それぞれの場所にふさわしい知的で心温まるカットを描いてくださったのはイラストレ

ータの下田信夫先生です．原稿が何年も遅れた私を飽くことなく叱咤激励し続けてくれた旺文社の編集部の皆様にはお礼の言葉がありませんが，本書の企画が途中で放棄されなかったのは本書の出版を辛抱強く待っていてくださった全国の高校の先生方の強い応援でした．これらの先生方に一刻も早く本書を見ていただきたいと思っています．原稿の遅々たる進行を少しでも早めるためにご自分の別荘まで提供してくださった水谷浩氏，冨澤誠氏にも，いまやっと肩の荷が下ろせる気持になりました．

私は，この本を私の息子がやがて読んでくれるであろうことを期待して書きました．本書を，私の息子と，息子とともにこの困難な時代を生きる若者に贈ります．

長岡亮介

改訂版への序

この度の指導要領は，「弧度法を避けた三角関数」をはじめ旧指導要領にあった明らかな不都合が消えたという意味では，数学を知る側から見ると改良されたのですが，学習者の立場から見ると，そうもいえません．中学数学の内容まで引き受けた新数学Ⅰ・Ａの諸単元は，いずれも，初歩的な学習と本格的な理解の差が大きくつくものです．基礎的な練習問題を機械的に計算する力（いわば単純腕力）と一流大学の入試問題を解く力（いわば頭脳力）との差が既に数学Ⅰ・Ａの段階で現れるのです．そして，この傾向は数学Ⅱ・Ｂになると一層顕著です．

しかしながら，いわゆる検定教科書では，「教科書をさっと終え，後は練習を繰り返す」ことを理想と考える現場の声（こういう声が本当にあるそうです！）に押され，この発展的な内容に富んだ数学Ⅱ・Ｂの重要事項を「特急で教え込む」ように記述されてしまい，初歩的なことを初歩的なこととして，また難しいことを難しいこととして，ときどきに最適なページ数を割いて，きちんと叙述し読者にじっくり理解してもらうことが困難になっています．

改訂にあたっては，この新指導要領の特性に考慮し，高い目標に向かって勉強する人の努力が順調に実るように，数学の真理と学習者の心理を考慮して記述を再編成しました．また，数学Ⅰ・Ａの改訂と同様に，読者から要望の強かった演習問題の充実を計りました．これについては

大分県立大分舞鶴高等学校　田畑吉栄先生

に献身的な御尽力を頂きました．また，全体の査読については，

山手学院中・高等学校　川本真一先生

にお世話になりました．

筆者の多忙と怠惰から慢性的に遅れ気味の原稿が本の形になったのは旺文社編集部の努力に依ります．本書の誕生に頂いた御協力にこの場を借りて深く感謝する次第です．

本書が，多くの高校生，受験生にとって，受験勉強における，そして人生における「急がば回れ」の深い心理を実感してもらえる機会になれば望外の幸せです．

長岡　亮介

本書の特長と利用法

　本書の主要部分は，理論解説と問題演習から成ります．
　前者は「数学Ⅱ」，「数学Ｂ」で修得すべき学習内容についての，少し固苦しい **教科書調の説明** と，私が皆さんに講義しているような，少し柔らかい **〈数学の心〉の解説** から成ります．本書を書く上で最も苦労したのはこの部分です．ゆっくり読んでもらえれば，必ず心に響き，皆さんの数学理解にきっと役に立つでしょう．解説の中の 例 や 問 は，それを通して，数学の正統的な理解が進行する〈本物〉を選ぶようにしました．できるだけ，ていねいにつき合って下さい．答えを出すことだけが目標ではありません．
　後者の演習問題では，教科書章末レベルの基本的な例題だけでなく入試に向けた発展例題を取り上げました．問題の解き方を覚える，という学習だと，この両者の違いを難易のギャップに感じて悩むことになりかねませんが，本書の理論解説からきちんと勉強していく人は，次第にこの違いが単なる複雑さの度合でしかないこと，したがってこれが"跳躍する楽しみ"であることがわかってくるはずです．〈教育的なギャップ〉は，本書の特長の１つですらあります．もちろん，基本的な例題と発展的な例題は，見てすぐわかるように 例題 ， 例題 と区別してあります．
　さらに，章末に，総合演習をつけました．大学受験の前には，この程度の問題はこわくない，という心境に達することでしょう．
　また，高校の検定教科書には書かれていない発展的な解説にも紙面の多くを割いています．これらは 質問箱 や 研究 ， 参考 にまとめました．

　本書の利用法は，読者のおかれた状況によって多種多様であって構いませんが，著者が本書を書いていたときに中心的に想定していたのは，学校の授業の進度にあわせて学習する人（および，それよりやや早く自習する人とあるいはやや遅れて復習する人）です．「数学Ⅱ」，「数学Ｂ（数列・ベクトル）」という科目の内容を一冊にまとめていますので，学校の勉強に合わせて読んでいく人は，担当の先生または信頼できる指導者のアドバイスを受けるのは，とても良いことです．受験に向けての集中的な勉強の際には，第１章から順に，一気に読み進めることをすすめます．

目　次

第1章　式の証明 …………………………………………………… 11

§1　恒等式 ………………………………… 12
　Ⅰ　式と式の値 …………………………… 12
　Ⅱ　恒等式 ………………………………… 14
　Ⅲ　等式の証明 …………………………… 15

§2　整式の除法 …………………………… 30
　Ⅰ　整式の余りつき割り算 ……………… 30
　Ⅱ　余りの定理，因数定理 ……………… 33
　Ⅲ　除法・分数式 ………………………… 35

第2章　不等式の証明とその応用 ……………………………… 49

§1　不等式の基本原理 …………………… 50
　Ⅰ　不等式の証明のための基本性質 …… 50
　Ⅱ　不等式変形のための基本性質 ……… 50
§2　不等式の証明 ………………………… 53

　Ⅰ　絶対不等式 …………………………… 53
　Ⅱ　重要な絶対不等式 …………………… 54
§3　不等式の応用 ………………………… 67

第3章　複素数と方程式 ………………………………………… 81

§1　虚数から複素数へ …………………… 82
　Ⅰ　虚数 …………………………………… 82
　Ⅱ　複素数の定義 ………………………… 83
　Ⅲ　複素数の四則 ………………………… 85
　Ⅳ　方程式と複素数 ……………………… 87
　Ⅴ　共役複素数の性質 …………………… 89
　Ⅵ　高次方程式 …………………………… 90
　Ⅶ　解と係数の関係 ……………………… 96
§2　複素数の幾何的意味──複素数平面

（高校数学範囲外） …………………… 112
　Ⅰ　複素数平面 …………………………… 112
　Ⅱ　複素数の基本概念 …………………… 113
　Ⅲ　複素数の演算と複素数平面（1）
　　　──加法，実数倍 …………………… 114
　Ⅳ　複素数の演算と複素数平面（2）
　　　──乗法 ……………………………… 115
　Ⅴ　ド・モアブルの定理 ………………… 117
　Ⅵ　n乗根 ………………………………… 118

第4章　図形と式 ………………………………………………… 125

§1　根本原理──数直線から座標平面へ
　………………………………………… 126
§2　距離と分点 …………………………… 129
　Ⅰ　2点間の距離──数直線上の場合 … 129
　Ⅱ　分点の座標──数直線上の場合 …… 129
　Ⅲ　分点の座標──座標平面の場合 …… 135
§3　直線の方程式 ………………………… 139
　Ⅰ　原点O $(0, 0)$ と，Oと異なる点A
　　　(α, β) を通る直線 ……………………… 139
　Ⅱ　一般の直線 …………………………… 140

　Ⅲ　直線の方程式の公式 ………………… 143
　Ⅳ　2直線の位置関係 …………………… 146
　Ⅴ　2直線の交点 ………………………… 148
§4　距離 …………………………………… 160
　Ⅰ　2点間の距離──平面の場合 ……… 160
　Ⅱ　距離と角度 …………………………… 161
　Ⅲ　点から直線に至る距離 ……………… 167
§5　点の軌跡としての直線 ……………… 170
　Ⅰ　2つの異なる定点からの距離が等し
　　　い点の軌跡 …………………………… 170

7●

 II 交わる2本の半直線OX, OYから
  の距離が等しい点の軌跡 ……… 171
 §6 円の方程式 …………………… 174
 I 円の方程式………………………… 174
 II 円と直線の位置関係 ………… 178
 III 円の接線の公式 ………………… 181
 IV 円と円との位置関係 ………… 185
 V 2円の交点を通る直線（共通弦）
  ………………………………………… 187
 VI 結果として円が現れる点の軌跡
  ………………………………………… 190
 §7 パラメータ表示された曲線 …… 192

 §8 不等式の表す範囲 …………… 199
 I $y>f(x), y<f(x)$ という型の不等
  式の表す範囲………………………… 200
 II $F(x, y)>0, F(x, y)<0$ という型の
  不等式の表す範囲 ………………… 201
 III 連立不等式などの表す範囲 … 203
 IV $F(x, y)>0$ や $F(x, y)<0$ において，
  $F(x, y)$ が因数分解される場合
  ………………………………………… 204
 V 応用（1）—論理への応用 ……… 205
 VI 応用（2）—2変数関数の最大，
  最小問題への応用 ………………… 206

第5章　ベクトル ……………………………………………………………… 219

 §1 ベクトルの定義 ……………… 220
 §2 ベクトルの演算—加法と実数倍
  ………………………………………… 222
 I 加法………………………………… 222
 II ベクトルの実数倍 …………… 225
 §3 ベクトルの成分表示—平面ベクト
  ルの場合 ……………………………… 227
 I 成分とは ………………………… 227
 II ベクトルの成分表示と演算 … 228
 III ベクトルの大きさ ……………… 230
 IV ベクトルのなす角 ……………… 232
 §4 ベクトルの1次結合 ………… 237
 I 1次結合とは …………………… 237
 II 1次独立性 ……………………… 239
 §5 分点，共線条件 ……………… 242
 I 分点 ……………………………… 242

 II 共線条件………………………… 244
 §6 位置ベクトル ………………… 257
 I 位置ベクトルとは …………… 257
 II 位置ベクトルと分点 ………… 258
 III 直線のベクトル方程式 ……… 261
 IV 円のベクトル方程式 ………… 263
 §7 ベクトルの内積—平面ベクトルの
  場合 …………………………………… 266
 I 内積の定義と基本性質 ……… 266
 II 内積の応用—ベクトルのなす角
  ………………………………………… 267
 §8 空間ベクトル ………………… 285
 I xyz 空間 ………………………… 285
 II 空間ベクトルの成分 ………… 287
 III 空間ベクトルの位置ベクトル … 290

第6章　いろいろな関数 ……………………………………………………… 305

 §1 関数の考え方 ………………… 306
 I 抽象的な関数の定義 ………… 306
 II 合成関数（数学III） …………… 310

 III 逆関数（数学III）………………… 312
 §2 分数関数と無理関数（数学III）… 314
 I 分数関数（数学III） …………… 314

II	無理関数（数学III） ·················	318
§3	三角関数 ······························	320
I	動径，一般角 ·························	320
II	三角比から三角関数へ ··············	321
III	角度の真の姿—弧度法 ················	323
IV	三角関数の定義 ······················	326
V	三角関数のグラフ (1) ···············	327
VI	三角関数のグラフ (2) ···············	329
VII	三角関数の書き換え公式 ············	331
§4	三角関数についての方程式・不等式・関数 ·································	335
I	三角関数についての方程式 ·········	335
II	三角関数についての不等式 ·········	343
III	三角関数でつくられる複雑な関数 ·································	347
§5	加法定理 ······························	350
I	加法定理入門 ·························	350
II	最も基本的な加法定理とその証明 ·································	351
III	その他の加法定理の導出 ············	353
IV	倍角公式，半角公式 ·················	359
V	3倍角の公式 ··························	362
VI	単振動の合成 ·························	369
VII	加法定理のやや高級な応用—三角関数の進んだ公式（数学III） ······	378
§6	指数関数・対数関数 ·················	383
I	指数関数への道 ······················	383
II	指数関数 ······························	395
III	対数関数 ······························	408

第7章　数列 ······································ 429

§1	規則的な数 ···························	430
I	図形数 ································	430
II	数列 ···································	432
§2	等差数列・等比数列 ·················	435
I	等差数列 ······························	435
II	等比数列 ······························	444
§3	一般の数列 ···························	451
I	階差数列と数列の和 ·················	451
II	数列の和の記号 Σ ····················	454
§4	漸化式と数学的帰納法 ··············	469
I	漸化式（帰納的定義） ··············	469
II	数学的帰納法 ·························	477

第8章　微分とその応用 ·················· 501

§1	関数の変化と平均変化率 ············	502
§2	微分 ···································	505
I	極限値 ································	505
II	微分係数，導関数 ····················	506
III	微分の計算 ···························	510
§3	微分の応用 ···························	514
I	接線 ···································	514
II	関数の増減 ···························	515
III	速度 ···································	517

第9章　積分とその応用 ·················· 535

§1	積分 ···································	536
I	面積と積分 ···························	536
II	不定積分（原始関数） ··············	538
III	定積分 ································	540

9

§2 積分の応用 ·················· 541	Ⅲ 体積 ························ 544
Ⅰ 面積を求める基本公式 ········ 541	Ⅳ 定積分と微分法 ············ 558
Ⅱ 応用上重要な面積 ············ 543	

問の解答 ································ 564
章末問題の解答 ························ 583
さくいん ································ 636

[著者紹介]

長岡亮介（ながおか・りょうすけ）先生は，長野県生まれの横浜育ち。東京大学理学部を経て，東京大学理系大学院博士課程を修了。津田塾大学助教授，大東文化大学教授を経て，現在，放送大学教授。ラジオやテレビでそれぞれ「数学の歴史」，「線型代数学」，「情報システム科学」などを講義されています。専門は，近現代数学史，数理思想史そして最近は情報科学論。「数学の意味を追いかけていったら，数学史にたどりつき，最近は，進展する ICT 革命に，数理哲学と数学史の立場から強い関心をもっている」そうです。趣味は，オートバイ，スキー，テニスから音楽（「何といってもバッハ」），囲碁（依田紀基名人の「不肖の弟子」が自慢の種），茶道（表千家），日本酒まで幅広いが，最大の趣味は，数学教育。「認識が開かれた一瞬に人が見せる顔の輝きが大好き。」もっとも，ここ数年は高校数学の教科書（旺文社版）の監修者として忙しく，このようなたくさんの趣味に十分な時間を割くことができないのが大きな「悩み」。

■著書は「現代数学への誘い—線型代数学」（ブレーン出版），「知の革命史—数学と運動力学との出会い」（朝倉書店，共著），「ニュートン自然哲学の系譜」（平凡社，共著），「数学の歴史」，「線型代数入門」，「線型代数学」（放送大学教育振興会），「大学への数学」シリーズ（研文書院，共著），「本質の解法」シリーズ（旺文社，監修），「本質の演習」シリーズ（旺文社，監修），他，多数。

本文デザイン：三浦 悟　編集協力：椚原文彦　酒井 琢

第 1 章

式の証明

　式については，すでに数学Ⅰ・Aの第1章において，その計算方法に関する基本を学んだ．

　本章では，そこで扱わなかったいくつかの進んだテーマ

**　　　恒等式，等式の証明，整式の除法，因数定理，分数式**

を取り上げる．

　これらは，学習の難しさから検定教科書では，数学Ⅱの冒頭におかれないこともあるが高校数学全体の基礎であり，少なくとも，大学入試に向けて最後まで高校数学の勉強を継続する意欲と能力に恵まれた高校生諸君にとっては，できるだけ早期に，しっかりした理解をしておくのが好ましいものである．

　学校の授業と並行して本書を学んでいる読者は，信頼できる指導者（たとえば，担当の先生）のアドバイスにしたがって本章の学習を進めるのがよい．

§1 恒等式

I 式と式の値

　数学Ⅰ・Aの第1章「数と式」では，文字を含む等式を扱ったが，文字が何を表しているか，という問題には，ほとんど触れてこなかった．

　結論的にいえば，文字式の計算は，本質的には

$$a \times b \longrightarrow ab$$
$$a \times a \longrightarrow a^2$$
$$a + a + a \longrightarrow 3a$$

のような，単なる形式的書きかえであって

$$4 \times 5 \longrightarrow 20$$
$$4 \times 4 \longrightarrow 16$$
$$4 + 4 + 4 \longrightarrow 12$$

のような実質的な計算をするのではないので，文字が何を表していても，また，何も表していなくても，かまわないのである．

　しかし，数学で文字式を利用するのは，方程式や不等式，あるいは関数を表したりするためである．関数を表すときの式，たとえば，

$$y = x^2 + 2x + 3$$

を考えるときは，x は任意の数（実数）になりうるものと考えて，

　　$x=1$ のときは　$y = 1^2 + 2 \cdot 1 + 3 = 1 + 2 + 3 = 6$
　　$x=2$ のときは　$y = 2^2 + 2 \cdot 2 + 3 = 4 + 4 + 3 = 11$
　　$x=3$ のときは　$y = 3^2 + 2 \cdot 3 + 3 = 9 + 6 + 3 = 18$
　　　　　　　　　　⋮

のように，文字に数の「値」を「代入」して，$x^2 + 2x + 3$ の「値」を計算する．

$$x^2 + 2x + 3$$
$$\downarrow \begin{array}{l} x=3 \\ \text{を代入} \end{array}$$
$$3^2 + 2 \cdot 3 + 3$$
$$\downarrow \text{計算}$$
$$18$$

　このように，式に含まれる文字に特定の数値を代入し，計算して出てくる結果を，**式の値** と呼ぶ．

問 1-1　$x = -2$ のとき，式 $x^2 - x^3$ の値を求めよ．

問 1-2　$x = 1$, $y = -3$ のとき，式 $x^2 - y^2$ の値を求めよ．

　高校の範囲で特に重要なのは，$2x^3 - 4x^2 + 1$ のように，1つの文字だけを含んでいる場合である．このような x という文字だけを含む式を指し示すのに $f(x)$ などの記号を用いる．

例 1-1　$f(x) = 2x^3 - 4x^2 + 1$

　文字 x を含む式において，x に特定の数値——たとえば -3——を代入したときの値を表すために，式を $f(x)$ と書き，代入したときの式の値を $f(-3)$ のように表す．

　$f(x)$ という記号は，本来，関数を表すものであったが，このように式に流用されることが多い．少なくとも，高校段階では「式」と「関数」あるいは，「式の値」と「関数の値」を厳密に区別する必要はない．

> **流用**：本来の用法とは違った趣旨で利用すること．「公金流用」のように悪い意味で使うことが多いようですが，数学では，よい目的で流用することがよくあります．(^_^)

例 1-2　$f(x) = x^2 + 3x$ のとき，
- $f(1) = 1^2 + 3 \cdot 1 = 4$
- $f(-1) = (-1)^2 + 3 \cdot (-1) = -2$
- $f(a+1) = (a+1)^2 + 3(a+1) = a^2 + 5a + 4$

　文字式と式の値について基本となるのは，次の関係である．
　本来は，$f(x)$ と $g(x)$ は一般の整式（多項式）とすべきだが，ここでは，まず簡単のために $f(x)$，$g(x)$ が 2 次以下の整式に限定した場合を述べよう．

定理

$f(x) = ax^2 + bx + c$，$g(x) = a'x^2 + b'x + c'$
について，次の 3 条件は同値である．

(i)　$f(x)$ と $g(x)$ は式として等しい．すなわち $\begin{cases} a = a' \\ b = b' \\ c = c' \end{cases}$

(ii)　$f(x) = g(x)$ が x にどんな値を代入しても成り立つ．

(iii)　x の異なる 3 つの値 α, β, γ について $f(x) = g(x)$

この定理の応用の機会は多い．（☞ **例題 1** また証明については **例題 2**）

　ちょっと難しい言い回しですが，「x がどんな値でも，$f(x)$，$g(x)$ の値がつねに等しい」ということを，「$f(x) = g(x)$ が**恒等的に成り立つ**」といいます．（☞ **例題 2**）

§1　恒等式

この定理を一般化すると，次のようになる．

> **定理**
>
> $f(x)$, $g(x)$ が，いずれも n 次以下の整式であるとき，次の3条件は同値である．
> (i) $f(x)$, $g(x)$ が次数が等しく，かつ係数が次数ごとに一致する．
> (ii) $f(x) = g(x)$ が x にどんな値を代入しても成り立つ．
> (iii) x の異なる $(n+1)$ 個の値 $\alpha_1, \alpha_2, \cdots, \alpha_n, \alpha_{n+1}$ について，$f(x)$, $g(x)$ の値が等しい．すなわち
> $$\begin{cases} f(\alpha_1) = g(\alpha_1) \\ f(\alpha_2) = g(\alpha_2) \\ \quad\vdots \\ f(\alpha_{n+1}) = g(\alpha_{n+1}) \end{cases}$$

前ページの定理は，$n=2$ の場合です．

II 恒等式

数学 I・A の第1章で述べた展開や因数分解の変形で結ばれた等式，たとえば
$$x^2 - 1 = (x-1)(x+1)$$
は，x にいかなる数値を代入したときも両辺の式の値は等しい．このように，

恒等式：恒(つね)に等しい式

> **定義**
>
> 文字 x を含む等式において，x にいかなる値を代入しても両辺の式の値がつねに等しくなる式を，x についての **恒等式** という．

方程式 は，その等式を満たすような特定の未知数の値を決定しようとするのですから，「恒等式」と「方程式」は同じ「＝」という記号で表される等式でも，考え方は対照的ですね．

$f(x)$, $g(x)$ を x を含む式とするとき，一般に，
$$\text{等式} \quad f(x) = g(x) \quad \text{が恒等式である}$$
ということは，上の定義にしたがえば
　（A）　x にいかなる数値を代入したときも，両辺の式の値が等しい
ということであるが，上の定理より，これは同時に，
　（B）　両辺が式として同じものである
つまり
　（B′）　展開や因数分解などの式の変形によって，左辺を右辺に変形できる
ということでもある．

　実践的には，次の形で用いられる．

III　等式の証明

　等式の中には，両辺の見かけが違っているため，すぐには恒等式であることがわからないものがある．そのような等式について，それが恒等式であることを立証することを「**等式の証明**」という．

例 1-3　等式 $(ax+by)^2 + (ay-bx)^2 = (a^2+b^2)(x^2+y^2)$ 　　……(*)
を証明してみよう．
　　両辺をそれぞれ計算すると
$$\begin{aligned}
((*)\text{の左辺}) &= (a^2x^2 + 2abxy + b^2y^2) + (a^2y^2 - 2abxy + b^2x^2) \\
&= a^2x^2 + b^2y^2 + a^2y^2 + b^2x^2 \quad \text{……①}\\
((*)\text{の右辺}) &= a^2x^2 + a^2y^2 + b^2x^2 + b^2y^2 \quad \text{……②}
\end{aligned}$$
となる．①，②より
$$((*)\text{の左辺}) = ((*)\text{の右辺})$$
である．■

注　ここでは
　(i)　証明すべき等式の両辺をそれぞれ計算（展開・整理）して，両者が一致することを示す
という方法を採用しましたが，このほかに
　(ii)　（左辺）を計算していって，（右辺）の形までもっていく
　　　（または，（右辺）を計算していって，（左辺）の形までもっていく）
や
　(iii)　（左辺）－（右辺）を計算していって，それが 0 に等しいことを示す

という方法もよく使われます．(i)，(ii)，(iii)の区別を意識しないくらい，こういう方法に慣れ親しんで下さい．

等式の証明の中には，"特定の関係式が成り立つとき" という限定条件のもとで両辺が等しいことを主張するものもある．

例 1-4 $x+y+z=0$ のとき
$$x^2+y^2+z^2=-2(xy+yz+zx) \quad \cdots\cdots(*)$$
であることを示そう．

$x+y+z=0$ であるから，$z=-x-y$ である．
この関係を用いて，z を消去すると，
$$\begin{aligned}
((*)の左辺) &= x^2+y^2+z^2 \\
&= x^2+y^2+(-x-y)^2 \\
&= 2x^2+2xy+2y^2 \quad \cdots\cdots① \\
((*)の右辺) &= -2\{xy+y(-x-y)+(-x-y)x\} \\
&= -2(xy-xy-y^2-x^2-xy) \\
&= 2x^2+2xy+2y^2 \quad \cdots\cdots②
\end{aligned}$$
①，②より，(*)が成り立つ．■

注 例1-3で述べたのと同じく，ここでも，上で示したもの以外にさまざまな証明方法があります．例1-4で最も簡単なのは，いきなり
$$（左辺）-（右辺）$$
を計算して
$$\begin{aligned}
x^2+y^2+z^2+2(xy+yz+zx) &= (x+y+z)^2 \\
&= 0
\end{aligned}$$
とするものでしょう．しかし，たとえわずかでも，この証明には，因数分解という若干の着想の飛躍が必要ですね．これに対し，上に示した方法では，単なる機械的な計算だけですんでいます．

例題 1

次の各式が恒等式となるように，定数 a, b, c の値を定めよ．
(1) $x^2 = ax(x-1) + bx + c$　　(2) $x^2 = a(x-1)^2 + b(x-1) + c$

アプローチ

恒等式となる条件を考えるには，
　　係数を比較する方法　と　数値を代入する方法
があります．ここでは，(1)を前者で，(2)を後者で処理してみましょう．

解　答

(1) 　　　　$x^2 = ax(x-1) + bx + c$　　……①

　　①の右辺 $= ax^2 + (-a+b)x + c$　　　　◀係数比較法

より，①が恒等式となる条件は

$$\begin{cases} a = 1 \\ -a + b = 0 \\ c = 0 \end{cases} \quad \text{すなわち} \quad \begin{cases} \boldsymbol{a = 1} \\ \boldsymbol{b = 1} \\ \boldsymbol{c = 0} \end{cases} \text{である．}$$

(2)　　$x^2 = a(x-1)^2 + b(x-1) + c$　　……②

②の両辺に $x = 1, -1, 0$ を代入すると，　　◀数値代入法

$$\begin{cases} 1 = c \\ 1 = 4a - 2b + c \\ 0 = a - b + c \end{cases}$$

が得られ，これを解いて，
　　　　$\boldsymbol{a = 1, \ b = 2, \ c = 1}$．

1° (2)をこのように解くと，$x = \pm 1, 0$ 以外の値についても等式が成り立つか（いいかえると，「逆に $a = 1$, $b = 2$, $c = 1$ のとき(2)が成り立つ」ことを確かめなくてよいか），という問題が生じます．実は，次問で証明するようにそのような問題は起こりません．

2° (2)も(1)と同様に，係数比較で解くこともできます．また $x - 1 = t$ とおいて
$$(t+1)^2 = at^2 + bt + c \quad\quad ……②'$$
が t の恒等式となる条件を考えるという手もあります．

§1　恒等式

例題 2

$$f(x) = ax^2 + bx + c,$$
$$g(x) = a'x^2 + b'x + c'$$

について，次の3条件は同値であることを証明せよ．

(1) $\begin{cases} a = a' \\ b = b' \\ c = c' \end{cases}$

(2) $f(x) = g(x)$ が恒等的に成り立つ．

(3) x の異なる3つの値 α, β, γ について，$f(x) = g(x)$

アプローチ

「$f(x) = g(x)$ が恒等的に成り立つ」とは，「x がどんな値でも $f(x)$ と $g(x)$ の値がつねに等しい」という意味です．

解答

(i) (1)のとき，$f(x)$ と $g(x)$ は同一の式になるから，(2)が成り立つことは明らかである．

(ii) 次に，(2)が成り立つときは，x にいかなる数値を代入しても両辺の式の値が一致するのだから，特定の3つの値を代入しても一致することは当然である．

よって，(3)が成り立つ．

(iii) (3)が成り立つとき

$$\begin{cases} a\alpha^2 + b\alpha + c = a'\alpha^2 + b'\alpha + c' \\ a\beta^2 + b\beta + c = a'\beta^2 + b'\beta + c' \\ a\gamma^2 + b\gamma + c = a'\gamma^2 + b'\gamma + c' \end{cases}$$

それぞれ移項して整理すると

$$\begin{cases} (a-a')\alpha^2 + (b-b')\alpha + (c-c') = 0 \\ (a-a')\beta^2 + (b-b')\beta + (c-c') = 0 \\ (a-a')\gamma^2 + (b-b')\gamma + (c-c') = 0 \end{cases}$$

となる．ここで

$$A = a - a', \ B = b - b', \ C = c - c'$$

とおくと，A, B, C についての連立方程式

$$\begin{cases} \alpha^2 A + \alpha B + C = 0 & \cdots\cdots ① \\ \beta^2 A + \beta B + C = 0 & \cdots\cdots ② \\ \gamma^2 A + \gamma B + C = 0 & \cdots\cdots ③ \end{cases}$$

を得る．①−②，②−③より
$$\begin{cases}(\alpha-\beta)\{(\alpha+\beta)A+B\}=0 \\ (\beta-\gamma)\{(\beta+\gamma)A+B\}=0\end{cases}$$
$\alpha \neq \beta$，$\beta \neq \gamma$ より
$$\begin{cases}(\alpha+\beta)A+B=0 & \cdots\cdots ①' \\ (\beta+\gamma)A+B=0 & \cdots\cdots ②'\end{cases}$$
①′−②′ より
$$(\alpha-\gamma)A=0$$
$\alpha \neq \gamma$ より
$$A=0 \qquad\qquad \cdots\cdots ①''$$
①″と①′より
$$B=0 \qquad\qquad \cdots\cdots ②''$$
①″と②″と①より
$$C=0 \qquad\qquad \cdots\cdots ③''$$
①″，②″，③″より
$$a=a',\ b=b',\ c=c'$$
すなわち(1)が成り立つ．

以上で
$$(1) \Longrightarrow (2) \Longrightarrow (3) \Longrightarrow (1)$$
が示された．よって，(1)，(2)，(3)のいずれか 1 つが成り立てば，他の 2 つも成り立つ．■

1° "(1) $\Longrightarrow$ (2) $\Longrightarrow$ (3) $\Longrightarrow$ (1)" がいえると，(2) $\Longrightarrow$ (1) や (3) $\Longrightarrow$ (2) などもいえることになるので，
$$(1) \Longleftrightarrow (2) \Longleftrightarrow (3)$$
つまり，(1)，(2)，(3)は同値であることになります．

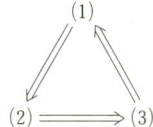

2° (3)は「方程式 $f(x)-g(x)=0$ が異なる 3 つの解 α，β，γ をもつ…(∗)」といいかえることができます．$f(x)-g(x)$ は，x の高々 2 次式（2 次以下の式）ですから，$f(x)-g(x)$ が恒等的に 0 である以外(∗)は起こり得ませんね．

例題 3

次の分数式が恒等式となるように，定数 a, b, c の値を定めよ．

(1) $\dfrac{1}{x^2-1} = \dfrac{a}{x-1} + \dfrac{b}{x+1}$ ……①

(2) $\dfrac{x-2}{x^3+1} = \dfrac{a}{x+1} + \dfrac{bx+c}{x^2-x+1}$ ……②

アプローチ

分数式だからといって驚くことはありません．両辺に適当な整式を掛けて分母を払って得られる等式が恒等式となるための条件を求めればよいのです．なお，これらの変形は，**部分分数展開**（☞ p.37）といい，やがて学ぶ数学のいろいろな場面で重要な役割を果たします．

解答

(1) ①の両辺に x^2-1 つまり $(x-1)(x+1)$ を掛けると，
$$1 = a(x+1) + b(x-1) \quad \cdots\cdots ①'$$
①′の両辺に $x=1, -1$ を代入すると ◀数値代入法
$$\begin{cases} 1 = 2a \\ 1 = -2b \end{cases} \quad \therefore\ a = \dfrac{1}{2},\ b = -\dfrac{1}{2}$$
となる．

(2) ②の両辺に x^3+1 つまり $(x+1)(x^2-x+1)$ を掛けると，
$$x-2 = a(x^2-x+1) + (bx+c)(x+1)$$
$$\therefore\ x-2 = (a+b)x^2 + (-a+b+c)x + a+c$$
となるので，これが恒等式となるのは
$$\begin{cases} 0 = a+b \\ 1 = -a+b+c \\ -2 = a+c \end{cases} \quad \therefore\ \begin{cases} a = -1 \\ b = 1 \\ c = -1 \end{cases}$$
のときである．

分数式で表された等式①自身には，分母を 0 にする値を代入することはできませんが，①′にはできます．①が恒等式になるとは，①′が恒等式になることと同じである，という点がポイントです．

例題 4

$x^4+4x^3+ax^2+12x+b$ が x のある2次式の平方となるように，実数の定数 a, b の値を定めよ．

アプローチ

恒等式の考え方を応用すると，意外に簡単に解決します．

解答

「ある2次式」の x^2 の係数は1であると仮定しても一般性を失わないので，p, q を定数として
$$x^4+4x^3+ax^2+12x+b=(x^2+px+q)^2 \cdots\cdots(*)$$
とおく．

すると，この右辺は
$$x^4+2px^3+(p^2+2q)x^2+2pqx+q^2$$
となることから，$(*)$ より
$$4=2p \quad\cdots\cdots①,\quad a=p^2+2q \quad\cdots\cdots②$$
$$12=2pq \quad\cdots\cdots③,\quad b=q^2 \quad\cdots\cdots④$$
が成立する．①，③より，$p=2$, $q=3$
これらを②，④に代入して，$a=10$, $b=9$

◀このように仮定しなくても解決できるが，少しめんどうである．
(☞ Notes)

◀p, q は未知なので，この方法を未定係数法と呼ぶ．

以上で，$x^4+4x^3+10x^2+12x+9=(x^2+2x+3)^2$
となることがわかりました．この右辺のような式を **完全平方式** と呼びます．ところで，上の解答では，x^2 の係数を1であるとしましたが，それを1と決めるかわりに r とおくと，$(rx^2+px+q)^2$ の展開式の x^4 の係数が r^2 となるので，r は
$$r^2=1 \quad\therefore\quad r=\pm 1$$
のいずれかです．$r=1$ のときは，上と同じです．$r=-1$ のときは，上と同様に p, q を求めると
$$p=-2, \quad q=-3$$
となりますが，このようにして得られる $(-x^2-2x-3)^2$ は，上で得た $(x^2+2x+3)^2$ と実質上は同じものにすぎません．最初に「$r=1$ と仮定しても一般性を失わない」としたのは，こういう理由によるのです．

例題 5

次の等式を証明せよ．
(1) $(a^2+b^2)(c^2+d^2)=(ac+bd)^2+(ad-bc)^2$
(2) $a^2+b^2+c^2-bc-ca-ab=\dfrac{1}{2}\{(a-b)^2+(b-c)^2+(c-a)^2\}$

アプローチ

等式の証明 は，あとで学ぶ不等式の証明（第 2 章）に比べると，ずっとやさしいといえます．両辺が等しいということは，たとえば，(左辺)−(右辺) という式をつくり，どんどん計算していけば，やがていつかは，同類項が消し合って "＝0" が導かれると確信できるからです．左辺または右辺の一方（または両方）を変形していってそれが他方と一致することを証明するのも，本質的には同じことです．

解答

(1) $(左辺)=a^2c^2+a^2d^2+b^2c^2+b^2d^2$ ……①
$(右辺)=(a^2c^2+2abcd+b^2d^2)$
$\qquad\quad+(a^2d^2-2abcd+b^2c^2)$
$\qquad=a^2c^2+b^2d^2+a^2d^2+b^2c^2$ ……②

①，②は，項の順序を除いて一致しているので，両者はたしかに等しい．■

◀(左辺)−(右辺)を計算すれば 0 になる．

(2) $右辺=\dfrac{1}{2}\{(a^2-2ab+b^2)+(b^2-2bc+c^2)+(c^2-2ca+a^2)\}$
$\qquad=\dfrac{1}{2}(2a^2+2b^2+2c^2-2ab-2bc-2ca)$
$\qquad=a^2+b^2+c^2-ab-bc-ca=左辺.$ ■

等式を証明するときの原則は，等式の両辺にある式のうち，
　　　より複雑な方を，計算（＝解体）していく．
ということです．(2)では，右辺の計算から着手し，それを左辺の形までもっていくのです．（左辺を右辺に変形するには，小さなワザが必要ですが，その逆は，展開という腕力にものをいわせる変形だけでできるからです）

なお，上で証明した恒等式は，いずれも高校数学で重要なものです．詳しくは第 2 章で学びます．

例題 6

$a+b+c=0$ のとき，次の等式を証明せよ．

(1) $(a+b)(b+c)(c+a)+abc=0$

(2) $a^2(b+c)+b^2(c+a)+c^2(a+b)+3abc=0$

アプローチ

等式の文字に関する対称性に注目すると，エレガントに証明できます（☞ 別解）が，この手の問題に対する基本方針：**1文字を消去する** ことによって機械的な計算で解決できます．

解 答

$$a+b+c=0 \quad \cdots\cdots ①$$

より，

$$c=-a-b \quad \cdots\cdots ①'$$

①' を左辺に代入して c を消去する．

(1) 左辺 $=(a+b)(-a)(-b)+ab(-a-b)$

$=ab(a+b)-ab(a+b)=0=$ 右辺．■

(2) 左辺 $=-a^3-b^3+(a+b)^3-3ab(a+b)$

$=-a^3-b^3+(a^3+3a^2b+3ab^2+b^3)$

$-(3a^2b+3ab^2)=0=$ 右辺．■

◀ $(a+b)^3$
$=a^3+3a^2b$
$+3ab^2+b^3$

別解

(1) ① より，

$a+b=-c, \ b+c=-a, \ c+a=-b \quad \cdots\cdots ②$

であるので，

左辺 $=(-c)(-a)(-b)+abc=0=$ 右辺．■

(2) ② を左辺に代入すると，

左辺 $=-a^3-b^3-c^3+3abc$

$=-(a^3+b^3+c^3-3abc)$

$=-(a+b+c)(a^2+b^2+c^2-bc-ca-ab)$

$=0=$ 右辺．■

例題 7

$x+y=\dfrac{y+z}{2}=\dfrac{z+x}{5}\neq 0$ のとき，$\dfrac{xy+yz+zx}{x^2+y^2+z^2}$ の値を求めよ．

アプローチ

　仮定されているのは，3 つの未知数 x, y, z についての，2 つの方程式ですから，**x, y, z の値は，1 つに決まりません**．しかし，x, y, z のうちの 1 つ，たとえば，z を定数と見なせば，x と y は z の式で表せるはず，しかもこの方程式の形から $\begin{cases} x=az \\ y=bz \end{cases}$ の形で表せるはずです．いいかえれば，x, y, z の値は決まらないが，**$x:y:z$ が決まるのです**．その結果，問題文に与えられた式の値も決まります．

　この場合，下の解答のように，第 4 の未知数 k を導入して，"$=k$ とおく"ことが見通しよく処理するコツです．

解　答

$x+y=\dfrac{y+z}{2}=\dfrac{z+x}{5}$ の各辺の値を k とおくと，

$$\begin{cases} x+y=k & \cdots\cdots ① \\ y+z=2k & \cdots\cdots ② \\ x+z=5k & \cdots\cdots ③ \end{cases}$$

が成り立つ．

　この連立方程式を x, y, z について解くと
$$x=2k,\ y=-k,\ z=3k$$
となる．よって，

$$\dfrac{xy+yz+zx}{x^2+y^2+z^2}=\dfrac{-2k^2-3k^2+6k^2}{4k^2+k^2+9k^2}=\dfrac{k^2}{14k^2}$$

$$=\dfrac{1}{14}$$

である．

◀ $\dfrac{①+②+③}{2}$ を経由すると能率的に解ける．

◀ $x:y:z$
$=2:(-1):3$
がわかった！

◀ k が消える．

注　「$=k$ とおく」ということを知らなくても，

$$x=\dfrac{2}{3}z,\ y=-\dfrac{1}{3}z$$

のような式を導いて解くことはできます．

例題 8

$\dfrac{b+c}{a}=\dfrac{c+a}{b}=\dfrac{a+b}{c}$ のとき，この式の値を求めよ．

アプローチ

前問同様，a，b，c の値は決まりませんが，分数式の値は決まるというちょっと不思議な，昔から有名な問題です．

解答

$\dfrac{b+c}{a}=\dfrac{c+a}{b}=\dfrac{a+b}{c}=k$ とおくと，

$$\begin{cases} b+c=ka & \cdots\cdots ① \\ c+a=kb & \cdots\cdots ② \\ a+b=kc & \cdots\cdots ③ \end{cases}$$

◀ 分母を払った．

①+②+③ を作ると，

$$2(a+b+c)=k(a+b+c) \quad \cdots\cdots ④$$

よって，$a+b+c\neq 0$ のときは，④から

$$k=2$$

また，$a+b+c=0$ のときは

◀ このとき，$b+c=-a$

$$k=\dfrac{b+c}{a}=\dfrac{-a}{a}=-1$$

ゆえに，求める式の値 k は $\boldsymbol{k=2}$ または $\boldsymbol{-1}$．

比例式の値を k とおかなくとも，やや面倒ですが，次のように解決できます．与えられた条件式は，

$$\dfrac{b+c}{a}=\dfrac{c+a}{b} \quad \text{かつ} \quad \dfrac{c+a}{b}=\dfrac{a+b}{c}$$

分母を払って

$$b(b+c)=a(c+a) \quad \text{かつ} \quad c(c+a)=b(a+b)$$

それぞれを変形すると

$$(a-b)(a+b+c)=0 \quad \text{かつ} \quad (b-c)(a+b+c)=0$$

したがって，

$$a=b=c \quad \text{または} \quad a+b+c=0$$

と同値となる．

よって，式の値は 2 または -1 となる．

例題 9

$a(y+z-x)=b(z+x-y)=c(x+y-z)\neq 0$ のとき，
$$a(b-c)x+b(c-a)y+c(a-b)z=0 \quad \cdots\cdots(*)$$
が成り立つことを示せ．

アプローチ

$abc \neq 0$ であるので，与えられた仮定の式の各辺を abc で割ると，例題 7 と同様な比例式の処理になります．

解答

仮定の式の各辺を $abc(\neq 0)$ で割ると，
$$\frac{y+z-x}{bc}=\frac{z+x-y}{ca}=\frac{x+y-z}{ab}$$
となる．この分数式の値を k とおくと，
$$\begin{cases} y+z-x=kbc & \cdots\cdots① \\ z+x-y=kca & \cdots\cdots② \\ x+y-z=kab & \cdots\cdots③ \end{cases}$$

これを x, y, z について解く．まず，①+②+③ より
$$x+y+z=k(ab+bc+ca) \quad \cdots\cdots④$$
そこで，④-① を作ると，
$$2x=k(ab+ca)$$
$$\therefore \quad x=\frac{1}{2}ka(b+c)$$
同様に，④-②, ④-③ から
$$y=\frac{1}{2}kb(c+a), \quad z=\frac{1}{2}kc(a+b)$$
となるので，これらを用いると，
$$\begin{aligned}(*)の左辺&=a(b-c)x+b(c-a)y+c(a-b)z \\ &=\frac{k}{2}\{a^2(b-c)(b+c)+b^2(c-a)(c+a)+c^2(a-b)(a+b)\} \\ &=\frac{k}{2}\{a^2(b^2-c^2)+b^2(c^2-a^2)+c^2(a^2-b^2)\} \\ &=0=右辺 \quad より，(*)が成立する．∎\end{aligned}$$

◀ a, b, c は 0 でない．0 とすると，仮定の式が成り立たない！

例題 10

$x+y+z=\dfrac{1}{x}+\dfrac{1}{y}+\dfrac{1}{z}=1$ ならば，x, y, z のうち少なくとも1つは1に等しいことを証明せよ．

アプローチ

x, y, z のうち少なくとも1つが1に等しいということを示すには，
$$(x-1)(y-1)(z-1)=0$$
という式が成り立つということを示せばよい，とわかれば，できたも同じです．

解 答

与えられた条件は

$$\begin{cases} x+y+z=1 & \cdots\cdots① \\ \dfrac{1}{x}+\dfrac{1}{y}+\dfrac{1}{z}=1 & \cdots\cdots② \end{cases}$$

◀ $a=b=c$ $\iff \begin{cases} a=c \\ b=c \end{cases}$

と表せる．②は両辺に xyz を掛けると，
$$yz+zx+xy=xyz \qquad \cdots\cdots②'$$
となる．

$(x-1)(y-1)(z-1)$ は，①と②'のもとでは，
$$\begin{aligned}(x-1)&(y-1)(z-1)\\&=xyz-(xy+yz+zx)+(x+y+z)-1\\&=xyz-xyz+1-1\\&=0\end{aligned}$$
となる．

よって，$x-1=0$ または $y-1=0$ または $z-1=0$．
すなわち，x, y, z のうち少なくとも1つは1に等しい． ■

例題 11

実数 a, b, c, d について，次の（Ⅰ）が成り立つならば，（Ⅱ）が成り立つことを示せ．

(Ⅰ) $\begin{cases} a^2+b^2=1 & \cdots\cdots ① \\ c^2+d^2=1 & \cdots\cdots ② \\ ac+bd=0 & \cdots\cdots ③ \end{cases}$

(Ⅱ) $\begin{cases} a^2+c^2=1 & \cdots\cdots ①' \\ b^2+d^2=1 & \cdots\cdots ②' \\ ab+cd=0 & \cdots\cdots ③' \end{cases}$

アプローチ

条件式の変形というのは，簡単そうに見えても，技術的には意外に難しいことがあります．とりわけ，文字がたくさん現れる等式においては，どの文字を残し，どの文字を消すか，の判断がポイントですが，その原則は，

「必要なものを残し，いらないものを消す！」

です．

解 答

1) まず，$d=0$ のとき：
①，②，③は
$$\begin{cases} a^2+b^2=1 \\ c^2=1 \\ ac=0 \end{cases}$$
$$\therefore \begin{cases} a=0 \\ b=\pm 1 \\ c=\pm 1 \end{cases} \quad (\text{複号は任意である})$$

となり，このときたしかに，①'，②'，③'が成り立つ．

2) 次に，$d \neq 0$ のとき：
③より
$$b=-\frac{ac}{d}$$
である．これを①に代入すると

◀ $d \neq 0$ のとき，③を
$$b=-\frac{ac}{d}$$
と変形したいので，その準備をしている．

$$a^2 + \frac{a^2c^2}{d^2} = 1$$

通分して $\dfrac{a^2(c^2+d^2)}{d^2} = 1$

◀③を用いて，①からbを消去しようとしている．

となる．これと②より

$$\frac{a^2}{d^2} = 1 \quad \therefore \quad a^2 = d^2 \qquad \cdots\cdots ④$$

が得られる．

④と①，④と②から，それぞれ②′，①′が得られる．

また，④より $a = d$ または $a = -d$ であるが，このいずれの場合も，③から③′が得られる．

以上 1），2）より（Ⅰ）が成り立つならば（Ⅱ）が成り立つ．■

やがて，後に学ぶ三角関数を使うと，（Ⅰ）を満たす実数 a, b, c, d は
$$\begin{cases} (a, b) = (\cos\theta, \sin\theta) \\ (c, d) = (\cos(\theta\pm 90°), \sin(\theta\pm 90°)) \end{cases}$$
（複号同順）

とおくことができ，これより，ただちに，（Ⅱ）を導くことができます．

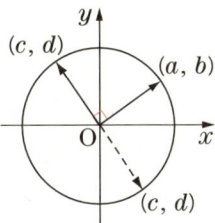

§1　恒等式

§2 整式の除法

与えられた 2 つの整式 $f(x)$, $g(x)$ に対し，四則のうちの 3 つ，すなわち加法，減法，乗法の結果である

$$\text{和} \quad f(x)+g(x)$$
$$\text{差} \quad f(x)-g(x)$$
$$\text{積} \quad f(x)g(x)$$

を求めることは，数学 I で学んだ．ここでは割り算について考えよう．ただし，整数の割り算においては，

「13 を 5 で割ると，商 2 がたって 3 余る」

のように，商を整数の範囲で考えるものと，

$$13 \div 5 = \frac{13}{5}$$

のように，有理数の範囲で商を考えるものの 2 種類がある．本書では，これらを区別するために，

$$\begin{cases} \text{前者を} & \text{余りつき割り算} \\ \text{後者を} & \text{除法} \end{cases}$$

という名前で呼ぶことにする．整数の場合と同様，整式の場合にも，余りつき割り算と，除法の 2 つがある．

この呼び名の区別は，「万国共通」ではないので注意が必要です！

I 整式の余りつき割り算

I-1 商と余り

整数の世界で，「a を b で割ると，商 q がたって r 余る」という関係は，

$$a = b \cdot q + r$$

という等式で表される．ここで，余り r は，

$$0 \leq r < b$$

という不等式を満たす．

整式の世界でも，これと同じように，与えられた 2 つの整式 $f(x)$, $g(x)$ に対し

$$\begin{cases} f(x) = g(x) \cdot q(x) + r(x) & \cdots\cdots(*) \\ (r(x) \text{ の次数}) < (g(x) \text{ の次数}) & \cdots\cdots(**) \end{cases}$$

となるような整式 $q(x)$, $r(x)$ を見つけることができる．（見つけ方は，次ページ以降で述べる．）このとき

$$\begin{cases} q(x) \text{ を, } f(x) \text{ を } g(x) \text{ で割ったときの } \textbf{商} \text{ (quotient)} \\ r(x) \text{ を, } f(x) \text{ を } g(x) \text{ で割ったときの } \textbf{余り} \text{ (residue, remainder)} \end{cases}$$

と呼ぶ．通常は，$g(x)$ の次数は 1 以上である．

> **Notes** 余りを考えるとき，等式(*)とならんで，条件(**)が重要です！ $r(x)$ の次数が $g(x)$ の次数以上であるときは，「もっと割る」ことができるからです．

例 1-5 $x^3+2x+1=x^2 \cdot x+(2x+1)$ において
$$(2x+1 \text{ の次数})=1<2=(x^2 \text{ の次数})$$
であるから，
　　x^3+2x+1 を x^2 で割ると，商 x がたって $2x+1$ 余る．

問 1-3 $x^3=x^2(x-1)+x^2$
であるが，「x^3 を $x-1$ で割ると，x^2 余る」といってはならない．
なぜか？　正しい余りは何か．

I-2　商と余りの計算法

与えられた整式 $f(x)$，$g(x)$ に対し，商 $q(x)$ と余り $r(x)$ を計算するには，割る式と割られる式の最高次の項に注目する計算手順にしたがえばよい．
$$f(x)=2x^3-3x^2+x-1$$
$$g(x)=x-2$$
という具体例についてこれを次ページにて示す．

以下に示すような，有限的な計算手段をアルゴリズムといいます．

コンピュータが最も「得意な」仕事です．

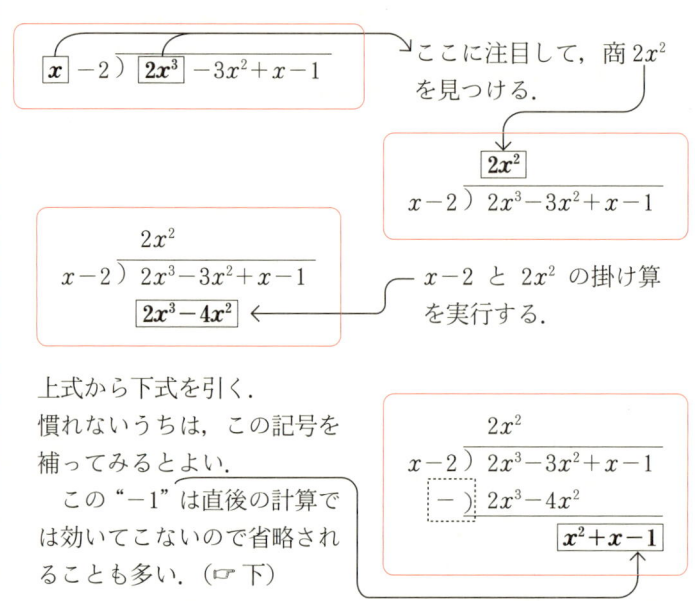

以上の計算で，3次式 $2x^3-3x^2+x-1$ を1次式 $x-2$ で割るとき，まず，$2x^2$ がたって，x^2+x-1 余ることがわかる！

今度は，いま求めた余り x^2+x-1 を，$x-2$ で割っていく．すると，まず x がたって，$3x-1$ が余る．

そこで今度は，いま求めた余り $3x-1$ を，$x-2$ で割ると，…というように，余りが $x-2$（←1次式）より次数が低くなるまで（つまり，定数になるまで）この計算を実行していく．

この計算過程は，通常，以下のようにまとめて書く．

$$
\begin{array}{r}
2x^2+x+3 \\
x-2 \overline{\smash{)}\, 2x^3-3x^2+x-1} \\
\underline{2x^3-4x^2} \\
x^2+x\phantom{{}-1} \quad \leftarrow \text{``}-1\text{'' を書くのをサボッテいる．} \\
\underline{x^2-2x} \\
3x-1 \quad \leftarrow \text{ここで ``}-1\text{'' を入れた．} \\
\underline{3x-6} \\
5
\end{array}
$$

$$\begin{cases} 商 & 2x^2+x+3 \\ 余り & 5 \end{cases}$$

II 余りの定理，因数定理

整式 $f(x)$ を整式 $g(x)$ で割る余りつき割り算において
$$g(x) \text{ が } 1 \text{ 次式}$$
であるときには，前の I–2 で解説した方法によらずに，余りを簡単に計算することができる．この簡便法は，後に学ぶ因数定理という強力なテクニックの基礎となるものである．

II–1　1次式 $x-\alpha$ で割った余り

$g(x)$ が，$x-1$ や $x+3$ のように，$x-\alpha$（α は定数）という1次式であるとき，整式 $f(x)$ を $g(x)$ で割った余りは，定数でなければならない（1次式より低次だから）．

そこで余りを r とおくと，商を $q(x)$ として
$$f(x)=(x-\alpha)q(x)+r$$
とおける．

これは，x の恒等式であるので，x にどんな数値を代入しても，両辺の式の値は一致するはずである．そこで，特に，$x=\alpha$ とおくと
$$f(\alpha)=(\alpha-\alpha)q(\alpha)+r$$
$$\therefore \quad f(\alpha)=r$$
となる．

　$q(x)$ が未知なので $q(\alpha)$ の値は，わかりませんが，それに 0 が掛けられるので，どっちみち
$$0 \cdot q(\alpha)=0$$
となるというところがミソです！

これで次の定理が証明できた．

> **定理**
>
> 整式 $f(x)$ を1次式 $x-\alpha$（α は定数）で割ったときの余りは，$f(\alpha)$ である．

これを **余りの定理**（剰余定理）と呼ぶ．

例 1–6　$f(x)=x^3$ を $x-2$ で割ったときの余りは，$f(2)=2^3=8$ である．

問 1–4　$f(x)=x^3$ を $x+2$ で割ったときの余りを求めよ．

　　　"余りの定理"を使っても，商を求めることはできません！

II-2　1次式 $ax+b$（a, b は定数，$a \neq 0$）で割ったときの余り

　$2x+3$ や $3x-4$ で割る場合も，これらをそれぞれ $2\left(x+\dfrac{3}{2}\right)$，$3\left(x-\dfrac{4}{3}\right)$ と変形することによって，II-1 で述べた定理に帰着される．すなわち

> **定理**
>
> 　整式 $f(x)$ を 1 次式 $ax+b$（a, b は定数で，$a \neq 0$）で割ったときの余りは，$f\left(-\dfrac{b}{a}\right)$ である．

問 1-5　$f(x)=x^3$ を $2x+1$ で割ったときの余りを求めよ．

II-3　割り切れる場合

$$f(x)=g(x)\cdot q(x)$$

となるとき，整式 $f(x)$ は整式 $g(x)$ で **割り切れる** という．割り切れるということは，余り＝0 となることにほかならないので，1 次式で割る場合には次の定理が成り立つ．

> **定理**
>
> 　整式 $f(x)$ が
> (i)　1 次式 $x-\alpha$（α は定数）で割り切れる
> 　　　$\iff f(\alpha)=0$
> (ii)　1 次式 $ax+b$（a, b は定数，$a \neq 0$）で割り切れる
> 　　　$\iff f\left(-\dfrac{b}{a}\right)=0$

これを **因数定理** と呼ぶ．

問 1-6 次の整式のうち，$x-3$ で割り切れるものをすべて選べ．
また，$2x+1$ で割り切れるものをすべて選べ．
(1) $2x^2+5x+2$ (2) x^2-2x-3 (3) $2x^3-7x^2+2x+3$

因数定理は，特に3次式以上の因数分解において，因数を見つけるのに利用される． ☞ 例題 **17**

II-4　2次以上の式で割る場合

整式 $f(x)$ を $2x^2-7x+3$ のような2次以上の式で割った余りも，割る式を
$$2x^2-7x+3=(2x-1)(x-3)$$
のように因数分解することで，計算することができる．具体例については，
☞ 例題 **16**

III　除法・分数式

$13\div 5=\dfrac{13}{5}$ のような答えが分数になる除法を，整式どうしで考えるためには，$\dfrac{x+1}{x^2-3x+4}$ や $\dfrac{x^2+5x-10}{2x-1}$ のように整式を分子，分母にもつ **分数式** の考え方が必要である．

ここでは，分数式についての必須の最小限の知識をまとめよう．

III-1　約分

分数式の分子と分母に共通の因数があるときは約分できる．

例 1-7 $\dfrac{x^2-1}{x^2+3x+2}=\dfrac{(x-1)(x+1)}{(x+1)(x+2)}=\dfrac{x-1}{x+2}$

問 1-7 $\dfrac{2x^2+5x+2}{x^2+3x+2}$ を約分せよ．

III-2 積と商

分数式の積と商の計算は、ふつうの分数の積、商の計算と同様に

$$\frac{b}{a} \times \frac{d}{c} = \frac{bd}{ac}$$

$$\frac{b}{a} \div \frac{d}{c} = \frac{bc}{ad}$$

とするだけである．

例1-8
$$\frac{2x-1}{x+1} \times \frac{x+3}{x} = \frac{(2x-1)(x+3)}{(x+1)x}$$

$$\frac{2x+1}{x+1} \div \frac{x+3}{x} = \frac{(2x+1)x}{(x+1)(x+3)}$$

分子，分母に共通の因数があるときは，約分する．これもふつうの分数と同様である．

例1-9
$$\frac{2x-1}{x+1} \times \frac{x+1}{x-3} = \frac{(2x-1)(x+1)}{(x+1)(x-3)} = \frac{2x-1}{x-3}$$

問1-8 $\dfrac{4x}{x^2-1} \times \dfrac{x-1}{x^2+x}$ を計算せよ．

問1-9 $\dfrac{x^2-2x-3}{x^2+2x-8} \div \dfrac{x^2-1}{x^2-5x+6}$ を計算せよ．

III-3 和と差

分数式の和と差の計算も，ふつうの分数の和，差の計算と同様である．

(i) 分母が共通のとき

$$\frac{b}{a} \pm \frac{c}{a} = \frac{b \pm c}{a} \quad （複号同順）$$

例1-10
$$\frac{x^2}{x^2+3x+2} + \frac{2x+1}{x^2+3x+2} = \frac{x^2+2x+1}{x^2+3x+2}$$

(この場合は，さらに分子，分母を因数分解して $\dfrac{(x+1)^2}{(x+1)(x+2)}$ と変形すると，$x+1$ で約分できて，$\dfrac{x+1}{x+2}$ となる．)

第1章 式の証明

(ii) 分母が異なるときは，**通分**（分母を共通に）してから計算する．

例1-11 $\dfrac{1}{x}+\dfrac{1}{x+1}=\dfrac{x+1}{x(x+1)}+\dfrac{x}{x(x+1)}=\dfrac{(x+1)+x}{x(x+1)}=\dfrac{2x+1}{x(x+1)}$

問1-10 $\dfrac{1}{x}-\dfrac{1}{x+1}$ を計算せよ．

問1-11 $\dfrac{1}{x-1}-\dfrac{2}{x}+\dfrac{1}{x+1}$ を計算せよ．

III-4　部分分数展開

問1-10 で見たように，$\dfrac{1}{x(x+1)}$ は $\dfrac{1}{x}-\dfrac{1}{x+1}$ に等しい，つまり

$$\dfrac{1}{x(x+1)}=\dfrac{1}{x}-\dfrac{1}{x+1}$$

が成り立つ．上の左辺のような分数式が与えられたとき，それを右辺のように，より次数の低い分母をもつ分数式の和になおすことを **部分分数展開** という．部分分数展開は，§1 で述べた **恒等式** の考え方を利用して求める．

例1-12
$$\dfrac{1}{x(x+2)}=\dfrac{a}{x}+\dfrac{b}{x+2}$$

となる定数の a, b を求めるには，右辺を通分して

$$\dfrac{a}{x}+\dfrac{b}{x+2}=\dfrac{a(x+2)+bx}{x(x+2)}$$

とし，出てきた分子 $a(x+2)+bx$ と与えられた式の分子 1 が，恒等的に等しいための条件を考えて，

$$a=\dfrac{1}{2},\ b=-\dfrac{1}{2}$$

を導く．

例題 12

次の各場合について，$f(x)$ を $g(x)$ で割ったときの商と余りを求めよ．

(1) $f(x)=4x^3+8x^2+11x$,　　$g(x)=2x+3$
(2) $f(x)=x^4-2x^2$,　　　　　$g(x)=x^2+2x+3$
(3) $f(x)=x^3+2x^2+1$,　　　$g(x)=x-a$

解答

(1)
$$\begin{array}{r}
2x^2+x+4 \\
2x+3\,\overline{)\,4x^3+8x^2+11x} \\
\underline{4x^3+6x^2} \\
2x^2+11x \\
\underline{2x^2+3x} \\
8x \\
\underline{8x+12} \\
-12
\end{array}$$

◀ 1次式 $2x+3$ で割るのだから，余りが定数になるまで実行する．

$$\begin{cases} 商 & \mathbf{2x^2+x+4} \\ 余り & \mathbf{-12} \end{cases}$$

(2)
$$\begin{array}{r}
x^2-2x-1 \\
x^2+2x+3\,\overline{)\,x^4-2x^2} \\
\underline{x^4+2x^3+3x^2} \\
-2x^3-5x^2 \\
\underline{-2x^3-4x^2-6x} \\
-x^2+6x \\
\underline{-x^2-2x-3} \\
8x+3
\end{array}$$

◀ x^3 の項がないので間をあけておくとよい．

◀ 2次式で割るので，余りが1次以下になったところで終わり．

$$\begin{cases} 商 & \mathbf{x^2-2x-1} \\ 余り & \mathbf{8x+3} \end{cases}$$

(3)
$$\begin{array}{r}x^2+(a+2)x+a(a+2)\\x-a\overline{\smash{\big)}\,x^3+2x^2+1}\\\underline{x^3-ax^2}\\(a+2)x^2\\\underline{(a+2)x^2-a(a+2)x}\\a(a+2)x+1\\\underline{a(a+2)x-a^2(a+2)}\\a^2(a+2)+1\end{array}$$

$\begin{cases}商 \quad \boldsymbol{x^2+(a+2)x+a(a+2)} \\ 余り \quad \boldsymbol{a^3+2a^2+1}\end{cases}$

注 (3)で得た余りは，$f(x)$ において，x を a に書きかえたものと一致していますが，これは偶然ではありません！
☞ 剰余定理

例題 13

整式 x^3+3x^2+ax+b を x^2-x+1 で割ると,余りは $x+5$ であるという.商と定数 a, b の値を求めよ.

アプローチ

素直に割り算を実行してみるというのが1つの方法です.

解答

実際に割り算をすると,

$$
\begin{array}{r}
x+4 \\
x^2-x+1 \overline{\smash{)}\, x^3+3x^2+ax+b} \\
\underline{x^3-x^2+x} \\
4x^2+(a-1)x+b \\
\underline{4x^2-4x+4} \\
(a+3)x+b-4
\end{array}
$$

となるので,商は $\boldsymbol{x+4}$ である.

また,余り $(a+3)x+b-4$ が $x+5$ に等しいことにより,

$$\begin{cases} a+3=1 \\ b-4=5 \end{cases} \therefore \begin{cases} \boldsymbol{a=-2} \\ \boldsymbol{b=9} \end{cases}$$ を得る.

Notes

恒等式の考え方を用いても,次のように解決できます.

別解 3次式を2次式で割ったときの商は,1次式で,x^3 の係数が1であることより $x+c$ とおけるので,

$$x^3+3x^2+ax+b=(x^2-x+1)(x+c)+x+5 \quad \cdots\cdots(*)$$

が恒等的に成立する.

$$(*)の右辺 = x^3+(c-1)x^2+(-c+2)x+c+5$$

より,(*)が恒等式となる条件は

$$\begin{cases} 3=c-1 \\ a=-c+2 \\ b=c+5 \end{cases} \therefore \begin{cases} c=4 \\ a=-2 \\ b=9 \end{cases}$$

である.

例題 14

x の整式 $f(x)$ を $(x-2)(x+1)$ で割ったら $3x-4$ 余る．$f(x)$ を $x-2$ で割ったときの余りを求めよ．

アプローチ

この手の問題は，すべて，次の基本にたちかえることによって解決できます．☞〈解答 1〉

$$f(x) \text{ を } g(x) \text{ で割ると，商が } q(x) \text{ で，余りが } r(x)$$
$$\Longrightarrow f(x)=g(x)q(x)+r(x)$$

剰余定理を使うと，少し簡単になります．☞〈解答 2〉

解 答

〈解答 1〉

与えられた仮定より，$f(x)$ は適当な整式 $q(x)$ を用いて，
$$f(x)=(x-2)(x+1)q(x)+3x-4 \quad \cdots\cdots ①$$
とおける．ところで
$$3x-4=3(x-2)+2 \quad \cdots\cdots ②$$
であるから，②を①に代入すると，
$$f(x)=(x-2)(x+1)q(x)+3(x-2)+2$$
$$=(x-2)\{(x+1)q(x)+3\}+2$$
となる．よって，$f(x)$ を $x-2$ で割ったときの余りは，**2** である．

〈解答 2〉

剰余定理により，①から求める余り $=f(2)=3\cdot 2-4=\mathbf{2}$.

Notes

同様に，本問の $f(x)$ を $x+1$ で割ったときの余りは，-7 と求められます．つまり，$f(x)$ を $(x-2)(x+1)$ で割った余りがわかっていると，$f(x)$ を $x-2$，$x+1$ で割った余りもわかるわけです．

興味深いことに，この反対もできます．つまり，$f(x)$ を $x-2$，$x+1$ で割った余りがわかると，$(x-2)(x+1)$ で割った余りも求められるということです．これを次問で一般的に扱いましょう．

§2 整式の除法

例題 15

x の整式 $f(x)$ を $x-a$ で割ると b 余り，$x-b$ で割ると a 余るという．$f(x)$ を $(x-a)(x-b)$ で割ったときの余りを求めよ．ただし，$a \neq b$ であるとする．

アプローチ

整式 $f(x)$ を 2 次式 $(x-a)(x-b)$ で割ったときの余りは高々 1 次式なので，p, q を定数として，$px+q$ とおけます．

解 答

$f(x)$ を $(x-a)(x-b)$ で割ったときの商を $g(x)$，余りを $px+q$ とおくと，
$$f(x)=(x-a)(x-b)g(x)+px+q \quad \cdots\cdots ①$$
とかける．

一方，与えられた仮定より，
$$\begin{cases} f(a)=b \\ f(b)=a \end{cases} \quad \cdots\cdots ② \quad \blacktriangleleft 剰余定理$$
であるので，①において $x=a, b$ とおいて，②を用いると
$$\begin{cases} pa+q=b & \cdots\cdots ③ \\ pb+q=a & \cdots\cdots ④ \end{cases}$$
なる p, q の連立方程式が得られる．

③-④ より，
$$p(a-b)=-(a-b).$$
$a \neq b$ ゆえ
$$p=-1.$$
これを③に代入すれば
$$q=a+b.$$
よって，求める余りは $-x+a+b$ である．

例題 16

整式 $P(x)$ は，$x-1$，$x+1$，$x+2$ で割ったとき，余りがそれぞれ 9，1，3 である．$P(x)$ を $(x-1)(x+1)(x+2)$ で割ったときの余りを求めよ．

アプローチ

3次式 $(x-1)(x+1)(x+2)$ で割ったときの **余りは 2 次以下** であるから，ax^2+bx+c とおくことができます．

解答

$$P(x)=(x-1)(x+1)(x+2)Q(x)+ax^2+bx+c \quad \cdots\cdots(*)$$

◀ 商を $Q(x)$ とした．

とおく．
与えられた仮定より，

$$\begin{cases} P(1)=9 & \cdots\cdots① \\ P(-1)=1 & \cdots\cdots② \\ P(-2)=3 & \cdots\cdots③ \end{cases}$$

◀ 剰余定理

である．これらの左辺を，(*)を用いて計算すると

$$\begin{cases} a+b+c=9 & \cdots\cdots①' \\ a-b+c=1 & \cdots\cdots②' \\ 4a-2b+c=3 & \cdots\cdots③' \end{cases}$$

◀ 3 元連立 1 次方程式

となる．①$'$ - ②$'$ より，

$$2b=8 \quad \therefore \quad b=4$$

これを①$'$と③$'$に代入すると

$$\begin{cases} a+c=5 \\ 4a+c=11 \end{cases}$$

◀ 2 元連立 1 次方程式

$$\therefore \quad \begin{cases} a=2 \\ c=3 \end{cases}$$

よって，求める余りは $\boldsymbol{2x^2+4x+3}$ である．

例題 17

$x^3+6x^2+11x+6$ を因数分解せよ．

アプローチ

次数の高い多項式の因数分解は，2次式の場合のように簡単にはいきません．しかし，1次式の因数を1つ見つければ

　　　（3次式）なら（1次式）×（2次式）
　　　（4次式）なら（1次式）×（3次式）

と変形できます．1次式の因数を見つけるのに役立つのが，因数定理です．

解答

$f(x)=x^3+6x^2+11x+6$ とおくと，
$$f(-1)=(-1)^3+6\cdot(-1)^2+11\cdot(-1)+6$$
$$=-1+6-11+6$$
$$\therefore \quad f(-1)=0$$

だから，$f(x)$ は $x+1$ で割り切れる．

そこで，$f(x)$ を $x+1$ で割ると，右のように商は x^2+5x+6 となる．

よって，
$$x^3+6x^2+11x+6=(x+1)(x^2+5x+6)$$
$$=\boldsymbol{(x+1)(x+2)(x+3)}.$$

```
                x² +5x +6
        x+1 ) x³+6x²+11x+6
              x³+ x²
              ─────────
                 5x²+11x
                 5x²+ 5x
                 ───────
                     6x+6
                     6x+6
                     ────
                        0
```

注　$f(\alpha)=0$ となる α の値を見つけるのは，カンです．原則として，

$f(x)$ の $\pm\dfrac{\text{定数項の約数}}{\text{最高次の係数の約数}}$ と表せる数の中で探します．本問の場合なら，最高次の係数=1，定数項=6 なので，

　　　$f(1),\ f(-1),\ f(2),\ f(-2),\ f(3),\ f(-3),\ f(6),\ f(-6)$

をためせばよいのです．もし，これらがすべてダメなら，残念ながら初等的には因数分解に役立つ1次因子を見つけることはできません．実際，0になるのは $f(-1),\ f(-2),\ f(-3)$ の3つですが，このうちどの1つを見つけてもかまいません．

例題 18

整式 $f(x)$ を $x-2$ で割ると 6 余り，$(x-1)^2$ で割ると $2x+1$ 余るという．この整式 $f(x)$ を $(x-1)^2(x-2)$ で割ったときの余りを求めよ．

アプローチ

整式 $f(x)$ を 3 次式 $(x-1)^2(x-2)$ で割ったときの余りは，2 次以下の整式なので，ax^2+bx+c とおけます（☞注）が，$f(x)$ を $(x-1)^2$ で割ったときの余りが $2x+1$ であることを上手に用いることができれば，効率よく処理できます．

解 答

整式 $f(x)$ を 3 次式 $(x-1)^2(x-2)$ で割ったときの余りは 2 次以下の整式で，さらに $f(x)$ を $(x-1)^2$ で割ったときの余りが $2x+1$ であることから，$g(x)$ をある整式として，

$$f(x)=(x-1)^2(x-2)g(x)+a(x-1)^2+2x+1$$

とかける． ◀ 余りの 2 次式を $(x-1)^2$ で割った余りが $2x+1$

これに仮定の $f(2)=6$ を用いると， ◀ 剰余定理

$$6=a+5 \quad \therefore \quad a=1$$

よって，求める余りは，

$(x-1)^2+2x+1$ つまり $\boldsymbol{x^2+2}$ である．

注

$$f(x)=(x-1)^2(x-2)g(x)+ax^2+bx+c$$

これに条件 $f(2)=6$, $f(1)=3$（$f(x)=(x-1)^2q(x)+2x+1$ より）を用いても a, b, c の方程式が 2 つしか得られず，a, b, c が決まりません．

そこで，$f(x)$ を $(x-1)^2$ で割ったときの余りが ax^2+bx+c を $(x-1)^2$ で割ったときの余りになることに注目して，実際に割り算を実行すれば，

$$\begin{array}{r} a \\ x^2-2x+1 \overline{\smash{\big)}\, ax^2+bx+c} \\ ax^2-2ax+a \\ \hline (b+2a)x+c-a \end{array}$$

余り $=(2a+b)x+c-a$

これが $2x+1$ に等しいことより

$$2a+b=2, \quad c-a=1$$

となり，これと $f(2)=6$ から得られる等式 $4a+2b+c=6$ を連立すれば，結論が得られます．

例題 19

n を自然数，a，b を定数とする．整式 $f(x) = ax^{n+1} - (n+1)x + b$ が $(x-1)^2$ で割り切れるための a，b の値を求めよ．

アプローチ

整式 $f(x)$ が 2 次式 $(x-\alpha)(x-\beta)$ で割り切れるための条件は，$\alpha \ne \beta$ のときは，$f(x)$ が $x-\alpha$ でも $x-\beta$ でも割り切れること，すなわち，
$$f(\alpha) = 0 \quad \text{かつ} \quad f(\beta) = 0 \quad \cdots\cdots(*)$$
となることです．しかし，$\alpha = \beta$ のときは，$(*)$ は，単に $f(\alpha) = 0$ を述べているにすぎません．ではどうしたらよいでしょう？

$f(x)$ が $x-\alpha$ で割り切れて，しかもそのときの商がまた $x-\alpha$ で割り切れる と考えればよい，と思いませんか！

解答

$f(x)$ が $(x-1)^2$ で割り切れるためには，そもそも，$x-1$ で割り切れなくてはならないから，
$$f(1) = 0 \quad a - (n+1) + b = 0$$
$$\therefore \ b = n + 1 - a. \quad \cdots\cdots\text{①}$$

◀ $x-1$ で割り切れることは $(x-1)^2$ で割り切れるための必要条件．

この条件を用いて，$f(x)$ を書きなおすと
$$\begin{aligned}f(x) &= ax^{n+1} - (n+1)x + (n+1-a) \\ &= a(x^{n+1} - 1) - (n+1)(x-1) \\ &= a(x-1)(x^n + x^{n-1} + \cdots + x + 1) \\ &\quad - (n+1)(x-1) \\ &= (x-1)\{a(x^n + x^{n-1} + \cdots + x + 1) - (n+1)\}\end{aligned}$$

◀ 1 次因子 $x-1$ をくくり出す．

となるので，$f(x)$ が $(x-1)^2$ で割り切れることは，
$$a(x^n + x^{n-1} + \cdots + x + 1) - (n+1)$$
が $x-1$ で割り切れることと同じである．これを $g(x)$ とおくと，
$$g(1) = 0$$
$$\therefore \ a(1 + 1 + \cdots + 1 + 1) - (n+1) = 0$$
$$\therefore \ a(n+1) = n+1$$

$n+1$ は 0 でないから，$\quad \boldsymbol{a = 1}. \quad \cdots\cdots\text{②}$

②を①に代入すると，$\quad \boldsymbol{b = n}.$

例題 20

実数を係数とする 2 つの整式 $f(x)$, $g(x)$ がある．いま，ある実数 a に対し，$\{f(x)\}^3 - \{g(x)\}^3$ が $(x-a)^2$ で割り切れ，$(x-a)^3$ では割り切れないとすれば，$f(x)-g(x)$ が $(x-a)^2$ で割り切れることを証明せよ．

アプローチ

2 つの整式の積 $P(x)Q(x)$ が $(x-a)^2$ で割り切れるのは
 (i) $P(x)$ が $(x-a)^2$ で割り切れる
 (ii) $Q(x)$ が $(x-a)^2$ で割り切れる
 (iii) $P(x)$, $Q(x)$ がともに $x-a$ で割り切れる
のいずれかのときです．

解答

$$\{f(x)\}^3 - \{g(x)\}^3 = \{f(x)-g(x)\}[\{f(x)\}^2 + f(x)g(x) + \{g(x)\}^2]$$

において，右辺の第 2 因子を $P(x)$ とおく．

$\{f(x)\}^3 - \{g(x)\}^3$ が $(x-a)^2$ で割り切れるのは
 (i) $f(x)-g(x)$ が $(x-a)^2$ で割り切れる
 (ii) $P(x)$ が $(x-a)^2$ で割り切れる
 (iii) $f(x)-g(x)$, $P(x)$ がともに $x-a$ で割り切れる
のいずれかのときである．

ところで，(ii)または(iii)の場合は，$P(a)=0$ であるから，
$$\{f(a)\}^2 + f(a)g(a) + \{g(a)\}^2 = 0$$
$$\therefore \ \left\{f(a)+\frac{1}{2}g(a)\right\}^2 + \frac{3}{4}\{g(a)\}^2 = 0 \quad \blacktriangleleft f(a) \text{ の 2 次式として平方完成}$$

$f(a), g(a)$ は実数であるから，これが成り立つのは，
$$f(a)+\frac{1}{2}g(a)=0 \ \text{かつ} \ g(a)=0 \quad \blacktriangleleft A, B \text{ が実数のとき}$$
$$\therefore \ f(a)=g(a)=0 \qquad\qquad\qquad A^2+B^2=0$$
$$\iff A=B=0$$

のときである．すると $f(x)$, $g(x)$ がともに $x-a$ で割り切れ，$\{f(x)\}^3$, $\{g(x)\}^3$ も $(x-a)^3$ で割り切れるから $\{f(x)\}^3 - \{g(x)\}^3$ が $(x-a)^3$ で割り切れることになり，仮定に反する．

ゆえに，(ii), (iii)の場合は実現せず，(i)の場合だけである．■

章末問題（第1章　式の証明）

Aランク

1 $abc \neq 0$, $a+b+c=0$ のとき，
式 $a\left(\dfrac{1}{b}+\dfrac{1}{c}\right)+b\left(\dfrac{1}{c}+\dfrac{1}{a}\right)+c\left(\dfrac{1}{a}+\dfrac{1}{b}\right)$ の値を求めよ．　　　（徳島文理大）

2 $\dfrac{x+y}{5}=\dfrac{y+z}{6}=\dfrac{z+x}{7}\neq 0$ のとき，

$x:y:z$ および $\dfrac{xy+yz+zx}{x^2+y^2+z^2}$ の値を求めよ．　　　（愛知学院大）

3 x についての整式 x^3-ax-6 が x^2-2x-b で割り切れるとき，定数 a, b の値を求めよ．　　　（北海道薬大）

4 整式 $P(x)$ を $(x-1)(x-2)$ で割った余りは $-3x+8$ であり，$(x-3)(x+2)$ で割った余りは $-5x+6$ である．このとき，$P(x)$ を $(x-1)(x-3)$ で割った余りを求めよ．　　　（星薬大）

Bランク

5 整式 $P(x)$ を $(x-1)^2$ で割ったときの余りは $4x-5$ で，$x+2$ で割ったときの余りが -4 である．
(1) $P(x)$ を $x-1$ で割ったときの余りを求めよ．
(2) $P(x)$ を $(x-1)(x+2)$ で割ったときの余りを求めよ．
(3) $P(x)$ を $(x-1)^2(x+2)$ で割ったときの余りを求めよ．　　　（山形大）

第 2 章

不等式の証明とその応用

　与えられた2次不等式を解くことや，いくつかの不等式を組み合わせた条件を考えることについては，数学Ⅰで学んでいる．

　しかし，これまでは，グラフを利用した直観的な扱いが多かった．ここでは，不等式を扱うための根本原理をふりかえり，これに基づいて，ある種の不等式が必ず成り立つことを証明し，さらにそのめざましい応用法を探る．

　なお本書では，他の章でもそうだが，特に本章では，単に「数」といったら，それは実数（☞「本質の研究　数学Ⅰ・A」第1章）を意味することに注意しておこう．

§1 不等式の基本原理

ものごとを理論的に論ずるには，まず，その基礎となることがらを，きちんと決めなくてはならない．ここでは不等式を論ずるための出発点となる基本性質を簡単に述べよう．

I 不等式の証明のための基本性質

I-1 比較可能性

任意の 2 つの実数 a, b に対し，$a>b$, $a=b$, $a<b$ のいずれか 1 つが成り立つ．

I-2 推移律

3 つの実数 a, b, c に対し，$a>b$ かつ $b>c \implies a>c$

II 不等式変形のための基本性質

すでに数学 I で学んだことだが，不等式の基本性質を，もう一度体系的にとらえなおしてみよう．

II-1 和・差に関して

a, b, c を実数とするとき，

$$(\text{i}) \quad a>b \implies a+c>b+c$$

Notes これは，「不等式の両辺に同じ数（上では c）を加えても，不等号の向きは変わらない」ということを意味します．

この性質と I-2 で述べた性質を組み合わせると，次の性質が導かれる．

$$(\text{ii}) \quad \begin{cases} a>b \\ c>d \end{cases} \implies a+c>b+d$$

問 2-1 上の(ii)を証明せよ．

Notes これは，「2 つの不等式の各辺を加え合わせることができる」と読むことができます．

(i)で c のかわりに $-c$ とすると
$$a>b \implies a+(-c)>b+(-c)$$
すなわち次の関係が成り立つ.

> (iii)　$a>b \implies a-c>b-c$

Notes　これは「不等式の両辺から同じ数を引いても，不等号の向きは変わらない」と読むことができます．

そこで，不等式
$$a+c>b+c$$
の両辺から c を引けば
$$(a+c)-c>(b+c)-c \quad \text{すなわち} \quad a>b$$
が得られるので，(i)の逆である
$$a+c>b+c \implies a>b$$
も成り立つ．(iii)の逆についても同様である．

以上まとめると，

> (iv)　a, b, c を実数とするとき
> 1)　$a>b \iff a+c>b+c$
> 2)　$a>b \iff a-c>b-c$

Notes　つまり，不等式においても，等式の場合と同様，「**移項**」という操作が許されるということです！

2)を利用すると，応用上重要な次の原理が得られる．

> 2)′　$a>b \iff a-b>0$

問 2-2　2)から2)′を導くには，どうしたらよいか．

Notes　2)′を考えれば，I-2 で述べた推移律は
「$a-b>0$ かつ $b-c>0 \implies a-c>0$」ということですから，
「正の2数の和は正である」という性質と見ることができます．

II-2 積に関して

> (v) $a>0$ かつ $b>0 \implies ab>0$

すなわち,「正（0 より大）の 2 数の積は正である」という性質と 2)′ から,

> (vi) $a>b$ かつ $c>0 \implies ac>bc$

という性質が証明される.

Notes (vi)は,「不等式の両辺に同じ **正の数を掛けても** 不等号の向きは変わらない*!*」ということです.

問 2-3 上の(vi)を証明せよ.

この性質(vi)から,「負の数を掛けると, 向きが逆転する」という性質

> (vii) $a>b$ かつ $c<0 \implies ac<bc$

が証明される.

問 2-4 $c<0$ ならば $-c>0$ であることを用いて性質(vii)を, (vi)から導け.

問 2-5 $\dfrac{1}{x}<1$ となる x の範囲を求めよ.

Notes 　分数の分母を払うために, 両辺に分母の x を掛けたいところですが, $x>0$ のときと $x<0$ のときとで場合分けして, 不等号の向きに注意する必要があります*!*
　場合分けが面倒だと思ったら, どうしたらよいでしょう. —— x^2 を両辺に掛ければよいのです*!*

なお,「c で割る」ことは「$\dfrac{1}{c}$ を掛ける」ことと同じだから, (vi)や(vii)より

> (vi′) $a>b$ かつ $c>0 \implies \dfrac{a}{c}>\dfrac{b}{c}$
>
> (vii′) $a>b$ かつ $c<0 \implies \dfrac{a}{c}<\dfrac{b}{c}$

も導かれる.

§ 2 不等式の証明

I 絶対不等式

不等式の中には，その式の中に含まれる文字にいかなる数値を与えても必ず成り立つものがある．そのように絶対に成り立つ不等式を **絶対不等式** と呼ぶ．与えられた不等式が絶対不等式であることを証明することを「不等式を証明する」という．

最も典型的・基本的な絶対不等式は $x^2 \geqq 0$ である．高校数学に現れる絶対不等式のほとんどは，最終的にこの不等式に帰着されるものである．

例 2-1 不等式 $x^2+1 \geqq 2x$ を証明しよう．
$$（左辺）= x^2+1, \quad （右辺）= 2x$$
の差を計算すると
$$（左辺）-（右辺）= x^2-2x+1 = (x-1)^2$$
よって， $\quad$ （左辺）-（右辺）$\geqq 0$
ゆえに， $\quad$ （左辺）$\geqq$（右辺）

問 2-6 次の各不等式を証明せよ．
(1) $x^2+y^2 \geqq 2xy$ $\qquad$ (2) $2(x^2+y^2) \geqq (x+y)^2$
(3) $\dfrac{2x^2+y^2}{3} \geqq \left(\dfrac{2x+y}{3}\right)^2$

$\sqrt{}$ を含んだ不等式を証明するときには，次の原理を利用して $\sqrt{}$ をはずすのがしばしば有効である．ここで最初の「$a \geqq 0$, $b \geqq 0$」が大切．

$a \geqq 0$, $b \geqq 0$ のときは
$$a > b \iff a^2 > b^2$$

例 2-2 $\sqrt{\dfrac{x^4+y^4}{2}} \geqq \dfrac{x^2+y^2}{2}$ …① を証明するには，両辺とも 0 以上であるから，それぞれを 2 乗した不等式 $\dfrac{x^4+y^4}{2} \geqq \left(\dfrac{x^2+y^2}{2}\right)^2$ …② を証明すればよい．

問 2-7 上の不等式②を証明せよ．

II　重要な絶対不等式

絶対不等式の中で，次にあげる 2 つは，応用上，特に大切である．

II-1　相加平均，相乗平均についての不等式

> $a \geqq 0$, $b \geqq 0$ のとき
> $$\frac{a+b}{2} \geqq \sqrt{ab}$$
> 等号が成り立つのは $a=b$ のとき，かつそのときに限る．

注　正の 2 数 a, b が与えられたとき，「足して 2 で割る」という操作で得られる普通の平均 $\dfrac{a+b}{2}$ に対し，「掛けて平方根をとる」という操作で得られる $\sqrt{ab}$ も平均の一種です．前者を**相加平均**（昔の表現では算術平均），後者を**相乗平均**（同じく幾何平均）と呼んで区別します．$a=b$ のときは 2 つの平均は一致しますが，それ以外のときは，必ず相加平均の方が相乗平均より大きくなるというのが上の絶対不等式の主張です．

[証明]

両辺とも 0 以上なので，それぞれを 2 乗した不等式
$$\left(\frac{a+b}{2}\right)^2 \geqq ab \qquad \cdots\cdots ①$$
が証明できればよい．ところで

$$(①の左辺) - (①の右辺) = \frac{a^2 + 2ab + b^2}{4} - ab$$

$$= \frac{a^2 - 2ab + b^2}{4} = \frac{1}{4}(a-b)^2 \geqq 0 \qquad \cdots\cdots ②$$

より，① は成り立つ．① で等号が成立するのは，② で等号が成り立つとき，すなわち $a=b$ のときである．

問 2-8　相加平均，相乗平均についての不等式を利用して，次の不等式を証明せよ．また，等号が成立するのはそれぞれどんな場合か．

(1) $a > 0$ のとき　$a + \dfrac{1}{a} \geqq 2$

(2) $a < 0$ のとき　$a + \dfrac{1}{a} \leqq -2$

(3) a, b, c, $d > 0$ のとき　$a^4 + b^4 + c^4 + d^4 \geqq 4abcd$

II-2 コーシーの不等式

$$(a^2+b^2)(x^2+y^2) \geqq (ax+by)^2$$
等号が成り立つのは $ay=bx$ のとき，かつそのときに限る．

等号の成立条件は，$a \neq 0$, $b \neq 0$ のときは，「$\dfrac{x}{a}=\dfrac{y}{b}$ のとき」のようによりわかり易く表すこともできる．この証明は 例題 **22**．なお，この不等式は「コーシー・シュバルツの不等式」と呼ばれることもある．

注 II-2 の不等式は一見複雑ですが，その数学的本質が見えてくると，見かけの複雑さは霧消します．とはいえ，その数学的本質を見抜くためには，第 5 章で学ぶベクトルの知識が大変有効です．

問 2-9 次の不等式を証明せよ．
(1) $5(a^2+b^2) \geqq (2a+b)^2$　　(2) $13(a^2+b^2) \geqq (2a-3b)^2$

変数の個数がもっと増えた場合のコーシーの不等式もある．

$$(a^2+b^2+c^2)(x^2+y^2+z^2) \geqq (ax+by+cz)^2$$
等号が成り立つのは，$ay=bx$ かつ $bz=cy$ かつ $cx=az$ のときである．

一般に
$$(a_1^2+a_2^2+\cdots+a_n^2)(x_1^2+x_2^2+\cdots+x_n^2) \geqq (a_1x_1+a_2x_2+\cdots+a_nx_n)^2$$

注 この等号の成立条件は述べるのが難しい．

$a_1 a_2 \cdots a_n \neq 0$ のときは $\dfrac{x_1}{a_1}=\dfrac{x_2}{a_2}=\cdots=\dfrac{x_n}{a_n}$ です．

例題 21

a, b を実数とするとき，次の不等式を証明せよ．また，等号が成り立つのはどんなときか．

(1) $(1+a^2)(1+b^2) \geqq (1+ab)^2$　　(2) $a^2+b^2+2 \geqq (a+1)(b+1)$

アプローチ

不等式 $P \geqq Q$ を証明するには，$P-Q$ を計算してそれが 0 以上になることを示す――これが高校数学レベルで最初の重要な基本原則です．

ここでよく出てくるものは，

$$\text{どんな実数 } x \text{ に対しても，} x^2 \geqq 0$$

という実数の性質です．

解 答

(1) $(1+a^2)(1+b^2)-(1+ab)^2$　　◀左辺－右辺
$= 1+a^2+b^2+a^2b^2-(1+2ab+a^2b^2)$
$= a^2-2ab+b^2 = (a-b)^2 \geqq 0$　　……①
$\therefore \quad (1+a^2)(1+b^2) \geqq (1+ab)^2$

また，この等号は①の等号が成り立つとき，つまり，**$a=b$** のときに成り立つ．■

(2) $a^2+b^2+2-(a+1)(b+1)$　　◀左辺－右辺
$= a^2+b^2+2-(ab+a+b+1)$
$= a^2-(b+1)a+b^2-b+1$　　◀a について整理．
$= \left\{a^2-(b+1)a+\left(\dfrac{b+1}{2}\right)^2\right\}-\dfrac{(b+1)^2}{4}+b^2-b+1$　　◀a の 2 次式として平方完成．
$= \left(a-\dfrac{b+1}{2}\right)^2+\dfrac{3}{4}b^2-\dfrac{3}{2}b+\dfrac{3}{4}$
$= \left(a-\dfrac{b+1}{2}\right)^2+\dfrac{3}{4}(b-1)^2 \geqq 0$　　……②　　◀b についても平方完成．
$\therefore \quad a^2+b^2+2 \geqq (a+1)(b+1)$

この等号が成り立つのは，②の等号が成り立つとき，すなわち $a-\dfrac{b+1}{2}=0$ かつ $b-1=0$
$\therefore \quad \boldsymbol{a=b=1}$
のときである．■

◀実数 A, B について
$A^2+B^2=0$
$\iff A=B=0$

例題 22

任意の実数 a, b, x, y に対し,
$$(a^2+b^2)(x^2+y^2) \geq (ax+by)^2$$
が成り立つことを示せ．また，等号が成り立つのはどのようなときか．

アプローチ

実数 A, B について, $A \geq B$ が成り立つことを示すには, $A-B \geq 0$ を示せばよいのでした．

解答

$$\begin{aligned}
&(a^2+b^2)(x^2+y^2)-(ax+by)^2 \\
&= (a^2x^2+a^2y^2+b^2x^2+b^2y^2)-(a^2x^2+2abxy+b^2y^2) \\
&= a^2y^2-2ay\cdot bx+b^2x^2 = (ay-bx)^2 \geq 0
\end{aligned}$$

$$\therefore \quad (a^2+b^2)(x^2+y^2) \geq (ax+by)^2$$

また，等号が成り立つのは, $ay-bx=0$ つまり,
$\boldsymbol{ay=bx}$ のときである． ∎

研究 上で証明したコーシーの不等式は，文字の個数を
$$(a^2+b^2+c^2)(x^2+y^2+z^2) \geq (ax+by+cz)^2$$
$$(a^2+b^2+c^2+d^2)(x^2+y^2+z^2+u^2) \geq (ax+by+cz+du)^2$$
$$\cdots\cdots$$
と増やしてゆくことができます．

なお，第5章で学ぶベクトルの内積
$$\vec{p}\cdot\vec{q} = |\vec{p}||\vec{q}|\cos\theta$$
において, $-1 \leq \cos\theta \leq 1$ であることを考えると,
$$-|\vec{p}||\vec{q}| \leq \vec{p}\cdot\vec{q} \leq |\vec{p}||\vec{q}| \quad \therefore \quad (\vec{p}\cdot\vec{q})^2 \leq |\vec{p}|^2|\vec{q}|^2$$
なる不等式が得られますが, $\vec{p}=(a, b)$, $\vec{q}=(x, y)$ とおき，この不等式を成分で表したものが上で示した不等式に他なりません．等号が成り立つのは, $\vec{p} /\!/ \vec{q}$ のときです．

例題 23

次の不等式を証明せよ．
(1) $|a+b| \leq |a|+|b|$
(2) $|a-b| \leq |a|+|b|$
(3) $|a-b| \leq |a-c|+|b-c|$

アプローチ

(1)を証明するのに実数の絶対値の定義
$$|a| = \begin{cases} a & (a \geq 0 \text{ のとき}) \\ -a & (a \leq 0 \text{ のとき}) \end{cases}$$
に戻り，

(i) $a \geq 0, \ b \geq 0$ のとき
(ii) $a \geq 0, \ b \leq 0, \ a+b \geq 0$ のとき
(iii) $a \leq 0, \ b \geq 0, \ a+b \leq 0$ のとき
(iv) $a \leq 0, \ b \leq 0$ のとき

と分類してゆけばやがては証明できますが，やや面倒です．

$$x \geq 0, \ y \geq 0 \text{ のとき} \quad x \leq y \iff x^2 \leq y^2$$

という性質を利用するとスッキリ解決できます．

解 答

(1) 与えられた不等式は，その両辺が負でないことより，その両辺を平方して得られる不等式
$$|a+b|^2 \leq (|a|+|b|)^2$$
つまり，
$$(a+b)^2 \leq (|a|+|b|)^2 \qquad \blacktriangleleft |x|^2 = x^2$$
と同値である．ここで
$(|a|+|b|)^2 - (a+b)^2$
$= |a|^2 + 2|a||b| + |b|^2 - (a^2 + 2ab + b^2)$
$= a^2 + 2|ab| + b^2 - (a^2 + 2ab + b^2) \qquad \blacktriangleleft |a||b| = |ab|$
$= 2(|ab| - ab) \geq 0 \qquad \blacktriangleleft |x| \geq x$

$\therefore \quad |a+b| \leq |a|+|b|$. ∎

等号は，$x \geq 0$ のとき成立．

(2) (1)の不等式において，b の代わりに $-b$ を代入すると
$$|a+(-b)| \leq |a|+|-b|$$
$\therefore \quad |a-b| \leq |a|+|b|$. ∎ $\qquad \blacktriangleleft |-b| = |b|$

(3) (2)の不等式において，a の代わりに $a-c$ を，b の代わりに $b-c$ を代入すると，
$$|a-c-(b-c)| \leq |a-c|+|b-c|$$
$$\therefore \quad |a-b| \leq |a-c|+|b-c|. \quad \blacksquare$$

研究 ここで示したように，(1)が証明できれば，それを利用して(2)と(3)は証明できます．この基本になる不等式(1)は，a，b，c が実数でない場合（複素数である場合）にも成り立ちます．詳しくは，指導要領の範囲は逸脱しますが，本書の第 3 章 §2 で学ぶように，a，b，c が複素数の場合には，不等式(1)は"三角形の 1 辺の長さは，他の 2 辺の長さの和より小さい"という性質を表しています．そういう理由で，不等式(1)のことを「三角不等式」と呼ぶことがあります．(1)がそんなことを表しているなんて，きっと今は信じられないでしょう？

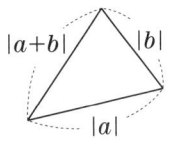

複素数平面上

§2 不等式の証明

例題 24

p, q は $p>0$, $q>0$, $p+q=1$ を満たす実数とする．負でない任意の実数 x, y について，次の各不等式が成り立つことを示せ．
(1) $\sqrt{px+qy} \geqq p\sqrt{x}+q\sqrt{y}$
(2) $\sqrt{px^2+qy^2} \geqq (p\sqrt{x}+q\sqrt{y})^2$

アプローチ

根号がついているからといって，心配する必要はありません．両辺は負でないので，平方した不等式を証明すればよいのです．$p+q=1$ を忘れてはいけません．(2)は(1)を上手に利用しないと，絶望的です．

解 答

(1) 与えられた不等式の両辺は負でないので，両辺を 2 乗した
$$px+qy \geqq (p\sqrt{x}+q\sqrt{y})^2 \quad \cdots\cdots ①$$
と同値である．この両辺の差は
$$px+qy-(p\sqrt{x}+q\sqrt{y})^2$$
$$=p(1-p)x-2pq\sqrt{xy}+q(1-q)y \quad \cdots\cdots(*)$$
となる．ここで，$q=1-p$ を代入し，q を消去すると，
$$(*)\text{の左辺}=p(1-p)x-2p(1-p)\sqrt{xy}+p(1-p)y$$
$$=p(1-p)(x-2\sqrt{xy}+y)$$
$$=p(1-p)(\sqrt{x}-\sqrt{y})^2 \geqq 0$$

◀ $p>0$, $q>0$ より $p(1-p)>0$

これで，①が示された．∎

(2) (1)で証明した式において，x の代わりに x^2，y の代わりに y^2 を代入すると，
$$\sqrt{px^2+qy^2} \geqq p\sqrt{x^2}+q\sqrt{y^2}=px+qy.$$
一方，(1)より $\sqrt{px+qy} \geqq p\sqrt{x}+q\sqrt{y}$
が成り立つ．この 2 式より
$$\sqrt{px^2+qy^2} \geqq (p\sqrt{x}+q\sqrt{y})^2. \quad \blacksquare$$

◀ 両辺を 2 乗すると
$px+qy$
$\geqq (p\sqrt{x}+q\sqrt{y})^2$

例題 25

正の実数 x, y, z について，不等式
$$\frac{x^3+y^3+z^3}{3} \geq xyz$$
が成り立つことを示せ．
また，等号はどんなときに成り立つか．

アプローチ

$$x^3+y^3+z^3-3xyz \geq 0 \quad \cdots\cdots ①$$

を示せばよいはずですが，3次なので平方完成もできず少し考えてしまいます．ところで，①の左辺は因数分解できます．高校1年生のときにやったことを覚えていますか？

解　答

$x^3+y^3+z^3-3xyz$
$= \underline{(x+y)^3 - 3xy(x+y)} + \underline{z^3 - 3xyz}$
$= (x+y+z)\{(x+y)^2-(x+y)z+z^2\}$
$\quad -3xy(x+y+z)$
$= (x+y+z)(x^2+y^2+z^2-xy-yz-zx)$

この第1因子 $x+y+z$ は，
$$x>0,\ y>0,\ z>0$$
であるから，正である．
第2因子についても
$x^2+y^2+z^2-xy-yz-zx$
$= \dfrac{1}{2}\{(x-y)^2+(y-z)^2+(z-x)^2\} \geq 0 \cdots\cdots ②$

となる．したがって，
$$x^3+y^3+z^3-3xyz \geq 0$$
$$\therefore \quad \frac{x^3+y^3+z^3}{3} \geq xyz.$$

また，この等号が成り立つのは，②の等号が成り立つとき，つまり
$$x-y=0\ \text{かつ}\ y-z=0\ \text{かつ}\ z-x=0$$
$$\therefore\ x=y=z$$
のときである．■

◀ x^3+y^3
$\quad = (x+y)^3$
$\quad\quad -3xy(x+y)$

◀ $(x+y)^3$ と z^3，
$-3xy(x+y)$ と
$-3xyz$ を組み合わせた．

◀ この技巧的な変形が論証のポイント．相加平均・相乗平均の不等式
$\quad x^2+y^2 \geq 2xy$
$\quad y^2+z^2 \geq 2yz$
$\quad z^2+x^2 \geq 2zx$
を辺々加えても証明できる．

例題 26

$a>0$, $b>0$ のとき，不等式
$$\left(a+\frac{4}{b}\right)\left(b+\frac{9}{a}\right) \geqq 25$$
を証明せよ．また，ここで等号が成り立つのはどんなときか．

アプローチ

相加平均と相乗平均の不等式を上手に利用します．

解答

$$\left(a+\frac{4}{b}\right)\left(b+\frac{9}{a}\right)=ab+\frac{36}{ab}+13$$

ここで，$ab>0$ より，相加平均と相乗平均の不等式の関係を用いると

$$ab+\frac{36}{ab} \geqq 2\sqrt{ab \cdot \frac{36}{ab}}=12 \quad \cdots\cdots ①$$

が得られ，①の両辺に 13 を加えると

$$ab+\frac{36}{ab}+13 \geqq 25$$

$$\therefore \quad \left(a+\frac{4}{b}\right)\left(b+\frac{9}{a}\right) \geqq 25 \quad \cdots\cdots ②$$

ここで等号が成り立つのは $ab=\dfrac{36}{ab}$ いいかえると $(ab)^2=36$ すなわち **$ab=6$** のときである．■

注 本質的には同じことであるが

$$\left(a+\frac{4}{b}\right)\left(b+\frac{9}{a}\right)-25$$
$$=ab+\frac{36}{ab}-12$$
$$=\frac{(ab)^2-12ab+36}{ab}=\frac{(ab-6)^2}{ab} \geqq 0$$

という変形から示すこともできる．

■研究　相加平均，相乗平均の不等式を次のように利用してもうまくいきません．

$$a+\frac{4}{b} \geq 2\sqrt{a \cdot \frac{4}{b}} = 4\sqrt{\frac{a}{b}}$$

$$b+\frac{9}{a} \geq 2\sqrt{b \cdot \frac{9}{a}} = 6\sqrt{\frac{b}{a}}$$

辺々かけあわせて

$$\left(a+\frac{4}{b}\right)\left(b+\frac{9}{a}\right) \geq 4\sqrt{\frac{a}{b}} \cdot 6\sqrt{\frac{b}{a}}$$

$$\therefore \quad \left(a+\frac{4}{b}\right)\left(b+\frac{9}{a}\right) \geq 24$$

導かれた結論は不等式としては間違っていませんが，これを変形して証明すべき結論に到達することは不可能です．

例題 27

次の不等式を証明せよ．
(1) $a>b$, $x>y$ のとき，$(a+b)(x+y)<2(ax+by)$
(2) $a>b>c$, $x>y>z$ のとき，
$$(a+b+c)(x+y+z)<3(ax+by+cz)$$

アプローチ

(1)は，$P-Q$ が因数分解できます．(2)はそれをヒントにうまく組み合わせます．

解答

(1) $2(ax+by)-(a+b)(x+y)$
$=2(ax+by)-(ax+ay+bx+by)$
$=ax+by-ay-bx$
$=a(x-y)-b(x-y)=(a-b)(x-y)$．
仮定より，$a-b>0$, $x-y>0$ であるから，
$$(a-b)(x-y)>0.$$
$\therefore\ 2(ax+by)>(a+b)(x+y)$. ∎

◀ $ax-ay$ と $by-bx$ に分けて考える．

(2) $3(ax+by+cz)-(a+b+c)(x+y+z)$
$=3(ax+by+cz)$
　$-(ax+ay+az+bx+by+bz+cx+cy+cz)$
$=2ax+2by+2cz-ay-az-bx-bz-cx-cy$
$=(ax+by-ay-bx)+(ax+cz-az-cx)$
　$+(by+cz-bz-cy)$
$=(a-b)(x-y)+(a-c)(x-z)+(b-c)(y-z)$．
仮定より，各項は正の数の積であるから
$$\therefore\ 3(ax+by+cz)>(a+b+c)(x+y+z).$$ ∎

◀ $2ax$ を $(ax+ax)$ と分ける．

◀ $(x-y)$，$(y-z)$，$(z-x)$ が因数になるよう組み合わせる．

別解 (1)で示した事実を用いれば，
$$(a+b)(x+y)<2(ax+by),$$
$$(b+c)(y+z)<2(by+cz),$$
$$(a+c)(x+z)<2(ax+cz).$$
この3式を辺々加えてから，両辺から，$ax+by+cz$ を引いても，証明すべき式が得られる．

例題 28

$\begin{cases} a > 0, \quad d > 0 \\ a_1 = a, \quad a_2 = a+d, \quad a_3 = a+2d, \quad a_4 = a+3d \end{cases}$

のとき，次の不等式が成り立つことを示せ．

(1) $\dfrac{1}{a_1} + \dfrac{1}{a_4} > \dfrac{4}{a_1+a_4}$

(2) $\dfrac{1}{a_1} + \dfrac{1}{a_2} + \dfrac{1}{a_3} + \dfrac{1}{a_4} > \dfrac{8}{a_1+a_4}$

アプローチ

　実直に，左辺－右辺を計算する他に，証明すべき不等式をそれと同値な不等式に変形してから証明してもよいでしょう．(2)では(1)の利用を考えましょう．

解答

(1) $\qquad \dfrac{1}{a_1} + \dfrac{1}{a_4} > \dfrac{4}{a_1+a_4} \qquad \cdots\cdots ①$

すなわち，$\dfrac{a_1+a_4}{a_1 a_4} > \dfrac{4}{a_1+a_4}$ を示すには， ◀左辺を通分した．

その両辺に正の数 $a_1 a_4 (a_1 + a_4)$ を掛けて得られる

$$(a_1 + a_4)^2 > 4 a_1 a_4$$

を示せばよいが，ここで，両辺の差をとると

$$(a_1+a_4)^2 - 4a_1 a_4 = a_1{}^2 - 2a_1 a_4 + a_4{}^2$$
$$= (a_1 - a_4)^2 > 0$$

　よって，①が成り立つ．■

(2) (1)と同様にして，

$$\dfrac{1}{a_2} + \dfrac{1}{a_3} > \dfrac{4}{a_2+a_3} \qquad \cdots\cdots ②$$

◀(1)と同様に両辺に $a_2 a_3 (a_2 + a_3) > 0$ を掛ければよい．

が成り立つことが示される．

　ここで，
$$a_2 + a_3 = (a+d) + (a+2d)$$
$$= a + (a+3d) = a_1 + a_4$$

であることに注意して，①＋②を作ると

$$\dfrac{1}{a_1} + \dfrac{1}{a_2} + \dfrac{1}{a_3} + \dfrac{1}{a_4} > \dfrac{4}{a_1+a_4} + \dfrac{4}{a_2+a_3} = \dfrac{8}{a_1+a_4}$$

を得る．■

例題 29

$-1<a<1$, $-1<b<1$ のとき，不等式 $-1<\dfrac{a+b}{ab+1}<1$ が成り立つことを示せ．

アプローチ

分数不等式ですから，分母を払うのですが，その際，**分母の符号に注意**しなければなりません！

解答

$$-1<a<1 \quad \text{かつ} \quad -1<b<1 \quad \cdots\cdots(*)$$

より $-1<ab<1$

したがって，分母の $ab+1$ は正であるから，分母を払った不等式

$$-(ab+1)<a+b<ab+1$$

すなわち
$$\begin{cases} ab+1+a+b>0 & \cdots\cdots① \\ ab+1-a-b>0 & \cdots\cdots② \end{cases}$$

を証明すればよい．ところで，
$$\begin{cases} ①の左辺 = (a+1)(b+1) \\ ②の左辺 = (a-1)(b-1) \end{cases}$$

であり，(*)より
$$\begin{cases} a+1>0 \quad \text{かつ} \quad b+1>0 \\ a-1<0 \quad \text{かつ} \quad b-1<0 \end{cases}$$

であるから，たしかに①，②が成り立つ．■

◀ $A<B<C$ は $\begin{cases} A<B \\ B<C \end{cases}$ の省略記法．

研究

①の左辺において，a を定数と見なして
$$f(b) = (a+1)b + (a+1)$$

とおくと，$f(b)$ は b の 1 次関数であり，$a+1>0$ であるから，そのグラフは右上がりの直線である．しかも $f(-1) = -(a+1)+(a+1) = 0$ であるから，$-1<b<1$ なる b に対しても，つねに $f(b)>0$ となる．

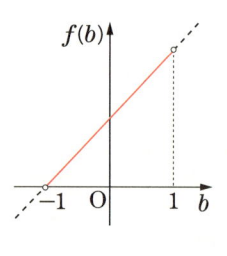

このように①を証明することができます．②も同様です．

このように 2 つの変数のうち，一方を定数と見なしてしまう考え方を，**変数固定** といいます．大学以上でもとても大切な考え方です．

§3 不等式の応用

不等式 $a \geq b$ が証明されたところで，2数 a, b に対し
　　　　a が b より大であるか　または　$a=b$ である
ことをいえるだけであり，a が b より〈どれくらい大きいか〉などの詳しい情報は得られないのであるから「不等式の証明」は，ある意味で虚しいのであるが，ときにめざましく活躍することがある．それが最大・最小への応用である．

たとえば，次の問題を考えてみよう．

> 周の長さが一定である長方形のうちで，面積が最大のものはなにか．

この問題は，数学 I で学んだ 2 次関数の考え方を使っても解けるが，相加平均と相乗平均に関する絶対不等式を利用すると，もっと簡単に解ける．すなわち，

長方形の隣り合う 2 辺の長さを x, y，周の長さを $2l$（一定），面積を S とおくと，$x>0, y>0$ であって
$$x+y=l$$
相加平均，相乗平均の関係から，不等式
$$x+y \geq 2\sqrt{xy} \quad \cdots\cdots ①$$
$$\therefore \quad l \geq 2\sqrt{S}$$
が成り立つ．これより　　　　　　　　　　◀両辺とも正なので，平方する．
$$S \leq \frac{l^2}{4} = 一定 \quad \cdots\cdots ②$$
② で等号が成立するのは，① で等号が成立する
$$x=y$$
のとき，すなわち
$$x=\frac{l}{2}, \quad y=\frac{l}{2}$$
のときである．

ゆえに，S は，正方形のとき最大値をとる．■

注 $S=xy$, $x+y=l$ から、y を消去すると

$$\begin{cases} 0<x<l \\ S=x(l-x) \end{cases}$$

という2次関数の問題になります．

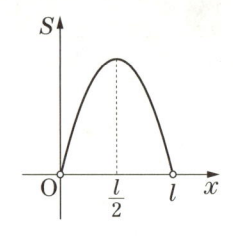

注 絶対不等式から

$$S \leqq \frac{l^2}{4}$$

という不等式を導いただけでは，「S の最大値$=\dfrac{l^2}{4}$」と結論づけることはできません．「等号が成り立つことがある」ことを押さえることが本質的なのです！

「私の体重はいつも100 kg以下です」といったところで，最大値が100 kgとは限りません．100 kgになったことがあるとは限らないからです．

例題 30

実数 x, y が
$$x^2+y^2=2 \quad \cdots\cdots ①$$
を満たして変化するとき,
$$z=(x+y)^2 \quad \cdots\cdots ②$$
の最大値を求めよ．

アプローチ

変数が 2 つ（x と y）もあるので難しそうです．でも，「①を考慮すれば，$z=2+2xy$ であるから，z を最大にするには，$2xy$ を最大にすればよい」と考えると，利用すべき絶対不等式が見えてきます．

解 答

$$z=x^2+2xy+y^2$$

は，①のもとで

$$z=2+2xy \quad \cdots\cdots ②'$$

となる．ここで，一般に，任意の実数 x, y に対し不等式

$$x^2+y^2 \geqq 2xy \quad \cdots\cdots ③$$

が成り立つので，①を満たす x, y については

$$2xy \leqq 2 \quad \cdots\cdots ③'$$

が成り立つ．よって，②′と③′より，不等式

$$z \leqq 4 \quad \cdots\cdots ④$$

が成り立つ．ここで，③′で等号が成立するとき，すなわち

$$xy=1 \text{ かつ } x^2+y^2=2$$
$$\therefore \quad x=y=\pm 1$$

のとき，④で等号が成立する．

ゆえに，z の最大値は **4** である．

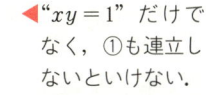

◀相加平均
　≧相乗平均
　と同じ．

◀"$xy=1$" だけでなく，①も連立しないといけない．

◀ここがポイント．

Notes

1° コーシーの不等式の特別の場合として，
$$(1^2+1^2)(x^2+y^2) \geqq (1 \cdot x + 1 \cdot y)^2$$
$$\therefore \quad 2(x^2+y^2) \geqq (x+y)^2$$
という絶対不等式が成り立つ．これを用いれば，ただちに④が得られます．

2° 第4章の「図形と式」の範囲の知識があれば，x，y が①を満たして変化するとき
$$u = x + y$$
のとり得る値の範囲が，
$$-2 \leqq u \leqq 2$$
であることが容易にわかります．（こう聞くと，今は，きっと不思議でしょう．）それを利用して z の最大値を求めることもできます．

質 問 箱

「実数 x, y が $x^2+y^2=2$, $x \geqq 0$, $y \geqq 0$ を満たして変わるとき，$z=x+y$ の最小値を求めよ」という問題が出たので私は，次のように考えました．
私の解答『$x \geqq 0$, $y \geqq 0$ なので，相加平均≧相乗平均の不等式により
$$x + y \geqq 2\sqrt{xy}$$
$$\therefore \quad z \geqq 2\sqrt{xy} \qquad \cdots\cdots ①$$
が成り立つ．ここで，等号は，$x=y$ $\qquad\cdots\cdots ②$
のとき，かつそのときに限って成り立つ．
　ところで，もともと，x，y は，
$$x^2+y^2=2, \quad x \geqq 0, \quad y \geqq 0$$
を満たす変数であったから，②が成立するのは，
$$x = y = 1 \qquad \cdots\cdots ③$$
のときである．このとき，z の値は2となる．
　よって，z の最小値は2である．』
　しかし，この解答には，私自身，納得できません．なぜなら，$x=\sqrt{2}$，$y=0$ の場合，z は，2より小さい $\sqrt{2}$ という値をとるからです，最小値より小さな値をとることなんてあるはずがないですよね！」

お 答 え

君の解答は，論理的には，最後の1行を除いて正しいのです．いいかえれば，
　「つねに，$z \geqq 2\sqrt{xy}$ $\cdots\cdots$ ① という不等式が成立し，しかも，ここで，等号が成立するのは，$x=y=1$ $\cdots\cdots$ ③ の場合である」といえても，これから「z の最小値が2である」という結論を導くことはできない，ということです．

「だって，…」と君はいうでしょう．本書でもこれに類似の論法を使って最小値や最大値を求めてきているからです．しかし，君の論法と決定的に違う点が1つあります．それは，①に相当する式の右辺が定数である，ということです．もし，

$\begin{cases} 不等式\ z \geqq a\ (=定数)\ がつねに成り立つ \\ z = a\ となることがある \end{cases}$

といえれば，z の最小値が a であるけれど，変数 z, w について

$\begin{cases} 不等式\ z \geqq w\ がつねに成り立つ \\ z = w\ となることがある \end{cases}$

といえても，$z = w$ となるとき，z が最小値をとるとはいえないのです．「私の身長は，つねに妹の身長以上であった．私が5歳のときだけ，2人の身長は等しかった．ゆえに，私の身長は，そのとき最小だった」と主張するようなものです．

ちなみに，上の問題の正しい答えは $\sqrt{2}$ です．さて，どうしてでしょう？（第4章を学ぶとすぐにわかります．）

例題 31

平面上の定点 $A(a, b)$ $(a>0, b>0)$ を通る負の傾きの直線と x 軸，y 軸のつくる三角形について，
(1) この三角形の直角をはさむ 2 辺の長さの和の最小値を求めよ．
(2) この三角形の面積の最小値を求めよ．

アプローチ

直線の傾きを $-m$ $(m>0)$ とおき，直線と両座標軸との交点を求めれば，直角をはさむ 2 辺の長さの和も，三角形の面積も m で表すことができます．

解答

点 $A(a, b)$ を通り，負の傾きをもつ直線の方程式は，
$$y-b=-m(x-a) \quad \cdots\cdots ①$$
とおける．ここで，m は正の数である．直線と x, y 軸との交点 P, Q の x, y 座標 x_P, y_Q は，①でそれぞれ $y=0$, $x=0$ とおくことにより，

$$\begin{cases} x_P = a + \dfrac{b}{m} \\ y_Q = b + ma \end{cases}$$

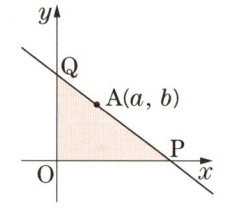

(1)
$$OP + OQ = x_P + y_Q$$
$$= a + b + \dfrac{b}{m} + ma$$

である．ここで，相加平均と相乗平均の関係より
$$\dfrac{b}{m} + ma \geq 2\sqrt{\dfrac{b}{m} \cdot ma} = 2\sqrt{ab}$$

であるから，
$$OP + OQ \geq a + b + 2\sqrt{ab}$$
$$= 一定．$$

等号は，
$$ma = \dfrac{b}{m} \quad \therefore \quad m^2 = \dfrac{b}{a}$$
$$\therefore \quad m = \sqrt{\dfrac{b}{a}}$$

のとき成立する.

ゆえに, **最小値は** $(\sqrt{a}+\sqrt{b})^2$ **である.**

◀ $a+b+2\sqrt{ab}$
　$=(\sqrt{a}+\sqrt{b})^2$

(2) $\triangle \text{OPQ} = \dfrac{1}{2}\text{OP}\cdot\text{OQ}$

$= \dfrac{1}{2}x_P y_Q$

$= \dfrac{1}{2}\left(a+\dfrac{b}{m}\right)(b+ma)$

$= \dfrac{1}{2}\left(2ab+a^2m+\dfrac{b^2}{m}\right)$

である. ここで, 相加平均と相乗平均の関係より

$a^2m+\dfrac{b^2}{m} \geq 2\sqrt{a^2m\cdot\dfrac{b^2}{m}}$

$= 2\sqrt{a^2b^2}$

$= 2|ab|$

$= 2ab$

∴ $\triangle \text{OPQ} \geq \dfrac{1}{2}(2ab+2ab) = 2ab$

$= $ 一定.

◀ 実数 A に対して
　$\sqrt{A^2}=|A|$

等号は,

$a^2m = \dfrac{b^2}{m}$　すなわち　$m^2 = \dfrac{b^2}{a^2}$

∴　$m = \dfrac{b}{a}$

のときに成立する.

ゆえに, **最小値は** $2ab$ **である.**

例題 32

Aが毎時 a km の一定の速さである地点を出発し l km 進んだ後，Bが同一地点を出発し同一の道を経て一定の速さでAを追う．BがAに追いつくまでの疲労を最小にするには，どんな速さで進めばよいか．ただし，a は正の数で，また疲労は速さの2乗と時間とに比例するものとする．

アプローチ

BがAに追いつくのは，

（Bが進んだ距離）＝ l ＋（AがBの出発後に進んだ距離） ……(*)

が成り立つときです．これがわかれば，Bの速さとBが出発してからの時間を変数にとり，(*)を数式化します．なお，疲労が速さの2乗と時間とに比例するとは，

（疲労）＝ $k \times$ （速さ）$^2 \times$ （時間） （k は比例定数）

と書けることです．

解 答

Bの速さを毎時 v km，Bが出発してから t 時間後に A に追いつくとすると，

$$vt = l + at$$

$$\therefore \quad t = \frac{l}{v-a} \quad \cdots\cdots ①$$

が成り立つ．この間の B の疲労 E は，

$$E = kv^2 t \quad (k は正の定数)$$

と書ける．①をこれに代入すると，E は

$$E = kv^2 \cdot \frac{l}{v-a}$$

$$= kl \cdot \frac{v^2}{v-a}$$

◀ v の分数関数．

というvの式で表せる．kl は正の定数なので，

$$f(v) = \frac{v^2}{v-a}$$

◀
$$\begin{array}{r} v+a \\ v-a \overline{\smash{)}\, v^2 } \\ \underline{v^2 - av} \\ av \\ \underline{av - a^2} \\ a^2 \end{array}$$

を最小にする v の値が求めるものである．

ただし，v の変域は，$v > a$ である．

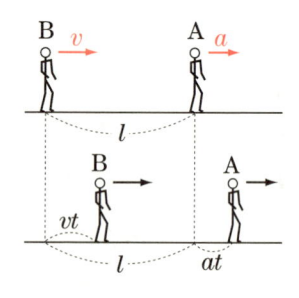

$$f(v) = v + a + \frac{a^2}{v-a} \qquad \cdots\cdots ②$$

$$= v - a + \frac{a^2}{v-a} + 2a \qquad \cdots\cdots ③$$

$$\geq 2\sqrt{(v-a)\cdot \frac{a^2}{v-a}} + 2a$$

$$= 4a$$

◀ ②から③への変形
の工夫がミソ！

等号は，

$$v - a = \frac{a^2}{v-a} \quad \text{すなわち} \quad (v-a)^2 = a^2$$

$$\therefore \quad v = 2a$$

のとき成立する．

ゆえに，**毎時 $2a$ km** の速さで進めばよい．

Notes

②から③への変形をせずに，不等式

$$f(v) = v + a + \frac{a^2}{v-a}$$

$$\geq 2\sqrt{(v+a)\frac{a^2}{v-a}}$$

を導いても，$f(v)$ の最小値問題の解決には前進しません！

☞ 質問箱 p. 70

例題 33

(1) a を正の実数とするとき,a とその逆数の和は,必ず 2 以上であることを示せ.

(2) n 個の正の数 a_1, a_2, $\cdots$, a_n がある.ただし,$n \geq 2$ とする.
$$A = a_1 + a_2 + \cdots + a_n, \quad B = \frac{1}{a_1} + \frac{1}{a_2} + \cdots + \frac{1}{a_n}$$
とおくとき,A,B のうち少なくとも一方は n より小さくないことを示せ.

アプローチ

(1)は,相加平均≧相乗平均 の不等式からすぐに示せますね.

(2) 「A,B のうち少なくとも一方が n 以上である」ことを示すには,何を示せばよいか,と考えます.$A + B \geq 2n$ を示せばよいといわれたら,「そうか!」と納得してもらえますか?

解 答

(1) a とその逆数 $\dfrac{1}{a}$ の和において,相加平均・相乗平均の不等式を利用すると,
$$a + \frac{1}{a} \geq 2\sqrt{a \cdot \frac{1}{a}} \quad \therefore \quad a + \frac{1}{a} \geq 2$$
が得られる.■

◁ "$\begin{cases} x > 0, \ y > 0 \\ xy = 1 \end{cases}$
$\implies x + y \geq 2$"
が示されたのと同じ.

(2) $A + B = (a_1 + a_2 + \cdots + a_n) + \left(\dfrac{1}{a_1} + \dfrac{1}{a_2} + \cdots + \dfrac{1}{a_n}\right)$

$\qquad = \left(a_1 + \dfrac{1}{a_1}\right) + \left(a_2 + \dfrac{1}{a_2}\right) + \cdots + \left(a_n + \dfrac{1}{a_n}\right)$

$\qquad \geq 2 + 2 + \cdots + 2$

$\qquad = 2n$

◁ (1)の結果より.

よって,A,B のうち少なくとも一方は n 以上である.■

Notes

(2)の証明では
$$\text{"}A+B \geqq 2n \implies A \geqq n \text{ または } B \geqq n\text{"}$$
という性質を利用したのですが，この逆
$$\text{"}A \geqq n \text{ または } B \geqq n \implies A+B \geqq 2n\text{"}$$
は成立しません．（$A=n+1$，$B=n-2$ を考えてごらんなさい．）

　A，B が正の数であることに注目すると，(2)は次のように証明することもできます．すなわち，コーシーの不等式により

$$AB = (a_1+a_2+\cdots+a_n)\left(\frac{1}{a_1}+\frac{1}{a_2}+\cdots+\frac{1}{a_n}\right)$$
$$= (\sqrt{a_1}^2+\sqrt{a_2}^2+\cdots+\sqrt{a_n}^2)\left(\sqrt{\frac{1}{a_1}}^2+\sqrt{\frac{1}{a_2}}^2+\cdots+\sqrt{\frac{1}{a_n}}^2\right)$$
$$\geqq \left(\sqrt{a_1\cdot\frac{1}{a_1}}+\sqrt{a_2\cdot\frac{1}{a_2}}+\cdots+\sqrt{a_n\cdot\frac{1}{a_n}}\right)^2$$
$$= n^2$$

ゆえに，$A \geqq n$ または $B \geqq n$．∎

注 ここで利用したのは，変数の個数が $2n$ 個の場合のコーシーの不等式です．

$$(a_1^2+a_2^2+\cdots+a_n^2)(x_1^2+x_2^2+\cdots+x_n^2)$$
$$\geqq (a_1x_1+a_2x_2+\cdots+a_nx_n)^2$$

§3 不等式の応用

例題 34

a は $\sqrt{2}$ より大きい有理数とする．このとき，$b=\dfrac{1}{2}\left(a+\dfrac{2}{a}\right)$ とおけば，b も $\sqrt{2}$ より大きい有理数で，しかも，b は a と比べてより $\sqrt{2}$ に近いことを証明せよ．

アプローチ

b が $\sqrt{2}$ より大きいことを示すには，$b-\sqrt{2}>0$ を示せばよく，さらに，b が a よりも $\sqrt{2}$ に近いことを示すには，$\sqrt{2}$ との差が小さい，つまり

$$b-\sqrt{2}<a-\sqrt{2} \quad \therefore \quad a-b>0$$

を示せばよいことになります．

解答

$$\begin{aligned}b-\sqrt{2}&=\dfrac{a^2+2}{2a}-\sqrt{2}\\&=\dfrac{a^2-2\sqrt{2}a+2}{2a}\\&=\dfrac{(a-\sqrt{2})^2}{2a}.\end{aligned}$$

◀ まず，b と $\sqrt{2}$ の大小をたしかめる．

ここで，$a>\sqrt{2}$ より $b-\sqrt{2}>0$
$$\therefore \quad b>\sqrt{2}. \quad \cdots\cdots ①$$

さらに，
$$\begin{aligned}a-b&=a-\dfrac{a^2+2}{2a}\\&=\dfrac{a^2-2}{2a}\\&=\dfrac{(a+\sqrt{2})(a-\sqrt{2})}{2a}.\end{aligned}$$

◀ 次に，a と b の大小を確認する．

$a>\sqrt{2}$ より， $a-b>0.$ ……②

よって，①，②より，b も $\sqrt{2}$ より大きい有理数で，a よりも $\sqrt{2}$ に近いことが証明された．∎

◀ a が有理数だから $b=\dfrac{1}{2}\left(a+\dfrac{2}{a}\right)$ も有理数である．

Notes

1° 前半は，「相加平均≧相乗平均」の不等式を用いても解決します．
$$b = \frac{1}{2}\left(a + \frac{2}{a}\right) \geq \frac{1}{2} \cdot 2\sqrt{a \cdot \frac{2}{a}} = \sqrt{2}$$
しかし，ここで，条件より $a > \sqrt{2}$ ですから，この不等式 $b \geq \sqrt{2}$ の等号は成立しません．

2° 本問の結果は，a として $\sqrt{2}$ より大きい有理数をとるとき，$b = \frac{1}{2}\left(a + \frac{2}{a}\right)$ を考えれば，b は a よりも良い $\sqrt{2}$ の近似値になることを示しています．たとえば，$a = 1.5$ とすると，
$$b = \frac{1}{2}\left(\frac{3}{2} + \frac{4}{3}\right)$$
$$= \frac{17}{12} = 1.416666\cdots$$

今度は，a として $\frac{17}{12} = 1.41666\cdots$ をとれば
$$b = \frac{1}{2}\left(\frac{17}{12} + \frac{24}{17}\right)$$
$$= 1.41421\cdots$$

◀ $\sqrt{2}$ のかなりよい近似値！

§3 不等式の応用

章末問題（第2章 不等式の証明とその応用）

Aランク

6 次の不等式を証明せよ．

(1) $a \geq 0$, $b \geq 0$ のとき，$\sqrt{\dfrac{a+b}{2}} \geq \dfrac{\sqrt{a}+\sqrt{b}}{2}$

(2) $a \geq 0$, $b \geq 0$, $c \geq 0$, $d \geq 0$ のとき，
$$\sqrt{\dfrac{a+b+c+d}{4}} \geq \dfrac{\sqrt{a}+\sqrt{b}+\sqrt{c}+\sqrt{d}}{4}$$
（東北学院大）

7 a, b, c を正の数とするとき，次の各不等式が成り立つことを示せ．また，等号が成立するのはどのような場合か． （東北学院大）

(1) $a + \dfrac{1}{a} \geq 2$ 　　(2) $\left(a + \dfrac{1}{b}\right)\left(b + \dfrac{4}{a}\right) \geq 9$

8 $p \geq 0$, $q \geq 0$, $p+q=1$ のとき，次の不等式を証明せよ．
$$a^2 p + b^2 q \geq (ap+bq)^2$$
（東邦大・改）

Bランク

9 $x > 0$, $y > 0$, $x+y=1$ のとき，不等式 $\left(1+\dfrac{1}{x}\right)\left(1+\dfrac{1}{y}\right) \geq 9$ が成り立つことを示せ．また，等号が成り立つのはどのような場合か答えよ．
（宮崎大）

10 a, b を正の整数とする．$\sqrt{2}$ は $\dfrac{a}{b}$ と $\dfrac{a+2b}{a+b}$ の間にあることを示せ．
（学習院大）

第 3 章

複素数と方程式

　この章で学ぶのは,「世の中に存在しない」と考えられてきた不思議な数の世界です.ときとして現実にある（real）もの以上に,想像の中にある（imaginary）ものが人間精神にとって大きな位置を占めてきたことは,ドラキュラ伝説や人魚姫の物語などを思い出すだけで十分でしょう.想像上のものが,現実にあるもの以上に,ある種の真実を見事に表現することがあることは,人生の深い謎の1つかもしれません.

　ところで,数学にも,「実際には存在しないが,理論的な必要から,存在しているかのごとく扱う数」があります.昔は,これを"想像上の数"（imaginary number, 日本では「**虚数**」と訳されてきました.）と呼んでいたのですが,やがて,これが,単なる虚構（fiction）でなく,現実の問題の本質を深く理解する上で不可欠な道具であることが,わかってきたのです.

　ここでは,この数が,2次方程式,3次方程式,4次方程式,…,を考える上でいかに有効であるか,という点に絞って解説します.

　皆さんの勉強がもっと進んでいって,たとえば,電気の理論などを知ると,「存在しない数」が,日常的に目にする現象を記述するために,いかに使われるかも納得して驚くでしょう.糖尿病の血糖値を計る検査においてすらその理論では,虚数が役に立っているのです.実は,§2（範囲外）に示すように,虚数は平面図形の問題を考えることにも応用できます.

§1 虚数から複素数へ

I 虚数

2次方程式 $ax^2+bx+c=0$（a, b, c は実数で，$a \neq 0$）は，いつでも，実数の解をもつとは限らない．たとえば，$a=1$，$b=0$，$c=1$ に対応する
$$x^2+1=0$$
は実数の解をもたない．実際，上式を
$$x^2=-1$$
と変形すると，x がどんな実数であっても，左辺は 0 以上であるから，右辺に等しくなることはないからである．ゆえに

　　2乗したとき，-1 に等しくなるような実数は存在しない！

といってよい．ということは，

　　2乗したとき，-1 に等しくなるような数は，
　　存在するとすれば，実数の外の世界にある

はずである．

そこで，実数の世界の外にある，そのような数を，
「**想像上の数**（imaginary number）」ということばに由来して i と表すことにする．この定義からすぐに出てくる関係式
$$\boldsymbol{i^2=-1}$$
を用いると，初めに考えた方程式は，
$$x^2-i^2=0$$
と表すことができ，これを，あたかも，今までに知っている方程式と同じように扱えば，
$$x=\pm i$$
と解ける．つまり，方程式 $x^2+1=0$ の解は，$x=\pm i$ の2つである，ということである．

定義

　方程式 $x^2=-1$ の解の一方を i，他方を $-i$ と書く．i を **虚数単位** と呼ぶ．

Notes

1° $x^2=-1$ の解は，2個あるのですが，そのどちらが i であるかは不明です．実数の世界と違って正負の符号や大小関係を考

えることができないので，「$x^2=-1$ の解で，正の方を i とする」わけにいかないのです．私達がわかることは，"**一方を i とすれば，他方が $-i$ である**" ということだけです．

2° i のことを $\sqrt{-1}$ と表すこともあります．

i は，ある数を表す記号であるが，i を含む数はこれまで習ってきた**文字式と同様に計算できる**，と約束する．

例 3-1　$i+(-i)=0,\ i+i=2i$

例 3-2　$2\times i=2i,\ 3\times i=3i,\ 2i+3i=5i,\ 2i-3i=-i$

例 3-3　$(2i)^2=4i^2=-4,\ 2i\times 3i=6i^2=-6$

Notes

1°　上の **例** から示唆されるように，方程式
$$x^2=-a \quad (a \text{ は正の実数})$$
の 2 解は，
$$x=\pm\sqrt{a}\,i \quad \text{〔これらは } \pm\sqrt{-a} \text{ とも書きます．〕}$$
です．ひとたび，$\pm i$ が認められると，上式により虚数は無数に出てきます．このような形の虚数を **純虚数** と呼びます．

問 3-1　次のそれぞれの方程式を満たす x の値を求めよ．
(1) $x^2=-4$　　(2) $x^2=-9$　　(3) $x^2=-2$

II　複素数の定義

以下，i は，虚数単位とする．

定義

$$a+bi \quad (a,b:\text{実数})$$
と表される数を考え，これを **複素数** と名付ける．

Notes

1° 複素数は，"complex number"，すなわち「**複合的な数**」を術語化したものです．a という実数と，bi という虚数の2つの部分から成っているという意味で，かの天才ガウス（C. F. Gauss, 1777-1855）がこう名付けました．なお，a をこの複素数の**実部**（real part），b を**虚部**（imaginary part）と呼びます．

2° 虚数単位 i だけでも，正体不明だったのに，複素数はこれをさらに複雑にしたものですから，最初は，「ワケがわからない」のは当然です．**複素数とは何か** という問いに答えるかわりに，**複素数の相等性**（アイデンティティ）を，きちんと定式化しておきましょう．

$$a+bi = a'+b'i \iff \begin{cases} a=a' \\ b=b' \end{cases}$$

（ただし，a, b, a', b' は実数です．）

3° a, b が実数を表す文字のときは $a+bi$ を $a+ib$ と書くこともあります．

約束

複素数 $a+bi$（a, b：実数）において

$$\begin{cases} a=0,\ b \neq 0\ \text{であるときは，純虚数}\ bi \\ b=0\ \text{であるときは，実数}\ a \end{cases}$$

と同一視する．

例 3-4 $0+2i = 2i$

例 3-5 $-3+0i = -3$

同一視：本来は，異なるものを，あたかも同じものであるかのように，意図的に見なすこと．

注 $a=b=0$ のとき，つまり $0+0i$ は 0 です．

約束

$a+(-b)i$ のことを $a-bi$ と略記する．

Notes

$2-3i$，$-1-5i$ はそれぞれ $2+(-3)i$，$(-1)+(-5)i$ を意味するわけです．

III 複素数の四則

与えられた2つの複素数の間の計算は，次の規則に基づいて行われる．

定義

2つの複素数 $a+bi$, $c+di$ （a, b, c, d：実数）についての四則は，下のように定義される．

i) $(a+bi)+(c+di)=(a+c)+(b+d)i$
ii) $(a+bi)-(c+di)=(a-c)+(b-d)i$
iii) $(a+bi)\times(c+di)=(ac-bd)+(ad+bc)i$
iv) $(a+bi)\div(c+di)=\dfrac{ac+bd}{c^2+d^2}+\dfrac{-ad+bc}{c^2+d^2}i$

ただし，iv)では $c \neq 0$ または $d \neq 0$

Notes

1° i)とii)は，**式を i について整理** するという変形に過ぎません．実際，次の**例**3-6が示すように，加法（和と差）は虚数などまったく知らない中学生でも，文字式として計算ができます！

2° この理由で，上の計算規則を努力して覚える必要はまったくありません！

例 3-6

$(2+3i)+(4+i)=6+4i$
$(2+3i)-(4+i)=-2+2i$

3° iii)は，分配法則に従って"i を単なる文字と思って計算（展開）して，i^2 が現れたら，それを -1 に置き換える"という計算と同じです．

$$(a+bi)(c+di)=ac+adi+bci+bdi^2$$
$$=(ac-bd)+(ad+bc)i$$

問 3-2 次の計算をせよ．

(1) $(1+i)(2+3i)$ (2) $(3+4i)(3-4i)$
(3) $(1+i)^2$ (4) $(1+i)^3$

4° iv)は，"分母・分子に $c-di$ を掛けて，分母の実数化"をしている，と見なすことができます．

$$\dfrac{a+bi}{c+di}=\dfrac{(a+bi)(c-di)}{(c+di)(c-di)}=\dfrac{(ac+bd)+(-ad+bc)i}{c^2+d^2}$$

§1 虚数から複素数へ

問 3-3 次の計算をして，$a+bi$（a, b：実数）の形に表せ．

(1) $\dfrac{1-2i}{1+i}$ (2) $\dfrac{2+i}{3+4i}$ (3) $\dfrac{1}{i}$ (4) $\dfrac{1}{(1+i)^3}$

複素数と方程式

5° $\sqrt{-2}=\sqrt{2}\,i$ のように $A<0$ のときも $\sqrt{A}$ という記号を $\sqrt{-A}\,i$ の意味で使うのは，便利な面がありますが，他方，平方根について従来親しんできた計算規則の一部は，そのままでは使えません．たとえば，
$$\sqrt{a}\times\sqrt{b}=\sqrt{ab} \qquad\cdots\cdots(*)$$
という規則が $a=-1, b=-1$ のときにも使えるとすると，
$$\sqrt{-1}\times\sqrt{-1}=\sqrt{(-1)\times(-1)}$$
となりますが，この式は素朴に考えると，
$$\begin{cases}\text{左辺}=i\times i=i^2=-1\\ \text{右辺}=\sqrt{1}=1\end{cases}$$
となって矛盾しています！ 上の規則$(*)$は，$a\geqq 0$，$b\geqq 0$ のときには有効である，と考えて下さい．

コラム

$$\sqrt{-12}=\sqrt{4\times(-3)}=2\times\sqrt{-3}=2\sqrt{3}\,i$$

のように，a, b の一方だけが負のときも，計算規則
$$\sqrt{ab}=\sqrt{a}\times\sqrt{b}$$
が成り立つと思うのは，高校生としては無理ありませんが，理論的には不十分です．やや高級ですが，説明してみましょう．

$\sqrt{-12}$ は，2乗して -12 になる2つの虚数のうちの，どちらか一方であり，$\sqrt{-3}$ も，2乗して -3 になる2つの虚数のうちのどちらか一方で，そのどちらかは，実際にはまったく不明です．ですから，ちょうど $\sqrt{-12}=2\sqrt{3}\,i$ となる保障はないということです．もしかすると $\sqrt{-12}=-2\sqrt{3}\,i$ かもしれない，ということです．

難しいですね．しかし，以下に続くように，高校数学でこの種の計算が現れるのは，いつも
$$\pm\sqrt{-12}\ \text{を}\ \pm 2\sqrt{3}\,i\ \text{に書き換える}$$
ように複号が現れる場面なので，この問題を深刻に悩む必要はないのです．

IV　方程式と複素数

x についての2次方程式 $ax^2+bx+c=0$ ……(*) において，その左辺は，**平方完成** と呼ばれるテクニックにより

$$a\left(x+\frac{b}{2a}\right)^2-\frac{b^2}{4a}+c=0$$

と変形され，これはさらに

$$\left(x+\frac{b}{2a}\right)^2=\frac{b^2-4ac}{4a^2}$$

と変形される．((*)の両辺に a をかけ，

$$a^2x^2+abx+ac=0$$

として

$$\left(ax+\frac{b}{2}\right)^2=\frac{b^2-4ac}{4}$$

と変形しても似たようなものである．)

さて，基本になる**最も単純な2次方程式**

$$X^2=A$$

に対して，$A\geqq 0$ のときに得た答

$$X=\pm\sqrt{A}\quad (A=0\text{ のときは }X=0\text{ が重解})$$

が，虚数を考えることで，$A<0$ のときも有効であることを考えると，**判別式** と呼ばれる値 $D=b^2-4ac$ の符号に関係なく(*)は，

$$x+\frac{b}{2a}=\pm\sqrt{\frac{b^2-4ac}{4a^2}}$$

$$\therefore\quad x+\frac{b}{2a}=\pm\frac{\sqrt{b^2-4ac}}{2a}$$

と変形でき，これより，解の公式

$$\boxed{\;x=\frac{-b\pm\sqrt{b^2-4ac}}{2a}\;}$$

が得られる．

Notes

1°　$D=b^2-4ac$ という記号を使えば，上の公式は，より簡潔に

$$x=\frac{-b\pm\sqrt{D}}{2a}$$

と表せます．2次方程式 $ax^2+bx+c=0$ の係数 a,b,c が実数のときは，この解は

> $D>0$ のときは，異なる2つの実数
> $D=0$ のときは，1つの実数
> $D<0$ のときは，異なる2つの虚数

§1　虚数から複素数へ

と，D の値だけで判定できます．この意味で，$D=b^2-4ac$ を，2次方程式 $ax^2+bx+c=0$ の判別式と呼ぶのでした．判別式 D には，2次方程式の解の種別の判定以外に，

   2次不等式 $ax^2+bx+c>0$ などの解
   放物線 $y=ax^2+bx+c$ と x 軸との共有点
   2次式 ax^2+bx+c の因数分解

などの判定にも利用されます．詳しくは，「本質の研究 数学 I・A」p. 168～p. 171 を参照して下さい．

2° 本章のテーマである複素数（虚数）に関係するのは，a, b, c が

$$D=b^2-4ac<0$$

を満たす実数の場合です．このときは

$$x=-\frac{b}{2a}\pm\frac{\sqrt{4ac-b^2}}{2a}i$$

となるので，2解は，

$$\begin{cases} 実部はともに -\dfrac{b}{2a} \\ 虚部（i の係数）は，符号だけが正反対 \end{cases}$$

です．このような2つの複素数を，**互いに共役**（きょうやく）であるといいます．

 係数がすべて実数である2次方程式が虚数解をもつときには，2解は必ず **共役複素数** になります．高次方程式の場合にも似たことが成り立ちます．⇒p. 93

例 3-7 $\alpha=2+3i$ と $\beta=2-3i$ とは互いに共役である．

例 3-8 $\alpha=2+3i$ と $\gamma=-2+3i$ とは共役でない．

例 3-9 2次方程式 $x^2-4x+15=0$ の2解は，$x=2\pm\sqrt{11}\,i$

3° 方程式の係数がすべて実数でない場合には話は違います．たとえば，2次方程式 $x^2-(1+i)x+i=0$ の2解は，$x=1$, i ですが，これらは共役でありません．

V　共役複素数の性質

ここでは，2次方程式を離れて，共役複素数の性質をより一般的に紹介する．

> **定義**
>
> 複素数 $\alpha = a+bi$（a, b は実数）に対し，α の共役複素数 $a-bi$ を，$\overline{\alpha}$ と表す．すなわち
> $$\overline{\alpha} = a-bi$$

Notes

1°　「α の方は $+$，$\overline{\alpha}$ の方は $-$」などと機械的に覚えてはいけません．$b<0$ のとき，たとえば $b=-2$ のときは，$a=3$ なら
$$\alpha = 3-2i \implies \overline{\alpha} = 3+2i$$
となります．

2°　$\overline{\alpha}$ という記号は日本では［アルファバー］のように読みます．α の共役複素数はただ1つに決まるので，α' や $\check{\alpha}$ などでもよかったのですが，昔から，$\overline{\alpha}$ という書き方が定着しています．

共役複素数については，次の性質が基本的である．

> **1.** (1) $\overline{\overline{\alpha}} = \alpha$
> 　　(2) $\overline{\alpha} = \alpha \iff \alpha:$ 実数
> 　　(3) $\alpha + \overline{\alpha}$ は実数
> 　　(4) $\alpha\overline{\alpha}$ は 0 以上の実数
> **2.** (1) $\overline{\alpha+\beta} = \overline{\alpha} + \overline{\beta}$
> 　　(2) $\overline{\alpha\beta} = \overline{\alpha}\,\overline{\beta}$

Notes

1°　共役というのは，2つの複素数の"水平的な"関係なので，「共役の共役は，元と同じ」というのが 1 の(1)の意味です．

2°　1 の(2), (3)は，$\alpha = a+bi$（a と b は実数）とおいて計算すれば，すぐにわかることです．

問 3-4　1 の(2), (3)を確かめよ．

3° 同様に $\alpha = a+bi$（a, b：実数）とおくと，
$$\alpha\bar{\alpha} = (a+bi)(a-bi) = a^2+b^2$$
となるので，1 の(4)が成り立つことも明らかです．「指導要領」の範囲を逸脱しますが，複素数 α の絶対値は
$$|\alpha| = \sqrt{a^2+b^2}$$
と定義されます．これを使うと，上式は，

$$\alpha\bar{\alpha} = |\alpha|^2$$

となります．

VI　高次方程式

　3次方程式，4次方程式，5次方程式，… のように，2次より次数の高い方程式のことを **高次方程式** と呼ぶ習慣がある．一般に複素数の範囲で考えると，n 次方程式は，必ず n 個の解（重解は，それに何個分が重なっているか，という重複度を考慮する）をもつ．これは，**代数学の基本定理** と呼ばれ，かのガウスによって初めて厳密に証明されたものであるが，これは，n 次式が，
$$a_0x^n + a_1x^{n-1} + a_2x^{n-2} + \cdots + a_{n-1}x + a_n$$
$$= a_0(x-\alpha_1)(x-\alpha_2)\cdots(x-\alpha_n)$$
のように n 個の 1 次式の積に因数分解されることを意味している，といわれれば，きっと「なあんだ，それはそうだ！」と納得できるのではないだろうか．このような n 次方程式を解くとは，n 個の値 $\alpha_1, \alpha_2, \cdots, \alpha_n$ を見つけることなのだから，たいして難しい仕事ではない，と思う人もいるかもしれない．

　ところが，実は，n が大きくなるにつれ，この仕事は困難になり，$n \geq 5$ の場合は，特別の場合を除いては不可能である，ということが証明されている．ここでいう「特別の場合」とは，ひとことでいうと，「因数分解が見つかる場合」ということである．高校数学の範囲では，因数分解を見つけるには **因数定理** のような基本的技巧しかないので，高次方程式の話は，実は簡単である．

VI-1 因数定理を利用した高次方程式の解法

たとえば，3次方程式
$$x^3+x^2-2=0$$
のように，右辺＝0と変形したときの左辺の因数分解が次のようにできるなら，
$$(x-1)(x^2+2x+2)=0$$
$$\therefore \quad x-1=0 \quad \text{または} \quad x^2+2x+2=0$$
のように，3次方程式は1次方程式と2次方程式に帰着され，それぞれを解いて
$$x=1 \quad \text{または} \quad x=-1\pm i$$
という3つの解を得る．

4次方程式の場合も，1つの解を見つければ，それを利用して因数分解することで1次方程式と3次方程式に帰着される．5次以上についても同様である．

Notes

1° 方程式 $x^3-3x^2+3x-1=0$ は，$(x-1)^3=0$ と変形され，1を3重解としてもつ．

2° 方程式 $x^3-3x+2=0$ は $(x-1)^2(x+2)=0$ と変形され，1を2重解に，-2 を解にもつ．

問 3-5 次の3次方程式を解け．
(1) $x^3+x^2+4=0$ (2) $x^3-1=0$
(3) $x^3+3x^2-4=0$ (4) $x^4+3x^3-2x^2-12x-8=0$

3° たとえ，3次方程式でも，因数が見つからないときは高校数学の範囲では解くことができません．たとえば，
$$x^3-3x+1=0$$
のようなものです．

VI-2 相反型方程式

n が4以上の偶数のとき，特に，$n=4$ のとき，因数が簡単に見つからない場合でも係数に特殊な関係があると次数の低い方程式に還元することができる．

たとえば
$$2x^4+5x^3+6x^2+5x+2=0 \quad\quad \cdots\cdots①$$
のように，次数に関して中央にある項（$6x^2$）を対称の中心として，係数が左右対称になっている場合である．こういうときは，両辺を x^2 で割って（$x=0$ は①の解でありえないので割ることができる．）

§1 虚数から複素数へ

$$2x^2+5x+6+\frac{5}{x}+\frac{2}{x^2}=0$$

を作り，これを

$$2\left(x^2+\frac{1}{x^2}\right)+5\left(x+\frac{1}{x}\right)+6=0 \quad \cdots\cdots\text{①}'$$

と変形する．そして

$$x+\frac{1}{x}=t \quad \cdots\cdots\text{②}$$

とおくと，

$$x^2+\frac{1}{x^2}=t^2-2$$

となる（ここがポイント！）ことから，①′から t の2次方程式

$$2(t^2-2)+5t+6=0$$
$$2t^2+5t+2=0 \quad \cdots\cdots\text{③}$$

③を解くと

$$t=-2 \quad \text{または} \quad t=-\frac{1}{2}$$

となる．これを②に代入して得られる2組の x の2次方程式

$$x^2+2x+1=0, \quad 2x^2+x+2=0$$

を解いて

$$x=-1 \text{（2重解）}, \quad \frac{-1\pm\sqrt{15}\,i}{4}$$

を得る．

> **Notes**
>
> 相反方程式のポイントは，下のような係数の対称性です．
>
> $$ax^4+bx^3+cx^2+bx+a=0$$
>
> こういう形のものは，x^2 で割ることによって，$t=x+\dfrac{1}{x}$ についての2次方程式
>
> $$a\left(x+\frac{1}{x}\right)^2+b\left(x+\frac{1}{x}\right)+(c-2a)=0$$
>
> に必ず変形できます．
> 　ところで，t の値が求められたとき，この t がたとえ実数であっても，$x+\dfrac{1}{x}=t$ を満たす x の値は実数になるとは限りません！　上の例を見て下さい．（x が実数になるためには，もちろん，t は実数でなければなりませんが，t が実数ならばよい，とはいえないのです！）
> 　この問題は，実践的にはなかなか面倒で，しかも意外に重要です．

VI–3　実数係数の高次方程式

§1. IV (p.88) で述べた性質は，3次以上の場合にも成り立つ．少し難しいが，初めに，一般論の形で述べると，次のようになる．

> n を 2 以上の整数とする．x についての n 次方程式
> $$f(x)=0$$
> が，虚数解 $x=\alpha$ をもつなら，必ずその共役複素数 $\bar{\alpha}$ も解にもつ．すなわち
> $$f(\alpha)=0 \implies f(\bar{\alpha})=0$$

Notes

1° たとえば，$f(x)=x^3+x^2-2$ のとき
$$f(-1+i)=(-1+i)^3+(-1+i)^2-2$$
$$=(-1+3i+3-i)+(1-2i-1)-2$$
$$=0$$
であることがわかると，後は計算することなく
$$f(-1-i)=0$$
と断定できます．

2° 上のことは，
$$f(x)=(x-1)(x^2+2x+2)$$
となることに注意すれば，2次方程式 $x^2+2x+2=0$ の解として，共役な複素数 $x=-1\pm i$ が出てくることからも納得できるでしょう．

VI–4　1 の n 乗根

1 の平方根（2乗根）は 1 と -1 である．一般に，n 乗して 1 になるものを 1 の n 乗根と呼ぶのであるが，1 の立方根（3乗根），4乗根はどうなるであろうか．

[1] 1 の立方根

1 の立方根を求めるには，方程式
$$x^3=1$$
を解く．これを変形していくと
$$x^3-1=0$$
$$(x-1)(x^2+x+1)=0$$
となるので，これを解いて 1 の立方根は，

$$x=1,\ \frac{-1\pm\sqrt{3}\,i}{2}$$

の3個である．このうち $x=1$ は3乗しなくても，それ自身として1であるが，他の2つは，3乗して初めて1になる．実際，

$$\omega=\frac{-1+\sqrt{3}\,i}{2}$$

とおくと，

$$\omega^2=\frac{1-2\sqrt{3}\,i-3}{4}=\frac{-1-\sqrt{3}\,i}{2}$$

$$\omega^3=\omega^2\cdot\omega=\frac{-1-\sqrt{3}\,i}{2}\cdot\frac{-1+\sqrt{3}\,i}{2}=\frac{1+3}{4}=1$$

である．

Notes

1° 興味深いことに，2数 $\dfrac{-1\pm\sqrt{3}\,i}{2}$ のうち，どの一方を ω とおいても，他方は ω^2 と表せます．
$$\omega^4=\omega^3\cdot\omega=1\cdot\omega=\omega$$
であることを考えれば，当然のことではありますが，実数だけの世界にはない新体験でしょう．

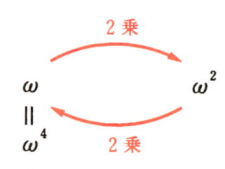

2乗で互いに移り合う！

2° したがって，$\dfrac{-1\pm\sqrt{3}\,i}{2}$ のどちらか一方を ω とおくと，1の3個の立方根は，ω を用いて $\omega,\ \omega^2$ および $\omega^3=1$ と表すことができます．

3° 1の3乗根がわかると，任意の実数 a の3乗根がわかります．実際，
$$x^3=a$$
を満たす実数 x の値 α が見つかると，1の虚数立方根の1つ（たとえば $\dfrac{-1+\sqrt{3}\,i}{2}$）を ω として $x=\alpha,\ \alpha\omega,\ \alpha\omega^2$ がそれです．

問 3-6
(1) 8の立方根を求めよ．
(2) -8 の立方根を求めよ．

[2] **1の4乗根**

1の4乗根は $x^4 = 1$
の解であるから $x^4 - 1 = 0$
を解いて $(x^2-1)(x^2+1) = 0$
$x^2 = 1, \ -1 \quad \therefore \quad x = \pm 1, \ \pm i$

の4個が得られる．このうち

$$\begin{cases} \text{1は，それ自身としてすでに1である} \\ \text{-1は，4乗しなくても2乗するだけで1になる} \end{cases}$$

ものであり，i と $-i$ だけが，4乗して初めて1になる．

Notes

1° $i, \ i^2 = -1, \ i^3 = -i, \ i^4 = 1$ のように，1の4個の4乗根は
$$i, \ i^2, \ i^3, \ i^4 = 1$$
と表すことができます．i のかわりに，$-i$ を考えて
$$(-i), \ (-i)^2, \ (-i)^3, \ (-i)^4$$
とも表すこともできます．

2° 1の4乗根がわかると，任意の0以上の実数 a の4乗根がわかります．
$$x^4 = a$$
を満たす実数 x の値 α が見つかると a の4乗根は $x = \pm \alpha, \ \pm \alpha i$ です．

[3] **1の n 乗根**（$n \geq 5$ の場合）

これについては p.118 で扱う．

VII 解と係数の関係

　この主題については「本質の研究 数学Ⅰ・A」(p. 116) で，その理論的核心を学んでいるが，ここでは一般の教科書のように，まず初等的に導いてみよう．
　2次方程式 $ax^2+bx+c=0$ の2解は，
$$D=b^2-4ac$$
がいかなる値であっても
$$x=\frac{-b\pm\sqrt{D}}{2a}$$
と表せる．したがって，2解の一方を α，他方を β とおくと，
$$\begin{cases}\alpha+\beta=\dfrac{-b+\sqrt{D}}{2a}+\dfrac{-b-\sqrt{D}}{2a}=-\dfrac{b}{a}\\ \alpha\beta=\dfrac{-b+\sqrt{D}}{2a}\cdot\dfrac{-b-\sqrt{D}}{2a}=\dfrac{b^2-D}{4a^2}=\dfrac{b^2-(b^2-4ac)}{4a^2}=\dfrac{c}{a}\end{cases}$$
となる．つまり，

2次方程式 $ax^2+bx+c=0$ において

$$2\text{解が}\ \alpha\ \text{と}\ \beta\ \text{である}\ \Longrightarrow\ \begin{cases}\alpha+\beta=-\dfrac{b}{a}\\ \alpha\beta=\dfrac{c}{a}\end{cases}$$

という関係が成り立つ．
　逆に
$$\begin{cases}\alpha+\beta=-\dfrac{b}{a}\\ \alpha\beta=\dfrac{c}{a}\end{cases}$$
を満たす2数 α，β があると，2次の恒等式
$$\begin{aligned}(x-\alpha)(x-\beta)&=x^2-(\alpha+\beta)x+\alpha\beta\\ &=x^2+\frac{b}{a}x+\frac{c}{a}\\ &=\frac{1}{a}(ax^2+bx+c)\end{aligned}$$
が成り立つので，α，β は，2次方程式
$$ax^2+bx+c=0$$
の解である．

Notes

1° 要するに，2次方程式 $ax^2+bx+c=0$ において

$$\text{2解が } \alpha \text{ と } \beta \text{ である} \iff \begin{cases} \alpha+\beta = -\dfrac{b}{a} \\ \alpha\beta = \dfrac{c}{a} \end{cases}$$

ということです．

2° これを，2次方程式の **解と係数の関係** と呼びます．

3° 解と係数の関係は，重解，つまり $\beta=\alpha$ の場合も有効です．つまり，α が重解になるとき（$D=b^2-4ac=0$ のとき）は

$$\begin{cases} 2\alpha = -\dfrac{b}{a} \\ \alpha^2 = \dfrac{c}{a} \end{cases}$$

となります．

4° 前ページの前半（$\Rightarrow$ が成り立つことの証明）のように話を運ぶと，解 α，β が係数 a, b, c の式として予め求められていなければいけないことになりますが，後半（逆に，$\Leftarrow$ が成り立つこと）のように議論すると，解 α，β それ自身が係数 a, b, c の式で求められていない場合にも，$\alpha+\beta$ や $\alpha\beta$ は，a, b, c の式で表されることを示すことができます．せっかくですから，やや高級ですが3次方程式を例にとって説明しましょう．

> 3次方程式 $ax^3+bx^2+cx+d=0$ について，
> α, β, γ がその3つの解である
> $\iff ax^3+bx^2+cx+d$ が $a(x-\alpha)(x-\beta)(x-\gamma)$
>   と因数分解できる
> $\iff ax^3+bx^2+cx+d$
> $= a\{x^3-(\alpha+\beta+\gamma)x^2+(\alpha\beta+\beta\gamma+\gamma\alpha)x-\alpha\beta\gamma\}$
>   が恒等式
> $\iff \begin{cases} b = -a(\alpha+\beta+\gamma) \\ c = a(\alpha\beta+\beta\gamma+\gamma\alpha) \\ d = -a\alpha\beta\gamma \end{cases}$
> $\iff \begin{cases} \alpha+\beta+\gamma = -\dfrac{b}{a} \\ \alpha\beta+\beta\gamma+\gamma\alpha = \dfrac{c}{a} \\ \alpha\beta\gamma = -\dfrac{d}{a} \end{cases}$

§1 虚数から複素数へ

たとえば，3次方程式 $x^3-1=0$ の3つの解 1, ω, ω^2 (☞ p. 93) を α, β, γ と思えば，
$$\begin{cases} 1+\omega+\omega^2=0 \\ 1\cdot\omega+\omega\cdot\omega^2+\omega^2\cdot 1=0 \\ 1\cdot\omega\cdot\omega^2=1 \end{cases}$$
です．これらが成り立つことは，計算すれば明らかですが，3次方程式 $x^3+2x^2+3x+1=0$ のように初等的方法では，解 α, β, γ が見つからない場合でも
$$\begin{cases} \alpha+\beta+\gamma=-2 \\ \alpha\beta+\beta\gamma+\gamma\alpha=3 \\ \alpha\beta\gamma=-1 \end{cases}$$
が成り立つことがわかる，というのが，解と係数の関係の威力です．

　なお，4次以上の場合にも解と係数の関係は考えられますが，表現がどんどん煩雑化するので，高校数学では，実用性がほとんどありません．

例題 35

2次方程式 $x^2+px+q=0$ の2解を α, β とする.
(1) $(\alpha-\beta)^2$ を, p, q を用いて表せ.
(2) $2\alpha-1$, $2\beta-1$ を2解とする x についての2次方程式を1つ求めよ.
(3) $\alpha-\beta$, $\beta-\alpha$ を2解とする x についての2次方程式を1つ求めよ.

アプローチ

2次方程式の「解と係数の関係」を利用する基本例題です.

解 答

α, β の定義より
$$\begin{cases} \alpha+\beta=-p \\ \alpha\beta=q \end{cases} \quad \cdots\cdots(*)$$

(1) $(\alpha-\beta)^2 = \alpha^2-2\alpha\beta+\beta^2$
$\qquad\qquad = (\alpha+\beta)^2-4\alpha\beta$

$(*)$より, $(\alpha-\beta)^2 = p^2-4q$

(2) $2\alpha-1$, $2\beta-1$ の和, 積は
$$\begin{cases} (2\alpha-1)+(2\beta-1)=2(\alpha+\beta)-2 \\ (2\alpha-1)(2\beta-1)=4\alpha\beta-2(\alpha+\beta)+1 \end{cases}$$
である. $(*)$より
$$\begin{cases} (2\alpha-1)+(2\beta-1)=-2p-2 \\ (2\alpha-1)(2\beta-1)=4q+2p+1 \end{cases}$$
であるから,
$$x^2+(2p+2)x+(2p+4q+1)=0$$
は与えられた2数を2解にもつ2次方程式である.

(3) (2)と同様に $\alpha-\beta$, $\beta-\alpha$ の和, 積を求めると,
$(\alpha-\beta)+(\beta-\alpha)=0$
$(\alpha-\beta)(\beta-\alpha)=-(\alpha-\beta)^2=-p^2+4q$ ◀(1)を用いた.
ゆえに
$$x^2-p^2+4q=0$$
は与えられた2数を2解にもつ2次方程式である.

問 3-7 2次方程式 $ax^2+bx+c=0$ が次のような解をもつための実数 a, b, c の条件を解と係数の関係を利用して求めよ.
(1) 1と2を2解にもつ　　(2) 1を重解にもつ

例題 36

2次方程式 $x^2-2x+k=0$ について，次のおのおのの条件が成立するような実数 k の条件を求めよ．
(1) 正の2解（重解も許す）をもつ．
(2) 異符号の2解をもつ．

アプローチ

α，β が実数であるときは，α と β の符号と，$\alpha+\beta$ や $\alpha\beta$ の符号の間には，密接な関係があります．

実数 α，β について
(i) α と β が異符号 $\iff$ $\alpha\beta<0$
(ii) α と β が同符号 $\iff$ $\alpha\beta>0$

特に，$\begin{cases} \alpha>0 \\ \beta>0 \end{cases} \iff \begin{cases} \alpha\beta>0 \\ \alpha+\beta>0 \end{cases}$, $\begin{cases} \alpha<0 \\ \beta<0 \end{cases} \iff \begin{cases} \alpha\beta>0 \\ \alpha+\beta<0 \end{cases}$

最初にあげた α，β が実数であるという条件は，とても大切です．たとえば

$$\alpha+\beta>0 \text{ かつ } \alpha\beta>0$$

であっても，α，β が虚数であることがあるからです．（たとえば $\alpha=2+3i$，$\beta=2-3i$ なら $\alpha+\beta=4$，$\alpha\beta=13$）

解答

まず，$x^2-2x+k=0$ が実数解をもつための条件は

$$\frac{1}{4}(\text{判別式})=1-k\geqq 0$$

$$\therefore\quad k\leqq 1 \quad\cdots\cdots\text{①}$$

となることである．以下，この条件のもとで考察する． ◀注

(1) 正の2解をもつのは，

$$\begin{cases} (2\text{解の和})=2>0 & \cdots\cdots\text{②} \\ (2\text{解の積})=k>0 & \cdots\cdots\text{③} \end{cases}$$

となるときである．②は必ず成立するので，①と③を連立することにより，求める k の条件は，

$$0<k\leqq 1.$$

(2) 異符号の2解をもつのは
$$(2\text{解の積})=k<0 \quad \cdots\cdots ④$$
となるときである．
①と④を連立することにより，求める k の条件は，
$$k<0.$$

注 (1)を解くとき，条件①を連立することを忘れてはならない．実際，たとえば，$k=2$ は，③は満たすが，$x^2-2x+2=0$ は正の2解をもたない！
他方，(2)では，条件①を忘れても，実害は生じない．

2次方程式 $ax^2+bx+c=0$ (a, b, c は実数で，$a\neq 0$) において，$\dfrac{c}{a}<0$ (すなわち a, c が異符号) であれば，判別式の符号は
$$D=b^2-4ac \geqq -4ac>0$$
のように必ず正となるからである．

2次関数 $y=x^2-2x+k$ のグラフと x 軸との共有点（あるいは2次関数 $y=-x^2+2x$ のグラフと直線 $y=k$ との共有点を考えることによっても解くことができる．☞ 本質の研究 数学Ⅰ・A 例題 65, 例題 66

例題 37

任意の複素数 z, w について，次の各式が成り立つことを証明せよ．
(1) $\overline{z+w} = \overline{z} + \overline{w}$
(2) $\overline{zw} = \overline{z}\,\overline{w}$

アプローチ

$z=a+bi$（a, b は実数）に対して，$\overline{z}=a-bi$ は z の共役複素数といって，以後の学習に必要不可欠なものです．基本をしっかり身につけましょう．

解 答

$$\begin{cases} z=a+bi \\ w=c+di \end{cases} \quad (a,\ b,\ c,\ d\ は実数)$$

とおく．

(1) $\overline{z+w} = \overline{a+bi+c+di}$
$\phantom{\overline{z+w}} = \overline{a+c+(b+d)i}$
$\phantom{\overline{z+w}} = a+c-(b+d)i$
$\phantom{\overline{z+w}} = a-bi+c-di$
$\phantom{\overline{z+w}} = \overline{a+bi}+\overline{c+di} = \overline{z}+\overline{w}$

よって，$\overline{z+w} = \overline{z}+\overline{w}$ が成り立つ．■

(2) $\overline{zw} = \overline{(a+bi)(c+di)}$
$\phantom{\overline{zw}} = \overline{ac-bd+(ad+bc)i}$
$\phantom{\overline{zw}} = ac-bd-(ad+bc)i$

一方，$\overline{z}\,\overline{w} = \overline{(a+bi)}\,\overline{(c+di)}$
$\phantom{一方，\overline{z}\,\overline{w}} = (a-bi)(c-di)$
$\phantom{一方，\overline{z}\,\overline{w}} = ac-bd-(ad+bc)i$

よって，$\overline{zw} = \overline{z}\,\overline{w}$ が成り立つ．■

研究 ここで証明したことは，n 個（$n \geq 2$）の複素数に拡張することができます．すなわち

(1)' $\overline{z_1+z_2+\cdots+z_n} = \overline{z_1}+\overline{z_2}+\cdots+\overline{z_n}$
(2)' $\overline{z_1 z_2 \cdots z_n} = \overline{z_1}\,\overline{z_2}\cdots\overline{z_n}$

(2)'で，$z_1 = z_2 = \cdots = z_n = z$ の場合を考えると

$$\overline{z^n} = (\overline{z})^n$$

例題 38

1の2つの虚数立方根すなわち，2次方程式 $x^2+x+1=0$ の2解を ω と ω' とおく．

(1) $\omega+\omega'$，$\omega\omega'$ の値を求めよ．

(2) (1)の結果を利用して $\begin{cases} \omega'=\omega^2 \\ \omega=\omega'^2 \end{cases}$ を証明せよ．

アプローチ

x が1の立方根である $\iff x^3=1$
$\iff x^3-1=0$
$\iff (x-1)(x^2+x+1)=0$
$\iff x=1$ または $x^2+x+1=0$

が出発点です．

解答

(1) $x^2+x+1=0$ の2解が ω と ω' であるための必要十分条件は ◀解と係数の関係
$$\begin{cases} \omega+\omega'=-1 & \cdots\cdots① \\ \omega\omega'=1 & \cdots\cdots② \end{cases}$$
である．

(2) まず，$\omega^3=1$ ……③ である．

よって，②，③を用いると，
$$\omega'=\frac{1}{\omega}=\frac{1\times\omega^2}{\omega\times\omega^2}=\frac{\omega^2}{\omega^3}=\omega^2$$
$$\therefore \quad \omega'=\omega^2$$
を得る．

同様に，$\omega'^3=1$ と②から
$$\omega=\frac{1}{\omega'}=\frac{\omega'^2}{\omega'^3}=\omega'^2. \blacksquare$$

注　1の虚数立方根 ω とは，2次方程式 $x^2+x+1=0$ の解であり，本問によりその一方を ω とおくと他方が ω^2 となることが示されたので，係数を複素数の範囲まで拡張すれば，2次式 x^2+x+1 は
$$x^2+x+1=(x-\omega)(x-\omega^2)$$
と因数分解されます．

§1　虚数から複素数へ

例題 39

3次方程式
$$x^3+ax^2+bx-5=0$$
が，$x=2-i$ を解にもつとき，他の2解を求めよ．ただし，a，b は実数とする．

アプローチ

最も身近な発想は，
$$x=2-i \text{ を解にもつ} \iff x=2-i \text{ を代入した式が成り立つ}$$
という，解の定義に基づくものでしょう．こうして出てくる等式は1つなのに，2つの未知数 a，b が決まるのは，問題文の最後におまけのように添えられている「ただし，a，b は実数」という条件が効くからです！

解答

$$x^3+ax^2+bx-5=0 \quad \cdots\cdots ①$$

$x=2-i$ が①の解であることから $x=2-i$ を①に代入して得られる方程式

$$(2-i)^3+a(2-i)^2+b(2-i)-5=0$$

が成り立つ．

これを展開して整理すると，

$$3a+2b-3-i(4a+b+11)=0$$

となり，$3a+2b-3$，$4a+b+11$ が実数であることから ◀ a，b：実数

$$\begin{cases} 3a+2b-3=0 \\ 4a+b+11=0 \end{cases}$$

が得られ，これらを a，b について解き

$$\begin{cases} a=-5 \\ b=9 \end{cases}$$

このとき，①は
$$x^3-5x^2+9x-5=0$$
∴ $(x-1)(x^2-4x+5)=0$
∴ $x=1$ または $x^2-4x+5=0$
∴ $x=1$ または $x=2\pm i$

となるので，求める他の2解は $\boldsymbol{x=1}$ と $\boldsymbol{x=2+i}$ である．

研究 一般に，実数係数の方程式が虚数解 $p+qi$（p, q は実数で $q \neq 0$）を解にもてば，その共役複素数 $p-qi$ も解にもつことが証明されます．この事実を用いると，より早く処理できます．

別解 $x=2-i$ が解なら，$x=2+i$ も解になるので，与えられた方程式の左辺は
$$\{x-(2-i)\}\{x-(2+i)\}=x^2-4x+5$$
を因数にもつ．
よって，x^3 の係数と定数項に注目すれば
$$x^3+ax^2+bx-5=(x^2-4x+5)(x-1)$$
が恒等的に成立することがわかり，右辺を展開することにより a, b の値も求まる．

例題 40

3次方程式 $x^3+(a-1)x^2-(a-4)x-4=0$ ……(*) について
(1) (*)の左辺を因数分解せよ．
(2) 方程式(*)が異なる3つの実数解をもつような定数 a の値の範囲を求めよ．

アプローチ

因数分解により，与えられた3次方程式(*)の解は，1次方程式と2次方程式の解を合わせたものになります．「3つの実数解」のためには，2次方程式が異なる2つの実数解をもつことが必要ですが，十分ではありません！

解 答

(1) $f(x)=x^3+(a-1)x^2-(a-4)x-4$ とおくと
$$f(1)=1+a-1-(a-4)-4=0$$
であるから，$f(x)$ は，$x-1$ を因数にもつ．
よって，$f(x)=(x-1)(x^2+ax+4)$．

(2) 3次方程式(*)は，
$$x=1 \text{ または } x^2+ax+4=0$$
と同値である．よって，方程式(*)が異なる3つの実数解をもつためには，2次方程式 $x^2+ax+4=0$ が $x=1$ 以外の異なる2つの実数解をもつことが必要十分である．すなわち，

(判別式)$=a^2-16>0$ ……①

かつ $1^2+a\cdot 1+4\neq 0$ ……②

である．

①を解くと，$a<-4$ または $4<a$，
②より，$a\neq -5$
であるから，求める a の値の範囲は
$a<-5$ または $-5<a<-4$ または $4<a$

◀ 1を解にもたない条件

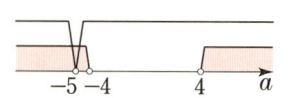

注

a について整理すると，因数定理を使わない初等的な方法で因数分解できる．
$$(*)\text{の左辺}=a(x^2-x)+(x^3-x^2+4x-4)$$
$$=ax(x-1)+x^2(x-1)+4(x-1)$$
$$=(x-1)(x^2+ax+4)$$

例題 41

実数係数の多項式 $f(x)$, $g(x)$ について $f(x)-g(x)$ が x^2+1 で割り切れることと
$$f(i)=g(i)$$
とが同値であることを証明せよ．

アプローチ

ある多項式を 2 次式 x^2+1 で割ったときの余りは，1 次以下の整式なので $ax+b$ とおけるということが基本です．

解答

$f(x)$, $g(x)$ は実数係数の多項式なので
$$F(x)=f(x)-g(x)$$
も実数係数の多項式である．

まず，　　　　　　$f(i)=g(i)$ ……Ⓐ

つまり，　　　　　$F(i)=0$　　……Ⓐ′

であるとする．

$F(x)$ を 2 次式 x^2+1 で割ったときの商を $Q(x)$，余りを $ax+b$ とおくと
$$F(x)=(x^2+1)Q(x)+ax+b \quad (a, b \text{ は実数の定数}) \quad \cdots\cdots ①$$
が恒等的に成立する．

①で $x=i$ とおき，条件Ⓐ′を用いると
$$ai+b=0$$
となり，a, b が実数であることから
$$a=b=0$$
よって，余り＝0 となるので

$F(x)$ は x^2+1 で割り切れる　……Ⓑ　　　◀ Ⓐ $\Longrightarrow$ Ⓑ

逆に，Ⓑのとき
$$F(x)=(x^2+1)Q(x) \quad (Q(x) \text{ はある整式})$$
と書けるので，$x=i$ とおくと
$$F(i)=0$$
したがって，Ⓐが成り立つ．　　　　　　　　◀ Ⓑ $\Longrightarrow$ Ⓐ

以上より，ⒶとⒷとは同値である．■

例題 42

$\omega = \dfrac{-1+\sqrt{3}i}{2}$ として，集合
$$G = \{a+b\omega \mid a,\ b\ \text{は有理数}\}$$
を考える．

(1) $\alpha \in G$, $\beta \in G$ のとき，$\alpha\beta \in G$ であることを示せ．

(2) $\alpha \in G$, $\beta \in G$, $\beta \neq 0$ のとき，$\dfrac{\alpha}{\beta} \in G$ であることを示せ．

アプローチ

$\omega = \dfrac{-1+\sqrt{3}i}{2}$ は 1 の虚数立方根です．$\omega^3 = 1$，$\omega^2 + \omega + 1 = 0$ は覚えていますか．

解答

(1) $\alpha \in G$, $\beta \in G$ より
$$\begin{cases} \alpha = a_1 + b_1\omega \\ \beta = a_2 + b_2\omega \end{cases} \quad (a_1,\ b_1,\ a_2,\ b_2\ \text{は有理数})$$
とおける．
$$\begin{aligned} \alpha\beta &= (a_1+b_1\omega)(a_2+b_2\omega) \\ &= a_1a_2 + (a_1b_2 + a_2b_1)\omega + b_1b_2\omega^2 \end{aligned}$$
ここで，$\omega^2 + \omega + 1 = 0$ より $\omega^2 = -\omega - 1$ であることを用いると，
$$\alpha\beta = a_1a_2 - b_1b_2 + (a_1b_2 + a_2b_1 - b_1b_2)\omega$$
よって，$a_1a_2 - b_1b_2$, $a_1b_2 + a_2b_1 - b_1b_2$ がともに有理数であることから
$$\alpha\beta \in G. \blacksquare$$

(2) $\beta = a + b\omega$（$a,\ b$ は有理数）とおくと，
$$\begin{aligned} \dfrac{1}{\beta} &= \dfrac{1}{a+b\omega} = \dfrac{1}{a + b \cdot \dfrac{-1+\sqrt{3}i}{2}} = \dfrac{2}{2a - b + \sqrt{3}bi} \\ &= \dfrac{2(2a - b - \sqrt{3}bi)}{(2a-b)^2 + (\sqrt{3}b)^2} \\ &= \dfrac{2a - b - \sqrt{3}bi}{2(a^2 - ab + b^2)} \\ &= \dfrac{a-b}{a^2 - ab + b^2} + \dfrac{-b}{a^2 - ab + b^2} \cdot \dfrac{-1+\sqrt{3}i}{2} \\ &= \dfrac{a-b}{a^2 - ab + b^2} + \dfrac{-b}{a^2 - ab + b^2}\omega \end{aligned}$$

◀ $\dfrac{\alpha}{\beta}$ を計算するのは大変なので，(1)を利用することを考えている．

◀ 分母の有理化（実数化）

ここで，$\dfrac{a-b}{a^2-ab+b^2}$, $\dfrac{-b}{a^2-ab+b^2}$
はともに有理数なので，
$$\beta \in G \implies \dfrac{1}{\beta} \in G$$
がいえた．よって，(1)の結果と合わせれば，
$$\alpha \in G, \ \beta \in G \implies \alpha \cdot \dfrac{1}{\beta} = \dfrac{\alpha}{\beta} \in G$$
が成り立つ．■

■研究▶ 天下り的ですが，$(a+b\omega)(a+b\omega^2)$ を展開すると，
$$(a+b\omega)(a+b\omega^2) = a^2+b^2+ab(\omega+\omega^2)$$
$$= a^2+b^2-ab$$
となるので，
$$\dfrac{1}{a+b\omega} = \dfrac{a+b\omega^2}{a^2-ab+b^2} = \dfrac{a+b(-1-\omega)}{a^2-ab+b^2}$$
$$= \dfrac{a-b}{a^2-ab+b^2} + \dfrac{-b}{a^2-ab+b^2}\omega \in G$$
といえます．

§1 虚数から複素数へ

例題 43

(1) $f(x)=x^3-3bcx+(b^3+c^3)$ とおくとき，ω を 1 の虚数立方根の 1 つとして

  i) $f(-b-c)$
  ii) $f(-b\omega-c\omega^2)$
  iii) $f(-b\omega^2-c\omega)$

を計算せよ．

(2) 3 次式 $a^3+b^3+c^3-3abc$ を，1 次式の積に因数分解せよ．ただし，係数は複素数まで許すとする．

アプローチ

少し大変ですが(1)は素直に代入します．(2)において(1)が利用できることに気付けばなかなかなものです．

解 答

(1) i) $f(-b-c)=-(b+c)^3+3bc(b+c)+b^3+c^3$
      $=-(b^3+3b^2c+3bc^2+c^3)+3(b^2c+bc^2)+b^3+c^3=\mathbf{0}.$

 ii) $(-b\omega-c\omega^2)^3=\{-\omega(b+c\omega)\}^3$
      $=-\omega^3(b+c\omega)^3$
      $=-(b^3+3b^2c\omega+3bc^2\omega^2+c^3)$ ◀ $\omega^3=1$

 $-3bc(-b\omega-c\omega^2)=3b^2c\omega+3bc^2\omega^2$

であるので，
  $f(-b\omega-c\omega^2)=\mathbf{0}.$

 iii) $(-b\omega^2-c\omega)^3=\{-\omega(b\omega+c)\}^3$
      $=-\omega^3(b\omega+c)^3$
      $=-(b^3+3b^2c\omega^2+3bc^2\omega+c^3)$ ◀ $\omega^3=1$

 $-3bc(-b\omega^2-c\omega)=3b^2c\omega^2+3bc^2\omega$

よって，ii) と同様に $f(-b\omega^2-c\omega)=\mathbf{0}.$

(2) 3 次式 $a^3+b^3+c^3-3abc$ において a を x に置き換えると，
  $f(x)=x^3-3bcx+b^3+c^3$

という(1)の多項式が得られる．

一方，(1)の結果は多項式 $f(x)$ が
  $x+b+c,\ x+b\omega+c\omega^2,\ x+b\omega^2+c\omega$

を因数にもつことを示している．

◀ 多項式 $f(x)$ において $f(\alpha)=0$ $\Longrightarrow f(x)$ は $x-\alpha$ を因数にもつ［因数定理］

よって，$f(x)$ が x^3 の係数が1の3次式であることを考えると，
$$f(x)=(x+b+c)(x+b\omega+c\omega^2)(x+b\omega^2+c\omega)$$
と書けるので，この等式で $x=a$ とおけば
$$a^3+b^3+c^3-3abc=(a+b+c)(a+b\omega+c\omega^2)(a+b\omega^2+c\omega)$$
と因数分解できることになる．

注 通常(2)の因数分解は，係数を実数に限るので数学Ⅰの範囲では，
$$\begin{aligned}a^3+b^3+c^3-3abc&=(a+b)^3-3ab(a+b)+c^3-3abc\\&=(a+b+c)\{(a+b)^2-(a+b)c+c^2\}-3ab(a+b+c)\\&=(a+b+c)(a^2+b^2+c^2-bc-ca-ab)\end{aligned}$$
となります．本問はこの後半の2次式を係数を複素数の範囲に拡張して1次式の積に分解したことになります．

§2 複素数の幾何的意味——複素数平面

これまでは，複素数をもっぱら，代数的な計算の立場から扱ってきた．しかし，複素数には，驚嘆すべき幾何的な意味がある．学習指導要領の範囲を逸脱するが余力のある読者のために，その概略を紹介しておこう．

I 複素数平面

複素数 $\alpha = a + bi$（a, b：実数）に対し，座標平面上の点 (a, b) を対応させることにする．逆に，平面上の点を決めると，これに対応する複素数がただ1つ定まる．この意味で，複素数と平面上の点を同一視することができる．つまり，

$$\text{複素数} \underset{\text{1対1対応}}{\longleftrightarrow} \text{平面上の点}$$

このように，座標平面を，**複素数に対応する点の集合** と見なしたとき，この平面を **複素数平面** または，**ガウス平面** と呼ぶ．x 軸，y 軸は，それぞれ **実軸**，**虚軸** と呼ばれ，実軸上の点は，実数，虚軸上の点は（原点を除き），純虚数を表し，その他の点は右図のように虚数を表す．

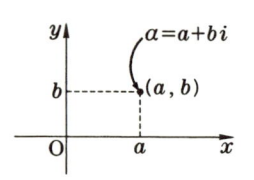

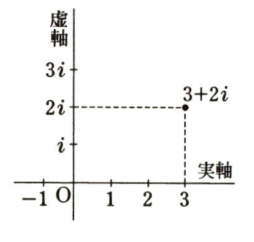

Notes

1° 論理的には，少し問題はありますが，まず，しっくりしたイメージをつかんでもらうための説明をしておきましょう．xy 平面も複素数平面も，それに対する見方が違うだけで，本質的には同じものです．数直線で実数が表されるのと同じ意味で，2個の実数で平面上の点が決まります．その意味で平面上の点は，"2次元の実数"といってもよいのですが，同じ理由で，複素数とは，**2次元の実数** である，ということです．

2° 「2乗して -1 になる数を考え，その一方を i とおき，……」といった高校流の定義では論理的に不安のあった複素数ですが，このように平面上の点に過ぎない，といわれれば，少し安心できると思いませんか？

3° "複素数平面" という用語は，この考え方の意味を表す表現としては，的確ですが，歴史的にも，また大学以上の数学では，"**複素平面**(complex plane)" という用語が一般的です．

> "ガウス平面（Gaussian plane）"といういい方は，複素数を平面上の点として幾何的にとらえることの深い理論的意義を，かのガウスが最も深く洞察していたという歴史に対する敬意に発しています．

II 複素数の基本概念

複素数 $z = x + iy$（x, y：実数）に対し，

$$\begin{cases} x を z の \textbf{実部}（\text{real part}) \\ y を z の \textbf{虚部}（\text{imaginary part}) \end{cases}$$

と呼び，それらを，それぞれ

$$\text{Re}(z)$$
$$\text{Im}(z)$$

と表す．

また，

$$\sqrt{x^2 + y^2}$$

を z の絶対値と呼び，$|z|$ という記号で表す．$|z|$ は，複素数平面上，点 z の原点 O からの距離である．

$$z = x + iy \text{（}x, y：実数\text{）}$$

に対し，

$$r = |z| = \sqrt{x^2 + y^2}$$

とおくと，$z \neq 0$ のとき，第 6 章で学ぶ三角関数の考えを用いて

$$\begin{cases} \cos\theta = \dfrac{x}{r} \\ \sin\theta = \dfrac{y}{r} \end{cases}$$

となる θ が（$0 \leq \theta < 2\pi$ の範囲にはただ 1 つ）定まる．θ を z の **偏角** と呼び，$\theta = \textbf{arg}(z)$ などと表す．（しかし，z を決めても，θ は，1 通りには決まらない．）このような θ を用いると，z は

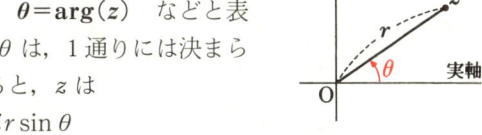

$$z = r\cos\theta + ir\sin\theta$$

$$\boxed{z = r(\cos\theta + i\sin\theta)}$$

と表すことができる．これを，複素数 z の **極形式表示** と呼ぶ．

Notes

z を決めても，偏角が 1 つに決まらないのは，原点のまわりに何回か回転した角を考えても同じだからです．たとえば

$$1+i = \sqrt{2}\left(\cos\frac{\pi}{4} + i\sin\frac{\pi}{4}\right)$$
$$= \sqrt{2}\left(\cos\frac{9\pi}{4} + i\sin\frac{9\pi}{4}\right)$$

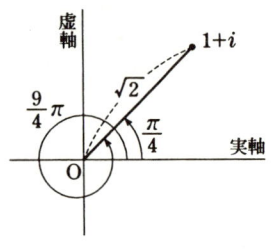

という具合です．偏角を考えるときに，いつも

$$0 \leqq \theta < 2\pi$$

の範囲に限定して考えればよい，と思うでしょうが，そう限定すると，かえって都合が悪い場面がこれから出てくるのです．

III 複素数の演算と複素数平面 (1)――加法，実数倍

複素数
$$\begin{cases} z = a+bi \\ w = c+di \end{cases}$$

の和 $z+w$ は

$$z+w = (a+c)+(b+d)i$$

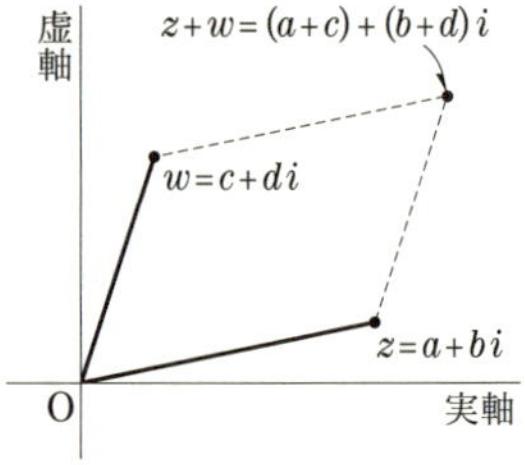

である．これらを複素数平面上に図示すると，4点 0, z, $z+w$, w が **平行四辺形の頂点** をなす．このことは，第 5 章で学ぶベクトルを使えば，次のようにいうことができる．

z を，　　ベクトル $\vec{z} = (a, b)$
w を，　　ベクトル $\vec{w} = (c, d)$
$z+w$ を，ベクトル $\vec{v} = (a+c, b+d)$

と見なせば，
$$\vec{z} + \vec{w} = \vec{v}$$

となることから，ベクトルの加法（たし算，ひき算）の性質からいって当然である．

同様に，複素数 $z = a+bi$ の実数倍
$$kz = ka + kbi$$
は，ベクトル $\vec{z} = (a, b)$ の実数倍
$$k\vec{z} = (ka, kb)$$ 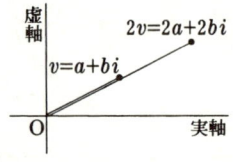
のように，複素数平面上で k 倍に伸ばすことを意味する．

このように，**複素数は，その和（加法）と実数倍に関していえば，平面ベクトルの一種と考える**ことができる．先取りになるが，このことをまとめなおしておこう．

> **基本的性質**
>
> 複素数 $z=x+yi$ （x，y：実数）は，複素数平面上で，原点から点 z に至る有向線分の表すベクトルと見なしてよい．

Notes

1°　ここで「原点」すなわち複素数 0 の表す点から出発する，というところが大切です．

2°　$\alpha=3+i$，$\beta=1+2i$ のとき，
$$\alpha-\beta=2-i$$
は，複素数平面上，点 β から点 α に向かう有向線分の表すベクトルを表しますが，点 $\alpha-\beta$ は，右図のように，点 α でも点 β でもありません！

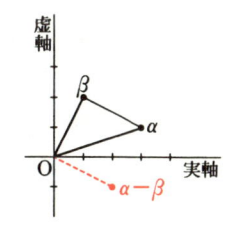

IV　複素数の演算と複素数平面 (2)——乗法

複素数
$$\begin{cases} z=a+bi \\ w=c+di \end{cases}$$
の積 zw は
$$zw=(ac-bd)+(ad+bc)i$$
であるが，これでは，z, w と zw とは複素数平面上の位置関係は見えない．極形式を用いると，鮮やかな関係が見えてくる．すなわち，z と w を

> $$\begin{cases} z=r_1(\cos\theta_1+i\sin\theta_1) \\ w=r_2(\cos\theta_2+i\sin\theta_2) \end{cases}$$

と表現すると，
$$zw=r_1r_2\{(\cos\theta_1\cos\theta_2-\sin\theta_1\sin\theta_2) \\ +i(\sin\theta_1\cos\theta_2+\cos\theta_1\sin\theta_2)\}$$
と計算される．ここで，三角関数の加法定理を用いると，

> $$zw=r_1r_2\{\cos(\theta_1+\theta_2)+i\sin(\theta_1+\theta_2)\}$$

となる．つまり，

複素数 z, w の積の $\begin{cases} 絶対値は，（zの絶対値）\times (wの絶対値) \\ 偏角は，\quad （zの偏角）+(wの偏角) \end{cases}$

となる．
以上のことをまとめると，

> 複素数平面上に，2点 z, w が与えられたとき，点 zw は，
> 原点から点 w に向かう半直線を，z の偏角だけ回転させた半直線上にあり，原点からの距離が，
> $$|z| \times |w|$$
> に等しい点である．

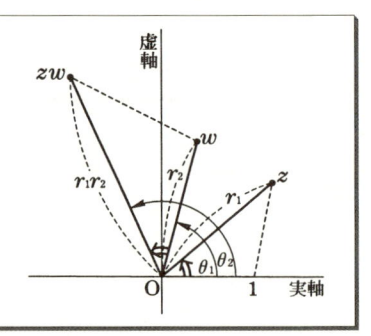

Notes

1° 実軸上に，点1をとると，それぞれ3点 0, 1, z ; 0, w, zw を頂点とする2つの三角形は，2辺の比とはさむ角が等しいことから，相似になります．

2° いうまでもなく，以上の説明で，z と w の役割を交換しても構いません！

複素数 $w = r_2(\cos\theta_2 + i\sin\theta_2)$ について，$r_2 \neq 0$ のときは

$$\frac{1}{w} = \frac{1}{r_2} \cdot \frac{1}{\cos\theta_2 + i\sin\theta_2}$$
$$= \frac{1}{r_2} \cdot (\cos\theta_2 - i\sin\theta_2) = \frac{1}{r_2}\{\cos(-\theta_2) + i\sin(-\theta_2)\}$$

であるから，割り算 $\dfrac{z}{w}$ は，$z \cdot \dfrac{1}{w}$ という掛け算として

$$\frac{z}{w} = \frac{r_1}{r_2} \cdot \{\cos(\theta_1 - \theta_2) + i\sin(\theta_1 - \theta_2)\}$$

と計算される．

Notes
このように，割り算は，結局，掛け算に還元されますから，きちんと覚えておかなくてはいけないのは，p. 115 の掛け算の場合だけである，といってよいでしょう．

Ⅴ ド・モアブルの定理

複素数の乗法で特に重要なのは，積を作る一方の複素数の絶対値が1である場合である．たとえば $|z|=r_1=1$ とすると，
$$zw = r_2\{\cos(\theta_1+\theta_2) + i\sin(\theta_1+\theta_2)\}$$
となる．つまり

w に z（$|z|=1$）を掛けたものは，点 w を，原点 O のまわりに，z の偏角だけ回転したものになる，ということである．

> 絶対値が1の複素数を掛けることは，原点を中心とする回転に相当する．

あらためて
$$z = \cos\theta + i\sin\theta$$
とおくと，z を掛けることは，偏角を θ だけ増加させることであるから，
$$z^2 = z \cdot z = \cos 2\theta + i\sin 2\theta$$
$$z^3 = z^2 \cdot z = \cos 3\theta + i\sin 3\theta$$
$$z^4 = z^3 \cdot z = \cos 4\theta + i\sin 4\theta$$
一般に
$$z^n = \cos n\theta + i\sin n\theta \quad (n=1, 2, 3, \cdots)$$
となる．これは，

ド・モアブル（de Moivre, 1667–1754）**の定理**

と今日呼ばれている重要な性質である．

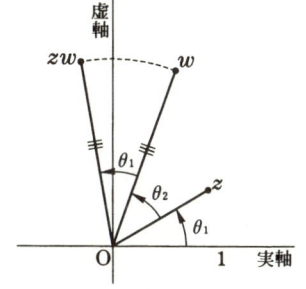

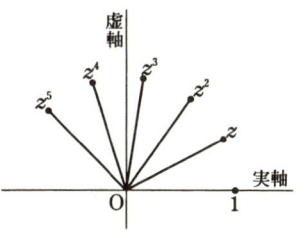

ド・モアブルの定理

$$(\cos\theta + i\sin\theta)^n = \cos n\theta + i\sin n\theta \quad (n=1, 2, 3, \cdots)$$

Notes

1° $(\cos\theta + i\sin\theta)^{-1} = \dfrac{1}{\cos\theta + i\sin\theta} = \cos\theta - i\sin\theta$
$\qquad\qquad\qquad\qquad\qquad = \cos(-\theta) + i\sin(-\theta)$

であることに注意すれば，ド・モアブルの定理の等式は，n が負の整数のときも成り立つ．

たとえば $(\cos\theta + i\sin\theta)^{-3} = \cos(-3\theta) + i\sin(-3\theta)$

2° i^n $(n=1, 2, 3, 4, 5, 6, \cdots)$ は，$i, -1, -i, 1, i, -1, \cdots$

§2 複素数の幾何的意味—複素数平面

と周期 4 で循環する．これらは，$i=\cos\dfrac{\pi}{2}+i\sin\dfrac{\pi}{2}$ であることを利用すると，この周期的な循環は，
$$i^n=\cos\dfrac{n\pi}{2}+i\sin\dfrac{n\pi}{2}$$
という 1 個の式で表される！

VI　n 乗根

n を正の整数とするとき，1 の n 乗根，すなわち
$$z^n=1$$
となる z は，実数の範囲では，n が奇数のときは，$z=1$ のみ，n が偶数のときは，$z=\pm 1$ の 2 個である．極形式で
$$z=r(\cos\theta+i\sin\theta)$$
$$\left(\text{ただし，}\begin{cases}r\geqq 0 & \cdots\cdots ① \\ 0\leqq\theta<2\pi & \cdots\cdots ②\end{cases}\right)$$
とおいて，初めの方程式に代入すると，
$$\{r(\cos\theta+i\sin\theta)\}^n=1$$
左辺でド・モアブルの定理を用いれば
$$r^n(\cos n\theta+i\sin n\theta)=1$$
となる．両辺の実部，虚部を比較して
$$\begin{cases}r^n\cos n\theta=1 & \cdots\cdots ③ \\ r^n\sin n\theta=0 & \cdots\cdots ④\end{cases}$$
である．③^2＋④^2 より
$$r^{2n}=1$$
これと①から，
$$r=1 \qquad\cdots\cdots ⑤$$
⑤を③，④に代入すると
$$\begin{cases}\cos n\theta=1 \\ \sin n\theta=0\end{cases}$$
これを満たす $n\theta$ は
$$n\theta=2k\pi \quad (k \text{ は整数})$$
と表せる．②を考慮すると，
$$\theta=\dfrac{2k}{n}\pi \quad (k=0,\ 1,\ 2,\ \cdots,\ n-1) \qquad\cdots\cdots ⑥$$
⑤，⑥より

$$z = \cos\frac{2k}{n}\pi + i\sin\frac{2k}{n}\pi \quad (k=0,\ 1,\ 2,\ \cdots,\ n-1)$$

Notes

1° たとえば，$n=3$ のときは
$$z = \cos\frac{2k}{3}\pi + i\sin\frac{2k}{3}\pi$$
$$(k=0,\ 1,\ 2)$$ 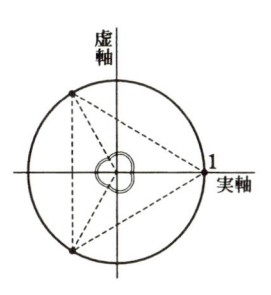
となります．つまり，1 の 3 乗根は，$k=0$；$k=1$；$k=2$ に対応して 3 個あり
$$\cos 0 + i\sin 0 = 1,\ \cos\frac{2\pi}{3} + i\sin\frac{2\pi}{3},\ \cos\frac{4\pi}{3} + i\sin\frac{4\pi}{3}$$
である．これらは，複素数平面上，原点を中心とする半径 1 の円（単位円）の円周の 3 等分点になっています．

2°
$$\cos\frac{2k}{n}\pi + i\sin\frac{2k}{n}\pi$$
$$(k=0,\ 1,\ 2,\ \cdots,\ n-1)$$ 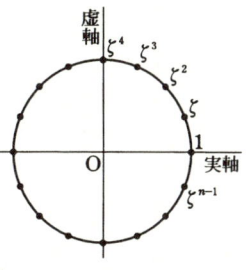
で定まる n 個の点は，単位円周の n 等分点になっています．この意味で，1 の n 乗根を求める方程式
$$z^n = 1$$
のことを，**円周等分方程式** と呼びます．

3° n 個の点のうちの 1 個
$$\cos\frac{2\pi}{n} + i\sin\frac{2\pi}{n}$$ を ζ とおくと，上の n 個は
$$\zeta,\ \zeta^2,\ \zeta^3,\ \cdots,\ \zeta^{n-1},\ \zeta^n = 1$$
と表せます．

ζ：英語の z に相等するギリシア文字で，［ゼータ］と読む．（ツェータと読むのはドイツ読み）有名な哲学者ゼノンの名前の頭文字はこれ．

一般の数の n 乗根は，1 の n 乗根と深い関係をもつ．実際，α を 0 でない任意の複素数とすると，
$$z^n = \alpha$$
を満たす複素数 z の値 ρ が 1 つでも見つかれば，他のものもわかる．実際，

ρ：英語の r に相等するギリシア文字で，［ロウ］と読む．大文字は P と書く．ロシア文字の P は，このギリシア文字に由来する．

であるから，辺々割り算すると，
$$\rho^n = \alpha$$
$$\left(\frac{z}{\rho}\right)^n = 1$$

となる．これは $\frac{z}{\rho}$ が 1 の n 乗根である，という条件にほかならないので，上の記号を用いれば

$$\frac{z}{\rho} = \zeta^k \quad (k = 1, 2, \cdots, n)$$

$$\therefore \quad z = \rho \zeta^k \quad (k = 1, 2, \cdots, n)$$

Notes

1° 1 の平方根（2 乗根）は，よく知られるように，1 と -1 の 2 つです．
一方
$$\rho = \frac{1+i}{\sqrt{2}} = \cos 45° + i \sin 45°$$
を 2 乗すると
$$\rho^2 = i$$
となるので，ρ は，i の平方根（2 乗根）の 1 つです．
よって，i の平方根は，ρ と $-\rho$ です．これら 2 点は，単位円を 2 等分します．

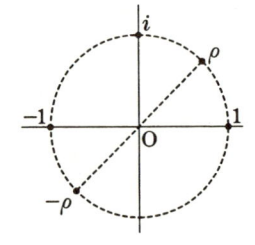

2° 1 の立方根（3 乗根）は，1 と $\omega = \frac{-1+\sqrt{3}i}{2}$ と $\omega^2 = \frac{-1-\sqrt{3}i}{2}$ です．一方
$$\rho = \frac{1+\sqrt{3}i}{2} = \cos 60° + i \sin 60°$$
は，
$$\rho^3 = -1$$
を満たすので，ρ は，-1 の立方根（3 乗根）の 1 つです．
よって，-1 の 3 乗根は，$\rho = -\omega^2$ と $\rho\omega = -1$ と $\rho\omega^2 = -\omega$ です．
これら 3 点は，単位円を 3 等分します．

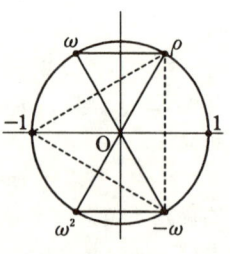

例題 44

複素数 z, w について
$$|z+w|^2+|z-w|^2=2|z|^2+2|w|^2$$
が成り立つことを示せ.

アプローチ

$z=a+bi$, $w=c+di$ (a, b, c, d:実数) とおいて，両辺を a, b, c, d で表していく，というのが 1 つの方針です．

しかし，一般に，複素数 z について $|z|^2=z\bar{z}$ という関係を利用すると，もっと簡単に証明できます．

解答

$z=a+bi$, $w=c+di$ (a, b, c, d は実数) とおくと
$$|z+w|^2=|a+c+(b+d)i|^2$$
$$=(a+c)^2+(b+d)^2 \quad \cdots\cdots ①$$
$$|z-w|^2=|a-c+(b-d)i|^2$$
$$=(a-c)^2+(b-d)^2 \quad \cdots\cdots ②$$

◀ p, q:実数のとき
$|p+qi|^2=p^2+q^2$

① + ② より，
$$|z+w|^2+|z-w|^2=(a+c)^2+(b+d)^2+(a-c)^2+(b-d)^2$$
$$=2(a^2+b^2+c^2+d^2) \quad \cdots\cdots ③$$

一方，$2|z|^2+2|w|^2=2(a^2+b^2)+2(c^2+d^2)$
$$=2(a^2+b^2+c^2+d^2) \quad \cdots\cdots ④$$

よって，③，④から，$|z+w|^2+|z-w|^2=2|z|^2+2|w|^2$ が成り立つ．■

別解 $|z+w|^2=(z+w)\overline{(z+w)}=(z+w)(\bar{z}+\bar{w})$
$$=z\bar{z}+z\bar{w}+w\bar{z}+w\bar{w}$$
$$=|z|^2+z\bar{w}+w\bar{z}+|w|^2 \quad \cdots\cdots ①$$

◀ p.102 で証明した公式

同様にして，$|z-w|^2=(z-w)\overline{(z-w)}=(z-w)(\bar{z}-\bar{w})$
$$=|z|^2-z\bar{w}-w\bar{z}+|w|^2 \quad \cdots\cdots ②$$

① + ② から証明すべき等式が得られる．

注 複素数平面を考えれば，右図から本問の等式が p.163 で登場するパップスの中線定理であることがわかります．

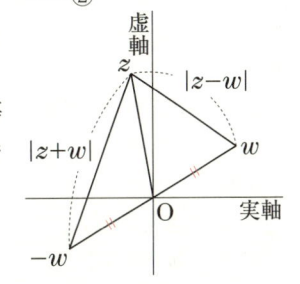

§2 複素数の幾何的意味—複素数平面

例題 45

座標平面上に，2点 A(2, 1)，B(5, 3) が与えられている．点 A を中心として反時計まわりに角 θ だけの回転移動により，点 B が移される点を C(p, q) とする．
(1) p, q をそれぞれ θ の式で表せ．
(2) △ABC が正三角形となるときの C の座標を求めよ．

アプローチ

回転といったら複素数が大活躍するところです．逆にいうと，複素数なしでは回転，つまり(1)などを考えることは困難です．

解答

(1) $\vec{AB} = (3, 2)$ を点 A のまわりに θ 回転すると $\vec{AC} = (p-2, q-1)$ になるので，複素数平面を考えれば

$$p-2 + (q-1)i = (3+2i)(\cos\theta + i\sin\theta)$$
$$= 3\cos\theta - 2\sin\theta + (2\cos\theta + 3\sin\theta)i$$

が成り立つ．

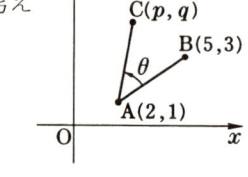

よって，両辺の実部，虚部を比較すれば

$$\begin{cases} p-2 = 3\cos\theta - 2\sin\theta \\ q-1 = 2\cos\theta + 3\sin\theta \end{cases} \therefore \begin{cases} p = 3\cos\theta - 2\sin\theta + 2 \\ q = 2\cos\theta + 3\sin\theta + 1 \end{cases}$$

(2) △ABC が正三角形となるのは，(1)において $\theta = \pm 60°$ のときであるので，

$$\begin{cases} p = 3 \cdot \dfrac{1}{2} - 2\left(\pm\dfrac{\sqrt{3}}{2}\right) + 2 = \dfrac{7 \mp 2\sqrt{3}}{2} \\ q = 2 \cdot \dfrac{1}{2} + 3\left(\pm\dfrac{\sqrt{3}}{2}\right) + 1 = \dfrac{4 \pm 3\sqrt{3}}{2} \end{cases}$$

よって，求める点 C の座標は

$$C\left(\dfrac{7 \pm 2\sqrt{3}}{2}, \dfrac{4 \mp 3\sqrt{3}}{2}\right) \quad \text{(複号同順)}$$

注 △ABC が正三角形 $\iff$ AB = BC = CA
$\iff \begin{cases} (p-2)^2 + (q-1)^2 = 9+4 \\ (p-5)^2 + (q-3)^2 = 9+4 \end{cases}$

この連立方程式を解けば点 C の座標は得られますが，上の解答に比べれば面倒ですね．

章末問題（第3章　複素数と方程式）

Aランク

11 2次方程式 $x^2-(m+9)x+9m=0$ の2つの解の比が $1:3$ となるとき，定数 m の値を求めよ．
(東京工科大)

12 x の2次方程式 $x^2-2(a-1)x+a^2-9=0$ について，次の問いに答えよ．
(1) 2つの解がともに正であるような定数 a の値の範囲を求めよ．
(2) 少なくとも1つ正の解をもつような，定数 a の値の範囲を求めよ．
(明星大・改)

13 x の2次方程式 $2x^2-(a-i)x-a-1-ai=0$ が実数解をもつような実数 a の値を求めよ．ただし，i は虚数単位とする．
(日本獣医畜産大)

Bランク

14 x についての2次方程式 $x^2-ax+b=0$ の2つの解を α，β としたとき，2次方程式 $x^2+bx+a=0$ の2つの解は $\alpha-1$，$\beta-1$ であるという．このとき，次の問いに答えよ．
(1) 定数 a，b の値を求めよ．
(2) α^3，β^3 の値をそれぞれ求めよ．
(3) n を自然数とするとき，$\alpha^n+\beta^n$ のとり得る値をすべて求めよ．
(共通一次試験)

15 k を整数の定数とする．2次方程式 $x^2+kx+2k-3=0$ が整数解 α，β をもつとき，次の問いに答えよ．
(1) α と β の間に成り立つ関係式を求めよ．
(2) k の値および (α, β) の組を求めよ． （昭和薬大・改）

16 次の問いに答えよ．
(1) $x^3-(2a-1)x^2-2(a-1)x+2$ を因数分解せよ．
(2) x に関する方程式 $x^3-(2a-1)x^2-2(a-1)x+2=0$ が異なる3つの実数解をもつような実数 a の値の範囲を求めよ． （工学院大）

17 a を実数の定数とする．方程式 $x^4+ax^2+1=0$ が実数解をもたないような a の値の範囲を求めよ． （立教大）

第 4 章

図形と式

　中学では，直線が，$y=ax+b$ という形の；数学Ⅰでは，放物線が，$y=ax^2+bx+c$ という形の等式（x, y の方程式）で表されることを学習しました．直線や曲線という図形を，いったん等式で表現できると，等式に対して行うことのできるさまざまな操作（等式の変形）のおかげで，図形のもつ性質を，精密に，かつ，簡明に調べることができるようになります．

　近世に入って開拓されたこの手法は，今日，**解析幾何**（analytic geometry）と呼ばれて，近代数学の最も重要な基礎となっています．一見，馴染みにくいのですが，わかってしまえば，極めて合理的で，したがって，特別の霊感的才能を必要としないという意味では，ごく庶民的な手法であることがわかるでしょう．

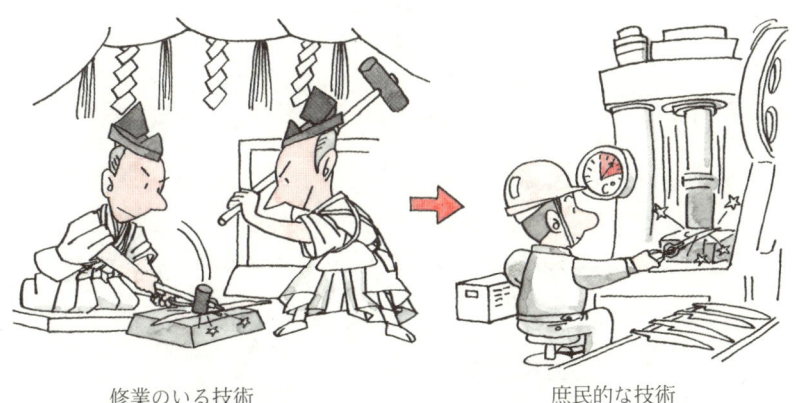

修業のいる技術　　　　　　　　庶民的な技術

§1 根本原理—数直線から座標平面へ

　図形のもつ性質を，数式を用いて論ずるためには，図形の世界と数式の世界とをつなぐ，"通訳"が必要である．この通訳をしてくれるのが，次に述べる座標平面である．

　これは，数学Ⅰで学んだ **数直線** の考え方を平面に発展させたものである．1次元から2次元への飛躍といってもよい．

　まず，大切なのは，数直線の考え方だから，忘れている人は次の基本事項を復習しよう．覚えている人は次ページに飛んでよい．

基本事項

　直線上に，原点と呼ばれる1点Oと，それ以外の1点Aを定め，

線分 OA の長さを1

と約束する．

　この直線上に勝手に1点Pをとると，線分の**長さの比** $\dfrac{OP}{OA}$ に，

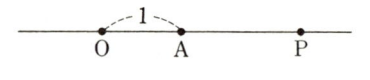

Pが，Oに関してAと

同じ側にあるときは，正
反対側にあるときは，負

の符号をつけた数 x を対応させることにすると，値 x は，一般に，実数である．

　逆に，任意の実数 x に対し，直線上に点Pを

$$\begin{cases} x>0 \text{ ならば，Oに関して　Aと同じ側に，} \\ x<0 \text{ ならば，Oに関して　Aと反対側に} \end{cases}$$

$$\dfrac{OP}{OA}=|x|$$

となるように定めることができる．さらに

$$x=0 \text{ のときは，P=O}$$

とすることで，x がどんな実数であっても，これに対応する点Pが直線上にとれる．

　以上で，

直線上の点 ⟷ 実数 （1対1対応）

という関係が打ちたてられる．このとき，Pに対応する実数 x のことを，Pの **座標** という．Pの座標が x であることを表すのに，P(x) と書く．また，

このような直線を **数直線** と呼ぶ．O から A に向かう方向を，この数直線の **正方向**，反対の方向を **負方向** という．

> **Notes** 　原点は，それを表す英単語 origin の頭文字に因んで，O で表すことが多いのです．（0（ゼロ）と間違えている人もいます．）
> 単位は unit というので，単位の長さを定める点は，上では A を用いていますが，A でなく，U と書かれることもあります．

例 4-1 原点 O の座標は 0 である．すなわち O(0)．

問 4-1 次の数直線上の点 C，E の座標を，A(1) のように答えよ．ただし，E，D，O，A，B，C は，この順に等間隔で並んでいる．

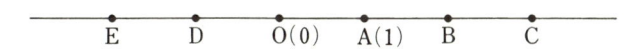

　　　E　　D　　O(0)　A(1)　B　　C

> **Notes** 　数直線の考え方により，
> 　　　直線は，いろいろな実数を表す点の集まり
> と考えられることになります．

数学 II で学ぶ「図形と式」で最も基本的な座標平面は，次のように 2 本の数直線で作られる．

定義

2 本の数直線を，右図のように原点で直角に交わるように配置して，右を正方向にもつ数直線を x 軸，上を正方向にもつ数直線を y 軸と呼ぶ． 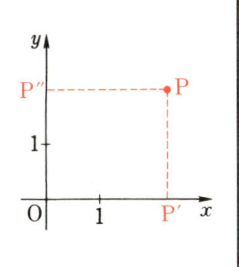
　平面上の勝手な点 P に対し，P を通って
$$\begin{cases} y \text{軸に平行に直線をひいて } x \text{軸との交点を P}' \\ x \text{軸に平行に直線をひいて } y \text{軸との交点を P}'' \end{cases}$$
とするとき，
$$\begin{cases} x \text{軸上での P}' \text{の座標が } x \\ y \text{軸上での P}'' \text{の座標が } y \end{cases}$$
であるとき，点 P にこのような実数 x，y の組 (x, y) を対応させて，点 P の座標という．
　点を定めると，その点の座標が決まる．逆に，座標を与えると，点が

§1 　根本原理—数直線から座標平面へ

決まる．

$$\text{平面上の点 P} \longleftrightarrow \text{座標} (x, y)$$

点 P の座標が (x, y) であることを，簡略に

$$P(x, y)$$

と表す．また，$P(x, y)$ において

左側の値 x を P の x 座標

右側の値 y を P の y 座標

と呼ぶ．

Notes 高校数学では，x 軸，y 軸は，互いに直交しているようにとるのが一般的です．このような座標を **直交座標** といいます．

直交座標では，上の P′，P″ の説明を，

$$\begin{cases} \text{P を通って } x \text{ 軸に垂直な直線と } x \text{ 軸との交点を P′} \\ \text{P を通って } y \text{ 軸に垂直な直線と } y \text{ 軸との交点を P″} \end{cases}$$

とすることができます．この説明の方が，高校の教科書では一般的でしょう．しかし，ベクトルを学べばわかるように，上で示した定義の方が本当はよいのです．

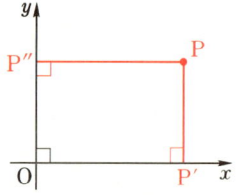

問 4-2 座標平面上で，次の点を指示せよ．

A(4, 3)
B(−1, 2)
C(−2, −4)
D(2, −1)
E(−3, 0)

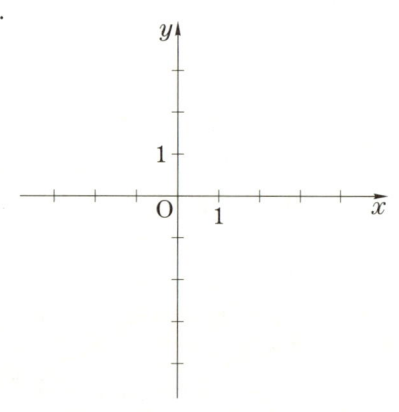

§2 距離と分点

中学で学んだ図形のうちで最も基本的なのは，直線と円であった．このうち，直線については，それが1次関数
$$y = ax + b$$
のグラフとして現れることを学んでいる．このことをさらに高い立場からとらえるために，少し準備をしよう．

I 2点間の距離──数直線上の場合

数直線上の2点 $A(a)$, $B(b)$ 間の距離は，線分 AB の長さであり，それは，
$$\begin{cases} a > b \text{ のときは } & a - b \\ a < b \text{ のときは } & b - a \\ a = b \text{ のときは } & 0 \end{cases}$$

$\underset{a>b\text{のとき}}{\overline{\qquad\underset{B(b)}{\bullet}\qquad\underset{A(a)}{\bullet}\qquad}}$

に等しい．これは，a, b が正の数であるときだけでなく，a, b の一方または両方が0以下の数であるときにも成り立つ．さらに，絶対値記号を使うと，これらは，
$$|a - b|$$
という1つの式で表せる．もちろん，$|b - a|$ と表してもよい．詳しくは，☞「本質の研究 数学Ⅰ・A」を参照．

問 4-3 数直線上に3点 A(3), B(−1), C(−5) がある．次の2点間の距離を求めよ．
 (1) A, B   (2) B, C   (3) A, C

II 分点の座標──数直線上の場合

II-1 内分点

線分 AB が与えられたとき，そのまん中にある点を中点と呼ぶことなどは，中学で学んだ．ここでは，線分 AB 上にある点を，中点に限らずもっと一般的に考えてみよう．［この話題は，本シリーズでは，すでに数学Ⅰ・Aでとりあげているが，やや違う角度から，もう一度扱うことにする．］

まず，AB の中点が M であるということは，
 i) M が線分 AB 上にあって

ⅱ） A，B から M までの距離が等しい．
すなわち，
$$AM : BM = 1 : 1$$
となることである，と表現できる．

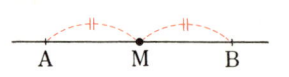

そこで，条件ⅰ）については，同様に
　ⅰ） P が線分 AB 上にあって
としたまま，条件ⅱ）を一般化して，
$$AP : BP = 2 : 1, \quad AP : BP = 3 : 4, \cdots$$
などの場合も考えてみるために，これらを抽象化して
　ⅱ′） $AP : BP = m : n$
　　　　（ここで，m，n は与えられた正の数である）
という関係を考え，ⅰ），ⅱ′）を満たす点 P を
AB を $m : n$ に内分する点
と呼ぶ．
次の公式が成り立つ． 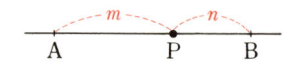

数直線上に 2 点 $A(a)$，$B(b)$ がある．
線分 AB を $m : n$ に内分する点 P の座標は，
$$\left(\frac{na + mb}{m + n} \right)$$
である．ここで，m，n は与えられた正の数である．

Notes　この複雑な公式を覚えるのは，最初は大変です．まず公式を使う練習から入りましょう．

問 4-4　数直線上に，原点 $O(0)$ と点 $A(12)$ がある．線分 OA を，それぞれ次の比に分ける点の座標を求めよ．
(1) OA を $1 : 1$ に内分する点 M
(2) OA を $2 : 1$ に内分する点 P
(3) OA を $1 : 3$ に内分する点 Q

コラム　この公式は形が複雑なので，高校生が覚えにくいものの1つです．
　特に，$A(a)$，$B(b)$ を結ぶ線分を $m : n$ に内分する点ということから，左右の順をそのまま

第 4 章　図形と式

$$\frac{ma+nb}{m+n}$$

と間違えてしまう人が多い，と聞きます．そんな人は，極端な場合として，A(0)，B(20) を 1:9 に内分する点 P の座標を考えてごらんなさい．

$$AP:BP=1:9$$

だからといって $\dfrac{0\times 1+20\times 9}{1+9}$ とすると，18 が出てきてしまうではありませんか．正しい答は，2 のはずですね．

$m:n$ で，n が m に比べて断然大きいとき，AB を $m:n$ に内分する点 P は，A の近くになるはずです．

n の値が大きくなることが，内分点が点 A(a) に接近する，という効果につながるのですから，n は，a にかけられるべきなんです．

近い友に影響を受ける

Notes

問 4-4 の(1)で考えたような "1:1 に内分する点" は **中点** にほかなりません．次の公式は，意外によく使いますから，覚えておいて悪くないでしょう．

数直線上の点 A(a)，B(b) に対し，線分 AB の中点を M とおくと

$$M\left(\frac{a+b}{2}\right)$$

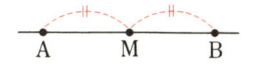

〈中点の座標の公式〉

"足して 2 で割る" というやり方で平均（相加平均または数列のことばで等差中項）が出ることを思い出して下さい！

問 4-5　数直線上，次の各 2 点の中点 M の座標を求めよ．
(1)　O(0) と A(5) の中点
(2)　A(5) と B(−1) の中点
(3)　B(−1) と C(−5) の中点

§2　距離と分点

> さて，いよいよ公式を証明しましょう．完全な証明は意外に面倒ですが，証明のポイントが理解できると，複雑な公式も，すぐに頭に入るようになります．

[証明] 1) まず，$a<b$ の場合を考える．P の座標を x とおくと，条件 ⅰ) より

$$a<x<b \quad \cdots\cdots ①$$

であり，また条件 ⅱ′) より

$$|x-a|:|x-b|=m:n$$
$$\therefore\ m|x-b|=n|x-a| \quad \cdots\cdots ②$$

である．①を考えると，②は，

$$m(b-x)=n(x-a) \quad \cdots\cdots ②′$$

と書き換えられる．②′を x について整理して解いて

$$(m+n)x=na+mb \quad \therefore\ x=\frac{na+mb}{m+n} \quad \cdots\cdots ③$$

を得る．

2) つぎに $a \geqq b$ のときは，②の絶対値をはずすと

$$m(x-b)=n(a-x)$$

となるが，これは，見かけの違いを除いて②′と同値な式であるから，同じ結論の式③が導かれる．

> 1° 上で導いた式③は，
>
> $$x=\frac{n}{m+n}a+\frac{m}{m+n}b$$
>
> と書き換えることができます．ところで，ここまでは比を表すのに，m，n という 2 つの文字を使ってきましたが，実は 1 つですますことができます．たとえば，
>
> $$6:4\ や\ 9:6,\ 12:8,\ 15:10,\ \cdots$$
>
> は，どれも比として 3:2 と同じですから，比を表すのに，2 つの文字はいらないのです．実際
>
> $$t=\frac{m}{m+n}$$
>
> とおくと，
>
> $$\frac{n}{m+n}=1-t$$
>
> ですから，最初の式は

$$\boxed{(1-t)a+tb}$$

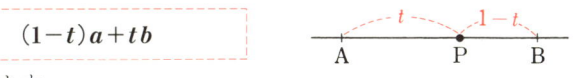

と表せます．

2° 上の公式で，t が $\dfrac{1}{\sqrt{2}}$ のような無理数値も含め，すべての実数値をとることを許すと

$$0<t<1$$

の範囲を $t=0$ から $t=1$ に向かって変化するにつれ，点 P が線分 AB 上を，A から B に向かって動いていくことを理解しましょう．

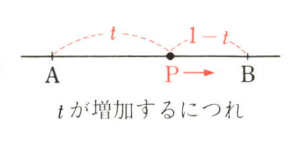

3° 比として "$0:1$" や "$1:0$" を考えることは奇妙でしょうが，**1°** の形で考えれば，$t=0$ や $t=1$ を考えることは，ごく自然です．つまり，

$$\begin{cases} t=0 \text{ のときは } P=A \\ t=1 \text{ のときは } P=B \end{cases}$$

となるだけです．こうして，t の範囲を，両端を含む区間

$$0 \leq t \leq 1$$

にまで拡げることができます．そしてここまで来ると，

$$t<0 \text{ の場合や } t>1 \text{ の場合}$$

を考えたくなりませんか！　それが，次に学ぶ **外分** です．

II-2　外分点

m, n を与えられた正の相異なる整数として，線分 AB を $m:n$ に内分する点 P を考えた際に使った条件 i）を，

i）P が線分 AB の延長または線分 BA の延長にあって

と変更すると，外分点が定義される．

たとえば，右図のような点 P は，AB を $1:3$ に外分する点，点 Q は AB を $3:1$ に外分する点である．

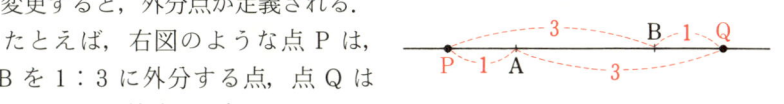

$$\begin{cases} m<n \text{ のときは，線分 BA の延長上に} \\ m>n \text{ のときは，線分 AB の延長上に} \end{cases}$$

外分点がとれることは，右上の図を眺めていれば納得がいくであろう．

外分点について，次の公式が成り立つ．

> 数直線上の 2 点 A(a), B(b) に対し，線分 AB を $m:n$ に外分する点 P の座標は
> $$\left(\frac{-na+mb}{m-n}\right)$$
> である．

Notes

1° 内分の公式とよく似ているので，きちんと覚えるのが大変そうですが，実は，違います．

　つまり，$m:n$ に内分する点の公式さえ覚えていれば，$m:n$ に外分する点の座標は

　　　　$m:(-n)$ に内分する点

と見なして計算してやればよいのです．
$(-m):n$ に内分する点と思って計算しても構いません．

　つまり，m, n が負の値もとることを認めるなら，"$m:n$ に内分"する点の公式を考えるだけでよい，ということです．

問 4-6 数直線上，次の外分点の座標を求めよ．
(1) O(0) と A(4) を $3:1$ に外分する点 P
(2) O(0) と A(4) を $1:3$ に外分する点 Q
(3) A(4) と B(-2) を $1:2$ に外分する点 R

2° m, n の一方が負になる場合も許すことにすると，
$$t=\frac{n}{m+n}$$
は，$t<0$ の値（たとえば，$m=3$, $n=-1$ のとき）や，$t>1$（たとえば，$m=-1$, $n=3$ のとき）の値もとりうることになります．

　数直線上，A(a)，B(b) に対し，P($(1-t)a+tb$) という点 P は，

$\begin{cases} t<0 \text{ のときは，線分 BA の延長上を} \\ t>1 \text{ のときは，線分 AB の延長上を} \end{cases}$

動くわけです．

III 分点の座標——座標平面の場合

本節は，前節の内容のごく単純な応用である．

> m, n を，与えられた正の実数とするとき，座標平面上の 2 点 A(a_1, a_2), B(b_1, b_2) に対し，線分 AB を $m:n$ に内分する点 P の座標は， $P\left(\dfrac{na_1+mb_1}{m+n},\ \dfrac{na_2+mb_2}{m+n}\right)$ である．

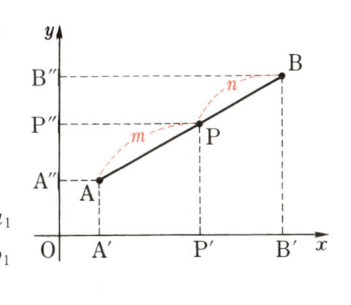

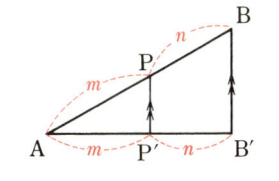

Notes

1° 実際，A，B，P を通って y 軸に平行な直線をひき，x 軸との交点を，それぞれ A′，B′，P′ とおくと，P′ は，線分 A′B′ を $m:n$ に内分する点になります．
$\begin{cases} A'\text{ の }x\text{ 座標}=A\text{ の }x\text{ 座標}=a_1 \\ B'\text{ の }x\text{ 座標}=B\text{ の }x\text{ 座標}=b_1 \end{cases}$
より，
  P の x 座標
  $=$ P′ の x 座標 $=\dfrac{na_1+mb_1}{m+n}$
です．同様に
  P の y 座標 $=\dfrac{na_2+mb_2}{m+n}$
となるのです．

2° 比を表現するには，前節で示したように，t のような文字 1 つだけで足りるのでした．すなわち，上の公式は

> 線分 AB を $t:(1-t)$ に内分する点 P の座標は
>   P($(1-t)a_1+tb_1$, $(1-t)a_2+tb_2$)

と表すこともできます．

3° さらに，$t<0$ や $t>1$ の場合も考慮すれば，外分点の場合もこの同じ式で表すことができます．

問 4-7 2 点 A(2, 0), B(6, 2) がある．次の各点の座標を求めよ．
(1) 線分 AB を $2:1$ に内分する点 C
(2) 線分 AB を $2:1$ に外分する点 D
(3) 線分 AB を $t:(1-t)$ に内分する点 P （ただし，$0<t<1$）

§2 距離と分点

例題 46

三角形において，頂点とその対辺の中点を結ぶ線分を **中線** という．△ABC において，辺 BC，CA，AB の中点をそれぞれ L，M，N とおくとき，線分 AL，BM，CN は 1 点で交わる．このことを，AL，BM，CN をそれぞれ 2：1 に内分する点をそれぞれ G_1，G_2，G_3 として，3 点 G_1，G_2，G_3 は一致することを示すことで証明せよ．

アプローチ

"三角形において，3 本の中線は，**重心** と呼ばれる 1 点で交わる"ことは，数学 A で学んでいます．ここでは，この定理を，補助線など発見的な「飛び道具」を使わずに，計算だけで証明しよう．というわけです．

解答

xy 平面で

$$A(x_1, y_1),\ B(x_2, y_2),\ C(x_3, y_3)$$

とおくと，$L\left(\dfrac{x_2+x_3}{2}, \dfrac{y_2+y_3}{2}\right)$ である．

ゆえに AL を 2：1 に内分する点 G_1 の座標は

$$\left(\dfrac{1\cdot x_1+2\cdot\dfrac{x_2+x_3}{2}}{2+1},\ \dfrac{1\cdot y_1+2\cdot\dfrac{y_2+y_3}{2}}{2+1}\right)$$

すなわち，

$$G_1\left(\dfrac{x_1+x_2+x_3}{3},\ \dfrac{y_1+y_2+y_3}{3}\right)$$

である．同様に，G_2，G_3 の座標も

$$\left(\dfrac{x_1+x_2+x_3}{3},\ \dfrac{y_1+y_2+y_3}{3}\right)$$

であるから，G_1，G_2，G_3 は一致する．したがって 3 本の中線 AL，BM，CN はこの点で交わる．■

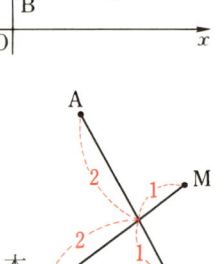

注 ここで示した重心の座標 $\left(\dfrac{x_1+x_2+x_3}{3},\ \dfrac{y_1+y_2+y_3}{3}\right)$ は，公式として覚える価値があるものです．

例題 47

xy 平面上に，3 点 A$(-1, 3)$，B$(4, 5)$，C$(3, 6)$ がある．第 4 の点 D(x, y) をとって，4 点 A, B, C, D がある平行四辺形の頂点になるように，x, y の値を定めよ．

アプローチ

四角形 ABCD が平行四辺形になるための条件は，
　　　"2 組の対辺の長さが等しい"，"2 組の対角が等しい"，…
など，いろいろありました．この中で，高校数学で最も役に立つのは，
　　"対角線が互いに他を 2 等分する"（2 本の対角線の中点が一致する）
という条件です．中点の座標の公式が役に立ちます．

ところで，これをしっかり理解しているからといって，本問の意味を「平行四辺形 ABCD ができる，ということだ！」と早トチリしてはいけません．4 頂点が，順に A, B, C, D と並んでいるとは限らないということです．

解答

4 点 A, B, C, D がある平行四辺形の頂点になることを
- i) AB と CD が対角線になる
- ii) AC と BD が対角線になる
- iii) AD と BC が対角線になる

の 3 つの場合に分けて考える．

i) のときは，線分 AB, CD の中点，すなわち
$$\left(\frac{(-1)+4}{2}, \frac{3+5}{2}\right) \ \text{と} \ \left(\frac{3+x}{2}, \frac{6+y}{2}\right)$$
が一致することから
$$\begin{cases} \dfrac{3}{2} = \dfrac{3+x}{2} \\ \dfrac{8}{2} = \dfrac{6+y}{2} \end{cases} \quad \therefore \quad x=0, \ y=2.$$

同様に ii) のときは，線分 AC, BD の中点，すなわち $\left(\dfrac{-1+3}{2}, \dfrac{3+6}{2}\right)$ と $\left(\dfrac{4+x}{2}, \dfrac{5+y}{2}\right)$ が一致することから

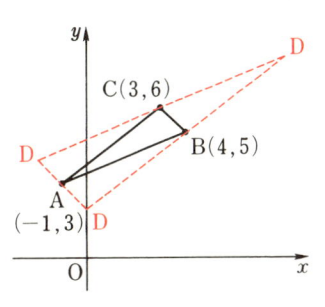

§2 距離と分点

$$\begin{cases} \dfrac{2}{2} = \dfrac{4+x}{2} \\ \dfrac{9}{2} = \dfrac{5+y}{2} \end{cases} \quad \therefore \quad x = -2, \ y = 4.$$

また ⅲ) のときは，線分 AD, BC の中点，すなわち $\left(\dfrac{-1+x}{2},\ \dfrac{3+y}{2}\right)$ と $\left(\dfrac{4+3}{2},\ \dfrac{5+6}{2}\right)$ が一致することから

$$\begin{cases} \dfrac{-1+x}{2} = \dfrac{7}{2} \\ \dfrac{3+y}{2} = \dfrac{11}{2} \end{cases} \quad \therefore \quad x = 8, \ y = 8.$$

以上まとめて，

$$\begin{cases} x = 0 \\ y = 2 \end{cases} \text{または} \quad \begin{cases} x = -2 \\ y = 4 \end{cases} \text{または} \quad \begin{cases} x = 8 \\ y = 8 \end{cases}$$

§3　直線の方程式

　直線の方程式については，1次関数 $y=ax+b$（$a,\ b$：定数）とそのグラフという関係で，すでに中学で学んでいるが，ここではより理論的に，前節の内分点，外分点の発展として導いてみよう．

I　原点 O(0, 0) と，O と異なる点 A(α, β) を通る直線

　点 P$(x,\ y)$ が，直線 OA 上にあるとは，2点 O$(0,\ 0)$，A$(\alpha,\ \beta)$ を両端とする線分のある分点になっているということ，つまり

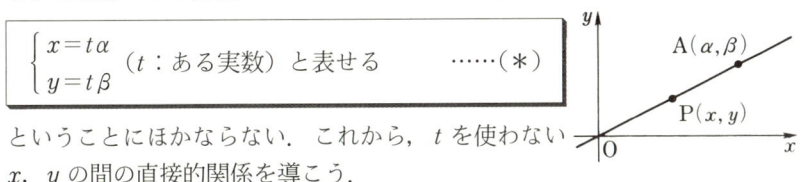

$$\begin{cases} x=t\alpha \\ y=t\beta \end{cases} (t：ある実数) と表せる \quad \cdots\cdots(*)$$

ということにほかならない．これから，t を使わない $x,\ y$ の間の直接的関係を導こう．

　i）$\alpha \neq 0$ のときは第1式から導かれる

$$t=\frac{x}{\alpha}$$

を第2式に代入して t を消去すると，（*）は，

$$y=\frac{\beta}{\alpha}x$$

となる．これは，さらに　　$\alpha y - \beta x = 0$ 　　　　　　　$\cdots\cdots$（☆）

と変形できる．

　ii）$\alpha=0$ のときは，$\beta \neq 0$ であるから，（*）は $x=0$ と同じである．これは（☆）で，$\alpha=0$ の場合と見なすことができる．

以上，i），ii）より，次のことがらが証明できた．

$$\text{P}(x,\ y) \text{ が直線 OA 上にある} \iff \alpha y - \beta x = 0$$
ただし，A$(\alpha,\ \beta)$ は，原点 O と異なる点である．

Notes

1°　$\alpha \neq 0$ のとき，$m=\dfrac{\beta}{\alpha}$ とおけば，直線の方程式は，よく知られた

$$y=mx$$

という形になります．m は，"直線 OA の傾き" と呼ばれる値です．

§3　直線の方程式　**139**

2° 中学では，「x 軸方向に α 進むと，y 軸方向に β 進むので，傾きが $\dfrac{\beta}{\alpha}$ の直線である」のように，"傾き"という直観的な考え方に基づいて，直線を考えたのですが，ここでは，"OA を $t:(1-t)$ に分ける分点"の考え方から出発しているところがミソです．それゆえ，$\alpha \neq 0$ のときも $\alpha=0$ のときも，併せて論ずることができました．

3° $a=-\beta,\ b=\alpha$ とおけば，結局，原点を通る直線は，一般に

$$ax+by=0$$
（a, b は，$a=b=0$ ではない定数）

という方程式で表されることが証明されました．

問 4-8 原点と，次のおのおのの点を通る直線の方程式を求めよ．
(1) $A_1(1,\ 2)$　　(2) $A_2(2,\ -3)$　　(3) $A_3(4,\ 0)$
(4) $A_4(0,\ -3)$　　(5) $A_5(a,\ a+1)$

II　一般の直線

平面上の直線は，x 軸方向，または y 軸方向に適当に平行移動してやると，原点を通るようにできる．

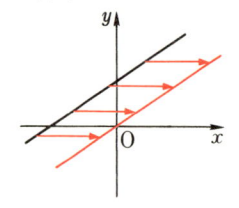

x 軸方向の平行移動　　y 軸方向の平行移動　　x 軸方向の平行移動
y 軸方向の平行移動
の合成

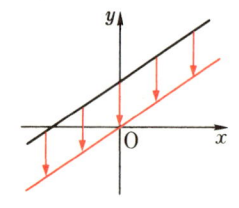

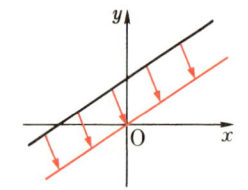

逆に，一般の直線は，原点を通る直線
$$ax+by=0 \qquad \cdots\cdots(\text{☆})$$
を，適当に平行移動することによって得られる．直線（☆）を，

$$\begin{cases} x \text{ 軸方向に } p \\ y \text{ 軸方向に } q \end{cases}$$

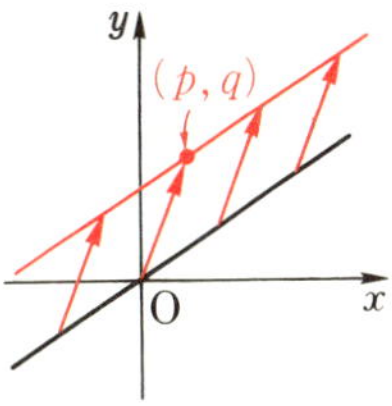

ずつ平行移動したものは，方程式（☆）において

$$\begin{cases} x \text{ のかわりに } x-p \\ y \text{ のかわりに } y-q \end{cases}$$

とおくことにより

$$a(x-p)+b(y-q)=0$$
$$\therefore\quad ax+by+(-ap-bq)=0$$

となる．さらに，$c=-ap-bq$ とおくと，

$$ax+by+c=0 \qquad \cdots\cdots(☆☆)$$

と単純化できる．

Notes

1° ここで，a，b は，「少なくとも一方は 0 でない」という条件を満たしさえすれば，どんな定数でもかまいません．（☆☆）は

$a=0$ のときは，$by+c=0$ $\therefore\ y=-\dfrac{c}{b}$

$b=0$ のときは，$ax+c=0$ $\therefore\ x=-\dfrac{c}{a}$

となり，それぞれ
 x 軸に平行
 y 軸に平行
な直線を表します．

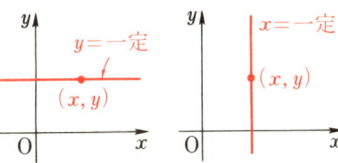

2° 直線（☆☆）は，直線（☆）を平行移動しただけですから，c がどんな値であっても，両者は平行です．いいかえると，

$$ax+by+c_1=0 \text{ と } ax+by+c_2=0$$

は，平行な 2 直線を表します．（$c_1=c_2$ のときは，両者は一致します．）

質 問 箱

学校で，『$x=$ 一定 $\Longrightarrow y$ 軸平行
$y=$ 一定 $\Longrightarrow x$ 軸平行』と習いました．x と y が入れ替ってしまうことがどうも納得できません．そもそも，$x=2$ とか，$y=-1$ は，直線上の点を表しているのではありませんか？ こんなことに疑問をもつより覚えてしまえばいいものなのですか？

§3 直線の方程式

お答え

　まず，最後の質問から考えましょう．覚えて使いこなせればいい，という程度の知識も世の中にはありますが，数学では，機械的に覚えるより，納得してしまった方が

はるかに深い理解と，はるかに高い応用力

につながります．疑問をもったら，それを大切にすることが大事だと思います．今回の君のように，とても，「イイ線イッテル」疑問は，それを解決することで，数学の力がぐんぐんとアップするものだからです．「覚えてしまえばいいや」と解決するのはもったいない，ということです．

　さて，たとえば，君の質問にある $x=2$ ですが，これを，数直線上の点 P の座標 x についての方程式と見れば，たしかに下図のように，1点を表します．

　同様に，$y=-1$ も，数直線上の点 Q の座標 y についての方程式と見れば，1点を表します．

　これに対し，$x=2$ や $y=-1$ は，平面上の点 P の座標 (x, y) についての方程式
$$ax+by+c=0$$
の特別の形と見ることもできます．
$$1\cdot x+0\cdot y+(-2)=0,$$
$$0\cdot x+1\cdot y+1=0$$
ということです．

　$x=2$ のように，たとえ，表向きは，y を含んでいなくても，x と y についての方程式と考え，これを満たす点 (x, y) の全体を考えると，直線を表していることになります．実際，たとえば，$x=2$ という方程式は，y をまったく含んでいませんから，**y の値はどうでもよい** ということです．y の値が何であってもよいということは，y 軸方向にいくらずれていくこともできる，ということです．したがって，y 軸に平行な直線になるわけです．

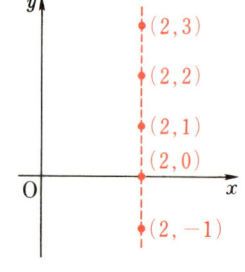

　というわけで，どうせ覚えるなら，少し本格的に
『$x=$ 一定という x, y についての方程式
　　　　　　　⇒ y は任意 ⇒ y 軸に平行な直線』
としたいものです．

III 直線の方程式の公式

本節では，xy 平面上の直線の方程式を求めるための基本公式を確認する．

III-1 傾き m と，通る点 (p, q) が指定された場合

傾きが m で原点を通る直線は，方程式 $y=mx$ で表される．（これは中学で学んだ正比例のグラフに過ぎない．もちろん，"原点と点 $(1, m)$ を通る直線"と考えて，p. 139 の I で述べた公式を用いて，理論的に納得するのもよい．）

求める直線は，原点が点 (p, q) に移るようにこの直線を平行移動したものだから，

x のかわりに $x-p$
y のかわりに $y-q$

とおいて
$$y-q = m(x-p)$$
したがって

$$y = m(x-p) + q$$

が求める方程式である．

> **Notes** この公式は，高校数学の中で，実用的に一番大切なものです．練習して，しっかり身につけましょう．

問 4-9 次のおのおのの直線の方程式を求めよ．
(1) 原点を通る，傾きが 2 の直線
(2) 点 $(0, 3)$ を通る，傾きが 2 の直線
(3) 点 $(-2, -3)$ を通る，傾きが 2 の直線
(4) 点 $(1, -1)$ を通る，傾きが $-\dfrac{1}{2}$ の直線

III-2　通る 2 点 (x_1, y_1), (x_2, y_2) が指定された場合

ⅰ) $x_1 \neq x_2$ のときは，これで傾き m が
$$m = \frac{y_2 - y_1}{x_2 - x_1}$$
と指定されたことになる．あとは，III-1 で得た公式を利用すればよい．すなわち

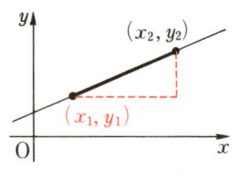

$$y = \frac{y_2 - y_1}{x_2 - x_1}(x - x_1) + y_1$$

ⅱ) $x_1 = x_2$ のときは，直線は，y 軸に平行になるから，求める方程式は
$$x = x_1$$
である．

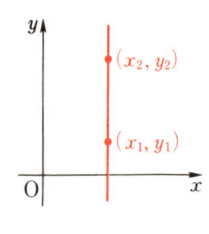

Notes　ⅰ) で得た公式は，その前の III-1 で求めた公式で，$(p, q) = (x_1, y_1)$ の場合，つまり
$$y = m(x - x_1) + y_1$$
の m を
$$m = \frac{y_2 - y_1}{x_2 - x_1}$$
でおきかえただけのものに過ぎません．式で表現すると，いかめしいのですが，意味を理解すれば，単純です．

いいかえれば，この公式は機械的に暗記する価値がありません．傾きが $m = \dfrac{y_2 - y_1}{x_2 - x_1}$ で，点 (x_2, y_2) を通る直線と考えて

$$y = \frac{y_2 - y_1}{x_2 - x_1}(x - x_2) + y_2$$

と書くこともできます．

また，傾き m を求める公式も添え字まで暗記する必要はありません．

要するに m は，2 点の $\dfrac{y \text{座標どうしの差}}{x \text{座標どうしの差}}$ なのです．より正確にいうと，与えられた 2 点のどちらか一方を A, 他方を B と思えば，m は

$$\frac{(\text{A の } y \text{座標}) - (\text{B の } y \text{座標})}{(\text{A の } x \text{座標}) - (\text{B の } x \text{座標})}$$

となるということです．

問 4-10 次のそれぞれの2点を通る直線の方程式を求めよ．
(1) $(1, 0)$ と $(4, 6)$
(2) $(1, 5)$ と $(4, -1)$
(3) $(-1, -2)$ と $(3, -4)$
(4) $(-1, 2)$ と $(-1, -4)$

III-3 x軸との交点 $(p, 0)$，y軸との交点 $(0, q)$（ただし，$p \neq 0$，$q \neq 0$）が指定された場合

これは，III-2 の i ）の特別の場合に過ぎないと考えれば，その方程式は，前ページの公式にしたがって，

$$y = -\frac{q}{p}x + q$$

となる．この両辺を q で割ると，

$$\frac{y}{q} = -\frac{x}{p} + 1$$

となり，これを書き換えると，次の式が得られる．

$$\frac{x}{p} + \frac{y}{q} = 1$$

Notes

1° 最後に得た式は，x と y を同格に扱っている点でこれまでのものと，趣きが違いますね！

2° 上では，III-2 の i ）に基づいて導きましたが，次のように，結論の式を証明する，という考え方もできます．

(ア) まず，上式は，x，y の1次方程式だから，直線を表している．

(イ) 一方，$\begin{cases} x = p \\ y = 0 \end{cases}$ と代入すると，左辺 $= 1 + 0 = 1 =$ 右辺で，成り立つ．つまり，この直線は点 $(p, 0)$ を通る．

(ウ) 同様に，この直線は，点 $(0, q)$ を通る．

(エ) よって，上式は2点 $(p, 0)$，$(0, q)$ を通る直線を表す．

§3 直線の方程式

問 4-11 次のおのおのの2点を通る直線の方程式を求めよ．
(1) 点 (4, 0) と点 (0, 3)
(2) 点 (−4, 0) と点 (0, −3)
(3) 点 (−4, 0) と点 (0, 3)

> **3°** 座標軸との交点の座標を，切片と呼ぶ慣習から，上の公式を
> **"切片形"** と呼ぶことがあります．

IV　2直線の位置関係

平面上の2直線 l, l' は，その共有点の個数に注目すると，
　ⅰ）ただ1点で交わる
　ⅱ）1つも共有点をもたない
　ⅲ）無数の共有点をもつ
の3通りに分類できる．

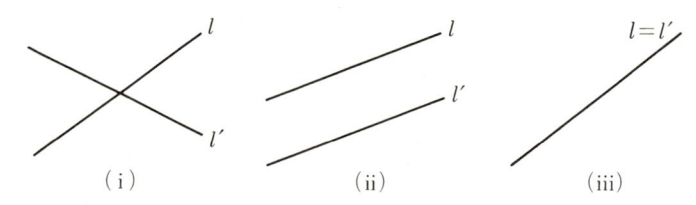

　　　　　　(ⅰ)　　　　　　　(ⅱ)　　　　　　　(ⅲ)

ⅱ）は，l と l' が平行である場合，ⅲ）は，l と l' が一致している場合である．

注　ⅱ）とⅲ）は，中学以前の数学では厳密に区別されますが，高校以降の数学では，ⅱ）とⅲ）をまとめて1つの場合と見なすことも少なくありません．

この分類を，共有点の個数の立場から表現すると，次のようになる．

> 2直線 $\begin{cases} l: y = mx + n \\ l': y = m'x + n' \end{cases}$ について
> ⅰ）l と l' がただ1点で交わる $\iff m \neq m'$
> ⅱ）l と l' が共有点をもたない $\iff m = m'$ かつ $n \neq n'$
> ⅲ）l と l' が無数の共有点をもつ $\iff m = m'$ かつ $n = n'$

Notes

1° ⅲ) も含めて，広い意味で平行と呼ぶことにすれば，

$$l \text{ と } l' \text{ が平行} \iff m = m'$$

のように，公式がスッキリします．ことばの意味にこだわらず，理論的な単純さを求めるのが，高校以降の数学らしいところです．以後，この立場で述べていくことにしよう．

2° "l と l' が交わる"の中に分類されるもののうち，「垂直に交わる」という特別な場合が，応用上は特に重要です．
そして，この条件は

$$l \perp l' \iff mm' = -1$$

で与えられます．この事実を証明するには l, l' を適当に平行移動して，原点を通る 2 直線

$$l_0 : y = mx$$
$$l_0' : y = m'x$$

を考えて，3 点

$$(0, 0), (1, m), (1, m')$$

が，右図のような直角三角形を作るための条件

$$(1^2 + m^2) + (1^2 + m'^2) = (m - m')^2$$

を考えればいいのですが，これを理解するには，後に（p.160）に述べる距離の公式が必要です．

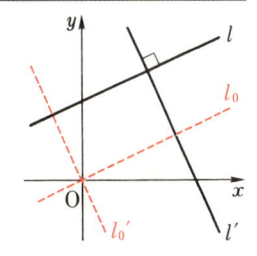

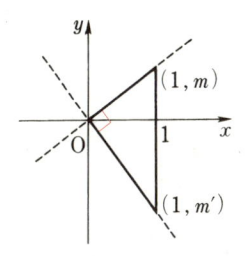

問 4-12 次の各方程式で表される直線のうちで互いに平行なものをすべて選び出せ．また直交するものをすべて選び出せ．

(1) $13x + 5y = 1$ 　　(2) $y = \dfrac{13}{5}x - 5$

(3) $x = -\dfrac{5}{13}y + 1$ 　(4) $13x + 5 = 5y$

(5) $5x - 13y + 5 = 0$

問 4-13 点 $(-1, 1)$ を通り，直線 $3x + 2y + 2 = 0$ に平行な直線の方程式を求めよ．

以上の議論を直線が y 軸平行になる場合も含めて，一般化すると次のようになる．

> 2直線 $\begin{cases} l : ax+by+c=0 \\ l' : a'x+b'y+c'=0 \end{cases}$ について，
>
> $$l /\!/ l' \iff ab'-a'b=0$$
> $$l \perp l' \iff aa'+bb'=0$$

Notes 　これを証明するには，検定教科書の多くがやっているように，l, l' が座標軸平行になる場合（$ab=0$, $a'b'=0$）を除いて

$$l : y=-\frac{a}{b}x-\frac{c}{b}$$
$$l' : y=-\frac{a'}{b'}x-\frac{c'}{b'}$$

について，

$$m=m' \text{ や } mm'=-1$$

にあてはめるのが考え方としては簡単です．しかしこの方法では，なぜ，$ab'-a'b=0$ や $aa'+bb'=0$ という形のよい条件が出てくるのか，その理由が見えません．

　結論からいうと，これらは，直線の **法線ベクトル** という考え方を利用すると，とてもスッキリ理解できます．$|ab'-a'b|$ は l, l' の法線ベクトルの張る平行四辺形の面積，$aa'+bb'$ は，内積と呼ばれる量であるからです．

Ⅴ　2直線の交点

　2直線 $l : ax+by+c=0$, $l' : a'x+b'y+c'=0$ の交点（共有点）は，連立方程式

$$\begin{cases} ax+by+c=0 \\ a'x+b'y+c'=0 \end{cases}$$

の解である．

Notes 　「直線の交点」という幾何的問題が「連立方程式の解」という代数的問題に還元されるのがうれしい点です．逆の還元もやがて経験するでしょう．

例題 48

(1) 点 A$(2, -1)$ を通って，直線 $l : x+2y+3=0$ に平行な直線 m の方程式を求めよ．

(2) 点 A$(2, -1)$ を通って，直線 $l : x+2y+3=0$ に垂直な直線 n の方程式を求めよ．

アプローチ

"l に平行"，"l に垂直" という条件から m, n の傾きを求めます．

解 答

l の方程式は
$$y = -\frac{1}{2}x - \frac{3}{2}$$
となるので，その傾きは $-\frac{1}{2}$ である．

(1) m は点 $(2, -1)$ を通る傾き $-\frac{1}{2}$ の直線であるから，その方程式は
$$y = -\frac{1}{2}(x-2) - 1$$
$$\therefore \quad \boldsymbol{y = -\frac{1}{2}x}.$$

(2) l の傾き $-\frac{1}{2}$ の逆数をとり，符号を変えて n の傾きは 2 である．

ゆえに，求める n の方程式は，
$$y = 2(x-2) - 1$$
$$\therefore \quad \boldsymbol{y = 2x - 5}.$$

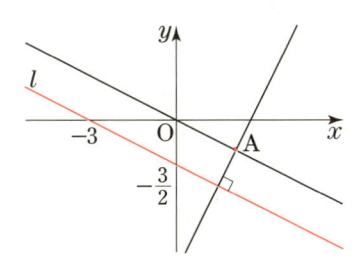

§3 直線の方程式

例題 49

2点 A(-1, -1), B(3, 5) を両端とする線分を垂直に二等分する直線の方程式を求めよ.

アプローチ

$\begin{cases} \text{"垂直に" という条件から,傾きが} \\ \text{"二等分する" という条件から,通る1点が} \end{cases}$ 決まります.実は,このような方法より,さらに見通しのよい解法があります.これについては,「2点間の距離の公式」を学んだ後,「点の軌跡」として紹介します.

解答

直線 AB の傾きは
$$\frac{5-(-1)}{3-(-1)} = \frac{6}{4} = \frac{3}{2}$$
であるから,これに直交する直線の傾きは $-\dfrac{2}{3}$ である.

一方,線分 AB の中点を M とおくと,
$$\frac{(-1)+3}{2}=1,\ \frac{(-1)+5}{2}=2$$
より M(1, 2) である.

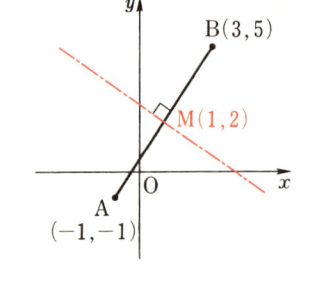

線分 AB の垂直二等分線は,M を通って,傾きが $-\dfrac{2}{3}$ の直線であるから,その方程式は,
$$y = -\frac{2}{3}(x-1)+2$$
である.これを整理して
$$y = -\frac{2}{3}x + \frac{8}{3}.$$

例題 50

2直線 $kx+2y+3k=0$ ……Ⓐ, $(3-k)x+(k-1)y+3=0$ ……Ⓑ
について,
(1) 一致するような定数 k の値を求めよ.
(2) 垂直になるような定数 k の値を求めよ.

アプローチ

2直線が一致するのは "x, y の係数および定数項がすべて等しいときである" と考えがちですが, 後者は前者の十分条件にすぎません. たとえば, 2直線 $x+2y-3=0$, $2x+4y-6=0$ は係数が異なりますが, 同一の直線を表します.

解　答

直線Ⓐの傾きは $-\dfrac{k}{2}$ である.

一方, 直線Ⓑは, $k=1$ のときは y 軸に平行になり, 直線Ⓐと平行にも垂直にもなり得ない. よって, $k \neq 1$ であり, 直線Ⓑは傾き $-\dfrac{3-k}{k-1}$ をもつ.

(1) Ⓐ, Ⓑが平行となるのは $-\dfrac{k}{2} = -\dfrac{3-k}{k-1}$ のときで　◀ $m_1 = m_2$

ある. これより $k^2+k-6=0$

$\therefore (k-2)(k+3)=0 \quad \therefore k=2$ または $k=-3$

このうち, $k=2$ のときは, Ⓐ, Ⓑがそれぞれ

$$2x+2y+6=0, \quad x+y+3=0$$

となるので, 2直線は一致する. $k=-3$ のときは,　◀平行になる.
一致しない.

よって, 求める値は **$k=2$** である.

(2) Ⓐ, Ⓑが垂直となるのは, $-\dfrac{k}{2} \cdot \left(-\dfrac{3-k}{k-1}\right) = -1$ 　◀ $m_1 m_2 = -1$

のときである.

$$k^2-5k+2=0 \quad \therefore \boldsymbol{k = \dfrac{5 \pm \sqrt{17}}{2}}.$$

注 (1) 2つの方程式Ⓐ, Ⓑが表す直線が一致するのは, 係数の比が等しい場合です. これを見抜けば $\dfrac{k}{3-k} = \dfrac{2}{k-1} = \dfrac{3k}{3}$ を解いて, k の値を求めることもできます.

§3　直線の方程式

例題 51

直線 $l: 2x-3y+4=0$ に関する，点 A(3, 1) の対称点 B の座標を求めよ．

アプローチ

直線 l に関して，2点 A，B が対称であるとは，l を折り目として平面を折り曲げたときに，2点 A，B が重なるということ，つまり，

(i) 線分 AB の中点が l 上にある

かつ

(ii) AB⊥l

ということです．

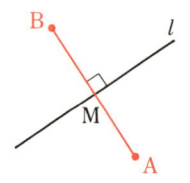

解答

求める対称点を B(a, b) とおくと，まず線分 AB の中点 $\left(\dfrac{a+3}{2}, \dfrac{b+1}{2}\right)$ が l 上にあることから， ◀条件(i)

$$2\cdot\dfrac{a+3}{2}-3\cdot\dfrac{b+1}{2}+4=0 \quad \therefore \quad 2a-3b=-11 \quad \cdots\cdots ①$$

次に，AB⊥l となるための条件から ◀条件(ii)

$$\dfrac{b-1}{a-3}\cdot\dfrac{2}{3}=-1 \quad \therefore \quad 3a+2b=11 \quad \cdots\cdots ②$$

①，②を連立して，$\begin{cases} a=\dfrac{11}{13} \\ b=\dfrac{55}{13} \end{cases}$ $\therefore$ B$\left(\dfrac{11}{13}, \dfrac{55}{13}\right)$．

研究 ①，②において，a，b をそれぞれ x，y におきかえた方程式

$$2x-3y=-11 \quad \cdots\cdots ①'$$
$$3x+2y=11 \quad \cdots\cdots ②'$$

は，それぞれ，右図のように，A を相似の中心として l を2倍に相似拡大した直線と，A を通り l に垂直な直線を表します．右の図を見れば，①と②（または①'と②'）を連立することにより点 B の座標が得られることが，よくわかるのではありませんか！

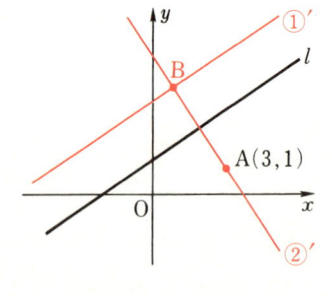

例題 52

3直線 $l_1: x+3y=0$, $l_2: -x+my=1$, $l_3: mx+2y=-1$ が三角形をつくらないような定数 m の値を求めよ.

解答

3直線が三角形をつくらないのは
$\begin{cases} \text{(i)} & \text{少なくとも2本が平行} \\ \text{(ii)} & \text{3直線が1点で交わる} \end{cases}$
のいずれかがおこるときである.

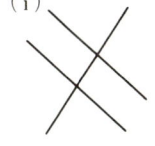

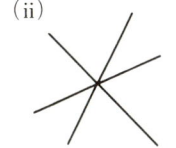

(i)がおこる条件：

l_1 の傾きは $-\dfrac{1}{3}$, l_3 の傾きは $-\dfrac{m}{2}$ である. ゆえに

$$l_1 \parallel l_3 \iff -\dfrac{1}{3} = -\dfrac{m}{2} \iff m = \dfrac{2}{3}$$

◀平行
　$\iff$ 傾きが一致

他方 l_2 は, $m=0$ のとき y 軸に平行になるので, l_1 にも l_3 にも平行にならない. よって, l_2 が l_1 または l_3 に平行になるのは $m \neq 0$ の場合で, このとき l_2 の傾きは $\dfrac{1}{m}$ である.

$$l_1 \parallel l_2 \iff -\dfrac{1}{3} = \dfrac{1}{m} \iff m = -3$$

$$l_2 \parallel l_3 \iff \dfrac{1}{m} = -\dfrac{m}{2} \iff m^2 = -2$$

◀m が分母になるので, $m=0$ になることを心配した.

よって l_2 と l_3 は平行になり得ない.

(ii)がおこる条件：

まず, 2直線 l_1, l_2 が1点で交わるのは, $m \neq -3$ のときで, このとき交点は $\left(\dfrac{-3}{m+3}, \dfrac{1}{m+3}\right)$ である.

◀まず, l_1, l_2 の交点を求めた.

この点を直線 l_3 が通るのは, $\dfrac{-3m}{m+3} + \dfrac{2}{m+3} = -1$

$$\therefore \ -3m+2 = -(m+3) \quad \therefore \ m = \dfrac{5}{2}$$

のときである.

以上より, 三角形をつくらないような m の値は,

$$m = -3, \ \dfrac{2}{3}, \ \dfrac{5}{2}$$

の3つである.

§3　直線の方程式

例題 53

3点 O(0, 0), A($2a$, 0), B(a, b) を頂点とする △OAB の垂心（3頂点から対辺への垂線の交点）を H，外心を I とする．ただし，$a>0$，$b>0$ とする．

(1) H の座標を求めよ．
(2) I の座標を求めよ．
(3) H と I が一致するときの a と b の間に成り立つ関係式を求めよ．

解 答

(1) (AB の傾き)$=\dfrac{0-b}{2a-a}=-\dfrac{b}{a}$ であるから，

O から対辺 AB に下ろした垂線の方程式は

$$y=\dfrac{a}{b}x \qquad \cdots\cdots ①$$

である．一方，点 B から OA に下ろした垂線の方程式は $\quad x=a \qquad \cdots\cdots ②$

である．H の座標は，①，②を連立することにより，

$$\begin{cases} x=a \\ y=\dfrac{a^2}{b} \end{cases} \quad \therefore\ \mathrm{H}\left(a,\ \dfrac{a^2}{b}\right).$$

(2) 線分 OA の垂直二等分線の方程式は，$x=a$ ……② である．また，線分 OB の垂直二等分線は，点 $\left(\dfrac{a}{2},\ \dfrac{b}{2}\right)$ を通り，傾き $-\dfrac{a}{b}$ をもつので，その方程式は，

$$y-\dfrac{b}{2}=-\dfrac{a}{b}\left(x-\dfrac{a}{2}\right) \qquad \cdots\cdots ③$$

I の座標は②，③を連立することにより $\mathrm{I}\left(a,\ \dfrac{b^2-a^2}{2b}\right)$.

(3) H と I の x 座標はつねに一致するので，あとは，y 座標が一致する条件を考えればよい．

$\dfrac{a^2}{b}=\dfrac{b^2-a^2}{2b} \quad \therefore\ b^2=3a^2 \quad \therefore\ b=\sqrt{3}\,a$.

◀つまり，△OAB が正三角形のとき．

注 三角形の五心（重心，外心，内心，垂心，傍心）のうち，重心（☞p.136），外心，垂心（本問）は座標を用いて簡単に求められます．内心や傍心を求めるには次の「点から直線までの距離」の公式（☞p.167）が有力な武器となります．

例題 54

3直線 $x-y=1$ ……①, $2x+3y=1$ ……②, $ax+by=1$ ……③ が1点で交わるとき,
(1) a, b の間に成り立つ関係式を求めよ.
(2) 3点 A$(1, -1)$, B$(2, 3)$, C(a, b) は同一直線上にあることを示せ.

アプローチ

共点（3直線が1点で交わる），**共線**（3点が同一直線上にある）は解析幾何の最も得意とするところです．(1)では①，②の交点が直線③の上にある，(2)では，点Cが直線AB上にあることを示すだけです．

解 答

(1) 2直線①，②は，①，②を連立して得られる点 $\left(\dfrac{4}{5}, -\dfrac{1}{5}\right)$ で交わる．直線③がこの点を通るのは，
$$\frac{4}{5}a - \frac{1}{5}b = 1 \quad \therefore \quad \mathbf{4a - b = 5} \quad \cdots\cdots ④$$
◀代入するだけ．

のときである．
よって，3直線が1点で交わるための条件は④である．

(2) 直線 AB の方程式は，
$$y+1 = 4(x-1) \quad \therefore \quad 4x-y=5 \quad \cdots\cdots ⑤$$
である．ところで，④より点 C(a, b) は直線⑤上にある．
よって，3点 A，B，C は同一直線上にある．∎

研究 本問で証明したのは次の一般的事実の，特別の場合にすぎません．"3直線 $a_1x+b_1y+c=0$, $a_2x+b_2y+c=0$, $a_3x+b_3y+c=0$ が1点で交わる $\implies$ 3点 A(a_1, b_1), B(a_2, b_2), C(a_3, b_3) が同一直線上にある"

証明は，交点を (x_0, y_0) とおいて，(1), (2)と同じ議論をするだけです．

「なんだか，だまされているみたいだ?!」と感じた人は，半分わかったようなものです！ このような抽象的な証明にも，少しずつ馴染んでいくといいですね！

§3 直線の方程式

例題 55

Oを直角の頂点とする直角三角形OABの外側に，2つの正方形OAPQ，OBRSをつくり，QSの中点をMとするとき，次のことを座標を利用して証明せよ．
(1) OM⊥AB．　(2) 3直線OM，BP，ARは1点で交わる．

アプローチ

まず，**座標軸をどのように設定するか**が計算の手間に大きく影響します．本問では，∠AOB=90°に注目して座標軸を決めるのがよいでしょう．それにしてもこの事実を，中学生のときに習った幾何で証明する難しさを想像してみて下さい．解析幾何の面目躍如！　です．

解答

(1) Oを原点，A，Bをそれぞれx軸，y軸上におき，$A(a, 0)$，$B(0, b)$ $(a>0, b>0)$とすると，$P(a, -a)$，$Q(0, -a)$
$R(-b, b)$，$S(-b, 0)$
となる．したがって，$M\left(-\dfrac{b}{2}, -\dfrac{a}{2}\right)$．

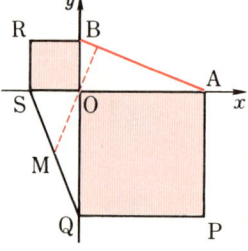

よって，直線OMの方程式は，
$$y = \dfrac{a}{b}x \quad \cdots\cdots ①$$

である．一方，ABの傾きは$-\dfrac{b}{a}$である．

$\dfrac{a}{b} \times \left(-\dfrac{b}{a}\right) = -1$ だから，OM⊥AB．■

◀ 2直線の傾きを利用して直交性を証明する．

(2) 直線BP，ARは，それぞれ次式で表される．
$$BP : y = -\dfrac{a+b}{a}x + b \quad \cdots\cdots ②$$
$$AR : y = -\dfrac{b}{a+b}(x-a) \quad \cdots\cdots ③$$

①，②を連立すると，
$$x = \dfrac{ab^2}{a^2+ab+b^2}, \quad y = \dfrac{a^2 b}{a^2+ab+b^2}$$

が得られる．
そして，これらを③に代入した式はたしかに成立する．よって，3直線①，②，③は1点で交わる．■

◀ 3直線①，②，③が1点で交わることを示すために，まず，①と②の交点を求めた．

例題 56

直線 $(k+1)x+(k-2)y-3k=0$ ……① は定数 k の値によらずある定点を通ることを示し，その定点の座標を求めよ．

アプローチ

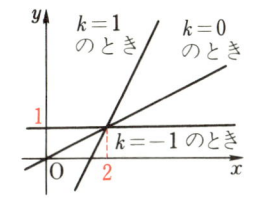

k の値が変わるにつれて，直線①も変化します．たとえば，$k=0$ のときは， $x-2y=0$
$k=1$ のときは， $2x-y-3=0$
$k=-1$ のときは， $-3y+3=0$

これらを図示してみると，求める定点は $(2,1)$ のようです．しかし，このようにいくつかの例を試しただけでは，k の値によらず直線①が点 $(2,1)$ を通ることを証明したことにはなりません．下の原理を利用します．

A, B を定数とするとき
$Am+B=0$ が m の値によらず成立 $\iff A=B=0$

解答

①が k の値によらず成立する，という条件を考えるために①を k について整理すると，
$$x-2y+k(x+y-3)=0 \quad \cdots\cdots ①'$$
◀この変形がポイント

となる．①′が k の値によらず，成立するのは，
$$\begin{cases} x-2y=0 \\ x+y-3=0 \end{cases} \therefore \begin{cases} x=2 \\ y=1 \end{cases}$$
のときである．よって，直線①は k の値によらず定点 $(2, 1)$ を通る．∎

研究 k の値をいろいろ変えると，直線①は点 $(2, 1)$ を中心にぐるっとまわり，いろいろな直線を表すので，それらすべてをまとめて，方程式①の表す **直線族**（あるいは **直線束**）といいます．

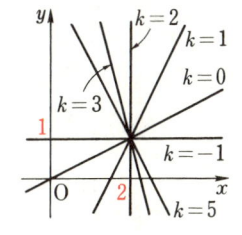

p, q を与えられた定数とするとき，前に学んだ方程式
$$y=m(x-p)+q$$
は，m を本問の k と同様のものと見なせば点 (p, q) を通る直線族を表していた，ということになります．

§3 直線の方程式

例題 57

2直線 $x+y-2=0$ ……①, $x-2y+2=0$ ……②
の交点Aと, B(2, 3)を通る直線の方程式を求めよ.

アプローチ

①, ②を連立して交点Aの座標を求めれば, 2点A, Bを通る直線として求めることができますが, ここでは交点Aの座標を求めずに前問で学習したことを応用して求めてみましょう.

解答

①と②×k を形式的に加えあわせて
$$x+y-2+k(x-2y+2)=0 \quad \cdots\cdots ③$$
をつくると, これは, x, y の1次方程式になっている. しかも, ①, ②をともに満たす (x, y) は, ③も満たすので, ③は①, ②の交点Aを通る直線を表す.

◀前問ではこの式で表される直線が k の値によらず通る定点（すなわちA）の座標を求めた．

そこで, 直線③がB(2, 3)を通るような k の値を求めるために, $x=2, y=3$ を③に代入すれば,
$$3-2k=0 \quad \therefore \quad k=\frac{3}{2}.$$
これを③に代入し整理すると,
$$5x-4y+2=0.$$

Notes

①, ②それぞれに現れる文字 x, y は, それぞれの直線上の点の座標を表していますから, 交点以外の点について両者を同一のものとして扱うことは, 本来は許されないことです. 意味を考えたら本来やってはいけないことを, 意味を気にしないで気楽にやってしまおう, というのが1行目に書いた「形式的に」ということわり書きの趣旨です.

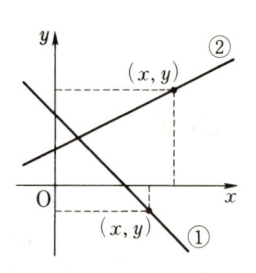

質問箱

「上の問題で，2直線①，②の交点 A と C(4, 3) を通る直線を求めようとして，③に $x=4$, $y=3$ を代入したところ，
$$5+k\cdot 0=0$$
となり，k の値が求まりません．どうしてでしょうか？」

お答え

たしかに③は，2直線①，②の交点 A を通るほとんどすべての直線を表すことができます．それは，直線③が点 $P(x_0, y_0)$ を通るときの k の値が，③に $x=x_0$, $y=y_0$ を代入した k の方程式
$$x_0+y_0-2+k(x_0-2y_0+2)=0 \quad \cdots\cdots(*)$$
の解として，$\quad k=-\dfrac{x_0+y_0-2}{x_0-2y_0+2} \quad \cdots\cdots(**)$

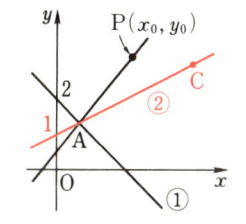

と定まるからですが，これには例外があって，方程式（＊）は
$$x_0-2y_0+2=0$$
のときは（＊＊）のように解けません．点 C(4, 3) は，まさにこの場合に当たります．というわけで，方程式③は，直線①，②の交点 A とそれ以外に $x_0-2y_0+2=0$ である点 (x_0, y_0) とを結ぶ直線，つまり **直線②自身は表せない** わけです．

ちょうど，方程式 $y-q=m(x-p)$ がどんな m の値に対しても，y 軸平行な直線 $x-p=0$ を表すことができないのと同様です．

§4 距離

I　2点間の距離——平面の場合

座標平面上の2点 $A(a_1, a_2)$, $B(b_1, b_2)$ の距離，すなわち線分 AB の長さは，次のように求められます．

$$AB = \sqrt{(a_1-b_1)^2 + (a_2-b_2)^2} \qquad \cdots\cdots (*)$$

この公式は，とても大切です．きちんとした証明は，以下のように少し面倒ですが，一番のポイントは，ⅲ)のように，直角三角形についての三平方の定理を使う点にあります．

ⅰ)　$a_2 = b_2$ のとき，

AB は，x 軸に平行である．

A，B から x 軸に下ろした垂線の足をそれぞれ A′，B′ とおくと

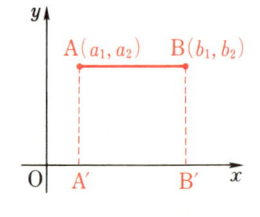

$$\begin{cases} A' の x 座標 = A の x 座標 = a_1 \\ B' の x 座標 = B の x 座標 = b_1 \end{cases}$$

であるから，§2で学んだ公式により

$$AB = A'B' = |a_1 - b_1|$$

である．これは，たしかに $a_2 = b_2$ のときの（*）である．

ⅱ)　$a_1 = b_1$ のとき，

AB は，y 軸に平行であるから，ⅰ)と同様にして

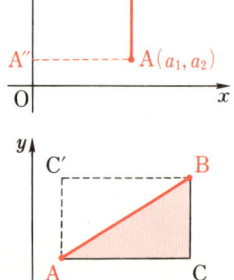

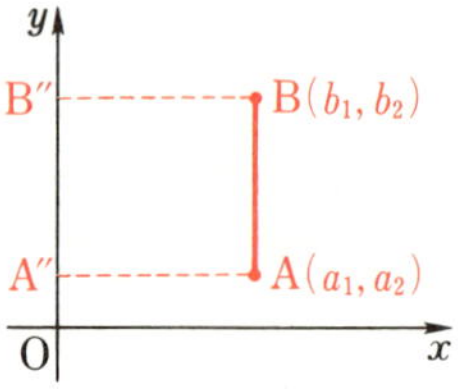

$$AB = A''B'' = |a_2 - b_2|$$

から，（*）が得られる．

ⅲ)　その他のとき，

A，B を通って，座標軸に平行な直線をひいて，右図のような △ABC（または △ABC′）を作ると，これは，直角三角形であるから，

$$AB = \sqrt{AC^2 + BC^2}$$

である．ここで，ⅰ)とⅱ)より

$$\begin{cases} AC = |a_1 - b_1| \\ BC = |a_2 - b_2| \end{cases}$$

であるから，これを上の式に代入すると

$$AB = \sqrt{(a_1-b_1)^2 + (a_2-b_2)^2}. \blacksquare$$

II 距離と角度

"2 点の座標がわかると,2 点間の距離がわかる"という前節の公式から,角の大きさを求めたり,論じたりすることができるようになります.すなわち,$O(0, 0)$, $A(x_1, y_1)$, $B(x_2, y_2)$ を頂点とする三角形 OAB において,余弦定理

$$\cos\angle AOB = \frac{OA^2 + OB^2 - AB^2}{2\,OA\cdot OB}$$

において,右辺の分子を,座標を用いて計算すると,

$$\begin{cases} OA = \sqrt{x_1^2 + y_1^2} \\ OB = \sqrt{x_2^2 + y_2^2} \\ AB = \sqrt{(x_1 - x_2)^2 + (y_1 - y_2)^2} \end{cases}$$

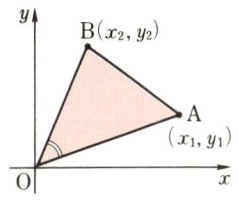

より

$$\cos\angle AOB = \frac{(x_1^2 + y_1^2) + (x_2^2 + y_2^2) - \{(x_1 - x_2)^2 + (y_1 - y_2)^2\}}{2\,OA\cdot OB}$$

$$= \frac{x_1 x_2 + y_1 y_2}{OA \cdot OB}$$

となる.(分母も,x_1, y_1, x_2, y_2 で $\sqrt{x_1^2 + y_1^2}\sqrt{x_2^2 + y_2^2}$ と表せるが,特に簡単な式にならないので,そのまま残している.)$\cos\angle AOB$ の値が決まれば,$\angle AOB$ の大きさも決まるのであるから,このように,距離を用いて角度も定まるのである.

Notes

$1°$　$OA \perp OB$ とは,$\angle AOB = $ 直角 すなわち $\cos\angle AOB = 0$ となることですから,上の公式から,その特別の場合として下のことがらが導かれます.

> xy 平面上,原点 O 以外の点 $A(x_1, y_1)$, $B(x_2, y_2)$ について
> $$OA \perp OB \iff x_1 x_2 + y_1 y_2 = 0$$

特に,$A(1, m)$, $B(1, m')$ をとったときは,
$$OA \perp OB \iff 1 + mm' = 0 \iff mm' = -1$$
が得られます.これは,p.147 で導いた公式にほかなりません.

$2°$　上で考えたのは,原点を頂点にもつ角の大きさを求める公式ですが,任意の 3 点を作る角についても,その頂点を原点にくるように平行移動してやれば,上の公式を使うこともできます

し，もっとさかのぼって，余弦定理で考えれば，平行移動の必要もありません．

3° たとえば，A(1, 1)，B(2, 4)，C(4, 0) に対し，
$$\cos\angle ACB = \frac{AC^2 + BC^2 - AB^2}{2AC \cdot BC} = \frac{(9+1)+(4+16)-(1+9)}{2\sqrt{10}\sqrt{20}}$$
$$= \frac{1}{\sqrt{2}}$$

であることから，∠ACB＝45° とわかります．これについて，より詳しくは，第5章ベクトルでより体系的に扱います．

例題 58

三角形 ABC において，辺 BC の中点を M とおくと，次の等式が成り立つことを証明せよ．
$$AB^2 + AC^2 = 2(AM^2 + BM^2)$$

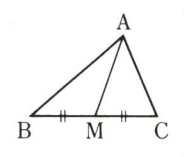

アプローチ

パッポスの中線定理 と呼ばれる重要な性質です．（'パップス' とラテン語・英語式に発音する流儀が我が国では定着しています．）

「本質の研究 数学Ⅰ・A」では余弦定理を使って導きました．ここではもっと簡単な方法を紹介しましょう．

解答

右図のように，B，C が x 軸上にあり，中点 M がちょうど原点に来るように座標軸をとると，3点 A，B，C の座標は，
$$A(a, b), \ B(-c, 0), \ C(c, 0)$$
とおける．このとき 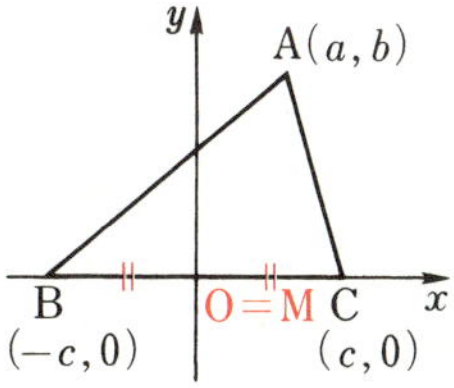
$$AB^2 + AC^2 = \{(a+c)^2 + b^2\} + \{(a-c)^2 + b^2\}$$
$$= 2(a^2 + b^2 + c^2) \quad \cdots\cdots ①$$
$$2(AM^2 + BM^2) = 2\{(a^2 + b^2) + c^2\}$$
$$= 2(a^2 + b^2 + c^2) \quad \cdots\cdots ②$$

①，②より，たしかに
$$AB^2 + AC^2 = 2(AM^2 + BM^2)$$
が成り立つ．∎

注 $A(x_1, y_1)$，$B(x_2, y_2)$，$C(x_3, y_3)$ とおいて計算していってもできますが，どうせなら，少しでも楽なように，一般性を失わないように注意しながら座標軸をうまくとってやることが大切です．なお，三平方の定理は，辺の長さを出すところ（たとえば $AB^2 = (a+c)^2 + b^2$）で使われています！

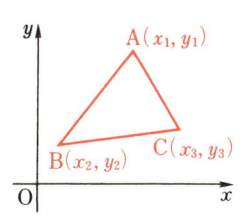

§4 距離

例題 59

△ABC の重心を G とするとき，次の式が成り立つことを証明せよ．
$$AB^2+BC^2+CA^2=3(GA^2+GB^2+GC^2)$$

アプローチ

座標軸を上手に設定して，少しでも計算の手間が減るようにします．

解答

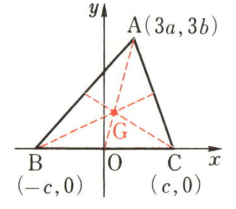

右図のように BC の中点を原点 O とし，BC が x 軸と重なるように座標系をとると，
$$A(3a,\ 3b),\ B(-c,\ 0),\ C(c,\ 0)$$
とおける．このとき，
$$\begin{aligned}AB^2+BC^2+CA^2&=\{(3a+c)^2+(3b)^2\}+(2c)^2+\{(3a-c)^2+(3b)^2\}\\&=18a^2+18b^2+6c^2.\quad\cdots\cdots①\end{aligned}$$
一方，重心 G の座標は，$(a,\ b)$ なので
$$\begin{aligned}GA^2+GB^2+GC^2&=\{(2a)^2+(2b)^2\}+\{(a+c)^2+b^2\}+\{(a-c)^2+b^2\}\\&=6a^2+6b^2+2c^2.\quad\cdots\cdots②\end{aligned}$$
よって，①，② より $AB^2+BC^2+CA^2=3(GA^2+GB^2+GC^2)$. ∎

注 A の座標を $(a,\ b)$ とおかずに $(3a,\ 3b)$ とおいたのは，分数を嫌っただけの話です．

研究 本問は，有名なパッポスの中線定理の応用に過ぎません．実際，この定理を用いれば，辺 BC の中点を O として 
$$\begin{aligned}AB^2+AC^2&=2(AO^2+BO^2)\\&=2\left\{\left(\frac{3}{2}AG\right)^2+\left(\frac{1}{2}BC\right)^2\right\}\end{aligned}$$
$$\therefore\ AB^2+AC^2=\frac{9}{2}AG^2+\frac{1}{2}BC^2\quad\cdots\cdots(\text{i})$$

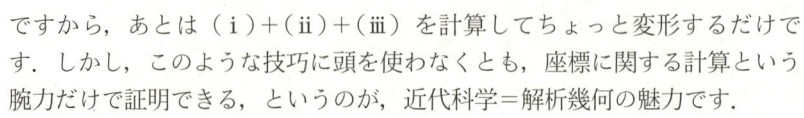

が得られます．同様に
$$AB^2+BC^2=\frac{9}{2}BG^2+\frac{1}{2}CA^2\quad\cdots\cdots(\text{ii})$$
$$BC^2+CA^2=\frac{9}{2}CG^2+\frac{1}{2}AB^2\quad\cdots\cdots(\text{iii})$$

ですから，あとは (i)＋(ii)＋(iii) を計算してちょっと変形するだけです．しかし，このような技巧に頭を使わなくとも，座標に関する計算という腕力だけで証明できる，というのが，近代科学＝解析幾何の魅力です．

例題 60

xy 平面上に，2点 A$(1, -2)$，B$(-1, 2)$ がある．2点 A，B を頂点にもつ正三角形の第3の頂点 C の座標を求めよ．

アプローチ

"△ABC が正三角形である" とは，"3辺 BC，CA，AB の長さが等しい"ことです．ところで辺の長さとは，両端点の距離にほかなりません！

解答

C(x, y) とおくと，C は，
$$BC = CA = AB \quad \cdots\cdots(*)$$
という条件で定まる．そこで（*）を変形すると

$(*) \iff \begin{cases} BC = CA \\ CA = AB \end{cases} \iff \begin{cases} BC^2 = CA^2 \\ CA^2 = AB^2 \end{cases}$

$\iff \begin{cases} (x+1)^2 + (y-2)^2 = (x-1)^2 + (y+2)^2 & \cdots\cdots① \\ (x-1)^2 + (y+2)^2 = 20 & \cdots\cdots② \end{cases}$

となる．ここで①を整理すると，$\quad x = 2y$． $\quad\cdots\cdots①'$

①'を②に代入して x を消去すると，
$$(2y-1)^2 + (y+2)^2 = 20 \quad \therefore \quad y^2 = 3 \quad \therefore \quad y = \pm\sqrt{3}.$$
これを①'に代入して，$x = \pm 2\sqrt{3}$．

よって，$\mathbf{C(\pm 2\sqrt{3}, \pm\sqrt{3})}$（複号同順）．

Notes

1° 方程式①は，点 (x, y) が 2点 A，B からの距離が等しいという条件を表す式です．ですから線分 AB の垂直二等分線を表します（☞ p.150）．一方，②は点 (x, y) が点 A からの距離が $2\sqrt{5}$ となるという条件を表す式であるので，点 A を中心とする半径 $2\sqrt{5}$ の円を表します（☞ §6, p.174）．それゆえ，①，②を連立することは，直線①と円②との交点を求めることに対応します．

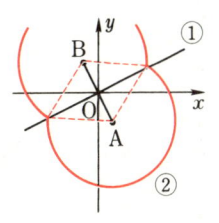

また，(*) を $\begin{cases} BC^2 = AB^2 \\ CA^2 = AB^2 \end{cases}$ と考えるならば，点 C を，点 A，B を中心とする 2円の交点として求めようとすることになります．

2° 第3章の複素数平面の知識があれば，もっと直接的に求めることもできます．☞ p.122

例題 61

3点 A(1, 1), B(2, 4), C(a, 0) を頂点とする三角形が直角三角形となるような定数 a の値を求めよ.

アプローチ

中学で学んだように, △ABC が ∠A = 90° の直角三角形となるとは $AB^2 + AC^2 = BC^2$ が成り立つことと同じです.

解答

$$\begin{cases} AB^2 = (2-1)^2 + (4-1)^2 = 10 \\ AC^2 = (a-1)^2 + 1^2 = a^2 - 2a + 2 \\ BC^2 = (a-2)^2 + 4^2 = a^2 - 4a + 20 \end{cases}$$

(i) ∠A = 90° となるのは,
  $AB^2 + AC^2 = BC^2$
となるときである.
$$10 + (a^2 - 2a + 2) = a^2 - 4a + 20$$
$$\therefore \quad a = 4.$$

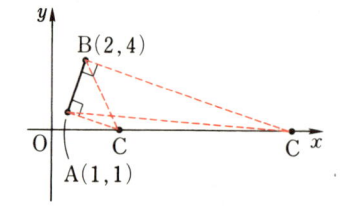

(ii) ∠B = 90° となるのは, $AB^2 + BC^2 = AC^2$
となるときである.
$$10 + (a^2 - 4a + 20) = a^2 - 2a + 2$$
$$\therefore \quad a = 14.$$

(iii) ∠C = 90° となるのは, $AC^2 + BC^2 = AB^2$ となるときである.
$$2a^2 - 6a + 22 = 10$$
$$\therefore \quad a^2 - 3a + 6 = 0$$
これを満たす a の実数値は存在しないので, ∠C = 90° はあり得ない.

ゆえに, 求める a の値は, **$a = 4$, または $a = 14$**.

◀ 線分 AB を直径とする円と x 軸との共有点を求めようとしていることになる.

◀ 2次方程式の判別式 = 9 − 24 < 0

注 直線の直交条件 (☞p. 147) を用いても a の値は求まります. たとえば,

$$\angle A = 90° \iff CA \perp AB \iff \frac{-1}{a-1} \cdot \frac{4-1}{2-1} = -1 \iff a = 4$$

III 点から直線に至る距離

点 A と，直線 l が与えられると，A から l に下ろした垂線の足 H が定まり，したがって，A から l に至る距離 $d=\mathrm{AH}$ が決まる．

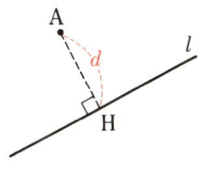

xy 平面上で

A の座標 (x_0, y_0) と l の方程式 $ax+by+c=0$ が与えられると，d は，次の公式で与えられる．

$$d = \frac{|ax_0+by_0+c|}{\sqrt{a^2+b^2}}$$

Notes 公式の証明に先立って，まず，使ってみましょう．たとえば A(4, 2) から，直線 $x-y+2=0$ に至る距離を求めるには，上の公式に

$$\begin{cases} x_0=4, \ y_0=2 \\ a=1, \ b=-1, \ c=2 \end{cases}$$

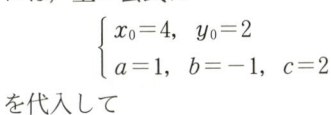

を代入して

$$\frac{|4-2+2|}{\sqrt{1^2+(-1)^2}} = \frac{4}{\sqrt{2}} = 2\sqrt{2}$$

とすればよい，ということです．

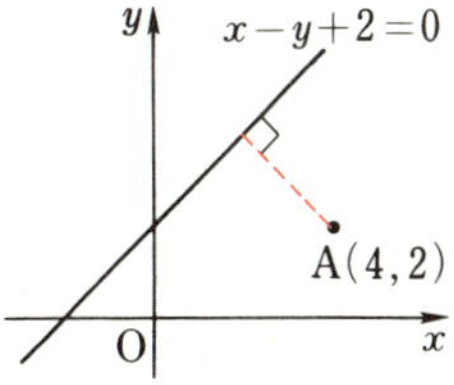

問 4-14 次のおのおのの距離を求めよ．
(1) 点 $(1, 3)$ から，直線 $2x+y+5=0$ に至る距離
(2) 点 $(-1, 2)$ から，直線 $x-2y+2=0$ に至る距離
(3) 点 $\left(1, \dfrac{3}{2}\right)$ から，直線 $y=\dfrac{3}{4}x+1$ に至る距離
(4) 点 (a, b) から，直線 $ax+by=0$ に至る距離

Notes さて，公式の証明なのですが，これまでの範囲の知識だけでは，実は，あまりうまい手がありません．そう，ことわった上で，やや技巧的ですが，初等的な証明を以下にあげておきます．

[証明]

点 $A(x_0, y_0)$ を通り，直線
$$l : ax + by + c = 0 \qquad \cdots\cdots ①$$
に垂直な直線の方程式は
$$b(x-x_0) - a(y-y_0) = 0 \qquad \cdots\cdots ②$$
である．よって点 A から l に下ろした垂線の足 H の x, y 座標は，①，②をともに満たす x, y である．
ところで，①は
$$a(x-x_0) + b(y-y_0) = -(ax_0+by_0+c) \qquad \cdots\cdots ①'$$
と変形できる．$①'^2 + ②^2$ より，

◀この変形がポイント．

$$(a^2+b^2)\{(x-x_0)^2+(y-y_0)^2\} = (ax_0+by_0+c)^2$$

$$\therefore \quad AH^2 = (x-x_0)^2 + (y-y_0)^2 = \frac{(ax_0+by_0+c)^2}{a^2+b^2}$$

$$\therefore \quad d = AH = \frac{|ax_0+by_0+c|}{\sqrt{a^2+b^2}}. \quad \blacksquare$$

◀実数 A について $\sqrt{A^2} = |A|$

Notes

1° H の座標 (x, y) を求めるには，①，②を連立して解けばよいのですが，欲しいのは，$\sqrt{(x-x_0)^2+(y-y_0)^2}$ であって，x, y の値そのものではありません．そこで，①を $x-x_0, y-y_0$ についての方程式として整理した式 ①′ をつくったわけです．

2° ①′と②を連立して，$X = x-x_0$ と $Y = y-y_0$ の値を求めることもできます．しかし，
$$\begin{cases} aX + bY = -(ax_0+by_0+c) \\ bX - aY = 0 \end{cases}$$
の辺々を 2 乗して加えあわせれば，ただちに，X^2+Y^2 の値が出てくる，というのが，上の証明の第 2 の技巧です．

3° ベクトルを用いると，もっとスッキリした証明もできますが，やや高級です． ☞ 例題 **110** (p. 280)

例題 62

3点 $O(0, 0)$, $A(x_1, y_1)$, $B(x_2, y_2)$ を頂点とする $\triangle OAB$ の面積 S は

$$S = \frac{1}{2}|x_1 y_2 - x_2 y_1|$$

で与えられることを証明せよ．

アプローチ

三角形の面積＝(底辺)×(高さ)÷2　です．
この高さを求めるのに点から直線に至る距離の公式が利用できます．

解答

直線 OB は方程式

$$y_2 x - x_2 y = 0 \qquad \cdots\cdots ①$$

で表される．よって点 $A(x_1, y_1)$ から OB に至る距離 h は

$$h = \frac{|y_2 x_1 - x_2 y_1|}{\sqrt{y_2{}^2 + (-x_2)^2}} = \frac{|x_1 y_2 - x_2 y_1|}{\sqrt{x_2{}^2 + y_2{}^2}} = \frac{|x_1 y_2 - x_2 y_1|}{OB}$$

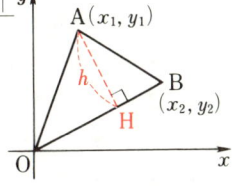

と表される．ゆえに

$$S = \frac{1}{2} h \cdot OB = \frac{1}{2}|x_1 y_2 - x_2 y_1|. \blacksquare$$

注　1°　この公式は利用範囲が広いので，証明とともにしっかり修得しておくべきです．

2°　絶対値記号がついているのが，嫌味かもしれませんが，$D = x_1 y_2 - x_2 y_1$ の値は，下左図のように，O→A→B が左回りのときは正，下右図のように右回りのときは，負になるので，絶対値を省くことはできません！

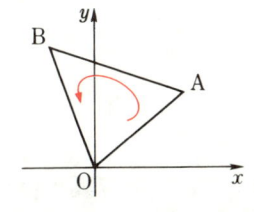

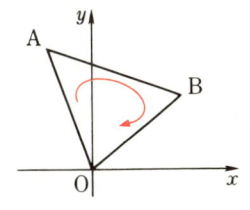

また 3 点，O，A，B が同一直線上にある場合 は，三角形ができないので，$x_1 y_2 - x_2 y_1 = 0$ となります．

§5 点の軌跡としての直線

　太陽系の惑星は，質量が巨大な太陽からの引力によって，楕円を描くように回っている．（ケプラーの惑星運動の第一法則）一般に，ある点Pが，与えられた条件を満たしながら，動いていくとき，この点が辿る曲線のことを，**軌跡**と呼ぶ．この節では，軌跡が直線になるものの中で，基本的なものをとりあげてみよう．

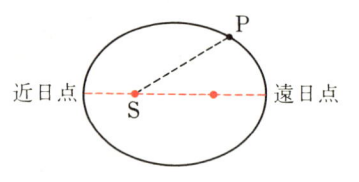

I　2つの異なる定点からの距離が等しい点の軌跡

(1) 平面上に2つの定点 A, B があるとき，点 P が
$$PA = PB$$
を満たすとすると，P は，AB の中点 M と一致するか，または
　　　　△PAM ≡ △PBM　（3辺相等）
　　∴　∠PMA = ∠PMB = 直角
である．いずれにしても，P は，線分 AB の垂直二等分線上にある．

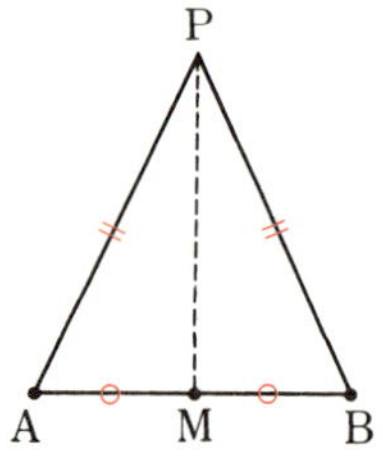

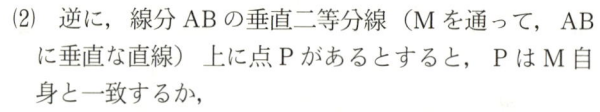

(2) 逆に，線分 AB の垂直二等分線（M を通って，AB に垂直な直線）上に点 P があるとすると，P は M 自身と一致するか，
　　　　△PAM ≡ △PBM　（2辺挟角相等）
　　∴　PA = PB
である．つまり，P は，A, B から等距離にある．
以上，(1), (2)より 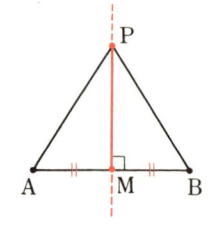
　　　　PA = PB ⟺ P は線分 AB の垂直二等分線上にある
という関係が成り立つ．

Notes

1°　(1)で " ⟹ "，(2)で " ⟸ " が証明されているのです．

2°　この関係を利用すると，p.150 で学んだ **例題 49** に対し，もっと見通しのよい解法ができます．実際，

> 点 (x, y) が，$A(-1, -1)$, $B(3, 5)$ を結ぶ線分の垂直二等分線上にある

$\iff$ (点 A$(-1, -1)$ から点 (x, y) までの距離)
$\qquad$ =(点 B$(3, 5)$ から点 (x, y) までの距離)
$\iff \sqrt{(x+1)^2+(y+1)^2} = \sqrt{(x-3)^2+(y-5)^2}$
$\iff (x+1)^2+(y+1)^2 = (x-3)^2+(y-5)^2$

となる．両辺をそれぞれ展開すると
$$(x^2+2x+1)+(y^2+2y+1)$$
$$=(x^2-6x+9)+(y^2-10y+25)$$
となるので，これを整理すると
$$8x+12y-32=0$$
$$\therefore \ y = -\frac{2}{3}x + \frac{8}{3}$$
となる．

いちいち，中点を求めたり，傾きを考えたりせずに，方程式が求められる点が重要です．

問 4-15 次のおのおのの直線の方程式を求めよ．
(1) 2点 $(-1, 3)$，$(2, 1)$ を両端とする線分の垂直二等分線．
(2) 2点 (a, b)，$(a+1, 2b)$ を両端とする線分の垂直二等分線．

II 交わる2本の半直線 OX, OY からの距離が等しい点の軌跡

点Pから，半直線 OX, OY に下ろした垂線の足をQ, R とおくとき，PQ=PR ならば，
　Pは，∠XOY の二等分線上にある
ことは，ただちにわかる．逆に，
　Pが ∠XOY の二等分線上にあるならば，
　PQ=PR であることもいえる．

このことを，半直線でなく，直線に一般化すると，次のようになる．

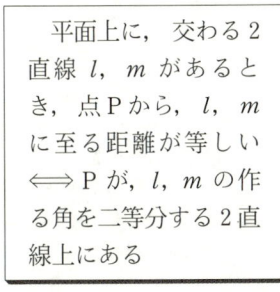

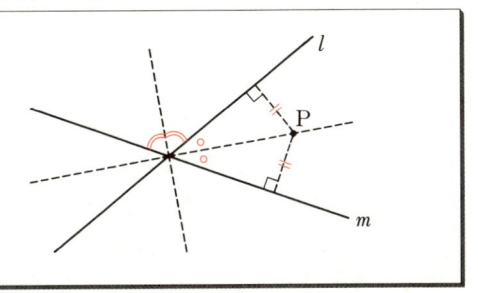

平面上に，交わる2直線 l, m があるとき，点Pから，l, m に至る距離が等しい $\iff$ Pが，l, m の作る角を二等分する2直線上にある

§5 点の軌跡としての直線

例題 63

xy 平面上の 2 直線 $\begin{cases} l : x - 2y = 0 \\ m : 3x - y = 0 \end{cases}$

のなす角を二等分する直線の方程式を求めよ．

アプローチ

いきなり，角度の関係をとらえようとしてもうまくいきません．代数的計算だけで図形的関係をすべて論ずることができる，と標榜する解析幾何（図形と式）にも，ひとつだけ **弱み** があります．それは，

角の大きさについての関係

です．こればかりは，古典的な幾何のあざやかさに，なかなかかないません，解析幾何で角をとり扱う場合は，つねに，**角それ自身でなく，線分の長さの関係におきかえ** なければならないからです．

解答

2 直線 l, m のなす角を二等分する直線の上に，点 (x, y) がのっているためには，(x, y) から l, m に至る距離が等しいこと，すなわち

$$\frac{|x-2y|}{\sqrt{5}} = \frac{|3x-y|}{\sqrt{10}}$$

$$\therefore \quad \sqrt{2}\,|x-2y| = |3x-y|$$

が必要十分である．

◀ l, m の方程式において，x, y をすでに使っていることを意図的に忘れて，二等分線上の点の座標を (x, y) とおいている！

これは，

$$\sqrt{2}(x-2y) = \pm(3x-y)$$

$$\therefore \quad (\pm 3 - \sqrt{2})x = (\pm 1 - 2\sqrt{2})y \quad \text{（複号同順）}$$

と同値である．ゆえに，求める方程式は，2 つあって

$$(3-\sqrt{2})x = (1-2\sqrt{2})y \quad \text{または} \quad (3+\sqrt{2})x = (1+2\sqrt{2})y$$

である．

◀ $|A|=|B|$ $\iff$ $A=\pm B$

注

ここで得られた 2 直線について，傾きの積は

$$\frac{3-\sqrt{2}}{1-2\sqrt{2}} \cdot \frac{3+\sqrt{2}}{1+2\sqrt{2}} = -1$$

となっています．これは 2 直線が直交することを意味するが，右図を見れば，偶然でないことがわかるでしょう．

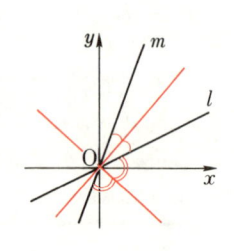

例題 64

3点 A(1, 3), B(-3, 0), C$\left(\dfrac{13}{4}, 0\right)$ を頂点とする △ABC の内心 I の座標を求めよ.

アプローチ

そもそも, **内心** (内接円の中心) とは, 各辺に至る距離が等しい点です. ところで, 2つの半直線 OX, OY に至る距離が等しい点の全体は, ∠XOY の二等分線をなします. したがって, 三角形の内心は, 3つの頂角の二等分線の交点である, というわけです.

解答

直線 AB, BC, CA の方程式はそれぞれ

$$\begin{cases} 3x - 4y + 9 = 0 & \cdots\cdots ① \\ y = 0 & \cdots\cdots ② \\ 4x + 3y - 13 = 0 & \cdots\cdots ③ \end{cases}$$

である. △ABC の内心 I の座標を (X, Y) とおくと, I から, 3直線①, ②, ③に至る距離が等しいことから

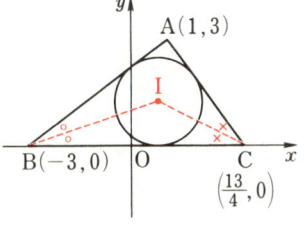

$$\frac{|3X - 4Y + 9|}{\sqrt{3^2 + 4^2}} = |Y| = \frac{|4X + 3Y - 13|}{\sqrt{4^2 + 3^2}}$$

$$\therefore \begin{cases} |3X - 4Y + 9| = 5|Y| & \cdots\cdots ④ \\ 5|Y| = |4X + 3Y - 13| & \cdots\cdots ⑤ \end{cases}$$

が成り立つ. I が △ABC の内部にあることから,

$$\begin{cases} 3X - 4Y + 9 > 0 & \cdots\cdots ⑥ \\ Y > 0 & \cdots\cdots ⑦ \\ 4X + 3Y - 13 < 0 & \cdots\cdots ⑧ \end{cases}$$

である. ⑥, ⑦, ⑧のもとで, ④, ⑤は, それぞれ

$$3X - 4Y + 9 = 5Y > 0$$
$$5Y = -(4X + 3Y - 13) > 0$$

となるので, これらを連立することにより

$$I\left(\frac{3}{4}, \frac{5}{4}\right).$$

◀ "$A = B = C$"
$\iff \begin{cases} A = B \\ B = C \end{cases}$

◀ 不等式の表す範囲については § 8 (p.199〜) を参照して下さい.

研究 条件⑥, ⑦, ⑧を無視して, 連立方程式 {④, ⑤} を解くと, I 以外に3点の座標が得られます. これらは, △ABC の外部にあって, 3辺またはその延長に至る距離が等しい点 (△ABC の **傍心**) です.

§6 円の方程式

　1本のヒモのような単純な道具を使って描くことができるのに，中心のまわりにどれだけ回転しても，また中心を通るどんな直線で折り返しても元の図形とピッタリと重なる，無限の対称性をもつ完全な図形——これが円の魅力である．古代の人々が，神聖なる天上界は，それにふさわしい運動をすると考えて，星の運行を円で説明しようとしたことにも，これは現れている．さらに，この円には，"与えられた長さの周をもつ図形の中で，囲む面積が最大である"という重要な性質がある．「円満」とか「円熟」といった語句に円が登場するのは，このような円の性質を，人々が感じとっていたからに違いない．子供達のヒーローは，ドラえもんもアンパンマンも，円を基調とした顔をもっている．

　ところで，この円は，前節までに学んだ直線のように x と y の方程式で表せるだろうか？　円を，点の軌跡としてとらえると，簡単にできる．

I　円の方程式

　円とは，中心と呼ばれる定点からの距離が一定（この値を半径と呼ぶ）であるような，平面上の動点の描く軌跡である．
　xy 平面で，定点を $A(a, b)$，動点を $P(x, y)$，距離の一定値を r とおくと，

Pが，Aを中心とする半径 r の円周上にある	
$\iff$ $AP = r$	
$\iff$ $\sqrt{(x-a)^2 + (y-b)^2} = r$	……①
$\iff$ $(x-a)^2 + (y-b)^2 = r^2$	……②

Notes

1°　①と②は同値なのですから，どちらを円の方程式と呼んでもいいのですが，高校数学では習慣上，②を円の方程式と呼びます．①，②いずれにしても，円の方程式は，点 (a, b) から点 (x, y) までの距離が一定値 r であることを表している，ということをしっかり理解しましょう．

2° 最も基本的なのは，中心が原点にある場合です．このときは，円の方程式は，$x^2+y^2=r^2$ という形になります．

3° ②を展開して整理すると，
$$x^2+y^2-2ax-2by+(a^2+b^2-r^2)=0$$
となりますから，
$$\alpha=-2a,\ \beta=-2b,\ \gamma=a^2+b^2-r^2$$
と α，β，γ を定めれば，円の方程式は，
$$\boldsymbol{x^2+y^2+\alpha x+\beta y+\gamma=0}\quad (\alpha,\ \beta,\ \gamma：定数)\quad \cdots\cdots ③$$
とかけます．②を，円の方程式の **標準形** と呼び，③を **一般形** と呼ぶことがあります．

4° 円の方程式の一般形の中に現れるパラメータが α，β，γ の3個であることから，円は3つの条件で定まります．「3つの条件」の中で最も基本的なのは，円が通る3点の座標を与えるというものです．実際，円は（同一直線上にない）3点を指定して，そこを通るとすれば決まります．初等幾何のことばを使っていえば，三角形が与えられれば，その外心（外接円の中心）が決まり，外接円が決まる，ということです．次の 例題65 でそれを体験しましょう．

問 4-16 次の中心と半径をもつ円の方程式を一般形で答えよ．
(1) 中心 $(0,\ 0)$，半径 2　　(2) 中心 $(2,\ -1)$，半径 1
(3) 中心 $(-2,\ -1)$，半径 $\sqrt{5}$

5° 円を表す方程式には，標準形②，一般形③のほかにやや特殊ですが，意外に便利な別の公式もあります．たとえば

> 異なる2点 $(x_1,\ y_1)$，$(x_2,\ y_2)$ を直径の両端にもつ円の方程式は
> $$\boldsymbol{(x-x_1)(x-x_2)+(y-y_1)(y-y_2)=0}$$

などです．

問 4-17 2点 A$(-1,\ 2)$，B$(3,\ -4)$ を直径の両端とする円の方程式を求めよ．

例題 65

次のおのおのの3点を通る円の方程式を求めよ．
(1) A(2, 1), B(1, 0), C(3, 0)
(2) D(2, 3), E(1, 1+$\sqrt{3}$), F(4, 1)

解 答

(1) 円の方程式は，一般に
$$x^2+y^2+\alpha x+\beta y+\gamma=0$$
とおける．この方程式で表される円が，与えられた3点を通るのは
$$\begin{cases} 2\alpha+\beta+\gamma=-5 & \cdots\cdots① \\ \alpha\quad\quad +\gamma=-1 & \cdots\cdots② \\ 3\alpha\quad\quad +\gamma=-9 & \cdots\cdots③ \end{cases}$$
が成り立つときである．

②，③から，$\alpha=-4$，$\gamma=3$．
これらを①に代入して，$\beta=0$．
ゆえに，求める円の方程式 $\bm{x^2+y^2-4x+3=0}$
である．

(2) 求める方程式を
$$x^2+y^2+\alpha x+\beta y+\gamma=0$$
とおく．3点 D, E, F を通ることから
$$\begin{cases} 2\alpha+3\beta+\gamma+13=0 & \cdots\cdots① \\ \alpha+(1+\sqrt{3})\beta+\gamma+5+2\sqrt{3}=0 & \cdots\cdots② \\ 4\alpha+\beta+\gamma+17=0 & \cdots\cdots③ \end{cases}$$
が成り立つ．②−①，③−①から γ を消去すると
$$\begin{cases} -\alpha+(-2+\sqrt{3})\beta-8+2\sqrt{3}=0 \\ 2\alpha\quad\quad -2\beta+4\quad\quad =0 \end{cases}$$
これから，
$$\begin{cases} \alpha=-4 \\ \beta=-2 \end{cases}$$
したがって，①より，$\gamma=1$
よって，求める方程式は，$\bm{x^2+y^2-4x-2y+1=0}$．

例題 66

次のおのおのの条件を満たす円の方程式を求めよ．
(1) 直線 $y=2x-1$ 上に中心をもち，2点 O(0, 0), A(-1, 1) を通る
(2) x 軸，y 軸に接し，かつ点 C(-4, 2) を通る

アプローチ

(1) 直線 $y=2x-1$ において，$x=t$ とおくと $y=2t-1$ となることから，この直線上の点の座標は $(t, 2t-1)$ と表せます．そこで，この点を中心にもつ半径 r の円が 2 点 A, B を通ると考えます．

(2) 中心 (a, b) で半径 r の円が，x 軸に接するとは，$b=\pm r$ と同値です．同様に，y 軸と接するのは $a=\pm r$ のときです．また，両座標軸に接し，C(-4, 2) を通る円の中心は第 2 象限に限ります．

解答

(1) 中心が直線 $y=2x-1$ 上にある円の方程式は，
$$(x-t)^2+\{y-(2t-1)\}^2=r^2 \quad \cdots\cdots ①$$
とおける．円①が 2 点 O(0, 0), A(-1, 1) を通るのは
$$\begin{cases} t^2+(2t-1)^2=r^2 & \cdots\cdots ② \\ (t+1)^2+(2t-2)^2=r^2 & \cdots\cdots ③ \end{cases}$$
が成り立つときである．

②-③ から，r^2 を消去すれば，
$$2t=4 \quad \therefore \quad t=2 \quad \cdots\cdots ④$$
④を②に代入して，$r^2=13 \quad \cdots\cdots ⑤$

よって，④，⑤を①に代入すれば，求める方程式 $(x-2)^2+(y-3)^2=13$ が得られる．

◀点 $(t, 2t-1)$ が 2 点 O, A から等距離にある（線分 OA の垂直二等分線上にある）ための条件を考えていることになる．

(2) 問題の円の中心の座標は，半径を a とおくと $(-a, a)$ であるから，求める円の方程式は
$$(x+a)^2+(y-a)^2=a^2 \quad \cdots\cdots ①$$
とおける．（ただし a は $a>0$ の定数）
円が点 C(-4, 2) を通ることより，
$$(a-4)^2+(2-a)^2=a^2$$
$$\therefore \quad (a-2)(a-10)=0 \quad \therefore \quad a=2 \ \text{または} \ a=10.$$
これらを①に代入して，
$$(x+2)^2+(y-2)^2=4 \quad \text{または} \quad (x+10)^2+(x-10)^2=100.$$

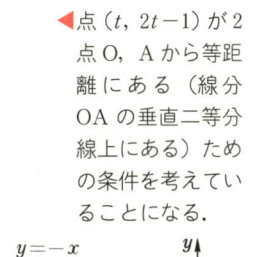

§6 円の方程式

II　円と直線の位置関係

　平面上において円と直線の位置関係は，それらの共有点の個数に注目すると，次の3通りに分類される．
　　ⅰ）　異なる2点で交わる　（2点を共有する）
　　ⅱ）　1点で接する　（1点のみを共有する）
　　ⅲ）　共有点をもたない

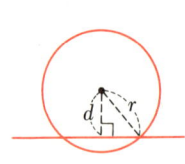

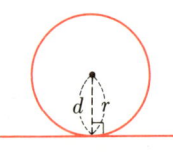

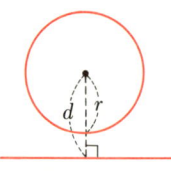

| 共有点2個 | 共有点1個 | 共有点なし |

そして，これらは，円の中心から直線までの **距離 d** と円の **半径 r の大小** によって，次のように判定される．

　　　　ⅰ）　$\iff$　$d < r$
　　　　ⅱ）　$\iff$　$d = r$
　　　　ⅲ）　$\iff$　$d > r$

Notes　　この判定条件を利用する際，d を求めるには，p.167で学んだ "点から直線までの距離" を求める公式が活躍します．

問 4-18　次のおのおのの円と直線について，共有点の個数を答えよ．
(1)　円　$x^2 + y^2 = 2$　と直線　$x + y = 2$
(2)　円　$(x-1)^2 + (y-2)^2 = 1$　と直線　$3x + 4y = 9$
(3)　円　$x^2 + y^2 + 2x - 2y = 0$　と直線　$x - y - 1 = 0$

例題 67

(1) 円 $(x+1)^2+(y-1)^2=r^2$ と直線 $y=\dfrac{3}{4}x+\dfrac{5}{4}$ とが異なる2点で交わるような正数 r の範囲を定めよ．

(2) 円 $x^2+y^2-6x-8y+16=0$ と接する，傾き1の直線の方程式を求めよ．

解 答

(1) 円の中心 $(-1, 1)$ から直線 $3x-4y+5=0$ に至る距離は，
$$\dfrac{|3\times(-1)-4\times 1+5|}{\sqrt{3^2+4^2}}=\dfrac{2}{5}$$
である．ゆえに，求める範囲は
$$r>\dfrac{2}{5}.$$

(2) 円 　　　　　　 $x^2+y^2-6x-8y+16=0$ 　　　　　……①

求める直線は傾きが1だから，次の式で表せる．
$$y=x+k \qquad\qquad ……②$$
②を①に代入して y を消去すると，
$$x^2+(x+k)^2-6x-8(x+k)+16=0$$
$$\therefore\ 2x^2+2(k-7)x+k^2-8k+16=0. \qquad ……③$$

円①と直線②とが接するのは，③が重解をもつときである． ◀ここがポイント．

③の判別式$=0$ より $(k-7)^2-2(k^2-8k+16)=0$
$$\therefore\ k^2-2k-17=0 \qquad k=1\pm 3\sqrt{2}.$$

よって，$y=x+1+3\sqrt{2}$ または $y=x+1-3\sqrt{2}$．

別解

(2)で①は，$(x-3)^2+(y-4)^2=9$ と変形される． ◀円の中心と半径を求めるため．

円①と直線②が接するのは，
(円①の中心 $(3, 4)$ から直線②に至る距離) ◀ここがポイント．
$=$(円①の半径)
となるときであるから k の値は，
$$\dfrac{|3-4+k|}{\sqrt{1^2+(-1)^2}}=3 \quad\therefore\ |k-1|=3\sqrt{2}$$
$$\therefore\ k=1\pm 3\sqrt{2}.$$

§6 円の方程式

例題 68

xy 平面上の円 $C: x^2+y^2-2x-2ay+a^2=20$ が直線 $l: ax+2y=0$ から切りとる線分の長さが 8 となるような a の値を求めよ。

アプローチ

弦の長さを出すには，
 (i) 弦の両端点の座標を求め，距離の公式を用いる．

という直接的・一般的な発想によるほかに
 (ii) 円の半径と，円の中心から弦に至る距離から，弦の長さを求める．

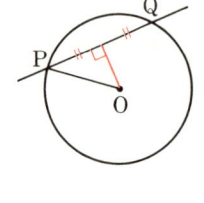

という手があります．(ii)は，
"円において，弦の垂直二等分線は，円の中心を通る" という，円の性質を利用するものです．どちらの方が計算が簡単でしょうか．

解 答

円 C の方程式は次のように変形できる．
$$C: (x-1)^2+(y-a)^2=21$$

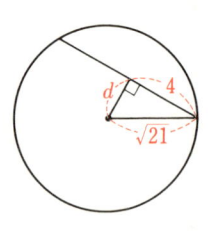

円 C の半径は $\sqrt{21}$ であるから，円 C が直線 l から長さ 8 の弦を切りとるためには，円 C の中心 $(1, a)$ から，直線 l に至る距離 d が
$$d=\sqrt{(\sqrt{21})^2-4^2}=\sqrt{5}$$

であることが必要十分である．ところで，d は
$$d=\frac{|a\cdot 1+2\cdot a|}{\sqrt{a^2+4}}=\frac{3|a|}{\sqrt{a^2+4}}$$

◀ ☞ p. 167

と表される．よって，a の満たすべき条件は
$$\frac{3|a|}{\sqrt{a^2+4}}=\sqrt{5}$$

である．これは，分母を払い両辺を平方して得られる

◀ 分母が 0 になる心配は不要である．また，実数 X, Y について
$|X|=\sqrt{Y}$
$\iff X^2=Y$

$$9a^2=5(a^2+4)$$

と同値であるから，求める a の値は
$$\therefore\ a^2=5 \quad \therefore\ \boldsymbol{a=\pm\sqrt{5}}$$

である．

III 円の接線の公式

与えられた円の周上に 1 点 B を決めると，その点における円の接線がただ 1 本決まる．中心を A とおけば，それは，B を通って，AB に直交する直線である．これについては，次の公式が知られている．

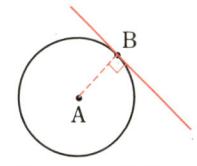

> 中心を $A(a, b)$ とし，半径を r とおき，また，1 点 B を $B(x_1, y_1)$ とおくと，B における接線は，方程式
> $$(x_1-a)(x-a)+(y_1-b)(y-b)=r^2 \quad \cdots\cdots(*)$$
> で表される．

Notes

1° 一見複雑ですが，A を中心とする半径 r の円の方程式
$$(x-a)^2+(y-b)^2=r^2$$
において
$$\begin{cases}(x-a)^2 & \text{を} \quad (x_1-a)(x-a) \text{ に} \\ (y-b)^2 & \text{を} \quad (y_1-b)(y-b) \text{ に}\end{cases}$$
とわずかに書き換えた形になっているところが，面白いですね．ただし，この公式は，実用性には意外に乏しいのです．

2° 特に，中心が原点にある場合は，
$$x_1x+y_1y=r^2$$

問 上の公式を用いて，次の接線の方程式を求めよ．
4-19
(1) 点 $(1, 1)$ における円 $x^2+y^2=2$ の接線
(2) 点 $(0, 0)$ における円 $(x-1)^2+(y+2)^2=5$ の接線
(3) 点 $(-1, 1)$ における円 $x^2+y^2+2x+by-4=0$ の接線

3° 上の $(*)$ の公式を導くには，いろいろな方法がありますが，とりあえず数学 II，数学 B の範囲では，少し高級ですが…．
直線 AB の傾きを考慮すると，$B(x_1, y_1)$ を通って，AB に直交する直線は，$(x_1-a)(x-x_1)+(y_1-b)(y-y_1)=0$ ……(1)
という方程式で表される．一方，B は円周上の点であるから
$$(x_1-a)^2+(y_1-b)^2=r^2 \quad \cdots\cdots(2)$$
が成り立っている．(2)の下で，(1)は (1)+(2)，すなわち
$$(x_1-a)(x-a)+(y_1-b)(y-b)=r^2$$
と同値である．

例題 69

円 $x^2+y^2=5$ に点 A$(3, 1)$ からひいた接線の方程式を求めよ．

アプローチ

円周上の与えられた点における接線の公式を使って解答することを期待しています．しかし別解のように，この公式を使わなくても簡単に解けます．

解答

A から円にひいた接線の接点の座標を (α, β) とおくと，まず
$$\alpha^2+\beta^2=5 \quad \cdots\cdots ①$$
であって，接線の方程式は，
$$\alpha x+\beta y=5 \quad \cdots\cdots ②$$
と表せる．これが点 A を通ることから，
$$3\alpha+\beta=5 \quad \cdots\cdots ③$$
が成り立つ．

③を用いて，①から β を消去すると
$$\alpha^2+(5-3\alpha)^2=5$$
$$\therefore \quad 10\alpha^2-30\alpha+20=0$$
となり，これより
$$(\alpha-1)(\alpha-2)=0$$
$$\therefore \quad \alpha=1 \text{ または } \alpha=2$$

ⅰ) $\alpha=1$ のとき③より，$\beta=2$．このとき②より，接線の方程式は
$$x+2y=5$$

ⅱ) $\alpha=2$ のときも同様に $\beta=-1$, $2x-y=5$

以上より，A からひいた接線は 2 本あって，それぞれ次の式で表される．
$$\boldsymbol{x+2y=5, \quad 2x-y=5}.$$

別解

点 A$(3, 1)$ を通り，傾き m の直線の方程式は
$$y=m(x-3)+1 \quad \therefore \quad mx-y+1-3m=0 \quad \cdots\cdots ①$$
とおける．これが円 $x^2+y^2=5$ ……② と接するのは

$\begin{pmatrix} \text{円②の中心 }(0, 0) \text{ から} \\ \text{直線①に至る距離} \end{pmatrix}$ = (円②の半径) ◀ここがポイント．

が成り立つときである．よって，m の値は
$$\frac{|1-3m|}{\sqrt{m^2+(-1)^2}}=\sqrt{5}$$

$$\therefore \quad |1-3m| = \sqrt{5} \cdot \sqrt{m^2+1}$$

両辺を2乗して
$$(1-3m)^2 = 5(m^2+1)$$

これを m について解くと
$$4m^2 - 6m - 4 = 0$$
$$(m-2)(2m+1) = 0$$
$$\therefore \quad m = 2 \quad または \quad -\frac{1}{2}.$$

これらを①に代入して,
$$2x - y - 5 = 0 \quad または \quad x + 2y - 5 = 0.$$

◀実数 X, Y について
$|X| = \sqrt{Y}$
$\iff X^2 = Y$

注 円②に B($\sqrt{5}$, 3) からひいた2接線の方程式を求めようとして,上と同様に,
$$y = m(x - \sqrt{5}) + 3 \quad \cdots\cdots ③$$
とおいて考えても接線は1本だけしか求まりません！　図をかけばすぐわかるように,求める他の1本は $x = \sqrt{5}$ です.方程式③では,y 軸に平行なこの直線を表すことができないから,このようなことが起こるのです.

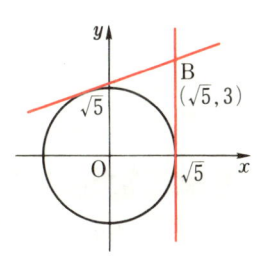

§6　円の方程式

例題 **70**

円 $C: x^2+y^2=r^2$ に，円 C 外の 1 点 $P(x_0, y_0)$ からひいた 2 本の接線の接点を Q, R とおくと，方程式 $x_0x+y_0y=r^2$ で表される直線は，2 点 Q, R を通ることを示せ．

アプローチ

まじめに，"Q, R の座標を x_0, y_0 の式で表そう"と考えると，繁雑な式の洪水にのみこまれそうになります．ところが，前問で証明した公式

　　円 $x^2+y^2=r^2$ 上の点 (x_1, y_1) における接線は $x_1x+y_1y=r^2$

を用いると，鮮やかに解決します．鮮やかすぎて，何をいっているのか，わからないと感ずる人もいるかもしれません．以下のような証明を独力で発見できる必要はありません．一種の文化遺産として継承していけばよいのです．

解 答

Q, R の座標を (x_1, y_1), (x_2, y_2) とおくと，Q, R における円 C の接線の方程式は，それぞれ
$$x_1x+y_1y=r^2$$
$$x_2x+y_2y=r^2$$
である．ところで，これらの接線がともに点 $P(x_0, y_0)$ を通るのであるから
$$\begin{cases} x_1x_0+y_1y_0=r^2 \\ x_2x_0+y_2y_0=r^2 \end{cases}$$
が成り立つ．この 2 式は，直線
$$x_0x+y_0y=r^2$$
が，2 点 $Q(x_1, y_1)$, $R(x_2, y_2)$ を通ることを示す．■

別解

$\angle OQP = \angle ORP = 90°$ であることを注意すれば，Q, R は線分 OP を直径とする円
$$x(x-x_0)+y(y-y_0)=0 \quad \cdots\cdots ①$$
の上にある．ところで，Q, R はもともと，円 C
$$x^2+y^2=r^2 \quad \cdots\cdots ②$$
上にあったので，直線 QR は，2 円 ①, ② の 2 交点を通る直線であるから，その方程式は，② － ① で得られる．つまり $x_0x+y_0y=r^2$ である．■

◀ p.187 で詳しく解説する．

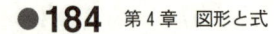

IV 円と円との位置関係

2円の位置関係は，基本的には次の5通りに分類できる．
- (i) 互いに外部にある
- (ii) 互いに外接する
- (iii) 異なる2点で交わる
- (iv) 一方が他方に内接する
- (v) 一方が他方の内部に含まれる

(2円の半径が等しい場合に限って，(iv)と(v)のかわりに，"2円が一致する"という例外的な場合が起こる．)

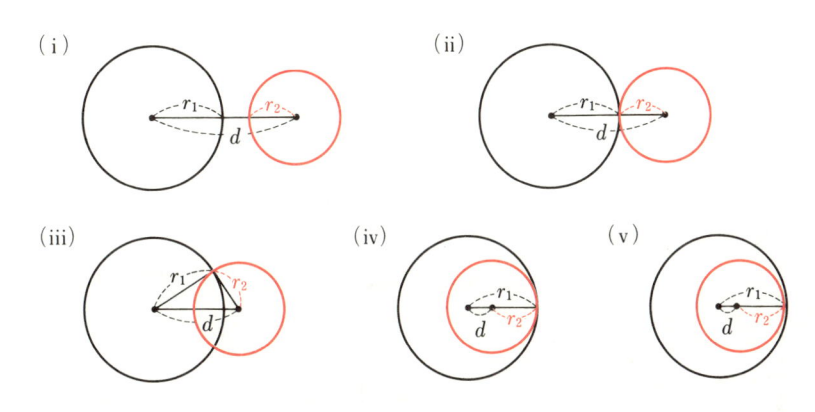

この5通りのうちどれが起こっているかは，2円の半径 r_1, r_2 と2円の中心間の距離 d の間の関係で次のように決定される．

$$
\begin{aligned}
\text{(i)} &\iff r_1 + r_2 < d \\
\text{(ii)} &\iff r_1 + r_2 = d \\
\text{(iii)} &\iff |r_1 - r_2| < d < r_1 + r_2 \\
\text{(iv)} &\iff |r_1 - r_2| = d \\
\text{(v)} &\iff d < |r_1 - r_2|
\end{aligned}
$$

Notes 全部を式で表すと複雑になりますが，(iii)さえきちんと押えておけば，後は，自然に導けるでしょう．(iii)は，三角形において，「1辺は，2辺の和より小さく，差より大きい」という性質に対応するものです．

問 4-20 次のおのおのの2円の位置関係を調べよ．
(1) 円 $C_1 : (x-1)^2 + (y-2)^2 = 10$ と 円 $C_2 : x^2 + y^2 = 1$
(2) 円 $C_3 : (x-1)^2 + (y-2)^2 = 5$ と 円 $C_4 : (x+1)^2 + (y+8)^2 = 5$

例題 71

xy 平面上の 2 円
$$C_1 : x^2+y^2-6ax-8ay+25a^2-4=0$$
$$C_2 : x^2+y^2=9$$
が，互いに接するような，実数 a の値を求めよ．

また，2 円 C_1, C_2 が異なる 2 つの共有点をもつような実数 a の値の範囲を求めよ．

アプローチ

2 円が 2 つの共有点をもつ条件は，「中心間の距離」と「2 円の半径」を用いて定式化することができます．

解答

$$\begin{cases} \text{円 } C_1 \text{ の中点は，点 } (3a, 4a),\ \text{半径は } 2 \\ \text{円 } C_2 \text{ の中心は，点 } (0, 0),\ \text{半径 } 3 \end{cases}$$

であるから，C_1, C_2 が接するためには

（中心間の距離）＝（2 円の半径の和または差）

$$\sqrt{(3a)^2+(4a)^2}=3\pm 2$$

が成り立つように，a の値を決めればよい．よって，

$$5|a|=5 \quad \text{または} \quad 5|a|=1$$

$$\therefore \quad a=\pm 1 \quad \text{または} \quad a=\pm\frac{1}{5}.$$

◀ 円 C_1 の方程式を
$(x-3a)^2+(y-4a)^2$
$=4$
と整理する．

一方，C_1, C_2 が異なる 2 点を共有するのは

$$|3-2|<5|a|<|3+2|$$

$$\therefore \quad 1<5|a|<5$$

のときであるから，求める a の値の範囲は

$$-1<a<-\frac{1}{5} \quad \text{または} \quad \frac{1}{5}<a<1.$$

注 円 C_1 は，右図のように，直線 $y=\frac{4}{3}x$ 上に中心をもちながら移動していく，半径が 2 の円です．このことをしっかりととらえることができれば，本問を直観的に解くことも難しくありません．

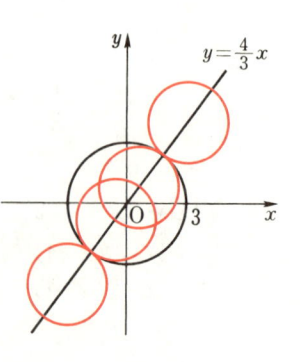

V　2円の交点を通る直線（共通弦）

2円
$$C_1: x^2+y^2+a_1x+b_1y+c_1=0 \quad \cdots\cdots ①$$
$$C_2: x^2+y^2+a_2x+b_2y+c_2=0 \quad \cdots\cdots ②$$
が異なる2点A，Bで交わっているとする．

このとき，直線ABは，方程式
$$(a_1-a_2)x+(b_1-b_2)y+(c_1-c_2)=0 \quad \cdots\cdots ③$$
で表される．

Notes

1°　③は，見かけ上は ①，②の辺々を引き算 して得られるものです．

2°　なぜ③が直線ABの方程式になるかを示すのは簡単です．
　(1)　まず，③は，xとyの1次方程式ですから，なんらかの直線――これをlと表しましょう――を表していることは確かです．
　(2)　一方，2円の交点Aの座標は①も②も満たしますから，③も満たすはずです．ゆえに，Aは直線l上にあります．同様に，もう1つの交点Bもl上にあります．
　　　ゆえに，直線ABは，lのことです．

3°　A，Bの座標が求まっていなくても，A，Bを通る直線の方程式がパッと求められることが面白いですね！

4°　数学Aで学んだ「**方べきの定理**」（☞右の囲み）を考慮すると，2円の外部にあって直線AB上の点Pから2円C_1，C_2それぞれにひいた接線の接点をT_1，T_2とおくと，
$$\begin{cases} PT_1^2 = PA \cdot PB \\ PT_2^2 = PA \cdot PB \end{cases}$$
$$\therefore \quad PT_1^2 = PT_2^2$$
$$\therefore \quad PT_1 = PT_2$$

> **方べきの定理**
> 円外の点Pから円にひいた任意の割線をPAB，接線をPTとおくと
> $$PA \cdot PB = PT^2.$$

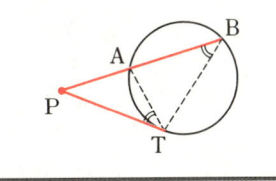

が成り立ちます．つまり，直線AB（の円外にある部分）は，2円C_1，C_2にひいた接線の長さが等しい点の軌跡にもなっているのです．

例題 72

xy 平面上に，2 円 $C_1: x^2+y^2+6x+4y=3$，$C_2: x^2+y^2=4$ がある．
(1) C_1，C_2 は異なる 2 点で交わることを示せ．
(2) C_1，C_2 の 2 交点を通る直線の方程式を求めよ．
(3) C_1，C_2 の 2 交点，および原点の 3 点を通る円の方程式を求めよ．

解 答

$C_1: x^2+y^2+6x+4y-3=0$ ……①
$C_2: x^2+y^2-4=0$ ……②

(1) ① $\iff$ $(x+3)^2+(y+2)^2=4^2$
② $\iff$ $x^2+y^2=2^2$

より，
$\begin{cases} C_1 \text{は，点 A}(-3, -2) \text{を中心とする} \\ \quad \text{半径 } r_1=4 \text{ の円である．} \\ C_2 \text{は，点 O}(0, 0) \text{を中心とする} \\ \quad \text{半径 } r_2=2 \text{ の円である．} \end{cases}$

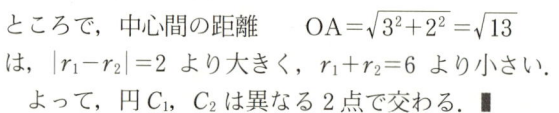

ところで，中心間の距離 $OA=\sqrt{3^2+2^2}=\sqrt{13}$
は，$|r_1-r_2|=2$ より大きく，$r_1+r_2=6$ より小さい．
よって，円 C_1，C_2 は異なる 2 点で交わる．■

(2) 形式的に，①－②をつくると，x，y の 1 次方程式

$$6x+4y+1=0 \quad \text{……③}$$

が得られ，これは xy 平面上で，ある直線を表す．しかも，①と②をともに満足する x と y の値は，必ず③も満たす．よって，2 円 C_1，C_2 の 2 交点は，直線③上にある．

◀円①，②が 2 点で交わっていないときもこの変形はできるが，その場合には，方程式③ ($=$①－②) の図形的意味は，把握しにくい．

(3) 形式的に，①－②$\times k$ をつくると，
$x^2+y^2+6x+4y-3-k(x^2+y^2-4)=0$ ……④
∴ $(1-k)x^2+(1-k)y^2+6x+4y-(3-4k)=0$ ……④′

が得られ，$1-k \neq 0$ のとき，これは，円を表す．しかも，①と②をともに満たす x，y は，必ず④も満たすので，④′ は，2 円 C_1，C_2 の 2 交点を通る円の方程式である．したがって，円④′ が，原点を通るように，k の値を決めることができればよい．

◀$k=1$ のときは，(2)と同じ．

◀ここがポイント．

④に，$(x, y) = (0, 0)$ を代入すると $-3 + 4k = 0$　∴　$k = \dfrac{3}{4}$

である．この値を，④′に代入して整理すれば，求める円の方程式は
$$x^2 + y^2 + 24x + 16y = 0$$

■研究▶　円④は，2円 C_1，C_2 の2交点を通る，さまざまの円になり得る．

k の値が変化するにつれてどのように変化するかは，右図から大よその見当がつく．

$k = 0$ のときは，円 C_1 と一致し，k がそれから小さくなるにつれて，円 C_2 に縮まっていく．他方，k が0より1に向かって増加していくと，円は中心を左下方にずらしながら次第に半径を拡げていく．

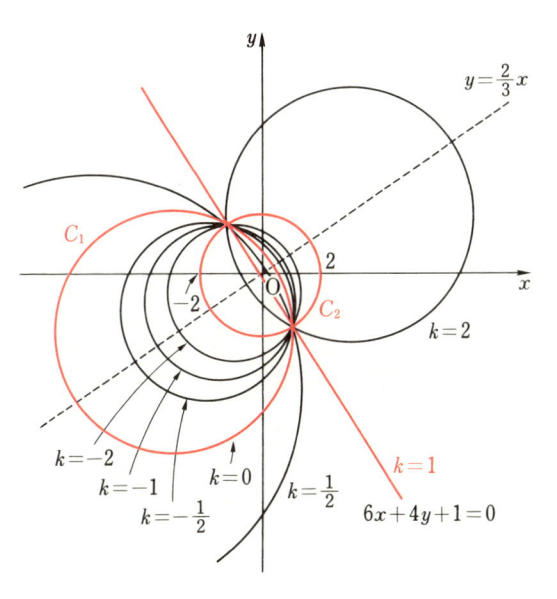

そして，$k = 1$ になったとき，円は，ついに，C_1，C_2 の2交点を通る直線（＝半径無限大の円！）になる．

これが，(2)で求めたものである．k が1をこえると，突然，中心が，はるか右上方にある巨大な円になり，k が大きくなっていくにつれ，中心を左下方にずらしながら次第に半径を縮め C_2 に近づいていく．

この様子は，k をパラメータとする x，y の方程式
$$y - \beta = k(x - \alpha) \quad (\alpha, \beta : 定数)$$
が表す直線 l の動きとよく似ている．

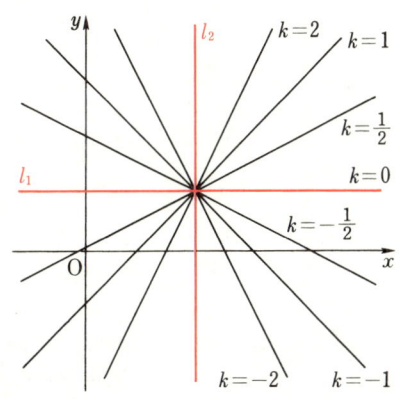

VI 結果として円が現れる点の軌跡

円は,「定点からの距離が一定である点の軌跡」と考えてきたが, 一見, これとまったく違う表現で定められる点の軌跡として, 円が出てくることがある.

たとえば,

"平面上で, 2 定点 A, B からの距離の平方
（2 乗）の和が一定であるような点の軌跡"

を考えてみよう.

xy 平面上, $A(-a, 0)$, $B(a, 0)$ とおくと, A, B から $P(x, y)$ への距離の 2 乗の和は

$$AP^2+BP^2=\{(x+a)^2+y^2\}+\{(x-a)^2+y^2\}$$
$$=2(x^2+y^2+a^2)$$

と表される. この値が一定であるから, それを k とおくと

$$2(x^2+y^2+a^2)=k$$
$$\therefore \quad x^2+y^2=\frac{k-2a^2}{2}$$

つまり, 点 $P(x, y)$ は, 原点, すなわち AB の中点を中心とするある円になる.

> **Notes**
>
> 1° 円の半径は「一定」の値 k によって決まります. うるさいことをいうと, 円になるといえるのは,
> $$k-2a^2>0$$
> のときだけです.
>
> 2° パッポスの中線定理を使えば, AB の中点を M として
> $$AP^2+BP^2=2(PM^2+AM^2)$$
> ですから,
> $$AP^2+BP^2=k \iff 2(PM^2+AM^2)=k$$
> $$\iff PM^2=\frac{k-2AM^2}{2}=一定$$
> となるということですから, このような P は, M を中心とする円を描くことは, 初等幾何の立場からも明らかです.

結果として, 円が出てくる点の軌跡のうちで最も重要なものは

"2 定点からの距離の比が一定"

という条件で定まるものである. これについては次の 例題 73 で学ぼう.

例題 73

xy 平面上に，2 定点 A$(-3, 0)$，B$(3, 0)$ がある．xy 平面上にあって
$$\text{AP}:\text{BP}=2:1 \quad \cdots\cdots(*)$$
という条件を満たして動く動点 P の軌跡を求めよ．

アプローチ

2 定点 A，B からの距離が等しい点 P の軌跡は，線分 AB の垂直二等分線でした．「距離が等しい」という条件は，"AP : BP = 1 : 1" と表せます．比例式の右辺を 2 : 1 にしたら，軌跡はどうなるか，というのが，本問の主旨です．結果は，今日，"アポロニオス（Apollonios B.C. 262〜200?）の円"と呼ばれていますが，アポロニオスより大分前から，知られていたようです．初等幾何的議論は，面倒ですが，解析幾何でアプローチすれば何でもない問題です！

解答

$(*)$ は，$2\cdot\text{BP}=\text{AP}$ を意味する．そこで P(x, y) とおくと，$(*)$ は，$2\sqrt{(x-3)^2+y^2}=\sqrt{(x+3)^2+y^2}$
と表せる．この式は，両辺を平方して得られる
$$4\{(x-3)^2+y^2\}=(x+3)^2+y^2$$
と同値である．これを整理すると
$$3x^2-30x+27+3y^2=0$$
$$\therefore \quad (x-5)^2+y^2=16$$

◀ $X\geqq 0$，$Y\geqq 0$ のとき $\sqrt{X}=\sqrt{Y} \iff X=Y$

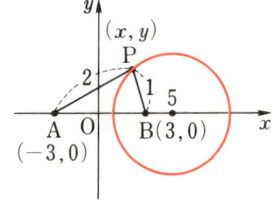

となる．ゆえに，求める P の軌跡は，

点 $(5, 0)$ を中心とする半径 4 の円 である．

注 一般に，平面上の異なる 2 点 A，B に対し，
AP : BP = m : n
　　　（m，n は正の定数）
となる点 P の軌跡は，線分 AB を $m:n$ に **内分する点 C** と $m:n$ に **外分する点 D** を直径の両端とする円になる．m，n の値が接近するにつれ点 C は線分 AB の中点に近づき，他方，点 D は，A，B から遠ざかっていく．そして，とうとう $m=n$ となったときに，半径無限大の円として，線分 AB の垂直二等分線が現れるのである！

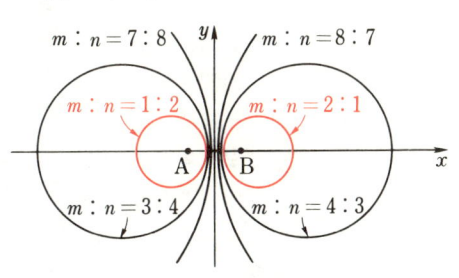

§6　円の方程式

§7 パラメータ表示された曲線

　本節では，パラメータ（媒介変数）表示された点の軌跡の方程式を求める，という問題を考える．教科書では極めて不十分な扱いしかなされていないが，実践的に重要性が高いテーマである．
　点Pの座標 (x, y) が，変数 t の関数

$$\begin{cases} x = f(t) \\ y = g(t) \end{cases} \quad \cdots\cdots ⓟ$$

と表されているとき，ⓟを，動点Pの描く曲線のパラメータ表示と呼ぶ．

Notes

1° 平面上を点が運動するとき，その運動を描写するにはどうしたらよいと思いますか？　映像をつくるのが一番手っ取り早いのですが，費用もかかるし，厳密でありません．数学者は，次のように考えます．"各時刻における動点の座標 (x, y) を，時刻の関数ととらえればよい．つまり，時刻 t を指定したとき，x 座標と y 座標を決める手段を確立すれば，運動はとらえられる．"今にして思えばごく簡単なこのアイディアを明確に表明した最初の数学者は，万有引力の発見で有名なアイザック・ニュートン（1642-1727）です．この立場に立てば，平面上の点の運動は，必ず，適当な関数 $f(t)$，$g(t)$ を用いて，

$$\begin{cases} x = f(t) \\ y = g(t) \end{cases} \quad \cdots\cdots ⓟ$$

と表されるわけです．

2° 逆に，ⓟが与えられると，平面上の点の運動が1つ決まります．この運動によって動点が描く曲線 C を，動点の軌跡と呼ぶのです．ⓟは，曲線 C の **パラメータ** 表示と呼ばれます．ⓟで定められる点の軌跡 C は，結局

　　　　適当な t を用いて，ⓟと表すことができる　　……(*)

ような点 (x, y) の全体ですから，C の方程式を求めるには，条件 (*) を，x，y の式で表してやればよいのです．平たくいえば，ⓟから，t を消去してやるということです．

　具体的な例を1つやってみよう．

t がすべての実数値をとって変化するとき，次のようにパラメータ表示された点 $P(x, y)$ の描く軌跡の方程式を求めよ．
$$\begin{cases} x=2t-1 & \cdots\cdots① \\ y=3t+2 & \cdots\cdots② \end{cases}$$

Notes

$1°$　これに対する解答は，前ページの $2°$ で述べたように
　　　　"①と②をともに満たす t が存在する"
という条件を考えることにより，現象的には **t を消去** してやるということです．

$2°$　具体的に書くと，
①を満たす t の値は
$$t=\frac{x+1}{2} \quad \cdots\cdots①'$$
のみであるから，適当な t を用いて，x, y が①，②で表せるためには①'を②に代入した式
$$y=3\left(\frac{x+1}{2}\right)+2$$
$$\therefore \ y=\frac{3}{2}x+\frac{7}{2} \quad \cdots\cdots③$$
が成り立つことが必要十分である．ゆえに③が求める軌跡の方程式である．

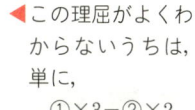

◀この理屈がよくわからないうちは，単に，
　①×3−②×2
で，t を消去すると考えればよい．
☞ $3°$

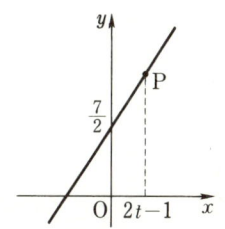

$3°$　パラメータ表示もこのくらい単純なうちは，t の変化に伴って x, y がどのように変化していくかをとらえることもできますから
$$①×3-②×2$$
によって一気に t を消去した式
$$3x-2y=-7$$
を作れば，点 $P(x, y)$ が，この方程式の表す直線上を動いていくことが容易に理解できますので，このような解法ではいけない，とはいえません．しかし，このような素朴な理解ではたちうちできない問題がやがて出てきます．

§7　パラメータ表示された曲線

例題 74

t がすべての実数値をとって変化するとき，次のおのおのの式で定められる点 $P(x, y)$ の描く軌跡を求め，図示せよ．

(1) $\begin{cases} x = t - 1 \\ y = t^2 + 4t - 1 \end{cases}$

(2) $\begin{cases} x = t^2 - 1 \\ y = t^4 + 4t^2 - 1 \end{cases}$

アプローチ

(1)の解法の考え方は，前ページの問題と同じです．本問のポイントは，外見上，よく似た(1)と(2)の違いを把握することです．

解 答

(1) $\begin{cases} x = t - 1 & \cdots\cdots ① \\ y = t^2 + 4t - 1 & \cdots\cdots ② \end{cases}$

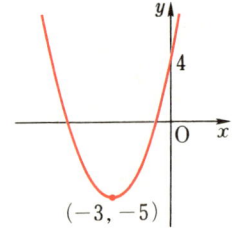

①を満たす t の値は，$t = x + 1$ ……①' のみである．そこで①'を②に代入した式が成立するような (x, y) の全体が，求める軌跡である．すなわち
$$y = (x+1)^2 + 4(x+1) - 1$$
$$\therefore\ y = x^2 + 6x + 4$$
で表される放物線が点 P の軌跡である．

(2) $\begin{cases} x = t^2 - 1 \\ y = t^4 + 4t^2 - 1 \end{cases}$

これらは，(1)において，t を t^2 に書きかえたものにすぎないので，点 (x, y) は，必ず，放物線 $y = x^2 + 6x + 4$ 上にある．

一方，x 座標に注目すると，
$$x = t^2 - 1$$
は，t の変化につれて，
$$x \geq -1$$
のすべての実数値を変化する．

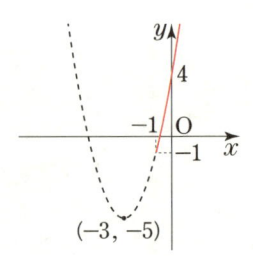

よって，点 P の軌跡は，放物線 $y = x^2 + 6x + 4$ の，$x \geq -1$ の部分 である．

例題 75

変数 t がすべての実数値をとって変化するとき，次式で定まる点 $P(x, y)$ の描く軌跡を求めよ．
$$x=\frac{1}{t^2+1}, \quad y=\frac{t}{t^2+1}$$

アプローチ

「適当な実数 t を用いて $\begin{cases} x=\dfrac{1}{t^2+1} \\ y=\dfrac{t}{t^2+1} \end{cases}$ と表せる」 ……(*)

のような点 (x, y) の全体が求める軌跡です．(*) は，「t についての 2 つの方程式 $\dfrac{1}{t^2+1}=x$, $\dfrac{t}{t^2+1}=y$ が共通解をもつ」といいなおすこともできます．

解答

$$x=\frac{1}{t^2+1} \quad \cdots\cdots ①, \quad y=\frac{t}{t^2+1} \quad \cdots\cdots ② \quad \text{とおく．}$$

①の値は 0 になることがないので，②の両辺を①の各辺で割ることができて，
$$\frac{y}{x}=t \quad \cdots\cdots ③$$

が得られる．逆に，①と③をかけあわせると，②をつくることができるので，①かつ②は①かつ③と同値である．

◀したがって，以下では「①と③が共通の実数解をもつ」条件を考えればよい．

①と③を t についての方程式と見なすと，共通の実数解があるのは，③のただ 1 つの解を①に代入した式
$$x=\frac{1}{\left(\dfrac{y}{x}\right)^2+1}$$

が成立するときである．

これを整理すると $x=\dfrac{x^2}{x^2+y^2}$ かつ $x \neq 0$

$\therefore \quad x^2+y^2=x$ かつ $x \neq 0$

となる．ゆえに，求める点 P の軌跡は

円 $x^2+y^2=x$ （ただし，1 点 $(0, 0)$ を除く）．

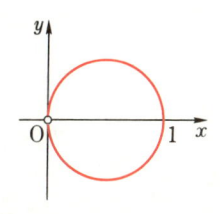

§7 パラメータ表示された曲線

例題 76

xy 平面上に，2直線 l_1： $mx-y+2m=0$，l_2： $x+my-2=0$ がある．m がすべての実数値をとって変化するとき，l_1, l_2 の交点 P の描く軌跡を求めよ． （東 大）

アプローチ

「l_1, l_2 の交点 P」という表現を見ると，条件反射的に？ P の座標を計算したくなる人が少なくありません．

ルーチンな処理にもち込む前に，まず問題をじっくり読み，自分で図をしっかり描いて考えてほしいものです．適当な m の値を 2, 3 個考えて，図を描いてみれば，はるかに見通しのよい解法が見えてくるはずです．

解答

$\begin{cases} l_1 \text{の方程式は，} & m(x+2)-y=0 \quad \cdots\cdots① \\ l_2 \text{の方程式は，} & x-2+my=0 \quad \cdots\cdots② \end{cases}$

となるので，m の値によらず，つねに

$\begin{cases} l_1 \text{は定点 A}(-2, 0) \text{ を} \\ l_2 \text{は定点 B}(2, 0) \text{ を} \end{cases}$

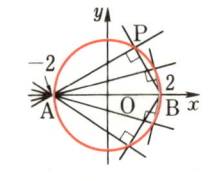

通る直線で，しかも傾きの関係から，l_1 と l_2 は，つねに直交する．

ゆえに，交点 P は，つねに A, B を直径の両端とする円の周上にある．

ところで，直線 AP の傾きが m であるから，m がすべての実数値をとって変化していくとき，直線 AP は，A を中心として，1 回転する．（A を通る直線のうち，ただ 1 本，y 軸平行になる場合を除外する．）

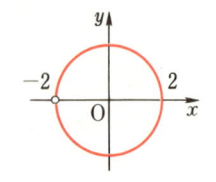

よって，P は，上で求めた **円 $x^2+y^2=4$ の周上，点 A$(-2, 0)$ を唯一の例外として，残りすべての点をくまなく動く**．

注

l_1, l_2, P の幾何学的意味が見抜けなくても，

　　　"適当な実数 m を用いて，①，②のように表せる"

つまり

　　　"m についての方程式①，②が共通の実数解をもつ"

ための (x, y) の条件を前問と同様に考えれば，答が得られます．

なお，l_1, l_2 の交点の座標を求めると，前ページの 例題 75 と似た形の式が得られますが，その後の厳密な処理は，面倒です．

例題 77

xy 平面上に定点 $A(-2, 1)$ と放物線 $C: y=x^2$ がある．C 上の動点 P に対し，半直線 AP 上に，$AP'=2AP$ となる点 P' をとる．点 P' の描く曲線を求めよ．

アプローチ

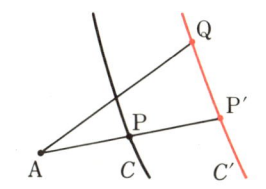

$P(x, y)$ に対応する P' の座標を (X, Y) とおくとき，

  X, Y を，x, y の式で表す

と方針をたてたくなります．よく似ているのですが，これとは反対に，

  x, y を，X, Y の式で表す

ことができれば，P' の軌跡の方程式は，機械的な代入の計算だけで求められるのです．つまり，

> 点 P が曲線 C 上を動くとき，P に対応する点 P' の描く曲線を C' とおくと
> 点 Q が曲線 C' 上にある $\iff$ $P'=Q$ となる点 P が曲線 C 上にある

という関係を使うのです．

これは，ものすごく難しいことなので，何度も何度も繰り返し考えて下さい．

解答

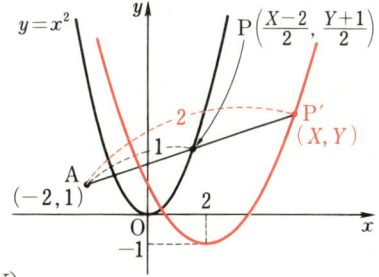

$P(x, y)$，$P'(X, Y)$ とおくと，P が線分 AP' の中点であることから，

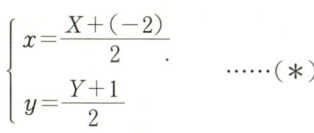

$$\begin{cases} x = \dfrac{X+(-2)}{2} \\ y = \dfrac{Y+1}{2} \end{cases} \quad \cdots\cdots (*)$$

である．これで定まる点 (x, y) が放物線 C 上にあるような点 (X, Y) の全体が，求める点 P' の軌跡である．そこで $(*)$ を，$y=x^2$ に代入する．

◀ここが核心．

$$\frac{Y+1}{2} = \left(\frac{X-2}{2}\right)^2$$
$$\therefore \quad Y = \frac{1}{2}(X-2)^2 - 1$$

◀ (*) を，代入しているだけ！

これを満足する点 (X, Y) の全体，すなわち

$$\text{放物線 } y = \frac{1}{2}(x-2)^2 - 1$$

が求めるものである．

研究 以上の議論により，点 A を **相似の中心** として，放物線 $y = x^2$ を 2 倍に **相似拡大** すると，放物線 $y = \frac{1}{2}(x-2)^2 - 1$ が得られる．A の代わりに原点 O を相似の中心として，放物線 $y = x^2$ を 2 倍に相似拡大すると，放物線 $y = \frac{1}{2}x^2$ が，一般に k 倍（$k \neq 0$）に相似拡大すると，放物線 $y = \frac{1}{k}x^2$ が得られる．このことから，「**任意の放物線は，互いに相似である**」ことがわかる．

コラム 　放物線 $y = ax^2$ は，上のように，a の値によらず相似なのですから，a の値が変わっても形は変化しません．（形が同じであることを相似といったのでした！）したがって「$|a|$ の値が大きいほど，細長くなる」というような解説をときどき耳にしますが，数学的には誤解といわなければならないでしょう．正確にいえば，$|a|$ の値が大きくなるほど，放物線は "縮む" のです．したがって，頂点における曲がり具合は "急" になります．「曲がり具合が急である」ことと，「細長くなる」こと，「トンガル」こととは，似ていますが，違うことなんですね．

§8 不等式の表す範囲

1つの未知数 x についての等式は，たとえば，$2x-1=5$ が数直線上で，右図のような1点を表すのに対し，不等式は，たとえば，$2x-1>5$ が下図のような区間を表す．

x についての2次方程式，2次不等式の場合には，数学Ⅰで学んだように，下図のように，2点や，その間の区間，またはその外側の2つの区間を表すのであった．

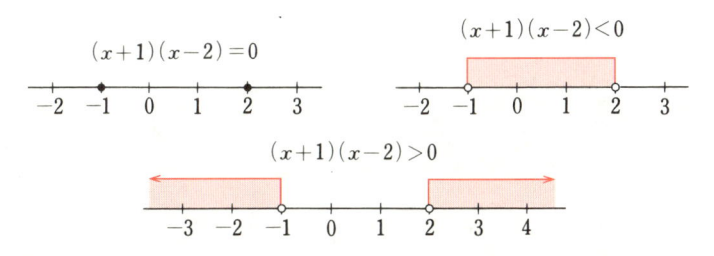

一方，x，y という2つの未知数についての方程式は，本章で学んできたように，xy 平面上で直線や円を，あるいは，数学Ⅰで学んだように放物線を描く．

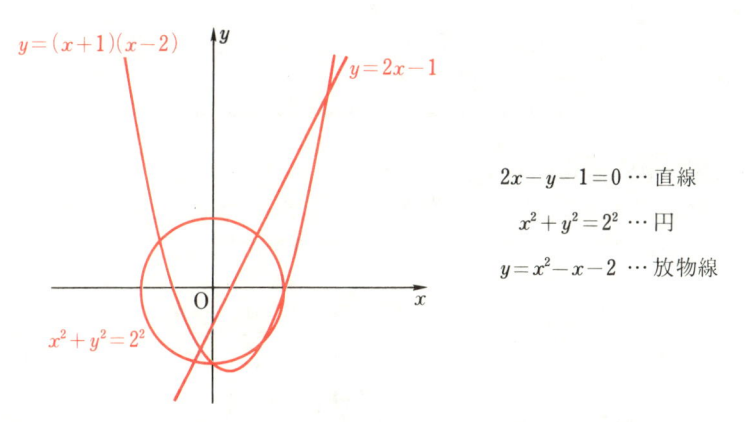

$2x-y-1=0$ … 直線
$x^2+y^2=2^2$ … 円
$y=x^2-x-2$ … 放物線

では，x と y についての不等式は，何を表すであろうか？——これが本節のテーマである．

I　$y>f(x)$, $y<f(x)$ という型の不等式の表す範囲

抽象的に述べれば，基本原理は，

> 曲線 $C: y=f(x)$ に対し
> 　　　　不等式 $y>f(x)$ は，C の上側
> 　　　　不等式 $y<f(x)$ は，C の下側
> の範囲を表す

だけである．

実際，方程式 $y=f(x)$ を満足する点 (X, Y) に対し，
$\begin{cases} \text{それより上にある点 } (X, Y_1) \text{ については} \\ \qquad Y_1 > Y = f(x) \\ \text{それより下にある点 } (X, Y_2) \text{ については} \\ \qquad Y_2 < Y = f(x) \end{cases}$
が成り立つからである．

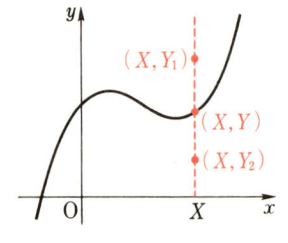

注　不等式に等号（＝）がつけば，境界線上の点も，含むことになります．

例題 78

次のおのおのの不等式の表す点 (x, y) の範囲を図示せよ．
(1)　$y > 2x - 1$　　　　(2)　$y \leqq -x^2 + 2x$

解答
(1)　直線 $y = 2x - 1$ の上の部分．境界は含まない．
(2)　直線 $y = -x^2 + 2x$ の下の部分．境界を含む．

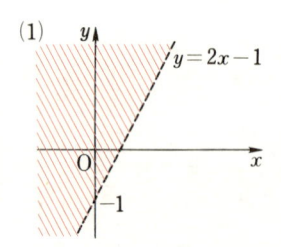

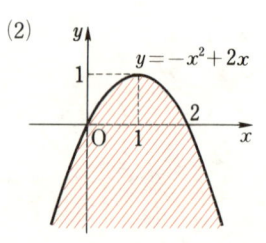

II　$F(x, y)>0$, $F(x, y)<0$ という型の不等式の表す範囲

　曲線の上, 下とか左, 右といったとらえ方を離れて, 不等式の表す範囲を考える方法がある. それは, たとえば, $y>x^2$ のような不等式においてこれを
$$y-x^2>0$$
と書きなおし, そこで, x, y の2つの変数をもつ関数
$$F(x, y)=y-x^2$$
を考えれば, 問題としている不等式は
$$F(x, y)>0$$
と表すことができる, というものである. より一般的にいうと, 与えられた2変数関数 $F(x, y)$ に対し, その値が

　　正になるような点 (x, y) の全体, すなわち $\{(x, y)|F(x, y)>0\}$

や

　　負になるような点 (x, y) の全体, すなわち, $\{(x, y)|F(x, y)<0\}$

を考える, ということである. 前者を $F(x, y)$ の **正領域**, 後者を $F(x, y)$ の **負領域** と呼ぶ. 正領域と負領域を考えるとき重要なポイントは,

　　正領域と負領域の境界線は, $F(x, y)=0$ となる点の集まり

であることである.

Notes

1°　難しいことをいうと, これは, $F(x, y)$ が連続関数であるときだけしかいえないのですが, 高校数学に登場するのはこのような場合だけですから, 神経質に心配する必要はありません.

2°　したがって, 正領域や負領域を図示するには, まず, 曲線 $F(x, y)=0$ を描き, その線で分かれた各領域について, その中から適当な代表点を選び, そこにおける F の値の符号を調べればよいのです.

例題 79

次のおのおのの関数の正領域を図示せよ．
(1) $f(x, y) = x^2 + y^2 - 1$ (2) $g(x, y) = xy - 1$

解 答

(1) $f(x, y) = 0$ は，原点を中心とする半径 1 の円を表す．この円の内部の点として O(0, 0)，外部の点として A(2, 0) をとると，
$$\begin{cases} f(0, 0) = -1 < 0 \\ f(2, 0) = 3 > 0 \end{cases}$$
だから，円の内部は，$f(x, y)$ の負領域，外部は $f(x, y)$ の正領域である．

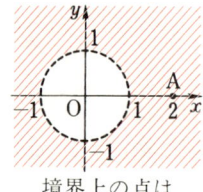

境界上の点は含まない

(2) $g(x, y) = 0$ は，$y = \dfrac{1}{x}$ の表す，一対の双曲線である．この双曲線によって，平面は 3 つの部分に分割される．各部分の代表点として，A(2, 2)，O(0, 0)，B(-2, -2) をとると
$$\begin{cases} g(2, 2) = 3 > 0 \\ g(0, 0) = -1 < 0 \\ g(-2, -2) = 3 > 0 \end{cases}$$
だから，A，B の含まれる部分が $g(x, y)$ の正領域である．

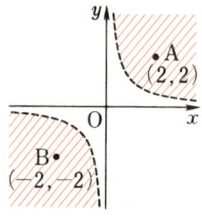

境界上の点は含まない

コラム

「円の内部は負領域，外部は正領域」などと機械的に覚えてはいけません！ 上の解答(1)に示したように
$$f(x, y) = x^2 + y^2 - 1$$
については正領域が円 $x^2 + y^2 = 1$ の外部 になりましたが，関数
$$h(x, y) = 1 - x^2 - y^2$$
を考えれば，さきほどの円の外部は，$h(x, y)$ の負領域です！

III 連立不等式などの表す範囲

連立不等式とは，2つ以上の不等式を"ともに満たす"という条件を考えるものである．論理的には，"かつ"を考えることに相当する．数学的には，これと並んで，"または"を考えることも大切である．基本原理は次のことに尽きる．

> 2つの条件 p, q が与えられたとき，
> $\begin{cases} 条件\ p\ を満たすものの集合を\ P \\ 条件\ q\ を満たすものの集合を\ Q \end{cases}$ とおくと
> $\begin{cases} 条件\ p\ かつ\ q\ を満たすものの集合は\ P \cap Q \\ 条件\ p\ または\ q\ を満たすものの集合は\ P \cup Q \end{cases}$ である．

例題 80

次のおのおのの条件を満たす点 (x, y) の存在範囲を図示せよ．
(1) $3x - y > 5$ かつ $x^2 + y^2 \leq 25$
(2) $y \geq x^2 - 4x + 3$ または $y > x - 1$

解答

(1) $3x - y > 5$ となる (x, y) は，直線 $3x - y = 5$ の下側，$x^2 + y^2 \leq 25$ となる (x, y) は，円 $x^2 + y^2 = 25$ の周および内部である．

ゆえに，右図の斜線部分が求めるものである．ただし，実線の境界上の点は含み，点線の境界上の点および○印の点は含まない．

(2) $y \geq x^2 - 4x + 3$ は，放物線 $y = x^2 - 4x + 3$ および，その上側の部分を表す．他方，$y > x - 1$ は，直線 $y = x - 1$ の上側の部分を表す．

ゆえに，右図の斜線部分が求めるものである．ただし，実線の境界上の点および●印の点は含み，点線の境界上の点は含まない．

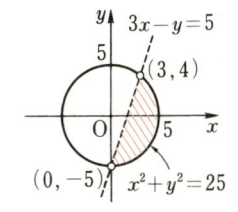

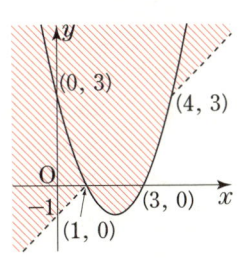

注 (2)で，求めた範囲は，"$y < x^2 - 4x + 3$ かつ $y \leq x - 1$" の表す範囲の補集合です．このように間接的に考えた方が，むしろ図示しやすいかもしれません．

IV $F(x,y)>0$ や $F(x,y)<0$ において，$F(x,y)$ が因数分解される場合

$F(x, y)<0$ という形の不等式の表す範囲を図示するときには，まず
$$F(x, y)=0 \text{ の表す曲線を図示する}$$
のであるが，その際，$F(x, y)$ が $g(x, y)\cdot h(x, y)$ と因数分解されるならば，$g(x, y)=0$ の表す曲線，$h(x, y)=0$ の表す曲線をあわせたものが，曲線 $F(x, y)=0$ になる．また，原則として，次の関係がある．

> 正領域に隣接する領域は，負領域
> 負領域に隣接する領域は，正領域

例題 81

次のおのおのの不等式の表す点 (x, y) の存在範囲を図示せよ．
(1) $(3x-y-5)(x^2+y^2-25) \leqq 0$
(2) $(|x|+|y|-1)(x^2+y^2-1) < 0$

解答

(1) [図: 円 $x^2+y^2=25$ と直線が $(3,4)$, $(0,-5)$ を通る]

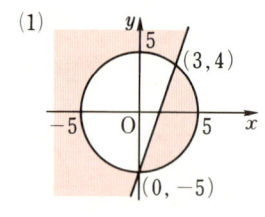

(2) [図: 円 $x^2+y^2=1$ と正方形 $|x|+|y|=1$]

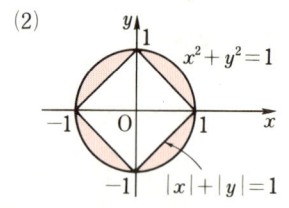

境界線上の点については，(1)では含み，(2)では含まない．

注　$|x|+|y|-1=0$ の表す曲線を図示するには，
$$g(x, y)=|x|+|y|-1$$
において，x のかわりに $-x$ を代入しても，y のかわりに $-y$ を代入しても，もとと変わらない（$\Longrightarrow g(x, y)=0$ の表す曲線は，y 軸に関しても，x 軸に関しても対称である）ことに注意して，まず $x \geqq 0$ かつ $y \geqq 0$ の部分を考えると，$x+y-1=0$ となります．第1象限内のこの線分を，x 軸，y 軸に関して対称になるようにすることにより，上図のような正方形が得られます．

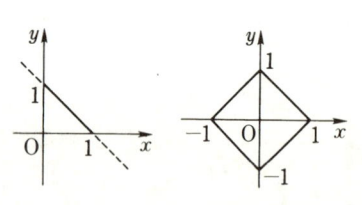

V　応用 (1) ── 論理への応用

2つの条件 p, q について，

　　　　"**p が q の 十分条件 である**"，"**q が p の 必要条件 である**"

とは，いずれも

　　　　　　"**p が成り立つならば，つねに q が成り立つ**"

を意味する．そしてこのことは，p を満たすものの集合（**真理集合**）を P，q を満たすものの集合を Q としたとき，

$$P \subseteqq Q$$

が成り立つ，といいかえることができる．図式的に表現するなら，

> 十分条件の真理集合は，狭い
> 必要条件の真理集合は，広い

である．

例題 82

実数 x, y の条件
$$\text{p}: x+y \geqq a, \quad \text{q}: x^2+y^2 \geqq 1$$
について，p が q の十分条件となるような実数 a の値の範囲を求めよ．

解答

不等式 $x+y \geqq a$, $x^2+y^2 \geqq 1$ は，それぞれ
　　直線 $x+y=a$ およびその上側，
　　円 $x^2+y^2=1$ の周およびその外側
を表す．よって，直線 $x+y=a$ およびその上側が，円 $x^2+y^2=1$ の周およびその外側に含まれるための実数 a の条件を求めればよい．

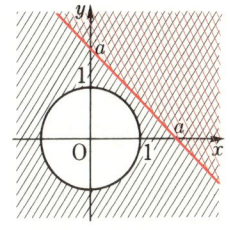

ところで，直線 $x+y=a$ が円 $x^2+y^2=1$ と第1象限で接するのは，

$$a>0 \quad \text{かつ} \quad \begin{pmatrix} \text{原点から直線} \\ \text{までの距離} \end{pmatrix} = 1$$

となるとき，すなわち

$$a>0 \quad \text{かつ} \quad \frac{|a|}{\sqrt{2}}=1 \quad \therefore \quad a=\sqrt{2}$$

のときである．

したがって求める a の値の範囲は，$a \geqq \sqrt{2}$ である．

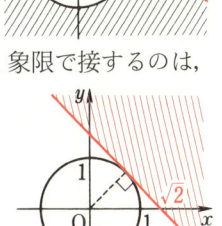

VI 応用 (2)── 2変数関数の最大，最小問題への応用

縦 x，横 y の長方形の面積 $S=xy$ を大きくするには，x や y を大きくすればよいが，x，y の間に，和が一定，たとえば，
$$x+y=10$$
などという制約条件があると，x を大きくすると，y が小さくなってしまうので，x，y を両方とも同時に大きくするわけにはいかない！

しかし，x，y をうまくとってやると（この場合は $x=y=5$ とする），S が最大になる，ということを数学 I で学んだ．

本節では，x，y の間の拘束条件が，上のように方程式でピシっと与えられてない場合，たとえば，連立不等式
$$\begin{cases} x+y \leq 10 \\ 2x+y \leq 12 \\ x+3y \leq 15 \\ x \geq 0 \\ y \geq 0 \end{cases}$$
のような緩い拘束条件の下で，x，y が変化するとき，x と y の関数──たとえば，$S=xy$ ──のとりうる値の最大値や最小値を求める問題を考える．

数学 II，B の範囲で特に重要なのは，$S=3x+4y$ のように，x と y の 1 次式で表される関数（2 変数 1 次関数）の場合である．

少し難しいかもしれないが，まず最初に以下の議論の基礎となる大切な原理を学ぶための問題から入ろう．

例題 83

(1) xy 平面上で，2点 $A(a_1, a_2)$，$B(b_1, b_2)$ を両端とする線分 AB（端点を含む）上を点 $P(x, y)$ が動くとき，x と y の1次関数
$$z = \alpha x + \beta y \quad (\alpha, \beta \text{ は実数の定数})$$
の最大値は，P が線分の端点 A または B に一致するときの z の値であることを示せ．

(2) xy 平面上で，点 $P(x, y)$ が，四角形 ABCD の周および内部を動くとき，$\quad z = \alpha x + \beta y \quad (\alpha, \beta \text{ は実数の定数})$ は，P が 4 頂点のいずれかに一致するとき，最大値をとることを示せ．

(3) $P(x, y)$ が $A(0, 6)$，$O(0, 0)$，$B(7, 0)$，$C(5, 5)$ を頂点とする四角形の周および内部を動くとき，
$$z = 3x + 4y$$
の最大値を求めよ．

アプローチ

証明したいのは，(2)ですが，いきなり(2)を証明するのは，難しそうです．(1)の結果を，上手に利用すると，簡単に解決します．

解答

(1) P の座標 (x, y) は，
$$AP : PB = t : (1-t)$$
という媒介変数 t を考えることにより
$$\begin{cases} x = (1-t)a_1 + tb_1 \\ y = (1-t)a_2 + tb_2 \end{cases}$$
と表せる．この関係を用いて，z を t で表すと
$$z = \alpha\{(1-t)a_1 + tb_1\} + \beta\{(1-t)a_2 + tb_2\}$$
$$= \{\alpha(b_1 - a_1) + \beta(b_2 - a_2)\}t + (\alpha a_1 + \beta a_2)$$
となる．見やすくするために，
$$\begin{cases} \alpha(b_1 - a_1) + \beta(b_2 - a_2) = m \\ \alpha a_1 + \beta a_2 = n \end{cases}$$
とおくと，m，n は，与えられた定数で定まる定数であり，
$$z = mt + n$$
となる．つまり，z は，t の高々1次関数であ

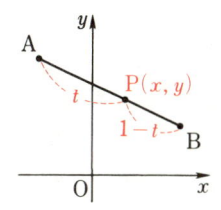

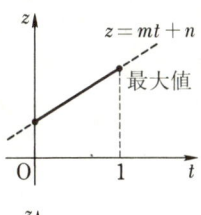

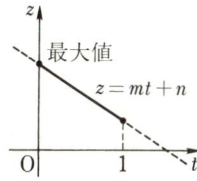

§8 不等式の表す範囲

る．したがって，グラフは直線であるから最大値をとるのは，t の変域：$0 \leq t \leq 1$ の端点すなわち $t=0$, または $t=1$ である．

$$\begin{cases} t=0 \text{ となるのは，P=A のとき} \\ t=1 \text{ となるのは，P=B のとき} \end{cases}$$

である．■

(2) 4頂点が与えられたとき，その中から適当な1つを選べば，その点と他の四角形の周上の点 P_0 を結ぶ線分によって四角形が掃かれる．たとえば，その頂点をAとし，次図のようになっているとする．

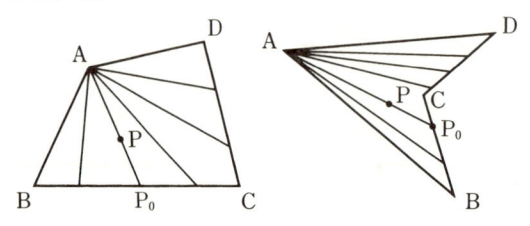

◀点 P_0 が四角形の周上を運動していくときの線分 AP_0 の様子をアニメーション風に想い浮かべよ．

いま P_0 を辺 BC 上に固定して，点 P を線分 AP_0 上で動かしたとき，z の最大値は，

P=A のとき，または P=P_0 のとき

の z の値である．次に P_0 を辺 BC 上で動かしたとすると，P=P_0 における z の値は，P_0 が辺 BC の端点，すなわち B または C いずれかに一致したとき最大値をとる．P_0 が辺 CD 上を動く場合も同様である．よって，z の最大値は，P が 4 頂点のいずれかに一致したときの z の値である．■

(3) z の値は，四角形 AOBC の 4 頂点のいずれかで最大となるので，$f(x, y) = 3x + 4y$ とおき，4 頂点における $f(x, y)$ の値を計算すると

$$\begin{cases} f(0, 6) = 3 \cdot 0 + 4 \cdot 6 = 24 \\ f(5, 5) = 3 \cdot 5 + 4 \cdot 5 = 35 \\ f(7, 0) = 3 \cdot 7 + 4 \cdot 0 = 21 \\ f(0, 0) = 0 \end{cases}$$

となる．ゆえに，**z の最大値は，35** である．

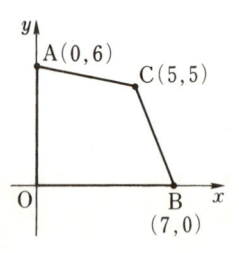

■研究　点 (x_0, y_0) が与えられると，対応する z の値 z_0 は，$z_0 = 3x_0 + 4y_0$ で定まります．

しかし，z_0 が与えられても，z がその値をとるような (x, y) は，定め得るとは限らない．z が値 z_0 をとるときの (x, y) は，直線 $3x + 4y = z_0$ 上にのっている点 (x, y) です．

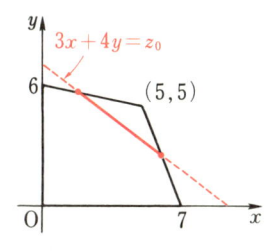

よって，**与えられた (x, y) の変域の中に，この直線の上にのっている点が存在すれば，z は z_0 という値をとる；存在しないならば，$z = z_0$ となることはない**，

といえます．この方法に基づいて，z のとり得る値の範囲を出すのが，高校数学では一般的です．☞ 例題 84

しかし，前ページの解答で示したように (x, y) の動く範囲が凸の多角形の場合に，x と y の 1 次関数がとる最大値や最小値を求めるときは，その頂点での値を調べるだけでよいのです．このようにして最大・最小を求めることを **線型計画法** といいます．

例題 84

2種類の食品 F_1, F_2 がある．おのおのについての栄養成分 A, B, C の含有量，および1日あたりの各成分の最低摂取量およびカロリーは右表のようになっている．

	栄養成分（mg）			カロリー（kcal）
	A	B	C	
F_1（10g中）	4	2	2	9
F_2（10g中）	1	1	2	5
最低摂取量	110	90	100	

食品 F_1, F_2 で栄養成分 A, B, C の必要摂取量を満たし，できるだけ摂取カロリーを少なくしたい．そのためには F_1, F_2 をそれぞれ1日何グラムずつとればよいか．

アプローチ

表を見ると，食品 F_1 の方が，食品 F_2 より，栄養成分がたくさん含まれています．だから，F_2 をとらずに F_1 ばかりで，必要栄養をすべて確保するのがよいかというと，そうはいきません．F_1 の方がカロリーも高い上，F_1 は栄養 A に片寄っていて，栄養 C が不足気味であるからです．

栄養を能率よく摂取しようとすると，カロリーが増え，さりとてカロリーを減らそうとすると，栄養がとれない．

こういう状況を，＜価値の競合＞といいます．日本の昔からの表現には，「あちらを立てれば，こちらが立たず」というのがありますね．「孝ならんと欲すれば忠ならず，忠ならんと欲すれば孝ならず」という武士の言葉も有名です．

日常生活の中でこうした状況に陥ると，解決策が見つからないと悩む人が多いのですが，**線形計画法**は，対立する価値の間に調和点を探索する数学的手法です．いわば，"妥協のための数学"ですね！

解答

1日に F_1 を $10x$ グラム, F_2 を $10y$ グラムとすると, 当然,
$$x \geq 0 \quad \text{かつ} \quad y \geq 0$$
であり, また, 3栄養素の摂取量についての要請から
$$4x + y \geq 110$$
$$2x + y \geq 90$$
$$2x + 2y \geq 100$$
でなければならない. 以上の条件をすべて満たす点 (x, y) の存在範囲は, 右図の赤い部分である. 一方, このときに摂取されるカロリーを $z(\text{kcal})$ とおくと, $z = 9x + 5y$ である. xy 平面上, この直線が, 上で求めた赤い部分と共有点をもつような z の値のうち, 最小のものは, 図の点 $(40, 10)$ を通るときの値である.

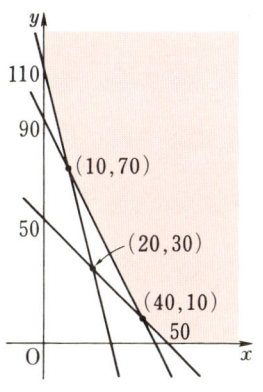

よって, **F_1 を 400 グラム, F_2 を 100 グラム** 摂取すればよい.

> **参考** F_1 だけで3種の栄養を満たすには 500 グラム必要です. そのときはカロリーが 450kcal になります. F_2 だけで栄養を満たすには 1100 グラム必要です. そのときはカロリーが 550kcal になります. F_1 を 400 グラム, F_2 を 100 グラムとればカロリーは 410kcal ですみます*!!*

§8 不等式の表す範囲

質問箱

「"実数 x, y が $\begin{cases} -2 \leq x-y \leq 4 & \cdots\cdots① \\ -6 \leq x+y \leq 2 & \cdots\cdots② \end{cases}$ を満たして変わるとき，関数 $z=3x+2y$ の最小値・最大値を求めよ"という問題に対し，私は不等式の表す図を使わずに次のように解きました．

『①，②の辺々を加えると，
$$-8 \leq 2x \leq 6 \quad\cdots\cdots③$$
となる．一方，①の各辺に（-1）を掛けた式
$$-4 \leq -x+y \leq 2 \quad\cdots\cdots①'$$
と②の辺々を加えると
$$-10 \leq 2y \leq 4 \quad\cdots\cdots④$$
となる．③の辺々を $\dfrac{3}{2}$ 倍した式と④を加えあわせれば
$$-22 \leq 3x+2y \leq 13 \quad\cdots\cdots⑤$$
となる．よって，z の最小値は -22，最大値は 13 である．』計算は，どこも間違っていないのに，友人の答えと一致しません．どうしてでしょう？」

お答え

 解法を覚えて，正しい答えを出す，というのが数学の勉強だと信じている人が多いようですが，＜このようにして解けるのはなぜか？＞ という問いを発し，解決していくことは，それよりはるかに大切な数学の勉強です．とりわけ，自分が間違えたとき，単に，「×」(バツ) をつけて終わりにするのではなく，徹底的に考察してみることは，何ものにもかえがたい数学的思索の好機です．

 さて，君の質問に答えましょう．君のいうとおり，議論の展開は，最後の1行を除いてすべて正しいのです．ただし，それは，⑤を，単なる不等式と見た場合の話です．もし，⑤を，$3x+2y$ の変域を表す不等式と考えるなら――君はそう考えているからこそ，最後の結論へ移行したと思いますが――⑤も誤まりです．たとえば，右側の等号が成立して $3x+2y=13$ となることは，あり得ません．なぜなら，この等号が成立するためには③と④の両方において，右側の等号が成立しなければなりません．しかし，そのような $(x, y) = (3, 2)$ は，①，②の表す範囲の中には存在しないからです*!!*

右図を参照すれば，わかるように，x，y のそれぞれは，
$$-4 \leq x \leq 3, \quad -5 \leq y \leq 2$$
の範囲のすべての値をとり得るのですが，x，y が互いに独立に（無関係に）それぞれの範囲を変化できるわけでない，ということが，君の解答のうまくいかない真の根拠といってよいでしょう．

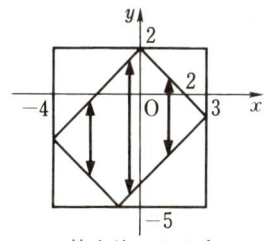

x の値を決めたときの y の変域が x の値によって変化してしまう．

例題 85

実数 x, y が $x^2+y^2=2$, $x \geq 0$, $y \geq 0$ を満たして変わるとき $z=x+y$ の最大値，最小値を求めよ．

アプローチ

与えられた条件式が不等式だけでなく，等式も入っていますが，解法の考え方はそのまま使えます．

解答

z が k という値をとり得るか否かは
$$x^2+y^2=2, \quad x \geq 0, \quad y \geq 0 \quad \cdots\cdots ①$$
の範囲に
$$x+y=k \quad \cdots\cdots ②$$
を満たす x, y が存在するか否かで決まる．いいかえると，xy 平面上①，②の表す図形に共有点があるか否かで決まる．

ところで，①は原点を中心とする半径 $\sqrt{2}$ の 4 分円であり，②は傾きが -1 の直線である．これらが共有点をもつための条件は
$$\sqrt{2} \leq k \leq 2$$
(2 点 $(\sqrt{2}, 0)$, $(0, \sqrt{2})$ を通るときと，点 $(1, 1)$ で接するときの間) である．

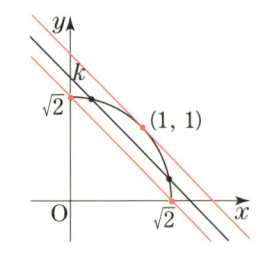

よって，z の **最大値は 2**，**最小値は $\sqrt{2}$** である．

研究 三角関数を学ぶと，さらに違った解法ができます．

例題 86

t が $t>0$ の範囲を動くとき，直線 $y=2tx-t^2$ ……(*) が通り得る領域を求めよ．

アプローチ

たとえば A(3, 1) のとき，「直線(*)が点 A を通ることがあるか否か」は，「$1=6t-t^2$ を満たす $t>0$ が存在するか否か」で決定します．

解 答

直線(*)が点 (x_0, y_0) を通り得るための条件は，$y_0=2tx_0-t^2$ を満たす正の t が存在することである．

ゆえに，x, y を定数と見なし，t についての方程式
$$y=2tx-t^2$$
すなわち
$$t^2-2xt+y=0 \quad\cdots\cdots ①$$
が $t>0$ の範囲に（少なくとも1つの）解をもつような (x, y) の条件を求めればよい．

そこで①の左辺を $f(t)$ とおき，$f(t)$ のグラフが t 軸の正の部分と共有点をもつ条件を求める．
$$f(t)=(t-x)^2+y-x^2$$
となるので，$f(t)$ のグラフは $t=x$ を軸とする（下に凸の）放物線である．この軸の位置に注目して次のように分類する．

(i) $x\leqq0$ のとき

$f(t)$ のグラフが t 軸の正の部分と共有点をもつ条件は
$$f(0)<0 \text{ すなわち } y<0 \text{ である．}$$

(ii) $x>0$ のとき

$f(t)$ のグラフが t 軸の正の部分と共有点をもつ条件は
$$f(x)\leqq0 \text{ すなわち } y\leqq x^2 \text{ である．}$$

以上，(i)，(ii)より，求める領域は

$x\leqq0$ かつ $y<0$

または

$x>0$ かつ $y\leqq x^2$

となる．（右図の斜線部）

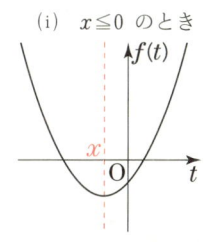

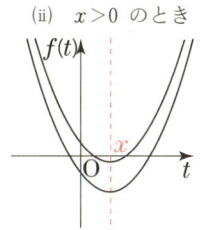

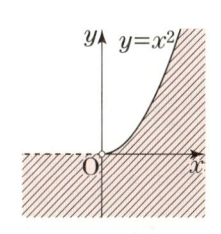

§8 不等式の表す範囲

章末問題（第4章　図形と式）

Aランク

18 平面上の3点 A(0, 2), B(−1, 0), C(4, 0) を頂点とする △ABC について，次の各問いに答えよ.
(1) 外接円の中心と半径を求めよ.
(2) 内接円の中心と半径を求めよ.
（宮崎大）

19 円 $C : x^2+y^2-18x-10y+81=0$ と直線 $l : y=-2x+13$ が与えられている.
(1) 点 P が円 C 上を動くとき，点 P の直線 l に関する対称点 Q の軌跡 D の方程式を求めよ.
(2) 円 C と図形 D の交点の座標を求めよ.
(3) (2)で求めた2つの交点と点 (2, 1) を通る円の方程式を求めよ.
（成蹊大）

20 xy 平面上の異なる二つの円 $x^2+y^2+mx+6y-m-2=0$, $x^2+y^2+2x+3my-4=0$ の2つの交点を結ぶ弦の長さが2のとき，m の値を求めよ.
（日本獣医畜産大）

21 放物線 $C: y=x^2$ と直線 $l: y=m(x-1)$ は相異なる2点A，Bで交わっている．
(1) 定数 m の値の範囲を求めよ．
(2) m の値が変化するとき，線分ABの中点Mの軌跡を求めよ．
(北海学園大)

22 a を実数とするとき，円 $x^2+y^2-2a(x+ay)+(2a^2-3)(a^2+1)=0$ の中心が描く図形を図示し，この円の最大半径の値を求めよ．
(法政大)

23 2定点 O(0, 0)，A(4, 2) と円 $(x-2)^2+(y-2)^2=4$ の周上を動く点Pがある．
(1) 3点O，A，Pが同一直線上にあるとき，Aと異なる点Pの座標を求めよ．
(2) 3点O，A，Pが同一直線上にないとき，△OAP の重心の軌跡を求めよ．
(3) 3点O，A，Pが同一直線上にないとき，△OAP の面積の最大値を求めよ．
(九　大)

24 点 (x, y) が，不等式 $(x-3)^2+(y-2)^2 \leqq 1$ の表す領域上の点を動くとする．このとき，次の問いに答えよ．
(1) x^2+y^2 の最大値を求めよ．
(2) $\dfrac{y}{x}$ の最大値を求めよ．
(3) $10x+10y$ の最大の整数値を求めよ．
(東京理大)

Bランク

25 円 $C: x^2+y^2-4x-2y+4=0$ と点 $(-1, 1)$ を中心とする円 D が外接している．
(1) 円 D の方程式を求めよ．
(2) 円 C, D の共通接線の方程式を求めよ． （福島大）

26 xy 平面上に直線 $l_t: y=(2t-1)x-2t^2+2t$ がある．
(1) t がすべての実数を動くとき，l_t の通り得る範囲を図示せよ．
(2) t が $0 \leq t \leq 1$ を動くとき，l_t の通り得る範囲を図示せよ． （京都産業大・改）

27 点 $P(\alpha, \beta)$ が $\alpha^2+\beta^2+\alpha\beta<1$ を満たして動くとき，点 $Q(\alpha+\beta, \alpha\beta)$ の動く範囲を図示せよ． （岐阜大）

28 鋭角三角形 ABC において，辺 BC の中点 M，A から辺 BC にひいた垂線を AH とする．点 P を線分 MH 上にとるとき，
$$AB^2+AC^2 \geq 2AP^2+BP^2+CP^2$$
となることを示せ． （京大）

第 5 章

ベクトル

　車の速さを表すには，km/時 という単位が使われます．"最高時速 100 km/時" という具合です．80 km/時 でまっすぐ進んでいる電車の中で人が 20 km/時 で走ると，地面に対しては，

$$\begin{cases} 人の進行方向が電車と同じときには，100\,\text{km/時} \\ \qquad\qquad 反対のときには，60\,\text{km/時} \end{cases}$$

となることは，よく知られているでしょう．（これを運動の相対性といいます．速さは，何に対しても変化しない絶対的なものではない，ということです．）ここで大切なのは向きによる違いです．

　数値で大きさが表される量を，**速さ**（speed）と呼ぶのに対し，向きや方向を考慮したものを **速度**（velocity）と呼びます．速さが同じでも，向きや方向が違えば，異なる速度になります．

　「北北西に進度 4 ノット！」と「南東に進度 4 ノット！」では，意味が違うのですから，速さ以外に，向きや方向を考慮した速度を考えることは，当然でしょう！

　速度のように，向きや方向を考慮した量のことを，**ベクトル** と呼びます．この考え方を利用することで，本来ならば

　　　　　　数直線　……1 次元（x）
　　　　　　座標平面……2 次元（x, y）
　　　　　　座標空間……3 次元（x, y, z）

と別々に分けて考えなければならなかったものについて，統一的に述べることができるようになります．

§1 ベクトルの定義

「線分 AB」という表現は，皆さんも中学生のときから親しんできたもののはずである．ふつうの線分の場合だと，2つの端点をどちらから読むか，気にしない．「線分 AB」といっても，逆に「線分 BA」といっても同じである．

これに対し，線分に向きを考えることにして

$$\begin{cases} \text{A から B に向かう向きのときは 線分 AB} \\ \text{B から A に向かう向きのときは 線分 BA} \end{cases}$$

と呼んで，両者を区別することもできる．このような向きを考えた線分のことを，**有向線分** と呼ぶ．本章で学ぶベクトルは，この有向線分の考え方を，少し"緩めた"ものである．緩む分だけ，最初の理解は難しくなるが，応用範囲は拡がる．

2点 A，B を決めると，A を B に移すような点の平行移動が1つ決まる．平行移動は，

移動の方向と移動の距離

で決まる運動である．（方向だけや距離だけではこの運動は決まらない！）

この平行移動のように **大きさと方向をもった量** をベクトルという．A を B に移す移動が表す **ベクトル $\vec{v}$** のことを

$$\vec{v} = \overrightarrow{AB}$$

と表す．

2点 A，B の距離を，$\vec{v} = \overrightarrow{AB}$ の **"大きさ"** といい，$|\vec{v}|$ や $|\overrightarrow{AB}|$ で表す．特に，B=A のときは，$\vec{v} = \overrightarrow{AA} = \vec{0}$ （零ベクトル）となる．

Notes

1° 高校教科書風に書くとこうなるのですが，一番肝心な最初の定義で，「大きさとは何か」「方向とは何か」がきちんと定義されていませんから，論理的には，定義と呼べるシロモノではありません．しかし，「速度のように，速さだけじゃなく，方向も考えるんだ！」といわれると，少しその気になってくるでしょう．とりあえずは，この程度の理解から出発しましょう．

2° 平面上の（あるいは空間内の）平行移動とは，平面上（あるいは空間内）すべての点を，いっせいに，ある方向に，ある

距離だけ移動するのであるから，図のように4点 ABCD が平行四辺形をなしているときは，A を B に移す平行移動で，D は C に移されます．したがって，
$$\overrightarrow{AB} = \overrightarrow{DC}$$
である，ということになります．

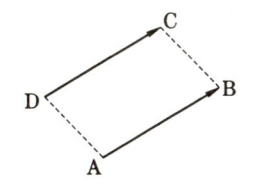

3° $\overrightarrow{AB}$ は，2点 A，B で決まるものにふさわしい記号であり，本来は，A から B への向きを考慮した線分（有向線分）を表すのに使われる表現です．有向線分としては，$\overrightarrow{AB}$ と $\overrightarrow{DC}$ は異なるものです（位置が違うのだから当然！）．しかし，これらは，平行移動でずらすことによって重ね合わせることができます．このように，**平行移動でずらすことによって重ねられる有向線分は，すべて，同じものであると見なす**と，ベクトルの考え方が生まれます．

その意味では，$\overrightarrow{AB}$ は有向線分を表す記号であると約束して，「有向線分 $\overrightarrow{AB}$ の表すベクトルを $\vec{v}$ とおくと，…」というい方が正確なのですが，この「有向線分 $\overrightarrow{AB}$ の表すベクトルも同じ $\overrightarrow{AB}$ という記号で表す」という，論理的にはいい加減な約束をすることで，$\vec{v} = \overrightarrow{AB}$ と表せることになります．

4° 零ベクトル $\vec{0}$ は，大きさのないベクトルです．これは数の 0 と似た役割を果しますが，数の 0 とは違います！

§2 ベクトルの演算—加法と実数倍

I 加法

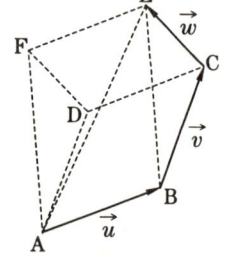

(1) $\vec{u}=\overrightarrow{AB}$
$\vec{v}=\overrightarrow{BC}$

となるベクトル $\vec{u}$, $\vec{v}$ に対し，それらの和 $\vec{u}+\vec{v}$ を

$$\vec{u}+\vec{v}=\overrightarrow{AC}$$

と定義する．

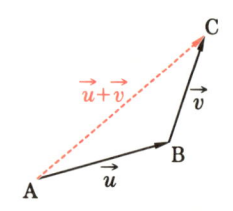

Notes

1° A を B に移すような平行移動と，B を C に移すような平行移動を，加える，すなわち続けて行うことは，A を C に移す平行移動を行うことになる，ということです．

2° $\vec{v}$ を，B でなく，A を始点にもつ有向線分 $\overrightarrow{AD}$ で考えれば，
$$\vec{u}+\vec{v}=\overrightarrow{AC}$$
は，AB, AD を 2 辺にもつ平行四辺形 ABCD の対角線 AC に重なることに注意しましょう．

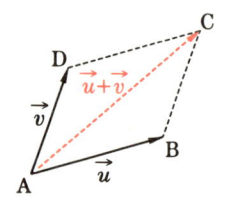

3° 2 つのベクトルの和が定義されると，3 つ以上のベクトルの和を考えることができます．
$$\vec{u}=\overrightarrow{AB}$$
$$\vec{v}=\overrightarrow{BC}$$
$$\vec{w}=\overrightarrow{CE}$$
として，上の定義に従って，右図を利用して
$$(\vec{u}+\vec{v})+\vec{w} \;\;や\;\; \vec{u}+(\vec{v}+\vec{w})$$
を考えると，これらは，いずれも $\overrightarrow{AE}$ となり，互いに等しい．そこで，以後，（　）を省いて
$$\vec{u}+\vec{v}+\vec{w}$$
と表すことにします．

4° 上の定義を，記号を変えて
$$\overrightarrow{AB}+\overrightarrow{BC}=\overrightarrow{AC}$$
と見ると，
$$\overrightarrow{AB}+\overrightarrow{BC}=\overrightarrow{AC}$$
と途中の B がキャンセルされると読むことができます．同様に
$$\overrightarrow{AB}+\overrightarrow{BC}+\overrightarrow{CD}+\overrightarrow{DE}$$
は，$\overrightarrow{AE}$ と同じです！

5° $\vec{u}+\vec{v}$ と $\vec{v}+\vec{u}$ は同じもの，つまり
$$\vec{u}+\vec{v}=\vec{v}+\vec{u}.$$

6° 任意のベクトル $\vec{v}$ に対し
$$\vec{v}+\vec{0}=\vec{0}+\vec{v}=\vec{v}$$
です．

(2) $\vec{u}=\overrightarrow{AB}$
$\vec{v}=\overrightarrow{AD}$
となるベクトル $\vec{u}$, $\vec{v}$ に対し
$$\vec{v}-\vec{u}=\overrightarrow{BD}$$
と定める．

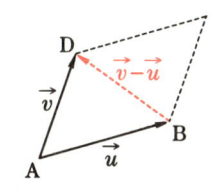

Notes

1° たし算が定義されると，ひき算が定義されます．
$$a+x=b$$
となる x を $x=b-a$ と表したように，
$$\vec{u}+\vec{x}=\vec{v} \quad \cdots\cdots(*)$$
となるようなベクトル $\vec{x}$ を $\vec{v}-\vec{u}$ と表したいのです．この意味で $(*)$ を満たす $\vec{x}$ を，上のように定義することは極めて合理的なわけです！

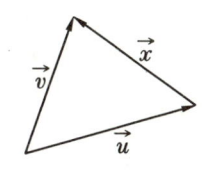

2° 上の定義から
$$\vec{v}-\vec{u} \text{ と } \vec{u}-\vec{v} \text{ は違う！}$$

§2 ベクトルの演算——加法と実数倍

ことがわかります．これらは，ちょうど反対向きのベクトルになります．

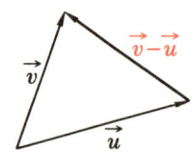

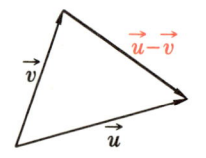

このようにちょうど反対向きのベクトルのことを**逆ベクトル**といいます．ベクトル$\vec{u}$の逆ベクトルを$-\vec{u}$と表します．すると，上に述べたことは

$$\vec{u}-\vec{v}=-(\vec{v}-\vec{u}) \quad \text{あるいは} \quad \vec{v}-\vec{u}=-(\vec{u}-\vec{v})$$

と表すことができます．

$3°$　この定義から，

$$\vec{u}-\vec{u}=\overrightarrow{BB}=\vec{0}$$

となります．「同じものをひくのだから，$\vec{0}$になるのは当然！」ですね．

$4°$　初めにあげた定義は，

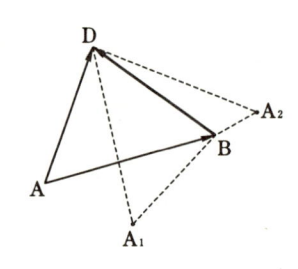

$$\boxed{\overrightarrow{AD}-\overrightarrow{AB}=\overrightarrow{BD}}$$

と表すことができます．

A は，左辺には現れますが，右辺には現れません．ということは，$\overrightarrow{BD}$ を表すには，この A に限らず，A_1，A_2，…に対して

$$\overrightarrow{A_1D}-\overrightarrow{A_1B}=\overrightarrow{BD}, \quad \overrightarrow{A_2D}-\overrightarrow{A_2B}=\overrightarrow{BD}, \cdots$$

も成り立つ，ということです．実践的には，右辺を，左辺の形に変形することも重要です．

問 5-1　次のおのおののベクトルを，O を始点とする有向線分の表すベクトルで表せ．

(1) $\vec{u}=\overrightarrow{AB}$ 　(2) $\vec{v}=\overrightarrow{AC}$ 　(3) $\vec{w}=\overrightarrow{DO}$

II　ベクトルの実数倍

$\vec{0}$ でないベクトル $\vec{u}$ に対し,
$$\vec{u} = \overrightarrow{AB}$$
となる点 A, B をとり, 有向線分 AB を, $k>0$ なら これと同じ方向に, $k<0$ なら 反対向きに, $|k|$ 倍に延長したものを $\overrightarrow{AC}$ とおくとき
$$k\vec{u} = \overrightarrow{AC}$$
と定める. $\vec{u} = \vec{0}$ のときは, つねに
$$k\vec{u} = \vec{0}$$
とする.

Notes

1° 一般的に述べると, 抽象的でわかりにくくなりますが, 具体例で見れば, ごく単純な話です. いずれにしても重要なことは,

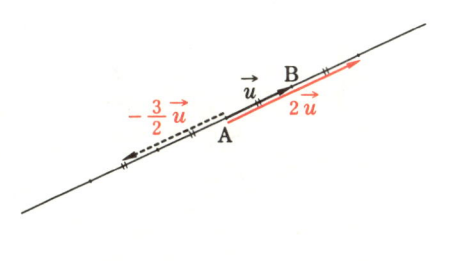

$\vec{u}$ と $k\vec{u}$ はつねに平行である

ことです.

2° この定義から, ベクトル $\vec{v}$ の 1 倍は, $\vec{v}$ それ自身と, (-1) 倍は, $\vec{v}$ の逆ベクトル $-\vec{v}$ と同じです. すなわち
$$\begin{cases} 1\vec{v} = \vec{v} \\ (-1)\vec{v} = -\vec{v} \end{cases}$$
より一般に, $\vec{v}$ の $(-k)$ 倍は, $k\vec{v}$ の逆ベクトル $-k\vec{v}$ とつねに同じものです. ですから, $(-k)\vec{v}$ と $-k\vec{v}$ を区別する必要はありません.

3° 0 倍すると, 零ベクトルになります.
$$0\vec{v} = \vec{0}$$

§2　ベクトルの演算—加法と実数倍

問 5-2 次図において，$\overrightarrow{AB} = \vec{v}$ とする．次の条件を満たす点を書き入れよ．

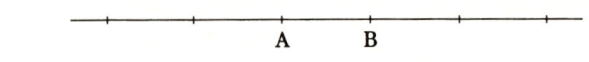

―――――――A―――B――――――――

(1) $\overrightarrow{AP} = \dfrac{3}{2}\vec{v}$ となる点 P

(2) $\overrightarrow{AQ} = -2\vec{v}$ となる点 Q

> **4°** たとえば，
> $$\vec{u} + \vec{u} = 2\vec{u}$$
> $$\vec{u} + \vec{u} + \vec{u} = 3\vec{u}$$
> $$\vdots$$
> など，ベクトルの加法と実数倍の間には密接な関係があります．でも，これらは，中学で学んだ文字式の計算規則
> $$a + a = 2a, \quad a + a + a = 3a, \quad \cdots$$
> と同じものなので，あらためて覚える必要はありません．

§3 ベクトルの成分表示―平面ベクトルの場合

これまでは，意図して少し抽象的にベクトルを論じてきた．この線に沿ってそのまま進むことも理論的にはよいが，抽象論が長く続き過ぎると，何のためにベクトルを学んでいるか，わからなくなる危険がある．そこで，このセクションでは，少し具体的な話をしよう．

I 成分とは

O を原点とする xy 平面に，任意に点 $P(x, y)$ をとる．

この平面上に，点 $E(1, 0)$，$F(0, 1)$ をとり，
$$\begin{cases} \vec{e_1} = \overrightarrow{OE} \\ \vec{e_2} = \overrightarrow{OF} \end{cases}$$ 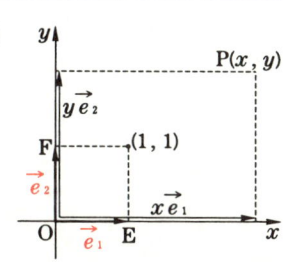
とおくと，$\vec{e_1}$ と $\vec{e_2}$ は，

　　互いに直交する，大きさが1のベクトル

であり，これらを用いて，$\overrightarrow{OP}$ は

$$\overrightarrow{OP} = x\vec{e_1} + y\vec{e_2} \quad \cdots\cdots ①$$

と表せる．

①を，$\overrightarrow{OP}$ の，$\vec{e_1}$ と $\vec{e_2}$ に関する表示 と呼び，x を $\vec{e_1}$ 成分，y を $\vec{e_2}$ 成分 という．①で決まる x，y の値の組 (x, y) を①の右辺と同一視して

$$\overrightarrow{OP} = (x, y) \quad \cdots\cdots ②$$

と表すことにする．このようなベクトルの表現を **成分表示** と呼ぶ．

> **Notes** 最初に "$P(x, y)$" と表したときの，(x, y) は，点 P の座標であり，②の右辺に現れた (x, y) は，ベクトル $\overrightarrow{OP}$ です．見かけが同じなので，混乱しそうです．この混乱を避けるための，1つの方法は，ベクトルの成分は，縦に並べることにして，$\begin{pmatrix} x \\ y \end{pmatrix}$ と表す，というものです．しかし，むしろ次問のような練習を通じて
>
> 　　xy 平面上，原点から 点 $P(x, y)$ に向かう
> 　　　ベクトル $\overrightarrow{OP}$ の成分は (x, y) である．
>
> ということを混乱なく理解できるよう，頑張って下さい．

問 5-3　Oを原点とする xy 平面上において，次の各ベクトルを成分表示せよ．ただし，A(3, 1)，B(1, 4) である．
(1) $\overrightarrow{OA}$
(2) $\overrightarrow{OB}$
(3) $\overrightarrow{OO}$

II　ベクトルの成分表示と演算

$\begin{cases} \vec{e_1} = 1 \cdot \vec{e_1} + 0 \cdot \vec{e_2} \\ \vec{e_2} = 0 \cdot \vec{e_1} + 1 \cdot \vec{e_2} \end{cases}$ であるから，$\begin{cases} \vec{e_1} = (1,\ 0) \\ \vec{e_2} = (0,\ 1) \end{cases}$ であり，したがって，①は，

$$(x,\ y) = x(1,\ 0) + y(0,\ 1) \qquad \cdots\cdots ③$$

と表すことができる．

　いちいち，初めの定義に戻って考えるのは，能率が悪いので，③が成り立つことを，形式的な計算で納得できるよう，ベクトルの演算と成分の関係をまとめておこう．

---
i) 加法
　　$\begin{cases} \vec{u} = (x_1,\ y_1) \\ \vec{v} = (x_2,\ y_2) \end{cases}$ のとき，$\vec{u} + \vec{v} = (x_1 + x_2,\ y_1 + y_2)$

ii) 実数倍
　　$\vec{u} = (x,\ y)$ のとき，実数 α に対して　$\alpha \vec{u} = (\alpha x,\ \alpha y)$

Notes

1° この公式は，

$\begin{cases} (x_1,\ y_1) + (x_2,\ y_2) = (x_1 + x_2,\ y_1 + y_2) \\ \alpha(x,\ y) = (\alpha x,\ \alpha y) \end{cases}$

と表す方が実践的で，わかり易いでしょう．要するに，ベクトルの加法や実数倍は，成分ごとに（x 成分ごとに，y 成分ごとに）計算する，というだけです．
　このことは，前ページでチラリと触れた縦に並べる記法だと，よりわかり易くなります．すなわち

$$\begin{cases} \begin{pmatrix} x_1 \\ y_1 \end{pmatrix} + \begin{pmatrix} x_2 \\ y_2 \end{pmatrix} = \begin{pmatrix} x_1 + x_2 \\ y_1 + y_2 \end{pmatrix} \\ \alpha \begin{pmatrix} x \\ y \end{pmatrix} = \begin{pmatrix} \alpha x \\ \alpha y \end{pmatrix} \end{cases}$$

ただし，このような表記は，より大きな紙面を必要としますので，高校数学の教科書では，あまり採用されていません．私達の本でも，横に並べる表記をしていきましょう．

ただし，縦に並べても横に並べても，本質的には変わらない，ということを理解しておいて下さい．「それは，そうだ！」と納得してもらえるでしょうか．

2° ③が成り立つことを右辺を計算することによって，確認して下さい．簡単ですね！

3° $\vec{u} - \vec{v}$ はどうなるか，公式としてあげていません．でも，どうなるかは各自，わかるでしょう．数学的に見れば，ひき算は，たし算の一種なのです！

問 5-4 次の計算をせよ．
(1) $(2, 3) + (1, 0)$ 　　(2) $2 \cdot (2, -1) + 3 \cdot (-1, 1)$
(3) $(4, 5) - (1, 3)$ 　　(4) $(3, -2) - (-1, 2)$

コラム 　　　　$\dfrac{1}{2} + \dfrac{1}{3} = \dfrac{2}{5}$?!

よく「近頃の若者」の学力低下を嘆く声が聞こえますが，そのときに，しばしばひきあいに出るのが，中学生や高校生になっても $\dfrac{1}{2} + \dfrac{1}{3}$ のような簡単な分数の計算もできない，という話題です．このような基礎的なことがらを修得させることに失敗している学校教育のシステムに問題があることはたしかでし

ょうが，一方，よく考えてみると，

$$\frac{1}{2}+\frac{1}{3}=\frac{2}{5}$$

と「計算」してしまう人は，分数の計算（より正確には，分数で表現された有理数の計算）は正しく理解していないが，ベクトルの計算はわかっている，ということができます．和を計算するのに分子どうし，分母どうしの和を考えているからです！分数を表す横棒を省き，両側を括弧でくくって表すと

$$\begin{pmatrix}1\\2\end{pmatrix}+\begin{pmatrix}1\\3\end{pmatrix}=\begin{pmatrix}2\\5\end{pmatrix}$$

ですから，なんと，p. 227 で述べた，縦に並べたベクトルのたし算ではありませんか！

ということは，ベクトルどうしのたし算は，分数の計算ができない人でも考えつくくらい，極めて自然で，思いつき易いものである，ということなのですネ！

III　ベクトルの大きさ

ベクトル $\vec{v}$ の大きさ $|\vec{v}|$ とは，$\vec{v}$ を表す有向線分の長さであった．それゆえ

$$\vec{v}=(x,\ y)$$

と成分表示されたときは，

$$|\vec{v}|=\sqrt{x^2+y^2}$$

となる．

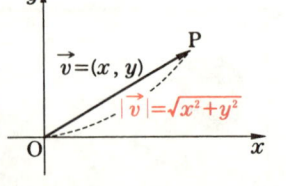

Notes　xy 平面で，原点 $(0,\ 0)$ と点 $(x,\ y)$ との間の距離が $\sqrt{x^2+y^2}$ で表されることについては，本書第4章で学びました．

問 5-5　xy 平面上の3点

$$O(0,\ 0),\ A(1,\ -1),\ B(-2,\ 3)$$

について，次のおのおののベクトルの大きさを求めよ．
(1) $\vec{u}=\overrightarrow{OA}$　　(2) $\vec{v}=\overrightarrow{AB}$　　(3) $\vec{w}=\overrightarrow{BA}$

ベクトルの大きさについては，一般に次の関係が成り立つ．

---
(1)　$|\vec{u}+\vec{v}| \leq |\vec{u}|+|\vec{v}|$

(2)　$\begin{cases} \alpha \geq 0 \text{ のとき} & |\alpha \vec{u}| = \alpha |\vec{u}| \\ \alpha < 0 \text{ のとき} & |\alpha \vec{u}| = -\alpha |\vec{u}| \end{cases}$

Notes

1° 図に表してやれば，(1)の関係は，「三角形の2辺の長さの和（$|\vec{u}|+|\vec{v}|$）は，他の1辺の長さ（$|\vec{u}+\vec{v}|$）より大きい」という事実に過ぎません．（$\vec{u}$ と $\vec{v}$ が同じ向きにあって，三角形ができないときだけ，等号が成り立ちます．）というわけで，この不等式は **三角不等式** と呼ばれます．（三角関数についての不等式と区別するために，これを **三角形不等式** と呼ぶ人もいます．）

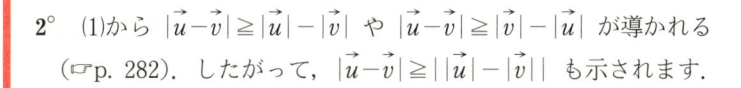

2° (1)から $|\vec{u}-\vec{v}| \geq |\vec{u}|-|\vec{v}|$ や $|\vec{u}-\vec{v}| \geq |\vec{v}|-|\vec{u}|$ が導かれる（☞p. 282）．したがって，$|\vec{u}-\vec{v}| \geq ||\vec{u}|-|\vec{v}||$ も示されます．

3° 内積（☞p. 266）を学べば，この不等式を別の光の下で見ることができます．

4° (2)は，α 倍（実数倍）の定義に戻って考えれば明らかでしょう．α の正負で場合分けしなくても，
$$|\alpha \vec{u}| = |\alpha||\vec{u}|$$
と表すだけで済むのですが，同じ記号 $|\ |$ で表されていても
$\begin{cases} \text{右辺に現れる } |\alpha| \text{ は，実数 } \alpha \text{ の絶対値} \\ \text{左辺の } |\alpha\vec{u}|\text{，右辺の } |\vec{u}| \text{ は，それぞれベクトル } \alpha\vec{u}, \vec{u} \text{ の大きさ} \end{cases}$
であることに注意して下さい．

IV　ベクトルのなす角

平面ベクトル
$$\vec{u}=(x_1,\ y_1),\ \vec{v}=(x_2,\ y_2)$$
に対し，xy 平面上に 3 点
$$O(0,\ 0),\ A(x_1,\ y_1),\ B(x_2,\ y_2)$$
をとったとき，これらが三角形をなす（同一直線上にない）ならば，余弦定理により，
$$\cos(\angle AOB)=\frac{OA^2+OB^2-AB^2}{2\cdot OA\cdot OB}$$
である．
$$\begin{cases} 右辺の分子=(x_1^2+y_1^2)+(x_2^2+y_2^2)-\{(x_1-x_2)^2+(y_1-y_2)^2\} \\ \qquad\qquad=2(x_1x_2+y_1y_2) \\ 右辺の分母=2\sqrt{x_1^2+y_1^2}\sqrt{x_2^2+y_2^2} \end{cases}$$
より

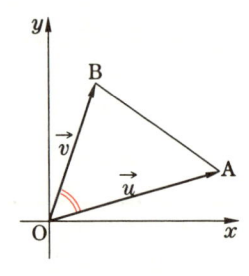

$$\cos(\angle AOB)=\frac{x_1x_2+y_1y_2}{\sqrt{x_1^2+y_1^2}\sqrt{x_2^2+y_2^2}} \qquad \cdots\cdots(*)$$

となる．このような $\angle AOB$ のことを，$\vec{u}$ と $\vec{v}$ のなす角という．ベクトル $\vec{u}$，$\vec{v}$ のなす角 θ は，両者が同じ向きまたは反対向きになる場合まで考慮して
$$0°\leqq\theta\leqq 180°\quad(0\leqq\theta\leqq\pi)$$
の範囲で考える．

問 5-6　次のおのおのについて，$\vec{u}$ と $\vec{v}$ のなす角 θ を求めよ．
(1) $\vec{u}=(1,\ 2),\ \vec{v}=(4,\ -2)$
(2) $\vec{u}=(\sqrt{3},\ -1),\ \vec{v}=(\sqrt{3},\ 1)$

Notes　$(*)$ の右辺の分子は，$\vec{u}$ と $\vec{v}$ の **内積** と呼ばれる大切な値です．

例題 87

$\vec{a}=(3,\ 1),\ \vec{b}=(2,\ 1),\ \vec{e_1}=(1,\ 0),\ \vec{e_2}=(0,\ 1)$ とする.

(1) $\vec{e_1}=x_1\vec{a}+y_1\vec{b}$ となるような, 実数 $x_1,\ y_1$ の値を求めよ.
(2) $\vec{e_2}=x_2\vec{a}+y_2\vec{b}$ となるような, 実数 $x_2,\ y_2$ の値を求めよ.
(3) $\vec{c}=(2,\ -3)$ とする. $\vec{c}$ を(1), (2)のように $\vec{a},\ \vec{b}$ で表せ.

解 答

(1) 成分で表すと
$$(1,\ 0)=(3x_1,\ x_1)+(2y_1,\ y_1)$$
$$=(3x_1+2y_1,\ x_1+y_1)$$

より
$$\begin{cases} 3x_1+2y_1=1 \\ x_1+y_1=0 \end{cases}$$

となる $x_1,\ y_1$ を求めればよい. この連立方程式を解くと
$$\begin{cases} x_1=1 \\ y_1=-1 \end{cases}$$

◀これで $\vec{e_1}=\vec{a}-\vec{b}$ がわかった! 検算すると, $\vec{a}-\vec{b}$
$=(3,1)-(2,1)$
$=(1,0)=\vec{e_1}$

(2) 同様に
$$\begin{cases} 3x_2+2y_2=0 \\ x_2+y_2=1 \end{cases}$$

より
$$\begin{cases} x_2=-2 \\ y_2=3 \end{cases}$$

◀これで $\vec{e_2}=-2\vec{a}+3\vec{b}$ がわかった. 検算してみよう!

(3) $\vec{c}=(2,\ -3)=2\vec{e_1}-3\vec{e_2}$
であるから, (1), (2)の結果をこれに代入すると
$$\vec{c}=2(\vec{a}-\vec{b})-3(-2\vec{a}+3\vec{b})=8\vec{a}-11\vec{b}$$

研究 詳しくは, §4 (p. 237) で述べますが, 平面ベクトルの世界では, 本問の $\vec{a}$ と $\vec{b}$ のように平行でない2つのベクトルをとると, それらを用いてすべての平面ベクトルを表すことができます. $\vec{e_1}$ と $\vec{e_2}$ も平行でありませんから, 任意のベクトルは, $\vec{c}=2\vec{e_1}-3\vec{e_2}$ のように$\vec{e_1},\ \vec{e_2}$で表せますが, こちらは計算するまでもありません. (1)と(2)で $\vec{e_1}$ と $\vec{e_2}$ が $\vec{a}$ と $\vec{b}$ で表せているので, それをこれに代入するだけでよい, ということです.

例題 88

$\vec{a}=(3, -4)$ とする.

(1) $\vec{a}$ と同じ向きの単位ベクトル（大きさが1のベクトル）$\vec{u}$ を求めよ.

(2) $\vec{a}$ と平行で，大きさが10のベクトル $\vec{v}$ を求めよ.

アプローチ

ものごとを考えるとき，基本となるものをしっかりととらえることが重要です．量を考えるとき，基本となるものは，単位 (unit)，すなわち1と見なせる量です．ベクトルでは大きさ（長さ）が1のベクトルのことを単位ベクトルと呼びます．右図のように，単位ベクトルは無数にありますが，向きを指定すれば，ただ1つに決まります．

さて，$\vec{u}=(x, y)$ とおくと，(1)では

$\begin{cases} \text{i)} & \vec{u} \text{ と } \vec{a} \text{ が同じ向き} \\ \text{ii)} & |\vec{u}|=1 \end{cases}$

という2つの条件が与えられています．そこで

『 i)から
$$\vec{u}=t\vec{a}$$
（t は，$t>0$ のある実数）

とおくと

$$(x, y)=t(3, -4)$$
$$\therefore \begin{cases} x=3t \\ y=-4t \end{cases}$$

これを ii)すなわち

$$x^2+y^2=1$$

に代入すると

$$9t^2+16t^2=1 \quad \therefore \quad t^2=\frac{1}{25}$$

これと，$t>0$ とから，$t=\dfrac{1}{5}$，… 』

と議論を運んでもいいのですが，このように，いちいち成分になおして計算するより，もっと能率のよい方法があります．

解答

(1) $\vec{u} = t\vec{a}$ (t はある正の実数) とおくと
$$|\vec{u}| = |t\vec{a}|$$
$$= t \cdot |\vec{a}|$$

ここで，$|\vec{u}| = 1$
$|\vec{a}| = 5$

であるから
$$1 = t \cdot 5 \quad \therefore \quad t = \frac{1}{5}$$

ゆえに，$\vec{u} = \dfrac{1}{5}\vec{a} = \left(\dfrac{3}{5},\ -\dfrac{4}{5}\right)$

◀ここで，$t > 0$ であることを用いている．

◀公式的にまとめると，$\vec{a}$ と同じ向きの単位ベクトルは，$\dfrac{1}{|\vec{a}|}\vec{a}$

(2) $\vec{v} = s\vec{a}$ (s はある実数) とおくと
$$|\vec{v}| = |s||\vec{a}|$$

ここで，$|\vec{v}| = 10$
$|\vec{a}| = 5$

であるから
$$10 = 5|s| \quad \text{よって，} \quad |s| = 2 \quad \therefore \quad s = \pm 2.$$

ゆえに，$\vec{v} = \pm 2\vec{a} = (6,\ -8)$ または $(-6,\ 8)$

注 (2)では，$\vec{v} = \pm 10\vec{u}$ に(1)の結果を代入してもよい．

例題 89

$\vec{a}=(3, 0)$, $\vec{b}=(0, 2)$ とし, $\vec{v}=(x, y)$ を次のようにおく.
$$\vec{v}=(1-t)\vec{a}+t\vec{b}$$

(1) t の値を 0, $\dfrac{1}{2}$, 1, 2 と変えたとき, (x, y) をそれぞれ求めよ.

(2) x, y の間には, 実数 t の値によらず, つねに成り立つ関係がある. それを求めよ.

アプローチ

この問題の(1)を解くこと自身は簡単なはずです. 直線のベクトル方程式と, 直線のふつうの方程式とを比較して理解せよ, というのが(2)の趣旨です.

解答

(1) $t=0$ のときは
$$\vec{v}=\vec{a} \quad \therefore \quad (x, y)=(3, 0)$$

$t=\dfrac{1}{2}$ のときは
$$\vec{v}=\dfrac{1}{2}\vec{a}+\dfrac{1}{2}\vec{b}$$
$$\therefore \quad (x, y)=\dfrac{1}{2}(3, 0)+\dfrac{1}{2}(0, 2)=\left(\dfrac{3}{2}, 1\right)$$

$t=1$ のときは
$$\vec{v}=\vec{b} \quad \therefore \quad (x, y)=(0, 2)$$

$t=2$ のときは
$$\vec{v}=-\vec{a}+2\vec{b}$$
$$\therefore \quad (x, y)=-(3, 0)+2(0, 2)=(-3, 4)$$

(2) $(x, y)=(1-t)(3, 0)+t(0, 2)$
$\qquad\quad=(3(1-t), 2t)$
$$\begin{cases} x=3(1-t) & \cdots\cdots① \\ y=2t & \cdots\cdots② \end{cases}$$

適当な実数 t を用いて, ①, ②のように表せる x, y の間には
$$\dfrac{x}{3}+\dfrac{y}{2}=1$$
が成り立つ.

§4 ベクトルの1次結合

I　1次結合とは

ベクトル $\vec{u}$, $\vec{v}$ と実数 α, β が与えられると，§2のIIで述べたことから，$\alpha\vec{u}$ や $\beta\vec{v}$ が定められ，したがって，$\alpha\vec{u}+\beta\vec{v}$ が定められる．

一般に，

$$\alpha\vec{u}+\beta\vec{v} \quad (\alpha, \beta はある実数の定数)$$

のような表現を，$\vec{u}$ と $\vec{v}$ の **1次結合** または **線型結合** という．

Notes
1° 抽象的に述べると難しくなりますが，α, β が具体的に与えられたとき $\alpha\vec{u}+\beta\vec{v}$ がどのようになるかを理解すれば十分です．

問5-7 $\vec{u}=\overrightarrow{OA}$, $\vec{v}=\overrightarrow{OB}$ が右図のように与えられているとき，
(1) $\overrightarrow{OP}=3\vec{u}$
(2) $\overrightarrow{OQ}=2\vec{v}$
(3) $\overrightarrow{OR}=3\vec{u}+2\vec{v}$
(4) $\overrightarrow{OS}=-\vec{u}+3\vec{v}$
となる点 P, Q, R, S をそれぞれ図に書き込め．

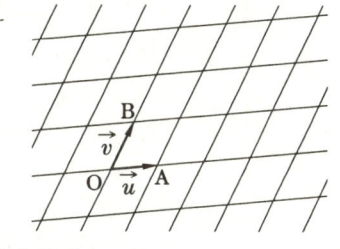

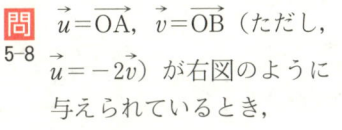

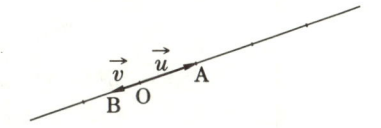

問5-8 $\vec{u}=\overrightarrow{OA}$, $\vec{v}=\overrightarrow{OB}$ (ただし，$\vec{u}=-2\vec{v}$) が右図のように与えられているとき，
(1) $\overrightarrow{OP}=3\vec{u}$
(2) $\overrightarrow{OQ}=2\vec{v}$
(3) $\overrightarrow{OR}=3\vec{u}+2\vec{v}$
となる点 P, Q, R をそれぞれ図に書き込め．

2° 上の2つの問からわかるように，
$\vec{u}=\overrightarrow{OA}$ と $\vec{v}=\overrightarrow{OB}$ が平行でないか，平行であるか，によって，それらの1次結合の様子は，大きく違ってきます！

ⅰ）平行でない場合には，3点 O, A, B は三角形を作り，α, β を変化させれば，$\alpha\vec{u}+\beta\vec{v}$ は，3点 A, B, C を含む平面上のどんなベクトル $\overrightarrow{OP}$ も表せます．

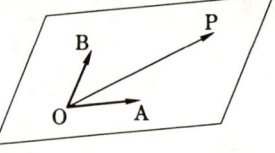

そして，$\alpha=\beta=0$ のときのみ，P=O となります．

ⅱ）平行である場合には，3点 O, A, B は同一直線上にあり，

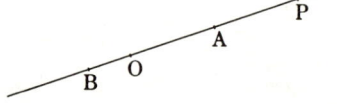

α, β をどんなに変化させても，$\alpha\vec{u}+\beta\vec{v}$ は，その直線上のベクトルしか表せません．

$\alpha=\beta=0$ でなくても，$\alpha\vec{u}+\beta\vec{v}=\vec{0}$ となることがいくらでもあります．

問 5-8 の場合なら，$\vec{u}+2\vec{v}=\vec{0}$ ですから，
$$2\vec{u}+4\vec{v},\ 3\vec{u}+6\vec{v},\ -\vec{u}-2\vec{v},\ \cdots$$
は，どれも $\vec{0}$ です．

3° 3つのベクトル $\vec{u}$, $\vec{v}$, $\vec{w}$ についての1次結合
$$\alpha\vec{u}+\beta\vec{v}+\gamma\vec{w}$$
を考えることもできます．

ⅰ）$\vec{u}=\overrightarrow{OA}$, $\vec{v}=\overrightarrow{OB}$, $\vec{w}=\overrightarrow{OC}$ が同一平面上にない（つまり，4点 O, A, B, C で，四面体ができる）場合は，α, β, γ を変化させることで，$\overrightarrow{OP}=\alpha\vec{u}+\beta\vec{v}+\gamma\vec{w}$ は，空間内のどんなベクトルでも表せます．

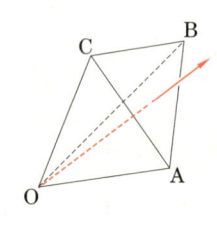

ⅱ）$\vec{u}=\overrightarrow{OA}$, $\vec{v}=\overrightarrow{OB}$, $\vec{w}=\overrightarrow{OC}$ が同一平面上のベクトルである（つまり，4点 O, A, B, C が同一平面上にある）場合には，α, β, γ をいくら変化させても，この平面から飛び出すことはありません．

II　1次独立性

平面ベクトルの世界では，次のことがらが最重要事項である．

> $\vec{a}=\overrightarrow{OA}$, $\vec{b}=\overrightarrow{OB}$ において，$\vec{a}$ と $\vec{b}$ が平行でない，つまり3点 O，A，B がある三角形の頂点になるとき，任意のベクトル $\vec{v}$ は，$\vec{a}$ と $\vec{b}$ の1次結合で表され，しかもその表し方は，ただ1通りである．
>
> つまり，任意のベクトル $\vec{v}$ に対し
> $$\vec{v}=x\vec{a}+y\vec{b}$$
> となる実数 x, y が必ず存在し，もしさらに
> $$\vec{v}=x'\vec{a}+y'\vec{b}$$
> となるとすれば，
> $$\begin{cases} x=x' \\ y=y' \end{cases}$$
> である．

$\vec{a}$ と $\vec{b}$ が，このような性質をもつことを，

$$\vec{a} と \vec{b} は1次独立（線型独立）である$$

という．

Notes

1°　上で最重要事項と呼んだものは，このことばを使えば，次のように簡潔にいい表せます．

> $\vec{a}=\overrightarrow{OA}$, $\vec{b}=\overrightarrow{OB}$ について，3点 O，A，B がある三角形の頂点であるならば，$\vec{a}$ と $\vec{b}$ は，1次独立である．

2°　p. 233 の 例題 87 でいえば，
　　$\vec{a}=(3, 1)$ と $\vec{b}=(2, 1)$
は1次独立なベクトルですから，どんな平面ベクトル（p. 233 で取り上げたのは，$\vec{e_1}$, $\vec{e_2}$, $\vec{c}$ の3個）でも，$\vec{a}$ と $\vec{b}$ の1次結合でただ1通りに表せるわけです！

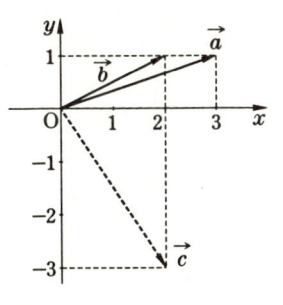

§4　ベクトルの1次結合

■研究▶ ── 再び，座標とベクトルについて

　本書では，座標の考え方をもとにして，ベクトルの成分表示を考えてきました．そして，点 P の座標とベクトル $\overrightarrow{\mathrm{OP}}$ の成分表示が (x, y) という同じ記号で表されるが，混同しないように，と注意したりもしました．これは高校数学の一般

狭量：心が狭いこと

的なやり方ですが，数学的には，やや狭量です．つまり同じ記号で違う概念が表される，というのではなく，座標もベクトルであるといいきることができれば，その方が単純明解だということです．ただし，この立場を貫くためには，ベクトルをもっと抽象的に扱う必要があり，それは，大学で学ぶ線型代数学に委ねなければなりません．

　平面ベクトルに関してラフに述べるならば，平面上に 1 点 O と，1 次独立なベクトル $\vec{a}$ と $\vec{b}$ が与えられたとき，平面上の任意の点 P に対し

$$\overrightarrow{\mathrm{OP}} = x\vec{a} + y\vec{b}$$

を満たす実数 x, y を成分にもつベクトル (x, y) のことを（$\vec{a}$ と $\vec{b}$ を基底とする）点 P の座標と呼ぶ，ということです．

　中学や高校で考える標準的な座標平面と違い，x 軸と y 軸は直交しているとは限りませんし，x 軸の単位の長さと y 軸の単位の長さも等しいとは限りません．この意味で，この座標のことを，**斜交座標**と呼ぶことがあります．

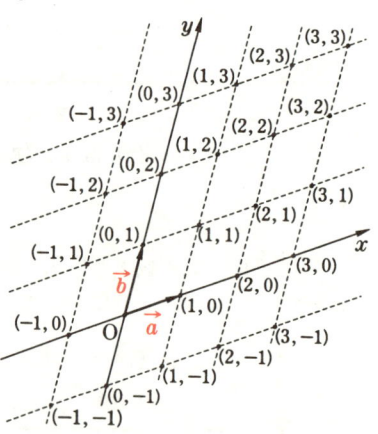

例題 90

$\vec{a}=(1, 2)$, $\vec{b}=(k, k^2)$ とする. 任意のベクトル $\vec{v}=(p, q)$ に対し,
$$\vec{v}=x\vec{a}+y\vec{b}$$
となる実数 x, y を定めることができるのは, k がどんな値のときか.

解答

$$\begin{aligned}x\vec{a}+y\vec{b}&=x(1, 2)+y(k, k^2)\\&=(x, 2x)+(ky, k^2y)\\&=(x+ky, 2x+k^2y)\end{aligned}$$

であるから, x と y についての方程式

$$\begin{cases}x+ky=p & \cdots\cdots ①\\ 2x+k^2y=q & \cdots\cdots ②\end{cases}$$

が, p, q がどんな値のときも解をもつように, k を定めればよい.

ところで, ②$-$①$\times 2$ より

$$(k^2-2k)y=q-2p \qquad \cdots\cdots ③$$

となる. いま, もし

$$k^2-2k=0$$

であるとすると, $q-2p\neq 0$ であるような p, q に対して, ③を満たす y が存在しない.

よって, $k^2-2k\neq 0$ でなくてはならない.
逆に, $k^2-2k\neq 0$ であるならば, ①, ②を満たす x, y は

$$x=\frac{kp-q}{k-2},\quad y=\frac{q-2p}{k^2-2k}$$

として定まる.

よって k の満たすべき条件は,
$$k^2-2k\neq 0$$
$$\therefore\ k\neq 0\ \text{かつ}\ k\neq 2$$
である.

◀たとえば
 $p=0$, $q=1$
のとき, ③は
 $0\cdot y=1$
となる.

注 「$\vec{a}$ と $\vec{b}$ が1次独立でないということは, $\vec{a}$ と $\vec{b}$ が平行であるということである」というように図形的にいい換えて解くこともできるでしょう.

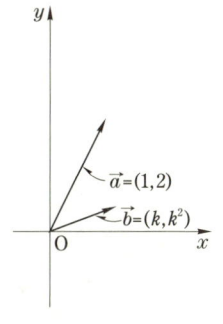

§4 ベクトルの1次結合 **241**

§5 分点，共線条件

ベクトルの最もめざましい応用として，2つの話題をとりあげる．

I 分点

与えられた線分 AB と，与えられた（自然）数 m, n に対し，
　i) 線分 AB 上にあって
　ii) 端点 A，B からの距離の比が $m:n$ である
ような点 P のことを，「線分 AB を $m:n$ に内分する点」と呼ぶことは，第4章 p.130 で学んだ．そして点 A，B が xy 平面上にあるとき，P の座標を求める公式も，p.135 で学んだ．

ベクトルを用いると，x 座標，y 座標を別々に表すことなく，分点を簡潔に特徴づけることができる．

> 点 P が，線分 AB を $m:n$ に内分する点である
> $$\iff \overrightarrow{AP} = \frac{m}{m+n}\overrightarrow{AB} \quad \cdots\cdots (*)$$

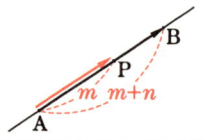

Notes

1° ベクトルを用いて表す方法は1通りではありません．(*) のかわりに
$$\overrightarrow{AP} = \frac{m}{n}\overrightarrow{PB}, \quad n\overrightarrow{AP} + m\overrightarrow{BP} = \vec{0}, \quad \overrightarrow{BP} = \frac{n}{m+n}\overrightarrow{BA}, \cdots$$
なども，(*) と同じく，P が AB を $m:n$ に内分する点であることを表す式です．強いて (*) の特長をいうとすれば，両辺に現れるベクトル（を表す有向線分）の始点が A に統一されている，ということです．

2° もし，どこかに定点 O をとってきたとして，これを始点として表現すれば
$$\overrightarrow{OP} - \overrightarrow{OA} = \frac{m}{m+n}(\overrightarrow{OB} - \overrightarrow{OA})$$
$$(m+n)\overrightarrow{OP} - (m+n)\overrightarrow{OA} = m\overrightarrow{OB} - m\overrightarrow{OA}$$
$$\therefore \quad \boxed{\overrightarrow{OP} = \frac{n\overrightarrow{OA} + m\overrightarrow{OB}}{m+n}} \quad \cdots\cdots (**)$$
となります．ここで，$\overrightarrow{OA}$ と $\overrightarrow{OB}$ の係数 $\frac{n}{m+n}$, $\frac{m}{m+n}$ の和が

ちょうど1である点を注意しておきましょう．

3° Oを原点とする xy 平面で，A(x_1, y_1)，B(x_2, y_2)，P(x, y) として(**)を成分表示すると

$$(x, y) = \frac{1}{m+n}\{n(x_1, y_1) + m(x_2, y_2)\}$$

$$= \frac{1}{m+n}\{(nx_1, ny_1) + (mx_2, my_2)\}$$

$$= \frac{1}{m+n}(nx_1 + mx_2, ny_1 + my_2)$$

∴ $$\begin{cases} x = \dfrac{nx_1 + mx_2}{m+n} \\ y = \dfrac{ny_1 + my_2}{m+n} \end{cases}$$

が得られます．この最後の式は，第4章 p.135 で扱ったものですが，これと比べると，(*)にしても，(**)にしても，ベクトルを利用することで，いかに表現が単純化されているか，一目瞭然でしょう！

問 5-9 次の各ベクトルを（*）⟶（**）の手順を踏んで $\vec{OA}, \vec{OB}$ で表せ．

(1) 線分 AB を $1:2$ に内分する点を C として，$\vec{OC}$

(2) 線分 AB を $2:1$ に内分する点を D として，$\vec{OD}$

(3) 線分 CD を $1:1$ に内分する点（CD の中点）を E として，$\vec{OE}$

4° 分点については，さらに重要な事実があります．これについては，位置ベクトルのところで述べましょう．

II 共線条件

前節において，m, n を自然数に限定しなければ，線分 AB 上の内分点だけでなく，直線 AB 上のすべての点を考えることができる．すなわち，

> 点 P が直線 AB 上にある $\iff$
> $\overrightarrow{AP} = t\overrightarrow{AB}$ （t はある実数） ……（＊）

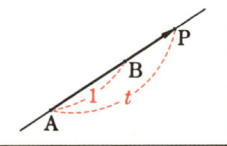

Notes

1° この考えがどれほど有効であるかは，問題を体験して実感して下さい！

2° （＊）で始点を，別の1点 O にとり替えれば
$$\overrightarrow{OP} - \overrightarrow{OA} = t(\overrightarrow{OB} - \overrightarrow{OA})$$
より

> $$\overrightarrow{OP} = (1-t)\overrightarrow{OA} + t\overrightarrow{OB} \qquad \cdots\cdots(**)$$

となります．（**）の右辺で $\overrightarrow{OA}$, $\overrightarrow{OB}$ の係数である $1-t$ と t は，"**加え合わせたものが1**"という性質をもっています．

例題 91

四角形 ABCD について，次の条件は同値である．これを示せ．
(1) AB ∥ DC かつ AB=DC
(2) AD ∥ BC かつ AD=BC
(3) 対角線 AC，BD の中点が一致する．

アプローチ

いずれも四角形 ABCD が平行四辺形であるための条件です．ベクトルを用いると，これらが同値であることが実に簡単に証明できます．ベクトルの威力を堪能して下さい．

解 答

(1)は，$\overrightarrow{AB}=\overrightarrow{DC}$ と表せる．右辺を
$$\overrightarrow{DC}=\overrightarrow{AC}-\overrightarrow{AD}$$
と置き換えて
$$\overrightarrow{AB}=\overrightarrow{AC}-\overrightarrow{AD} \quad \cdots\cdots ①$$
とし，移項すると
$$\overrightarrow{AD}=\overrightarrow{AC}-\overrightarrow{AB}$$
$$\therefore \quad \overrightarrow{AD}=\overrightarrow{BC}$$
が得られる．すなわち，(2)が導かれる．この変形は逆にたどることができる．すなわち (1) ⟺ (2)

一方，①は，
$$\overrightarrow{AB}+\overrightarrow{AD}=\overrightarrow{AC}$$
$$\therefore \quad \frac{\overrightarrow{AB}+\overrightarrow{AD}}{2}=\frac{1}{2}\overrightarrow{AC}$$
と変形できる．BD の中点を M_1，AC の中点を M_2 とおくと
$$\overrightarrow{AM_1}=\overrightarrow{AM_2}$$
すなわち，M_1 と M_2 は一致する．すなわち，(3)が導かれる．この変形も逆にたどることができる．すなわち (1) ⟺ (3) ∎

注 本問は，後に学ぶ位置ベクトルの考え方を用いて

(1) ⟺ $\vec{b}-\vec{a}=\vec{c}-\vec{d}$
(2) ⟺ $\vec{d}-\vec{a}=\vec{c}-\vec{b}$
(3) ⟺ $\dfrac{\vec{a}+\vec{c}}{2}=\dfrac{\vec{b}+\vec{d}}{2}$

と表してやると，それらの同値性は，一目瞭然となります．

例題 92

任意の四角形 ABCD に対し，その辺 AB, BC, CD, DA の中点を K, L, M, N とする．
四角形 KLMN は必ず平行四辺形になることを，ベクトルを用いて証明せよ．

アプローチ

初等幾何の有名な美しい定理ですが，ベクトルを利用すると「補助線をひいて中点連結定理を使う」といったヒラメキに訴えなくとも簡単に証明できます．

解答

A を始点として考えると

$$\begin{cases} \overrightarrow{AK} = \dfrac{1}{2}\overrightarrow{AB} & \cdots\cdots ① \\ \overrightarrow{AL} = \dfrac{1}{2}(\overrightarrow{AB}+\overrightarrow{AC}) & \cdots\cdots ② \\ \overrightarrow{AM} = \dfrac{1}{2}(\overrightarrow{AC}+\overrightarrow{AD}) & \cdots\cdots ③ \\ \overrightarrow{AN} = \dfrac{1}{2}\overrightarrow{AD} & \cdots\cdots ④ \end{cases}$$

となる．したがって②-①，③-④より

$$\begin{cases} \overrightarrow{KL} = \overrightarrow{AL}-\overrightarrow{AK} = \dfrac{1}{2}\overrightarrow{AC} \\ \overrightarrow{NM} = \overrightarrow{AM}-\overrightarrow{AN} = \dfrac{1}{2}\overrightarrow{AC} \end{cases}$$

$$\therefore \quad \overrightarrow{KL} = \overrightarrow{NM}$$

すなわち，四角形 KLMN の対辺 KL, NM は平行でかつ長さが等しい．ゆえに四角形 KLMN は平行四辺形である．■

> **注** 前問で学んだことから，結論を証明するために使える式は，ここで示したもの以外にいろいろとあります．たとえば，$\dfrac{①+③}{2}$ と $\dfrac{②+④}{2}$ が一致することを示してもよいでしょう．

例題 93

三角形 ABC の 3 辺に対し，BC を 2:1 に外分する点を P，CA を 2:3 に内分する点を Q，AB を 3:4 に内分する点を R とおくとき，3 点 P，Q，R が同一直線上にあることを示せ．

アプローチ

本書第 4 章で学んだ座標平面を用いて，ゴリゴリと計算していっても，きっといつかは証明できるはずだと思った人は，とても基礎がよくできています．しかし，「$A(a, b)$，$B(0, 0)$，$C(c, 0)$ とおくと，…」とやっていくのは，ずい分面倒な計算になりそうです．ベクトルを利用することで，驚くほど簡単になります．

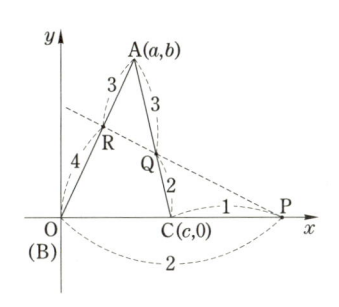

解答

$\vec{AB} = \vec{b}$，$\vec{AC} = \vec{c}$ とおくと，

$$\begin{cases} \vec{AQ} = \dfrac{3}{5}\vec{c} & \cdots\cdots① \\ \vec{AR} = \dfrac{3}{7}\vec{b} & \cdots\cdots② \end{cases}$$

であり，また $\vec{BP} = 2\vec{CP}$
いいかえると $\vec{AP} - \vec{AB} = 2(\vec{AP} - \vec{AC})$
∴ $\vec{AP} = -\vec{AB} + 2\vec{AC}$
$= -\vec{b} + 2\vec{c}$ ……③

②−①，②−③より

$$\begin{cases} \vec{QR} = \vec{AR} - \vec{AQ} = \dfrac{3}{7}\vec{b} - \dfrac{3}{5}\vec{c} & \cdots\cdots④ \\ \vec{PR} = \vec{AR} - \vec{AP} = \dfrac{10}{7}\vec{b} - 2\vec{c} & \cdots\cdots⑤ \end{cases}$$

④，⑤より $\vec{PR} = \dfrac{10}{3}\vec{QR}$

ゆえに，3 点 P，Q，R は，同一直線上にある．■

注 Q が PR を 7:3 に内分することもわかった！

§5 分点，共線条件

例題 94

△ABC に対し，
$$2\overrightarrow{AP}+3\overrightarrow{BP}+4\overrightarrow{CP}=\vec{0}$$
となる点 P を考える．
(1) P は，△ABC の内部の点であることを示せ．
(2) △PAB：△ABC の面積比を求めよ．
(3) 面積比 △PBC：△PCA：△PAB を求めよ．

アプローチ

与えられた等式をじっとながめていても $\overrightarrow{AP}$, $\overrightarrow{BP}$, $\overrightarrow{CP}$ どれもが未知のベクトルなので，よくわかりません．しかし，**始点を A に統一**すれば未知のベクトルが $\overrightarrow{AP}$ だけになり，あとは分点の公式の逆用です．

解答

(1) 与えられた等式を始点を A に統一して書き換えると
$$2\overrightarrow{AP}+3(\overrightarrow{AP}-\overrightarrow{AB})+4(\overrightarrow{AP}-\overrightarrow{AC})=\vec{0}$$
$$\therefore\ 9\overrightarrow{AP}=3\overrightarrow{AB}+4\overrightarrow{AC}$$
$$\therefore\ \overrightarrow{AP}=\frac{3\overrightarrow{AB}+4\overrightarrow{AC}}{9}\quad\cdots\cdots①$$
$$=\frac{7}{9}\cdot\frac{3\overrightarrow{AB}+4\overrightarrow{AC}}{7}\quad\cdots\cdots②$$

◀ 分点の公式の逆用に持ち込もうという①から②への変形がポイント

ここで，$\overrightarrow{AD}=\dfrac{3\overrightarrow{AB}+4\overrightarrow{AC}}{7}$ とおく，つまり，辺 BC を 4：3 に内分する点を D とおくと，②は
$$\overrightarrow{AP}=\frac{7}{9}\overrightarrow{AD}$$
となる．
よって，線分 AD を 7：2 に内分する点が P であるので，点 P は △ABC の内部の点である．■

(2) (1)で求めた線分の長さの比により
$$△PAB=\frac{7}{9}△ABD$$
$$=\frac{7}{9}\cdot\frac{4}{7}△ABC=\frac{4}{9}△ABC\quad\cdots\cdots③$$
$$\therefore\ △PAB：△ABC=4：9.$$

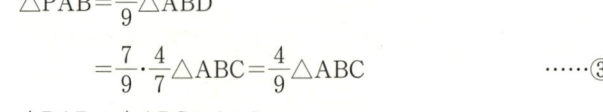

(3) (2)と同様に
$$\triangle \text{PCA} = \frac{7}{9}\triangle \text{ADC}$$
$$= \frac{7}{9} \cdot \frac{3}{7}\triangle \text{ABC} = \frac{1}{3}\triangle \text{ABC} \quad \cdots\cdots ④$$

③, ④より
$$\triangle \text{PBC} = \triangle \text{ABC} - (\triangle \text{PAB} + \triangle \text{PCA})$$
$$= \left\{1 - \left(\frac{4}{9} + \frac{1}{3}\right)\right\}\triangle \text{ABC} = \frac{2}{9}\triangle \text{ABC} \quad \cdots\cdots ⑤$$

よって, ③, ④, ⑤から
$$\triangle \text{PBC} : \triangle \text{PCA} : \triangle \text{PAB} = \frac{2}{9} : \frac{1}{3} : \frac{4}{9} = \mathbf{2 : 3 : 4}.$$

注 1° 一般に, $\triangle \text{ABC}$ に対して, $\overrightarrow{\text{AP}} = s\overrightarrow{\text{AB}} + t\overrightarrow{\text{AC}}$ (s, t はある実数)とかける点 P が, $\triangle \text{ABC}$ の内部にあるための必要十分条件は

$$\begin{cases} s > 0 \\ t > 0 \\ s + t < 1 \end{cases} \quad \cdots\cdots (*)$$

であることを理解している人なら①が条件($*$)を満たす形になっているので, それから, ただちに点 P が $\triangle \text{ABC}$ の内部の点であるといえます.

2° 上の例題とまったく同じ道筋を辿ることにより, 次の一般的な定理が証明できます.

定理

$\triangle \text{ABC}$ において
$$\alpha\overrightarrow{\text{AP}} + \beta\overrightarrow{\text{BP}} + \gamma\overrightarrow{\text{CP}} = \vec{0} \quad (\alpha,\ \beta,\ \gamma \text{ は正の数})$$
であるならば
$$\triangle \text{PBC} : \triangle \text{PCA} : \triangle \text{PAB} = \alpha : \beta : \gamma$$

また, これと関連して 例題 **100** も勉強して下さい.

例題 95

三角形 ABC において，辺 CA の中点を M，辺 AB を $2:1$ に内分する点を N とし，BM と CN の交点を P とおく．

(1) $\overrightarrow{AP}$ を $\overrightarrow{AB}$ と $\overrightarrow{AC}$ で表せ．
(2) AP の延長と BC との交点を L とおくとき，BL : LC を求めよ．

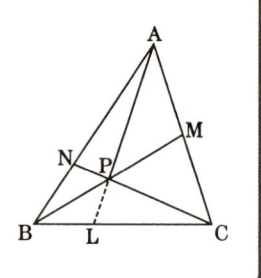

アプローチ

xy 平面で 2 直線の交点の座標を求めるのに，連立 1 次方程式を解くことは，中学でも，本書第 4 章 p. 148 でも学びました．しかし，このような問題で，xy 平面をもち出すと，計算は煩雑になります．前の 例題 94 と同じく，ベクトルを用いることで，見通しよく計算できます．

解答

(1) P が BM 上にあることから，ある実数 s を用いて
$$\overrightarrow{AP} = (1-s)\overrightarrow{AB} + s\overrightarrow{AM}$$
と表せる．これに $\overrightarrow{AM} = \dfrac{1}{2}\overrightarrow{AC}$ を代入すると，
$$\overrightarrow{AP} = (1-s)\overrightarrow{AB} + \dfrac{1}{2}s\overrightarrow{AC} \qquad \cdots\cdots ①$$
となる．一方，P は CN 上にあることから
$$\overrightarrow{AP} = (1-t)\overrightarrow{AC} + t\overrightarrow{AN} \quad (t：ある実数)$$
と表せる．これに，$\overrightarrow{AN} = \dfrac{2}{3}\overrightarrow{AB}$ を代入すると
$$\overrightarrow{AP} = \dfrac{2}{3}t\overrightarrow{AB} + (1-t)\overrightarrow{AC} \qquad \cdots\cdots ②$$
となる．$\overrightarrow{AB}$ と $\overrightarrow{AC}$ は平行でないので，①，②の右辺の $\overrightarrow{AB}$，$\overrightarrow{AC}$ の係数が一致する．

$$\begin{cases} 1-s = \dfrac{2}{3}t & \cdots\cdots ③ \\ \dfrac{1}{2}s = 1-t & \cdots\cdots ④ \end{cases}$$

③，④を連立して s を求めると $s = \dfrac{1}{2}$ ……⑤

◀ $t = \dfrac{3}{4}$ を求めて②に代入してもよい．

となり，⑤を①に代入して

$$\overrightarrow{AP} = \frac{1}{2}\overrightarrow{AB} + \frac{1}{4}\overrightarrow{AC}.$$

(2) L は直線 AP 上にあるから，ある実数 p を用いて

$$\overrightarrow{AL} = p\overrightarrow{AP}$$
$$= p\left(\frac{1}{2}\overrightarrow{AB} + \frac{1}{4}\overrightarrow{AC}\right)$$
$$= \frac{1}{2}p\overrightarrow{AB} + \frac{1}{4}p\overrightarrow{AC} \quad \cdots\cdots ⑥$$

◀(1)の結果を利用.

と表せる．一方，L は直線 BC 上にあるから，⑥の $\overrightarrow{AB}$ と $\overrightarrow{AC}$ の係数の和は 1 に等しい．すなわち

$$\frac{1}{2}p + \frac{1}{4}p = 1$$
$$\therefore \ p = \frac{4}{3}$$

◀ $\overrightarrow{AL} = (1-q)\overrightarrow{AB} + q\overrightarrow{AC}$
（q：ある実数）
と表せるとして，(1)と同様に，連立方程式

$$\begin{cases} \dfrac{1}{2}p = 1-q \\ \dfrac{1}{4}p = q \end{cases}$$

を解いても同じ．

これを⑥に代入すると

$$\overrightarrow{AL} = \frac{2}{3}\overrightarrow{AB} + \frac{1}{3}\overrightarrow{AC}$$

となるので，L は，辺 BC を $1:2$ に内分する点である．つまり

$$\text{BL} : \text{LC} = 1 : 2.$$

研究 ここで導いた結果は，次の定理の特別の場合である．

三角形 ABC において，
　　辺 BC 上に D，辺 CA 上に E，辺 AB 上に F
があるとき
　3 直線 AD，BE，CF が三角形内の 1 点で交わる
$\Longleftrightarrow \ \dfrac{\text{BD}}{\text{DC}} \cdot \dfrac{\text{CE}}{\text{EA}} \cdot \dfrac{\text{AF}}{\text{FB}} = 1$
　　　　チェーバ（Ceva, 1647-1734）の定理

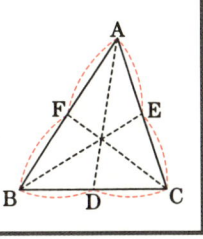

この定理を用いれば，上の 例題 の(2)の答は，

$$\frac{\text{BL}}{\text{LC}} \cdot \frac{1}{1} \cdot \frac{2}{1} = 1 \quad \therefore \ \frac{\text{BL}}{\text{LC}} = \frac{1}{2}$$

と，ただちに得られる．もちろん，この定理自身を，上の 例題 のような計算で証明することができる．

同様に，p. 247 の 例題 93 は，次の定理の特別の場合である．

三角形 ABC において，
3 辺 BC, CA, AB またはそれらの延長上に，それぞれ 3 点 D, E, F があるとき，

3 点 D, E, F が同一直線上にある
$\iff \dfrac{BD}{DC} \cdot \dfrac{CE}{EA} \cdot \dfrac{AF}{FB} = 1$

メネラオス（Menelaos, 生没年不詳）の定理

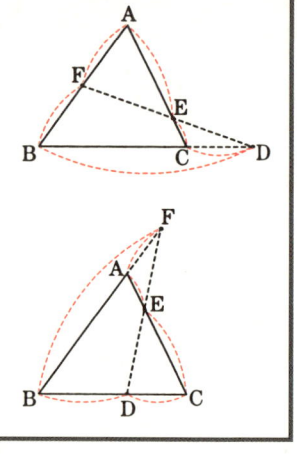

注 メネラオス（メネラウス）の定理は，右上図の場合で学習することが多いかと思いますが，右下図の場合でも成り立ちます．初等幾何的なアプローチについては☞「本質の研究 数学 I・A」p.375〜p.381

例題 96

平面上に，同一直線上にない3点 O, A, B があり，点 P は
$$\vec{OP} = s\vec{OA} + t\vec{OB} \quad (s, t \text{ は実数})$$
で与えられている．s, t が $s+t=1$, $s \geq 0$, $t \geq 0$ を満たしながら変化するとき，点 P が描く図形を求めよ．

アプローチ

s, t が互いに勝手に変化するならば，$\vec{OP} = s\vec{OA} + t\vec{OB}$ となる点 P は平面 OAB 上をくまなく動きます．s, t の変化に制限があるとどうなるか，というのが本問の趣旨です．

解答

$s+t=1$ を $s=1-t$ と変形し，これを用いて s を消去すると
$$\vec{OP} = (1-t)\vec{OA} + t\vec{OB}$$
これは次のように変形できる．
$$\vec{OP} - \vec{OA} = t(\vec{OB} - \vec{OA})$$
すなわち，
$$\vec{AP} = t\vec{AB}$$
これは，P が線分 AB 上にあって，$\dfrac{\text{AP}}{\text{AB}} = t$ となる位置にあることを意味している．

ここで t の変域は，右上図のように $0 \leq t \leq 1$ であるので，この変化につれて，点 P は **線分 AB を描く**．

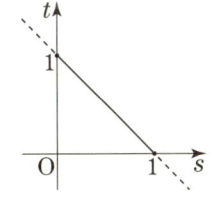

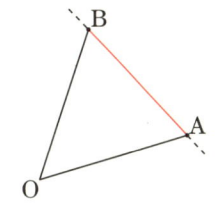

§5 分点，共線条件

■研究　s, t の制限条件が，本問の "$s+t=1$, $s≧0$, $t≧0$ のかわりに

　i)　$s+t=1$, $s≧1$
　　　（$s+t=1$, $t≦0$ でも同じ）

や

　ii)　$s+t=1$, $s≦0$
　　　（$s+t=1$, $t≧1$ でも同じ）

となったときも

$$\overrightarrow{AP}=t\overrightarrow{AB}$$

という関係式は同じように導かれるので，点 P の存在範囲は，下のようになる．

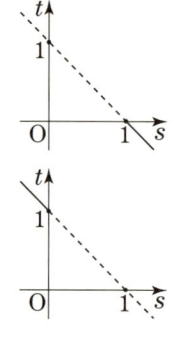

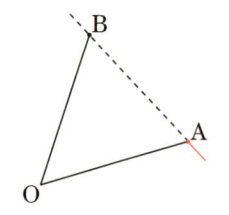

　　i) のときは線分 BA の延長　　　ii) のときは線分 AB の延長

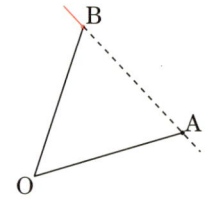

以上の結果は，次に示すベクトルの基本事実とともに，覚えるくらいしっかりと理解しておくべきである．

　　点 P が直線 AB 上にある　$\iff$　$\overrightarrow{AP}=t\overrightarrow{AB}$　（t はある実数）
　　点 P が線分 AB 上にある　$\iff$　$\overrightarrow{AP}=t\overrightarrow{AB}$
　　　　　　　　　　　　　　　　　　　　　　　（t は $0≦t≦1$ のある実数）

例題 97

平面上に,同一直線上にない3点 O, A, B があり,点 P は
$$\overrightarrow{OP} = u\overrightarrow{OA} + v\overrightarrow{OB}$$
で与えられている.u, v が $u+v \leq 1$, $u \geq 0$, $v \geq 0$ を満たしながら変化するとき,点 P が描く図形を求めよ.

アプローチ

前問とそっくりですね.最も大きな違いは,$s+t=1$ という等式が $u+v \leq 1$ という不等式に変わっている点です.このことに気づくと,前問に帰着させて解くことができます.

解答

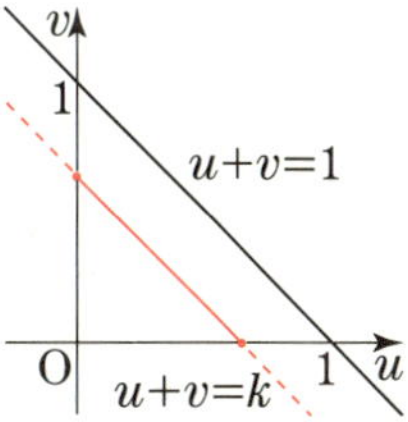

i) $u=v=0$ のとき,P は点 O に一致する.
ii) それ以外のとき,$u+v>0$ である.そこで $u+v=k$ とおくと,k は $0<k \leq 1$ である.

いま,k を定数と見なし,u, v が
$$u+v=k, \quad u \geq 0, \quad v \geq 0$$
を満たして変化するとする.
$$s = \frac{u}{k}, \quad t = \frac{v}{k}$$
とおくと,s, t は,$s+t=1$, $s \geq 0$, $t \geq 0$ を満たして変化する変数であるから
$$\overrightarrow{OQ} = s\overrightarrow{OA} + t\overrightarrow{OB}$$
で定まる Q は,s, t の変化につれて線分 AB を描き,点 P は
$$\overrightarrow{OP} = k(s\overrightarrow{OA} + t\overrightarrow{OB}) = k\overrightarrow{OQ}$$
を満たすことから,Q の描く線分を,O を中心として k 倍に拡大(縮小)した線分(図の CD)を描く.

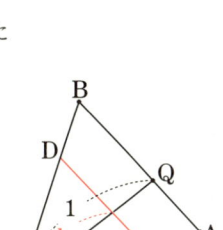

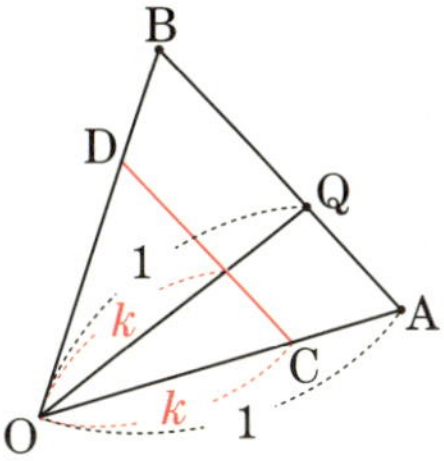

つぎに,k を $0<k \leq 1$ の範囲で変化させると線分 CD は線分 AB に平行をたもったまま,△OAB(O を除く)を描く.

以上,i),ii)より,点 P は **△OAB の周および内部** を描く.

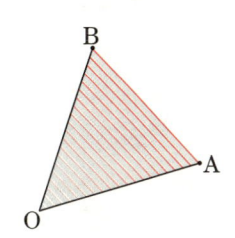

例題 98

△OAB に対して，$\overrightarrow{OP} = s\overrightarrow{OA} + t\overrightarrow{OB}$ で定められる点 P がある．実数 s, t が次の条件を満たすとき，点 P の存在範囲を図示せよ．
(1) $2s + t = 1$, $s \geq 0$, $t \geq 0$
(2) $2s + t \leq 1$, $s \geq 0$, $t \geq 0$

アプローチ

前問と s, t の満たすべき条件が少し変わっています．同じ形の条件になるように，うまく書き換えるのがポイントです．

解答

(1) $\overrightarrow{OP} = 2s\left(\dfrac{1}{2}\overrightarrow{OA}\right) + t\overrightarrow{OB}$ となることに注意して $s' = 2s$ とおき，$\overrightarrow{OA'} = \dfrac{1}{2}\overrightarrow{OA}$ なる点 A' をとると，A' は OA の中点であり，P を定める条件，s', t の満たす条件は
$$\overrightarrow{OP} = s'\overrightarrow{OA'} + t\overrightarrow{OB}, \quad s' \geq 0, \quad t \geq 0$$
となる．点 P は右図のように **線分 A'B** を描く．

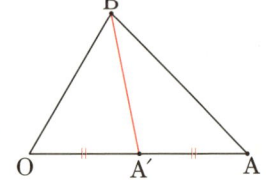

(2) $\overrightarrow{OP} = 2s\left(\dfrac{1}{2}\overrightarrow{OA}\right) + t\overrightarrow{OB}$ となることに注意して，(1)と同様 $s' = 2s$ とおき，$\overrightarrow{OA'} = \dfrac{1}{2}\overrightarrow{OA}$ なる点 A' をとると，
$$\overrightarrow{OP} = s'\overrightarrow{OA'} + t\overrightarrow{OB}$$
$$s' + t \leq 1, \quad s' \geq 0, \quad t \geq 0$$
と表されるから，点 P は右図のように **△OA'B の周および内部** を描く．

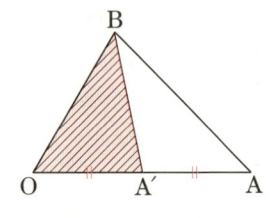

§6 位置ベクトル

I 位置ベクトルとは

　この節で述べる位置ベクトルとは，点の位置とベクトルを対応させて考えるという手法に過ぎない．ところで，有向線分の始点をどこか 1 点 O に決めてやれば

$$\text{ベクトル} \overrightarrow{OP} \text{と点 P}$$

とを対応させることは，これまでも扱ってきたように特別に難しいものではない．世間にはこれを位置ベクトルであると誤解している向きもあるので，高校生諸君が混乱するのも無理はない．

　本書では，この混乱を最小限に押さえるため，ここまでは，位置ベクトルということばを使わずに論じてきた．本節では，いよいよ位置ベクトルの考え方を解説する．詳しくは後で述べるが，

　　　位置ベクトルとは，点の位置をどこかの定点を始点とする有
　　　向線分で表すものの，その定点自身には，関心を払わない．

という考え方なのである．

　初めに任意に 1 点をとり，それを O と名づけて，以下，固定して考える．

　さて，このとき，任意に点 P を決めると，

$$\vec{p} = \overrightarrow{OP}$$

となるベクトル $\vec{p}$ がただ 1 つ決まる．

　反対に，任意にベクトル $\vec{p}$ を与えると，

$$\overrightarrow{OP} = \vec{p}$$

となるような点 P がただ 1 つ決まる．

　ひとことでまとめると，定点 O を決めることにより，点とベクトルが 1 対 1 に対応するということである．

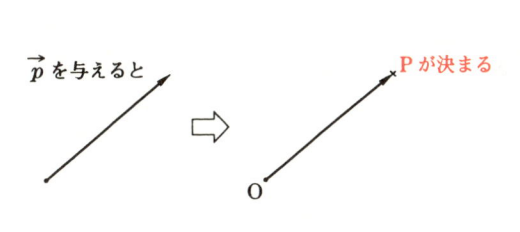

　したがって，点の位置を指定するために，ベクトルを用いることができる．このように使われるベクトルのことを **位置ベクトル** といい，点 P がベクトル $\vec{p}$ と対応することを P($\vec{p}$) のように表す．

点 P ⟷ ベクトル $\vec{p}$
　　　1 対 1 対応

Notes

1° 位置ベクトルを考えるとき，あらかじめ定点 O を決めることが大切です．O が決まっていないと，ベクトル $\vec{p}$ だけでは，点 P を決めようがありません！

2° しかし，位置ベクトルを用いた表現の中で，結果的には，定点 O がどこにあっても構わない，というものがあります！

O を定点として，A($\vec{a}$)，B($\vec{b}$)，すなわち

$$\begin{cases} \overrightarrow{OA} = \vec{a} \\ \overrightarrow{OB} = \vec{b} \end{cases}$$

であるとすると $\overrightarrow{AB} = \overrightarrow{OB} - \overrightarrow{OA}$
ゆえに，

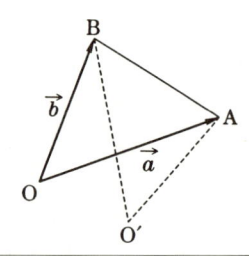

$$\overrightarrow{AB} = \vec{b} - \vec{a} \quad \cdots\cdots (*)$$

となります．(*)は，位置ベクトルを考えるときの定点が O′ である（つまり，$\overrightarrow{O'A} = \vec{a}$，$\overrightarrow{O'B} = \vec{b}$ である）としても有効です！

3° (*)は，この後で大切な役割を果たす関係式ですから，きちんと覚えておきましょう．

なお，$\vec{b} - \vec{a}$ を位置ベクトルにもつ点は，一般に，A でも B でもなく，右図のような点 C になります．

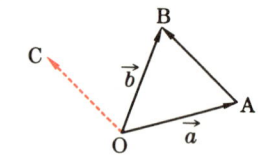

II 位置ベクトルと分点

以下に述べることは，§5 で解説したことを位置ベクトルのことばになおしただけである．しかし，応用上大切なので，繰り返しをおそれずに解説しておこう．

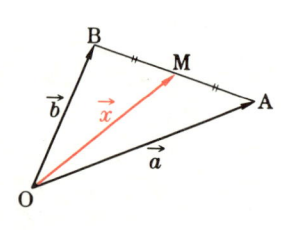

相異なる 2 点 A($\vec{a}$)，B($\vec{b}$) が与えられたとき，線分 AB の中点 M の位置ベクトルを $\vec{x}$ とおくと，

$$\overrightarrow{\text{AM}} = \frac{1}{2}\overrightarrow{\text{AB}} \qquad \cdots\cdots ①$$

より
$$\vec{x} - \vec{a} = \frac{1}{2}(\vec{b} - \vec{a}) \qquad \cdots\cdots ②$$

よって，
$$\vec{x} = \frac{1}{2}(\vec{a} + \vec{b}) \qquad \cdots\cdots ③$$

Notes ③は，公式として教科書によく載っているものですが，導き方がしっかり理解できれば，覚える価値がないことがわかるはずです．つまり，まず，Mが中点であることをベクトルで表現した式①を，位置ベクトルを用いて書き直したものが②であり（ここで，上の関係式（∗）を使っています），③は，②の左辺の $-\vec{a}$ を右辺へ移項して整理しただけ，というわけです．

m，n を正の数として，線分 AB を $m:n$ に内分する点Pの位置ベクトル $\vec{p}$ を同様に求めると，

$$\overrightarrow{\text{AP}} = \frac{m}{m+n}\overrightarrow{\text{AB}} \qquad \cdots\cdots ①$$

より
$$\vec{p} - \vec{a} = \frac{m}{m+n}(\vec{b} - \vec{a}) \qquad \cdots\cdots ②$$

ゆえに，

$$\vec{p} = \frac{n\vec{a} + m\vec{b}}{m+n} \qquad \cdots\cdots ③$$

Notes

1° この公式も，上の中点の公式と同様に，位置ベクトルを考えるときの定点 O がどこにとってあるとしても，A($\vec{a}$)，B($\vec{b}$)，P($\vec{p}$) の間に成り立つ関係として，つねに，③が成り立つ，ということが大切です．

2° ③は $\vec{p} = \dfrac{n}{m+n}\vec{a} + \dfrac{m}{m+n}\vec{b}$ と表すこともできます．

$$\frac{n}{m+n} + \frac{m}{m+n} = 1$$

この右辺の $\vec{a}$ と $\vec{b}$ の係数の和が 1 になっていることに注目しましょう．

したがって，一方を t とおくと，他方は，$1-t$ と表せます。

$\vec{b}$ の係数 $\dfrac{m}{m+n}$ を t とおくと，

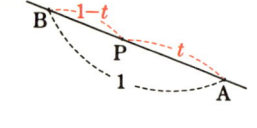

$$\vec{p} = (1-t)\vec{a} + t\vec{b} \quad \cdots\cdots (*)$$

となります。

3° 点 P が線分 AB 上にある場合，つまり，P が線分 AB の内分点である場合には

$$0 < t < 1$$

です。点 P は

$$\begin{cases} t=0 \text{ のときは，A に一致} \\ t=1 \text{ のときは，B に一致} \end{cases}$$

します。そして，t が 0 から 1 まで増加するにつれて，P が A から B まで動いていきます。このことは，2° の式 ($*$) が

$$\overrightarrow{\mathrm{AP}} = t\overrightarrow{\mathrm{AB}}$$

を位置ベクトルで書き直したものであることを見抜けば理解しやすいはずです。

4° この考え方をそのまま延長して

$$t < 0 \quad \text{や} \quad t > 1$$

の場合も考えることができます。点 P は，

$$\begin{cases} t<0 \text{ のときは，} \\ \quad \text{線分 BA の延長上} \\ t>1 \text{ のときは，} \\ \quad \text{線分 AB の延長上} \end{cases}$$

にあります。このような場合，昔は，「P は線分 AB を外分する」といったのですが，第 4 章 (p.133) で学んだように，内分と外分を詳しく分けて考える意味はほとんどありません。（たとえば，3:2 に外分する点を求めるには，$m:n$ に内分する点の公式において，$m=3$, $n=-2$ （または，$m=-3$, $n=2$）とおくだけでした！

問 5-10 $A(\vec{a})$, $B(\vec{b})$ として，次の各位置ベクトルを求めよ．

(1) 線分 AB を $3:2$ に外分する点 C の位置ベクトル $\vec{c}$

(2) 線分 AB を $2:3$ に外分する点 D の位置ベクトル $\vec{d}$

(3) 線分 CD を $3:2$ に内分する点 E の位置ベクトル $\vec{e}$

III 直線のベクトル方程式

　p. 260，II の 2° の式（*）を，"t がすべての実数値をとって変化するにつれて，ベクトル $\vec{p}$ が変化していく"ものであると見なすと，ベクトル $\vec{p}$ を位置ベクトルにもつ点は，直線 AB 上の点をくまなく動く．

　この意味で，（*）を**直線 AB のベクトル方程式**と呼ぶ．

（*）を
$$\vec{p} = \vec{a} + t(\vec{b} - \vec{a})$$

と表すと，$\vec{a}$ を位置ベクトルとする点 A を通り，ベクトル $\vec{b} - \vec{a} = \overrightarrow{AB}$ に平行な直線を表すことがよくわかる．直線のベクトル方程式は，$\vec{b} - \vec{a}$ のように，方向を表すベクトルを $\vec{m}$ とおくことにより

$$\vec{p} = \vec{a} + t\vec{m}$$

と表すこともある．

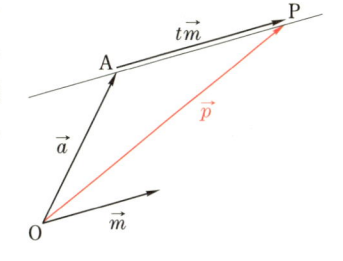

Notes

1° "ベクトル方程式"と呼ぶからには，それが既知ベクトルと未知ベクトルからなる方程式だと思うのが人情でしょうが，直線のベクトル方程式（*）では

$\begin{cases} \text{未知ベクトル } \vec{p} \\ \text{既知ベクトル } \vec{a}, \vec{b} \end{cases}$　のほかに，実数値をとって変化する変

数 t が含まれています．このような t をパラメータ（parameter　第 4 章で見たように日本語では，媒介変数とか助変数と訳します）と呼び，（*）のような式をパラメータ表示といいます．

2° $\vec{a}, \vec{b}$ が具体的に与えられると，パラメータ t を消去することができます．たとえば

$$A(2, 1), \ B(1, 3)$$

のとき，P(x, y) とおくと
$$\vec{p} = \vec{a} + t(\vec{b} - \vec{a})$$
は
$$(x, y) = (2, 1) + t(-1, 2)$$
$$= (2 - t, 1 + 2t)$$
$$\begin{cases} x = 2 - t \\ y = 1 + 2t \end{cases}$$
となるので，これから，t を消去すると
$$y = -2x + 5$$

直線のベクトル方程式にはパラメータ t を含まないものもある．それは次のようにして得られるものである．

定点 A$(\vec{a})$ を通り，$\vec{0}$ でないベクトル $\vec{n}$ に垂直な直線 l を考えよう．

点 P$(\vec{p})$ が直線 l 上にあるための必要十分条件は
$$\vec{n} \perp \overrightarrow{\mathrm{AP}}$$
となることであり，これは
$$\vec{n} \cdot \overrightarrow{\mathrm{AP}} = 0$$
と表現できる．位置ベクトルの考え方を用いて A$(\vec{a})$, P$(\vec{p})$ とおくと
$$\overrightarrow{\mathrm{AP}} = \vec{p} - \vec{a}$$
であるから，上の式は
$$\vec{n} \cdot (\vec{p} - \vec{a}) = 0 \qquad \cdots\cdots ①$$
と表される．

①は，点 P$(\vec{p})$ が直線 l 上にあるための条件をベクトル $\vec{p}$ の式で表したものであるから，これも直線 l のベクトル方程式である．①において，$\vec{n}$ を直線 l の **法線ベクトル** という．

$\vec{a} = (x_0, y_0)$, $\vec{n} = (a, b)$, $\vec{p} = (x, y)$ として，①を成分で表せば，
$$a(x - x_0) + b(y - y_0) = 0 \qquad \cdots\cdots ②$$
となる．さらに，$c = -ax_0 - by_0$ とおくと，
$$ax + by + c = 0$$
となる．このことから，一般に次のことがいえる．

直線 $ax + by + c = 0$ は，ベクトル $\vec{n} = (a, b)$ に垂直である．

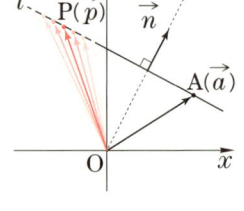

IV 円のベクトル方程式

点 A を中心とする半径 r の円とは,

A からの距離が r である

ような平面上の点 P の全体である.

位置ベクトルを用いて $A(\vec{a})$, $P(\vec{p})$ と表せば, この条件は,

$$|\vec{p} - \vec{a}| = r$$

と表すことができる. これは, 点 $P(\vec{p})$ がこの円周上にあるための条件をベクトル $\vec{p}$ で表したものなので, **円のベクトル方程式** と呼ばれる.

Notes

$1°$ $\vec{a} = (x_0, y_0)$, $\vec{p} = (x, y)$ と成分表示すれば, 上の方程式は
$$\sqrt{(x-x_0)^2 + (y-y_0)^2} = r$$
すなわち
$$(x-x_0)^2 + (y-y_0)^2 = r^2$$
という, よく知られた円の方程式とまったく変わりません.

$2°$ ここで述べた円のベクトル方程式には, パラメータ t を必要としませんが, 円をパラメータを用いて表す方法もあります.
☞ 例題 **136**

> **例題 99**
> 三角形 ABC において頂点 A, B, C の位置ベクトルをそれぞれ $\vec{a}$, $\vec{b}$, $\vec{c}$ とおくとき三角形 ABC の重心 G の位置ベクトル $\vec{g}$ を $\vec{a}$, $\vec{b}$, $\vec{c}$ で表せ.

アプローチ

三角形の重心は,
  3 本の中線（頂点と対辺の中点を結ぶ直線）の交点
というのが標準的定義です．この立場から求めることもできますが
  中線を 2：1 に内分する点
という重心の性質を用いると，もっと簡単に求めることができます．

解答

辺 BC の中点を M とし，M の位置ベクトルを $\vec{m}$ とおくと，G は AM を 2：1 に内分する点であるから

$$\vec{g} = \frac{\vec{a}+2\vec{m}}{3} \quad \cdots\cdots ①$$

である．一方，M($\vec{m}$) の定義から

$$\vec{m} = \frac{\vec{b}+\vec{c}}{2} \quad \cdots\cdots ②$$

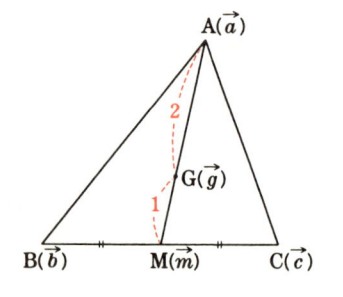

である．②を①に代入して $\vec{g} = \dfrac{\vec{a}+2\cdot\frac{\vec{b}+\vec{c}}{2}}{3} = \dfrac{\vec{a}+\vec{b}+\vec{c}}{3}$

注 位置ベクトルを，始点を O とする有向線分の表現に変えると

$$\overrightarrow{OG} = \frac{\overrightarrow{OA}+\overrightarrow{OB}+\overrightarrow{OC}}{3}$$

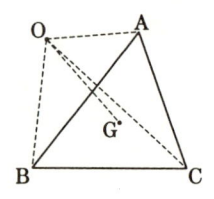

となります．ここで，O は，どこに位置する点でも構わないことが重要です．また上式は，次のように変形できます．

$$3\overrightarrow{OG} = \overrightarrow{OA}+\overrightarrow{OB}+\overrightarrow{OC}$$
$$\therefore \ (\overrightarrow{OG}-\overrightarrow{OA})+(\overrightarrow{OG}-\overrightarrow{OB})+(\overrightarrow{OG}-\overrightarrow{OC}) = \vec{0}$$
$$\therefore \ \overrightarrow{AG}+\overrightarrow{BG}+\overrightarrow{CG} = \vec{0}$$

例題 100

A($\vec{a}$), B($\vec{b}$), C($\vec{c}$) を3頂点とする △ABC の内部に点 P($\vec{p}$) をとると
$$\vec{p} = \alpha\vec{a} + \beta\vec{b} + \gamma\vec{c}$$
（ただし，α, β, γ は $\alpha + \beta + \gamma = 1$ を満たす正の数）
と表せることを示せ．

アプローチ

前問でやった重心を一般化したものです．本問を解く上でのポイントは，"△ABC の内部にある" という条件をいかに定式化するかです．

解答

P が △ABC の内部にあることから，線分 AP を延長すると，辺 BC 上の点で交わる．それを Q とおくと，

$$\begin{cases} \vec{AP} = s\vec{AQ} & \cdots\cdots① \\ \vec{AQ} = (1-t)\vec{AB} + t\vec{AC} & \cdots\cdots② \end{cases}$$

（ただし，$0 < s < 1$, $0 < t < 1$）

と表せる．①，②より，$\vec{AP}$ は $\vec{AB}$ と $\vec{AC}$ を用いて

$$\vec{AP} = s(1-t)\vec{AB} + st\vec{AC} \quad \cdots\cdots③$$

と表せる．

ここで $\begin{cases} \beta = s(1-t) \\ \gamma = st \end{cases}$ とおくと，

$$\beta > 0, \ \gamma > 0, \ \beta + \gamma < 1 \quad \cdots\cdots④$$

であって，③は

$$\vec{AP} = \beta\vec{AB} + \gamma\vec{AC} \quad \cdots\cdots③'$$

となる．これを位置ベクトル $\vec{a}, \vec{b}, \vec{c}$ を用いて書きなおすと

$$\vec{p} - \vec{a} = \beta(\vec{b} - \vec{a}) + \gamma(\vec{c} - \vec{a})$$
$$\therefore \ \vec{p} = (1 - \beta - \gamma)\vec{a} + \beta\vec{b} + \gamma\vec{c} \quad \cdots\cdots③''$$

となる．

$$\alpha = 1 - \beta - \gamma \quad \cdots\cdots⑤$$

とおくと，③''より $\vec{p} = \alpha\vec{a} + \beta\vec{b} + \gamma\vec{c}$
となり，④，⑤より $\alpha + \beta + \gamma = 1$, $\alpha > 0$, $\beta > 0$, $\gamma > 0$
である．■

§7 ベクトルの内積—平面ベクトルの場合

I　内積の定義と基本性質

まず，成分を用いたベクトルの内積の定義を述べよう．

定義

$\vec{u}=(x_1, y_1)$, $\vec{v}=(x_2, y_2)$ に対し，対応する成分どうしの **積の和** $x_1x_2+y_1y_2$ を $\vec{u}$ と $\vec{v}$ の **内積** と呼び $\vec{u}\cdot\vec{v}$ で表す．

Notes

1° 「**内積**」という名称は，これとは別にベクトルの「**外積**」という概念があって両者を区別するために使われているのですが，高校数学でよく出てくるのは内積の方だけです．

2° $x_1x_2+y_1y_2$ を「**積**」と呼ぶのは，次に述べるように，これを $\vec{u}$ と $\vec{v}$ の積と呼びたくなるような性質があるためです．

3° いきなり $x_1x_2+y_1y_2$ という式が出てくると，ビックリする人もいるでしょうが，本章の §3 p. 232 で見たように，これは，ベクトル $\vec{u}$, $\vec{v}$ のなす角に関係のある量であったことを思い出して下さい．これについては，II で詳しく述べます．

問 5-11 次のそれぞれの場合について，内積 $\vec{u}\cdot\vec{v}$ を求めよ．

(1) $\vec{u}=(1, 2)$, $\vec{v}=(3, 4)$　　(2) $\vec{u}=(1, -1)$, $\vec{v}=(-1, 1)$

(3) $\vec{u}=(3, 4)$, $\vec{v}=(4, -3)$

ベクトルの内積について次の性質が成り立つ．

---
(1) $\vec{u}\cdot\vec{v}=\vec{v}\cdot\vec{u}$

(2) ⅰ) $(\alpha\vec{u})\cdot\vec{v}=\alpha(\vec{u}\cdot\vec{v})$　　ⅱ) $(\vec{u_1}+\vec{u_2})\cdot\vec{v}=\vec{u_1}\cdot\vec{v}+\vec{u_2}\cdot\vec{v}$

　　ⅰ') $\vec{u}\cdot(\alpha\vec{v})=\alpha(\vec{u}\cdot\vec{v})$　　ⅱ') $\vec{u}\cdot(\vec{v_1}+\vec{v_2})=\vec{u}\cdot\vec{v_1}+\vec{u}\cdot\vec{v_2}$

(3) $\vec{u}\cdot\vec{u}=|\vec{u}|^2$

Notes

1° (1)のように，内積では左右の順序は問わないので(2)のⅰ)とⅰ')，ⅱ)とⅱ')は，それぞれ本質的に同じことです．

2° (2)のⅱ)やⅱ')は，いわゆる分配法則と見ることもできます

が，ⅰ），ⅰ'）と結び合わせ，
ⅲ）$(\alpha\vec{u}_1+\beta\vec{u}_2)\cdot\vec{v}=\alpha\vec{u}_1\cdot\vec{v}+\beta\vec{u}_2\cdot\vec{v}$
ⅲ'）$\vec{u}\cdot(\alpha\vec{v}_1+\beta\vec{v}_2)=\alpha\vec{u}\cdot\vec{v}_1+\beta\vec{u}\cdot\vec{v}_2$

という形で利用することもしばしばあります．大学以上の表現ですが，このような性質を，**二重線型性** または，**双線型性** と呼びます．

3° これらの証明は，ベクトルを成分表示してやれば簡単です．たとえば，(1)は，$\vec{u}=(x_1, y_1)$，$\vec{v}=(x_2, y_2)$ とすると

$$\begin{cases} \vec{u}\cdot\vec{v}=x_1x_2+y_1y_2 \\ \vec{v}\cdot\vec{u}=x_2x_1+y_2y_1 \end{cases}$$
$$\therefore \vec{u}\cdot\vec{v}=\vec{v}\cdot\vec{u}$$

という具合いです．

4° これらの性質を用いると，内積に関しても，普通とよく似た展開公式が作れます．たとえば，

$$\begin{aligned}(\vec{u}+\vec{v})\cdot(\vec{u}-\vec{v})&=\vec{u}\cdot(\vec{u}-\vec{v})+\vec{v}\cdot(\vec{u}-\vec{v})\\&=\vec{u}\cdot\vec{u}-\vec{u}\cdot\vec{v}+\vec{v}\cdot\vec{u}-\vec{v}\cdot\vec{v}\\&=|\vec{u}|^2-|\vec{v}|^2\end{aligned}$$

問 次の式を展開せよ．
5-12
(1) $|\vec{u}+\vec{v}|^2$ (2) $|\vec{u}-\vec{v}|^2$ (3) $|2\vec{u}+3\vec{v}|^2$

5° 2つのベクトルの内積それ自身は，ベクトルでありませんから，3つのベクトル $\vec{u}$, $\vec{v}$, $\vec{w}$ の内積

$$(\vec{u}\cdot\vec{v})\cdot\vec{w},\ \vec{u}\cdot(\vec{v}\cdot\vec{w})$$

を考えることはできません！　したがって結合法則もありません．

Ⅱ　内積の応用——ベクトルのなす角

理論上，特に§3で学んだことから，$\vec{u}\neq\vec{0}$, $\vec{v}\neq\vec{0}$ のとき，

$$\cos\theta=\frac{\vec{u}\cdot\vec{v}}{|\vec{u}||\vec{v}|}$$

である．これは，内積の応用の中で最も大切なものである．

Notes

1° $\vec{u}$ と $\vec{v}$ の内積 $\vec{u}\cdot\vec{v}$ を，それらの大きさとなす角を用いて
$$\vec{u}\cdot\vec{v}=|\vec{u}||\vec{v}|\cos\theta$$
と定義し，これに基づいて，266 ページ冒頭の定義を導くこともできます．

問 5-13 次のおのおのについて，$\vec{u}$, $\vec{v}$ のなす角 θ を求めよ．
(1) $\vec{u}=(2, -1)$, $\vec{v}=(-1, 3)$ (2) $\vec{u}=(-1, 0)$, $\vec{v}=(1, -\sqrt{3})$

2° $\theta=90°$ のときは，$\cos\theta=0$ となるので
$$\vec{u}\cdot\vec{v}=0$$
となります．そこで，ベクトル $\vec{u}$, $\vec{v}$ について

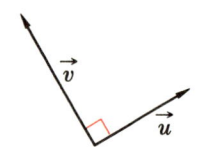

$$\vec{u}\perp\vec{v} \ (\vec{u} \text{ と } \vec{v} \text{ が直交する}) \iff \vec{u}\cdot\vec{v}=0$$

と定義することにします．$\vec{u}\neq\vec{0}$, $\vec{v}\neq\vec{0}$ のときは，普通の意味での直交ですが，$\vec{u}=\vec{0}$ または $\vec{v}=\vec{0}$ のときも，直交する，ということにしようというわけです．

問 5-14 (1) $\vec{u}=(1, 2)$, $\vec{v}=(t, 3)$ が直交するように t の値を定めよ．
(2) $\vec{u}=(x, 1)$, $\vec{v}=(x, -4)$ が直交するように x の値を定めよ．

内積で角が表されることから，三角形 OAB において，$\vec{OA}=\vec{a}$, $\vec{OB}=\vec{b}$, $\angle AOB=\theta$ とおくと，その面積 S は，

$$S=\frac{1}{2}\cdot OA\cdot OB\cdot\sin\theta=\frac{1}{2}|\vec{a}||\vec{b}|\sqrt{\sin^2\theta}$$
$$=\frac{1}{2}\sqrt{|\vec{a}|^2|\vec{b}|^2(1-\cos^2\theta)}$$
$$\therefore\ S=\frac{1}{2}\sqrt{|\vec{a}|^2|\vec{b}|^2-(\vec{a}\cdot\vec{b})^2}$$

と表される．$\vec{a}=(a_1, a_2)$, $\vec{b}=(b_1, b_2)$ と表すと $\sqrt{}$ の中身は $(a_1b_2-a_2b_1)^2$ と計算され，

$$S=\frac{1}{2}|a_1b_2-a_2b_1|$$

となる．

例題 101

$|\vec{a}|=2$, $|\vec{b}|=3$, $\vec{a}\cdot\vec{b}=1$ のとき,次のベクトルの大きさを求めよ.
(1) $|\vec{a}+\vec{b}|$ (2) $|\vec{a}-\vec{b}|$ (3) $|2\vec{a}+3\vec{b}|$

アプローチ

$\vec{a}$ と $\vec{a}$ のなす角は $0°$ であるので,それらの内積を考えると,内積の定義から

$$\vec{a}\cdot\vec{a}=|\vec{a}||\vec{a}|\cos 0° \quad \therefore \quad \vec{a}\cdot\vec{a}=|\vec{a}|^2$$

という等式が得られます.これに基づいて(1), (2), (3)とも,まずは平方したものの値を求めることを考えるのです.馴れてくれば"等式"

$$|\vec{a}+\vec{b}|^2=|\vec{a}|^2+2\vec{a}\cdot\vec{b}+|\vec{b}|^2$$

は"公式"みたいなものになるでしょう.

解答

(1) $|\vec{a}+\vec{b}|^2=(\vec{a}+\vec{b})\cdot(\vec{a}+\vec{b})$
$\qquad\qquad =\vec{a}\cdot\vec{a}+\vec{a}\cdot\vec{b}+\vec{b}\cdot\vec{a}+\vec{b}\cdot\vec{b}$ ◀分配法則
$\qquad\qquad =|\vec{a}|^2+2\vec{a}\cdot\vec{b}+|\vec{b}|^2$ ◀$\vec{a}\cdot\vec{b}=\vec{b}\cdot\vec{a}$
$\qquad$これに与えられた条件を代入すれば (交換法則)
$\qquad\qquad |\vec{a}+\vec{b}|^2=2^2+2\cdot 1+3^2=15$
$\qquad \therefore \ |\vec{a}+\vec{b}|=\sqrt{15}$.

(2) $|\vec{a}-\vec{b}|^2=(\vec{a}-\vec{b})\cdot(\vec{a}-\vec{b})$
$\qquad\qquad =\vec{a}\cdot\vec{a}-\vec{a}\cdot\vec{b}-\vec{b}\cdot\vec{a}+\vec{b}\cdot\vec{b}$
$\qquad\qquad =|\vec{a}|^2-2\vec{a}\cdot\vec{b}+|\vec{b}|^2=2^2-2\cdot 1+3^2=11$
$\qquad \therefore \ |\vec{a}-\vec{b}|=\sqrt{11}$.

(3) $|2\vec{a}+3\vec{b}|^2=(2\vec{a}+3\vec{b})\cdot(2\vec{a}+3\vec{b})$
$\qquad\qquad =4\vec{a}\cdot\vec{a}+6\vec{a}\cdot\vec{b}+6\vec{b}\cdot\vec{a}+9\vec{b}\cdot\vec{b}$
$\qquad\qquad =4|\vec{a}|^2+12\vec{a}\cdot\vec{b}+9|\vec{b}|^2$
$\qquad\qquad =4\cdot 2^2+12\cdot 1+9\cdot 3^2$
$\qquad\qquad =109$
$\qquad \therefore \ |2\vec{a}+3\vec{b}|=\sqrt{109}$.

§7 ベクトルの内積―平面ベクトルの場合

例題 102

ベクトル $\vec{a}$, $\vec{b}$ について，次の式が成り立つことを示せ．
(1) $|\vec{a}+\vec{b}|^2+|\vec{a}-\vec{b}|^2=2(|\vec{a}|^2+|\vec{b}|^2)$
(2) $|\vec{a}+\vec{b}|^2-|\vec{a}-\vec{b}|^2=4\vec{a}\cdot\vec{b}$

アプローチ

$|\vec{a}+\vec{b}|^2=|\vec{a}|^2+2\vec{a}\cdot\vec{b}+|\vec{b}|^2$ はマスターしましたか？ まちがっても $|\vec{a}+\vec{b}|^2=|\vec{a}|^2+2|\vec{a}||\vec{b}|+|\vec{b}|^2$ などとしないように！

解 答

$$|\vec{a}+\vec{b}|^2=|\vec{a}|^2+2\vec{a}\cdot\vec{b}+|\vec{b}|^2 \quad \cdots\cdots ①$$
$$|\vec{a}-\vec{b}|^2=|\vec{a}|^2-2\vec{a}\cdot\vec{b}+|\vec{b}|^2 \quad \cdots\cdots ②$$

(1) ①＋②を作れば
$$|\vec{a}+\vec{b}|^2+|\vec{a}-\vec{b}|^2=2(|\vec{a}|^2+|\vec{b}|^2)$$
を得る．■

(2) ①－②を作れば
$$|\vec{a}+\vec{b}|^2-|\vec{a}-\vec{b}|^2=4\vec{a}\cdot\vec{b}$$
を得る．■

注 (1)で示した等式は，右図を見れば p.163 で証明したパップスの中線定理
$$AB^2+AC^2=2(AM^2+BM^2)$$
であることがわかるでしょう．
p.163 例題 58 などで経験した座標の利用によるある幾何的事実の証明も，ベクトルを利用することにより，より簡単になるということもベクトルの魅力の1つです．

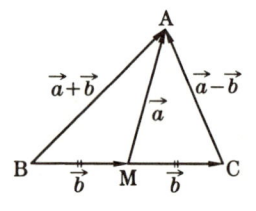

例題 103

$\begin{cases} |\vec{a}+\vec{b}|=\sqrt{7} \\ |\vec{a}-\vec{b}|=\sqrt{3} \\ |\vec{a}|=2 \end{cases}$ のとき，$\vec{a}$ と $\vec{b}$ のなす角 θ を求めよ．

アプローチ

前問同様，与えられた等式を平方すれば，$|\vec{a}|^2$，$|\vec{b}|^2$，$\vec{a}\cdot\vec{b}$ についての連立方程式が 3 つ得られることになります．

解答

$\begin{cases} |\vec{a}+\vec{b}|=\sqrt{7} & \cdots\cdots① \\ |\vec{a}-\vec{b}|=\sqrt{3} & \cdots\cdots② \\ |\vec{a}|=2 & \cdots\cdots③ \end{cases}$

①，②の両辺を平方し，それぞれ展開すれば

$\begin{cases} |\vec{a}|^2+2\vec{a}\cdot\vec{b}+|\vec{b}|^2=7 & \cdots\cdots④ \\ |\vec{a}|^2-2\vec{a}\cdot\vec{b}+|\vec{b}|^2=3 & \cdots\cdots⑤ \end{cases}$

となる．

④－⑤から

$$4\vec{a}\cdot\vec{b}=4$$

$$\therefore \quad \vec{a}\cdot\vec{b}=1 \quad \cdots\cdots⑥$$

③，⑥を④に代入すれば，

$$2^2+2+|\vec{b}|^2=7$$

$$\therefore \quad |\vec{b}|^2=1 \quad \therefore \quad |\vec{b}|=1 \quad \cdots\cdots⑦$$

◀ $|\vec{b}|^2=1 \iff |\vec{b}|=1$

ところで，$\vec{a}$ と $\vec{b}$ のなす角が θ であるから

$$\vec{a}\cdot\vec{b}=|\vec{a}||\vec{b}|\cos\theta$$

であるので，これに③，⑥，⑦を代入すれば

$$1=2\cos\theta$$

$$\therefore \quad \cos\theta=\frac{1}{2}$$

$$\therefore \quad \theta=60°$$

を得る．

例題 104

$\triangle OAB$ において,$OA=3$,$OB=4$,$AB=2$ である.$\angle AOB$ の二等分線と辺 AB との交点を C,$\angle OAB$ の二等分線と線分 OC との交点を I とする.

(1) $\overrightarrow{OI}$ を $\overrightarrow{OA}$,$\overrightarrow{OB}$ を用いて表せ.
(2) 線分 OI の長さを求めよ.

アプローチ

(1)は「$\overrightarrow{OI}$ を表すには,$\overrightarrow{OC}$ と OI : IC がわかればよい」「$\overrightarrow{OC}$ を表すには AC : CB がわかればよい」と遡って考えます.ところで角の二等分線についての定理(☞ 右図)を使えば,比 AC : CB,OI : IC が簡単にわかります.

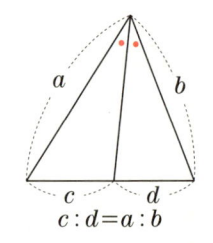

(2)は $|\overrightarrow{OI}|$ を求めればよいですが,(1)の結果を利用するには,まず $\overrightarrow{OA}\cdot\overrightarrow{OB}$ を求めておく必要があります.

$c:d=a:b$

解 答

(1) 角の二等分線の定理より
$$AC:CB=OA:OB=3:4$$
また,
$$OI:IC=OA:AC$$
$$=3:\frac{3}{7}\times 2=7:2$$
よって,
$$\begin{cases}\overrightarrow{OC}=\dfrac{4\overrightarrow{OA}+3\overrightarrow{OB}}{7}\\ \overrightarrow{OI}=\dfrac{7}{7+2}\overrightarrow{OC}\end{cases}$$

$\therefore \overrightarrow{OI}=\dfrac{1}{9}(4\overrightarrow{OA}+3\overrightarrow{OB})$

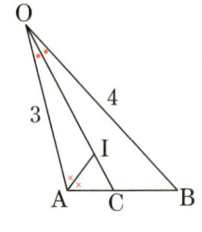

◀AC : CB = 3 : 4

◀OI : IC = 7 : 2

(2) 内積の定義と余弦定理より,
$$\overrightarrow{OA}\cdot\overrightarrow{OB}=|\overrightarrow{OA}||\overrightarrow{OB}|\cos\angle AOB$$
$$=3\cdot 4\cdot\frac{3^2+4^2-2^2}{2\cdot 3\cdot 4}=\frac{21}{2}$$

◀内積の定義

◀余弦定理

$$|\overrightarrow{OI}|^2 = \frac{16|\overrightarrow{OA}|^2 + 24\overrightarrow{OA}\cdot\overrightarrow{OB} + 9|\overrightarrow{OB}|^2}{9^2}$$

$$= \frac{16\cdot 3^2 + 24\cdot\frac{21}{2} + 9\cdot 4^2}{9^2} = \frac{3^2\cdot 2^2\cdot 15}{9^2}$$

$$\therefore \quad |\overrightarrow{OI}| = \frac{2\sqrt{15}}{3}$$

よって，$OI = \dfrac{2\sqrt{15}}{3}$ である．

注 $\overrightarrow{OA}\cdot\overrightarrow{OB}$ を求めるには次のような方法でもよい．
$$\overrightarrow{OA} - \overrightarrow{OB} = \overrightarrow{BA}$$
より
$$|\overrightarrow{OA} - \overrightarrow{OB}|^2 = |\overrightarrow{BA}|^2$$
$$\therefore \quad |\overrightarrow{OA}|^2 - 2\overrightarrow{OA}\cdot\overrightarrow{OB} + |\overrightarrow{OB}|^2 = |\overrightarrow{BA}|^2$$
これに $|\overrightarrow{OA}|=3$，$|\overrightarrow{OB}|=4$，$|\overrightarrow{BA}|=2$ を代入する．

もちろん，本質的には余弦定理を用いるのと同じことである．

例題 105

xy 平面上，異なる 2 点 $A(x_1, y_1)$, $B(x_2, y_2)$ を直径の両端とする円の方程式は　　$(x-x_1)(x-x_2)+(y-y_1)(y-y_2)=0$
で与えられることを，ベクトルを利用して示せ．

アプローチ

通常，円の方程式といったら，中心の座標と半径で決まります．本問の場合，線分 AB の中点 $C\left(\dfrac{x_1+x_2}{2}, \dfrac{y_1+y_2}{2}\right)$ を中心とする半径 $=\dfrac{1}{2}AB=\dfrac{1}{2}\sqrt{(x_1-x_2)^2+(y_1-y_2)^2}$ の円の方程式として，

$$\left(x-\dfrac{x_1+x_2}{2}\right)^2+\left(y-\dfrac{y_1+y_2}{2}\right)^2=\dfrac{1}{4}\{(x_1-x_2)^2+(y_1-y_2)^2\}$$

となりますが，ベクトルを利用するとスッキリ求められます．

解答

$A(x_1, y_1)$, $B(x_2, y_2)$ を直径の両端とする円上に点 $P(x, y)$ があるための必要十分条件は，

$$\begin{cases} \angle APB = 90° \\ \text{または} \\ P=A \text{ または } P=B \end{cases}$$

であり，これは

$$\overrightarrow{AP} \cdot \overrightarrow{BP} = 0 \quad \cdots\cdots(*)$$

と同値である．

$$\begin{cases} \overrightarrow{AP}=(x-x_1, y-y_1) \\ \overrightarrow{BP}=(x-x_2, y-y_2) \end{cases}$$

であるので，これを$(*)$に代入して$(*)$を成分化すると，

$$(x-x_1)(x-x_2)+(y-y_1)(y-y_2)=0$$

となり，これが求める円の方程式である．■

研究　平面上で考えれば，$(*)$は 2 点 A, B を直径とする円のベクトル方程式ですが，空間内で考えれば，2 点 A, B を直径の両端とする球面のベクトル方程式となります．したがって，$A(x_1, y_1, z_1)$, $B(x_2, y_2, z_2)$, $P(x, y, z)$ とおき$(*)$を成分化すると，

$$(x-x_1)(x-x_2)+(y-y_1)(y-y_2)+(z-z_1)(z-z_2)=0$$

これが，線分 AB を直径とする球面の方程式です．

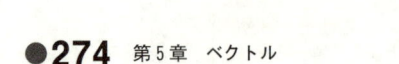

例題 106

点 $A(x_0, y_0)$ を中心とする，半径 r の円の周上の点 $B(x_1, y_1)$ における接線 l の方程式は $(x_1-x_0)(x-x_1)+(y_1-y_0)(y-y_1)=0$ で与えられることを，ベクトルを利用して証明せよ．

アプローチ

ベクトルを利用しないと，接線の傾きが存在するか否かで次のような分類が必要になります．

(i) AB が x 軸に平行でないとき（$y_1 \neq y_0$ のとき）

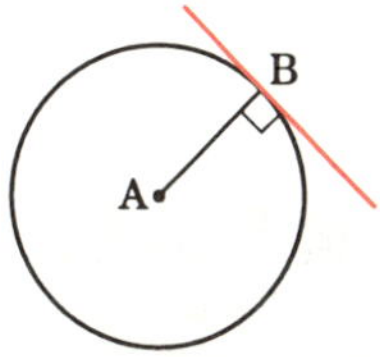

$$\text{接線の傾き} = -\frac{1}{\text{AB の傾き}} = -\frac{x_1-x_0}{y_1-y_0}$$

より，接線の方程式は

$$y - y_1 = -\frac{x_1-x_0}{y_1-y_0}(x-x_1) \quad \cdots\cdots ①$$

(ii) AB が x 軸に平行なとき（$y_1 = y_0$ のとき）

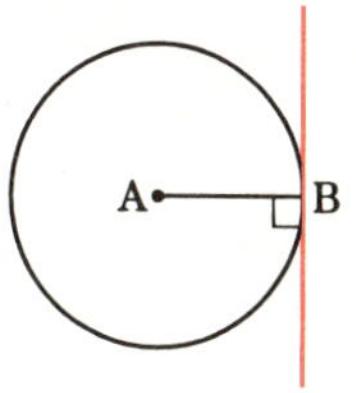

接線は x 軸に垂直なのでその方程式は

$$x = x_1 \quad \cdots\cdots ②$$

このままでもよいのですが，①の分母を払うと

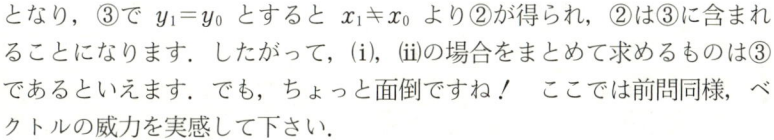

$$(x_1-x_0)(x-x_1)+(y_1-y_0)(y-y_1)=0 \quad \cdots\cdots ③$$

となり，③で $y_1 = y_0$ とすると $x_1 \neq x_0$ より②が得られ，②は③に含まれることになります．したがって，(i)，(ii) の場合をまとめて求めるものは③であるといえます．でも，ちょっと面倒ですね！ここでは前問同様，ベクトルの威力を実感して下さい．

解答

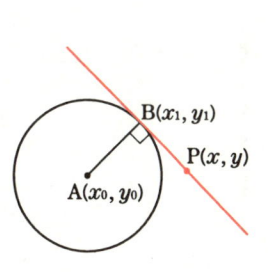

接線 l 上に点 $P(x, y)$ があるための必要十分条件は

$$\angle ABP = 90° \text{ または } P = B$$

であり，これは

$$\overrightarrow{AB} \cdot \overrightarrow{BP} = 0 \quad \cdots\cdots (*)$$

と同値である．

$$\begin{cases} \overrightarrow{AB} = (x_1-x_0, \ y_1-y_0) \\ \overrightarrow{BP} = (x-x_1, \ y-y_1) \end{cases}$$

を $(*)$ に代入すれば $(x_1-x_0)(x-x_1)+(y_1-y_0)(y-y_1)=0$
が得られ，これが求める接線の方程式である．■

例題 107

△ABC の外心を O とおくと，
$$\vec{OH} = \vec{OA} + \vec{OB} + \vec{OC}$$
を満たす点 H は △ABC の垂心であることを示せ．

アプローチ

三角形の垂心とは，2 垂線の交点で，もう 1 つの垂線がその交点を通るという性質をもつ点です．

$$垂線 \implies 直交 \implies ベクトルの内積 = 0$$

という流れは見えますか？

解答

まず，点 O が △ABC の外心であるので
$$|\vec{OA}| = |\vec{OB}| = |\vec{OC}| \quad \cdots\cdots ①$$
である．また，
$$\vec{OH} = \vec{OA} + \vec{OB} + \vec{OC} \quad \cdots\cdots ②$$
より，
$$\vec{AH} = \vec{OH} - \vec{OA}$$
$$= (\vec{OA} + \vec{OB} + \vec{OC}) - \vec{OA}$$
$$= \vec{OB} + \vec{OC}$$
であるので，
$$\vec{AH} \cdot \vec{BC} = (\vec{OB} + \vec{OC}) \cdot (\vec{OC} - \vec{OB})$$
$$= |\vec{OC}|^2 - |\vec{OB}|^2 = 0 \quad (\because ①)$$
$$\therefore \quad AH \perp BC \quad \cdots\cdots ③$$
同様に①，②から
$$\vec{BH} \cdot \vec{CA} = (\vec{OH} - \vec{OB}) \cdot (\vec{OA} - \vec{OC})$$
$$= (\vec{OA} + \vec{OC}) \cdot (\vec{OA} - \vec{OC})$$
$$= |\vec{OA}|^2 - |\vec{OC}|^2 = 0$$
$$\therefore \quad BH \perp CA \quad \cdots\cdots ④$$
よって，③，④から △ABC の外心 O に対して②で定まる点 H は 2 垂線の交点，すなわち △ABC の垂心である．■

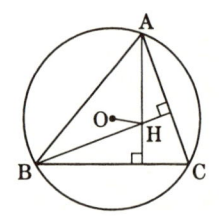

例題 108

$\vec{a}, \vec{m}$ を与えられたベクトルとし、t を実数として $\vec{p}=\vec{a}+t\vec{m}$ とおく。ただし、$\vec{m}\neq\vec{0}$.
$$f(t)=|\vec{p}|^2$$
を最小とする t の値を求めよ。

アプローチ

$\vec{p}=\vec{a}+t\vec{m}$ の図形的意味に注目すれば簡単（☞ 別解）ですが、ここでは、$|\vec{p}|^2=\vec{p}\cdot\vec{p}$ であることを思い出して、$f(t)$ を計算してみましょう。

解答

$$\begin{aligned}f(t)&=|\vec{p}|^2=|\vec{a}+t\vec{m}|^2\\&=(\vec{a}+t\vec{m})\cdot(\vec{a}+t\vec{m})\\&=\vec{a}\cdot\vec{a}+t\vec{a}\cdot\vec{m}+t\vec{m}\cdot\vec{a}+t^2\vec{m}\cdot\vec{m}\\&=|\vec{m}|^2t^2+2(\vec{a}\cdot\vec{m})t+|\vec{a}|^2\\&=|\vec{m}|^2\left(t^2+\frac{2(\vec{a}\cdot\vec{m})}{|\vec{m}|^2}t\right)+|\vec{a}|^2\\&=|\vec{m}|^2\left(t+\frac{\vec{a}\cdot\vec{m}}{|\vec{m}|^2}\right)^2+|\vec{a}|^2-\frac{(\vec{a}\cdot\vec{m})^2}{|\vec{m}|^2}\end{aligned}$$

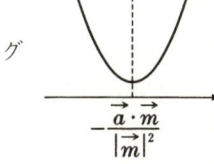

$|\vec{m}|^2>0$ より、関数 $f(t)$ は下に凸な放物線をグラフにもつ2次関数なので、
$$t=-\frac{\vec{a}\cdot\vec{m}}{|\vec{m}|^2}$$
のときに最小となる。

別解

$\vec{p}=\vec{a}+t\vec{m}$ より、$\overrightarrow{OP}=\vec{p}$ なる点 P は t の変化に伴い $\overrightarrow{OA}=\vec{a}$ なる点 A を通り $\vec{m}$ に平行な直線 l を描く。

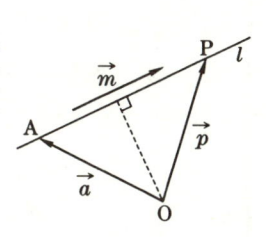

よって、$f(t)=|\vec{p}|^2=|\overrightarrow{OP}|^2$ の最小は
$$OP\perp l \quad \therefore \quad \vec{p}\perp\vec{m}$$
$$\therefore \quad \vec{p}\cdot\vec{m}=(\vec{a}+t\vec{m})\cdot\vec{m}=0$$
$$\therefore \quad \vec{a}\cdot\vec{m}+t|\vec{m}|^2=0 \quad \therefore \quad t=-\frac{\vec{a}\cdot\vec{m}}{|\vec{m}|^2}$$
のときに起こる。

§7 ベクトルの内積—平面ベクトルの場合

例題 109

$\vec{0}$ でない $\vec{a}$ に平行な直線 l がある．任意のベクトル $\vec{x}=\overrightarrow{AB}$ に対し，A，B から l に下ろした垂線の足をそれぞれ A′，B′ とするとき，ベクトル $\vec{p}=\overrightarrow{A'B'}$ を，$\vec{x}$ の $\vec{a}$ に対する**正射影**と呼ぶ．

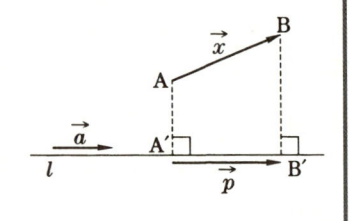

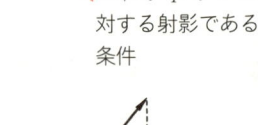

$$\vec{p}=\frac{\vec{x}\cdot\vec{a}}{|\vec{a}|^2}\vec{a}$$

となることを証明せよ．

アプローチ

正射影というとその言葉から難しさを感じる人もいるでしょうが，要は太陽がちょうど真上にあるときの棒（ベクトル $\vec{x}$）が地面（直線 l）上に作る影のことです．

解答

まず，$\vec{p}$ が $\vec{a}$ に平行であることから，ある実数 k を用いて

$$\vec{p}=k\vec{a} \quad \cdots\cdots ①$$

と書ける．

◀これが $\vec{p}$ が l に対する射影である条件

次に，垂直である条件は

$$(\vec{p}-\vec{x})\perp\vec{a}$$
$$\therefore \ (\vec{p}-\vec{x})\cdot\vec{a}=0 \quad \cdots\cdots ②$$

である． 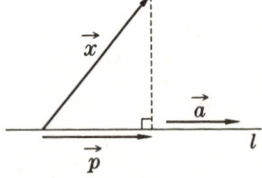
①を②に代入すれば

$$(k\vec{a}-\vec{x})\cdot\vec{a}=0$$
$$\therefore \ k|\vec{a}|^2=\vec{x}\cdot\vec{a}$$
$$\therefore \ k=\frac{\vec{x}\cdot\vec{a}}{|\vec{a}|^2}$$

となるので，これを①に代入して

$$\vec{p}=\frac{\vec{x}\cdot\vec{a}}{|\vec{a}|^2}\vec{a}$$

を得る．∎

注 1° $\vec{p} = \dfrac{\vec{x} \cdot \vec{a}}{|\vec{a}|^2} \vec{a}$ において,内積 $\vec{x} \cdot \vec{a}$ も $|\vec{a}|^2$ もともに実数です! したがって,分子の右側から計算(?!)して

$$\vec{p} = \dfrac{\vec{x}(\vec{a} \cdot \vec{a})}{|\vec{a}|^2} = \dfrac{\vec{x}|\vec{a}|^2}{|\vec{a}|^2} = \vec{x}$$

などというのは,とんでもない誤りです.

また,正射影ベクトル $\vec{p}$ の大きさ $|\vec{p}|$ は

$$\begin{aligned}|\vec{p}| &= \left| \dfrac{\vec{x} \cdot \vec{a}}{|\vec{a}|^2} \vec{a} \right| \\ &= \left| \dfrac{\vec{x} \cdot \vec{a}}{|\vec{a}|^2} \right| |\vec{a}| \\ &= \dfrac{|\vec{x} \cdot \vec{a}|}{|\vec{a}|^2} |\vec{a}| \\ &= \dfrac{|\vec{x} \cdot \vec{a}|}{|\vec{a}|}\end{aligned}$$

◀ベクトルの実数倍 の大きさ $|k\vec{a}| = |k||\vec{a}|$

で与えられます.

2° $|k\vec{a}| = |k||\vec{a}| \cdots (*)$ という公式と一般の絶対値の公式 $|ab| = |a||b|$ と混同する人もいそうですが,気をつけて欲しいことは(*)においては,同じ記号 $|\ |$ がベクトルの大きさと実数の絶対値の2通りの意味で使われていることです. p.231 で学んだことです.

例題 110

xy 平面上に，$\vec{0}$ でないベクトル $\vec{n}=(a,\ b)$ と，点 $A(x_0,\ y_0)$ が与えられたとき，A を通り，$\vec{n}$ に垂直な直線 m の方程式は
$$a(x-x_0)+b(y-y_0)=0$$
であることを利用して点 $B(x_1,\ y_1)$ から直線 $l : ax+by+c=0$ に至る距離 d は $d=\dfrac{|ax_1+by_1+c|}{\sqrt{a^2+b^2}}$ で与えられることを証明せよ．

アプローチ

p.167 で学んだ点と直線の距離の公式をベクトルを利用して証明しようというものです．

解答

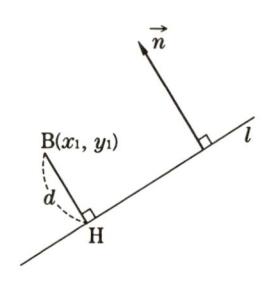

直線 l は $\vec{n}=(a,\ b)$ に垂直である．よって，点 $B(x_1,\ y_1)$ から直線 l に下ろした垂線の足を $H(x,\ y)$ とおくと，$\overrightarrow{BH} \parallel \vec{n}$ より，$\overrightarrow{BH}$ はある実数 k を用いて
$$\overrightarrow{BH}=k\vec{n} \quad \cdots\cdots ①$$
$\therefore\ (x-x_1,\ y-y_1)=k(a,\ b)$
$\therefore\ \begin{cases} x=x_1+ka \\ y=y_1+kb \end{cases} \quad \cdots\cdots ②$

と表せる．

一方，$H(x,\ y)$ は直線 l 上にあるので
$$ax+by+c=0 \quad \cdots\cdots ③$$
が成り立つ．
② を ③ に代入すると，$a(x_1+ka)+b(y_1+kb)+c=0$
$\therefore\ (a^2+b^2)k=-(ax_1+by_1+c)$
$\therefore\ k=-\dfrac{ax_1+by_1+c}{a^2+b^2} \quad \cdots\cdots ④$

ところで，① から求める距離 d は
$$d=|\overrightarrow{BH}|=|k\vec{n}|=|k||\vec{n}|=|k|\sqrt{a^2+b^2}$$
であるので，これに ④ を代入して
$$d=\dfrac{|ax_1+by_1+c|}{\sqrt{a^2+b^2}}$$
を得る．

> **例題 111**
>
> 平面上に異なる定点 $O(\vec{0})$, $A(\vec{a})$ と，条件
> $$OP:AP=1:2$$
> を満たして動く動点 $P(\vec{p})$ がある．上の条件を，$\vec{a}$, $\vec{p}$ の式で表し，それを利用して，P の描く軌跡を求めよ．

アプローチ

p.191 で学んだように 2 定点からの距離の比が一定である点の軌跡はアポロニオスの円です．ここではその軌跡をベクトルを利用して追跡してみましょう．

解答

$OP=|\vec{p}|$, $AP=|\vec{p}-\vec{a}|$ であるので，与えられた条件は
$$|\vec{p}|:|\vec{p}-\vec{a}|=1:2 \quad \therefore \quad 2|\vec{p}|=|\vec{p}-\vec{a}|$$
となり，これは両辺を平方しても同値で，
$$4|\vec{p}|^2=|\vec{p}|^2-2\vec{p}\cdot\vec{a}+|\vec{a}|^2$$
$$\therefore \quad 3|\vec{p}|^2+2\vec{p}\cdot\vec{a}-|\vec{a}|^2=0 \quad \cdots\cdots ①$$
$$\therefore \quad (3\vec{p}-\vec{a})\cdot(\vec{p}+\vec{a})=0 \quad \therefore \quad \left(\vec{p}-\frac{\vec{a}}{3}\right)\cdot(\vec{p}-(-\vec{a}))=0$$

◀ $k>0$ のとき
$|\vec{p}|=k$
$\iff |\vec{p}|^2=k^2$

と変形される．さらに，これは $B\left(\dfrac{\vec{a}}{3}\right)$, $C(-\vec{a})$ とおくと，
$$(\overrightarrow{OP}-\overrightarrow{OB})\cdot(\overrightarrow{OP}-\overrightarrow{OC})=0$$
$$\therefore \quad \overrightarrow{BP}\cdot\overrightarrow{CP}=0 \quad \cdots\cdots ②$$
と書き換えられる．

よって，点 P の軌跡は，上の **2 点 B, C を直径の両端とする円** である．

注　②は P=B または P=C または $\angle BPC=90°$ を意味します．また，①から，いわゆる 2 次式の平方完成を真似て
$$|\vec{p}|^2+\frac{2}{3}\vec{p}\cdot\vec{a}-\frac{1}{3}|\vec{a}|^2=0 \quad \therefore \quad \left|\vec{p}+\frac{1}{3}\vec{a}\right|^2=\frac{1}{3}|\vec{a}|^2+\frac{1}{9}|\vec{a}|^2$$
$$\therefore \quad \left|\vec{p}+\frac{\vec{a}}{3}\right|^2=\frac{4}{9}|\vec{a}|^2 \quad \therefore \quad \left|\vec{p}-\left(-\frac{\vec{a}}{3}\right)\right|^2=\left|\frac{2}{3}\vec{a}\right|^2$$

と変形しても点 P の軌跡が点 $D\left(-\dfrac{\vec{a}}{3}\right)$ を中心とする半径 $\dfrac{2}{3}|\vec{a}|$ の円であることがわかります．

例題 112

(1) $\vec{u}=(a, b)$, $\vec{v}=(c, d)$ について，不等式
$$|\vec{u}+\vec{v}| \leq |\vec{u}|+|\vec{v}|$$
が成り立つことを，両辺を2乗したものどうしを成分を用いて計算することによって示せ．

(2) ベクトル $\vec{x}$, $\vec{y}$ について，不等式
$$|\vec{x}-\vec{y}| \geq |\vec{x}|-|\vec{y}|$$
が成り立つことを，(1)で示した結果を利用して示せ．

アプローチ

(1)は，p.231 で学んだ三角不等式を，図形的直観に訴えずに証明せよ，という趣旨です．示すべき不等式の両辺を，ベクトルの和や大きさの定義に従って a, b, c, d で表してみましょう．

(2)も(1)のように証明できるはずですが，(1)で示した不等式をうまく活用すると，ただちに導くことができます．つまり，(2)は，(1)をちょっと書き換えただけのものなのです．

解答

(1) $\vec{u}+\vec{v}=(a+c, b+d)$

$\therefore$ $|\vec{u}+\vec{v}|^2 = (a+c)^2+(b+d)^2$
$\qquad = a^2+2ac+c^2+b^2+2bd+d^2$ ……①

一方，$(|\vec{u}|+|\vec{v}|)^2 = |\vec{u}|^2 + 2|\vec{u}||\vec{v}| + |\vec{v}|^2$
$\qquad = (a^2+b^2) + 2\sqrt{a^2+b^2}\sqrt{c^2+d^2} + (c^2+d^2)$ ……②

①，②を見比べると，もし
$$ac+bd \leq \sqrt{a^2+b^2}\sqrt{c^2+d^2} \qquad \text{……③}$$
が証明できたなら，
$$|\vec{u}+\vec{v}|^2 \leq (|\vec{u}|+|\vec{v}|)^2$$
が導かれ，これから
$$|\vec{u}+\vec{v}| \leq |\vec{u}|+|\vec{v}|$$
がいえることになる．ところで，③を示すには
$$(ac+bd)^2 \leq (a^2+b^2)(c^2+d^2) \qquad \text{……③}'$$
が示されればよい．(一般に，$A \geq 0$ のとき $x^2 \leq A \Longrightarrow x \leq \sqrt{A}$ であるからである．)

$$\begin{aligned}
\text{③′の右辺} - \text{③′の左辺} &= (a^2c^2 + a^2d^2 + b^2c^2 + b^2d^2) \\
&\quad - (a^2c^2 + 2abcd + b^2d^2) \\
&= a^2d^2 - 2abcd + b^2c^2 \\
&= (ad - bc)^2 \geq 0
\end{aligned}$$

より，たしかに③′が成り立つ．∎

(2) (1)で示した不等式において

$$\begin{cases} \vec{u} = \vec{x} - \vec{y} \\ \vec{v} = \vec{y} \end{cases}$$

とおくと

$$|(\vec{x} - \vec{y}) + \vec{y}| \leq |\vec{x} - \vec{y}| + |\vec{y}|$$
$$|\vec{x}| \leq |\vec{x} - \vec{y}| + |\vec{y}|$$

となり，これより

$$|\vec{x} - \vec{y}| \geq |\vec{x}| - |\vec{y}|. \quad \blacksquare$$

■研究▶ (1)において証明すべき不等式の両辺はともに 0 以上なので，各辺を 2 乗した不等式

$$|\vec{u} + \vec{v}|^2 \leq (|\vec{u}| + |\vec{v}|)^2 \quad \cdots\cdots(*)$$

を証明すればよい．ここで

$$\begin{cases}
(左辺) = (\vec{u} + \vec{v}) \cdot (\vec{u} + \vec{v}) \\
\qquad\quad = \vec{u} \cdot \vec{u} + \vec{u} \cdot \vec{v} + \vec{v} \cdot \vec{u} + \vec{v} \cdot \vec{v} \\
\qquad\quad = |\vec{u}|^2 + 2\vec{u} \cdot \vec{v} + |\vec{v}|^2 \\
(右辺) = |\vec{u}|^2 + 2|\vec{u}||\vec{v}| + |\vec{v}|^2
\end{cases}$$

であることを考えると，(*)は

$$\vec{u} \cdot \vec{v} \leq |\vec{u}||\vec{v}| \quad \cdots\cdots(**)$$

と同値です．

ところで，(**)は $\vec{u}, \vec{v}$ の内積の定義から成立が自明な不等式です．

また，(**)をさらに根本的な

$$(\vec{u} \cdot \vec{v})^2 \leq |\vec{u}|^2 |\vec{v}|^2$$

に書き換えると，これが有名なコーシーの不等式となります．

例題 113

$\vec{a}, \vec{b} \ (\neq \vec{0})$ を与えられたベクトルとし，実数 t についての関数
$$f(t) = |\vec{a} + t\vec{b}|^2$$
を考える．

(1) $f(t)$ は t の 2 次関数であることを示せ．
(2) 不等式 $(\vec{a} \cdot \vec{b})^2 \leq |\vec{a}|^2 |\vec{b}|^2$ が成り立つことを示せ．

解答

(1) $f(t) = |\vec{a} + t\vec{b}|^2 = |\vec{a}|^2 + 2t\vec{a} \cdot \vec{b} + t^2 |\vec{b}|^2$
　　　　$= |\vec{b}|^2 t^2 + 2(\vec{a} \cdot \vec{b}) t + |\vec{a}|^2$ 　　……①

$\vec{b} \neq \vec{0}$ より $|\vec{b}|^2 \neq 0$ であるので，$f(t)$ は t の 2 次関数である． ∎

(2) $|\vec{b}|^2 > 0$ であるので①から $f(t)$ は下に凸な放物線をグラフにもつ 2 次関数で，任意の実数 t について
$$f(t) \geq 0 \quad \cdots\cdots ②$$
◀ $|\vec{a} + t\vec{b}|^2 \geq 0$

である．よって，②がつねに成立することから
$$\frac{f(t) \text{の判別式}}{4} = (\vec{a} \cdot \vec{b})^2 - |\vec{a}|^2 |\vec{b}|^2 \leq 0$$
$$\therefore \ (\vec{a} \cdot \vec{b})^2 \leq |\vec{a}|^2 |\vec{b}|^2 \quad \cdots\cdots ③$$
を得る． ∎

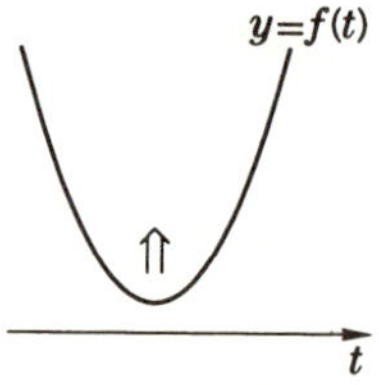

注 (2)で示した不等式③において
$\vec{a} = (a_1, a_2), \vec{b} = (b_1, b_2)$ とおくと
$$(a_1 b_1 + a_2 b_2)^2 \leq (a_1^2 + a_2^2)(b_1^2 + b_2^2) \quad \cdots\cdots ④$$
となり，また $\vec{a} = (a_1, a_2, a_3), \vec{b} = (b_1, b_2, b_3)$ とおくと
$$(a_1 b_1 + a_2 b_2 + a_3 b_3)^2 \leq (a_1^2 + a_2^2 + a_3^2)(b_1^2 + b_2^2 + b_3^2) \quad \cdots\cdots ④'$$
が得られます．

これら④，④′は **コーシーの不等式** と呼ばれる不等式で，絶対不等式としては"相加平均と相乗平均"の不等式の次に有名なものです．

研究 不等式③の等号が成り立つのは，②を満たす実数 t が存在するとき，つまり
$$\vec{a} + t\vec{b} = \vec{0}$$
を満たす実数 t が存在するとき，したがって $\vec{a} \parallel \vec{b}$ のときです．

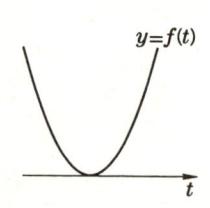

§8 空間ベクトル

　ベクトルという考え方の一番のよさは，小学生のときの算数でやったような線分で表した量を，2次元の平面や3次元の空間にごく自然な方法で拡げていくことができるという点にある．

　ここでは，空間のベクトルの扱い方を述べるが，「3次元の立体図形は難しい！」と尻ごみする必要はない．平面の場合とほとんど同じように話が進む．この節を読み終えて，「なあんだ，たいしたことないじゃないか！」と思えれば，合格である．

I xyz 空間

　立方体の1つの頂点に集まる辺は3本あって，それらの間には，
　　　　どの2本も互いに直交する
という関係がある．

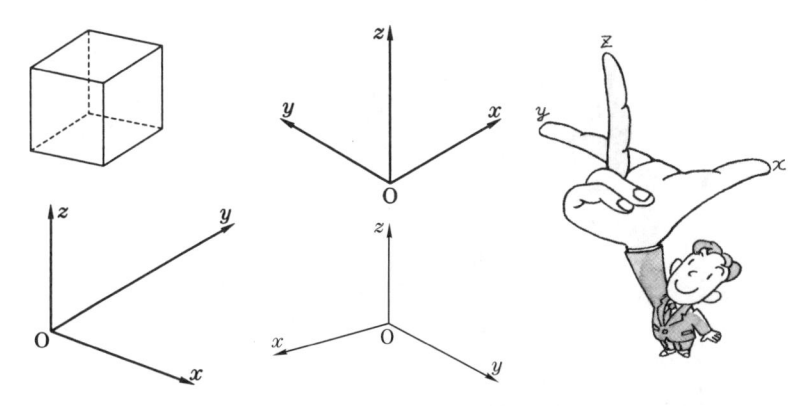

　このようにある1点Oから発する，3つの半直線（いわば無限に延びる有向線分）に対し，右手の親指，人指し指，中指の向きにくるものを，順に，x軸，y軸，z軸の名前で呼ぶことにする．このようにして，座標平面（xy平面）を考えたのと同じように，座標空間（xyz空間）を考えることができる．

　より詳しくいうと，原点Oと，x軸，y軸，z軸が定められているとき，空間内に任意の1点Pをとると，Pの座標 (x, y, z) が次のようにして定まる．

　タテ，ヨコ，高サが，座標軸に平行で，原点Oと，この点Pを対角線の両端とする次のページの図のような直方体を考え，x，y，z軸上の頂点 P_1，P_2，P_3 の座標を x，y，z とするのである．

さらに詳しくいうと,
　i) Pを通り, z軸に平行な直線をひき これと xy 平面との交点Qをとり,
　ii) Qを通り, y 軸に平行な直線をひき, これと x 軸との交点を P_1,
　iii) Qを通り, x 軸に平行な直線をひき, これと y 軸との交点を P_2,
　iv) Pを含み, xy 平面に平行な平面と z 軸との交点を P_3

とするのである.

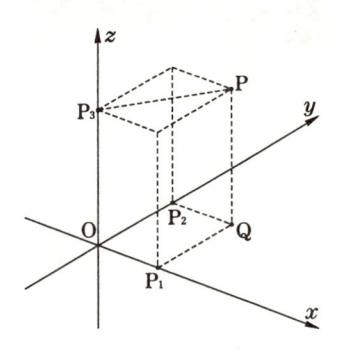

Notes

$1°$　上の説明では, P_1, P_2とP_3の定め方が違っています. P_1, P_2ではQを用いているのに, P_3では使っていません. 少しでもわかり易いように, こう表しましたが, i)のようにQを定めるところをカットして, 直接,

　　ii) Pを含み, yz 平面に平行な平面と x 軸との交点を P_1 とする.

と表現することもできます. ここで「yz 平面」という表現がいきなり出てきたので, びっくりした人がいるかもしれません. y 軸と z 軸を含む平面のことです. xy 平面ということばの類推でわかってください.

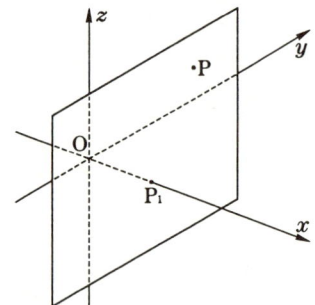

$2°$　上の説明では, 平行ということばがたくさん出てきますが, 私達がここで考えているような, 座標軸が互いに直交する標準的な座標空間の世界では,

$$z \text{軸に平行} \implies xy \text{平面に垂直}$$
$$yz \text{平面に平行} \implies x \text{軸に垂直}$$

のようにいいかえることができます.

問 5-15 次図の各点の座標を答えよ．

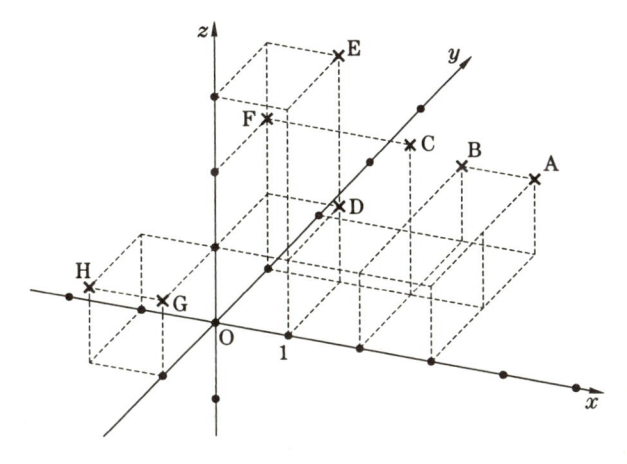

問 5-16 O を原点とする xyz 空間において A(3, 2, 1) とする．次の各点の座標を求めよ．
(1) A を含み，xy 平面に平行な平面と z 軸との交点
(2) A から，y 軸に下ろした垂線の足
(3) xy 平面に関し，A と対称な点
(4) 原点に関し，A と対称な点

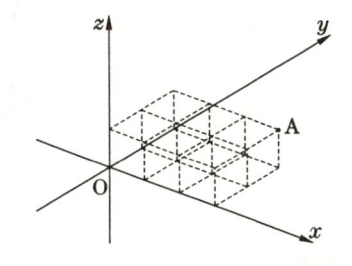

II 空間ベクトルの成分

II-1 定義

O を原点とする xyz 空間において，3 点
$$E(1,\ 0,\ 0),\ F(0,\ 1,\ 0),\ G(0,\ 0,\ 1)$$
をとり，
$$\vec{e_1} = \overrightarrow{OE}$$
$$\vec{e_2} = \overrightarrow{OF}$$
$$\vec{e_3} = \overrightarrow{OG}$$
とおくと，空間内の任意の点 P$(x,\ y,\ z)$ に対し，ベクトル $\overrightarrow{OP}$ は
$$\overrightarrow{OP} = x\vec{e_1} + y\vec{e_2} + z\vec{e_3}$$
と表せる．

§8 空間ベクトル

これを，ベクトル $\overrightarrow{OP}$ の $\vec{e_1}$, $\vec{e_2}$, $\vec{e_3}$ **に関する表示** と呼び，x, y, z をそれぞれ $\vec{e_1}$ 成分，$\vec{e_2}$ 成分，$\vec{e_3}$ 成分という．

このような 3 つの実数 x, y, z の組 (x, y, z) それ自身をベクトル $\overrightarrow{OP}$ と同一視して

$$\overrightarrow{OP} = (x, y, z)$$

と表すことにし，これをベクトル $\overrightarrow{OP}$ の **成分表示** と呼ぶ．

Notes

1° $\vec{e_3}$ が増えている，という点を除けば，p. 227 で述べた平面ベクトルの場合とまったく同じです！

2° 平面ベクトルの場合と同じく，点 P の座標とベクトル $\overrightarrow{OP}$ を表す記号が区別されないのは，慣れないうちは，混乱しますが，そのうち，これが便利だと感ずるようになります．

問 5-17 xyz 空間で，次の各ベクトルを成分表示せよ．ただし，A$(3, -1, 2)$, B$(1, 1, -2)$ である．

(1) $\overrightarrow{OA}$　(2) $\overrightarrow{OB}$

II-2　成分と演算

平面ベクトルの場合と同様，次のことが成り立つ．

ⅰ) ベクトル $\vec{u} = (x_1, y_1, z_1)$, $\vec{v} = (x_2, y_2, z_2)$ に対し
$$\vec{u} + \vec{v} = (x_1 + x_2, y_1 + y_2, z_1 + z_2)$$

ⅱ) ベクトル $\vec{u} = (x, y, z)$ と実数 α に対し
$$\alpha \vec{u} = (\alpha x, \alpha y, \alpha z)$$

II-3　ベクトルの大きさ

成分で表された空間ベクトルについても，その大きさを表す公式は，平面ベクトルの場合と同様である．すなわち，ベクトル
$$\vec{v}=(x,\ y,\ z)$$
について，$\vec{v}$ の大きさ $|\vec{v}|$ は，

$$|\vec{v}|=\sqrt{x^2+y^2+z^2}$$

である．

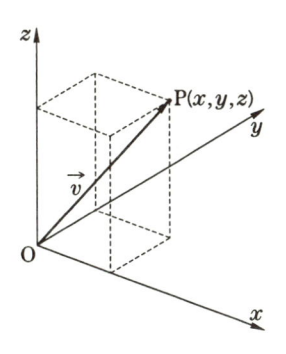

Notes

1°　この公式は，xyz 空間において，原点 $O(0,\ 0,\ 0)$ と点 P$(x,\ y,\ z)$ との間の距離が $\sqrt{x^2+y^2+z^2}$ で表されることと同じです．

2°　そして，このことは，右図のような直方体において，対角線の長さが $\sqrt{a^2+b^2+c^2}$ と表される，ということに基づいています．
　2つの直角三角形 OAB，OBC で，三平方の定理を使えばいい，とわかりますか！

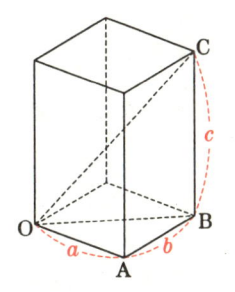

3°　空間ベクトルの大きさについても，p. 230 で述べた平面ベクトルの場合と同様の性質があります．

II-4　空間ベクトルの内積

空間ベクトル
$$\vec{u}=(x_1,\ y_1,\ z_1),\ \vec{v}=(x_2,\ y_2,\ z_2)$$
のなす角 θ についても，平面ベクトルの場合と同様に空間内の3点 $O(0,\ 0,\ 0)$，$A(x_1,\ y_1,\ z_1)$，$B(x_2,\ y_2,\ z_2)$ の作る三角形の $\angle AOB$ として考えることができる．

$$\cos(\angle AOB)=\frac{OA^2+OB^2-AB^2}{2\cdot OA\cdot OB}$$

右辺を成分を用いて表し，計算していくと，最後の

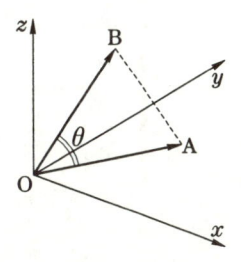

式は，p. 232 とよく似た次の式になる．

$$\therefore \quad \cos\theta = \frac{x_1 x_2 + y_1 y_2 + z_1 z_2}{\sqrt{x_1{}^2 + y_1{}^2 + z_1{}^2}\sqrt{x_2{}^2 + y_2{}^2 + z_2{}^2}}$$

最後の式の右辺の分子 $x_1 x_2 + y_1 y_2 + z_1 z_2$ は，$\vec{u}$ と $\vec{v}$ の内積と呼ばれる．

III 空間ベクトルの位置ベクトル

以下は，学習指導要領では削除された項目であるが，正統的な理解のために不可欠なものであるために本書では最小限必要なことがらを解説する．

III-1 分点表示，直線のベクトル方程式——平面ベクトルの場合と同じであるもの

§6 では位置ベクトルを，平面ベクトルの流れの中で論じたが，そこに述べられたことがらは，何の修正もなくそのまま空間ベクトルについてもあてはまる．たとえば，内分点の位置ベクトルの公式 $\vec{p} = \dfrac{n\vec{a} + m\vec{b}}{m+n}$ や直線 AB のベクトル方程式 $\vec{p} = \vec{a} + t(\vec{b} - \vec{a})$ である．

しかし，これらも成分で表すと，表面的には，だいぶ違ってくる．

> **Notes**
>
> xyz 空間で，2 点 A$(1, -1, 2)$，B$(2, 1, 1)$ を通る直線上にある点を P(x, y, z) とおくと，直線は，
> $\overrightarrow{AB} = \overrightarrow{OB} - \overrightarrow{OA} = (1, 2, -1)$ に平行であるので，
> $$(x, y, z) = (1, -1, 2) + t(1, 2, -1)$$
> $$= (t+1, 2t-1, -t+2)$$
> $$\begin{cases} x = t+1 \\ y = 2t-1 \\ z = -t+2 \end{cases}$$
> と表すことができます．t は任意の実数値をとって変化します．
> ($t=0$ のときは P$=$A，$t=1$ のときは P$=$B)
>
> この関係から t を消去して
> $$x - 1 = \frac{y+1}{2} = \frac{z-2}{-1}$$
> という x, y, z の方程式を作ることもできます．

III-2 平面の方程式

xyz 空間の中に置かれた平面を方程式で表現することは，xy 平面の世界では考えられなかった新しい課題である．

平面を特徴づける方法はいろいろある．図形的にいえば

- その平面が通る同一直線上にない3点 A, B, C
- その平面が含む1直線 l と，その平面が通る，l 上にない1点 A
- その平面が含む平行2直線 l, m

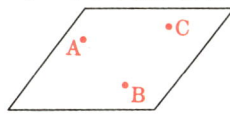

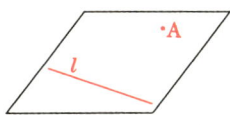

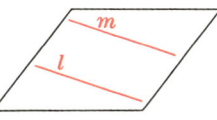

などが有名であるが，ベクトルの立場からは，次の2つが有力である．

(i) 平面に垂直なベクトル $\vec{n}$ と平面上の1点 A

(ii) 平面に平行な，互いに平行でない2つのベクトル $\vec{u}$, $\vec{v}$ と，平面上の1点 A

Notes

1° いずれも，ベクトルだけでは，平面の傾き加減が決まるだけで，平面を1つに決めるには，"1点" が必要です！

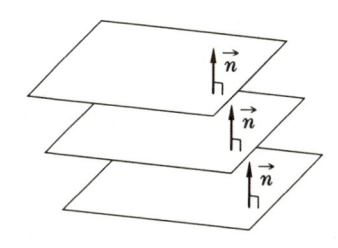

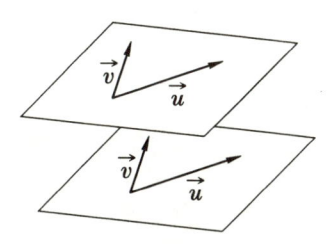

2° (i), (ii), いずれの立場に立っても，平面の方程式を論ずることができます．より本質的なのは(ii)ですが，これについては，後の例題で扱いましょう．

例 5-1 点 A(1, −2, 3) を通り，$\vec{n}=(2, 3, 1)$ に垂直な平面を考えます．点 P(x, y, z) がこの平面上にのっているか，否かを判定するには

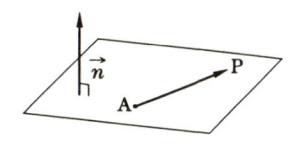

$$\vec{n} \perp \overrightarrow{AP} \quad \text{すなわち}, \quad \vec{n} \cdot \overrightarrow{AP} = 0$$

が成り立つかどうかを見ればいい．

成分で表せば，$\overrightarrow{AP} = (x-1, \ y+2, \ z-3)$
より
$$2 \cdot (x-1) + 3 \cdot (y+2) + 1 \cdot (z-3) = 0$$
$$\therefore \ 2x + 3y + z + 1 = 0$$
となる．

位置ベクトルを用いて，$A(\vec{a})$，$P(\vec{p})$ とおけば

$$\vec{n} \cdot (\vec{p} - \vec{a}) = 0$$

となる．

例 5-2　x，y，z についての方程式 $x + y = 1$ は，点 $(1, 0, 0)$ を含み，ベクトル $(1, 1, 0)$ に垂直な平面を表します．これは，xy 平面上の直線 $x + y = 1$ を含み，z 軸に平行な平面です．（右図は，$x \geq 0$，$y \geq 0$ の部分のみを図示している．）

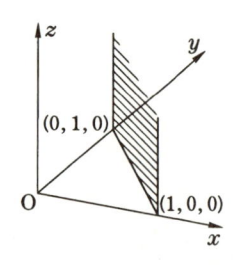

注　平面に垂直なベクトルのことを **法線ベクトル** と呼ぶことがあります．

例 5-3　xy 平面は，方程式 $z = 0$ で表されます．

方程式 $z = 1$ は，z 軸上の点 $(0, 0, 1)$ を含む，xy 平面に平行な平面を表します．

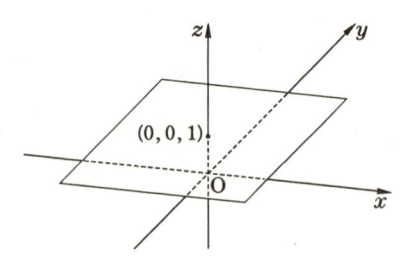

III-3　球面の方程式

球面とは，定点から等距離にある空間内の点の全体である．したがって，A$(\vec{a})$ を中心とする半径 r の球面上に点 P$(\vec{p})$ がのっているための必要十分条件は

$$|\vec{p}-\vec{a}|=r$$

である．

Notes

1° これは見かけ上，§6，IVで学んだ平面ベクトルの世界での円の方程式と同じものです．

　　点 A からの距離が r である点の全体を，A を中心とする "球" と呼ぶことにすれば，次図のように，考えている世界の次元によって，いろいろな "球" があることがわかります．

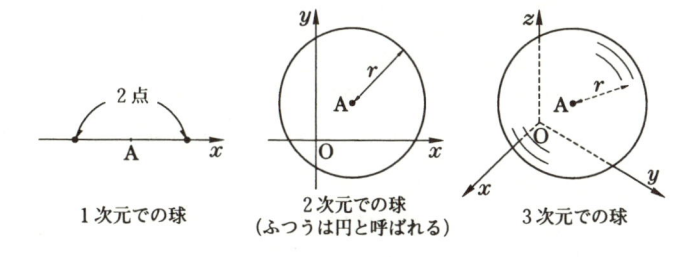

1次元での球　　　2次元での球（ふつうは円と呼ばれる）　　　3次元での球

2° $\vec{a}=(x_0,\ y_0,\ z_0)$，$\vec{p}=(x,\ y,\ z)$ とおけば，上にあげた式 $|\vec{p}-\vec{a}|=r$ は

$$\sqrt{(x-x_0)^2+(y-y_0)^2+(z-z_0)^2}=r$$

すなわち

$$(x-x_0)^2+(y-y_0)^2+(z-z_0)^2=r^2$$

となります．

例題 114

$\vec{p}=(4t,\ 4t+1,\ -4t+4)$ が，$\vec{a}=(1,\ 1,\ -1)$ に直交するように，実数 t の値を定めよ．

アプローチ

$\vec{a}=(1,\ 1,\ -1)$ とは，原点 O に対し，$\overrightarrow{OA}=\vec{a}$ とおくとき，点 A の座標が A$(1,\ 1,\ -1)$ であることを意味します．したがって，本問は，3点 O，A$(1,\ 1,\ -1)$，P$(4t,\ 4t+1,\ -4t+4)$ に対し，
$$\angle POA=90°$$
したがって，三平方の定理により
$$OP^2+OA^2=PA^2$$
$$\therefore\ (4t)^2+(4t+1)^2+(-4t+4)^2+1^2+1^2+(-1)^2$$
$$=(4t-1)^2+(4t)^2+(-4t+5)^2$$
から t を求めてもよいことになります．

しかし，$\vec{0}$ でないベクトル $\vec{p}$ と $\vec{a}$ のなす角を θ とすると，内積の定義から，
$$\vec{p}\cdot\vec{a}=|\vec{p}||\vec{a}|\cos\theta$$
であるので，
$$\vec{p}\perp\vec{a}\iff \vec{p} と \vec{a} のなす角が 90°$$
$$\iff \vec{p}\cdot\vec{a}=0$$
という関係が成立するので，上のような面倒な話ではないのです．
"直交・平行" といったらベクトルの得意分野です！

解答

$\vec{p}=(4t,\ 4t+1,\ -4t+4)$ が $\vec{a}=(1,\ 1,\ -1)$ に直交するのは
$$\vec{p}\cdot\vec{a}=4t+4t+1-(-4t+4)=0$$
$$\therefore\ 12t-3=0$$
$$\therefore\ t=\frac{1}{4}$$
のときである．

例題 115

(1) ベクトル $\vec{a}=(1, -2, -2)$, $\vec{b}=(1, 0, -1)$ のなす角 θ を求めよ．
(2) 空間内の 3 点 P(1, 0, -1), Q(2, -2, -3), R(2, 0, -2) について ∠QPR の大きさ θ を求めよ．また △PQR の面積 S を求めよ．

アプローチ

平面図形の場合なら，「角を求めよ」といわれたら，正確な図があって分度器をもっていれば，少なくとも近似的に答えることは簡単にできました．3 次元の空間の中に配置された図形となると，平面に図を正確に描くことさえできません．

しかし，角の大きさや面積を計算することは容易にできます！

解答

(1) $\cos\theta = \dfrac{1\cdot 1 + (-2)\cdot 0 + (-2)\cdot(-1)}{\sqrt{1^2+(-2)^2+(-2)^2}\sqrt{1^2+0^2+(-1)^2}}$　　◀ p.290 の公式

$= \dfrac{3}{\sqrt{9}\cdot\sqrt{2}} = \dfrac{1}{\sqrt{2}}$

∴ $\theta = 45°$．　　◀ 弧度法でいえば $\dfrac{\pi}{4}$ (p.323)

(2) ∠QPR は，ベクトル $\overrightarrow{PQ}$, $\overrightarrow{PR}$ のなす角である．ところで

$\begin{cases} \overrightarrow{PQ} = \overrightarrow{OQ} - \overrightarrow{OP} \\ \qquad = (2, -2, -3) - (1, 0, -1) = (1, -2, -2) = \vec{a} \\ \overrightarrow{PR} = \overrightarrow{OR} - \overrightarrow{OP} \\ \qquad = (2, 0, -2) - (1, 0, -1) = (1, 0, -1) = \vec{b} \end{cases}$

であるから，(1)で示したように $\overrightarrow{PQ}$ と $\overrightarrow{PR}$ のなす角は $45°$ である．すなわち

$\theta = 45°$

一方，

$PQ = |\overrightarrow{PQ}| = \sqrt{1^2+(-2)^2+(-2)^2} = 3$
$PR = |\overrightarrow{PR}| = \sqrt{1^2+0^2+(-1)^2} = \sqrt{2}$

であるから，

$S = \dfrac{1}{2}\cdot PQ\cdot PR\cdot \sin\theta = \dfrac{1}{2}\cdot 3\cdot \sqrt{2}\cdot \sin 45°$

$= \dfrac{3}{2}$．

§8 空間ベクトル

例題 116

四面体 ABCD において，△BCD，△ACD，△ABD，△ABC の重心を G_1, G_2, G_3, G_4 とするとき，4 直線 AG_1，BG_2，CG_3，DG_4 は 1 点で交わることを，次の方法で証明せよ．

4 線分 AG_1，BG_2，CG_3，DG_4 を $3:1$ に内分する点が一致することを示す．

アプローチ

各点の位置ベクトルを考え，分点の公式を用いれば解決します．

解答

4 線分 AG_1，BG_2，CG_3，DG_4 を $3:1$ に内分する点をそれぞれ E_1, E_2, E_3, E_4 とおく．さらに一般に，点 X の位置ベクトルを $\vec{x}$ と表すことにする．

すると分点の公式により，

$$\vec{e_1} = \frac{\vec{a} + 3\vec{g_1}}{4} = \frac{\vec{a} + 3 \cdot \frac{\vec{b}+\vec{c}+\vec{d}}{3}}{4}$$

$$= \frac{\vec{a}+\vec{b}+\vec{c}+\vec{d}}{4}$$

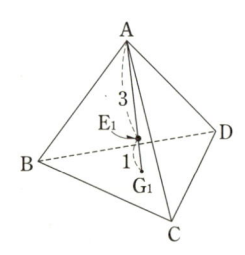

となる．

同様にして，

$$\vec{e_2} = \vec{e_3} = \vec{e_4} = \frac{\vec{a}+\vec{b}+\vec{c}+\vec{d}}{4}$$

となるので，

$$E_1 = E_2 = E_3 = E_4$$

つまり，4 線分 AG_1，BG_2，CG_3，DG_4 を $3:1$ に内分する点は一致する．

したがって，4 直線 AG_1，BG_2，CG_3，DG_4 は 1 点で交わる．∎

注　2 中線の交点として定義した三角形の重心を高次元化したものが，本問の 4 直線の交点で，これも四面体の重心と呼ばれる点です．

例題 117

2点 A$(1, 0, 0)$ と B$(2, 3, -1)$ がある．点 A を通り，ベクトル $\vec{m}=(1, 1, -2)$ に平行な直線上の点 P で
$$\vec{BP} \perp \vec{m}$$
を満たすものを求めよ．

アプローチ

P(x, y, z) とおくと，点 A，P の位置ベクトルをそれぞれ $\vec{a}$，$\vec{p}$ としてベクトル方程式の考え方を用いると，
$$\vec{p}=\vec{a}+t\vec{m} \quad (t \text{ はある実数})$$
とおけます．このようにして，点 P の位置はパラメータ t で表されます．これさえできれば，条件 $\vec{BP} \perp \vec{m}$ を t で表すだけです．

解答

P(x, y, z) とおくと，原点 O$(0, 0, 0)$ に対し
$$\vec{OP}=\vec{OA}+t\vec{m}$$
$$\therefore \quad (x, y, z)=(1, 0, 0)+t(1, 1, -2)$$
$$\therefore \quad \begin{cases} x=1+t \\ y=t \\ z=-2t \end{cases} \quad \cdots\cdots ①$$

と表せる．一方
$$\vec{BP}=\vec{OP}-\vec{OB}$$
$$=(x, y, z)-(2, 3, -1)$$
$$=(x-2, y-3, z+1)$$

であるから
$$\vec{BP} \perp \vec{m} \iff \vec{m} \cdot \vec{BP}=0$$
$$\iff 1\cdot(x-2)+1\cdot(y-3)-2\cdot(z+1)=0$$
$$\iff x+y-2z-7=0 \quad \cdots\cdots ②$$

である．これに①を代入すると
$$(1+t)+t-2(-2t)-7=0$$
$$6t-6=0 \quad \therefore \quad t=1 \quad \cdots\cdots ③$$

③を①に代入して $x=2, y=1, z=-2$
つまり，**P$(2, 1, -2)$** が求めるものである．

例題 118

xyz 空間に 2 つの球面
$$S_1 : (x-1)^2+(y+2)^2+(z+1)^2=a$$
$$S_2 : (x-3)^2+(y+1)^2+(z-1)^2=1$$
がある．ただし，a は正の実数である．
(1) S_1 と S_2 が 1 点で互いに外接するような a の値を求めよ．
(2) S_1 と S_2 が 1 点を共有するような a の値を求めよ．
(3) S_1 と S_2 が 2 点以上を共有するような a の値の範囲を求めよ．

アプローチ

"3 次元空間における球面" は "2 次元平面における円" とほとんど同様です．

解答

$\begin{cases} S_1 \text{の中心は } A(1, -2, -1), \text{半径は } r_1=\sqrt{a} \\ S_2 \text{の中心は } B(3, -1, 1), \text{半径は } r_2=1 \end{cases}$

である．したがって，中心間の距離は $AB=\sqrt{2^2+1^2+2^2}=3$ である．

(1) S_1 と S_2 が外接する $\iff r_1+r_2=AB$
$$\iff \sqrt{a}=2$$
$$\iff \boldsymbol{a=4}.$$

(2) $r_2<AB$ であるから S_1 が S_2 に内接することはない．

S_2 が S_1 に内接する $\iff AB=r_1-r_2$
$$\iff 3=\sqrt{a}-1$$
$$\iff a=16$$

したがって，S_1 と S_2 が 1 点のみを共有するのは $\boldsymbol{a=4}$ または $\boldsymbol{a=16}$ のときである．

(3) S_1 と S_2 が 2 点以上を共有する
$$\iff |r_1-r_2|<AB<r_1+r_2$$
$$\iff |\sqrt{a}-1|<3<\sqrt{a}+1$$

であるが，右側の不等式から $\sqrt{a}>2$ $\therefore$ $a>4$
であり，その下で，左側の不等式は
$$\sqrt{a}-1<3$$
$$\sqrt{a}<4 \quad \therefore \quad (0<)a<16$$
と解ける．よって求める範囲は $\boldsymbol{4<a<16}$．

例題 119

xyz 空間において，3点 A$(-1, 2, 4)$，B$(0, 3, 5)$，C$(1, 1, 1)$ と点 P(x, y, z) が同一平面上にあるための必要十分条件を x, y, z の方程式で表せ．

アプローチ

空間における平面の方程式は学習指導要領では範囲外です．しかし，いきなり「平面の方程式」といわずに，本問のようにより根本的に考え，これまで学んだ知識と知恵を活用すれば簡単に解決します．

解答

3点 A，B，C を含む平面を α とおくと，
点 P が平面 α 上にある
$$\iff \overrightarrow{AP}=s\overrightarrow{AB}+t\overrightarrow{AC} \quad \cdots\cdots ①$$
$\quad\quad$ (s, t：ある実数)

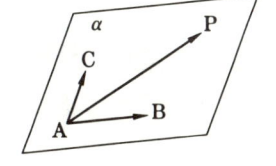

という同値関係が成立する．
成分を使って表現すると

$① \iff (x+1, y-2, z-4) = s(1, 1, 1) + t(2, -1, -3)$
$\qquad\qquad\qquad\qquad\quad = (s+2t, s-t, s-3t)$

$$\iff \begin{cases} x+1 = s+2t & \cdots\cdots ② \\ y-2 = s-t & \cdots\cdots ③ \\ z-4 = s-3t & \cdots\cdots ④ \end{cases}$$

となる．②と③を連立すると

$$\begin{cases} s = \dfrac{1}{3}(x+2y-3) & \cdots\cdots ②' \\ t = \dfrac{1}{3}(x-y+3) & \cdots\cdots ③' \end{cases}$$

であるから，②，③，④をともに満たす実数 s, t が存在するのは②'，③' を④に代入した式

$$z-4 = \dfrac{1}{3}(x+2y-3) - (x-y+3)$$

が成り立つことである．これを整理して
$$\boldsymbol{2x - 5y + 3z = 0}$$
を得る．

例題 120

(1) 点 P が同一直線上にない 3 点 A，B，C の定める平面上にある条件は，$\overrightarrow{OP} = l\overrightarrow{OA} + m\overrightarrow{OB} + n\overrightarrow{OC}$ かつ $l + m + n = 1$ と表されることである．これを証明せよ．

(2) 四面体 OABC の辺 OA を 2：1 の比に内分する点を D，△ABC の重心を G とし，線分 OG と △BCD との交点を P とするとき，$\overrightarrow{OP}$ を $\overrightarrow{OA}$，$\overrightarrow{OB}$，$\overrightarrow{OC}$ で表せ．

アプローチ

点 P が平面 ABC 上にある $\iff$ $\overrightarrow{AP} = s\overrightarrow{AB} + t\overrightarrow{AC}$ となる実数 s，t が存在する．

解 答

(1) 点 P が平面 ABC 上にある条件は $\overrightarrow{AP} = s\overrightarrow{AB} + t\overrightarrow{AC}$ ……(*) となる実数 s，t が存在することである．(*)を，O を始点とする有向線分の表すベクトルで表現しなおすと

$$\overrightarrow{OP} - \overrightarrow{OA} = s(\overrightarrow{OB} - \overrightarrow{OA}) + t(\overrightarrow{OC} - \overrightarrow{OA})$$

$$\therefore \overrightarrow{OP} = (1 - s - t)\overrightarrow{OA} + s\overrightarrow{OB} + t\overrightarrow{OC}$$

となる．ここで，$1 - s - t = l$，$s = m$，$t = n$ とおくと

$$\overrightarrow{OP} = l\overrightarrow{OA} + m\overrightarrow{OB} + n\overrightarrow{OC} \quad かつ \quad l + m + n = 1$$

逆にこのように表される点 P は，ある実数 s，t を用いて(*)のように表されるので，平面 ABC 上にある．■

(2) 点 P は線分 OG 上にあるから，ある実数 k を用いて

$$\overrightarrow{OP} = k\overrightarrow{OG} = k \cdot \frac{\overrightarrow{OA} + \overrightarrow{OB} + \overrightarrow{OC}}{3}$$

と表せる．ここで $\overrightarrow{OA} = \frac{3}{2}\overrightarrow{OD}$ であるから，

$$\overrightarrow{OP} = \frac{k}{2}\overrightarrow{OD} + \frac{k}{3}\overrightarrow{OB} + \frac{k}{3}\overrightarrow{OC}$$

一方，交点 P は平面 BCD 上にあるから

$$\frac{k}{2} + \frac{k}{3} + \frac{k}{3} = 1 \quad \therefore \quad k = \frac{6}{7}$$

よって，$\overrightarrow{OP} = \frac{2}{7}\overrightarrow{OA} + \frac{2}{7}\overrightarrow{OB} + \frac{2}{7}\overrightarrow{OC}$．

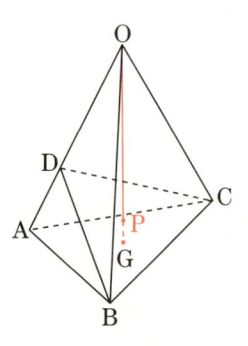

章末問題（第5章　ベクトル）

Aランク

29 三角形 ABC において，線分 AB を 3：1 に内分する点を D，線分 AC を 4：3 に内分する点を E とする．また，線分 CD と線分 BE の交点を P，直線 AP と BC の交点を Q とする．
(1) $\overrightarrow{AP}$ を $\overrightarrow{AB}$，$\overrightarrow{AC}$ で表せ．
(2) $\overrightarrow{AQ}$ を $\overrightarrow{AB}$，$\overrightarrow{AC}$ で表せ．
(3) 面積の比 $\triangle BCP : \triangle CAP : \triangle ABP$ を最も簡単な整数比で表せ．

（千葉工大）

30 三角形 OAB は，OA＝5，AB＝4，OB＝6 を満たす．p と q が $p \geqq 0$，$q \geqq 0$，$\dfrac{p}{3} + \dfrac{q}{4} \leqq 1$ を満たしながら変化するとき，$\overrightarrow{OQ} = p\overrightarrow{OA} + q\overrightarrow{OB}$ で定まる点 Q が動く範囲の面積を求めよ．

（広島大・改）

31 三角形 OAB において，辺 AB，BO をそれぞれ 1：2 に内分する点を M，N とする．また，線分 OM と AN の交点を P とする．
(1) $\vec{a} = \overrightarrow{OA}$，$\vec{b} = \overrightarrow{OB}$ とおくとき，$\overrightarrow{OP}$ を $\vec{a}$，$\vec{b}$ で表せ．
(2) OM と AN が直交し，$|\vec{a}| = 1$，$|\vec{b}| = \sqrt{3}$ のとき，$\angle AOB$ を求めよ．
(3) (2)のとき，さらに $|\overrightarrow{OP}|$ を求めよ．

（広島大）

32 三角形 OAB において，OA=3, OB=2, 内積 $\vec{OA}\cdot\vec{OB}=1$ であるとき，
(1) O から辺 AB に垂線 OD を下ろすとき，AD：DB を求めよ．
(2) A から辺 OB に下ろした垂線と OD との交点を H とするとき，$\vec{OH}$ を $\vec{OA}$, $\vec{OB}$ を用いて表せ．　　　　　　　　　　（近畿大）

33 各辺の長さが1の正四面体を PABC とし，A から平面 PBC へ下ろした垂線の足を H とする．$\vec{PA}=\vec{a}$, $\vec{PB}=\vec{b}$, $\vec{PC}=\vec{c}$ とおく．このとき次の問いに答えよ．
(1) 内積 $\vec{a}\cdot\vec{b}$, $\vec{a}\cdot\vec{c}$, $\vec{b}\cdot\vec{c}$ を求めよ．
(2) $\vec{PH}$ を $\vec{b}$ と $\vec{c}$ を用いて表せ．
(3) 正四面体 PABC の体積を求めよ．　　　　　　　　　　（佐賀大）

Bランク

34 △ABC において，AB=2, AC=3, ∠A=60°, $\vec{AB}=\vec{b}$, $\vec{AC}=\vec{c}$ とする．このとき，△ABC の外心を O として，$\vec{AO}$ を $\vec{b}$ と $\vec{c}$ を用いて表せ．　　　　　　　　　　（滋賀大）

35 平面上の3点 O, A, B は条件 $|\vec{OA}|=|\vec{OA}+\vec{OB}|=|2\vec{OA}+\vec{OB}|=1$ を満たす．
(1) $|\vec{AB}|$ および △OAB の面積を求めよ．
(2) 点 P が平面上を $|\vec{OP}|=|\vec{OB}|$ を満たしながら動くときの △PAB の面積の最大値を求めよ．　　　　　　　　　　（一橋大）

36 △ABC の重心 G を通る直線が，A 以外の点において，辺 AB，辺 AC と交わっている．この直線と辺 AB との交点を P，辺 AC との交点を Q とおき，定数 k, l を $\overrightarrow{AP}=k\overrightarrow{AB}$, $\overrightarrow{AQ}=l\overrightarrow{AC}$ によって定める．以下の問いに答えよ．

(1) $\dfrac{1}{k}+\dfrac{1}{l}=3$ が成り立つことを示せ．

(2) △ABC と △APQ の面積をそれぞれ S, T で表す．このとき T を k, l, S を用いて表せ．

(3) △APQ の面積 T が最小になるときの k, l の値を定めよ．（三重大）

37 △ABC の外心 O から直線 BC, CA, AB に下ろした垂線の足をそれぞれ P, Q, R とするとき，$\overrightarrow{OP}+2\overrightarrow{OQ}+3\overrightarrow{OR}=\vec{0}$ が成立しているとする．

(1) $\overrightarrow{OA}$, $\overrightarrow{OB}$, $\overrightarrow{OC}$ の関係式を求めよ．

(2) ∠A の大きさを求めよ． （京　大）

38 四面体 OABC において，$\overrightarrow{OA}=\vec{a}$, $\overrightarrow{OB}=\vec{b}$, $\overrightarrow{OC}=\vec{c}$ とする．線分 OA を 2 : 1 に内分する点を P，線分 PB を 2 : 1 に内分する点を Q，線分 QC を 2 : 1 に内分する点を R，直線 OR と三角形 ABC との交点を S とする．このとき，次の問いに答えよ．

(1) $\overrightarrow{OR}$ を $\vec{a}$, $\vec{b}$, $\vec{c}$ を用いて表せ．

(2) $\overrightarrow{OS}$ を $\vec{a}$, $\vec{b}$, $\vec{c}$ を用いて表せ．

(3) 四面体 OABC の体積を V_1，四面体 OPQR の体積を V_2 とするとき，$\dfrac{V_2}{V_1}$ を求めよ． （横浜国大）

39 空間において，点 A(1, 3, 0) を通りベクトル $\vec{a}=(-1, 1, -1)$ に平行な直線を l，点 B(-1, 3, 2) を通りベクトル $\vec{b}=(-1, 2, 0)$ に平行な直線を m とする．

(1) 直線 l 上の任意の点を P(x, y, z) とする．ベクトル $\vec{p}=(x, y, z)$ を媒介変数 t を用いて表せ．

(2) P は直線 l 上の点，Q は直線 m 上の点とする．$\overrightarrow{PQ}$ の大きさ $|\overrightarrow{PQ}|$ の最小値と，そのときの P, Q の座標を求めよ． (慶 大)

40 空間内に 3 点 A(1, 0, 0), B(0, 2, 0), C(0, 0, 3) をとる．

(1) 空間内の点 P が $\overrightarrow{AP}\cdot(\overrightarrow{BP}+2\overrightarrow{CP})=0$ を満たしながら動くとき，この点はある定点 Q から一定の距離にあることを示せ．

(2) (1)における定点 Q は 3 点 A, B, C を通る平面上にあることを示せ．

(3) (1)における P について，四面体 ABCP の体積の最大値を求めよ． (九 大)

第 6 章

いろいろな関数

　数学Ⅰでは，1次関数や2次関数について学びました．これによって，我々が日常的に出会う現象のいくつか——たとえば，物体の落下や投射体の運動——が，数学的に解明できたのですが，自然現象をより精密に描写するためには，これらだけでは足りません．実際，雨の水滴は，はるか上空から落ちてくるのに，地上に降り注ぐときは，野球のボールの落下のような加速運動になっていません．これは，空気抵抗によるものですが，そのような複雑な現象を分析するために，変化する2量の間に成り立つ関係を，より一般的に考察しなければなりません．本章ではまず，そのために必要となる，

抽象的な関数の定義 と，それに関わる**概念**（ことば）

を説明し，その上で分数や平方根を使って表される，

分数関数と無理関数

を説明します．ここまでで，大学流にいうと，**代数的関数**の基本がわかったことになります．そこで今度は，自然現象の解明の中に最も頻繁に登場する関数として

指数関数 と **対数関数** および **三角関数**

について学ぶ．これらは，(初等)**超越関数**と呼ばれるものです．なお，関数の一般論と分数関数と無理関数は，「指導要領」上は，数学Ⅲに属するものですが，初等超越関数の概念をしっかり理解するためにも，その後の勉強への発展のためにも，大学入試への準備という点からも，ここで基本的な学習をしておくことが好ましい，と考えて（数学を知っている人は，だれでもそう思う）この章にまとめました．

　この趣旨に沿って扱われる数学Ⅱ，数学B以外の部分には，（数学Ⅲ）のような表示を入れました．検定教科書に準拠して学習する人は，その箇所はとばしても，当面は差しつかえありません．

§1 関数の考え方

I 抽象的な関数の定義

数学Iで2次関数を学んだときは，
「変数 x の値が変化していくとき，それに応じて，変数 y の値が
$$y = x^2$$
という関係を満たすように変化する」
というように，

　　　　2つの変数が，つねに満足する等式

がいつも前面に出ていた．たしかに，これは，関数の古典的なとらえ方として有力なものではあるが，"式で表す"という考え方は，少し狭すぎるといえる．

例 6-1 数列 $\{a_n\}$ の項が，
$$\{a_n\} = \{1, 0, 1, 0, 0, 1, 0, 0, 0, 1, 0, 0, 0, 0, 1, 0, \cdots\}$$
のように，隣り合う "1" の間に入る "0" の個数が

　　　　1個, 2個, 3個, 4個, …

と入っていくように数が並んでいるとき，$\{a_n\}$ の各項は，1か0に決まるが，第 n 項 a_n を n の式で表そうと思ってもうまくいかない．つまり，数列 $\{a_n\}$ の一般項は，ふつうには求められない！

そこで，式で表すという考えを捨てて，次のように関数を定義する．

定義

空でない数の集合 X, Y において，
　X の任意の要素 x に対して，これに対応する Y の要素 y がただ1つ存在する
とき，この対応関係を，**集合 X から集合 Y への関数** と呼ぶ．
　関数を表すのに，f などの文字を用い，
$$f : X \longrightarrow Y$$
などと表す．また，x に対応する要素が y であることを，$y = f(x)$ と表す．この表現を用いて「関数 $y = f(x)$」と呼ぶこともある．（略して「関数 $f(x)$」，「関数 f」とも呼ぶ．）

1° 「対応」ということばは，慣れないうちは，理解しづらいものでしょう．はじめのうちは，次のような「原料 x を入れると製品 y が出てくる自動加工工場」をイメージするとよいでしょう．

たとえば，関数 $f(x)=3x-2$ は，原料 x が入ってきたら，それに「3倍して2を引く」という加工を施して出すものであるということです．

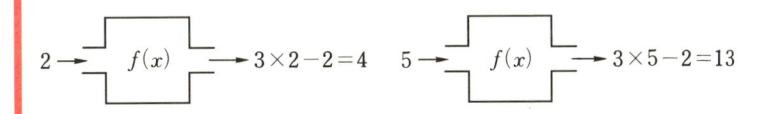

$2 \to \boxed{f(x)} \to 3 \times 2 - 2 = 4$　　$5 \to \boxed{f(x)} \to 3 \times 5 - 2 = 13$

2° 前ページの定義で大切なポイントは
　　i) X の任意の要素 x に対して
　　ii) 対応する Y の要素 y がただ1つ存在する

というところです．この2つのうち，いずれか一方でも満たされないなら，関数とは呼べません．

3° グラフで考えると，直観的に理解できます．

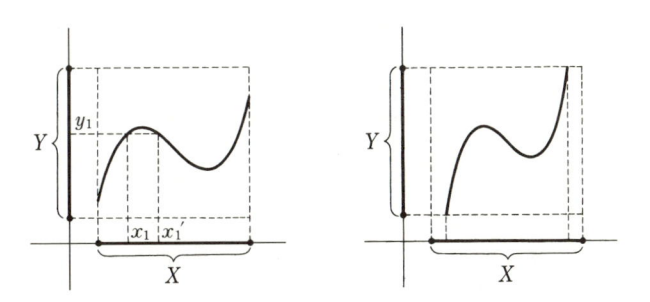

上の右のグラフでは，X の任意の要素に対し，これに対応する Y の要素がない場合があるので，関数と呼べない．

§1 関数の考え方

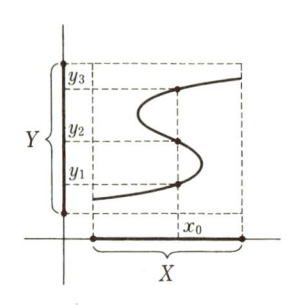

左のグラフでは，X の要素 x_0 に対し，これに対応する Y の要素が 2 個以上（左図では，y_1, y_2, y_3 の 3 個）あるので，関数と呼べない．

4° 特に注意したいのは，Y の要素の中に，それに対応する x の要素をもたないものがあっても構わない，ということです．

5° これまでに習ってきた
   1 次関数 $y = ax + b$ （a, b は定数，$a \neq 0$）
   2 次関数 $y = ax^2 + bx + c$ （a, b, c は定数，$a \neq 0$）
は，上に与えた定義の意味で，実数全体から実数全体への関数です．

定義

集合 X から集合 Y への関数 $y = f(x)$ において
x のとり得る値の範囲（すなわち，集合 X）を，関数 f の **定義域**，
y のとり得る値の範囲（これは，一般には Y の部分集合）を，関数 f の **値域** と呼ぶ．

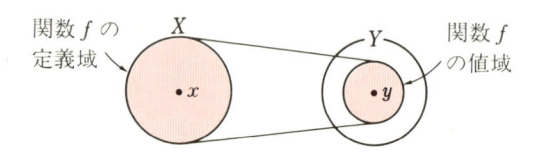

Notes

数学 I などで学んできた 1 次関数や 2 次関数においては，定義域を明示することは例外的で，たとえば，単に「関数 $y = x^2$」といったら，定義域（x のとり得る値の範囲）は，実数全体を考えていたのですが，これから勉強していくにつれて，定義域をはっきりと意識することが大切になってきます．

関数の値域を求めるには，グラフを描くのが基本的である．

例 6-2 x が $1 \leqq x \leqq 2$ の範囲の実数値をとって変化するとき，関数 $y = x^2$ の値域は，
$$1 \leqq y \leqq 4$$
の範囲の実数全体である．

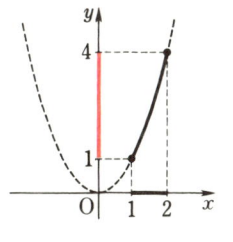

例 6-3 x が $-1 \leqq x \leqq 2$ の範囲の実数値をとって変化するとき，関数 $y = x^2$ の値域は，
$$0 \leqq y \leqq 4$$
の範囲の実数全体である．

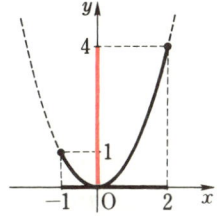

関数の定義域を明示するのに，高校数学では，しばしば，関数を表す式の後に，x についての不等式を添えて，たとえば
$$y = x^2 \ (-1 \leqq x \leqq 2)$$
のように書く簡略法が，一般に普及している．

問 6-1 次のおのおのの関数の値域を，y の不等式で答えよ．
(1) $y = -2x + 1 \ (-1 < x \leqq 2)$
(2) $y = x^2 - 2x - 1 \ (0 < x < 2)$

II 合成関数（数学III）

たとえば，関数 $y=(3x-2)^2$ において，x の値が与えられたときの y の値を計算するには，

　　まず，$3x-2$ の値を計算し，

　　ついでその結果を2乗する

というステップを踏むであろう．

　つまり，関数 $y=(3x-2)^2$ は

　　3倍して2を引くという操作(関数)と2乗するという操作(関数)

が結合されたものであると考えることができる．このように，2つの関数を結合して新しい関数を作ることを，**関数の合成** と呼ぶ．より厳密にいうと，次のようになる．

x

3倍して2を引く

$3x-2$

2乗する

$(3x-2)^2$

定義

関数 $y=f(x)$，$z=g(y)$ が与えられたとき，x に $z=g(y)$ すなわち $g(f(x))$ を対応させる関数を，関数 f と g の **合成関数** と呼ぶ．

Notes

1° 関数 g を表すのに
$$y=g(x)$$
と書かず，変数を y, 関数値を z として
$$z=g(y)$$
と表したのは，単にわかりやすさのためです．慣れてくれば，「関数 $f(x)$ と $g(x)$ の合成関数」という，ややあいまいな表現でも，正しく理解できるようになります．
$$g(x)=x^2 \quad \text{と書くことと} \quad g(y)=y^2 \quad \text{と書くこ}$$
とは，本質的に同じことだからです．

2° 最初のうちは，合成関数の考え方は，次の図を使って理解するとよいでしょう．

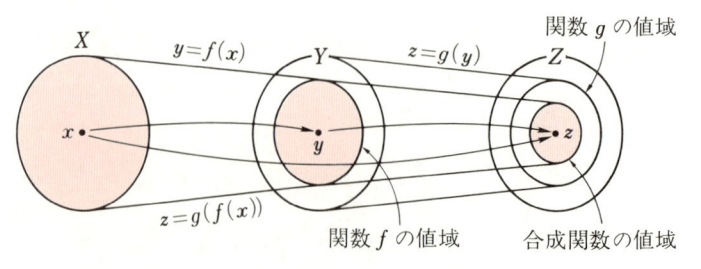

3° あまり厳密とはいえませんが，製品加工工場のイメージを利用するなら，関数の合成は，2種類の加工過程をつなげる，ということです．合成関数を考えるときは，合成の **順序を間違えないこと** が大事です．製品加工のことを考えれば，順序が本質的であることは，納得できるでしょう．☞ 例 6-4

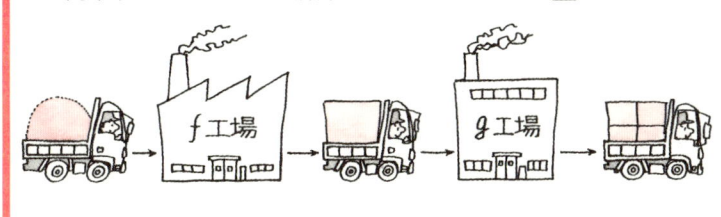

また，f と g の合成関数を表すのに，$g \circ f$ という記号がある．すなわち，

$$(g \circ f)(x) = g(f(x))$$

という意味である．

例 6-4 $f(x) = x-1$, $g(x) = x^2$ とする．

関数 $y = f(x) = x-1$ と 関数 $z = g(y) = y^2$ の合成関数 $z = g(f(x))$ は，

$$z = (x-1)^2$$

である．

また，関数 $y = g(x) = x^2$ と 関数 $z = f(y) = y-1$ の合成関数 $z = f(g(x))$ は，

$$z = x^2 - 1$$

である．

Notes このように，合成関数 $g(f(x))$ は，$g(x)$ を表す x の式において，x のところに $f(x)$ を代入したものにほかなりません！

問 6-2 $f(x) = 2x-1$, $g(x) = -x+3$ とするとき，次の合成関数を求めよ．
(1) $g(f(x))$
(2) $f(g(x))$

III 逆関数（数学III）

関数 $y=f(x)$ を
   　原料 x を入れたら，加工製品 y が出てくる
というイメージでとらえるとき，その反対に，
   　製品 y を作るためには，どんな原料を入れるべきか
という発想に立つことができる．これが，**逆関数** の考え方である．

逆関数は，いつでも定義できるわけではない．精密にいうと，次のようになる．

定義

集合 X から集合 Y への関数 $y=f(x)$ が，
 ⅰ) Y のどの要素 y に対しても，$y=f(x)$ となる x が存在して，しかも
 ⅱ) そのような x が，ただ1つだけである
という性質を満たすときは，関数 f とちょうど反対に，
   　Y の要素 y に，X の要素 x を対応させる
関数を考えることができる．これを f の **逆関数** という．

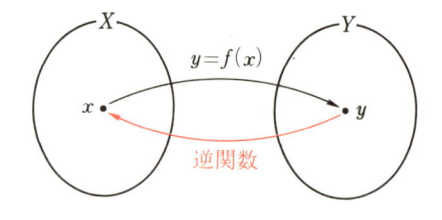

例 6-5 関数 $y=2x-1$ の逆関数は，$x=\dfrac{1}{2}(y+1)$ である．

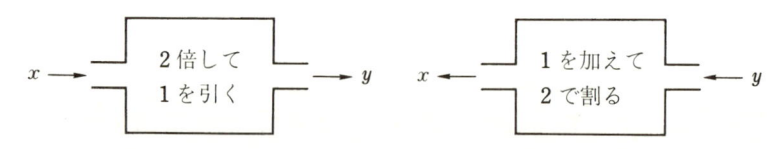

逆関数では，もとの関数に対して定義域と値域がひっくり返る．すなわち，逆関数の定義域と値域は，もとの関数の値域と定義域である．

例 6-6 $-1 \leq x < 2$ を定義域とする関数 $y = -2x+1$ の値域は，$-3 < y \leq 3$ である．

その逆関数は，$-3 < y \leq 3$ を定義域とする関数 $x = -\dfrac{1}{2}(y-1)$ で，その値域は，$-1 \leq x < 2$ である．

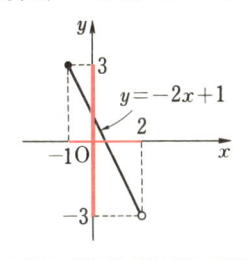

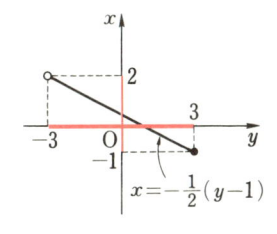

逆関数の変数と関数値を表す文字がもとの関数 $y=f(x)$ とひっくり返りますが，そうなると，グラフを描くときに，上の右図のように y 軸を横に，x 軸を縦にとることになって，今まで習ってきた習慣に反してしまいます．そこで，最後に

x と y を入れかえ

たもの（上の例でいえば，$y = -\dfrac{1}{2}(x-1)$）を，逆関数と呼ぶことが，（特に高校数学では）しばしばあります．

この立場に立つと逆関数の求め方は，次のように説明できます．

> 関数 $y=f(x)$ の逆関数を求めるには，
> この式を，x について解き，
> ついで，
> <center>x と y を入れかえる．</center> ……(*)

操作(*)が入るため，逆関数のグラフは，もとの関数のグラフと直線 $y=x$ に関して対称になります．

問 6-3 次のそれぞれの関数の逆関数を求めよ．

(1) $y = 2x$　　(2) $y = x - 1$　　(3) $y = \dfrac{9}{5}x + 32$

§2 分数関数と無理関数（数学Ⅲ）

これまでは，抽象的に関数を論じてきた．ここからは具体的な関数を扱う．

Ⅰ 分数関数（数学Ⅲ）

中学のとき，反比例 $y=\dfrac{1}{x}$ のグラフが，右図のような **双曲線** になることを学んだ．

では，$y=\dfrac{2x+1}{x-1}$ のようなもう少し複雑な分数で表される関数のグラフはどうなるであろうか．

この問いに答えるために，より簡単な場合の考察から始めよう．

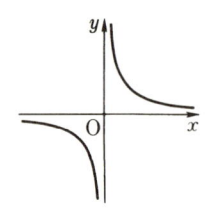

Ⅰ-1　関数 $y=\dfrac{a}{x}$（a は 0 でない定数）のグラフ

この関数のグラフは，中学で学んだように，a の値によらず，x 軸と y 軸を **漸近線** とする **双曲線** である．

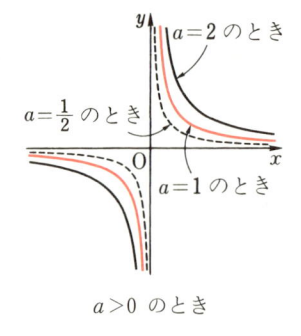

$a>0$ のとき　　　　　　$a<0$ のとき

Notes

1°　$a>0$ のとき，a の値が増すにつれて，双曲線は原点から遠ざかっていきます．この感じをつかむといいでしょう．

2°　$a>0$ のとき，双曲線 $y=\dfrac{a}{x}$ は，双曲線 $y=\dfrac{1}{x}$ を，原点を相似の中心として $\sqrt{a}$ 倍に相似拡大したものです．

Ⅰ-2　関数 $y=\dfrac{a}{x-p}$（a, p は定数，$a\neq 0$）のグラフ

たとえば，関数 $y=\dfrac{2}{x}$ と $y=\dfrac{2}{x-1}$ の値を表にして，比較して見ればわ

x	-3	-2	-1	0	1	2	3	$\cdots$
$y=\dfrac{2}{x}$	$-\dfrac{2}{3}$	-1	-2	×	2	1	$\dfrac{2}{3}$	$\cdots$
$y=\dfrac{2}{x-1}$	$-\dfrac{1}{2}$	$-\dfrac{2}{3}$	-1	-2	×	2	1	$\cdots$

かるように $y=\dfrac{2}{x-1}$ の値は，x の値をちょうど 1 だけずらした $y=\dfrac{2}{x}$ の値と同じである．

このことから，関数 $y=\dfrac{2}{x-1}$ のグラフは，双曲線 $y=\dfrac{2}{x}$ を **x 軸方向に 1 だけ平行移動** したものであることがわかる．

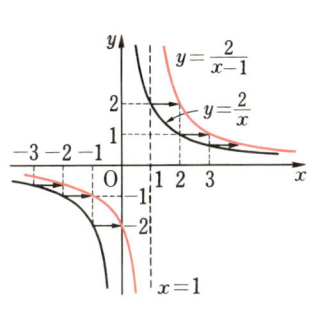

> **Notes** 双曲線のグラフを，それらしく描くには，漸近線（上の例では，x 軸と直線 $x=1$）を書きそえることがポイントです．

一般に，関数 $y=\dfrac{a}{x-p}$ のグラフは，双曲線 $y=\dfrac{a}{x}$ を

x 軸方向に p だけ平行移動

したものである．

> **Notes** ここで述べたことは，放物線について，数学 I で学んだ
>
> > 放物線 $y=a(x-p)^2$ は，放物線 $y=ax^2$ を
> > x 軸方向に p だけ平行移動したものである
>
> と本質的に同じことです．

問 6-4 関数 (1) $y=\dfrac{2}{x+2}$，(2) $y=\dfrac{-2}{x-1}$ のグラフを描け．

I-3 関数 $y=\dfrac{a}{x}+q$ （a, q は定数，$a \neq 0$）のグラフ

たとえば，関数 $y=\dfrac{2}{x}+1$ の値は $y=\dfrac{2}{x}$ の値に 1 を加えたものであるから，関数 $y=\dfrac{2}{x}+1$ のグラフは，双曲線 $y=\dfrac{2}{x}$ を，y 軸方向に 1 だけ平行

§2 分数関数と無理関数

移動したものである．このグラフの漸近線は，y 軸と直線 $y=1$ である．

一般に，関数 $y=\dfrac{a}{x}+q$ のグラフは，

双曲線 $y=\dfrac{a}{x}$ を
> y 軸方向に q だけ平行移動

したものである．

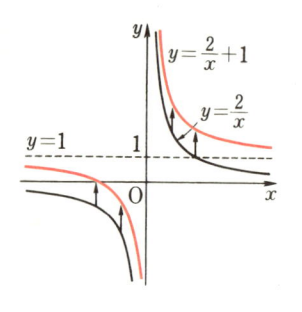

Notes これは，数学 I で学んだ次の事実と本質的に同じことです．

> 放物線 $y=ax^2+q$ は，放物線 $y=ax^2$ を
> y 軸方向に q だけ平行移動したものである．

問 6-5 関数 (1) $y=\dfrac{2}{x}-1$，(2) $y=\dfrac{-2}{x}+1$ のグラフを描け．

I-4　関数 $y=\dfrac{a}{x-p}+q$（a, p, q は定数，$a \ne 0$）のグラフ

たとえば，関数 $y=\dfrac{2}{x-3}+1$ のグラフは，I-3 で述べたのと同じ理由により，関数 $y=\dfrac{2}{x-3}$ のグラフを，y 軸方向に 1 だけ平行移動したものと考えることができる．一方，関数 $y=\dfrac{2}{x-3}$ のグラフは，I-2 で述べたように双曲線 $y=\dfrac{2}{x}$ を，x 軸方向に 3 だけ平行移動したものである．それゆえ，双曲線 $y=\dfrac{2}{x}$ を出発点として，これを
> x 軸方向に 3,
> y 軸方向に 1

だけ平行移動すると，関数 $y=\dfrac{2}{x-3}+1$ のグラフが得られる．

一般に，関数 $y=\dfrac{a}{x-p}+q$ のグラフは，双曲線 $y=\dfrac{a}{x}$ を
> x 軸方向に p,
> y 軸方向に q

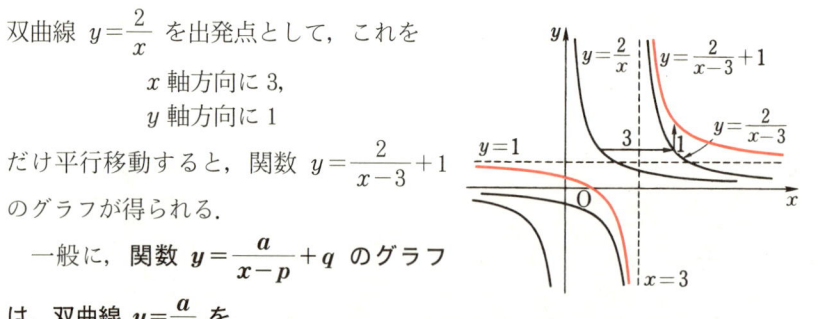

第 6 章　いろいろな関数

だけ平行移動したもの であり，それは，2直線 $x=p$ および $y=q$ を **漸近線** にもつ．

問 6-6 関数 (1) $y=\dfrac{1}{x+2}+1$, (2) $y=\dfrac{-1}{x-2}+2$ のグラフを描け．

I-5 $y=\dfrac{ax+b}{cx+d}$ (a, b, c, d は定数, $c\neq 0$, $ad-bc\neq 0$) のグラフ

たとえば，関数 $y=\dfrac{2x+1}{x-1}$ のグラフは，式の右辺が

$$\dfrac{2x+1}{x-1}=2+\dfrac{3}{x-1}$$

と変形できることから，双曲線 $y=\dfrac{3}{x}$ を，

$$x\text{ 軸方向に }1,\ y\text{ 軸方向に }2$$

だけ平行移動したものである．

$$\begin{array}{r}2\\x-1\overline{)\,2x+1\,}\\2x-2\\\hline 3\end{array}$$

問 6-7 関数 (1) $y=\dfrac{2x-1}{x-2}$, (2) $y=\dfrac{x}{x+1}$ のグラフを描け．

研究 以上，I-2，I-3，I-4 で述べたことがらは，2次関数や分数関数の場合に限らず，一般に成り立つ．すなわち，関数 $y=f(x)$ のグラフを C_0 とおくと，

　　　ⅰ) 関数 $y=f(x-p)$ 　　ⅱ) 関数 $y=f(x)+q$
　　　ⅲ) 関数 $y=f(x-p)+q$

のグラフは，C_0 を，それぞれ

　　　ⅰ) x 軸方向に p だけ 　　ⅱ) y 軸方向に q だけ
　　　ⅲ) x 軸方向に p, y 軸方向に q だけ

平行移動したものである．

なお，$\begin{cases}g(x)=x-p\\h(x)=x+q\end{cases}$ とおくと，

$$y=f(x-p)+q$$

は，

$$y=h(f(g(x)))$$

という **合成関数** としてとらえることができる．

II　無理関数（数学III）

実数全体を定義域とする関数 $y=x^2$ の逆関数は，考えることができない．

なぜなら，たとえば，$y=9$ という値に対し，これに対応する x の値がただ1つでない（3と-3の2個ある）からである．

しかし，関数 $y=x^2$ の定義域を狭めて，0以上の実数だけにすると，逆関数を考えることができる．

p.313 で述べた方法にしたがって逆関数を求めると，

$y=x^2$ を $x \geqq 0$ についての方程式と見て解いて，

$$x=\sqrt{y}$$

を導き，ついで x と y を入れかえて

$$y=\sqrt{x}$$

を得る．

このことから，関数 $y=\sqrt{x}$ のグラフは，下の右図のような放物線の半分である．

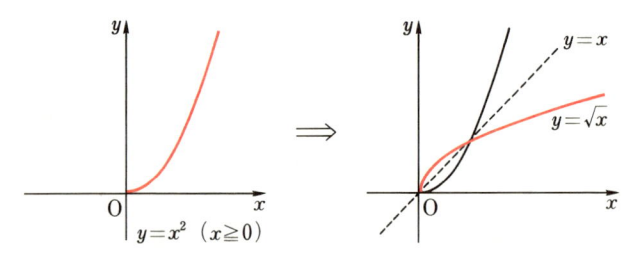

同様に定義域を $x \leqq 0$ としたときの関数 $y=x^2$ の逆関数として $y=-\sqrt{x}$ が得られる．

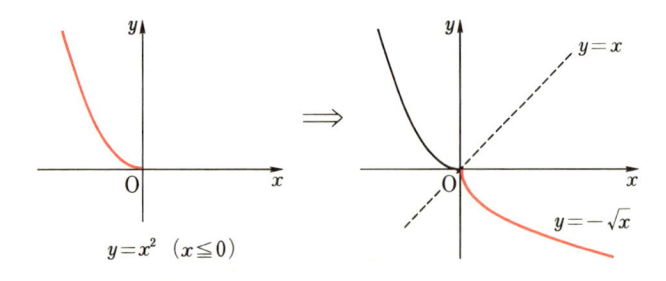

問 6-8　関数 $y=\dfrac{1}{2}x^2$ ($x \geqq 0$) の逆関数を求め，そのグラフを描け．

$y=\sqrt{x}$ や $y=-\sqrt{x}$ のように，平方根を含む式で表される関数を総称して **無理関数** と呼ぶ．

前節で述べたのと同様の考察により，
$$y=\sqrt{x-1}$$
$$y=\sqrt{x}+2$$
$$y=\sqrt{x-1}+2$$
などの無理関数のグラフも，$y=\sqrt{x}$ のグラフを平行移動することにより得られる．

問 6-9 次の関数のグラフを描け．
(1) $y=\sqrt{x-1}$ (2) $y=\sqrt{x}+2$ (3) $y=\sqrt{x-1}+2$
(4) $y=-\sqrt{x-1}$ (5) $y=-\sqrt{x-1}+2$

問 6-10 次の関数のグラフを描け．
(1) $y=\sqrt{-x}$ (2) $y=\sqrt{1-x}$ (3) $y=-\sqrt{2-x}$

§3 三角関数

数学 I で学んだ三角比，たとえば $\sin\theta$ は，角 θ を与えると $\sin\theta$ という実数の値が定まるのであるから，§1 で述べた一般的な関数の定義に従えば，角度に対して実数が対応する関数ということになる．この立場から出発して，三角比の性質をより深く解明するのが本節の目的である．

I 動径，一般角

与えられた図形の中で角度を考えるときは，$0°$ から $180°$ までの範囲で考えれば事足りるが，回転運動を考えるときには，それでは，不十分である．

> **Notes**
> たとえば，高級な金庫の鍵の開け方は，
> 「右に 2 回転して，さらに右回りに目盛り 35 に合わせ，次に，左に回して，1 回転以内で目盛り 61 に合わせ，最後に，右に約 2 回転して，さらに右回りに目盛り 5 に合わせる」 
> のように，角度の大きさも $180°$ 以上（1 回転でさえ $360°$）を考える必要があるし，また，回転の向き（右回り，左回り）も考慮しなければなりません．

そこで，xy 平面において，原点 O を端点とする半直線 OZ が，O のまわりを回転すると考え，これを **動径** と呼ぶ．動径 OZ が **x 軸の正の向き** からどれほど回転したかを表すのに

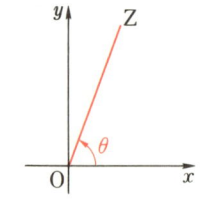

$$\begin{cases} \text{左回り（反時計回り）を　正} \\ \text{右回り（時計回り）を　負} \end{cases}$$

にとって角 θ を考えると，θ は，$0°$ と $180°$ の間の角だけでなく，$240°$ とか $395°$ とか $-90°$ といった値も取り得る．

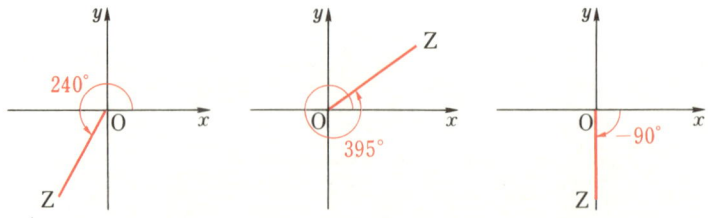

このように，角の大きさを正，負すべての値に一般化して考えたものを **一般角** という．

第 6 章　いろいろな関数

動径 OZ は 360° あるいは $-360°$ 回転すると元の位置に戻るので，角

$$\theta + 360° \times n \quad (n=0, \pm 1, \pm 2, \cdots)$$

の表す動径 OZ はすべて一致する．

注 この意味で，上式をこの動径の表す一般角と呼ぶこともあります．

例 6-7 $60°$, $420°$, $-300°$, $\cdots$
一般に
$$60° + 360° \times n \quad (n=0, \pm 1, \pm 2, \cdots)$$
はすべて同じ動径を表す．

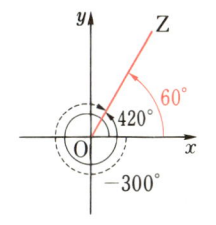

II 三角比から三角関数へ

角 θ が与えられたとき，xy 平面上で，角 θ の表す動径 OZ と，O を中心とする半径 r の円 C を描くと，その交点 $\mathrm{P}(x, y)$ が定まる．

この x と y は θ と r の値に依存するが，

$$\frac{y}{x}, \ \frac{x}{r}, \ \frac{y}{r}$$

という比は，r にはよらず，θ の値だけで定まる ので，角 θ の関数と考えることができる．

しかし，これらは θ の簡単な式で表すことはできない．そこで，これらを，それぞれ

$$\tan \theta, \ \cos \theta, \ \sin \theta$$

と表す．すなわち

$$\tan \theta = \frac{y}{x}, \ \cos \theta = \frac{x}{r}, \ \sin \theta = \frac{y}{r}$$

Notes

1° これらは，§1 で学んだ関数記号 $f(x)$ にならえば，それぞれ
$$t(\theta), \ c(\theta), \ s(\theta)$$
のように 1 文字で表すべきものですが，昔からの習慣で，上のように書きます．

2° **タンジェント**(tangent, **正接**), **コサイン**(cosine, **余弦**), **サイン**(sine, **正弦**) は，歴史的な由来をもつことばですが，今では，この由来は，ほとんど意識されることはありません．

§3 三角関数

θ が $0° \leq \theta \leq 180°$ の範囲にあるとき，三角関数 $\tan\theta$，$\cos\theta$，$\sin\theta$ の値は数学 I で学んだ三角比の値と一致する．

Notes この意味で「三角関数は三角比を一般角にまで拡張したものである」ということができます．

問 6-11 次の三角関数の値を求めよ．
(1) $\tan 30°$ (2) $\cos 150°$ (3) $\sin 135°$
(4) $\tan 225°$ (5) $\cos 240°$ (6) $\sin(-135°)$

Notes 三角関数 $\tan\theta$，$\cos\theta$，$\sin\theta$ の厳密な値を求めることができるのは，上の **問** 6-11 のような特別な角の場合に限ります．

これらは，直角二等辺三角形や正三角形を基にして求めることができるのでした．

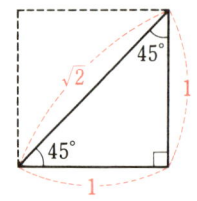

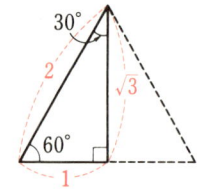

その他の角の三角比，たとえば
$$\tan 10° \ \ \text{や} \ \ \cos 20°, \ \ \text{あるいは} \ \ \sin 5°$$
などの値は，数表や電卓を用いて近似的に知ることができるだけです．

III 角度の真の姿 —— 弧度法

2直線が1点で交わるとき，そこにできる図形を角（angle［英］）という．角の大きさは，右の2番目の図のように，直線に直線が交わって作る両側の角が等しくなるような角（直角）を単位にして，その何倍であるか，と計るのが幾何学の伝統である．

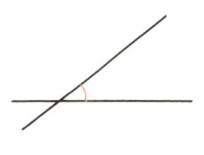

例6-8 三角形の内角の和は2直角である．

例6-9 四角形の内角の和は4直角である．

例6-10 どんな凸多角形の外角の和も，つねに4直角である．

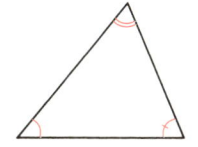

しかし，直角を単位として角の大きさを計るこの方法は，実用的な目的のためには，必ずしも便利でない．すぐに分数が現れるためである．

例6-11 太陽が我々の大地のまわりを1日で1回転（つまり4直角だけ回転）するものとすれば，

1時間あたりの回転角は，　$4 直角 \div 24 = \frac{1}{6} 直角$，

1分間あたりの回転角は，　$\frac{1}{6} 直角 \div 60 = \frac{1}{360} 直角$．

そこで，日常生活では，角の大きさを計るのに，1回転分の角（すなわち4直角）が360度——これを360°と書く——となるように，1度という角の単位を定め，これを利用している．

1度を60等分した角の大きさを1分，1分を60等分した角の大きさを1秒という．

時間の単位としての「分」「秒」と角度の単位の「分」「秒」は異なる．

例6-12 毎日の太陽の回転角（実は，地球の自転の角）は

1時間あたり　$360 度 \div 24 = 15 度$，

1分間あたり　$15 度 \div 60 = \frac{1}{4} 度 = 15 分$，

1秒間あたり　$15 分 \div 60 = \frac{1}{4} 分 = 15 秒$．

このように，角の大きさ，すなわち角度を，360°を基本として計る方法を **度数法**，または，**360度法** と呼ぶ．

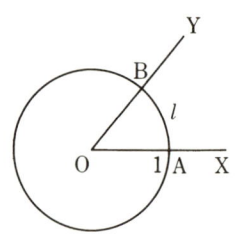

半直線 OX, OY の作る ∠XOY の大きさを計るのに，点 O を中心として **半径 1** の円を描き半直線 OX, OY との交点 A, B をとり，弧 AB の長さを l とすると，

∠XOY が $\begin{cases} 大きくなるほど l は大きく \\ 小さくなるほど l は小さく \end{cases}$ なる．

そこで，*l の長さでもって ∠XOY の大きさを表そう* というのが弧度法の考え方である．

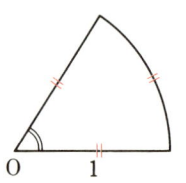

右図のように，弧の長さが 1 となるときの角が弧度法における角の単位であり，これを **1 ラジアン** と呼ぶ．

注 1 ラジアンは，60°よりわずかに小さく，57.29…°（57°17′45″…）です．

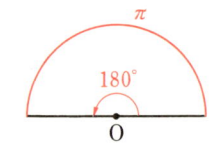

半径 1 の半円の周の長さは π であるから，

> **180° が π ラジアン**

に相当する．

問 6-12 次の角度を弧度法になおせ．
(1) 90°　　(2) 120°　　(3) 15°　　(4) 360°

次のように定義すると，円の半径は 1 でなくてもよい．

> **定義**
> ∠XOY に対し，点 O を中心とする半径 r の円を描き，OX, OY との交点 A, B をとり，弧 AB の長さを l とするとき，$\dfrac{l}{r}$ を ∠XOY の大きさという．
> このとき，これを **弧度法** という．

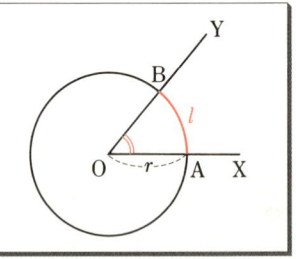

Notes $\dfrac{l}{r}$ は，分子，分母がともに長さであるから，角度自身は単位のつかない無名数であるといえます．ラジアンは，m や kg のような単位ではないのです！

上の定義から，ただちに，次の公式が導かれる．

扇形の弧の長さ

半径 r，中心角が θ [ラジアン] の扇形の弧の長さ l は，
$$l = r\theta$$

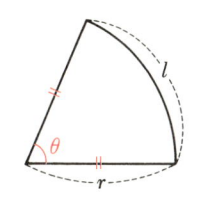

直観的な説明であるが，半径 r の扇形の面積が高さ r の微小な三角形を集めたものとして求められることに注意すれば，上の公式を利用して次の公式が得られる．

扇形の面積

半径 r，中心角が θ [ラジアン] の扇形の面積 S は，
$$S = \dfrac{1}{2} r l = \dfrac{1}{2} r^2 \theta$$

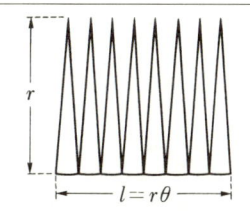

IV 三角関数の定義

ラジアンで考えると，角度は単なる実数になる．そこで，任意の実数 θ に対して，p.321 と同様に

$$\tan\theta = \frac{y}{x}, \quad \cos\theta = \frac{x}{r}, \quad \sin\theta = \frac{y}{r}$$

と定義する．ただし，$\tan\theta$ は，$x=0$ となるような角 θ については，定義できない．

問 6-13 次の弧度法で表された角に対する三角関数の値を求めよ．

(1) $\tan\dfrac{\pi}{4}$ 　　　　(2) $\cos\dfrac{2\pi}{3}$

(3) $\sin\dfrac{7\pi}{6}$ 　　　　(4) $\cos\dfrac{7\pi}{4}$

コラム　中学で学んだ1次関数でも，数学Ⅰで学んだ2次関数でも，また本章の §1，§2 でも，関数ということばを用いるときは，

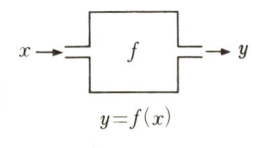

　　　変数 x の値に応じて変数 y の値が定まる

という表現を使ってきました．つまり，

　値を勝手に決めることができる独立変数には x という文字を
　独立変数の値で値が定まる従属変数には y という文字を

用いてきました．

この習慣に従って，三角関数においても，変数に x を用い，関数値を y で表して

$$y = \sin x, \quad y = \cos x, \quad \cdots$$

などと表していきたいのですが，困ったことに問題点が2つあります．1つは，角度である x をどう扱うか，という問題です．y はふつうの値ですが，x は 0°とか 90°という角度であると考えてしまうと，x と y とで"量の種類"が違うということになって，大変煩しい．（面倒なことだけでなく，学問的な問題があるのです！）そこで三角関数を考えるときは，Ⅲで解説した弧度法を使うのが，自然であるだけでなく，必然的なので

す．ただし，本書では，読者のために，最初のうちは慣れるために，度数法による表示も併用していきます．

もう1つの問題は，角度や関数の値に用いようとしている文字 x，y は，前ページで述べた三角関数 $\cos\theta$，$\sin\theta$，$\tan\theta$ の定義の中で，違う意味ですでに用いられている，ということです．この難点を避けるため，三角関数の定義を表現上，改める必要があります．

本書では，以後，右下図のような XY 平面において，原点 O のまわりに半直線 OX から角 x だけ回転させた動径と，O を中心とする半径 r の円との交点を P(X, Y) として

$$\begin{cases} \cos x = \dfrac{X}{r} \\ \sin x = \dfrac{Y}{r} \\ \tan x = \dfrac{Y}{X} \end{cases}$$

と定義します．

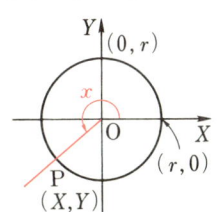

V　三角関数のグラフ (1)

x の変化に伴って変化する $y = \sin x$ の個々の値を計算することは，簡単にはできない．しかし，y の値の変化の様子を大雑把につかむことは，比較的簡単にできる．

XY 平面上に，原点 O を中心とする半径 1 の円を描き，半直線 OX から角 x だけ回転させた動径とこの円との交点を P(X, Y) とおくと，

$$\sin x = Y$$

である．

x は，ちょうど，図の弧 AP の長さになる．そこで，この長さを横座標にとり，P の Y 座標を縦座標にとることにして，x のいろいろな値について，このような点をとっていくと，次ページの図のような，滑らかに波うつ曲線が描かれる．これが三角関数 $y = \sin x$ のグラフである．

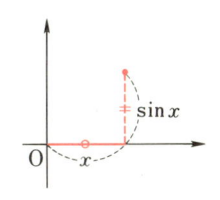

$y = \sin x$ のグラフ

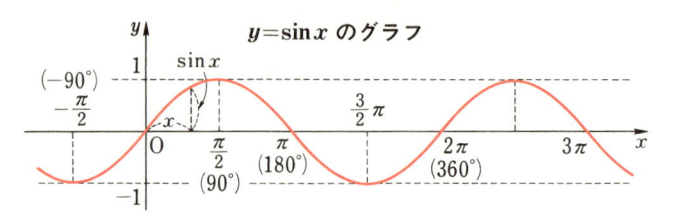

このグラフの著しい特徴は，
(1) 2π（$= 360°$）を周期として，同じ値が波のように繰り返される
(2) 関数値 y のとりうる値の範囲が，$-1 \leqq y \leqq 1$ の実数である
(3) 原点に関して対称である

ことである．(1)の性質を「$y = \sin x$ は 2π を周期とする **周期関数** である」という．なお，上にあげた性質(1)の説明は，p.333 問6-16 でも与えられる．

$y = \cos x$ のグラフは，次のようになる．

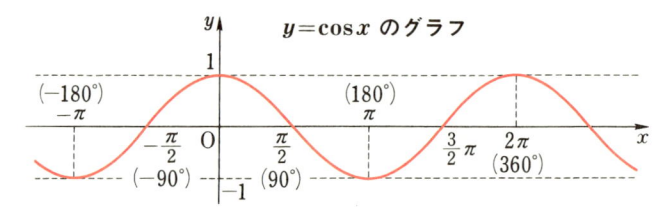

$y = \cos x$ のグラフ

$y = \cos x$ のグラフは $y = \sin x$ のグラフと合同である．実際，$y = \sin x$ のグラフを x 軸の負の方向に $\dfrac{\pi}{2}$（$= 90°$）だけずらしてやると，$y = \cos x$ のグラフになる．

Notes

1° 上のことは，

$$\cos x = \sin\left(x + \frac{\pi}{2}\right)$$

が成り立つという関係にほかなりません．上の関係が成り立つことの証明は p.334 で与えられます．

2° $y = \cos x$ のグラフは $y = \sin x$ のグラフと合同ですから，上にあげた $y = \sin x$ のグラフの性質のうちの (1), (2) は $y = \cos x$ についても成り立ちます．
また，$y = \cos x$ のグラフでは，性質 (3) が，
　　　y 軸に関して対称である
となります．

$y=\tan x$ のグラフは次のようになる．

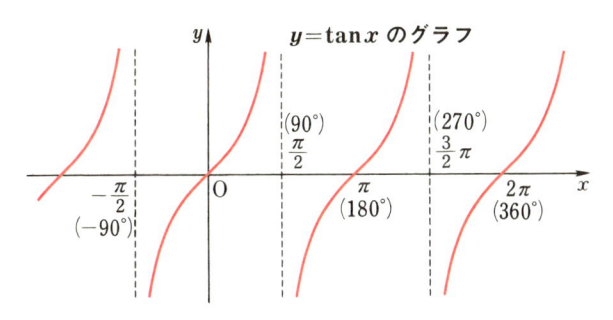

$y=\tan x$ のグラフ

このグラフは，
(1) π を周期とし，
(2) y のとりうる値の範囲は実数全体であり，
(3) 原点に関して対称である

という性質をもつ．そのほか

(4) 直線 $x=\dfrac{\pi}{2}+n\pi$ （$n=0,\ \pm 1,\ \pm 2,\ \cdots$）を漸近線とする

ことも，大切な性質である．

VI 三角関数のグラフ (2)

$y=\sin x$ のグラフを平行移動して $y=\cos x$ のグラフが得られたように，さまざまな周期的な波を，sin, cos の式で表すことができる．ここでは，その代表的な例をとりあげよう．

VI-1 $y=2\sin x$ のグラフ

周期は $y=\sin x$ と同じく，$2\pi\,(=360°)$ であるが，振幅は 2 であって，y のとりうる値の範囲は
$$-2 \leqq y \leqq 2$$
になる．

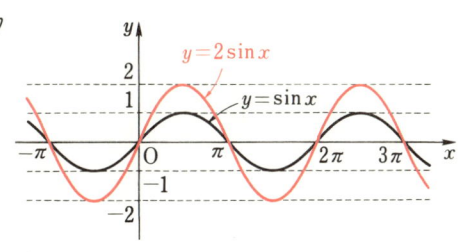

Ⅵ–2　$y = \sin 2x$ のグラフ

x の値が $\pi(=180°)$ だけ増加すると，$2x$ の値は $2\pi(=360°)$ だけ増加するので，周期は，$y=\sin x$ の場合の半分の $\pi(=180°)$ である．
y のとりうる値の範囲は，$y=\sin x$ と変わらない．

問 6-14　$y = \cos x$ のグラフ（右図）を利用して，次の関数のグラフをかけ．
(1)　$y = 2\cos x$
(2)　$y = \cos 2x$

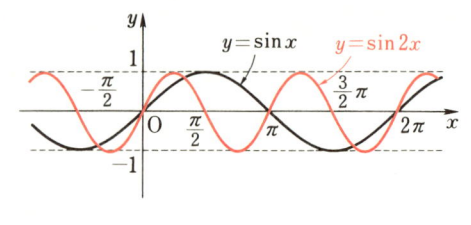

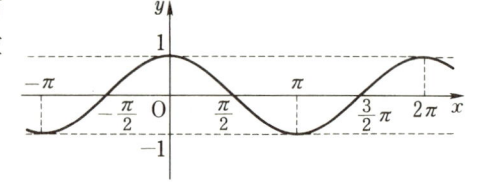

Ⅵ–3　$y = \sin\left(x - \dfrac{\pi}{2}\right)$ のグラフ

$$y = \sin\left(x - \frac{\pi}{2}\right) \quad \cdots\cdots ①$$

は，

$$y = \sin x \quad \cdots\cdots ②$$

において，

$$x \text{ を } x - \frac{\pi}{2}$$

と置き換えたものであるから，①のグラフは②のグラフを

$$x \text{ 軸方向に } \frac{\pi}{2} \text{ だけ平行移動}$$

したものである．

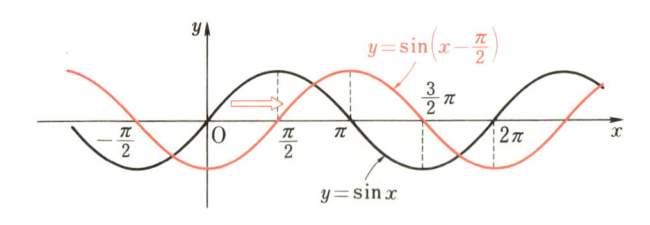

第6章　いろいろな関数

Notes

1° 下表のように，代表的な x の値について，$\sin x$, $\sin\left(x-\dfrac{\pi}{2}\right)$ の値を調べて見ると，平行移動のことが納得できるでしょう．

x	$\cdots$	$-\dfrac{\pi}{2}$	0	$\dfrac{\pi}{2}$	π	$\dfrac{3}{2}\pi$	2π	$\cdots$
$\sin x$		-1	0	1	0	-1	0	
$\sin\left(x-\dfrac{\pi}{2}\right)$		0	-1	0	1	0	-1	

2° 上で得られたグラフは $y=-\cos x$ のグラフ（$y=\cos x$ のグラフを x 軸に関して対称移動したもの）とも一致しています．これは，

$$\sin\left(x-\dfrac{\pi}{2}\right)=-\cos x$$

という関係が成り立つことを意味しているのです．

問 6-15 $y=\sin x$ のグラフ（右図）を利用して次の関数のグラフを描け．
(1) $y=\sin(-x)$
(2) $y=\sin\left(\dfrac{\pi}{2}-x\right)$

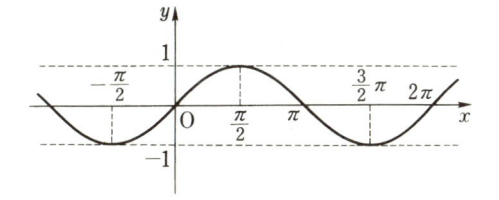

VII 三角関数の書き換え公式

$\sin$ と $\cos$ の間には
$$\sin(90°-\theta)=\cos\theta, \quad \cos(90°-\theta)=\sin\theta$$
という関係がつねに成り立つことを数学Ⅰで学んだ．これと似た関係はこの他にもたくさんある．「たくさん」どころか，実は無数にある！ しかし，やがて学ぶ加法定理によれば，それらを1つ1つ覚える必要がないことがわかる．とはいえ，その中の代表的なものを体験し，それを導く考え方をつかむことは，三角関数のより深い理解のために有用である．

VII-1 負角公式

与えられた x に対し，XY 平面上で，半直線 OX を，角 x だけ回転した半

直線 OZ と，角 $-x$ だけ回転した半直線 OZ′ は，X 軸について対称になる．

ゆえに，O を中心とする半径 r の円と OZ との交点を P，OZ′ との交点を P′ とすれば，P と P′ も X 軸に関して対称になる．つまり，P の座標を P(X, Y) とおけば，P′$(X, -Y)$ である．ところで，三角関数の定義から

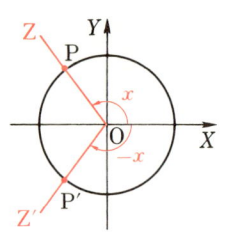

$$\begin{cases} \cos(-x) = \dfrac{X}{r} \\ \sin(-x) = \dfrac{-Y}{r} \end{cases} \qquad \begin{cases} \cos x = \dfrac{X}{r} \\ \sin x = \dfrac{Y}{r} \end{cases}$$

である．これらの式より次の関係が導かれる．

負角公式

$$\cos(-x) = \cos x, \quad \sin(-x) = -\sin x$$

Notes

1° 上で示した性質は，図形的には

$y = \cos x$ のグラフは y 軸に関して対称である，

$y = \sin x$ のグラフは原点に関して対称である

ことを意味します．

2° tan についても，上と同様にして $\tan(-x) = -\tan x$ という関係式を導くことができます．しかし，tan を cos と sin で表す基本公式と上の2式をマスターしていれば，

$$\tan(-x) = \frac{\sin(-x)}{\cos(-x)} = \frac{-\sin x}{\cos x} = -\tan x$$

と，簡単に導くことができます．

VII-2 補角公式

与えられた x に対し，XY 平面上で，半直線 OX を角 x だけ回転した動径 OZ と，角 $\pi - x$ だけ回転した動径 OZ′ を考えると，両者は Y 軸に関して対称になる．

ゆえに，O を中心とする半径 r の円と OZ，OZ′ との交点 P，P′ も Y 軸に関して対称になる．

つまり，P の座標を (X, Y) とおけば，P′ の座標は，$(-X, Y)$ となる．ところで，三角関数の定義から

$$\begin{cases} \cos(\pi-x) = \dfrac{-X}{r} \\ \sin(\pi-x) = \dfrac{Y}{r} \end{cases} \quad \begin{cases} \cos x = \dfrac{X}{r} \\ \sin x = \dfrac{Y}{r} \end{cases}$$

であるので，これらの式より次の公式が導かれる．

補角公式

$$\cos(\pi-x) = -\cos x, \quad \sin(\pi-x) = \sin x$$

Notes

1° 補角というのは，「足して平角 (180°) になる」ような 2 角の関係を表すのに使われてきた，昔ながらの表現です．

2° 同じようにして，$\tan(\pi-x) = -\tan x$ が導かれます．

3° 補角公式で，x を $-x$ に置き換えると
$$\begin{cases} \cos(\pi-(-x)) = -\cos(-x) \\ \sin(\pi-(-x)) = \sin(-x) \end{cases}$$
となります．左辺の括弧の中を計算し，また，負角公式を用いて右辺を計算すると，

$$\cos(x+\pi) = -\cos x, \quad \sin(x+\pi) = -\sin x$$

という公式が証明されます．

問 6-16 上の公式で，x を $x+\pi$ に置き換えて得られる式を利用して，次の公式を導け．

$$\cos(x+2\pi) = \cos x, \quad \sin(x+2\pi) = \sin x$$

VII-3 余角公式

VII-1, VII-2 と同じようにして，角 x の動径 OZ と角 $\dfrac{\pi}{2}-x$ の動径が直線 $Y=X$ に関して対称になることから

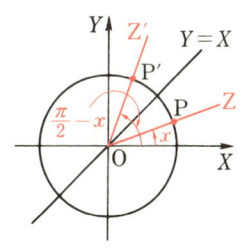

余角公式

$$\cos\left(\dfrac{\pi}{2}-x\right) = \sin x, \quad \sin\left(\dfrac{\pi}{2}-x\right) = \cos x$$

という関係が導かれる．

Notes いろいろな関数

1° 余角公式において，x を $x-\dfrac{\pi}{2}$ に置き換えると

$$\begin{cases} \cos\left(\dfrac{\pi}{2}-\left(x-\dfrac{\pi}{2}\right)\right)=\sin\left(x-\dfrac{\pi}{2}\right) \\ \sin\left(\dfrac{\pi}{2}-\left(x-\dfrac{\pi}{2}\right)\right)=\cos\left(x-\dfrac{\pi}{2}\right) \end{cases}$$

となります．左辺の括弧の中味を計算し，右辺を負角公式を用いて書き換えると，

$$\begin{cases} \cos(\pi-x)=-\sin\left(\dfrac{\pi}{2}-x\right) \\ \sin(\pi-x)=\cos\left(\dfrac{\pi}{2}-x\right) \end{cases}$$

となるので，この右辺を余角公式を用いて再び書き直すと

$$\begin{cases} \cos(\pi-x)=-\cos x \\ \sin(\pi-x)=\sin x \end{cases}$$

すなわち，補角公式が出てきます．つまり，負角公式と余角公式があれば補角公式が導かれる，ということです．

2° 余角公式において，x を $-x$ に置き換えて，負角公式を用いると，次の式が導かれます．

$$\begin{cases} \cos\left(x+\dfrac{\pi}{2}\right)=-\sin x \\ \sin\left(x+\dfrac{\pi}{2}\right)=\cos x \end{cases}$$

この下の式は，p.328 の **Notes** で予告した関係式です．

§4 三角関数についての方程式・不等式・関数

$\cos x$, $\sin x$, $\tan x$ などの三角関数は **x の値（角の大きさ）が与えられたとき，対応する三角関数（2 辺の比）を与える** ものである．本節では，反対に，**三角関数の値が与えられたとき，それを実現する変数の値を求める**という逆の発想を学ぼう．本節は，高校数学においては，意外に重要である．

I 三角関数についての方程式

$\sin 30°$ すなわち $\sin\dfrac{\pi}{6}$ が $\dfrac{1}{2}$ であるからといって

"$\sin x = \dfrac{1}{2}$ となる x は $x = \dfrac{\pi}{6}(=30°)$ である"

といってよいだろうか？　正しいかどうかは，考える x の範囲によって異なる．

たとえば，x が鋭角，つまり $0 < x < \dfrac{\pi}{2}(=90°)$ の範囲で考えるなら正しい．

しかし，鈍角まで許して $0 < x < \pi (=180°)$ の範囲で考えるなら $x = \dfrac{\pi}{6}$ のほかに，$x = \dfrac{5\pi}{6}(=150°)$

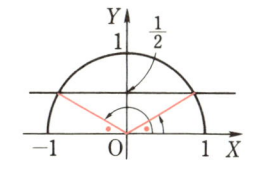

もある．さらに，一般角の範囲で考えるとすると，これらに整数回の回転（正の向き，負の向き）を加えたものも考慮する必要がある．つまり，$\sin x = \dfrac{1}{2}$ を満たす実数 x は無数にあって

$$x = \dfrac{\pi}{6},\ \dfrac{\pi}{6} \pm 2\pi,\ \dfrac{\pi}{6} \pm 4\pi,\ \cdots,\ \dfrac{5\pi}{6},\ \dfrac{5\pi}{6} \pm 2\pi,\ \dfrac{5\pi}{6} \pm 4\pi,\ \cdots$$

となる．これを簡潔に次のように表す．

$$x = \dfrac{\pi}{6} + 2n\pi\ \text{または}\ x = \dfrac{5\pi}{6} + 2n\pi\quad (n = 0,\ \pm 1,\ \pm 2,\ \cdots)$$

問 6-17　$\cos x = \dfrac{1}{2}$ となる x を，おのおの次の x の値の範囲で求めよ．

(1) $0 < x < \dfrac{\pi}{2}$　　(2) $0 < x < \pi$　　(3) $0 \leqq x < 2\pi$

問 6-18　$\sin 2x = \dfrac{1}{2}$ となる x を，おのおの次の x の値の範囲で求めよ．

(1) $0 \leqq x \leqq \pi$　　　　(2) $0 \leqq x < 2\pi$

例題 121

$\sin x = \dfrac{2}{3}$ となる x $\left(0 < x < \dfrac{\pi}{2}\right)$ の値を α とおくとき, $\sin x = \dfrac{2}{3}$ となる実数 x を求めよ.

アプローチ

方程式 $\sin x = \dfrac{2}{3}$ を考えるときは, $\sin x$ の定義にさかのぼって XY 平面上で, 原点を中心とする半径 1 の円と, 直線 $Y = \dfrac{2}{3}$ を描いて考えるのがよいでしょう.

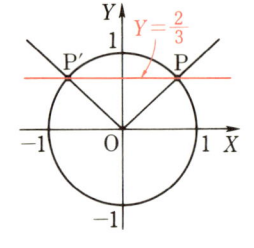

すると, 右図のように, 交点 P, P′ がとれて, 動径 OP と OP′ の角が x というわけです.

$0 < \alpha < \dfrac{\pi}{2}$ ですから, 動径 OP の角は,

$$\alpha + 2n\pi \quad (n = 0, \pm 1, \pm 2, \cdots)$$

です.

動径 OP′ の角はどうなるでしょうか.

解答

$$\sin x = \dfrac{2}{3}$$

を満たす x の値は, $0 < x < \dfrac{\pi}{2}$ と $\dfrac{\pi}{2} < x < \pi$ の範囲に 1 つずつあり, それらは, α と $\pi - \alpha$ である.

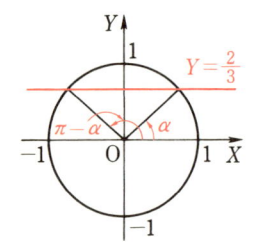

一般には, これらに 2π の整数倍を加えたものである.

すなわち,

$$x = \alpha + 2n\pi \quad \text{または} \quad x = (\pi - \alpha) + 2n\pi.$$
$$(n = 0, \pm 1, \pm 2, \cdots)$$

注 1° $y = \sin x$ のグラフと関連づけて, 上の事態を理解することも大切です.

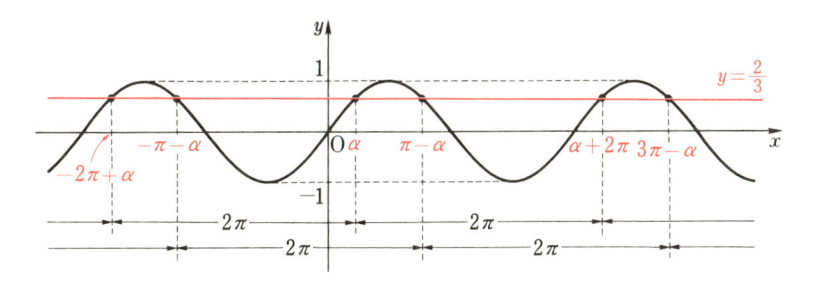

2° $\sin x = \dfrac{2}{3}$ を満たす x $\left(0 < x < \dfrac{\pi}{2}\right)$ の値は，ただ1つに決まる定数ですが，その厳密な値を，端的にいい表すことはできません．

強いて表そうとすれば，右図のような，3辺の長さの比が
$$3 : 2 : \sqrt{5}$$
の直角三角形 OAB の $\angle$AOB の大きさである，というような表現になります．

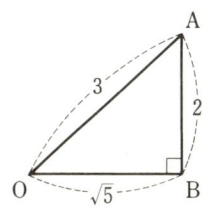

研究 上では，"$0 < x < \dfrac{\pi}{2}$ の範囲にある値を α とおくと，$\dfrac{\pi}{2} < x < \pi$ の範囲にある値が $\pi - \alpha$ となる"ということを基本においていますが，反対に，$\dfrac{\pi}{2} < x < \pi$ の範囲にある値を α とおくと，$0 < x < \dfrac{\pi}{2}$ の範囲にある値が $\pi - \alpha$ と表せます．実はなんと，解答で得た結果は，$\sin x = \dfrac{2}{3}$ を満たす x の値の任意の1つを α とおいても正しいのです！

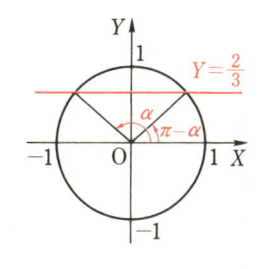

§4 三角関数についての方程式・不等式・関数

例題 122

$\cos x = -\dfrac{1}{\sqrt{2}}$ となる実数 x を求めよ.

アプローチ

$\cos x$ の定義に基づいて，XY 平面上で，原点を中心とする半径 1 の円（単位円）と直線 $X = -\dfrac{1}{\sqrt{2}}$ の交点を考えるのが最初の一歩です．

解答

右図のように，XY 平面上で，直線 $X = -\dfrac{1}{\sqrt{2}}$ と単位円，X 軸との交点を P, P′, Q とおくと，

$$\mathrm{OP} : \mathrm{OQ} = 1 : \dfrac{1}{\sqrt{2}} = \sqrt{2} : 1$$

であるから，直角三角形 OPQ は，直角二等辺三角形であり，

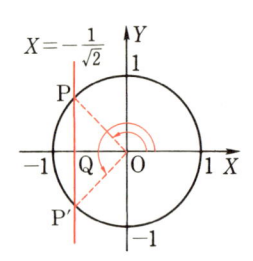

$$\angle \mathrm{POQ} = \dfrac{\pi}{4} \ (= 45°)$$

である．$\angle \mathrm{P'OQ}$ も同様である．

したがって $0 \leqq x < 2\pi$ の範囲では，動径 OP, OP′ の表す角として

$$x = \dfrac{3}{4}\pi, \ \dfrac{5}{4}\pi$$

である．

一般には，これに 2π の整数倍を加えて

$$x = \dfrac{3}{4}\pi + 2n\pi, \ \dfrac{5}{4}\pi + 2n\pi \quad (n = 0, \ \pm 1, \ \pm 2, \ \cdots)$$

となる．

さらに，

$$\dfrac{3}{4}\pi = -\dfrac{\pi}{4} + \pi, \ \dfrac{5}{4}\pi = \dfrac{\pi}{4} + \pi$$

となることを用いると，上式は

$$x = \pm \dfrac{\pi}{4} + (2n+1)\pi \quad (n = 0, \ \pm 1, \ \pm 2, \ \cdots)$$

とまとめることができる．

注 1° 例題 122 で見たように，$\cos x = a$（a は定数）という形の方程式

を x について"解く"ことは，一般にはできません．本問のように"解ける"のは，a が特別の値である場合に過ぎないため，高校数学ではこのような特殊な場合がやたらに強調される傾向にあります．"解けない"**例題 121** のような場合のほうが計算の手間が少なくて簡単なのだ，ということを理解するのは，高校生諸君には意外に難しいのかもしれませんね．

2° $y = \cos x$ のグラフと関連づけて理解することも大切です．

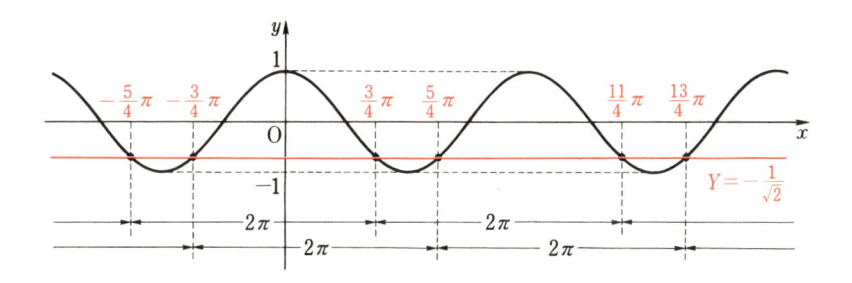

3° 上の解答の最終結果は，$\dfrac{3}{4}\pi$ と $\dfrac{5}{4}\pi$ を出発点として，これらに $2n\pi$ を加えたもの全体，と考えたものですが，$y = \cos x$ のグラフが y 軸に関して対称である（つまり $y = \cos x$ が偶関数である）ことを考えれば，$\dfrac{3}{4}\pi$ と $-\dfrac{3}{4}\pi$ を出発点として考えるのが，より自然な発想だとわかるでしょう．つまり，本問の解答は

$$x = \pm\dfrac{3\pi}{4} + 2n\pi \quad (n = 0, \pm 1, \pm 2, \cdots)$$

と表すこともできるのです．

見かけが変わると解の書き方も違ってきます．どれほど違ってくるか，次の例で納得して下さい．

例 6-13 $\sin x = \dfrac{1}{2}$ となる x は

$$x = \pm\dfrac{\pi}{3} + \left(\dfrac{\pi}{2} + 2n\pi\right) \quad (n = 0, \pm 1, \pm 2, \cdots)$$

例 6-14 $\tan x = 1$ となる x は

$$x = \dfrac{\pi}{4} + n\pi \quad (n = 0, \pm 1, \pm 2, \cdots)$$

例題 123

$0 \leqq x < 2\pi$ の範囲で,$\sin 2x = \dfrac{\sqrt{3}}{2}$ となる x の値をすべて求めよ.

アプローチ

例題 **121** と **122** で学んだ解は,表現が複雑ですが,$0 \leqq x < 2\pi$ の範囲の解に周期の整数倍を加えているだけですから,$0 \leqq x < 2\pi$ の範囲だけで考えるのと変わりませんでした.しかし,$2\pi (= 360°)$ を超える角の考え方が必須になる場面があります!

解答

一般角で考えると,$\sin 2x = \dfrac{\sqrt{3}}{2}$ の解は,n を任意の整数として

$$2x = \frac{\pi}{3} + 2n\pi \quad \text{または} \quad 2x = \frac{2\pi}{3} + 2n\pi$$

と表せる.これより

$$x = \frac{\pi}{6} + n\pi, \ \frac{\pi}{3} + n\pi \quad (n = 0, \ \pm 1, \ \pm 2, \ \cdots)$$

ⅰ) $x = \dfrac{\pi}{6} + n\pi$ が $0 \leqq x < 2\pi$ の範囲に入るのは

$$0 \leqq \frac{\pi}{6} + n\pi < 2\pi \quad \therefore \quad -\frac{1}{6} \leqq n < \frac{11}{6} \quad \therefore \quad n = 0, \ 1$$

のときである.

ⅱ) $x = \dfrac{\pi}{3} + n\pi$ が $0 \leqq x < 2\pi$ の範囲に入るのは

同様に $n = 0, \ 1$ のときである.

以上より,求める値は $\boldsymbol{x = \dfrac{\pi}{6}, \ \dfrac{\pi}{3}, \ \dfrac{7\pi}{6}, \ \dfrac{4\pi}{3}}$.

注 上の解答では,一般角での解を求めた上で,その中から $0 \leqq x < 2\pi$ に入るものを選び出しましたが,"x が $0 \leqq x < 2\pi$ の範囲を動くとき,$2x$ は $0 \leqq 2x < 4\pi$ の範囲を動く"と考えて,

$$2x = \frac{\pi}{3}, \ \frac{2\pi}{3}, \ \frac{7\pi}{3}, \ \frac{8\pi}{3}$$

を出し,これから x を求めていく,というような直接的な解法も可能です.

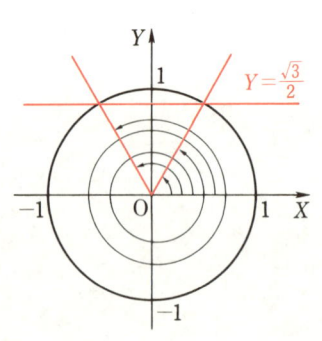

例題 124

$2\sin^2 x + 3\cos x - 3 = 0$ を満たす x $(0 \leq x < 2\pi)$ を求めよ．

アプローチ

三角関数方程式は，普通は解けません．例題 123 のように，たまたまよい形をしているものだけが解けるのです．さて，本問は，$\sin x$ と $\cos x$ が入り混じって一見絶望的に見えます．ところが

$$\sin^2 x + \cos^2 x = 1$$

という関係に注目すると，$\sin x$ を消去して，$\cos x$ についての方程式になおすことが簡単にできるのです．

これは，本問でたまたまできる変形ですが，高校数学では，しばしば，頻出重要問題です．

解答

$$\sin^2 x = 1 - \cos^2 x$$

という恒等的関係を利用すると，本問は

$$2(1 - \cos^2 x) + 3\cos x - 3 = 0$$
$$\therefore \quad 2\cos^2 x - 3\cos x + 1 = 0$$

と変形される．

左辺が $\cos x$ の 2 次式であることに注目して変形すると

$$(2\cos x - 1)(\cos x - 1) = 0$$

より

$$\cos x = \frac{1}{2} \quad \text{または} \quad \cos x = 1$$

$0 \leq x < 2\pi$ において

$$\cos x = \frac{1}{2} \iff x = \frac{\pi}{3} \quad \text{または} \quad x = \frac{5\pi}{3}$$
$$\cos x = 1 \iff x = 0$$

であるので，求める x は

$$\frac{\pi}{3}, \ 0, \ \frac{5\pi}{3}$$

である．

研究 例題 **124** で使ったのは，「たまたまできる変形」と書きましたが，たとえば

$$2\sin^3 x + 3\cos x - 3 = 0$$

のような方程式になると，$\sin x$ と $\cos x$ が混じっているという点では似たようなものですが，打つ手がないことがわかるでしょう．

それでも $\cos x = 1$，$\sin x = 0$ となる x がこの方程式の解であることは，代入によって確かめることができますが，それ以外の解がないことを見出すのは難しいでしょう．

参考までに

$$y = 2\sin^2 x + 3\cos x - 3$$
$$y = 2\sin^3 x + 3\cos x - 3$$

のグラフを下につけます．PC を利用することでこのようなグラフは簡単に描けます．

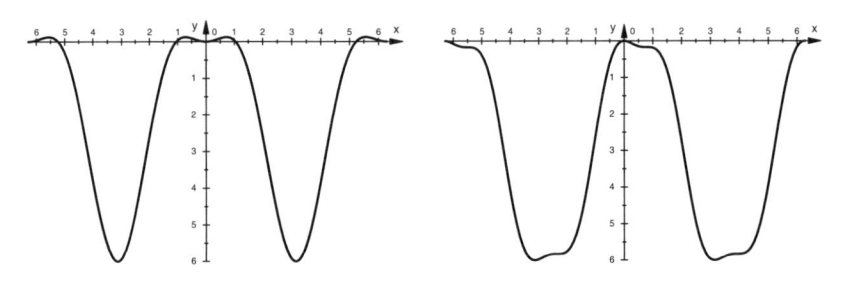

II　三角関数についての不等式

　方程式がわかれば，次は不等式を考えるのが自然の流れというものである．$2x-1=5$ と $2x-1>5$ のように，1次方程式と1次不等式は，似たようなものであった．2次方程式と2次不等式も，少し複雑になるものの，基本は似たようなものであった．

　しかし，三角関数の不等式になると，様子は，だいぶ変わってくる．それでも，基本は，やはり方程式である．たとえば

$$\sin x > \frac{1}{2}$$

を考えてみよう．XY 平面上で，原点を中心とする半径 1 の円と直線 $Y=\frac{1}{2}$ の交点を図のように，P, P′ とすると，円周上の点で

$$Y > \frac{1}{2}$$

となるのは，弧 PP′ の部分である．考えている x の範囲を $0 \leq x < 2\pi$ とすると，

$$\sin x = \frac{1}{2} \text{ となる } x \text{ の値は } x = \frac{\pi}{6} \text{ と } x = \frac{5\pi}{6}$$

であり，

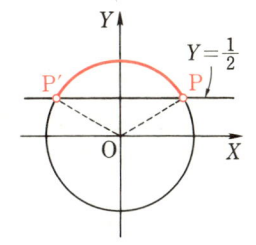

$$\sin x > \frac{1}{2} \text{ となる } x \text{ の値の範囲は } \frac{\pi}{6} < x < \frac{5\pi}{6}$$

ということになる．一般解では，

$$\frac{\pi}{6} + 2n\pi < x < \frac{5\pi}{6} + 2n\pi \quad (n=0,\ \pm 1,\ \pm 2,\ \cdots) \quad \cdots\cdots(*)$$

となるわけである．

Notes

注意したいのは，($*$) で

$$\frac{\pi}{6} < x < \frac{5\pi}{6},\ \frac{13}{6}\pi < x < \frac{17}{6}\pi,\ \cdots$$

$$-\frac{11}{6}\pi < x < -\frac{7}{6}\pi,\ \cdots$$

という無数に多くの区間が表されているということです．
　($*$) は，これをまとめて表現するための最も能率的な表現になっています．

いろいろな関数

次のように，関数 $y=\sin x$ のグラフと関連づけて理解するのもよいことである．

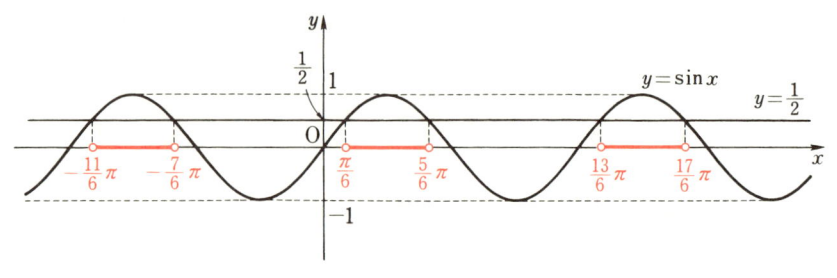

（グラフ：$y=\sin x$ と $y=\dfrac{1}{2}$ の交点 $x=-\dfrac{11}{6}\pi,\ -\dfrac{7}{6}\pi,\ \dfrac{\pi}{6},\ \dfrac{5}{6}\pi,\ \dfrac{13}{6}\pi,\ \dfrac{17}{6}\pi$）

$\sin x > \dfrac{1}{2}$ となる x の値の範囲は

　　曲線 $y=\sin x$ が直線 $y=\dfrac{1}{2}$ より上側にある

ような x の値の範囲である．

不等式の世界　　関数のグラフの世界

例題 125

$0 \leqq x < 2\pi$ とする．不等式
$$2\sin^2 x + \sin x - 1 \geqq 0$$
を解け．

アプローチ

何かの公式にあてはめて1回で解こうと思っても無理です．式が複雑すぎるからです．

でも，$X = \sin x$ とおくと，$2X^2 + X - 1 \geqq 0$ という形になっています．つまり，与えられた不等式は $\sin x$ についての2次不等式になっているということです．

まず，$\sin x$ の値の範囲を求めようと考えます．

解答

$\sin x = X$ とおくと，与えられた不等式は
$$2X^2 + X - 1 \geqq 0$$
となっている．これを解くと
$$(2X - 1)(X + 1) \geqq 0$$
$$\therefore \quad X \leqq -1 \text{ または } X \geqq \frac{1}{2}$$

となる．つまり，与えられた不等式は，
$$\sin x \leqq -1 \text{ または } \sin x \geqq \frac{1}{2} \quad \cdots\cdots\text{Ⓐ}$$

と変形できる．

i) $\sin x \leqq -1$ となる x ($0 \leqq x < 2\pi$) は
$$x = \frac{3\pi}{2}$$

のみである．

ii) $\sin x \geqq \frac{1}{2}$ となる x ($0 \leqq x < 2\pi$) の値の範囲は
$$\frac{\pi}{6} \leqq x \leqq \frac{5\pi}{6}$$

である．

以上，i), ii) より，求める解は，

$$x = \frac{3\pi}{2} \quad \text{または} \quad \frac{\pi}{6} \leqq x \leqq \frac{5\pi}{6}.$$

注 1° 慣れてくれば，いちいち $X = \sin x$ と置換することなく
$$2\sin^2 x + \sin x - 1 = (2\sin x - 1)(\sin x + 1)$$
のように計算していくことができます．

2° $-1 \leqq \sin x \leqq 1$ という不等式が必ず成り立つことを考慮すれば，Ⓐ は
$$\sin x = -1 \quad \text{または} \quad \frac{1}{2} \leqq \sin x \leqq 1$$
と表すこともできますが，必ずこうしないといけない，というものではありません．

参考 $y = 2\sin^2 x + \sin x - 1$ のグラフを精密に描く知識（数学Ⅲで学びます）があれば，不等式
$$2\sin^2 x + \sin x - 1 \geqq 0$$
は，$y = 2\sin^2 x + \sin x - 1$ のグラフが x 軸の上側に出るような x の値の範囲として，ただちに求められます．

参考までにグラフは下図のようになっています．

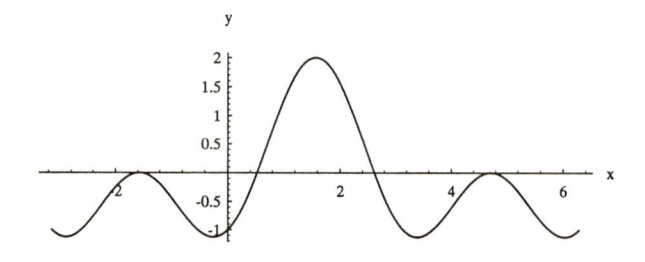

III 三角関数でつくられる複雑な関数

$y=\cos x$, $y=\sin x$ など基本的な三角関数の振る舞いは，比較的単純である．しかし，これらを用いて複雑な振る舞いをする関数を表現することができる．

たとえば，
$$y=\sin x - \frac{\sin 2x}{2} + \frac{\sin 3x}{3} - \frac{\sin 4x}{4} + \frac{\sin 5x}{5}$$
のグラフは，下の〈図1〉のようなノコギリに似たような形状になる．

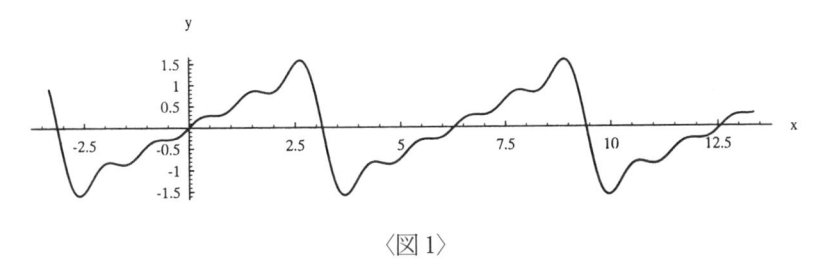

〈図1〉

これは下の〈図2〉のような
$$y=\sin x, \quad y=-\frac{\sin 2x}{2}, \quad y=\frac{\sin 3x}{3}, \quad \cdots$$
のグラフを加え合わせたものとして得られるのであるが，高校数学の範囲を

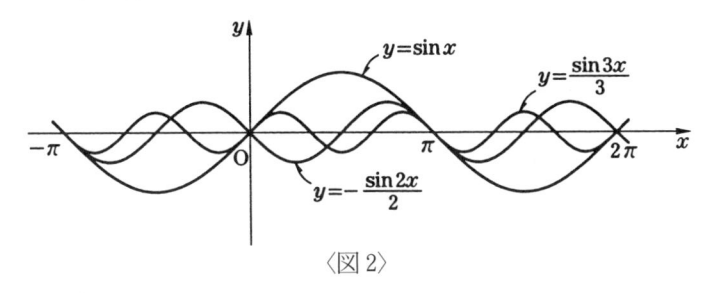

〈図2〉

超えているので，なぜ〈図1〉のようになるかは，厳密に理解できなくても構わない．（〈図1〉はパソコンを利用して描いた．）

関数のグラフを正確に描けなくても調べることのできる性質がある．なかでも重要なのは最大値・最小値である．

例題 126

変数 x が $0 \leq x < 2\pi$ の範囲を変化するとき,関数
$$y = 2\sin^2 x + 2\sin x + 1$$
のとる最大値と最小値を求めよ.また,それぞれの値を実現する x の値を求めよ.

アプローチ

このような x に y を対応させる関数は,見かけは,かなり複雑です.しかし,注意して見ると,$\sin x$ の 2 次関数になっています.つまり,$X = \sin x$ とおけば,y は
$$y = 2X^2 + 2X + 1$$
という X の 2 次関数に過ぎないのです.

解 答

$$X = \sin x$$
とおくと
$$y = 2X^2 + 2X + 1$$
$$= 2\left(X + \frac{1}{2}\right)^2 + \frac{1}{2}$$
となる.ここで,$X = \sin x$ のとりうる値の範囲は
$$-1 \leq X \leq 1$$
である.

それゆえ,y は
$$\begin{cases} X = -\dfrac{1}{2} \text{ のとき,}\textbf{最小値}\ \dfrac{1}{2} \\ X = 1 \text{ のとき,}\textbf{最大値}\ 5 \end{cases}$$
をとる.

y が最小値をとるのは,
$$\sin x = -\frac{1}{2}$$
$$\therefore\ x = \frac{7}{6}\pi \text{ または } x = \frac{11}{6}\pi$$
のときである.

y が最大値をとるのは,
$$\sin x = 1$$

$$\therefore \quad x = \frac{\pi}{2}$$

のときである．

研究 x と y の直接の関係をグラフに表すのには，やや高級な知識が必要だが，結論的にいうと下図のようになっている．

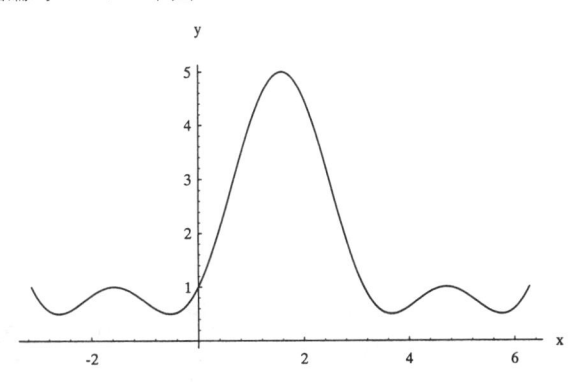

"こんな複雑なグラフがわからなくても，最大値・最小値ならちょっとした工夫だけで簡単に求められる！"——これが本問のテーマです．

§5 加法定理

$\frac{\pi}{6}$（すなわち $30°$）や $\frac{\pi}{4}$（すなわち $45°$）など極めて特殊な値については sin, cos, tan の値を求めることができる．前節で学んだことを用いれば，$\frac{7\pi}{6}=\frac{\pi}{6}+\pi$ や $\frac{3\pi}{4}=\frac{\pi}{4}+\frac{\pi}{2}$ についての三角関数の値も求めることができる．しかし，もっともっと強力な武器がある．これが本節で学ぶ加法定理である．

加法定理はあまりにも強力なので，これを利用すると，次から次に重要公式が証明される．初めて出会ったときは，その公式のあまりの多さに面食らうことが多いと思うが，少し慣れてくると，全体像がつかめて意外に簡単に飲み込めるものである．

公式の結果を暗記するのではなく，導き方を理解するように努めることが大事である．

「丸暗記してしまった方が早いっ！」なんていってはいけない．遠回りのようでも，しっかり進むのが結局は一番能率がいいのである．

I　加法定理入門

右図を考える．

$$\begin{cases} \angle \text{AOB}=\alpha \\ \angle \text{BOC}=\beta, \end{cases} \quad \text{OA}=1$$

とすると，

$$\angle \text{AOC}=\alpha+\beta$$

であるから

$$\sin(\alpha+\beta)=\text{AD}$$
$$=\text{AE}+\text{BC} \quad \cdots\cdots ①$$

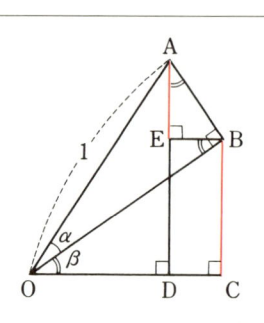

一方，

$$\begin{cases} \text{AB}=\sin\alpha \\ \text{OB}=\cos\alpha \end{cases}$$

であるから

$$\begin{cases} \text{AE}=\text{AB}\cdot\cos\beta=\sin\alpha\cos\beta \\ \text{BC}=\text{OB}\cdot\sin\beta=\cos\alpha\sin\beta \end{cases} \quad \cdots\cdots ②$$

①，②より，次の加法定理を得る．

$$\sin(\alpha+\beta) = \sin\alpha\cos\beta + \cos\alpha\sin\beta$$

Notes 　上の証明の核心は

$$AD = AE + BC$$

という等式にあります．この証明がこのまま通用するのは，α，β がともに鋭角の場合です．一般の実数 α，β について加法定理が成り立つ，ということの証明は後で述べます．

問 6-19 　前ページの図で $\cos(\alpha+\beta) = OD = OC - BE$ であることを用いて，
$$\cos(\alpha+\beta) = \cos\alpha\cos\beta - \sin\alpha\sin\beta$$
を導け．

問 6-20 　$75° = 45° + 30°$ であることを利用して，$\sin 75°$ の値を求めよ．

II　最も基本的な加法定理とその証明

加法定理には，さまざまの証明がある．しかし，現行指導要領では，あまり，うまい証明はなく，多くの教科書が採用しているのは，次のように

$$\cos(\alpha-\beta) = \cos\alpha\cos\beta + \sin\alpha\sin\beta$$

を最初に証明し，他の公式を，これをもとに導く，というものである．加法定理といいながら，$\alpha-\beta$ という減法の形から始まるのは，気持ちが悪いのだが，ここは，我慢してもらいたい．

勉強が進んでくれば，より自然な証明ができるようになる．

与えられた実数 α，β に対し，xy 平面の単位円上に
$$P(\cos\alpha, \sin\alpha), \quad Q(\cos\beta, \sin\beta)$$
をとると，動径 OP，OQ の x 軸からの回転角がそれぞれ α，β であるから，
$$\cos(\angle POQ) = \cos(\alpha-\beta)$$
である．

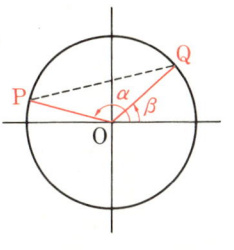

§5　加法定理

（∠POQ が $\alpha-\beta$ と表せるとは限らない．右図の場合なら，∠POQ$=\beta-\alpha=-(\alpha-\beta)$ である．しかし，その場合も
$$\cos(\angle POQ)=\cos(\alpha-\beta)$$
は成り立つ*！*）

それゆえ，三角形 OPQ で余弦定理を使えば
$$PQ^2=OP^2+OQ^2-2OP\cdot OQ\cdot\cos(\angle POQ)$$
$$=2-2\cos(\alpha-\beta). \quad\cdots\cdots①$$

他方
$$PQ^2=(\cos\alpha-\cos\beta)^2+(\sin\alpha-\sin\beta)^2 \quad\cdots\cdots*$$
$$=(\cos^2\alpha-2\cos\alpha\cos\beta+\cos^2\beta)$$
$$\quad+(\sin^2\alpha-2\sin\alpha\sin\beta+\sin^2\beta)$$
$$=(\cos^2\alpha+\sin^2\alpha)+(\cos^2\beta+\sin^2\beta)$$
$$\quad-2(\cos\alpha\cos\beta+\sin\alpha\sin\beta)$$
$$=2-2(\cos\alpha\cos\beta+\sin\alpha\sin\beta). \quad\cdots\cdots②$$

①，②より
$$\boldsymbol{\cos(\alpha-\beta)=\cos\alpha\cos\beta+\sin\alpha\sin\beta.} \quad\blacksquare$$

Notes

1° 上の証明のポイントは，PQ^2 を
　ⅰ）余弦定理を使い $\cos(\angle POQ)$ を作って
　ⅱ）2点 P，Q の座標を用いて
の2通りに表して両者を比較する，という点にあります．

2° ⅱ）は上の証明中，*印のついた箇所です．これは次の一般公式によっています．

xy 平面上，2点 A(x_1, y_1), B(x_2, y_2) の距離は
$$\sqrt{(x_1-x_2)^2+(y_1-y_2)^2}$$

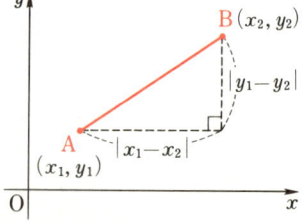

3° 距離の公式はピュタゴラスの定理（三平方の定理）であり，これは余弦定理の特別の場合であることを考えると，上で導いた加法定理は，結局は余弦定理です．

4° 点 P，Q の座標を (x_1, y_1)，(x_2, y_2) とおくと，

$$\begin{cases} x_1 = \cos\alpha \\ y_1 = \sin\alpha, \end{cases} \begin{cases} x_2 = \cos\beta \\ y_2 = \sin\beta \end{cases}$$ ですから，前ページで示した公式は
$$\cos(\angle \mathrm{POQ}) = x_1 x_2 + y_1 y_2$$
と表すこともできます．これは第5章のベクトルの内積に関係しています．

III　その他の加法定理の導出

$$\cos(\alpha - \beta) = \cos\alpha \cos\beta + \sin\alpha \sin\beta \quad \cdots\cdots ①$$

において，α, β は，一般角，つまり単なる実数であるから，β のところに $-\beta$ を入れることによって，次の公式が作られる．
$$\cos(\alpha - (-\beta)) = \cos\alpha \cos(-\beta) + \sin\alpha \sin(-\beta).$$
$\begin{cases} \cos(-\beta) = \cos\beta \\ \sin(-\beta) = -\sin\beta \end{cases}$ である（☞ p.332）ことを考慮すると，この式は，下のように書き直せる．

$$\cos(\alpha + \beta) = \cos\alpha \cos\beta - \sin\alpha \sin\beta \quad \cdots\cdots ②$$

Notes　公式①，②の違いは，符号だけなので，下のような単なる機械的な丸暗記だけでは危険です．導き方も一緒に理解しましょう．

　　　　　　　　　　反対
$$\cos(\alpha - \beta) = \cos\alpha \cos\beta + \sin\alpha \sin\beta$$
$$\cos(\alpha + \beta) = \cos\alpha \cos\beta - \sin\alpha \sin\beta$$
　　　　　　　　　　反対

問 6-21　$75° = 45° + 30°$ であることを用いて，$\cos 75°$ の値を求めよ．

また，公式①において，α を $\dfrac{\pi}{2} - \alpha$ におきかえると
$$\cos\left(\dfrac{\pi}{2} - \alpha - \beta\right) = \cos\left(\dfrac{\pi}{2} - \alpha\right)\cos\beta + \sin\left(\dfrac{\pi}{2} - \alpha\right)\sin\beta$$
となる．ここで

という公式（☞ p.333）を用いれば

$$\sin(\alpha+\beta) = \sin\alpha\cos\beta + \cos\alpha\sin\beta \qquad \cdots\cdots ③$$

を得る．

さらに，③において，β を $-\beta$ に置き換えれば
$$\sin(\alpha+(-\beta)) = \sin\alpha\cos(-\beta) + \cos\alpha\sin(-\beta)$$
となる．ここで，②を導いたときと同様の
$$\begin{cases} \cos(-\beta) = \cos\beta \\ \sin(-\beta) = -\sin\beta \end{cases}$$
という書き換えを行えば

$$\sin(\alpha-\beta) = \sin\alpha\cos\beta - \cos\alpha\sin\beta \qquad \cdots\cdots ④$$

が得られる．

Notes

1° 以上の公式の証明を一覧できる形にまとめてみましょう．しかし，これを暗記する必要はまったくありません．

余弦定理を用いて次を証明

$$\cos(\alpha-\beta) = \cos\alpha\cos\beta + \sin\alpha\sin\beta \quad \cdots ①$$

β を $-\beta$ に置換

$$\cos(\alpha+\beta) = \cos\alpha\cos\beta - \sin\alpha\sin\beta \quad \cdots ②$$

α を $\dfrac{\pi}{2}-\alpha$ に置換

$$\sin(\alpha+\beta) = \sin\alpha\cos\beta + \cos\alpha\sin\beta \quad \cdots ③$$

β を $-\beta$ に置換

$$\sin(\alpha-\beta) = \sin\alpha\cos\beta - \cos\alpha\sin\beta \quad \cdots ④$$

2° この図表を見ると，④が一番"格下"にあるようですが，そうとも限りません．④が一般に成り立つことを仮定して，それから，①〜③を導くこともできるからです．

問 6-22 ④において，α を $\dfrac{\pi}{2}-\alpha$ に置換すると，どんな公式が得られるか．

3° 上で何回も利用してきた公式 $\sin\left(\frac{\pi}{2}-\theta\right)=\cos\theta$ も

$$\sin\left(\frac{\pi}{2}-\theta\right)=\sin\frac{\pi}{2}\cos\theta-\cos\frac{\pi}{2}\sin\theta$$
$$=1\cdot\cos\theta-0\cdot\sin\theta$$
$$=\cos\theta$$

のように，加法定理の特別の場合と見ることができます．

問 6-23 加法定理を使って $\sin(\pi-\theta)$, $\cos(\theta+\pi)$ を簡単にせよ．

以上のように，$\alpha+\beta$ と $\alpha-\beta$ についての sin と cos の値を $\sin\alpha$, $\cos\alpha$, $\sin\beta$, $\cos\beta$ の値で表すのが加法定理の基本である．sin と cos がわかると，tan についての加法定理は簡単に導かれる．

すなわち，sin と cos の加法定理から

$$\tan(\alpha+\beta)=\frac{\sin(\alpha+\beta)}{\cos(\alpha+\beta)}=\frac{\sin\alpha\cos\beta+\cos\alpha\sin\beta}{\cos\alpha\cos\beta-\sin\alpha\sin\beta}$$

となる．最後の分数式の分子と分母を $\cos\alpha\cos\beta$ で割ると

$$\tan(\alpha+\beta)=\frac{\dfrac{\sin\alpha}{\cos\alpha}+\dfrac{\sin\beta}{\cos\beta}}{1-\dfrac{\sin\alpha}{\cos\alpha}\dfrac{\sin\beta}{\cos\beta}}$$

となる．つまり，次式が成り立つ．

$$\tan(\alpha+\beta)=\frac{\tan\alpha+\tan\beta}{1-\tan\alpha\tan\beta}$$

同様に次の式が成り立つ．

$$\tan(\alpha-\beta)=\frac{\tan\alpha-\tan\beta}{1+\tan\alpha\tan\beta}$$

問 6-24 $15°=45°-30°$, $75°=45°+30°$ を利用して $\tan 15°$, $\tan 75°$ を求めよ．

コラム sin や cos の加法定理の公式は sin と cos が複雑に入り混じっています．これに対し tan の加法定理は分数式になるものの，右辺が tan だけで表せるのがきれいなところです．このこともあって，tan の加法定理は，特に高校数学の中では，意外に重要です．

例題 127

xy 平面上で，直線 $l: y=\dfrac{1}{2}x$ を，原点を中心に左回りに $\dfrac{\pi}{4}$ $(=45°)$ だけ回転した直線 m の方程式を求めよ．

アプローチ

xy 平面上の直線の様子は，勾配（傾き），つまり x 軸方向への移動と y 軸方向への移動の比で表現されるのが中学数学以来一般的でした．しかし，本当は，x 軸となす角度などで考えるほうが直接的で自然です．三角関数を用いることで，角度と勾配を結びつけることができるのです！ たとえば，右図の直線 $y=\dfrac{1}{2}x$ は x 軸と

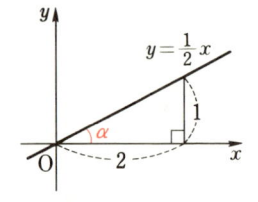

$$\tan \alpha = \dfrac{1}{2} \quad \left(0 < \alpha < \dfrac{\pi}{2}\right)$$

となるような角 α で交わっているといえます．

α の精密な値を表すことは，弧度法でも度数法でも不可能ですが，値を表現できなくても，ただ1つに厳密に定まっているのです．（近似的には，$\alpha \fallingdotseq 0.463647\cdots$（ラジアン）$=26.565\cdots°$ です.）

「値を表現できないなら意味がない！」といってはいけません．α という角を厳密に把握できるおかげで，本問の問いの厳密な答えが精密に求められるのです．

解　答

直線 l と x 軸のなす角を右図のように α とおくと，

$$\tan \alpha = \dfrac{1}{2}$$

であり，直線 m の傾きは

$$\tan\left(\alpha+\dfrac{\pi}{4}\right) = \dfrac{\tan\alpha + \tan\dfrac{\pi}{4}}{1-\tan\alpha \tan\dfrac{\pi}{4}}$$

と表せる．これに

$$\tan\alpha = \dfrac{1}{2}, \quad \tan\dfrac{\pi}{4} = 1$$

を代入すると，

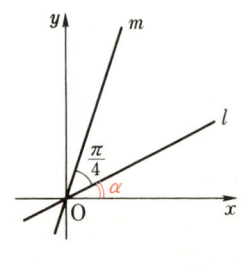

$$(\text{直線 } m \text{ の傾き}) = \frac{\frac{3}{2}}{1 - \frac{1}{2}} = 3$$

ゆえに，求める方程式は

$$y = 3x.$$

注 l を右回りに $\frac{\pi}{4}$ だけ回転した直線の傾きも，同様に

$$\tan\left(\alpha - \frac{\pi}{4}\right) = \frac{\tan\alpha - \tan\frac{\pi}{4}}{1 + \tan\alpha\tan\frac{\pi}{4}}$$

$$= \frac{\frac{1}{2} - 1}{1 + \frac{1}{2}} = -\frac{1}{3}$$

と求められます．

　もちろん，こうして求められた 2 直線は直交しています．

いろいろな関数

例題 128

1辺 100 m の正方形の広場の1つの隅 O に直立する高さが 60 m の棒 OA があり，地上 10 m の B から上だけが赤く塗られている．

いま広場の点 P から棒の赤い部分を見込む角を θ とするとき，$\theta \geqq 45°$ となるような点 P は，広場のどの範囲にあるか．その面積を求めよ．

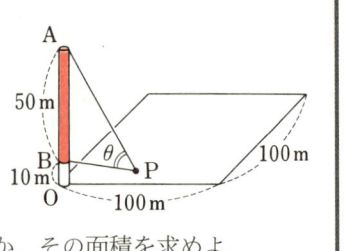

アプローチ

θ の大きさは OP の長さで決まります．したがって，$\theta \geqq 45°$ という条件は OP についての不等式で表現できるはずです．

解答

OP の長さを x m とし，$\angle APO = \alpha$，$\angle BPO = \beta$ とおくと，
$$\theta = \alpha - \beta \quad \therefore \quad \tan\theta = \tan(\alpha - \beta) = \frac{\tan\alpha - \tan\beta}{1 + \tan\alpha \tan\beta}$$
である．ここで
$$\tan\alpha = \frac{60}{x}, \quad \tan\beta = \frac{10}{x}$$
であるから，これらを上式に代入すると
$$\tan\theta = \frac{\frac{50}{x}}{1 + \frac{600}{x^2}} = \frac{50x}{x^2 + 600}$$
となる．

$\theta \geqq 45°$ となるのは，$\tan\theta \geqq 1$ のときであるから
$$\frac{50x}{x^2 + 600} \geqq 1$$
より
$$x^2 - 50x + 600 \leqq 0$$
$$(x - 20)(x - 30) \leqq 0$$
$$\therefore \quad 20 \leqq x \leqq 30.$$

ゆえに，点 P の存在範囲は，広場で，O を中心とする半径 20 m，30 m の同心円で囲まれた部分であり，その面積は $\pi(30^2 - 20^2)/4 = 125\pi$ m^2 である．

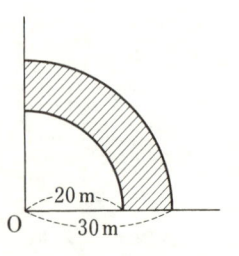

IV　倍角公式，半角公式

加法定理から，夥(おびただ)しい数の公式が導かれる．その中で，最も基本的なものが本節で学ぶ公式である．

IV-1　倍角公式（$\sin 2\alpha$, $\cos 2\alpha$, $\tan 2\alpha$）

$$\sin(\alpha+\beta)=\sin\alpha\cos\beta+\cos\alpha\sin\beta$$

において，$\beta=\alpha$ という特別の場合を考えると，

$$\sin(\alpha+\alpha)=\sin\alpha\cos\alpha+\cos\alpha\sin\alpha$$

すなわち

$$\sin 2\alpha=2\sin\alpha\cos\alpha \qquad \cdots\cdots ①$$

という公式が得られる．

同様に，

$$\cos(\alpha+\beta)=\cos\alpha\cos\beta-\sin\alpha\sin\beta$$

において，$\beta=\alpha$ とおくと

$$\cos(\alpha+\alpha)=\cos\alpha\cos\alpha-\sin\alpha\sin\alpha$$

すなわち

$$\cos 2\alpha=\cos^2\alpha-\sin^2\alpha \qquad \cdots\cdots ②$$

が得られる．ここで

$$\cos^2\alpha+\sin^2\alpha=1$$

という関係を考慮すると，②は

$$\cos 2\alpha=2\cos^2\alpha-1 \qquad \cdots\cdots ②'$$

または

$$\cos 2\alpha=1-2\sin^2\alpha \qquad \cdots\cdots ②''$$

と変形できる．

$\tan 2\alpha$ についても，同様に，下のような公式が得られる．
これらをまとめて **2倍角の公式**，あるいは単に **倍角公式** と呼ぶ．

倍角公式

(i)　$\sin 2\alpha=2\sin\alpha\cos\alpha$

(ii)　$\cos 2\alpha=\cos^2\alpha-\sin^2\alpha$
$\qquad\quad =2\cos^2\alpha-1$
$\qquad\quad =1-2\sin^2\alpha$

(iii)　$\tan 2\alpha=\dfrac{2\tan\alpha}{1-\tan^2\alpha}$

問 6-25　tanの倍角公式　$\tan 2\alpha=\dfrac{2\tan\alpha}{1-\tan^2\alpha}$　を導け．

Notes

1° $\alpha = \dfrac{\pi}{6}$ のとき，

$$\sin 2\alpha = \sin \dfrac{\pi}{3} = \dfrac{\sqrt{3}}{2}, \quad \cos 2\alpha = \cos \dfrac{\pi}{3} = \dfrac{1}{2}, \quad \tan 2\alpha = \tan \dfrac{\pi}{3} = \sqrt{3}$$

です．これらは，当然のことながら，それぞれ

$$\begin{cases} 2\sin \dfrac{\pi}{6} \cos \dfrac{\pi}{6} = 2 \cdot \dfrac{1}{2} \cdot \dfrac{\sqrt{3}}{2} = \dfrac{\sqrt{3}}{2} \\[4pt] \cos^2 \dfrac{\pi}{6} - \sin^2 \dfrac{\pi}{6} = \left(\dfrac{\sqrt{3}}{2}\right)^2 - \left(\dfrac{1}{2}\right)^2 = \dfrac{1}{2} \\[4pt] \dfrac{2\tan \dfrac{\pi}{6}}{1 - \tan^2 \dfrac{\pi}{6}} = \dfrac{\dfrac{2}{\sqrt{3}}}{1 - \dfrac{1}{3}} = \sqrt{3} \end{cases}$$

のように計算して求めることができます．

このように倍角公式を使えば，ある角についての sin, cos, tan の値がわかるなら，その 2 倍，4 倍，8 倍，… の角の sin, cos, tan の値もわかるのです！

2° ひとたび倍角公式が得られたなら，これを利用して 4 倍角の公式，8 倍角の公式，… を次々に導くことができます．たとえば

$$\begin{aligned} \sin 4\theta &= 2\sin 2\theta \cos 2\theta \\ &= 2(2\sin\theta\cos\theta)(\cos^2\theta - \sin^2\theta) \\ &= 4(\sin\theta\cos^3\theta - \sin^3\theta\cos\theta) \\ \cos 4\theta &= 2\cos^2 2\theta - 1 \\ &= 2(2\cos^2\theta - 1)^2 - 1 \\ &= 8\cos^4\theta - 8\cos^2\theta + 1 \end{aligned}$$

という具合です．しかし，こんなものを一々覚えるのは馬鹿げているでしょう．必要があれば，上のようにほんのわずかな計算だけで導くことができるのですから．

3° しかし，倍角公式の真の利用価値はむしろ反対の使い道にあります．つまり，ある角の三角関数の値がわかれば，その $\dfrac{1}{2}$ 倍，$\dfrac{1}{4}$ 倍，$\dfrac{1}{8}$ 倍，… の角の三角関数の値もわかる，ということです．それを詳しく述べると，次の半角公式になります．

IV-2 半角公式

IV-1 で示した公式

$$\cos 2\alpha = 2\cos^2\alpha - 1 = 1 - 2\sin^2\alpha$$

から

> **半角公式**
> $$\cos^2\alpha = \frac{1+\cos 2\alpha}{2}$$
> $$\sin^2\alpha = \frac{1-\cos 2\alpha}{2}$$

が得られる．したがって，$\cos 2\alpha$ の値がわかれば，$\cos^2\alpha$，$\sin^2\alpha$ の値もわかる．$\cos\alpha$，$\sin\alpha$ の符号がわかっていれば，これから $\cos\alpha$，$\sin\alpha$ の値が決定される．

たとえば，$\alpha = \dfrac{\pi}{12}$（$=15°$）について考える．

$\cos 2\alpha = \cos\dfrac{\pi}{6} = \dfrac{\sqrt{3}}{2}$ であるから，

$$\cos^2\alpha = \frac{2+\sqrt{3}}{4}$$

となる．α は $0 < \alpha < \dfrac{\pi}{2}$ の範囲にあるので，$\cos\alpha > 0$ であることを考えれば

$$\cos\alpha = \frac{\sqrt{2+\sqrt{3}}}{2}$$

であることがわかる．

Notes

1° 二重根号 $\dfrac{\sqrt{2+\sqrt{3}}}{2}$ はこの場合は，たまたま次のようにしてより簡単な形に変形できます．

$$\frac{\sqrt{2+\sqrt{3}}}{2} = \frac{\sqrt{4+2\sqrt{3}}}{2\sqrt{2}} = \frac{\sqrt{(\sqrt{3}+1)^2}}{2\sqrt{2}} = \frac{\sqrt{3}+1}{2\sqrt{2}} = \frac{\sqrt{6}+\sqrt{2}}{4}$$

2° 同様にして

$$\sin\frac{\pi}{12} = \frac{\sqrt{2-\sqrt{3}}}{2} = \frac{\sqrt{6}-\sqrt{2}}{4}$$

が得られます．

3°　$\cos \dfrac{\pi}{12}$ の値がこのようにしてわかると，今度は $\cos \dfrac{\pi}{24}$，$\sin \dfrac{\pi}{24}$ の値が同様に計算できます．以下同様にして，$\cos \dfrac{\pi}{48}$，$\sin \dfrac{\pi}{48}$；$\cos \dfrac{\pi}{96}$，$\sin \dfrac{\pi}{96}$；… の値もわかるのです．

4°　α の値がわかっていないとき，$\cos 2\alpha$ の値だけからは $\cos \alpha$，$\sin \alpha$ の値は 1 つに決まりません．

問 6-26　$\cos 2\alpha = \dfrac{\sqrt{3}}{2}$ となるような α で，$\cos \alpha \neq \dfrac{\sqrt{6}+\sqrt{2}}{4}$ となるものを 1 つあげよ．

V　3倍角の公式

　倍角公式が得られると，4倍角，8倍角，… の公式も作ることができることを前に述べたが，途中，飛ばされた3倍角，5倍角，6倍角，… の公式も簡単に導くことができる．実用的に大事なのは，この中で，sin と cos の3倍角の公式である．
$$3\alpha = \alpha + 2\alpha$$
と考えて（つまり，$\beta = 2\alpha$ の場合を考える），加法定理を用いると
$$\sin 3\alpha = \sin(\alpha + 2\alpha)$$
$$= \sin \alpha \cos 2\alpha + \cos \alpha \sin 2\alpha$$
となる．ここで，倍角公式を用いて，右辺の $\cos 2\alpha$，$\sin 2\alpha$ を書き換えると
$$\sin 3\alpha = \sin \alpha (1 - 2\sin^2 \alpha) + \cos \alpha \cdot 2 \sin \alpha \cos \alpha$$
$$= \sin \alpha - 2\sin^3 \alpha + 2 \sin \alpha \cos^2 \alpha$$
$$= \sin \alpha - 2\sin^3 \alpha + 2 \sin \alpha (1 - \sin^2 \alpha)$$
よって，
$$\sin 3\alpha = 3 \sin \alpha - 4 \sin^3 \alpha$$
が得られる．同様に
$$\cos 3\alpha = 4 \cos^3 \alpha - 3 \cos \alpha$$
が導かれる．

例題 129

(1) 加法定理を用いて，$\tan\theta = t$ とおくと
$$\sin 2\theta = \frac{2t}{1+t^2}, \quad \cos 2\theta = \frac{1-t^2}{1+t^2}$$
となることを証明せよ．

(2) t がすべての正の値をとって変化するとき，点 $P\left(\dfrac{1-t^2}{1+t^2}, \dfrac{2t}{1+t^2}\right)$ の描く図形を求めよ．

アプローチ

(1)は教科書では習いませんが，いろいろと活躍する公式です．(1)を利用すると，第4章 例題 75 (p.195) の類題をより鮮やかに解くことができます．

解答

(1)
$$\begin{cases} \sin 2\theta = 2\cos\theta\sin\theta = 2\cos^2\theta \cdot \dfrac{\sin\theta}{\cos\theta} \\ \qquad = 2\cdot\dfrac{1}{1+\tan^2\theta}\cdot\tan\theta = \dfrac{2t}{1+t^2} \\ \cos 2\theta = \cos^2\theta - \sin^2\theta = \cos^2\theta\left(1-\dfrac{\sin^2\theta}{\cos^2\theta}\right) \\ \qquad = \dfrac{1}{1+\tan^2\theta}(1-\tan^2\theta) = \dfrac{1-t^2}{1+t^2} \end{cases}$$
∎

(2) $t = \tan\theta \left(-\dfrac{\pi}{2} < \theta < \dfrac{\pi}{2}\right)$ とおくと $P(\cos 2\theta, \sin 2\theta)$ である．

Pは原点を中心とする単位円上右図のような点である．

t がすべての正の値をとって変化するにつれ，θ は区間 $0 < \theta < \dfrac{\pi}{2}$ を変化し，2θ は区間 $0 < 2\theta < \pi$ を変化する．

よってPの描く図形は右図の半円である．

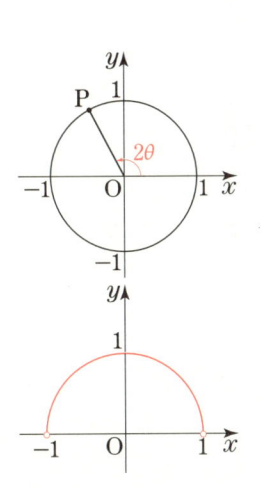

例題 130

$\alpha = \dfrac{\pi}{5}$ とすると，α は
$$\sin 3\alpha = \sin 2\alpha$$
を満たすことを利用して，$\cos \alpha$ の値を求めよ．

アプローチ

$$\alpha = \dfrac{\pi}{5}(=36°) \text{ なら } 5\alpha = \pi(=180°)$$

したがって，$3\alpha = \pi - 2\alpha$（度数法でいえば，$108° = 180° - 72°$）です．
これより，両辺の $\sin$ の値を考えて，
$$\sin 3\alpha = \sin(\pi - 2\alpha) \quad \therefore \quad \sin 3\alpha = \sin 2\alpha$$
という関係式が出てくることがわかります．
　そこで，この方程式 $\sin 3\alpha = \sin 2\alpha$ に 3 倍角の公式，倍角公式を用いれば，$\sin \alpha$，$\cos \alpha$ についての方程式になります．

解答

3 倍角の公式，倍角の公式により
$$3\sin\alpha - 4\sin^3\alpha = 2\sin\alpha\cos\alpha$$
$\sin\alpha = \sin\dfrac{\pi}{5} \neq 0$ であるから，両辺を $\sin\alpha$ で割ると
$$3 - 4\sin^2\alpha = 2\cos\alpha$$
となる．
　これは $\cos\alpha$ についての 2 次方程式として
$$3 - 4(1 - \cos^2\alpha) = 2\cos\alpha$$
すなわち
$$4\cos^2\alpha - 2\cos\alpha - 1 = 0$$
と整理できる．$\cos\alpha = \cos\dfrac{\pi}{5} > 0$ であることに注意して，これを解くと
$$\cos\alpha = \dfrac{1 + \sqrt{5}}{4}.$$

研究

この問題の解答により，度数法でいえば，$\cos 36°$ の厳密な値が求められたことになる．倍角公式や半角公式を考慮すれば，これから，$\cos 72°$，$\cos 144°$，$\cdots$; $\cos 18°$，$\cos 9°$，$\cdots$ の値も求められる．

例題 131

$$\begin{cases} \sin 2\theta = 2\sin\theta\cos\theta \\ \cos 2\theta = 2\cos^2\theta - 1 \end{cases}, \quad \begin{cases} \sin 3\theta = \sin\theta(4\cos^2\theta - 1) \\ \cos 3\theta = 4\cos^3\theta - 3\cos\theta \end{cases}$$

のように，$\sin n\theta$，$\cos n\theta$（$n=2, 3, 4, \cdots$）はそれぞれ適当な多項式 $P_n(x)$，$Q_n(x)$ を用いて

$$\begin{cases} \sin n\theta = \sin\theta\, P_n(\cos\theta) \\ \cos n\theta = Q_n(\cos\theta) \end{cases}$$

と表せることを証明せよ．

アプローチ

$n=2, 3$ のときは，上の問題文で与えられているように，

$$\begin{cases} P_2(x) = 2x, & P_3(x) = 4x^2 - 1 \\ Q_2(x) = 2x^2 - 1, & Q_3(x) = 4x^3 - 3x \end{cases}$$

となります．しかし，このようなことがわかるのは，2倍角の公式，3倍角の公式があるおかげです．「n 倍角の公式」があれば，本問は解けるでしょうが，そんな公式を知っている人はいません．

$P_n(x)$，$Q_n(x)$ を具体的に求めろ，といわれているわけではないので，そのような多項式が存在することを示せばいいのです．

解答

まず，$n=2$ のときは，

$$P_2(x) = 2x$$
$$Q_2(x) = 2x^2 - 1$$

とすれば，

$$\begin{cases} \sin 2\theta = \sin\theta\, P_2(\cos\theta) \\ \cos 2\theta = Q_2(\cos\theta) \end{cases}$$

である．

次に，m を 2 以上の整数として

$$\begin{cases} \sin m\theta = \sin\theta\, P_m(\cos\theta) \\ \cos m\theta = Q_m(\cos\theta) \end{cases}$$

となる多項式 $P_m(x)$，$Q_m(x)$ が存在すると仮定する．すると

$$\begin{aligned}
\sin(m+1)\theta &= \sin(m\theta + \theta) \\
&= \sin m\theta\cos\theta + \cos m\theta\sin\theta \\
&= \{\sin\theta\, P_m(\cos\theta)\}\cos\theta + Q_m(\cos\theta)\sin\theta \\
&= \sin\theta\,\{\cos\theta\, P_m(\cos\theta) + Q_m(\cos\theta)\}
\end{aligned}$$

§5 加法定理

$$\begin{aligned}\cos(m+1)\theta &= \cos(m\theta+\theta)\\ &= \cos m\theta \cos\theta - \sin m\theta \sin\theta\\ &= Q_m(\cos\theta)\cos\theta - \{\sin\theta\, P_m(\cos\theta)\}\sin\theta\\ &= \cos\theta\, Q_m(\cos\theta) - (1-\cos^2\theta)P_m(\cos\theta)\end{aligned}$$

となることから，$P_{m+1}(x)$，$Q_{m+1}(x)$ を

$$\begin{cases}P_{m+1}(x) = xP_m(x) + Q_m(x)\\ Q_{m+1}(x) = xQ_m(x) - (1-x^2)P_m(x)\end{cases}$$

とおくと，$P_{m+1}(x)$，$Q_{m+1}(x)$ は x の多項式であり，

$$\begin{cases}\sin(m+1)\theta = \sin\theta\, P_{m+1}(x)\\ \cos(m+1)\theta = Q_{m+1}(x)\end{cases}$$

となる．すなわち，$n=m+1$ のときもいえる．■

例題 132

方程式 $2\cos 2\theta + 3a\cos\theta + 2 - a = 0$ ……(*) を満たす θ の値が $0 \leq \theta < 2\pi$ の範囲にちょうど 3 つ存在するような定数 a の値を求めよ．

アプローチ

$x = \cos\theta$ とおくと方程式(*)は x についての 2 次方程式になります．この問題の本質は，x と θ との対応です．たとえば，$x = \dfrac{1}{2}$ に対して θ は 2 つ対応するが，$x = -1$ に対して θ は 1 つ対応します．

解答

方程式(*)は，
$$2(2\cos^2\theta - 1) + 3a\cos\theta + 2 - a = 0$$
$$\therefore\ 4\cos^2\theta + 3a\cos\theta - a = 0 \quad \cdots\cdots ①$$
と式変形できる．ここで，$x = \cos\theta$ とおくと方程式①は
$$4x^2 + 3ax - a = 0 \quad \cdots\cdots ②$$
となる．

一方，$0 \leq \theta < 2\pi$ において，x のとり得る値の範囲は $-1 \leq x \leq 1$ であり，x と θ との対応は，$-1 < x < 1$ である 1 つの x に対して 2 つの θ が対応し，$x = -1$ または $x = 1$ のとき，x と θ は 1 対 1 に対応する．

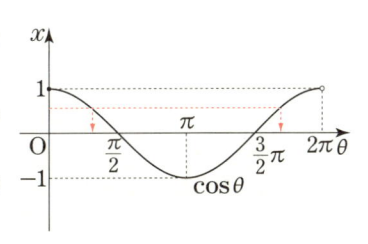

したがって，(*)を満たす θ の実数値が $0 \leq \theta < 2\pi$ の範囲にちょうど 3 個存在するための条件は，x についての 2 次方程式②が $x = -1$ または $x = 1$ のいずれか 1 つの解と $-1 < x < 1$ の範囲にもう 1 つの解をもつことである．

(i) ②が $x = 1$ を解にもつのは
$$4 + 3a - a = 0 \quad \therefore\ a = -2$$
のときである．このとき，②の解は，$x = 1$ または $x = \dfrac{1}{2}$ となり，上の条件を満たす．

(ii) ②が $x = -1$ を解にもつのは
$$4 - 3a - a = 0 \quad \therefore\ a = 1$$

のときである．このとき，②の解は，$x=-1$
または $x=\dfrac{1}{4}$ となり，上の条件を満たす．

以上(i)，(ii)より，$a=-2$ または $a=1$．

▌**研究** （*）を満たす θ の値が $0 \leqq \theta < 2\pi$ の範囲にちょうど4つ存在するような条件は，方程式②が $-1 < x < 1$ の範囲で異なる2つの実数解をもつことであり，

$$-2 < a < -\dfrac{16}{9} \text{ または } 0 < a < 1$$

である．

また，ちょうど2つ存在するような条件は，方程式②が $-1 < x < 1$ の範囲でただ1つの実数解（重解も含む）をもつことであり，

$$a = -\dfrac{16}{9} \text{ または } a = 0 \text{ または } a < -2 \text{ または } 1 < a$$

である．

VI　単振動の合成

加法定理の応用の中で，理論的に最も重要なのは，以下に述べる **単振動の合成** である．

＜単振動＞

天井に吊した長いひもに重りをつけ，静止位置から少しずらして静かに離すと，重りは，ゆっくりと振れる．この運動は，空気抵抗などがなければ一定の周期をもって，永遠に続く．

原点を中心とする円周上の点 P に対し，P から x 軸，y 軸に下ろした垂線の足を Q，R とすると，P が円周上を等速で回転するとき，Q は x 軸上で図の線分 AC 上を，R は y 軸上で図の線分 BD 上を周期的に往復運動する．

ガリレオに始まる近代古典物理学は，このような点 Q，R の運動が，上の振り子のような振動現象を記述するのにふさわしいことを証明した．

動径 OP が単位時間に動く角度（物理では角速度という）を ω（オーメガ）と表すことにして，時刻 t において $\angle \mathrm{AOP} = \omega t$ とおくと，P の座標 (x, y) は円の半径を r として

$$\begin{cases} x = r\cos \omega t \\ y = r\sin \omega t \end{cases}$$

と表される．

このような cos, sin の最も単純な式で表される運動を **単振動** という．

参考　楽器の出す音の振動や地震の振れ，あるいは心電図のように，私たちの身のまわりには，数多くの波，つまり振動現象があるが，単振動は，それらの中で最も基本的なものである．

しかし，単に簡単であるから単振動を考えるのではない．実は，驚くべきことに世の中のあらゆる周期的な振動現象は，基本的な単振動の組合せで表現できることが数学で証明できるのである．

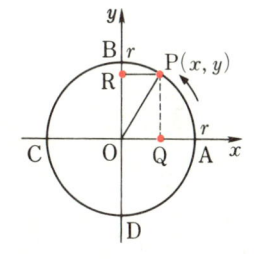

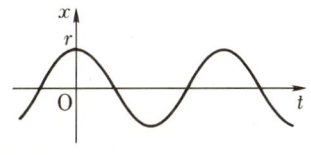

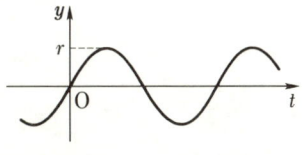

$y = \cos x + \sin x$ のグラフの概形を
$$y_1 = \cos x, \quad y_2 = \sin x$$
のグラフを利用して描いてみよう．

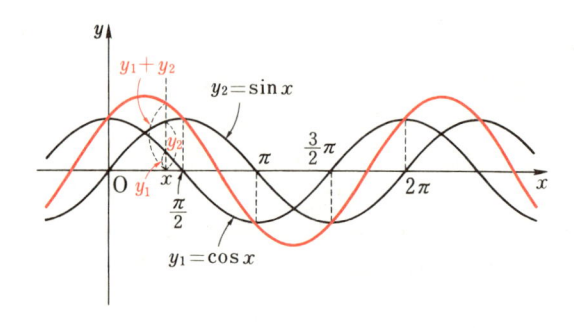

$\left(\dfrac{\pi}{2} < x < \pi \right.$ のときのように，y_1 と y_2 が異符号になるときは，特に符号に注意して $y_1 + y_2$ を考える必要がある．$x = \dfrac{\pi}{2}$ や $x = \pi$ のように y_1, y_2 の一方が 0 になるときは，$y_1 + y_2$ は簡単に計算できる$\left.\right)$

上の図から，$y = \sin x + \cos x$ は，$y = \cos x$ や $y = \sin x$ のグラフと同様，美しく波打つ正弦曲線（サインカーブ）であり，振幅は少し大きくなり，波の頂点はズレるものの，2π を周期としているように見える．

このことは，次のようにすると，もっと明確にとらえることができる．

天下り的で恐縮だが，与えられた式 $\sin x + \cos x$ を $\sqrt{2}$ でくくると
$$y = \sqrt{2}\left(\dfrac{1}{\sqrt{2}} \sin x + \dfrac{1}{\sqrt{2}} \cos x\right)$$
となる．ここで( )の中の

最初の $\dfrac{1}{\sqrt{2}}$ を $\cos \dfrac{\pi}{4}$ に，2番目の $\dfrac{1}{\sqrt{2}}$ を $\sin \dfrac{\pi}{4}$

に書き換えると
$$y = \sqrt{2}\left(\sin x \cos \dfrac{\pi}{4} + \cos x \sin \dfrac{\pi}{4}\right)$$
となるので，加法定理により
$$y = \sqrt{2} \sin\left(x + \dfrac{\pi}{4}\right)$$
となる．

つまり，$y = \sin x + \cos x$ は，
$$y = \sqrt{2} \sin x \quad (\text{周期}\,2\pi,\ \text{振幅}\,\sqrt{2}\ \text{の単振動})$$

において, x を $x+\dfrac{\pi}{4}$ に置き換えたものである. $\left(\text{これを「位相を} -\dfrac{\pi}{4} \text{ず}\right.$
らす」といういい方をする.$\Big)$

グラフでいえば, $-\dfrac{\pi}{4}$ だけ x 軸方向に平行移動するということである.

以上の議論は, 次のように公式化される.

a, b を実数の定数として, $a=b=0$ ではないとする.
このとき
$$y = a\sin x + b\cos x \qquad \cdots\cdots ①$$
において, 全体を $\sqrt{a^2+b^2}$ でくくって
$$y = \sqrt{a^2+b^2}\left(\dfrac{a}{\sqrt{a^2+b^2}}\sin x + \dfrac{b}{\sqrt{a^2+b^2}}\cos x\right) \qquad \cdots\cdots ②$$
と変形すると, ( ) の中の $\sin x$, $\cos x$ の係数である 2 数

$\dfrac{a}{\sqrt{a^2+b^2}}$ と $\dfrac{b}{\sqrt{a^2+b^2}}$ は

"それぞれの 2 乗の和が 1 に等しい"

という性質をもつ.

$\left[\text{なぜなら}\quad \left(\dfrac{a}{\sqrt{a^2+b^2}}\right)^2 + \left(\dfrac{b}{\sqrt{a^2+b^2}}\right)^2 = \dfrac{a^2}{a^2+b^2} + \dfrac{b^2}{a^2+b^2} = \dfrac{a^2+b^2}{a^2+b^2} = 1\right]$

それゆえ, ある定数 α ($0 \leqq \alpha < 2\pi$)
を用いて, この 2 数の一方を $\cos\alpha$,
他方を $\sin\alpha$ とおくことができる.

$\begin{cases}\dfrac{a}{\sqrt{a^2+b^2}}=\cos\alpha \\ \dfrac{b}{\sqrt{a^2+b^2}}=\sin\alpha\end{cases}$

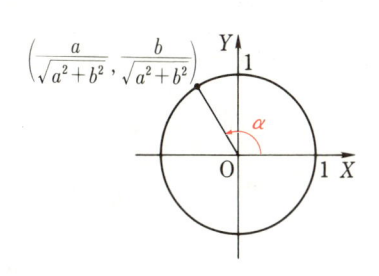

であるとすれば, ② は
$$y = \sqrt{a^2+b^2}\,(\cos\alpha \sin x + \sin\alpha \cos x)$$
すなわち
$$y = \sqrt{a^2+b^2}\,\sin(x+\alpha) \qquad \cdots\cdots ③$$
となる.

① のような三角関数の和を ③ のような 1 つの三角関数で表すことを, **三角関数の合成** と呼ぶ.

Notes

1° 以上，述べた合成の手順を流れ図風にまとめます．

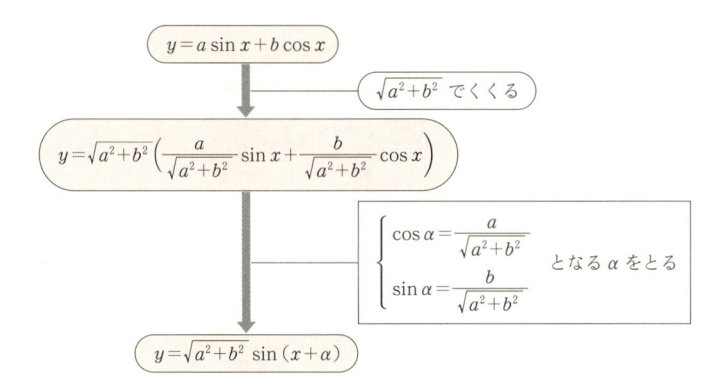

$$y = a\sin x + b\cos x$$

$\sqrt{a^2+b^2}$ でくくる

$$y = \sqrt{a^2+b^2}\left(\frac{a}{\sqrt{a^2+b^2}}\sin x + \frac{b}{\sqrt{a^2+b^2}}\cos x\right)$$

$\begin{cases} \cos\alpha = \dfrac{a}{\sqrt{a^2+b^2}} \\ \sin\alpha = \dfrac{b}{\sqrt{a^2+b^2}} \end{cases}$ となる α をとる

$$y = \sqrt{a^2+b^2}\sin(x+\alpha)$$

2° 合成という用語は運動の合成に由来します．合成関数というときの合成とはまったく意味が異なるので，注意して下さい！

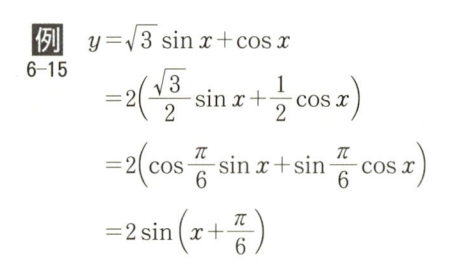

例 6-15

$$y = \sqrt{3}\sin x + \cos x$$
$$= 2\left(\frac{\sqrt{3}}{2}\sin x + \frac{1}{2}\cos x\right)$$
$$= 2\left(\cos\frac{\pi}{6}\sin x + \sin\frac{\pi}{6}\cos x\right)$$
$$= 2\sin\left(x + \frac{\pi}{6}\right)$$

問 6-27 $y = \sin x + \sqrt{3}\cos x$ を合成せよ．

Notes

1° a, b は，上の例に出てきたように，ともに正である必要はありません．たとえば

$$y = \sqrt{3}\sin x - \cos x$$

の場合なら

$$y = 2\left(\frac{\sqrt{3}}{2}\sin x + \frac{-1}{2}\cos x\right)$$

において，$\cos\left(-\dfrac{\pi}{6}\right)=\dfrac{\sqrt{3}}{2}$，
$\sin\left(-\dfrac{\pi}{6}\right)=\dfrac{-1}{2}$

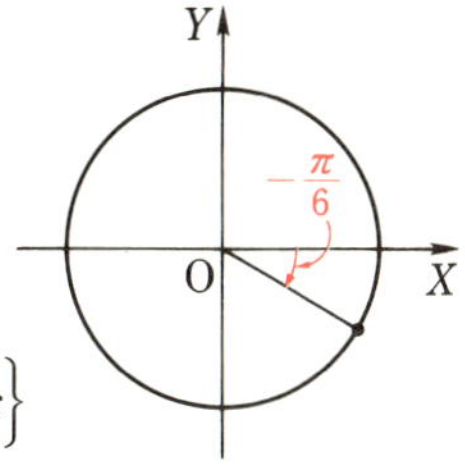

となることに注意すれば
$$y=2\left\{\cos\left(-\dfrac{\pi}{6}\right)\sin x+\sin\left(-\dfrac{\pi}{6}\right)\cos x\right\}$$
$$=2\sin\left(x-\dfrac{\pi}{6}\right)$$
と変形されます．

あるいは，次のように考えてもよいでしょう．
$$y=2\left(\dfrac{\sqrt{3}}{2}\sin x-\dfrac{1}{2}\cos x\right)$$ 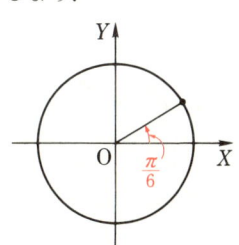
において，
$$\sin\alpha\cos\beta-\cos\alpha\sin\beta$$
$$=\sin(\alpha-\beta)$$
という形の加法定理を考慮して
$$\cos\dfrac{\pi}{6}=\dfrac{\sqrt{3}}{2},\quad \sin\dfrac{\pi}{6}=\dfrac{1}{2}$$
となることに注意すれば
$$y=2\left(\cos\dfrac{\pi}{6}\sin x-\sin\dfrac{\pi}{6}\cos x\right)$$
$$=2\sin\left(x-\dfrac{\pi}{6}\right)$$
となります．

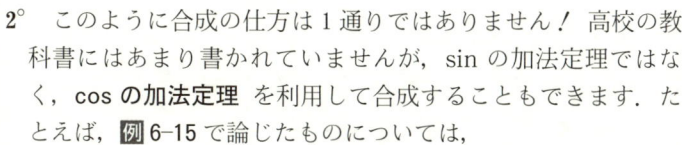

2° このように合成の仕方は1通りではありません！ 高校の教科書にはあまり書かれていませんが，sin の加法定理ではなく，**cos の加法定理** を利用して合成することもできます．たとえば，例6-15 で論じたものについては，
$$y=\sqrt{3}\sin x+\cos x=2\left(\dfrac{1}{2}\cos x+\dfrac{\sqrt{3}}{2}\sin x\right)$$
$$=2\left(\cos\dfrac{\pi}{3}\cos x+\sin\dfrac{\pi}{3}\sin x\right)$$
$$=2\cos\left(x-\dfrac{\pi}{3}\right)$$
となります．もちろん，これは 例6-15 で求めたものと本質的には同じです．

例題 133

次の関数の最大値，最小値を求めよ．
(1) $y = 2\sin x + 3\cos x$
(2) $y = \sin^2 x + 4\sin x \cos x + 3\cos^2 x$

アプローチ

(1)は合成の基本的応用です．合成をするとき，ある角度を表す必要が出てきますが，精密な値を求めることはできません．しかし，その値がわからなくても，y の最大値，最小値を求めることはできるのです．
(2)では，2倍角の公式が力を発揮します．

解答

(1) 右辺を $\sqrt{2^2+3^2}=\sqrt{13}$ でくくると，
$$y = \sqrt{13}\left(\frac{2}{\sqrt{13}}\sin x + \frac{3}{\sqrt{13}}\cos x\right)$$
となる．
　そこで，右図のような角 α をとると，
$$y = \sqrt{13}(\sin x \cos\alpha + \cos x \sin\alpha)$$
$$= \sqrt{13}\sin(x+\alpha)$$
と表せる．
　ゆえに，
$$y \text{ の最大値は } \sqrt{13},$$
$$\text{最小値は } -\sqrt{13}.$$

(2) 2倍角の公式を逆に利用すると，
$$y = \frac{1-\cos 2x}{2} + 2\sin 2x + \frac{3(1+\cos 2x)}{2}$$
$$= \cos 2x + 2\sin 2x + 2$$
$$= \sqrt{5}\cos(2x-\beta) + 2$$
となる．
　ここで，β は右図に示される角である．
　ゆえに，
$$y \text{ の最大値は } \sqrt{5}+2,$$
$$\text{最小値は } -\sqrt{5}+2.$$

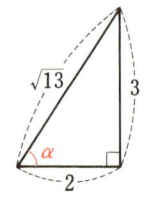

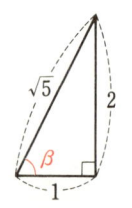

例題 134

実数 x, y が $x^2+y^2=2$, $x \geq 0$, $y \geq 0$ を満たして変わるとき $z=x+y$ の最大値，最小値を三角関数を利用して求めよ．

アプローチ

すでに第4章 例題 85（p.214）で学んだ問題ですが，三角関数を用いると，また少し違った角度からのアプローチができます．

解 答

与えられた x, y の条件から
$$\begin{cases} x=\sqrt{2}\cos\theta \\ y=\sqrt{2}\sin\theta \end{cases} \left(\text{ただし，} 0 \leq \theta \leq \frac{\pi}{2}\right)$$
とおくことができる．このとき z は
$$z=\sqrt{2}\cos\theta+\sqrt{2}\sin\theta$$
$$=2\cos\left(\theta-\frac{\pi}{4}\right) \quad \cdots\cdots(*)$$
と表される．上に示した θ の変域に注意すると $\theta-\frac{\pi}{4}$ の変域は
$$-\frac{\pi}{4} \leq \theta-\frac{\pi}{4} \leq \frac{\pi}{4}$$
であるから，z は
$$\begin{cases} \theta-\frac{\pi}{4}=0 \quad \text{すなわち} \\ \qquad \theta=\frac{\pi}{4} \quad \text{のとき 最大値 2} \\ \theta-\frac{\pi}{4}=\pm\frac{\pi}{4} \quad \text{すなわち} \\ \qquad \theta=0, \frac{\pi}{2} \quad \text{のとき 最小値 } \sqrt{2} \end{cases}$$
をとる．

注 z を θ で表すとき(*)のかわりに
$$z=2\sin\left(\theta+\frac{\pi}{4}\right)$$
と合成しても，もちろん構わない．

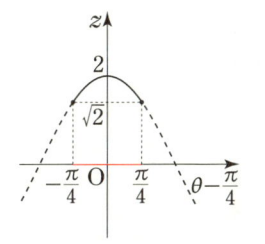

例題 135

(1) $t = \cos x + \sin x$ とする．$\cos x \sin x$ を t の式で表せ．
(2) $y = \cos x \sin x + \cos x + \sin x$ の最大値，最小値を求めよ．

アプローチ

関数の最大値，最小値を求めるには，関数のグラフを描くのが最も基本的な方法ですが，いつでもグラフが簡単に描けるわけではありません．たとえ，グラフが描けなくても，最大値や最小値だけなら求められる，ということもあるのです．

いわば，"次善の策" という知恵です．

解答

(1) $t^2 = (\cos x + \sin x)^2$
$= \cos^2 x + 2\cos x \sin x + \sin^2 x$
$= 1 + 2\cos x \sin x$

より
$$\cos x \sin x = \frac{1}{2}(t^2 - 1).$$

(2) (1)を利用すると，
$$y = \frac{1}{2}(t^2 - 1) + t = \frac{1}{2}(t^2 + 2t - 1)$$

すなわち，y は t の関数として，
$$y = \frac{1}{2}(t+1)^2 - 1 \quad \cdots\cdots ①$$

と表せる．一方
$$t = \sqrt{2} \sin\left(x + \frac{\pi}{4}\right)$$

より，t のとりうる値の範囲は
$$-\sqrt{2} \leq t \leq \sqrt{2} \quad \cdots\cdots ②$$

よって，①，②より

y の最大値は $\sqrt{2} + \dfrac{1}{2}$,

最小値は -1.

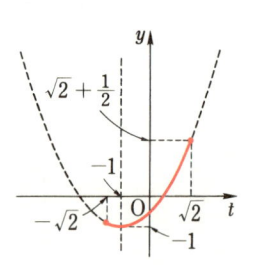

例題 136

$0 \leq \theta < 2\pi$ の範囲を変化する変数 θ を用いて
$$\begin{cases} x = 2\cos\theta - \sin\theta & \cdots\cdots ① \\ y = \cos\theta + 2\sin\theta & \cdots\cdots ② \end{cases}$$
と表される点 $P(x, y)$ の描く図形を求めよ.

アプローチ

「点 $(\cos\theta, \sin\theta)$ は原点を中心とする半径 1 の円を描く」
これが基本です.

解答

単振動の合成により, ①, ② は次のように変形できる.
$$\begin{cases} x = 2\cos\theta - \sin\theta = \sqrt{5}\cos(\theta + \alpha) \\ y = \cos\theta + 2\sin\theta = \sqrt{5}\sin(\theta + \alpha) \end{cases}$$
ただし, α は右図に示される鋭角である.

θ が $0 \leq \theta < 2\pi$ を変化するにつれて, $\theta + \alpha$ も $\alpha \leq \theta + \alpha < \alpha + 2\pi$ を変化するので, 点 $P(x, y)$ は点 $(2, 1)$ を出発して **原点を中心とする半径 $\sqrt{5}$ の円を描く**.

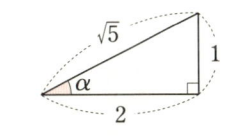

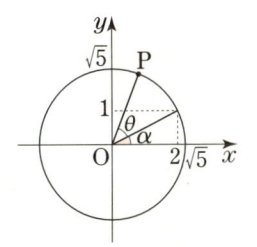

Notes

$1°$ $①^2 + ②^2$ を計算すると, θ が消去されて $x^2 + y^2 = 5$ が導かれるが, この方法では点 P がこの方程式の表す円をくまなく動くか否かがはっきりしません.

$2°$ ①, ② を $\cos\theta = \dfrac{2x + y}{5}$,

$\sin\theta = \dfrac{-x + 2y}{5}$ と変形していく手もあります.

$3°$ $\vec{a} = (2, 1), \vec{b} = (-1, 2)$ において, $\vec{p} = (\cos\theta)\vec{a} + (\sin\theta)\vec{b}$ を考えるという手もあります.

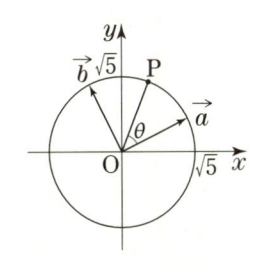

§5 加法定理

VII　加法定理のやや高級な応用——三角関数の進んだ公式 (数学Ⅲ)

　本節では，"積を和に"，"和を積に" 直す公式 と呼ばれる一群の公式を学ぶ．大変込み入っていて，互いによく似ているので，機械的な暗記では，到底覚えきれないし，たとえ一時的に覚えても，永続きは難しい．基本となる考え方を習得するほうがより効率的である．

VII–1　積を和に直す公式

$\sin\alpha\cos\beta$ という積は，sin についての加法定理の 2 式

$$\sin(\alpha+\beta)=\sin\alpha\cos\beta+\cos\alpha\sin\beta \quad \cdots\cdots ①$$
$$\sin(\alpha-\beta)=\sin\alpha\cos\beta-\cos\alpha\sin\beta \quad \cdots\cdots ②$$

の右辺の第 1 項に共通に現れている．

　そこで，この 2 式を加え合わせると，第 2 項どうしが消し合い

$$\sin(\alpha+\beta)+\sin(\alpha-\beta)=2\sin\alpha\cos\beta$$

が得られる．左辺右辺を逆にして 2 で割ることにより，積 $\sin\alpha\cos\beta$ は

$$\boxed{\sin\alpha\cos\beta=\frac{1}{2}\{\sin(\alpha+\beta)+\sin(\alpha-\beta)\}} \quad \cdots\cdots Ⓐ$$

という和の形に書き換えられる．

　①＋② の代わりに，①－② を考えれば

$$\boxed{\cos\alpha\sin\beta=\frac{1}{2}\{\sin(\alpha+\beta)-\sin(\alpha-\beta)\}} \quad \cdots\cdots Ⓑ$$

が得られる．

> **Notes**
>
> 　公式Ⓐ，Ⓑは，左辺を右辺の形に変形できる，というのがポイントです．右辺を左辺に変形するというなら，加法定理の計算に過ぎないではありませんか．実は，上の証明はこれを行っているのです．なお，ⒶとⒷの左辺どうしを比較すると，α と β を入れ替えたものに過ぎません．Ⓐの右辺で α と β を入れ替えると
>
> $$\frac{1}{2}\{\sin(\beta+\alpha)+\sin(\beta-\alpha)\}=\frac{1}{2}\{\sin(\alpha+\beta)-\sin(\alpha-\beta)\}$$
>
> となり，たしかに，Ⓑの右辺になります．つまり，ⒷはⒶで α と β を入れ替えることによっても得られるものです．
>
> 　したがって，Ⓐが頭に入っていれば，Ⓑを覚える必要はないということになります．

例 6-16
$$\sin\frac{\pi}{3}\cos\frac{\pi}{6}=\frac{1}{2}\left\{\sin\left(\frac{\pi}{3}+\frac{\pi}{6}\right)+\sin\left(\frac{\pi}{3}-\frac{\pi}{6}\right)\right\}$$
$$=\frac{1}{2}\left(\sin\frac{\pi}{2}+\sin\frac{\pi}{6}\right)=\frac{1}{2}\left(1+\frac{1}{2}\right)=\frac{3}{4}$$

例 6-17 2倍角の公式
$$\sin 2\theta = 2\sin\theta\cos\theta$$
も，左辺右辺を反対向きに
$$\sin\theta\cos\theta = \frac{1}{2}\sin 2\theta$$
と見ると，公式Ⓐ や Ⓑ において，$\alpha=\beta=\theta$ とおいた場合になっています．

また，cos についての加法定理の 2 式
$$\cos(\alpha+\beta)=\cos\alpha\cos\beta-\sin\alpha\sin\beta \quad\cdots\cdots ③$$
$$\cos(\alpha-\beta)=\cos\alpha\cos\beta+\sin\alpha\sin\beta \quad\cdots\cdots ④$$
について，(③+④)/2 や (③-④)/(-2) を作ることにより

$$\boxed{\begin{aligned}\cos\alpha\cos\beta &= \frac{1}{2}\{\cos(\alpha+\beta)+\cos(\alpha-\beta)\} \quad\cdots\cdots Ⓒ\\ \sin\alpha\sin\beta &= -\frac{1}{2}\{\cos(\alpha+\beta)-\cos(\alpha-\beta)\} \quad\cdots\cdots Ⓓ\end{aligned}}$$

が得られる．

Notes

1° 公式Ⓒ，Ⓓにおいて，$\alpha=\beta=\theta$ とおくと，それぞれ
$$\cos^2\theta = \frac{1}{2}(\cos 2\theta + 1)$$
$$\sin^2\theta = -\frac{1}{2}(\cos 2\theta - 1)$$
となり，これらは p. 361 で導いた半角公式と同じです．

2° 以上，Ⓐ〜Ⓓの公式により
$$\begin{cases}\sin\ と\ \cos\ の積\\ \cos\ と\ \cos\ の積\\ \sin\ と\ \sin\ の積\end{cases}$$
は，どれも sin や cos の和で表せることがわかりました．このことは，やがて数学 Ⅲ で学ぶ積分において重要な役割を担います．

VII-2　和を積に直す公式

VII-1 に述べた公式を，左辺右辺を反対向きに見ることで，以下の公式が導かれる．たとえば，

$$\sin\alpha\cos\beta = \frac{1}{2}\{\sin(\alpha+\beta) + \sin(\alpha-\beta)\} \qquad \cdots\cdots \text{Ⓐ}$$

において，両辺を 2 倍して左右を逆にすると

$$\sin(\alpha+\beta) + \sin(\alpha-\beta) = 2\sin\alpha\cos\beta \qquad \cdots\cdots \text{Ⓐ}'$$

となる．そこで，

$$\sin x + \sin y$$

という形の式があったとき

$$\begin{cases} \alpha + \beta = x \\ \alpha - \beta = y \end{cases}$$

となる α, β，つまり

$$\alpha = \frac{x+y}{2}, \quad \beta = \frac{x-y}{2}$$

をとると，Ⓐ′により

$$\boxed{\sin x + \sin y = 2\sin\frac{x+y}{2}\cos\frac{x-y}{2}} \qquad \cdots\cdots \text{Ⓔ}$$

となる．

Notes　公式Ⓔは，見かけは難しそうだが，実は，加法定理による展開からただちに得られるⒶ′と同じものです！

$$\begin{cases} x = \dfrac{x+y}{2} + \dfrac{x-y}{2} \\ y = \dfrac{x+y}{2} - \dfrac{x-y}{2} \end{cases}$$

となることに注意して，Ⓔの左辺を

$$\sin\left(\frac{x+y}{2} + \frac{x-y}{2}\right) + \sin\left(\frac{x+y}{2} - \frac{x-y}{2}\right)$$

と書き換えれば，そのことがすぐにわかるでしょう．

同様に，VII-1 の公式Ⓑ，Ⓒ，Ⓓより

$$\sin x - \sin y = 2\cos\frac{x+y}{2}\sin\frac{x-y}{2} \qquad \cdots\cdots \text{Ⓕ}$$

$$\cos x + \cos y = 2\cos\frac{x+y}{2}\cos\frac{x-y}{2} \qquad \cdots\cdots \text{Ⓖ}$$

$$\cos x - \cos y = -2\sin\frac{x+y}{2}\sin\frac{x-y}{2} \qquad \cdots\cdots \text{Ⓗ}$$

が得られる.

> 以上で,
>
> $$\left\{\begin{array}{l}\sin と \sin \\ \cos と \cos\end{array}\right\} \text{の} \left\{\begin{array}{l}\text{和} \\ \text{差}\end{array}\right\} \text{は} \quad \sin \text{や} \cos \text{の積で表せる}$$
>
> ことが示されました.このことと混同しやすいのが,p. 370 で学んだ,$\sin x$ と $\cos x$ の和や差,
>
> $$\sin x + \cos x \text{ を } \sqrt{2}\sin\left(x+\frac{\pi}{4}\right) \text{ と変形}$$
>
> $$\sin x - \cos x \text{ を } \sqrt{2}\sin\left(x-\frac{\pi}{4}\right) \text{ と変形}$$
>
> する合成と呼ばれる技術です.
> 　和を積に直す公式では,このように,sin と cos の間の和や差は扱うことができません！

例題 137

$\triangle ABC$ の内接円の半径を r，外接円の半径を R とするとき
$$r = 4R \sin\frac{A}{2} \sin\frac{B}{2} \sin\frac{C}{2}$$
であることを証明せよ．

アプローチ

きれいな公式の証明は一見難しそうですが，実は，しばしばたいしたことはないのです．内接円の半径 r ときたら，最初に思い起こすのは何でしょう．

解答

$\triangle ABC$ の3辺の長さを $BC=a$，$CA=b$，$AB=c$ とおき，また，$\triangle ABC$ の面積を S とおくと
$$S = \frac{1}{2}ar + \frac{1}{2}br + \frac{1}{2}cr \quad \therefore \quad r = \frac{2S}{a+b+c} \quad \cdots\cdots ①$$
である．ここで，正弦定理により
$$a = 2R\sin A, \quad b = 2R\sin B, \quad c = 2R\sin C \quad \cdots\cdots ②$$
であり，したがって，また
$$S = \frac{1}{2}bc\sin A = 2R^2 \sin A \sin B \sin C \quad \cdots\cdots ③$$
であるから，②，③を①に代入すると
$$r = 2R \frac{\sin A \sin B \sin C}{\sin A + \sin B + \sin C} \quad \cdots\cdots ④$$
となる．ここで，$A + B + C = 180°$ より
$$\sin A + \sin B + \sin C = 2\sin\frac{A+B}{2}\cos\frac{A-B}{2} + 2\sin\frac{C}{2}\cos\frac{C}{2}$$
$$= 2\sin\left(90° - \frac{C}{2}\right)\cos\frac{A-B}{2} + 2\sin\left(90° - \frac{A+B}{2}\right)\cos\frac{C}{2}$$
$$= 2\left(\cos\frac{A-B}{2} + \cos\frac{A+B}{2}\right)\cos\frac{C}{2}$$
$$= 4\cos\frac{A}{2}\cos\frac{B}{2}\cos\frac{C}{2} \quad \cdots\cdots ⑤$$
であり，他方
$$\sin A \sin B \sin C = 8\sin\frac{A}{2}\sin\frac{B}{2}\sin\frac{C}{2}\cos\frac{A}{2}\cos\frac{B}{2}\cos\frac{C}{2} \quad \cdots\cdots ⑥$$
である．⑤，⑥を④に代入すれば，証明すべき式を得る．■

§6 指数関数・対数関数

I 指数関数への道

$2^2 = 2 \times 2 = 4$, $\quad 2^3 = 2 \times 2 \times 2 = 8$, $\quad 2^4 = 2 \times 2 \times 2 \times 2 = 16$, $\ldots$,
$2^n = \underbrace{2 \times 2 \times 2 \times \cdots \times 2}_{n\text{個}}$, $\cdots$ という累乗(るいじょう)については中学で学んだ．上の例で数字 2 の右肩に小さく表された数が **累乗の指数** と呼ばれるものである．

ここでは，この指数が

$$2, 3, 4, \cdots, n, \cdots$$

という 2 以上の自然数に限らず，$0, -1, -2, \cdots$ という整数のときも，また，$\dfrac{1}{2}, -\dfrac{2}{3}, \cdots$ という分数で表される有理数のときにも，そして，最後は

$$\sqrt{2}, \sqrt{3}, \cdots, \pi, \cdots$$

のような無理数のときも含め，すべての実数について定義できることを学ぶ．

それにしても，a^n は n 個の a を

$$\underbrace{a \times a \times a \times \cdots\cdots \times a}_{n\text{個}}$$

のように掛け合わせたものである，という中学生のときの定義を思い出すと，

a^{-2} は「-2 個の a を掛け合わせたもの」，

$a^{\frac{1}{2}}$ は「$\dfrac{1}{2}$ 個の a を掛け合わせたもの」

ということになるから，「こんなもの考えられるはずはない！」といいたくなるのではないだろうか．ところが不思議！ これが考えられるのだ．しかも極めて自然な考え方に従ってである．

I-1 a^x の定義：x が 0 以下の整数の場合

$a \neq 0$ とする．$n = 1, 2, 3, \cdots$ とすると，a^n は $a, a^2, a^3, \cdots$ となる．累乗の指数 $1, 2, 3, 4, \cdots$ は，1 ずつ増えるという規則でできている（第 7 章のことばを使うと，公差 1 の等差数列をなしている），他方，累乗 $a^1, a^2, a^3, a^4, \cdots$ は，次々に a をかけていくという規則でできている（第 7 章のことばを使うと，公比 a の等比数列をなしている）．

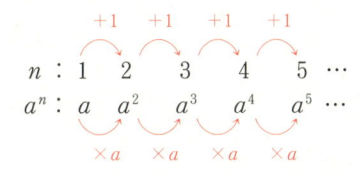

$$
\begin{array}{c}
\quad\;\; +1 \;\;\; +1 \;\;\; +1 \;\;\; +1 \\
n: 1 \;\; 2 \;\; 3 \;\; 4 \;\; 5 \;\cdots \\
a^n: a \;\; a^2 \;\; a^3 \;\; a^4 \;\; a^5 \;\cdots \\
\quad\;\; \times a \;\; \times a \;\; \times a \;\; \times a
\end{array}
$$

指数 n を，この規則が維持されるように，反対向きに（上の図解では左方向に）延ばすとすれば，0 以下の整数
$$n: \cdots, -4, -3, -2, -1, 0$$
が出てくる．これに対応して，累乗の列を，同じ規則が保たれるように，反対向きに延ばすとすれば，
$$a^n: \cdots, \frac{1}{a^4}, \frac{1}{a^3}, \frac{1}{a^2}, \frac{1}{a}, 1$$
となる．このことから
$$a^0, a^{-1}, a^{-2}, a^{-3}, \cdots$$
などをどう定義するのがよいか，わかるだろう．

定義

a を 0 でない数とするとき，
- ⅰ) $a^0 = 1$
- ⅱ) $a^n = \dfrac{1}{a^{-n}}$ （ただし，n は負の整数）

と定める．

Notes

$1°$ これによって，$a \neq 0$ のとき，a^n という記号が，n が 0 以下の整数の場合にも定義されたことになります．これを，指数が一般の整数の場合に"拡張"された，といいます．

$2°$ 上の規則 ⅱ) は，たとえば，$n = -3$ のとき
$$a^{-3} = \frac{1}{a^3}$$
となる，ということです．少し子供っぽいのですが，慣れないうちは，規則 ⅱ) は

$$a^{-k} = \frac{1}{a^k} \quad (k \text{ は正の整数})$$

と表したほうが理解しやすいかもしれません．

問 6-28 次のおのおのを定義に基づいて計算せよ．

(1) 2^{-3}　　　(2) 3^{-2}　　　(3) 10^0　　　(4) $\left(\dfrac{1}{3}\right)^{-3}$

前ページのように定義すると，**指数法則** と呼ばれる次の性質が，0 以下の整数まで指数を拡張しても，成り立つ．

指数法則（指数の性質）

任意の整数 m, n について，次の式が成り立つ．

(1) $a^m \times a^n = a^{m+n}$

(2) $a^m \div a^n = a^{m-n}$

(3) $(a^m)^n = a^{mn}$

(4) $(ab)^m = a^m b^m$

ただし，$a \neq 0$, $b \neq 0$ とする．

Notes

1° たとえば，性質(1)は
$$a^{-5} \times a^{-3} = a^{-8}$$
が成り立つことを意味します．定義にさかのぼって考えて見れば，

$$\begin{cases} 左辺 = \dfrac{1}{a^5} \times \dfrac{1}{a^3} = \dfrac{1}{a^5 \times a^3} = \dfrac{1}{a^8} \\ 右辺 = \dfrac{1}{a^8} \end{cases}$$

ですから，上の等式は，たしかに成り立ちます．
ここでは，$m = -5$, $n = -3$ という特別の値を決めて証明しましたが，ほとんど同じ考え方で，一般の場合も証明することができます．

2° n がどんな整数であっても，$\dfrac{1}{a^n} = a^{-n}$ という等式が成り立つことに注意すると，性質(2)は

$$\begin{cases} 左辺 = a^m \times \dfrac{1}{a^n} = \underbrace{a^m \times a^{-n} = a^{m+(-n)}}_{性質(1)} \\ 右辺 = a^{m-n} \end{cases}$$

のように，性質(1)の特別の場合としてとらえることができます．

いろいろな関数

3° 性質(3)も性質(1)から導かれます．
たとえば，n が正の整数のときは，
$$(a^m)^n = \underbrace{a^m \times a^m \times a^m \times \cdots \times a^m}_{n \text{個}}$$
$$= a^{mn}$$
n が負の整数のときは，$n=-k$ とおくと，k は自然数であるから
$$(a^m)^n = (a^m)^{-k} = \frac{1}{(a^m)^k} = \frac{1}{a^{mk}} = a^{-mk} = a^{mn}$$

4° というわけで，(1)，(2)，(3)の中で一番基本となる大切なものは(1)です．一方，(4)は少し毛色が違います．
m が正の整数のときは，中学で学んでいるので，これを仮定して，m が負の整数のときも成り立つことを示しましょう．
$m=-k$ とおくと，k は正の整数で
$$(ab)^m = (ab)^{-k} = \frac{1}{(ab)^k} = \frac{1}{a^k b^k} = \frac{1}{a^k} \cdot \frac{1}{b^k} = a^{-k} \cdot b^{-k}$$
$$= a^m b^m$$
となります．つまり，m が正の整数の場合に(4)が成り立つことを用いて，m が負の整数の場合にも(4)が成り立つことが証明されます*!*

問 6-29 上の指数法則を使って，次の式を簡単にせよ．
(1) $a^5 \div a^{-3} \times a^{-7} \div a^2$ （2） $(a^{-3})^2 \times (-a)^2$
(3) $(a^3)^2 \times (a^{-1})^3$

I-2 a^x の定義：x が有理数の場合

I-1 で考えた指数の列 $n=0, 1, 2, 3, \cdots$ と，累乗の列 $a^n=1, a, a^2, a^3, \cdots$ において，まず，指数の列の隣接する2項の間に項をはさんで，規則が保たれるようにするとすれば，
$$0, \frac{1}{2}, 1, \frac{3}{2}, 2, \frac{5}{2}, 3, \cdots$$
とすればよい．$\left(\text{第7章のことばを使えば公差} \frac{1}{2} \text{の等差数列ができる．}\right)$ これに対応して，列 $1, a, a^2, a^3, \cdots$ の隣接する2項の間に項をはさんで，

第6章 いろいろな関数

規則が保たれるようにするには，
$$1,\ \sqrt{a},\ a,\ \sqrt{a^3},\ a^2,\ \sqrt{a^5},\ a^3,\ \cdots$$
とすればよい．（第7章のことばを使えば，公比 $\sqrt{a}$ の等比数列になる．もちろん，このように $\sqrt{a}$ や $\sqrt{a^3}$, … などが定義できるためには，a は I-1 のように 0 でないだけでなく，$a>0$ であるべきである．）

以上のことから
$$a^{\frac{1}{2}}=\sqrt{a}$$
$$a^{\frac{3}{2}}=\sqrt{a^3}$$
$$a^{\frac{5}{2}}=\sqrt{a^5}$$
$$\vdots$$
と定義すべきだ，ということがわかる．

指数の数列 0, 1, 2, 3, … の隣接する2項の間に $m-1$ 個の項をはさんで，規則を保つとすれば
$$0,\ \frac{1}{m},\ \frac{2}{m},\ \cdots,\ \frac{m-1}{m},\ 1,\ \frac{m+1}{m},\ \cdots$$
となるので，これに対応して
$$1,\ a^{\frac{1}{m}},\ a^{\frac{2}{m}},\ \cdots,\ a^{\frac{m-1}{m}},\ a,\ a^{\frac{m+1}{m}},\ \cdots$$
が定義できることが予感できるであろう．

そこで，以下，$a^{\frac{n}{m}}$ が次のように定義されることを示そう．

> **定義**
>
> a は正の数とする．有理数 p に対し，
> $$p=\frac{n}{m}\quad (m,\ n\text{ は整数},\ m>0)$$
> とおくと，
> $$a^p=a^{\frac{n}{m}}=\sqrt[m]{a^n}$$

$n=2$ のときは，$\sqrt[n]{\ \ }$ は，よく知られた普通の平方根 $\sqrt{\ \ }$ である．$n>2$ のとき，$\sqrt[n]{\ \ }$ が何を意味するか知らないと，上の定義は意味をもたない．

まず，この問題を解決しよう．

n が正の整数であるとき，xy 平面上で，関数 $y=x^n$ のグラフは，ほぼ次の図のようになる．

n が偶数のとき
（たとえば，$y=x^2$）

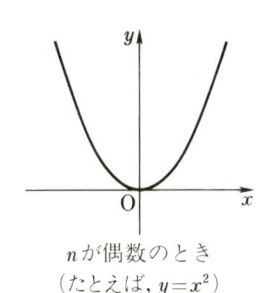

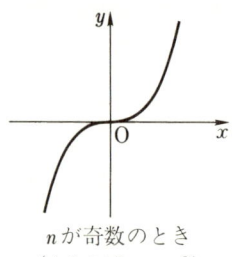

n が奇数のとき
（たとえば，$y=x^3$）

それゆえ，a を実数として，方程式
$$x^n = a$$
を考えると，これを満たす実数 x の値は，
n が偶数のときは
$$\begin{cases} a>0 \text{ ならば2つ存在する．} \\ a=0 \text{ ならば1つ存在する．} \\ a<0 \text{ ならば存在しない．} \end{cases}$$
n が奇数のときは
　　a の符号によらず，つねに1つ存在する．

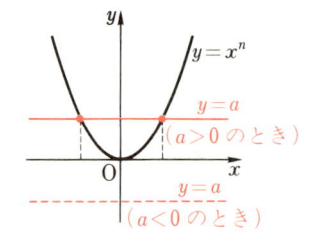

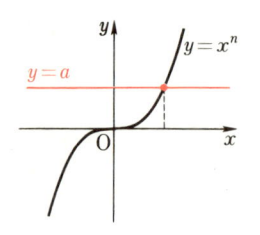

Notes　たとえば，$n=4$, $a=16$ のときを考えると，　$x^4 = 16$
を満たす実数 x の値は，
$$x = \pm 2$$
の2個あります．
　一方，$n=4$, $a=-16$ のとき，$x^4 = -16$
を満たす実数 x は存在しません！（第3章で学んだ複素数の範囲では，$x = \pm\sqrt{2}(1+i)$, $\pm\sqrt{2}(1-i)$ があります．）

問 次の各式を満たす実数 x を求めよ．
6-30
(1) $x^2 = 81$ 　　(2) $x^4 = 81$ 　　(3) $x^8 = 81$
(4) $x^3 = 27$ 　　(5) $x^3 = -27$

定義

与えられた実数 a と整数 n に対し，
$$x^n = a$$
を満たす x を，a の **n 乗根** という．n 乗根（$n=2, 3, 4, \cdots$）を総称して **累乗根** と呼ぶ．

$a>0$ のとき，a の n 乗根（n が偶数のときは，2 個存在するうち，正のほう）を $\sqrt[n]{a}$ と表す．

$a=0$ のとき，$\sqrt[n]{0}=0$ である．

$a<0$ のとき，a の n 乗根が実数の範囲に存在するのは，n が奇数のときに限る．それを $\sqrt[n]{a}$ と表す．

いいかえると，次のようである．

定義

$a \geqq 0$ のとき $\sqrt[n]{a} = (a \text{ の } n \text{ 乗根の負でないもの})$

$a < 0$ のとき
$$\sqrt[n]{a} = \begin{cases} n \text{ が奇数のときは，} a \text{ の唯一の } n \text{ 乗根（負数）} \\ n \text{ が偶数のときは，存在しない} \end{cases}$$

Notes

1° このように表現すると，面倒になるので，
"$\sqrt[n]{a}$ は，a の n 乗根（n 乗したら a になるもの），ただし，$a<0$ のときは，n が奇数の場合にしか考えられない"
と覚えておけばよいでしょう．

例 6-18 $\sqrt[4]{16} = 2$

例 6-19 $\sqrt[3]{-8} = -2$

問 6-31 次のおのおのを簡単にせよ．
(1) $\sqrt[3]{27}$ 　　(2) $\sqrt[4]{64}$ 　　(3) $\sqrt[5]{-32}$
(4) $\sqrt[3]{8}$ 　　(5) $\sqrt[4]{81}$ 　　(6) $\sqrt[5]{32}$

2° 2 乗根，3 乗根のことをそれぞれ **平方根**，**立方根** と呼びます．

2 の平方根は $\sqrt{2}$ と $-\sqrt{2}$，2 の実数の立方根は $\sqrt[3]{2}$ です．

§6 指数関数・対数関数

$a>0$；$a=0$；$a<0$ と場合分けするのは面倒なので，以後は
$$a>0 \text{ の場合だけ}$$
を考えることにする．

> **定義**
>
> $a>0$ のとき，有理数 p に対し
> $$p=\frac{n}{m} \quad (m, n \text{ は整数で，} m>0)$$
> とおくと，
> $$a^p \text{ すなわち } a^{\frac{n}{m}} \text{ は } (\sqrt[m]{a})^n$$
> と定義される．

Notes

$1°$ この定義が，ごく自然なものである（つまり，こう定義するのが当然だと誰もが思う）ことを納得してもらうために，まず，$n=1$ の場合，つまり $a^{\frac{1}{m}}$ が
$$a^{\frac{1}{m}}=\sqrt[m]{a}$$
と定義されることを考えてみましょう．

1 と a の間に $m-1$ 個の項を補って，それらが次々と同じ数をかけたものになっている（第 7 章のことばを使えば，等比数列をなす）ようにしてみましょう．

補う項を順に $p_1, p_2, \cdots, p_{m-1}$ とし，$p_0=1$, $p_m=a$ とします．

「同じ数」（いわゆる公比）を r とおくと，最初が $p_0=1$ なので，

$$\begin{cases} p_1=r \\ p_2=r^2 \\ \vdots \\ p_k=r^k \\ \vdots \\ p_{m-1}=r^{m-1} \\ a=p_m=r^m \end{cases}$$

$$1, \underbrace{p_1, p_2, \cdots, p_{m-1}}_{\text{補う}}, a \ : \text{等比}$$
$$\| \qquad \qquad \qquad \qquad \qquad \|$$
$$p_0 \qquad \qquad \qquad \qquad \qquad p_m$$

$$0, \underbrace{\frac{1}{m}, \frac{2}{m}, \cdots, \frac{m-1}{m}}_{\text{補う}}, 1 \ : \text{等差}$$

となるはずです．最後の式から
$$r=\sqrt[m]{a}$$
とわかります．これを，上の他の式に代入すれば，

$$\begin{cases} p_1 = \sqrt[m]{a} \\ p_2 = \sqrt[m]{a}^2 \\ \quad \vdots \\ p_k = \sqrt[m]{a}^k \\ \quad \vdots \\ p_{m-1} = \sqrt[m]{a}^{m-1} \end{cases}$$

となります．

　一方，0 と 1 の間に $m-1$ 個の項を補って，それが次々に同じ数を加えていったものになる（第 7 章のことばを使えば，等差数列をなす）ようにするには

$$0, \ \frac{1}{m}, \ \frac{2}{m}, \ \cdots, \ \frac{m-1}{m}, \ 1$$

とすればよいのですから，

$p_1, \ p_2, \ \cdots, \ p_k, \ \cdots, \ p_{m-1}$ は $a^{\frac{1}{m}}, \ a^{\frac{2}{m}}, \ \cdots, \ a^{\frac{k}{m}}, \ \cdots, \ a^{\frac{m-1}{m}}$ と定義すべきものです．

　したがって

$$a^{\frac{1}{m}} = \sqrt[m]{a}$$

ですね！

2° ついでに $a^{\frac{2}{m}} = (\sqrt[m]{a})^2, \ a^{\frac{3}{m}} = (\sqrt[m]{a})^3, \ \cdots$ となることも納得できます．

　かくして，一般に $a^{\frac{n}{m}} = (\sqrt[m]{a})^n$ です！

3° 有理数 p を $\dfrac{n}{m}$（$m, \ n$ は整数で，$m > 0$）と表現する方法は 1 通りではありません．たとえば

$$\frac{3}{2}, \ \frac{6}{4}, \ \frac{9}{6}, \ \cdots$$

は，どれも 1.5 という有理数を表します．したがって，上の定義が意味をもつためには，

$$\sqrt[2]{a}^3, \ \sqrt[4]{a}^6, \ \sqrt[6]{a}^9, \ \cdots$$

が，すべて一致することが必要です．

　結論からいうと，これらが等しいことは証明することができます．一般に，k を整数とするとき $(\sqrt[km]{a})^{kn} = (\sqrt[m]{a})^n$ が成り立つ，ということです．しかし，これの厳密な証明は少し難し

いので，高校生向けの本（検定教科書など）では，省略されることが多いようです．

本書でも，少なくとも現段階では，ここに証明すべき命題が残っている，ということに注意を喚起することで，本編では，証明の詳細に入るのは断念します．意欲ある読者は考えてみて下さい．

4° より重要なのは次の点です．すなわち，一般に

$$(\sqrt[m]{a})^n = \sqrt[m]{a^n}$$

が成り立つので，先の定義の代わりに，

$$a^{\frac{n}{m}} = \sqrt[m]{a^n}$$

としてもよいということです．
$a^{\frac{n}{m}}$ は

a の n 乗の m 乗根

といっても，

a の m 乗根の n 乗

といっても，どちらでもいい，ということです．

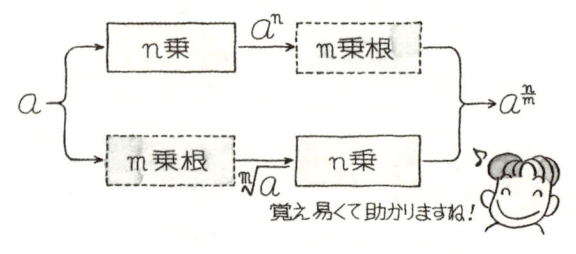

問 6-32 次のおのおのの値を計算せよ．

(1) $8^{\frac{2}{3}}$ (2) $16^{\frac{3}{4}}$ (3) $1024^{\frac{6}{5}}$

(4) $8^{-\frac{2}{3}}$ (5) $16^{-\frac{3}{4}}$ (6) $1024^{-\frac{6}{5}}$

5° 以上のように，指数が有理数の場合について累乗（累乗というのは，指数が整数の場合を連想するので，大学以上では，"べき"（冪）ということばを使います）を定義すると，

$$a^p \times a^q = a^{p+q}$$

などの指数法則が，このように指数を拡張した場合にも成り立つことが証明できます．そのおかげで，複雑な累乗で表現された式も指数で表現しなおすことにより，簡単に単純化することができます．

問 6-33 次の各式を簡単にせよ．
(1) $\sqrt{a} \times \sqrt[3]{a^2} \times \sqrt[4]{a^3}$ (2) $\sqrt[3]{a^2b^2} \times \sqrt[4]{ab} \div \sqrt{ab}$
(3) $(\sqrt[3]{a\sqrt{a}})^6$

I-3　a^x の定義：x が実数の場合

これは，本来は，高校の水準を超える話題であるから，わかった気分になってもらえば，それで十分である．

たとえば，$a=3$ として $x=\sqrt{2}$ の場合を考えてみよう．定義したいものは $3^{\sqrt{2}}$ である．

さて，$\sqrt{2}$ 自身は無理数であるが，$\sqrt{2}$ に近い有理数はいくらでもある．
$$1.4,\ 1.41,\ 1.414,\ \cdots$$
などである．これらを指数とする値は I-2 で論じたように
$$3^{1.4} = 3^{\frac{7}{5}} = \sqrt[5]{3^7} = 4.655\cdots$$
$$3^{1.41} = 3^{\frac{141}{100}} = \sqrt[100]{3^{141}} = 4.706\cdots$$
$$3^{1.414} = 3^{\frac{707}{500}} = \sqrt[500]{3^{707}} = 4.727\cdots$$
$$\vdots$$
と定義されている．そこで，$\sqrt{2}$ に限りなく近づく有理数の列
$$\{r_1,\ r_2,\ r_3,\ \cdots,\ r_n,\ \cdots\}$$
をとり，これを指数にもつ累乗の列
$$\{3^{r_1},\ 3^{r_2},\ 3^{r_3},\ \cdots,\ 3^{r_n},\ \cdots\}$$
を作り，これが限りなく近づく値を $3^{\sqrt{2}}$ と定義するのである．

$3^{\sqrt{2}}$ の場合は
$$3^{\sqrt{2}} = 4.728\cdots$$
となる．

有理数を指数にもつ累乗が計算できる高機能電卓を利用できる人は，是非，一度自分でも計算してみるとよい．

このように指数が定義されたということを一旦納得してもらえたら，高校レベルで理解しておかなければならないのは，ここでは，次の一般指数法則だけである．

> $a>0$, $b>0$ で，x, y を実数とするとき
> 次の指数法則が成り立つ．
> (1) $\begin{cases} a^x \times a^y = a^{x+y} \\ a^x \div a^y = a^{x-y} \end{cases}$
> (2) $(a^x)^y = a^{xy}$
> (3) $\begin{cases} (ab)^x = a^x b^x \\ \left(\dfrac{a}{b}\right)^x = \dfrac{a^x}{b^x} \end{cases}$

II　指数関数

前節 I では，$a>0$ に対して，a^x（x は実数）を定義した．そこで
$$y=a^x$$
とおけば，実数 x に対して，y の値が定まる関数を考えることができる．ただし，$a=1$ とすると，つねに，$y=1$ となってしまってつまらないので，$a\neq1$（つまり，$0<a<1$ または $a>1$）の場合だけを考えることにして，このような関数を（a を **底** とする）**指数関数** と呼ぶ．

初めに，$a=2$ の場合を考えよう．

x がどんな実数でも，2^x の値は定められるはずだが，簡単にできるいくつかの場合を計算してみよう．

$$2^0=1,\ 2^1=2,\ 2^2=4,\ 2^3=8,\ 2^4=16,$$
$$2^{-1}=\frac{1}{2}=0.5,\ 2^{-2}=\frac{1}{4}=0.25,\ 2^{-3}=\frac{1}{8}=0.125,$$
$$2^{\frac{1}{2}}=\sqrt{2}=1.414\cdots,\ 2^{\frac{3}{2}}=\sqrt{2^3}=2\sqrt{2}=2.828\cdots,$$
$$2^{-\frac{1}{2}}=\frac{1}{\sqrt{2}}=\frac{\sqrt{2}}{2}=0.707\cdots,\ 2^{-\frac{3}{2}}=\frac{1}{\sqrt{2^3}}=\frac{\sqrt{2}}{4}=0.353\cdots,$$

この結果を x に対する $y=2^x$ の値の表としてまとめると，左下の表のようになる．また，それを xy 平面に図示すると，下の図のようになる．

x	y
-3	0.125
-2	0.25
$-\dfrac{3}{2}$	$0.353\cdots$
-1	0.5
$-\dfrac{1}{2}$	$0.707\cdots$
0	1
$\dfrac{1}{2}$	$1.414\cdots$
1	2
$\dfrac{3}{2}$	$2.828\cdots$
2	4
3	8
4	16

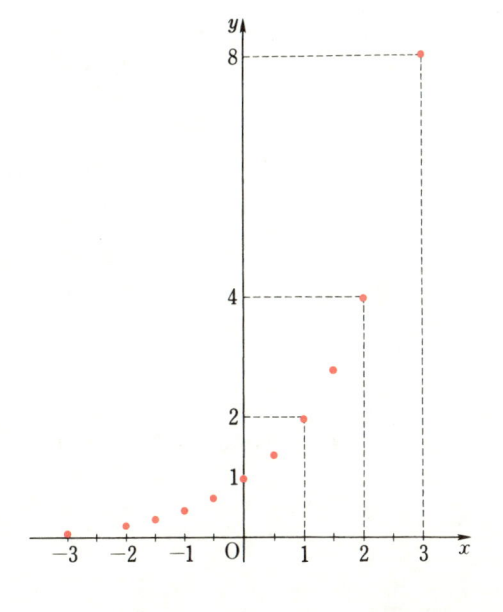

§6　指数関数・対数関数

いろいろな関数

（前ページのグラフでは，$x=4$ に対応する y の値は図示できていない！）

x の値の間隔をさらにせばめていくと，前ページのグラフは，やがて右図のようななめらかな曲線になっていく．こうして得られるのが，関数 $y=2^x$ のグラフである．

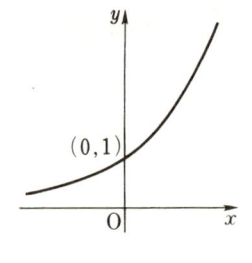

このグラフの著しい特徴は，
(1) 右上がりで，下に凸のなめらかな曲線である
(2) つねに，x 軸の上側（$y>0$ の範囲）にある
(3) 左方で x 軸に漸近する
(4) y 軸上の点 $(0, 1)$ を通る

ことである．

この性質は，$y=2^x$ に限らず，
$$y=a^x \quad (ただし，a は 1 より大きい定数)$$
で表される，すべての指数関数に共通している．

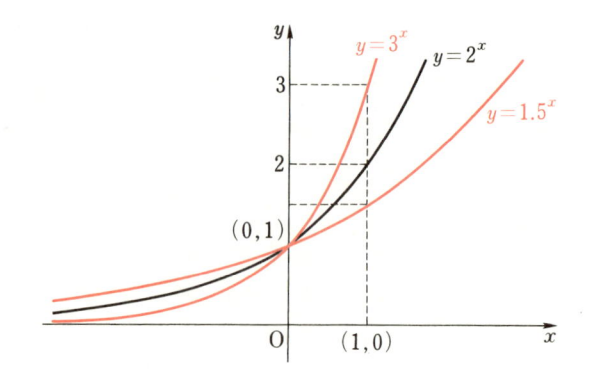

a を $a>1$ の定数とするとき，指数関数 $y=a^x$ のグラフは，a の値が変化しても上の図のように，共通の性質を維持しつつ，a の値が大きくなるほど，

$$\begin{cases} 右方では，上がり方が急に \\ 左方では，x 軸への漸近がより早く \end{cases}$$

なるように，なめらかに形を変えていく．

第6章 いろいろな関数

1° 実は，後に示すように，これらの曲線は，どれか1本から，"x軸方向への伸縮"によって得られるものですから，本質的には，なにか1本考えるだけでよいのです．

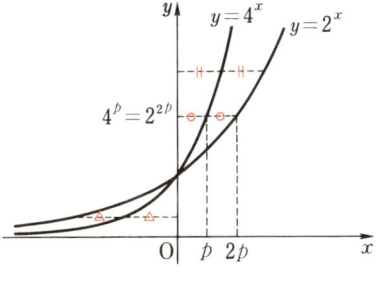

ここでは，$a=2$ の場合と $a=4$ の場合だけを図示しておきます．

2° a の値が1に接近するほど，関数 $y=a^x$ のグラフの右方での上がり方は鈍く，左方での下がり方は遅くなります．

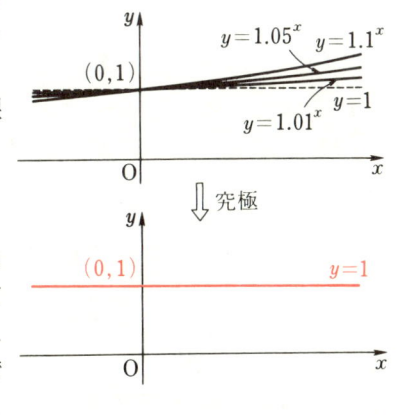

このような変化を極限まで押し進めて，$a=1$ となった場合を考えたら，どうなると思いますか？

指数関数を定義するとき，$a \neq 1$ であると断っているので，$y=1^x$ を考えることはできないはずですが，敢えて考えるなら，横にまっすぐな直線 $y=1$ となると思いませんか．

ここまで納得できたら，次は，さらに a を小さくして $0<a<1$ の場合にどうなるか，です．

指数関数 $y=a^x$ において，底 a が $0<a<1$ の場合を考えるために，まず，$a=\dfrac{1}{2}$ の場合，つまり

$$y=\left(\dfrac{1}{2}\right)^x \qquad \cdots\cdots ①$$

を考えよう．①は

$$y=2^{-x} \qquad \cdots\cdots ①'$$

と書き換えることができるが，この①′は，先に考えた関数

$$y=2^x \qquad \cdots\cdots ②$$

において，

x を $-x$ に置き換え

たものである．それゆえ，関数 $y=\left(\dfrac{1}{2}\right)^x$ の値は関数 $y=2^x$ の値を利用して次のように求めることができる．

x	-2	-1	0	1	2
$-x$	2	1	0	-1	-2
2^x	$\dfrac{1}{4}$	$\dfrac{1}{2}$	1	2	4
$\left(\dfrac{1}{2}\right)^x=2^{-x}$	4	2	1	$\dfrac{1}{2}$	$\dfrac{1}{4}$

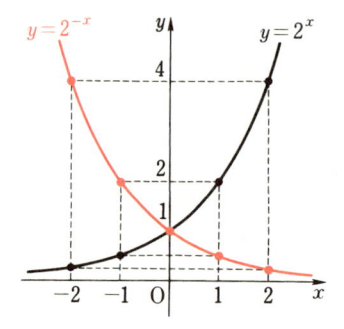

つまり，関数 $y=\left(\dfrac{1}{2}\right)^x$ すなわち $y=2^{-x}$ のグラフは関数 $y=2^x$ のグラフを y 軸に関して折り返したものである．

一般に，a が $0<a<1$ の定数のとき，指数関数 $y=a^x$ のグラフは関数 $y=\left(\dfrac{1}{2}\right)^x$ のグラフと同じように

　　　　　右下がりの下に凸の曲線で
　　　　　点 $(0,\ 1)$ を通り
　　　　　右方で x 軸に漸近する

という性質をもつ．
以上をまとめると，次のようになる．

指数関数 $y=a^x$ は
(1) 底を表す定数 a が，$a>1$ のときも，$0<a<1$ のときも
　(i) y のとりうる値の範囲は $y>0$ の実数全体
　(ii) $x=0$ のとき，$y=1$
　(iii) グラフは下に凸のなめらかな曲線
(2)(i) 底 a が $a>1$ のときは
　　　　単調増加（グラフは右上がり）
　(ii) 底 a が $0<a<1$ のときは
　　　　単調減少（グラフは右下がり）

Notes

1° 一般に，関数 $f(x)$ が単調増加であるとは，x の値が増加すると関数の値も増加する，ということで，式で表せば，

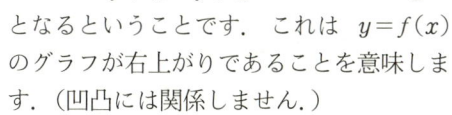

$$x_1 < x_2 \text{ ならば必ず}$$
$$f(x_1) < f(x_2) \quad \cdots\cdots ☆$$

となるということです．これは $y=f(x)$ のグラフが右上がりであることを意味します．（凹凸には関係しません．）

単調減少についても同様です．

2° ☆が成り立つときは，その逆も成り立つので，☆は次のように表すこともできます．

$$x_1 < x_2 \iff f(x_1) < f(x_2)$$

この表現を利用すれば，前ページの(2)の(i)，(ii)はそれぞれ次のように表せます．

> (i) $a>1$ のとき，$x_1 < x_2 \iff a^{x_1} < a^{x_2}$
> (ii) $0<a<1$ のとき，$x_1 < x_2 \iff a^{x_1} > a^{x_2}$

◀不等号の向きが逆転！

これは，いわゆる **指数不等式** の基礎になる重要な関係です．

3° このことから，$a>1$ のときも，$0<a<1$ のときも

$$x_1 = x_2 \iff a^{x_1} = a^{x_2}$$

という関係が導かれます．これは，いわゆる **指数方程式** で，大切な役割を果たします．

例 6-20

$2^x = 8 \iff x = 3$

$2^x = \dfrac{1}{4} \iff x = -2$

$2^x > 8 \iff x > 3$

$2^x < \dfrac{1}{4} \iff x < -2$

いろいろな関数

例題 138

次のおのおのの等式を満たす実数 x の値を求めよ．
(1) $(2^x)^2 - 5 \cdot 2^x + 4 = 0$
(2) $9^x - 2 \cdot 3^x - 3 = 0$
(3) $4^{x+1} + 2 \cdot 2^x - 2 = 0$

アプローチ

　このような方程式を高校数学では "**指数方程式**" などと呼びますが，指数関数を含む方程式は，一般に，解けないのがふつうです．たとえば
$$2^x = \frac{3}{2}x + 1$$
という方程式は，$x=0$ と $x=2$ という解をもつのですが，これをヤマカン以外の方法で求めることはできません．さらに
$$2^x = 3x + 2$$
となると，もはや解を見つけることは不可能になります．（後に数学Ⅲで学ぶ手法を使えば "2つ存在する" ことはわかるのですが，その値を見つけることは不可能なのです．いわば「神様は知っているが，人間にはわからない」ということです！）

　しかし，高校レベルでも，たまたま解ける場合があります．その典型が前ページで体験した
$$2^x = 2^{\sqrt{3}}$$
のようなタイプです．（右辺の $2^{\sqrt{3}}$ がどんな値であるか知るのは難しいのですが，上の方程式の解は，$x = \sqrt{3}$ です！）これではあまりに単純なので，高校数学では，ちょっと変形すると，この基本型に帰着できるタイプの方程式を考えます．

解　答

(1) $X = 2^x$ とおくと，与えられた方程式は，
$$X^2 - 5X + 4 = 0$$
となる．
　これより
$$(X-1)(X-4) = 0$$
$$\therefore \quad X = 1 \text{ または } X = 4$$
であるから，求める x は
$$2^x = 1 \text{ または } 2^x = 4$$

◀慣れてくれば，いちいち X と置換しないで
　"$(2^x - 1)(2^x - 4) = 0$
　$\therefore \quad 2^x = 1$ または $2^x = 4$"
のようにしていけばよい．

より
$$x=0 \quad \text{または} \quad x=2.$$

(2) $9^x=(3^2)^x=3^{2x}=(3^x)^2$ であるから
$$(3^x)^2-2\cdot 3^x-3=0$$
$$\therefore \quad (3^x+1)(3^x-3)=0$$

ところで，どんな実数 x についても $3^x>0$ であるから，可能なのは
$$3^x=3$$
のみである．これより
$$x=1.$$

(3) $4^{x+1}=4\cdot 4^x=4\cdot(2^2)^x=4\cdot 2^{2x}=4\cdot(2^x)^2$ に注意して
$$4\cdot(2^x)^2+2\cdot 2^x-2=0$$

辺々を 2 で割って
$$2\cdot(2^x)^2+2^x-1=0 \quad \therefore \quad (2\cdot 2^x-1)(2^x+1)=0.$$

$2^x>0$ に注意して，これから
$$2^x=\frac{1}{2} \quad \therefore \quad x=-1.$$

コラム

高校数学の指導者の中には，時として，奇妙な点で厳密さを強調する人がいるようです．たとえば，本問のような指数に関する方程式——例として **例題** 138 の(1)をとりあげましょう——において

「$X=2^x$ とおくと，
$$X>0 \quad \cdots\cdots ①$$
でなければならない．一方，与えられた方程式は，(中略)
$$X=1 \quad \text{または} \quad X=4 \quad \cdots\cdots ②$$
と解ける．②は①を満たすので，どちらも適する．
よって（後略）」

というように「答案では〰〰線部分を書かないと減点するぞ」と指導されるという話を聞いたことがありますが，ひどい誤解です．**例題** 138 の(2), (3)が示すように，条件①に反するような X からは，実数 x は求められるはずはないので，「①を考えなければいけない」という指導は，単なる無意味な形式主義です．でも，無駄だというだけで，①を考えると罪になるということにはなりませんが．（笑）

いろいろな関数

> **例題 139**
> 次のおのおのの不等式を満たす x の範囲を求めよ．
> (1) $4^x - 5 \cdot 2^x + 4 < 0$
> (2) $9^x - 2 \cdot 3^x - 3 \leqq 0$
> (3) $\left(\dfrac{1}{2}\right)^{2x-2} + 7\left(\dfrac{1}{2}\right)^x - 2 > 0$

アプローチ

前問同様，高校数学では"指数不等式"と呼ばれるものですが，いずれも，1つの指数関数についての2次不等式に過ぎません．それゆえ，指数関数のグラフを考えながら解けば，たいした話ではないのです．しかし，あまり機械的に覚えようとすると，複雑すぎて，パニックを起こしかねません．

解 答

(1) $X = 2^x$ とおくと，与えられた不等式は
$$X^2 - 5X + 4 < 0$$
となる．これを解くと
$$(X-1)(X-4) < 0$$
$$\therefore \quad 1 < X < 4$$
となるので，結局
$$1 < 2^x < 4$$
を考えればよい．これから
$$\boldsymbol{0 < x < 2}.$$

◀ 慣れてくれば，X と置換せずに，
「$(2^x-1)(2^x-4) < 0$
より
$1 < 2^x < 4$
$\therefore \quad 0 < x < 2$」
と運べばよい．

(2) 与えられた不等式は
$$(3^x)^2 - 2 \cdot 3^x - 3 \leqq 0$$
$$\therefore \quad (3^x - 3)(3^x + 1) \leqq 0$$
と変形できるが，つねに $3^x > 0$ であることから，この不等式は
$$3^x - 3 \leqq 0$$
$$\therefore \quad 3^x \leqq 3$$
と同値である．
ゆえに，求める x の範囲は
$$\boldsymbol{x \leqq 1}.$$

(3)
$$\left(\frac{1}{2}\right)^{2x-2} = \left(\frac{1}{2}\right)^{2x} \cdot \left(\frac{1}{2}\right)^{-2} = \left\{\left(\frac{1}{2}\right)^{x}\right\}^{2} \cdot 4$$

であるから，与えられた不等式は
$$4\left\{\left(\frac{1}{2}\right)^{x}\right\}^{2} + 7\left(\frac{1}{2}\right)^{x} - 2 > 0$$
$$\therefore \quad \left\{4\left(\frac{1}{2}\right)^{x} - 1\right\}\left\{\left(\frac{1}{2}\right)^{x} + 2\right\} > 0$$

となる．つねに $\left(\frac{1}{2}\right)^{x} > 0$ であることから，これは
$$4\left(\frac{1}{2}\right)^{x} - 1 > 0$$
$$\therefore \quad \left(\frac{1}{2}\right)^{x} > \frac{1}{4} = \left(\frac{1}{2}\right)^{2}$$

と変形できる．
よって，求める x の範囲は
$$x < 2.$$

注 (3)のように，**指数関数の底が 1 より小さいときは，不等号の向きが逆転する** ことに注意を要します！

コラム　 p.401 では，"$2^x = X$ とおくと，$X > 0$ でなければならない"といったことを「減点されないために断る」ことは無意味だということを指摘したのですが，不等式の場合には，このことは無駄だということを越えて間違いを誘発する原因になるかもしれません．

たとえば 例題 139 の(2)では，$3^x = X$ とおいて，連立不等式
$$\begin{cases} X > 0 \\ X^2 - 2X - 3 \leq 0 \end{cases}$$
を解くと
$$0 < X \leq 3$$
が得られます．これから x の範囲を求めようとして
$$0 < 3^x \leq 3$$
とすると，右側の不等式はよいとして，左側の不等式を解くのに困ってしまう人も出るのではないでしょうか？

　　無駄は，ときには有害 です．

例題 140

次のおのおのの関数について，最大値，最小値が存在するか否かを調べ，存在するものについては，その値を求めよ．
(1) $y = 9^x - 2 \cdot 3^{x+1} + 2$
(2) $y = -9^x + 2 \cdot 3^{x+1} - 2$

アプローチ

指数関数 $y = a^x$ のグラフは知っています．しかし，ここに出ているような関数のグラフは，高校で学ぶことはありませんから，普通の高校生なら知らないはずです．しかし，上の2つの場合は，いずれも
$$t = 3^x$$
とおくと，y は t の2次関数になっているのです．x から y への関数を 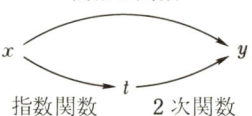
$$x \longrightarrow t$$
$$t \longrightarrow y$$
という2つの関数の合成関数としてとらえよう，ということです．

解答

$t = 3^x$ とおくと t のとりうる値の範囲は
$$t > 0$$
の実数全体である．
$9^x = (3^x)^2 = t^2$, $2 \cdot 3^{x+1} = 2 \cdot 3 \cdot 3^x = 6t$ であるから

(1) $y = t^2 - 6t + 2$
   $= (t-3)^2 - 7$

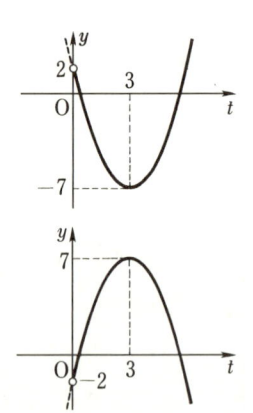

　右図より，y は
　　$t = 3$ において **最小値 -7 をとる．**
　　最大値はない．

(2) $y = -t^2 + 6t - 2$
   $= -(t-3)^2 + 7$

　右図より，y は
　　$t = 3$ において **最大値 7 をとる．**
　　最小値はない．

例題 141

関数 $y=4^x+4^{-x}-8(2^x+2^{-x})+16$ について，次の問いに答えよ．

(1) $t=2^x+2^{-x}$ とおくとき，y を t の式で表せ．
(2) x と t の関係をグラフに表せ．
(3) y の最小値を求めよ．

アプローチ

y は t の2次関数になります．ここで，置き換えをしたとき，新しい変数の変域に注意しなければなりません．

解答

(1) $4^x+4^{-x}=(2^x+2^{-x})^2-2\cdot 2^x\cdot 2^{-x}$
$\qquad\qquad\quad =t^2-2$

よって，$\boldsymbol{y=t^2-8t+14}$

(2) $t=2^x$ と $t=2^{-x}$ のグラフを加え合わせると $t=2^x+2^{-x}$ のグラフの概形は右図のようになる．

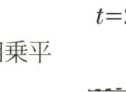

(3) $2^x>0$，$2^{-x}>0$ より，相加平均と相乗平均に関する不等式から

$$2^x+2^{-x}\geqq 2\sqrt{2^x\cdot 2^{-x}}=2\cdot\sqrt{2^0}=2$$

が成り立つ．等号が成立するのは

$$2^x=2^{-x} \text{ すなわち } x=0$$

のときである．したがって，t は $x=0$ のとき最小値 2 をとり，(2)のグラフより，2以上のすべての実数値をとる．

$$y=(t-4)^2-2$$

より，y は $t=4$ のとき，**最小値 -2** をとる．

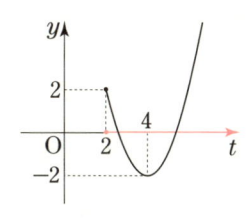

注 $t=4$ となるのは，$2^x+2^{-x}=4$ より，

$$(2^x)^2-4\cdot 2^x+1=0 \quad\therefore\quad 2^x=2\pm\sqrt{3}$$

のときである．最後の右辺の2つの値はともに正であるので対応する x の値は，p.408 から学ぶ対数を使えば $x=\log_2(2\pm\sqrt{3})$ と表される．

コラム 　　指 数 関 数 の 逆 理（パラドクス）

　指数関数の高校数学における定義は，これまで見てきたようにかなり複雑ですが，実は，これよりはるかに単純な定義があります．それは，

　"関数 $f(x)$ の瞬間的な変化の割合（増加速度・減少速度）が $f(x)$ の値に比例する" 　　　　　　　　　　……(*)

というものです．変化の割合は，正式には微分係数と呼ばれるもので，詳しくは本書の第8章で学びますので，ここでは詳細は気にせず，少し気楽に読み進めて下さい．

　たとえば，ある一定の周期で細胞分裂を繰り返すことで増殖する単細胞生物の個体数は，その生物数が何らかの要因で抑制されないなら，指数関数的に増加します．たとえば，1日で2個に分裂する生物が増殖を続けて，ある日30億個になったとすると（1個の細胞からここまで増えるのに，約1か月かかります），なんとその翌日には60億個，さらにその翌日には120億個，…，となっていきます．

　カンの鋭い人はお気付きだと思いますが，現在，世界的な難問として人類に問われている人口問題も，その核心は，これと同じく，指数関数的な値の急激な爆発にあるのです．

　人口問題に限らず，自然現象や社会現象の中には，(*)に従うものが少なくありません．ある意味で，指数関数は私達の日常生活に最も密着した関数である，といういい方ができます．たとえば，ある時代の全世界的なエネルギー総消費量なども，しばしば右図のようなグラフで表示されます．

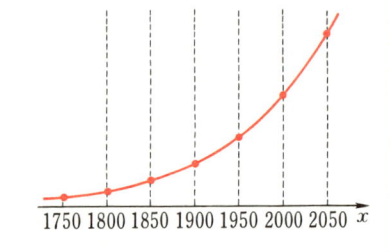

　ところでこのグラフを見ると，たとえば
「1850年頃から，それまで，ゆっくりと増加してきたエネルギー消費が，急激に増加しはじめた」
といった「分析」を披露してしまいがちです．

しかし，このような「分析」は，しばしば指数関数的な変化に関する素朴な無知と結びついています．実際，下図は，ともに関数 $y=2^x$ の $-5 \leq x \leq 0$, $0 \leq x \leq 5$ の範囲を，y 軸の目盛りの間隔を変更して描いたものです．

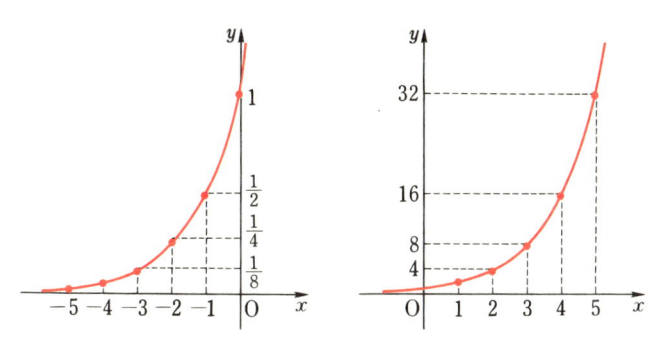

左のグラフを見ると，$x=-4$ のあたりまで安定していた値が $x=-2$ のあたりから爆発しはじめたように感じます．他方，右のグラフを見ると，値は，$x=1$ のあたりまでは安定しており，$x=3$ のあたりから爆発的増大が顕著になったように見えるのではないでしょうか？　しかるに，両者はともに同一の関数 $y=2^x$ のグラフです！　社会現象の数理をこのようにグラフ化して分析する人々は，しばしば，現在を y 軸（$x=0$）の附近にとって，過去から未来への予測を行うために，ときに，上のような指数関数の逆理（パラドクス）にはまってしまい，そのために，ときにバラ色の未来を無責任に，ときに暗黒の未来を悪意なく「予言」してしまうことがあるようです．

III　対数関数

IIで学んだ指数関数は実数の変数 x に対し $y=a^x$ という値を対応させる関数であった（もちろん，ここで，a は 1 でない正の実数の定数である）．この逆向きの関数（逆関数）を考えよう．

指数関数
$x \longrightarrow y=a^x$
対数関数

III-1　対数の定義

a を $a>1$ または $0<a<1$ の定数とする．

x がすべての実数値をとって変化するとき，$y=a^x$ は右のグラフのように

$$y>0$$

の範囲を，単調に増加または単調に減少する．それゆえ，今度は反対に

　　任意の値 $y>0$

をとると，

$$a^x=y$$

となる x の値がただ 1 つ存在する．

そこで，次のように定義する．

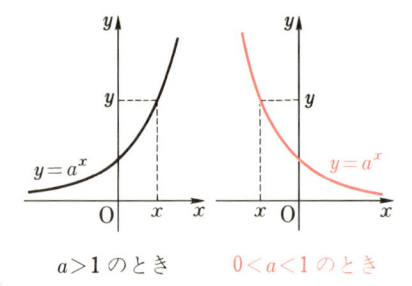

$a>1$ のとき　　　$0<a<1$ のとき

定義

正数 y に対し，$a^x=y$ を満たす x の値を $\log_a y$ と表し，a を **底** とする y の **対数** と呼び，また，このとき，y はこの対数 $\log_a y$ の **真数** と呼ばれる．

つまり

$$a^x=y \iff x=\log_a y$$

Notes　log は対数を表す英語 logarithm の頭 3 文字に由来する記号です．アルファベットがつらなったこの種の記号は，sin, cos, tan のときと同様，最初はなかなか馴染みにくいものです．練習をつみましょう．

例　$2^3=8$　ですから　$\log_2 8=3$

6-21

$3^2 = 9$ ですから $\log_3 9 = 2$

$2^{\frac{1}{2}} = \sqrt{2}$ ですから $\log_2 \sqrt{2} = \frac{1}{2}$

問 6-34 次の値を簡単にせよ．

(1) $\log_3 27$ (2) $\log_2 64$ (3) $\log_3 1$ (4) $\log_2 \dfrac{1}{2}$

問 6-35 次の値を簡単にせよ．

(1) $\log_4 2$ (2) $\log_9 27$

次の性質が成り立つことは，対数の定義から，ただちに導かれる．

特に

$$\log_a a^p = p$$

$$\log_a a = 1 \qquad (ただし，a > 0, \ a \neq 1)$$

$$\log_a 1 = 0$$

Notes

1°　対数に慣れた人にとっては上の性質は，定義から明らかです．実際
$$\log_a y = x$$
とは
$$a^x = y$$
となることです．いいかえれば，

　$\log_a y$ の値が x であるとは，a を x 乗したら y になる

ということですから，$\log_a a^p$ の値なら

　　　　a を何乗したら a^p になるか

という問題を考えているということです．答は p に決まっていますね！

同様に，a は a^1 のこと，1 は a^0 のことですから
$$\log_a a = 1, \quad \log_a 1 = 0$$
に決まっているのです！

2°　この公式は，とても大切なので，上のようにしっかり考えて納得すると同時に，頭の中にパッと出てくるように確実な知識としておくことも重要です．

機械的に暗記していると，
$$\log_a a = 0 \quad \text{とか} \quad \log_a 1 = a$$
のようなカン違いをしてしまいます．

アメリカを西部劇の町だと思っている人もいるそうです！

III-2　対数法則

対数は指数を逆さに見たものに過ぎないので，指数に関して成り立っている指数法則を逆さに見ることで，次の性質が導かれる．これを **対数法則** と呼ぶ．

> **対数法則**
>
> (1)　 i)　$\log_a MN = \log_a M + \log_a N$
>
> 　　 ii)　$\log_a \dfrac{M}{N} = \log_a M - \log_a N$
>
> (2)　$\log_a M^p = p \log_a M$
>
> ただし，a は1でない正の実数，M, N は正の実数，p は実数である．

Notes

1°　これらは，

> **指数法則**
>
> (1)　 i)　$a^m \times a^n = a^{m+n}$
>
> 　　 ii)　$\dfrac{a^m}{a^n} = a^{m-n}$
>
> (2)　$(a^m)^p = a^{pm}$

を逆さに見たものに過ぎません．実際，対数法則(1) i)は指数法則(1) i)を用いて次のように証明されます．

［証明］ $\begin{cases} m = \log_a M \\ n = \log_a N \end{cases}$

とおくと，対数の定義から

$$\begin{cases} M = a^m \\ N = a^n \end{cases}$$

である．
　ゆえに，
$$MN = a^m \cdot a^n$$
つまり　$MN = a^{m+n}$

この式を対数の定義に基づいて書きなおすと
$$\log_a MN = m + n$$
となる．
つまり
$$\log_a MN = \log_a M + \log_a N$$
である．

（吹き出し）この変形で指数法則(1) i を用いている！

2°　いうまでもなく，対数法則(1) i ）をていねいに表現すれば
$$\log_a(M \times N) = \log_a M + \log_a N$$
となります．この関係は，キャッチ・フレーズ風にいえば

　　(M, N の）積の対数 は (M, N の）対数の和に等しい

ということです．これは，対数を通して，掛け算が足し算に還元される可能性を意味するのですが，これについては後で述べましょう．

3°　掛け算が足し算なら，割り算は引き算に還元されます．これが対数法則(1) ii ）です．証明のやり方は，(1) i ）とほとんど変わりません．同様に，p 乗は p 倍に還元されます．(2)がこれです．

問 6-36　対数法則(1) ii ）と(2)を証明せよ．

4°　たとえば，
$$\log_2 8 = 3, \quad \log_2 32 = 5$$
でした．したがって，$8 \times 32 = 256$ が 2 の何乗であるか，すぐにわからなくても
$$\log_2(8 \times 32) = 3 + 5 = 8 \text{（乗）}$$
とわかります．

この考え方は，複雑な数の掛け算，たとえば
$$a = 2147500000, \quad b = 33554000$$
について，$a \times b$ を近似的に計算するのに有効です．実際，$\log_2 a$ と $\log_2 b$ の概算値は
$$\begin{cases} \log_2 a \fallingdotseq 31 \\ \log_2 b \fallingdotseq 25 \end{cases}$$
です（この近似式は数表と，対数の法則を用いて導くことができます）ので，これより
$$\log_2 ab \fallingdotseq 56$$
したがって，ab はおよそ 2^{56} くらいの値であると見当つけることができます．

問 6-37 $\log_{10} 2$, $\log_{10} 3$ の値は，それぞれ，ほぼ次の値であることが知られている．
$$\begin{cases} \log_{10} 2 = 0.3010 \\ \log_{10} 3 = 0.4771 \end{cases}$$
これを用いて，次のおのおのの値を計算せよ．
(1) $\log_{10} 4$　　(2) $\log_{10} 5$　　(3) $\log_{10} 6$　　(4) $\log_{10} 8$
(5) $\log_{10} 9$　　(6) $\log_{10} 12$

[ヒント] (2)では，$5 = \dfrac{10}{2}$ であることを用います．

5° 指数法則(2)の応用として，次の公式が導かれます．

> $$\log_a b \cdot \log_b c = \log_a c$$
> ただし，a, b, c は正の数で，$a \neq 1$, $b \neq 1$

実際，
$$\begin{cases} \log_a b = p \\ \log_b c = q \end{cases}$$
とおくと，対数の定義から
$$\begin{cases} b = a^p \\ c = b^q \end{cases}$$
ですから，b を消去すると
$$c = (a^p)^q$$
$$\therefore \quad c = a^{pq}$$
ここで，指数法則の(2)を使う！

が成り立ちます．

対数の定義によって，これを書き換えると

$$pq = \log_a c$$

となり，これが証明すべき等式です．

6° 5°で証明した式は

$$\log_b c = \frac{\log_a c}{\log_a b}$$

と書き換えることができます．これを**「底の変換公式」**と呼ぶことがあります．

問 6-38 等式 $\log_a b \times \log_b c \times \log_c a = 1$ が成立することを証明せよ．

問 6-39 $\log_2 3 = a$ を用いて，次のおのおのの値を表せ．
(1) $\log_2 6$ (2) $\log_3 2$ (3) $\log_{12} 18$

7° 次の公式は，初学者には一見，意外に映るのですが，定義を考えてみれば，あたり前の式に過ぎません．

$$a^{\log_a b} = b$$
（ただし，a, b は正の数で，$a \neq 1$）

実際 $\log_a b = x$ とは，
$$a^x = b$$
となることですから
$$a^{\log_a b} = b$$
であるに決まっているのです．

8° この公式は指数の底を変更するのに使えます．たとえば，
$$3 = 2^{\log_2 3}$$
ですから，3^x は
$$3^x = (2^{\log_2 3})^x$$
$$= 2^{(\log_2 3)x}$$
と表すことができます．

それゆえ，$y = 3^x$ のグラフは $y = 2^x$ のグラフを x 軸方向に $\dfrac{1}{\log_2 3}$ 倍にしたものに過ぎません．

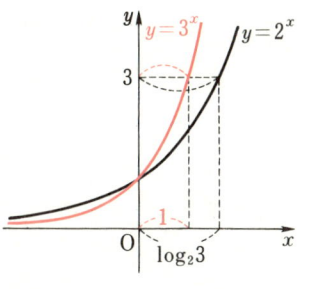

III-3　対数関数の基本性質

a を 1 でない正の定数とする．このとき
$$y = \log_a x \qquad \cdots\cdots ①$$
という式で定義される関数を **対数関数** という．対数の定義から，対数関数 ① の定義域（x の変域）は
$$x > 0 \text{ の実数全体}$$
である．

① は
$$x = a^y \qquad \cdots\cdots ①'$$
と同値であり，ここで
$$x \text{ と } y \text{ を交換する} \qquad \cdots\cdots (*)$$
と，指数関数
$$y = a^x \qquad \cdots\cdots ②$$
が作られる．このことから，①' や ① のグラフは，② のグラフを
$$\text{直線 } y = x \text{ に関して対称移動}$$
したものである．

$a = 2,\ a = \dfrac{1}{2}$ の場合について，①，② のグラフを描くと，下図のようになる．

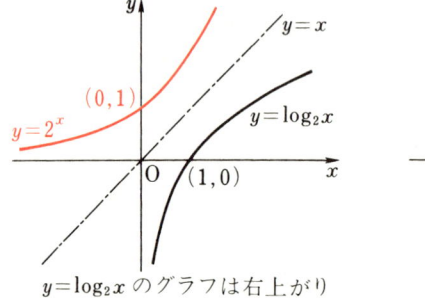

$y = \log_2 x$ のグラフは右上がり

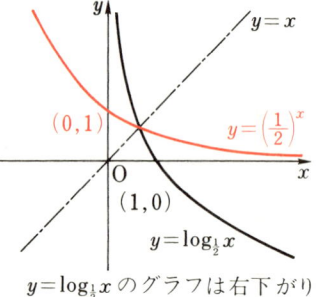

$y = \log_{\frac{1}{2}} x$ のグラフは右下がり

注 $\log_{\frac{1}{2}} x = \dfrac{\log_2 x}{\log_2 \frac{1}{2}} = \dfrac{\log_2 x}{-1} = -\log_2 x$　であるので，$y = \log_2 x$ のグラフ

と $y = \log_{\frac{1}{2}} x$ のグラフは x 軸に関して対称です．

さまざまな a の値について，$y = \log_a x$ のグラフを同じ平面上に描くと，次のようになる．

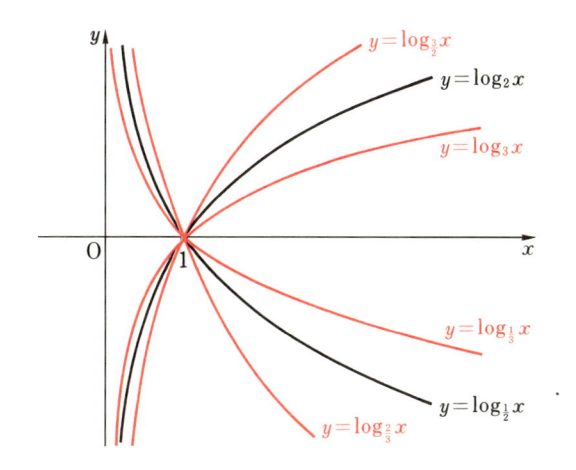

どれも点 (1, 0) を通り,

a の値が 1 より大きくなるほど，右への上がり方がなだらかに
0 に近づくほど，右への下がり方がなだらかに
}なる．

特に,
$$\begin{cases} a>1 \text{ のときは，右上がり} \\ 0<a<1 \text{ のときは，右下がり} \end{cases}$$
になる．いいかえると，対数関数 $y=\log_a x$ は
$$\begin{cases} a>1 \text{ のときは，単調増加} \\ 0<a<1 \text{ のときは，単調減少} \end{cases}$$
する．

式で表せば，

> $a>1$ のときは， $x_1<x_2 \implies \log_a x_1 < \log_a x_2$
> $0<a<1$ のときは， $x_1<x_2 \implies \log_a x_1 > \log_a x_2$
> （ただし，x_1，x_2 は正の実数である．）

ということである．

Notes

1° $a>1$ とします．
$$x_1=x_2 \implies \log_a x_1 = \log_a x_2$$
であり，上の性質から
$$x_1>x_2 \implies \log_a x_1 > \log_a x_2$$
です．（x_1 と x_2 を入れ替えた．）それゆえ，
$$\log_a x_1 < \log_a x_2$$
であるとすると，

$$x_1 > x_2 \quad \text{や} \quad x_1 = x_2$$
ではあり得ないので，
$$x_1 < x_2$$
でなければなりません．つまり，上の性質の逆
$$\log_a x_1 < \log_a x_2 \implies x_1 < x_2$$
が成り立つのです．

$0 < a < 1$ のときも同様です．

したがって，上の性質は，次のように表すこともできます．実践的には，この形で覚えることが好都合です．

> $a > 1$ のとき，　$0 < x_1 < x_2 \iff \log_a x_1 < \log_a x_2$
> $0 < a < 1$ のとき，　$0 < x_1 < x_2 \iff \log_a x_1 > \log_a x_2$

2° 以上の性質から当然導かれる性質として，

> a が 1 以外の正の数のとき
> $(0 <) x_1 = x_2 \iff \log_a x_1 = \log_a x_2$

という性質があります．これらは，高校数学では，特に実践的に重要です．

例題 142

次の各式を満たす x の値を求めよ．
(1) $\log_2 x = 3$ (2) $\log_2(x^2 - 2x) = 3$
(3) $\log_x 2 = -1$ (4) $\log_{\frac{1}{x}} 2 = -1$

アプローチ

対数の中に未知数を含んだ方程式のことを，高校数学では，しばしば，"対数方程式"と呼びます．対数方程式については，次にとりあげる問題のように，特別な注意を必要とするものもありますが，一番大切なのは，本問のように，対数の定義だけで解ける基本問題をしっかりと理解することです．見かけが複雑でも，本質的には(2)が(1)と，(4)が(3)と同じである，と見抜くことがポイントです！

解答

(1) 2を底とする対数で表すと
$$3 = \log_2 2^3 = \log_2 8$$
であるから，与えられた等式
$$\log_2 x = 3 \quad \text{とは} \quad \log_2 x = \log_2 8$$
のことである．ゆえに，求める x の値は $x = 8$．

(2) ここで問題としている等式は，(1)で考えた等式の x を $x^2 - 2x$ に置き換えたものにほかならない．つまり
$$\log_2(x^2 - 2x) = 3 \quad \text{は} \quad x^2 - 2x = 8$$
と同じである．よって $x^2 - 2x - 8 = 0$ ∴ $(x-4)(x+2) = 0$
より，求める x の値は $x = 4$ または $x = -2$．

(3) 底の変換公式によって，左辺を2を底とする対数に書き換えると，
$$\log_x 2 = \frac{\log_2 2}{\log_2 x} = \frac{1}{\log_2 x}$$
となるので，与えられた等式は，
$$\frac{1}{\log_2 x} = -1 \quad ∴ \quad \log_2 x = -1$$
と変形できる．右辺は $-1 = \log_2 2^{-1} = \log_2 \frac{1}{2}$ となることを考えて，
$$x = \frac{1}{2}.$$

(4) (3)で得たことを利用すると，求めるべき x は，$\frac{1}{x} = \frac{1}{2}$ より $x = 2$．

例題 143

次の式を満たす x の値を求めよ.
$$\log_2(x^2-2x)=\log_2(3x-4)$$

アプローチ

前問の解法の基礎になっていたのは，a を正の定数として
$$\log_2 x = \log_2 a \iff x = a$$
が成り立つという事実でした．

本問でも本質的に重要なのはこれですが，右辺にも未知数が含まれるので，ちょっとだけ **気をつけなければならないことが増える** のです．

いいかえると上と同じように，
$$\log_2 x_1 = \log_2 x_2 \iff x_1 = x_2$$
とすませたいところですが，ここで，$\impliedby$ が成り立つための前提条件として，**対数の真数となる x_1 や x_2 は 0 より大でなければならない！** ということです．これを「**真数条件**」といいます．

解答

$$\log_2(x^2-2x)=\log_2(3x-4) \quad \cdots\cdots Ⓐ$$
とおく．

Ⓐが成り立つために
$$x^2-2x=3x-4 \quad \cdots\cdots Ⓑ$$
でなければならない．　　　　　　　　　　　◀ Ⓐ $\implies$ Ⓑ だが逆はいえない！

Ⓑを解くと
$$x^2-5x+4=0$$
$$\therefore \ (x-1)(x-4)=0$$
から
$$x=1 \ \ \text{または} \ \ x=4 \quad \cdots\cdots Ⓒ$$　　◀ Ⓐの必要条件

となる．

ここで，

ⅰ）$x=1$ とすると，Ⓐの各辺は $\log_2(-1)$ となり，これは対数の定義に反するので，Ⓐが成り立たない．　　　　　　　　　　　　◀ $x=1$ は十分条件ではない！

ⅱ）$x=4$ とすると，Ⓐの各辺は，$\log_2 8$ となり，Ⓐが成り立つ．

よって，求める x の値は $x=4$ のみである．　　◀ Ⓐの十分条件である．

> **注** このように，最後に元の式に代入してチェックする方法を吟味といいます．吟味はとても大切な手法ですが，それを予め済ませておくこともできます．高校で標準的なのは，次のような答案例です．

真数条件より
$$\begin{cases} x^2-2x>0 & \cdots\cdots① \\ 3x-4>0 & \cdots\cdots② \end{cases}$$

でなければならない．

$$\begin{cases} ①より \quad x(x-2)>0 \\ \therefore \quad x<0 \text{ または } x>2 \quad \cdots\cdots①' \\ ②より \quad x>\dfrac{4}{3} \quad \cdots\cdots②' \end{cases}$$

①'，②'より $\quad x>2 \quad \cdots\cdots③$

これと©より $\quad x=4$．

研究 等式®を解くことを考えれば，真数条件①，②の両方を考えることは，実は無駄です．簡単に処理できる②のほうを考えるだけで済む！ ということです．このことがわかったら，エライです．

問 6-40 $\log_2(x+2)+\log_2(x-5)=3$ を満たす x の値を求めよ．また真数条件として

$$x+2>0 \text{ かつ } x-5>0$$

を考えるかわりに，

$$x+2>0$$

だけでも良い理由を述べよ．

問 6-41 $\log_{\frac{1}{3}}(6-x)+2\log_3 x=0$ を満たす x の値を求めよ．また真数条件として

$$6-x>0 \text{ かつ } x>0$$

を考えるかわりに，

$$x>0$$

だけでも良い理由を述べよ．

例題 144

$a>0$, $a\neq 1$ とする.このとき,次の不等式を満たす x の値の範囲を求めよ.
$$\log_a(x+2) \geq \log_{a^2}(3x+16)$$

アプローチ

対数不等式を解く基本原理は,$x_1>0$, $x_2>0$ の下で

$a>1$ のとき, $\log_a x_1 \geq \log_a x_2 \iff x_1 \geq x_2$

$0<a<1$ のとき, $\log_a x_1 \geq \log_a x_2 \iff x_1 \leq x_2$

です.対数をはずすとき,底の値によって不等号の向きに注意しなければなりません.

解答

真数の条件から,$x+2>0$ かつ $3x+16>0$

$$\therefore\quad x>-2 \qquad \cdots\cdots ①$$

でなければならない.①の下で与えられた不等式は

$$\log_a(x+2) \geq \frac{\log_a(3x+16)}{\log_a a^2}$$

$$\therefore\quad 2\log_a(x+2) \geq \log_a(3x+16)$$

$$\therefore\quad \log_a(x+2)^2 \geq \log_a(3x+16) \qquad \cdots\cdots ②$$

と変形できる.さらに,①の下で②は

(i) $a>1$ のとき

$$(x+2)^2 \geq 3x+16$$

となり,この不等式を解くと

$$x \leq -4 \text{ または } 3 \leq x \qquad \cdots\cdots ③$$

よって,①かつ③より,$x \geq 3$

(ii) $0<a<1$ のとき

$$(x+2)^2 \leq 3x+16$$

となり,この不等式を解くと

$$-4 \leq x \leq 3 \qquad \cdots\cdots ④$$

よって,①かつ④より,$-2<x\leq 3$ となる.

以上,(i),(ii)より

$$\begin{cases} a>1 \text{ のとき} & x \geq 3 \\ 0<a<1 \text{ のとき} & -2<x\leq 3. \end{cases}$$

例題 145

(1) 関数 $y = \log_3 x + \log_3(6-x)$ の最大値とそのときの x の値を求めよ．

(2) 関数 $y = \left(\log_2 \dfrac{x}{2}\right)(\log_2 8x)$ の最小値とそのときの x の値を求めよ．

アプローチ

(1)は1つの対数にまとめることによって，よく知られた2次関数の問題に還元できます．

(2)は対数の積になっているので1つの対数にまとめることはできません．$t = \log_2 x$ とおくと y は t の2次関数になります．

解 答

(1) 真数の条件から，$x > 0$ かつ $6 - x > 0$
$$\therefore \quad 0 < x < 6 \quad \cdots\cdots ①$$
でなければならない．①の下で
$$y = \log_3 x(6-x)$$
$$= \log_3\{-(x-3)^2 + 9\}$$
と変形できる．ここで，$t = -(x-3)^2 + 9$ とおくと，①の範囲で，t の変域は $0 < t \leqq 9$ となり，関数 $y = \log_3 t$ は単調に増加するから，$t = 9$ のとき，最大値 $\log_3 9 = 2$ をとる．

よって，**$x = 3$ のとき，最大値 2**．

(2) 与えられた関数を表す式は
$$y = (\log_2 x - \log_2 2)(\log_2 x + \log_2 8)$$
$$= (\log_2 x - 1)(\log_2 x + 3)$$
$$= (\log_2 x)^2 + 2\log_2 x - 3$$
と変形される．ここで，$t = \log_2 x$ とおくと，t はすべての実数値をとる変数であり
$$y = t^2 + 2t - 3 = (t+1)^2 - 4$$
は，$t = -1$ のとき，最小値 -4 をとる．

このとき，$\log_2 x = -1$ により，$x = \dfrac{1}{2}$

よって，**$x = \dfrac{1}{2}$ のとき，最小値 -4**．

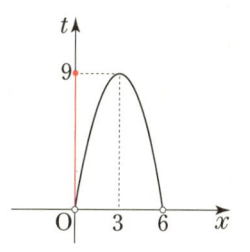

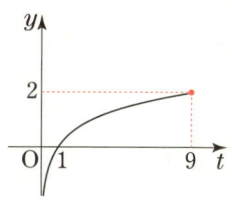

例題 146

3^{20} は何桁の数か．ただし，必要なら
$$\log_{10} 3 = 0.4771$$
を用いよ．

アプローチ

対数の最大の魅力の１つは，巨大な数の大体の値（近似値）を容易に知ることができる，という機能です．（10進法で表したときの）桁数を知ることは，最も大雑把に巨大数をとらえる有効な手法です．天文学の話題で，「10^8 光年～10^9 光年」のような表現に出会ったことのある人も多いでしょう．

解答

$$N = 3^{20}$$
とおいて，両辺の10を底とする対数をとると，
$$\begin{aligned}\log_{10} N &= \log_{10} 3^{20} \\ &= 20 \log_{10} 3 \\ &= 20 \times 0.4771 \\ &= 9.542\end{aligned}$$
となる．よって，
$$9 < \log_{10} N < 10$$
$$\therefore \quad 10^9 < N < 10^{10}$$
である．ゆえに，$N = 3^{20}$ は **10 桁の整数** である．

注
$\begin{cases} 10^9 \text{ は 10 桁で表される最小の整数} \\ 10^{10} \text{ は 11 桁で表される最小の整数} \end{cases}$

です．だから，この２つの間にある整数 N は 10 桁である，というわけです．

一般に，正の整数 A が n 桁の整数であるとは，不等式
$$10^{n-1} \leqq A < 10^n \quad \cdots\cdots (*)$$
が成り立つことと同じです．各辺の10を底とする対数をとれば，上式は
$$n - 1 \leqq \log_{10} A < n$$
となります．このことから，正の整数 A について

A は，（$\log_{10} A$ の整数部分 $+1$）桁の整数 $\quad \cdots\cdots (☆)$

である，という法則が導かれます．しかし，すぐに役立ちそうな(☆)を覚えるより，応用範囲の広い(*)をきちんとマスターしておく方がよいでしょう．

例題 147

3^{20} の首位の数は何か．ただし，必要なら
$$\log_{10}2=0.3010, \quad \log_{10}3=0.4771$$
を利用してよい．

アプローチ

前問で，3^{20} が 10 桁の数であることはわかりました．しかし，10 桁というだけでは

$$1000000000 \quad から \quad 9999999999 \quad まで$$

あります．もう少し狭く，つまりよく近似するために，せめて首位の数を知ることはできないであろうか，というのが本問の動機です．

解答

$N=3^{20}$ とおくと，
$$\log_{10}N = 20\log_{10}3 = 20\times 0.4771 = 9.542$$
である．ところで
$$\begin{cases} \log_{10}3 = 0.4771 \\ \log_{10}4 = 2\log_{10}2 = 0.6020 \end{cases}$$
より
$$\log_{10}3 < 0.542 < \log_{10}4$$
$$\therefore \quad 9+\log_{10}3 < \log_{10}N < 9+\log_{10}4$$
である．つまり
$$3\times 10^9 < N < 4\times 10^9$$
が成り立つ．これは，N は **首位が 3** の 10 桁の整数であることを示す．

注 整数 N の桁数を決定する上で決定的であったのは，$\log_{10}N$ の整数部分でした．しかし，N の首位の数を決定するのに役立つのは，$\log_{10}N$ の小数部分の値です．

一般に，正の整数 A について，
$$A \text{ は } n \text{ 桁の整数で首位が } a \iff a\times 10^{n-1} \leqq A < (a+1)\times 10^{n-1}$$
$$\iff (n-1)+\log_{10}a \leqq \log_{10}A < (n-1)+\log_{10}(a+1)$$
という関係が成り立ちます．ちょっと考えて見れば，上の不等式が成り立つことは納得できるでしょう．下のほうは，単に，各辺の 10 を底とする対数をとっただけです．

例題 148

(1) $0.3 < \log_{10} 2 < 0.4$ を証明せよ．
(2) $0.3 < \log_{10} 2 < 0.32$ を証明せよ．必要なら，次の値を用いてよい．
$$2^{10} = 1024, \quad 2^{15} = 32768, \quad 2^{20} = 1048576, \quad 2^{25} = 33554432$$

アプローチ

「$\log_{10} 2 = 0.3010$ だから，(1)も(2)も成り立つのはあたり前である！」といってはなりません．本問は，証明を要求しているのですから，自分で証明することができない命題は，たとえ，数学的事実だとしても，勝手に前提とすることはできないのです．証明すべき不等式を，対数の定義にさかのぼって，対数を含まない形式に変換することがポイントです．

解答

(1) 示すべき不等式は

$$\frac{3}{10} < \log_{10} 2 < \frac{2}{5} \quad \cdots\cdots (*)$$

$$\therefore \quad \begin{cases} 3 < 10 \log_{10} 2 & \cdots\cdots ① \\ 5 \log_{10} 2 < 2 & \cdots\cdots ② \end{cases}$$

であり，これらは，それぞれ

$$\begin{cases} 10^3 < 2^{10} & \cdots\cdots ①' \\ 2^5 < 10^2 & \cdots\cdots ②' \end{cases}$$

と同値である．ところで

$$2^5 = 32, \quad 2^{10} = 1024$$

であるから，たしかに，①'も②'も成り立つ．ゆえに(*)が成り立つ．■

(2) 示すべき不等式の左側は(1)で示したので，右側，すなわち

$$\log_{10} 2 < \frac{8}{25} \quad \cdots\cdots ③$$

を示せばよい．③は $\log_{10} 2^{25} < 8 \quad \cdots\cdots ③'$

と同値であるが，

$$2^{25} = 33554432 < 10^8$$

より，③'はたしかに成り立つ．■

注 かなり計算は複雑になりますが，上と同様の発想で

$$0.3 < \log_{10} 2 < 0.31$$
$$0.301 < \log_{10} 2 < 0.302$$

なども証明できます．

章末問題（第6章　いろいろな関数）

Aランク

41　$x = \sqrt{3}\sin\theta + \cos\theta$ とおく．次の問いに答えよ．
(1) $0 \leq \theta \leq \pi$ とするとき，x のとり得る値の範囲を求めよ．
(2) $y = 2\sin^2\theta + \sqrt{3}\sin 2\theta + a(\sqrt{3}\sin\theta + \cos\theta)$ とする．ただし，a は定数である．y を x の関数として表せ．
(3) 定数 a が正のとき，$0 \leq \theta \leq \pi$ の範囲で，y の最大値および最小値を求めよ．　　　　　　　　　　　　　　　　　　　　　　　　　（電通大）

42　長さ2の線分 AB を直径とする半円を考える．円弧上の点 P に対して $\angle PAB = \theta$ $(0° < \theta < 90°)$ とし，$\triangle PAB$ の周の長さ l，$\triangle PAB$ の面積を S とする．このとき，次の各問いに答えよ．
(1) l を θ を用いて表せ．
(2) l を最大にする θ の値を求めよ．
(3) S を θ を用いて表せ．
(4) $\dfrac{S}{l}$ の最大値を求めよ．　　　　　　　　　　　　　　　　　　　　（宮崎大）

43　図のような中心角 60° の扇形 OAB に内接する長方形 PQRS を考える．なお，OA=1 とする．
(1) $\angle AOP = \theta$ とするとき，RS の長さを θ を用いて表せ．
(2) 長方形 PQRS の面積 S の最大値とそのときの θ の値を求めよ．　　（中央大）

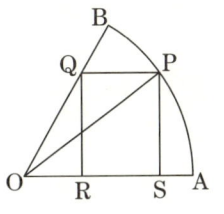

44 関数 $y = 3^{2x} + 3^{-2x} - 2a(3^x + 3^{-x})$ について，次の問いに答えよ．
(1) $t = 3^x + 3^{-x}$ とおくとき，t のとり得る値の範囲を求めよ．
(2) y を t の関数として表せ．また，y の最小値を求めよ．
(はこだて未来大・改)

45 次の方程式を解け．
(1) $\log_x 4 - \log_4 x^2 - 1 = 0$ (岐阜薬大)
(2) $x^{\log_{10} x} = \dfrac{10^6}{x}$ (星薬大)

46 $x > 0$, $y > 0$, $2x + 3y = 12$ のとき，$\log_6 x + \log_6 y$ の最大値を求めよ．
(群馬大)

47 実数 x, y が $x \geq 1$, $y \geq 1$ かつ $\log_2 x + \log_2 y = (\log_2 x)^2 + (\log_2 y)^2$ を満たすとき，積 xy の値のとり得る範囲を求めよ． (青山学院大)

48 $\log_{10} 2 = 0.3010$, $\log_{10} 3 = 0.4771$ である．
(1) 5^{50} は何桁の数か．また，最高位の数は何か．
(2) $\left(\dfrac{2}{5}\right)^{50}$ は小数第何位に初めて 0 でない数が現れるか． (武庫川女大)

Bランク

49 平面上の 4 点 O(0, 0), A(0, 3), B(1, 0), C(3, 0) について次の問いに答えよ.
(1) $\tan \angle BAC$ を求めよ.
(2) 点 P が線分 OA 上を動くとき, $\tan \angle BPC$ の最大値とそれを与える点 P の座標を求めよ.
(北 大・改)

50 円に内接する一辺の長さが 1 の正三角形 ABC がある. いま, $\angle ACB$ 内に弦 CP をひき, $\angle ACP = \theta$ ($0° < \theta < 60°$) とする. 以下の設問に答えよ.
(1) AP の長さを θ で表せ.
(2) $\triangle APB$ と $\triangle APC$ の面積の和 S を θ で表せ.
(3) S の最大値とそれを与える θ の値を求めよ.
(日本歯大・改)

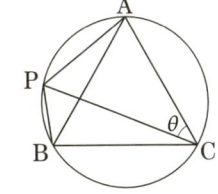

51 a を実数の定数とする. x についての方程式
$$\cos 2x - 4a \cos x - 2a + 1 = 0$$
の $0 \leqq x < 2\pi$ での異なる実数解の個数は, 定数 a の値によってどのように変わるか.
(山口大)

いろいろな関数

52 方程式 $9^x + 2a \cdot 3^x + 2a^2 + a - 6 = 0$ を満たす x の正の解，負の解が1つずつ存在するような，定数 a の値のとる範囲を求めよ． (津田塾大)

53 (1) t が $t>1$ の範囲を動くとき，関数 $f(t) = \log_2 t + \log_t 4$ の最小値を求めよ．
(2) $t>1$ なるすべての t に対して，次の不等式が成り立つような定数 k の値の範囲を求めよ．
$$k \log_2 t < (\log_2 t)^2 - \log_2 t + 2$$
(北　大)

54 次の各問いに答えよ．
(1) $\log_2 9$ は無理数であることを証明せよ．
(2) $\sqrt{2}^{\log_2 9}$ は有理数になることを示せ． (北海道教育大)

55 x についての方程式 $\log_3(x-3) = \log_9(kx-6)$ が相異なる2つの解をもつように，実数 k の範囲を求めよ． (城西大)

第 7 章

数　列

　1から始まる奇数
$$1,\ 3,\ 5,\ 7,\ 9,\ \cdots$$
を小さい方から順に加えていくと
$$1+3=4=2^2$$
$$1+3+5=9=3^2$$
$$1+3+5+7=16=4^2$$
のように，その答えは加えられた奇数の個数のぴったり平方（2乗）になっている．

　一見，神秘的にさえ見えるこのような数のもつ美しい秩序を，その根拠とともに紹介し，さらに一般化するのが，本章の目標である．本章を読み終えたとき，読者は，数の世界の魅力にとりつかれているだろう．

§1 規則的な数

I 図形数

　古代の人々は，数を表すのに，自然界に存在するさまざまな事物を用いたと思われる．そのような事物で，最もありふれていて，しかも数を数えるのに適したものは，小石であったに違いない．

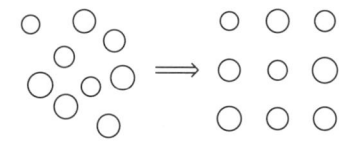

　石を並べて数を数えるのに能率的な方法は，ある同じ数のかたまりごとにまとめておくことである．実際，バラバラにおかれた石よりは，秩序だって並べられた石の方が数えやすい．石を秩序づける方法はいろいろあるが，その中で最も基本的なのは，正方形状に並べることである．

I-1 四角数（正方形数）

　石を縦 n 列，横 n 段の正方形状に並べるとき，石の総数は，
$$n \times n = n^2$$
になる．このように表せる数を**四角数（正方形数）**と呼ぶ．四角数は小さい順に

$$1, \ 4, \ 9, \ 16, \ 25, \ 36, \ 49, \ 64, \ \cdots$$

となる．

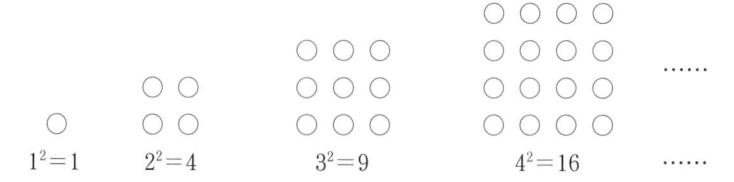

$1^2=1 \qquad 2^2=4 \qquad 3^2=9 \qquad 4^2=16 \qquad \cdots\cdots$

　ところで，この四角数の列において隣り合う2数どうしの差をとると，下のように，1から始まる奇数の列が出てくる．これには理由はないのだろうか？

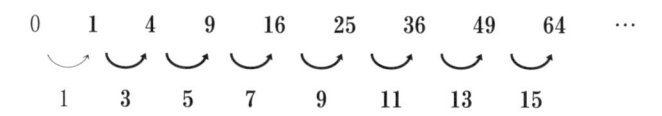

$$0 \quad 1 \quad 4 \quad 9 \quad 16 \quad 25 \quad 36 \quad 49 \quad 64 \quad \cdots$$
$$\quad 1 \quad 3 \quad 5 \quad 7 \quad 9 \quad 11 \quad 13 \quad 15$$

　正方形状に並べた石を次図のように分割すると，その理由が見えてくる．

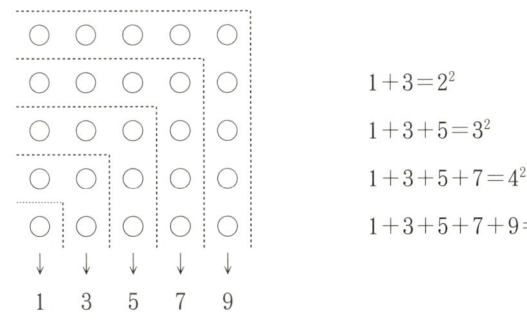

$$1+3=2^2$$
$$1+3+5=3^2$$
$$1+3+5+7=4^2$$
$$1+3+5+7+9=5^2$$

つまり，1 から始まる奇数を順に n 個加え合わせると，和は n^2 になる．

1 から数えて n 番目の奇数は $2n-1$ と表せるので，この規則は次のように書ける．

$$1+3+5+7+\cdots+(2n-1)=n^2$$

n 個

この性質は，本章で学ぶ **等差数列の和** の代表的なものである．

I-2 三角数（三角形数）

石を右図のように三角形状に並べるのに必要な石の個数を **三角数（三角形数）** という．三角数では段の数が多くなるにつれて，どのようにふえていくであろうか．これを表にして調べてみると，次のようになる

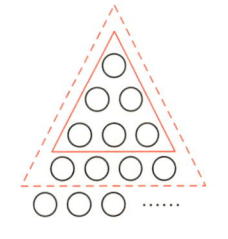

```
段    1  2  3  4   5  …
三角数 1  3  6  10  15  …
```

問 7-1 6 段，7 段のときは，それぞれいくつになるだろうか．

石の総数は，1，3，6，10，15，…となっていく．これらの数は，一般にどのように表せるだろうか．

これらの数を 2 倍して，2，6，12，20，30，…とすると，規則が少し見えてくる．それは

$$2=1\times 2,\ 6=2\times 3,\ 12=3\times 4,\ 20=4\times 5,\ 30=5\times 6,\ \cdots$$

のように，連続する 2 整数の積の並びになっているということである．

このことから，n 段の三角形で作られる三角数は，その 2 倍が，$n\times(n+1)$ と表せることから，$\frac{1}{2}n(n+1)$ である，ということが予想できる．

この予想を数学的に証明するには，n 段につまれた石をもう 1 組用意して，上下を逆にして横に並べるとよい．

n 段 ● + ○ = ●○ （図）

n 個
$n+1$ 個

すると上図のように，横に $n+1$ 個の石を並べた縦 n 段の平行四辺形状の配列ができる．

ゆえに，n 段の三角数 2 つ分の石の総数は，$n(n+1)$ である．よって，1 つ分は $\frac{1}{2}n(n+1)$ となる．

n 段の三角数は $1+2+3+\cdots+n$ のことであるから，これで次の公式が得られた．

$$1+2+3+\cdots+n=\frac{1}{2}n(n+1)$$

Notes これは，§2 で学ぶ「等差数列の和」の代表的な例であるとともに，一般の「等差数列の和」を求めるための基本原理でもあります．

問 7-2 上の公式を利用して，次の和を求めよ．
(1) $1+2+3+\cdots+100$
(2) $101+102+103+\cdots+200$
(3) $1+2+3+\cdots+(n-1)$
(4) $1+2+3+\cdots+2n$

ただし，n は 2 以上の自然数である．

II 数列

II-1 数列の基本用語と記号

四角数や三角数のように，数を規則にしたがって並べてみると個々の数を見ていただけでは思いつかなかった思いがけない美しい秩序が見えた．そこで，このように，数の並びを全体としてとらえて，**数列** という考え方をす

ることにする．

数列を構成するおのおのの数は，数列の **項** と呼ぶ．

数列を表すには，
$$a_1,\ a_2,\ a_3,\ \cdots,\ a_n,\ \cdots \qquad \cdots\cdots ①$$
または，$\{a_n\}_{n=1,2,3,\cdots}$，あるいはもっと簡単に $\{a_n\}$ と表す．また，

$$\begin{cases} a_1 \text{を } \textbf{初項}（\text{または第}1\text{項}）\\ a_2 \text{を 第}2\text{項} \\ a_3 \text{を 第}3\text{項} \\ \cdots \\ a_n \text{を 第}n\text{項} \end{cases}$$

と呼ぶ．

数列の中には，'100 の正の約数' を小さい順に並べた列
$$1,\ 2,\ 4,\ 5,\ 10,\ 20,\ 25,\ 50,\ 100$$
のように，項が有限個しかない数列（有限数列）もあるが，数学的に重要なのは，項が限りなく続く **無限数列** である．

例 7-1　四角数の数列は 1, 4, 9, 16, 25, 36, 49, ⋯ であり，その第 n 項は n^2 である．三角数の数列は 1, 3, 6, 10, 15, 21, 28, ⋯ であり，その第 n 項は $\frac{1}{2}n(n+1)$ である．

例 7-1 のように第 n 項を n の式で表すことができれば，無限数列も簡単な方法で的確に表現できる．このように

第 n 項を n の関数としてとらえたもの

を，**一般項** という．

Notes　「一般項」と「第 n 項」の違いは，初めて学ぶときは，理解困難かもしれません．さしあたっては，"一般項とは第 n 項のこと"と考えて先に進むのが良いでしょう．

例 7-2　1 から始まる正の奇数の列 $\{a_n\} = \{1, 3, 5, 7, 9, \cdots\}$ において，一般項 a_n は $a_n = 2n-1$ である．

問 7-3　連続する 2 整数の積で作られる数列
$$\{a_n\} = \{2,\ 6,\ 12,\ 20,\ 30,\ 42,\ 56,\ \cdots\}$$
の一般項 a_n を求めよ．

II-2 与えられた数列から新しい数列を作るための基本的方法

数列 $\{a_n\}$ が与えられたとき，これから新しい数列を作るための基本的方法が2つある．

[1] 部分和をとる

正の整数の列 1, 2, 3, 4, 5, …, n, … が与えられたとき，この初項から途中の項までの和を作って並べると，新しい数列ができる．すなわち

$$1, \ 3, \ 6, \ 10, \ 15, \ \cdots$$

である．

$$\begin{aligned}&1, \\ &1+2=3, \\ &1+2+3=6, \\ &1+2+3+4=10, \\ &1+2+3+4+5=15, \\ &\vdots\end{aligned}$$

一般に，与えられた数列 $\{a_n\} = \{a_1, \ a_2, \ a_3, \ \cdots, \ a_n, \ \cdots\}$ に対し，

$$S_1 = a_1$$
$$S_2 = a_1 + a_2$$
$$\cdots$$

そして一般に，

$$S_n = a_1 + a_2 + a_3 + \cdots + a_n$$

を，数列 $\{a_n\}$ の **初項から第 n 項までの和**（または**部分和**）と呼ぶ．

数列 $\{S_1, \ S_2, \ S_3, \ \cdots, \ S_n, \ \cdots\}$ を **部分和の列** と呼ぶ．

問 7-4 数列 1, 3, 5, 7, 9, …, $2n-1$, … の第10項までの部分和を求めよ．

[2] 差をとる

四角数（平方数）の列 1, 4, 9, 16, 25, …, n^2, … が与えられたとき，隣り合う2項に対し

「右側の項から左側の項（前項）をひく」

という操作をすると，新しい数列

$$3, \ 5, \ 7, \ 9, \ 11, \ \cdots$$

$$\begin{aligned}&4 - 1 = 3 \\ &9 - 4 = 5 \\ &16 - 9 = 7 \\ &25 - 16 = 9 \\ &\vdots\end{aligned}$$

ができる．

一般に，数列 $\{a_n\}$ に対し，上のような操作をして得られる数列

$$\{a_2 - a_1, \ a_3 - a_2, \ a_4 - a_3, \ \cdots, \ a_{n+1} - a_n, \ \cdots\}$$

すなわち

$$b_n = a_{n+1} - a_n \quad (n = 1, \ 2, \ 3, \ \cdots)$$

で定められる数列 $\{b_n\}$ を，数列 $\{a_n\}$ の **階差数列** と呼ぶ．

問 7-5 三角数の列 $\{a_n\} = \{1, \ 3, \ 6, \ 10, \ 15, \ 21, \ 28, \ 36, \ 45, \ \cdots\}$ の階差数列 $\{b_n\}$ の一般項を求めよ．

§2 等差数列・等比数列

I 等差数列

I-1 等差数列の定義

正の奇数を小さい順に並べた数列

$$1,\ 3,\ 5,\ 7,\ 9,\ \cdots,\ 2n-1,\ \cdots$$

のように，数列の各項が

直前の項に定数を加える

という規則でできているとき，この数列を **等差数列** と呼び，この定数を **公差** という．

つまり，$\{a_n\}$ が公差 d の等差数列であるとは，

$$a_{n+1} = a_n + d \quad (n=1,\ 2,\ 3,\ \cdots) \quad \cdots\cdots(1)$$

が，成り立つということである．

> **Notes** 3, 3, 3, 3, … のような **定数数列** も 公差＝0 の等差数列と見なせます．

$\{a_n\}$ が公差 d の等差数列であるとき，その第 n 項 a_n は，初項の a_1 に対し，d を $(n-1)$ 回加えたものであるから

等差数列の一般項の公式

$$a_n = a_1 + (n-1)d \quad \cdots\cdots(2)$$

となる．

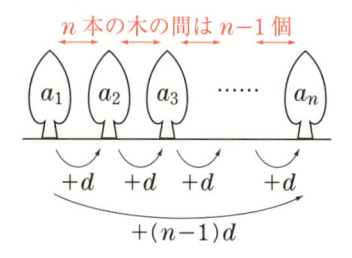

> **Notes** この公式は，'植木算' の応用に過ぎないことを理解しましょう．

問 7-6 3で割って1余る正の整数の作る数列 $\{a_n\} = \{1,\ 4,\ 7,\ 10,\ 13,\ 16,\ \cdots\}$ において一般項 a_n を求めよ．

I-2　等差数列の和

公差が d である等差数列 $\{a_n\}$ において，初項から第 n 項までの和
$$S_n = a_1 + a_2 + a_3 + \cdots + a_{n-2} + a_{n-1} + a_n \quad \cdots\cdots ①$$
を考える．これを求めるには，三角数を考えたときの考え方が有効である．すなわち①において，右辺を逆の順に並べても和は変わらないから
$$S_n = a_n + a_{n-1} + a_{n-2} + \cdots + a_3 + a_2 + a_1 \quad \cdots\cdots ②$$
である．①，②の辺々を加え合せると
$$2S_n = (a_1 + a_n) + (a_2 + a_{n-1}) + (a_3 + a_{n-2})$$
$$+ \cdots + (a_{n-2} + a_3) + (a_{n-1} + a_2) + (a_n + a_1)$$
となるが，等差数列の性質から，この右辺に現れる n 個の 2 数の和は，どれも $a_1 + a_n$ と等しい．よって，
$$2S_n = n \times (a_1 + a_n)$$

$$\boxed{\;S_n = \frac{n}{2}(a_1 + a_n) \quad \cdots\cdots (3)\;}$$

Notes　a_1 を"上底"，a_n を"下底"，n を"高さ"と読めば，これは，まさに台形の 面積公式 と同じものですね！

この公式に，I-1 で得た $a_n = a_1 + (n-1)d \ \cdots (2)$ を代入すれば，

$$\boxed{\;S_n = \frac{n}{2}\{2a_1 + (n-1)d\} \quad \cdots\cdots (4)\;}$$

となる．

Notes　これは，等差数列の部分和を，初項 a_1 と公差 d と項数 n で表す公式です．

問 7-7　1 から始まる自然数の列 $1, 2, 3, 4, \cdots, n, \cdots$ において初項から第 n 項までの和，すなわち
$$1 + 2 + 3 + \cdots + n$$
を n の式で表す公式を，等差数列の和の公式を利用して導け．

問 7-8 等差数列の和の公式を利用して，公式
$$1+3+5+7+\cdots+(2n-1)=n^2$$
を導け．

I-3　3数が等差数列をなすための条件

与えられた3数 a, b, c が，この順に等差数列をなすとは，
$$b-a \quad \text{と} \quad c-b$$
が等しい，ということであるから，その条件は，
$$b-a=c-b$$
すなわち

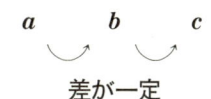

$$\boxed{2b=a+c}$$

と書き換えることができる．

Notes　a, b, c がこの順に等差数列をなすとき，
$$b=\frac{a+c}{2}$$
であるので，p. 54 で学んだ用語を利用すれば，「b は a と c の相加平均」ということになります．

昔は，等差数列のことを算術数列と呼んでいたので，これに対応して相加平均のことも算術平均と呼んでいました．やや古めかしいのですが，等差中項という呼び名もあります．

例題 149

等差数列 $\{a_n\}$ において，$a_3=5$, $a_{10}=33$ であるとき，$\{a_n\}$ の一般項を求めよ．

アプローチ

等差数列 $\{a_n\}$ は，初項と公差で決定されます．与えられた条件「$a_3=5$, $a_{10}=33$」を用いて，この初項と公差を決定しようと考えるのが基本です．

解 答

等差数列 $\{a_n\}$ の初項を $a_1=a$，公差を d とおくと，
$$a_3=a+2d, \quad a_{10}=a+9d$$
であり，与えられた条件は
$$\begin{cases} a+2d=5 & \cdots\cdots① \\ a+9d=33 & \cdots\cdots② \end{cases}$$
と表される．

②－① より
$$7d=28 \quad \therefore \quad d=4. \quad \cdots\cdots③$$

③を①に代入して
$$a=-3.$$

よって，$\{a_n\}$ の一般項は
$$a_n=(-3)+4\times(n-1) \quad \therefore \quad \boldsymbol{a_n=4n-7}.$$

◀ ①，②の2つの未知数 a, d についての連立1次方程式とみて解く．（まず，一方の未知数を消去）

注 等差数列の意味がしっかりわかっていれば，連立方程式をたてるまでもなく，公差と初項がわかります．

実際，$a_3=5$ と $a_{10}=33$ との差 $33-5$ は，公差7個分にあたるはずですから，公差は
$$d=(33-5)\div 7=4$$
であり，初項 a_1 は，$a_3=5$ から公差2個分をひいたもの，つまり
$$5-2\times 4=-3$$
です．上の連立方程式を解く計算も，実質的には，これと同じことをやっています．

例題 150

7と12の間に2数を補い，4数がその順に等差数列になるようにするには，何と何を補えばよいか．

アプローチ

要求されているのは，
$$7,\ \bigcirc,\ \triangle,\ 12$$
が等差数列になるように，$\bigcirc$と$\triangle$にあてはまる数を決定することです．

解答

考えている4数からなる数列の公差を d とおくと，初項は7であるから
$$第4項 = 7 + 3d = 12$$
より
$$d = \frac{5}{3}$$
よって，
$$\begin{cases} 第2項 = a + d = 7 + \dfrac{5}{3} = \dfrac{26}{3} \\ 第3項 = a + 2d = 7 + \dfrac{10}{3} = \dfrac{31}{3} \end{cases}$$

つまり，補うべき数は，$\dfrac{26}{3}$ と $\dfrac{31}{3}$ である．

注 連続する3項が等差数列をなすための条件を利用して解くこともできます．

別解 補うべき数を順に $x,\ y$ とおくと，2組の3数の列
$$\{7,\ x,\ y\},\ \{x,\ y,\ 12\}$$
が等差数列をなすための条件から
$$\begin{cases} 2x = 7 + y \\ 2y = x + 12. \end{cases}$$
この連立方程式を解くと
$$x = \frac{26}{3},\ y = \frac{31}{3}.$$

§2 等差数列・等比数列

例題 151

公式 $1+2+3+\cdots+n=\dfrac{1}{2}n(n+1)$ ……(*) が任意の自然数 n について成り立つことを利用して，次のおのおのを求めよ．

(1) $2+4+6+\cdots+2n$
(2) $1+3+5+\cdots+(2n-1)$
(3) 初項が a，公差が d の等差数列の初項から第 n 項までの和 S_n

アプローチ

(3)で求めるはずの公式 $S_n=\dfrac{1}{2}n\{2a+(n-1)d\}$ ……(**) を利用すれば，初めに与えられた公式(*)も，(1)や(2)の結果も，それぞれの特別の場合として導くことができます．だから，一般公式(**)を覚えるように教科書などでは指導されるのですが，反対に特殊な公式(*)から，より一般的な公式(**)を導くこともできるというのがこの問題の趣旨です！

解 答

(1) $2+4+6+\cdots+2n=2(1+2+3+\cdots+n)=2\times\dfrac{1}{2}n(n+1)=\boldsymbol{n(n+1)}$.

(2) 途中に $2, 4, 6, \cdots, 2n$ という偶数を補い，後でこれらを差し引くと
$$1+3+5+\cdots+(2n-1)$$
$$=\{1+2+3+4+5+6+\cdots+(2n-1)+2n\}-\{2+4+6+\cdots+2n\}$$
となる．ここで，右辺のはじめの { } は(*)で n を $2n$ に置き換えたものであり，後の { } は(1)で求めたものだから
$$1+3+5+\cdots+(2n-1)=\dfrac{1}{2}\times 2n(2n+1)-n(n+1)=\boldsymbol{n^2}.$$

(3) $S_n=a+(a+d)+(a+2d)+(a+3d)+\cdots+\{a+(n-1)d\}$
$=\underbrace{(a+a+a+a+\cdots+a)}_{n\text{個}}+\{1+2+3+\cdots+(n-1)\}d$

と変形される．ここで，右辺の
$$1+2+3+\cdots+(n-1)$$
は(*)で n を $n-1$ に置き換えたものである．よって，
$$S_n=na+\dfrac{1}{2}(n-1)nd=\dfrac{1}{2}\boldsymbol{n\{2a+(n-1)d\}}.$$

例題 152

初項が a，公差が d $(d \neq 0)$ の等差数列 $\{a_n\}$ の第 n 項は
$$a_n = a + (n-1)d = dn + (a-d)$$
という n の1次式で表される．では，逆に，一般項が
$$a_n = \alpha n + \beta \quad (\alpha, \beta : 定数)$$
という式で表される数列は等差数列である，といってよいか．

アプローチ

一般項の公式から
　"$\{a_n\}$ が等差数列（公差 $\neq 0$）$\Longrightarrow$ a_n が n の1次式で表される"
がいえているのですが，その逆が成り立つか，を問題にしているのです．こういう理論的な問題は抽象的なので，初めは，いかめしくてなじみにくいという印象をもつものです．まず，何を問題としているか，という趣旨を理解することが大切です．ここでのポイントは，$\{a_n\}$ が等差数列であることをいうには，何を示したらよいか，ということです．

解 答

与えられた仮定より，任意の自然数 n について
$$a_n = \alpha n + \beta \quad \cdots\cdots ①$$
が，成り立つ．したがって，①で，n を $n+1$ に置き換えてできる式
$$a_{n+1} = \alpha(n+1) + \beta \quad \cdots\cdots ②$$
も成り立つ．
　② − ① より
$$a_{n+1} - a_n = \{\alpha(n+1) + \beta\} - (\alpha n + \beta)$$
$$\therefore \quad a_{n+1} - a_n = \alpha$$
これが任意の n について成り立つことから，数列 $\{a_n\}$ は公差 α の等差数列である．■

Notes

以上で，次の性質が証明されたことになります．

定理

数列 $\{a_n\}$ が公差が 0 でない等差数列をなす
$\Longleftrightarrow$ a_n が n の1次式で表される

§2 等差数列・等比数列

> **例題 153**
> 初項が 40 で，第 10 項から第 19 項までの和が -5 である等差数列の公差を求めよ．また，この数列の初項から第 n 項までの和を S_n とするとき，S_n が最大になるときの n の値と，その最大値を求めよ．

アプローチ

公差 d を決定すれば，S_n は n の式で表すことができます．しかし，公差 d が正であるとすると，n が大きくなるにつれて S_n の値はいくらでも大きくなってしまいます．ということは，….

解 答

考えるべき数列を $\{a_n\}$ とおき，その公差を d とおくと，
$$a_n = 40 + (n-1)d$$
であるので，
$$\begin{cases} a_{10} = 40 + (10-1)d = 40 + 9d \\ a_{19} = 40 + (19-1)d = 40 + 18d \end{cases}$$
よって，第 10 項から第 19 項までの 10 項の和は，
$$\frac{1}{2} \times 10\{(40+9d) + (40+18d)\} = 5(27d+80).$$
よって，これが -5 に等しいことより，
$$27d + 80 = -1 \quad \therefore \quad \boldsymbol{d = -3}.$$
このように公差 d が負であるので，初項から第 n 項までの和 S_n が最大となるのは， ◀ $\{a_n\}$ は減少列
$$a_n \geq 0 \quad \cdots\cdots (*)$$
を満たす最大の n で起こる．

$(*)$ を満たす n は
$$a_n = 40 + (n-1)\cdot(-3) = -3n + 43 \geq 0$$
すなわち $n \leq \dfrac{43}{3} = 14.3\cdots$ を満たす最大の n は $n = 14$

よって，$\boldsymbol{n = 14}$ のとき S_n は最大となり，
$$最大値 = S_{14} = \frac{1}{2} \times 14\{2 \times 40 + (14-1) \times (-3)\} = \boldsymbol{287}.$$

注 $S_n = \dfrac{n}{2}\{2 \times 40 + (n-1)\cdot(-3)\}$ において，n を連続変数と考え，n の 2 次関数 S_n のグラフを考える方法もある．

例題 154

a, b を $a<b$ なる整数とし，p を素数とする．a と b の間にあって p を分母とする既約分数の和を求めよ．

アプローチ

a と b の間にあって，p を分母とする分数は，

$$\left(a=\frac{pa}{p}<\right)\frac{pa+1}{p},\ \frac{pa+2}{p},\ \cdots,\ \frac{pb-1}{p}\left(<\frac{pb}{p}=b\right)$$

であり，これらは公差 $\dfrac{1}{p}$ の等差数列をなします．

しかし，この中には $\dfrac{pa+p}{p}(=a+1)$ のように既約分数でないものが含まれているので，それらを引かなくてはなりません．

解答

求める和は，初項 $\dfrac{pa+1}{p}$，末項 $\dfrac{pb-1}{p}$，公差 $\dfrac{1}{p}$ の等差数列の和 S から，a と b の間にある整数 $a+1$, $a+2$, $\cdots$, $b-1$ の和 T を引いたものである．

S, T の項数はそれぞれ

$$\begin{cases}\left(\dfrac{pb-1}{p}-\dfrac{pa+1}{p}\right)\times p+1=p(b-a)-1 \\ b-1-(a+1)+1=b-a-1\end{cases}$$

◀ S の項数
◀ T の項数

であるので，

$$S=\frac{p(b-a)-1}{2}\left(\frac{pa+1}{p}+\frac{pb-1}{p}\right)$$

$$=\frac{p(b-a)-1}{2}\cdot(a+b)$$

$$T=\frac{b-a-1}{2}(a+b)$$

◀等差数列の和
$\dfrac{項数}{2}$（初項＋末項）

よって，求める和は

$$S-T=\frac{a+b}{2}(p-1)(b-a)$$

である．

II 等比数列

II-1 等比数列の定義

位取りの基本となる数の列

$$1,\ 10,\ 100,\ 1000,\ 10000,\ 100000,\ 1000000,\ \cdots$$

のように，数列の各項が

直前の項に定数を掛ける

という規則でできているとき，この数列を **等比数列** と呼び，この定数を **公比** という．つまり，$\{a_n\}$ が公比 r の等比数列であるとは，

$$a_{n+1} = a_n \times r \quad (n=1,\ 2,\ 3,\ \cdots)$$

が成り立つということである．

$\{a_n\}$ が公比 r の等比数列であるとき，その第 n 項 a_n は，初項 a_1 に r を $n-1$ 回掛けたものであるから

等比数列の一般項の公式
$$a_n = a_1 \times r^{n-1}$$

となる．

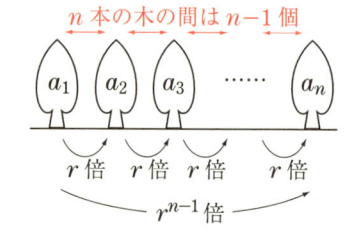

注 $3,\ 3,\ 3,\ \cdots$ のような定数数列は 公比 $=1$ の等比数列と見なすこともできます．また，$3,\ 0,\ 0,\ 0,\ \cdots$ のような（第 2 項から先が）すべて 0 の数列は，公比 $=0$ の等比数列と見なせます．

ただ，このように 公比 $=1$ や 公比 $=0$ の場合は，等比数列としてはおもしろくない場合です．

問 7-9 公比 2 の等比数列 $\{a_n\} = \{1,\ 2,\ 4,\ 8,\ 16,\ 32,\ 64,\ 128,\ \cdots\}$ の一般項 a_n を求めよ．

問 7-10 次の数列が等比数列をなすように，$x,\ y,\ z$ を定めよ．
(1) $32,\ 8,\ 2,\ x,\ \dfrac{1}{8},\ \cdots$
(2) $8,\ 12,\ 18,\ y,\ \dfrac{81}{2},\ \cdots$
(3) $-1,\ 2,\ -4,\ z,\ -16,\ \cdots$

問 7-11 1 と -1 が交互に続く数列 $\{a_n\} = \{1,\ -1,\ 1,\ -1,\ 1,\ -1,\ \cdots\}$ の一般項 a_n を求めよ．

II-2　等比数列の和

$$S = 1 + 2 + 4 + 8 + 16 + 32 + 64$$

という和を計算しようと思ったとき，左から順に計算するのも1つの手だが，右辺の各項が公比2の等比数列をなしていることに注目してちょっと工夫すると，計算の手間をずっと減らすことができる．

すなわち，S と $2S$ を比較すると図のように，

$$2 + 4 + 8 + 16 + 32 + 64$$

が共通に現れるので，上式から下式を引くと，途中の部分がキャンセルされて

$$-S = 1 - 128$$

となり，こうして

$$S = 127$$

がただちに得られる．

この考え方を一般化して，次に述べる等比数列の和の公式が得られる．

すなわち，初項 $a_1 = a$，公比 r の等比数列 $\{a_n\}$ において，初項 a_1 から第 n 項 a_n までの和を S_n とおくと，

$$S_n = a_1 + a_2 + a_3 + a_4 + \cdots + a_{n-1} + a_n$$

すなわち

$$S_n = a + ar + ar^2 + ar^3 + \cdots + ar^{n-2} + ar^{n-1} \qquad \cdots\cdots ①$$

両辺を r 倍して

$$rS_n = \quad ar + ar^2 + ar^3 + \quad \cdots \quad + ar^{n-1} + ar^n \qquad \cdots\cdots ②$$

①－② より

$$S_n - rS_n = a - ar^n$$

$$\therefore \quad (1-r)S_n = a(1-r^n) \qquad \cdots\cdots ③$$

公比 r が 1 でないときは，③の両辺を $1-r$ で割ることができて

$$S_n = \frac{a(1-r^n)}{1-r} = \frac{a(r^n-1)}{r-1}$$

という公式が得られる．

Notes　$r=1$ のときは，$1-r=0$ となるので，③の両辺を $1-r$ で割ることはできません．しかし，等比数列の意味に立ちかえれば，$r=1$ のときは，単なる定数数列 $a, a, a, \cdots$ になるので

$$S_n = \underbrace{a + a + a + \cdots + a}_{n 個} = na$$

となります．

よって，等比数列の和の公式は，次のようにまとめられます．

> 初項 a，公比 r の等比数列の初項から第 n 項までの和を S_n とおくと
> $$S_n = \begin{cases} \dfrac{a(1-r^n)}{1-r} = \dfrac{a(r^n-1)}{r-1} & (r \neq 1 \text{ のとき}) \\ na & (r=1 \text{ のとき}) \end{cases}$$

前頁の式①は，全体を初項 a でくくれば
$$S_n = a(1 + r + r^2 + r^3 + \cdots + r^{n-1})$$
となるので，上に導いた公式の本質的な部分は

> $r \neq 1$ のとき $1 + r + r^2 + r^3 + \cdots + r^{n-1} = \dfrac{1-r^n}{1-r}$

という関係にあります．ところで，これを導く直前の式は，
$$(1-r)(1 + r + r^2 + r^3 + \cdots + r^{n-1}) = 1 - r^n$$
と表されますが，これは，展開と因数分解公式にほかなりません！ □ 本質の研究 数学Ⅰ・A

問 7-12 次のおのおのの等比数列の和を求めよ．ただし，必要があれば $2^{10} = 1024$ を利用せよ．

(1) $1 + 2 + 2^2 + 2^3 + \cdots + 2^9$ (2) $1 + \dfrac{1}{2} + \dfrac{1}{2^2} + \dfrac{1}{2^3} + \cdots + \dfrac{1}{2^9}$

(3) $1 - 2 + 4 - 8 + \cdots + (-2)^9$ (4) $64 + 32 + 16 + \cdots + \dfrac{1}{8}$

Ⅱ-3　3数が等比数列をなすための条件

与えられた3数 a, b, c（ただし，$a \neq 0, b \neq 0, c \neq 0$）がこの順に等比数列をなすとは，
$$\dfrac{b}{a} \text{ と } \dfrac{c}{b}$$
が等しい，ということであるから，その条件は
$$\dfrac{b}{a} = \dfrac{c}{b} \quad \text{すなわち} \quad \boxed{b^2 = ac}$$
と書き換えられる．

比が一定

Notes

　a, c が正の数であるとき，a, b, c がこの順に等比数列をなすような b は，正，負 2 つあります．そのうち正の方，すなわち
$$b=\sqrt{ac}$$
を，「**a と c の相乗平均**」と呼ぶことは，p.54 で学びました．

　昔は，等比数列のことを幾何数列と呼んでいたので，これに対応して相乗平均のことも幾何平均と呼んでいました．等比中項という呼び名もあります．

コラム　「生産は算術数列的にしか増大しないが人口は幾何数列的に増大する」とは，人口問題に初めて警鐘(けいしょう)を鳴らしたイギリスの経済学者マルサスのことばである．

§2　等差数列・等比数列

例題 155

等比数列 $\{a_n\}$ において $a_3=12$, $a_5=108$ であるという．初項 a, 公比 r はいくらか．可能なものをすべて求めよ．

アプローチ

等比数列では，「初項 a」と「公比 r」を決めれば，すべての項が表せます．"$a_3=12$, $a_5=108$" という条件を，a と r の方程式として表します．ところで，本問で，掛け算→足し算，公比→公差，等比数列→等差数列と読みかえれば，これと似た問題をすでにやったことに気づくでしょう．p.438 の 例題 149 です．

解答

$$a_3=ar^2,\ a_5=ar^4$$

であるから，与えられた仮定は

$$\begin{cases} ar^2=12 & \cdots\cdots① \\ ar^4=108 & \cdots\cdots② \end{cases}$$

である．②÷① を作ると

$$r^2=9 \qquad \cdots\cdots③$$

となり，これを満たす r は

$$r=\pm 3 \qquad \cdots\cdots③'$$

の2つである．いずれの場合も，③と①より

$$a=\frac{4}{3}$$

よって，　　初項 $a=\dfrac{4}{3}$, 公比 $r=\pm 3$.

注　公比 $r=3$, $r=-3$ はどちらもありえます．

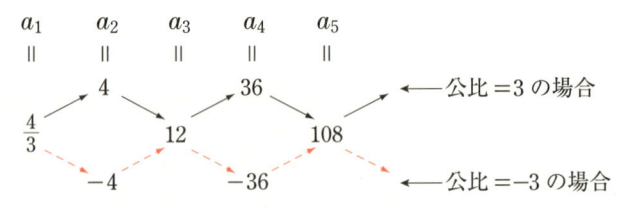

例題 156

数列 $\{a_n\}$ が初項 27, 公比 $-\dfrac{2}{3}$ の等比数列をなすとき, 次のおのおのの和を求めよ.

(1) 第 3 項 a_3 から第 10 項 a_{10} までの和 S
(2) 数列 $\{a_n\}$ からつくられる, 数列 a_1, a_3, a_5, a_7, $\cdots$ の初項から第 6 項までの和 T

アプローチ

等差数列・等比数列は, 初めの項をいくつかとばしてその途中から考えても, また, 途中の項を周期的にいくつかずつトビトビに取って数列を作っても, 等差数列・等比数列になります.

解答

(1) 数列 $\{a_3,\ a_4,\ a_5,\ \cdots,\ a_{10}\}$ は, 初項が
$$a_3 = 27 \times \left(-\dfrac{2}{3}\right)^2 = 12$$
で, 公比が $-\dfrac{2}{3}$ の等比数列をなす.

求めるべき $S = a_3 + a_4 + \cdots + a_{10}$ は, この数列の初項から第 8 項までの和であるから
$$S = \dfrac{12\left\{1-\left(-\dfrac{2}{3}\right)^8\right\}}{1-\left(-\dfrac{2}{3}\right)} = \dfrac{36}{5}\left\{1-\left(-\dfrac{2}{3}\right)^8\right\}.$$

◀あえて計算すれば, $\dfrac{5044}{729}$ となる. 小中学生なら, 計算を求められるが, 高校では, 単なる計算は重大ではない.

(2) T は
$$a_1 + a_3 + a_5 + a_7 + a_9 + a_{11}$$
であり, これは, 初項 27, 公比 $\left(-\dfrac{2}{3}\right)^2 = \dfrac{4}{9}$ の等比数列の初項から第 6 項までの和である.

よって,
$$T = \dfrac{27\left\{1-\left(\dfrac{4}{9}\right)^6\right\}}{1-\dfrac{4}{9}} = \dfrac{243}{5}\left\{1-\left(\dfrac{4}{9}\right)^6\right\}.$$

◀ $\dfrac{105469}{2187}$

例題 157

等差数列 a_1, a_2, a_3 と等比数列 b_1, b_2, b_3, b_4 において，2つの数列の初項，末項および和がそれぞれ等しい．等比数列の公比 r の値を求めよ．ただし $b_1 \neq 0$ とする．

アプローチ

与えられた3つの条件と，3数，4数がそれぞれ等差数列，等比数列をなす条件を連立すればよいわけです．

解答

与えられた条件より，
$$\begin{cases} a_1 = b_1 & \cdots\cdots ① \\ a_3 = b_4 & \cdots\cdots ② \\ a_1 + a_2 + a_3 = b_1 + b_2 + b_3 + b_4 & \cdots\cdots ③ \end{cases}$$

また，a_1, a_2, a_3 が等差数列をなす条件は
$$2a_2 = a_1 + a_3 \quad \cdots\cdots ④$$

◀ p. 437

③，④より，a_2 を消去すると
$$\frac{3}{2}(a_1 + a_3) = b_1 + b_2 + b_3 + b_4$$

となり，この左辺に①，②を代入すると，
$$\frac{3}{2}(b_1 + b_4) = b_1 + b_2 + b_3 + b_4$$

◀ b だけの等式を導く．

$$\therefore \quad \frac{1}{2}(b_1 + b_4) = b_2 + b_3$$

ここで，等比数列 b_n の公比を r とおくと，

◀ $b_n = b_1 r^{n-1}$

$$\frac{1}{2}(b_1 + b_1 r^3) = b_1 r + b_1 r^2$$

$b_1 \neq 0$ であるから，
$$1 + r^3 = 2r(1+r)$$
$$\therefore \quad (r+1)(r^2 - 3r + 1) = 0$$
$$\therefore \quad r = -1 \quad \text{または} \quad r = \frac{3 \pm \sqrt{5}}{2}.$$

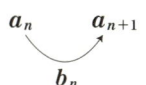

§3 一般の数列

　数列の中には，美しい単純な規則で作られていながら，等差数列でも等比数列でもないものがある．本章の初めに述べた四角数や三角数などは，その一例である．本節では，より一般の数列に対し，その一般項や和を求めるための方法について学ぶ．

I　階差数列と数列の和

I -1　平方数列の階差数列

　§1 で述べた四角数の列 1, 4, 9, 16, 25, … は，一般項が
$$a_n = n^2$$
と表される数列 $\{a_n\}$ を作っているので，平方数列とも呼ばれる．

　いま，数列 $\{a_n\}$ のすべての隣り合う 2 項に対し，後の項から前の項を引いて作られる，いわゆる **階差数列** $\{b_n\}$ を作ると（階差数列については ☞ p.434）

$\{a_n\}$: 1, 4, 9, 16, 25, 36, 49, 64, …
$\{b_n\}$:　 3,　5,　7,　9,　11,　13,　15, …

$$3,\ 5,\ 7,\ 9,\ 11,\ 13,\ 15,\ \cdots$$

のように，3 から始まる奇数列になる．より厳密にいうと，
$$a_n = n^2 \quad (n=1,\ 2,\ 3,\ \cdots)$$
に対し，

$$\boxed{b_n = a_{n+1} - a_n}$$

を計算すると
$$b_n = (n+1)^2 - n^2 = 2n+1$$
となる．

　ところで，$\{b_n\}$ の作り方を逆にたどれば，数列 $\{a_n\}$ の各項は，初項 $a_1 = 1$ に，$\{b_n\}$ の各項を順に加えていったものである．

$4-1=3 \iff 4=1+3$
$9-4=5 \iff 9=4+5=1+3+5$
$16-9=7 \iff 16=9+7=1+3+5+7$

　一般に，数列 $\{a_n\}$ の階差数列を $\{b_n\}$ とおけば，$\{a_n\}$ の第 n 項 a_n は，初項 a_1 に，$\{b_n\}$ の初項 b_1 から第 $n-1$ 項 b_{n-1} までを加えたものである．

$$a_n = a_1 + (b_1 + b_2 + b_3 + \cdots + b_{n-1}) \quad \cdots\cdots(*)$$
$$(n = 2, 3, 4, \cdots)$$

$$\begin{aligned}
b_1 &= a_2 - a_1 \\
b_2 &= a_3 - a_2 \\
b_3 &= a_4 - a_3 \\
b_4 &= a_5 - a_4 \\
&\vdots \\
+)\ b_{n-1} &= a_n - a_{n-1} \\
\hline
b_1 + b_2 + b_3 + \cdots + b_{n-1} &= a_n - a_1
\end{aligned}$$

この関係(*)を利用すると，

数列 $\{a_n\}$ の一般項が未知であっても，その階差数列 $\{b_n\}$ と初項 a_1 がわかれば，右のようにして a_n を計算することができる．

例 7-3 数列 $\{a_n\}$ が $\{3,\ 6,\ 11,\ 18,\ 27,\ 38,\ \cdots\}$ のとき，階差数列 $\{b_n\}$ は $\{3,\ 5,\ 7,\ 9,\ 11,\ \cdots\}$ であり，したがって，初項が 3，公差が 2 の等差数列であると表現できる．すると，初項から第 $n-1$ 項までの和は

$$b_1 + b_2 + b_3 + \cdots + b_{n-1} = \frac{1}{2}(n-1)\{2 \times 3 + 2(n-2)\}$$
$$= (n-1)(n+1) = n^2 - 1$$

である．よって，$n \geq 2$ のとき

$$a_n = a_1 + (b_1 + b_2 + \cdots + b_{n-1})$$
$$= 3 + (n^2 - 1)$$
$$a_n = n^2 + 2$$

（$a_1 = 3$ であるから，上式は $n = 1$ の場合も成り立つ.）

Notes 例 7-3 の数列は，前ページに述べた平方数列と同じ階差数列 $3,\ 5,\ 7,\ 9,\ \cdots$ をもっていますが，この例では初項が 3，他方，前ページの場合は 1 であるので，2 だけずれています．その結果，一般項もその分だけ違ってきます．

問 7-13 (1) 数列 $\{a_n\} = \{-1,\ 2,\ 7,\ 14,\ 23,\ 34,\ 47,\ \cdots\}$ の一般項を予想せよ．
(2) 数列 $\{a_n\} = \{2,\ 3,\ 5,\ 9,\ 17,\ 33,\ 65,\ \cdots\}$ の一般項を予想せよ．

数列 $\{a_n\}$ の初項 a_1 から第 n 項 a_n までの和を S_n とおくと，数列 $\{S_n\}$ の階差数列は

$$S_{n+1} - S_n = (a_1 + a_2 + \cdots + a_n + a_{n+1}) - (a_1 + a_2 + \cdots + a_n)$$
$$= a_{n+1}$$

より，数列 $\{a_n\}$ と本質的に同じもの（うるさくいうと，1 項だけずれている数列）になる．

例 7-4 数列 $\{a_n\}$ を 1 から始まる自然数の列 $\{1,\ 2,\ 3,\ \cdots,\ n,\ \cdots\}$ とする. $\{a_n\}$ の初項から第 n 項までの和 $S_n = \dfrac{1}{2}n(n+1)$ を第 n 項にもつ数列 $\{S_n\}$ は $\{1,\ 3,\ 6,\ 10,\ \cdots,\ \dfrac{1}{2}n(n+1),\ \cdots\}$ となり, この数列 $\{S_n\}$ の階差数列 $\{b_n\}$ は $\{2,\ 3,\ \cdots,\ n+1,\ \cdots\}$ となる. このように, $\{b_n\}$ は, たしかに, $\{a_n\}$ の項を 1 つずらしたものである.

このように, 項が 1 つ分だけずれていることを無視すれば, 「第 n 項までの和をとる」ことと「階差数列をとる」ことが, ちょうど逆の操作になっている!

```
                第 n 項までの和
    数列 {a_n}  ⇄⇄⇄⇄⇄⇄⇄⇄⇄⇄⇄⇄  数列 {S_n}
                  階差数列
```

この原理を利用して, 与えられた数列 $\{a_n\}$ の和を求める方法がある. 具体例で示そう.

$$a_n = \dfrac{1}{\sqrt{n+1}+\sqrt{n}}\quad (n=1,\ 2,\ 3,\ \cdots)$$

で定まる数列 $\{a_n\}$ は $\left\{\dfrac{1}{\sqrt{2}+\sqrt{1}},\ \dfrac{1}{\sqrt{3}+\sqrt{2}},\ \dfrac{1}{\sqrt{4}+\sqrt{3}},\ \cdots,\ \dfrac{1}{\sqrt{n+1}+\sqrt{n}},\ \cdots\right\}$ である.

ここで, a_n が $a_n = \sqrt{n+1}-\sqrt{n}$ と, うまく変形できること (つまり数列 $\{a_n\}$ が数列 $\sqrt{1},\ \sqrt{2},\ \sqrt{3},\ \cdots,\ \sqrt{n},\ \cdots$ の階差数列であること) に気づけば, 数列 $\{a_n\}$ の和は

$$a_1 = \sqrt{2}-\sqrt{1}$$
$$a_2 = \sqrt{3}-\sqrt{2}$$
$$a_3 = \sqrt{4}-\sqrt{3}$$
$$\vdots$$
$$+)\ a_n = \sqrt{n+1}-\sqrt{n}$$
$$\overline{a_1+a_2+\cdots+a_n = \sqrt{n+1}-\sqrt{1}}$$

$$a_1 + a_2 + a_3 + \cdots + a_n = \sqrt{n+1} - 1$$

と求められる.

このように, 数列 $\{a_n\}$ の和を求めるには, $\{a_n\}$ を階差数列にもつ数列 $\{A_n\}$, つまり

$$a_n = A_{n+1} - A_n\quad (n=1,\ 2,\ 3,\ \cdots)$$

となる $\{A_n\}$ を見つければよい. 本格的な応用については, 次項で触れる.

Notes 与えられた $\{a_n\}$ に対し, このような $\{A_n\}$ は一般に, いくらでもありますが, その中から 1 つでも見つければよいのです.

§3 一般の数列　453

II 数列の和の記号 Σ

II-1 Σ 記号の定義

数列 $\{a_n\}$ の初項 a_1 から第 n 項 a_n までの和を表すのに，これまでは
$$a_1+a_2+a_3+\cdots+a_n$$
のような書き方をしてきたが，冗長である上に，途中に "$\cdots$" というあいまいな表現が残っている．そこで，これを簡潔かつ厳密に表現するために，
$$\sum_{k=1}^{n} a_k$$
という記号を用いることにする．

Notes

この式は，
「式 a_k に，順次
$$k=1,\ k=2,\ \cdots,\ k=n$$
を代入したときの式の値を加え合わせたもの」

$$\begin{array}{r}a_1\\a_2\\\vdots\\+)\ a_n\end{array}$$

を意味します．したがって，k という文字は見かけ上は現れてはいますが，役割を果せば消えるものです．

なお，Σ は，和を表す単語 sum [英] の頭(かしら)文字 S に相当するギリシア語の大文字で，文字として読むときは [sigma] と発音されます．そこで Σ を **シグマ記号** と呼びます．

「汝自身を知れ」で有名な哲学者ソークラテースの頭文字も Σ です．
Sōkratēs （350B.C. 頃）

例 7-5
$$\sum_{k=1}^{3} a_k = a_1+a_2+a_3,\quad \sum_{k=1}^{4} a_k = a_1+a_2+a_3+a_4$$
（このように，右辺には k が残らないことに注意！）

例 7-6
$$\sum_{k=1}^{3} 2k = 2\cdot 1+2\cdot 2+2\cdot 3 = 2+4+6 = 12$$
$$\sum_{k=1}^{3} k^2 = 1^2+2^2+3^2 = 1+4+9 = 14$$

問 7-14 $\displaystyle\sum_{k=1}^{3} a_{2k}$ は何を意味するか．また，$\displaystyle\sum_{k=1}^{4} a_{3k-1}$ はどうか．

問 7–15 次の値を求めよ．

(1) $\sum_{k=1}^{5} k$ (2) $\sum_{k=1}^{5}(2k-1)$ (3) $\sum_{k=1}^{3}(k^2+2k)$

II–2　Σ 記号の基本性質

Σ 記号の定義に立ち返って考えると，ただちにわかるように

1) $\sum_{k=1}^{n}(a_k+b_k) = (a_1+b_1)+(a_2+b_2)+(a_3+b_3)+\cdots+(a_n+b_n)$

$\qquad\qquad = (a_1+a_2+a_3+\cdots+a_n)+(b_1+b_2+b_3+\cdots+b_n)$

（加える順番を変えて $\{a_n\}$ の項と $\{b_n\}$ の項ごとにまとめた）

$\qquad\qquad = \sum_{k=1}^{n} a_k + \sum_{k=1}^{n} b_k$

2) $\sum_{k=1}^{n} ca_k = ca_1+ca_2+ca_3+\cdots+ca_n$

$\qquad\qquad = c(a_1+a_2+a_3+\cdots+a_n) = c\sum_{k=1}^{n} a_k$

（c で全体をくくった）

である．ここで，c は定数である．これらは，まとめて次のように表すことができる．

Σ 記号の公式

(i) α, β を定数とするとき

$$\sum_{k=1}^{n}(\alpha a_k+\beta b_k) = \alpha \sum_{k=1}^{n} a_k + \beta \sum_{k=1}^{n} b_k$$

Notes　$\sum_{k=1}^{n} a_k$, $\sum_{k=1}^{n} b_k$ がわかっていれば，この法則により $\sum_{k=1}^{n}(\alpha a_k+\beta b_k)$ もわかります！ $\sum_{k=1}^{n}(\alpha a_k+\beta b_k)$ のように，Σ 記号が分配できることは，有難いですね．

そこで次に，高校数学で基本となる数列 $\{a_k\}$ について $\sum_{k=1}^{n} a_k$ を求めよう．

§3　一般の数列

II-3　すでに学んでいる $\sum_{k=1}^{n} a_k$ の公式

3) $a_k = c$（c：定数）（定数数列）の場合

$\sum_{k=1}^{n} c$ は，n 個の c を加え合わせたもの $\underbrace{(c+c+c+\cdots+c)}_{n\text{個}}$ であるから，

> **Σ 記号の公式**
>
> (ii) $\sum_{k=1}^{n} c = nc$

特に，$c=1$ の場合は

> (iii) $\sum_{k=1}^{n} 1 = n$

4) $a_k = k$（$\{a_n\}$ が自然数列）の場合

$\sum_{k=1}^{n} k$ すなわち $1+2+3+\cdots+n$ は，初項 1，公差 1 の等差数列の第 n 項までの和であるから

> (iv) $\sum_{k=1}^{n} k = \dfrac{1}{2} n(n+1)$

5) $a_k = r^{k-1}$（r は 1 でない定数）（$\{a_n\}$ が等比数列）の場合

$\sum_{k=1}^{n} r^{k-1} = 1 + r + r^2 + \cdots + r^{n-1}$ は，初項 1，公比 r の等比数列の第 n 項までの和であるから，

> (v) $\sum_{k=1}^{n} r^{k-1} = \dfrac{1-r^n}{1-r} = \dfrac{r^n-1}{r-1}$

これらの公式は他の数列の和を求めるのにも，利用できる．

例 7-7　1 から始まる奇数列の和 $S = 1+3+5+7+\cdots+(2n-1)$ は，$S = \sum_{k=1}^{n} (2k-1)$ と表せるので，

$$S = \sum_{k=1}^{n}(2k-1)$$
$$= 2\sum_{k=1}^{n}k - \sum_{k=1}^{n}1$$
$$= 2 \times \frac{1}{2}n(n+1) - n$$
$$= n^2$$

公式(i)による

公式(iii), (iv)による

と計算できる.

問 7-16 等差数列の和 $S = a + (a+d) + (a+2d) + \cdots + \{a+(n-1)d\}$ を Σ 記号を使って表し,それを利用して,S を表せ.

問 7-17 $(1+1) + (2+2) + (3+4) + (4+8) + \cdots + (n+2^{n-1})$ を求めよ.

II-4 $a_k = k(k+1)$ (連続2整数の積) の場合

p. 453 で見たように,$\sum_{k=1}^{n} a_k$ において,
$$a_k = A_{k+1} - A_k \quad (k=1, 2, 3, \cdots)$$
を満たす数列 $\{A_n\}$ を1つでも見つければ,
$$\sum_{k=1}^{n} a_k = \sum_{k=1}^{n}(A_{k+1} - A_k)$$
$$= A_{n+1} - A_1$$

と,$\sum_{k=1}^{n} a_k$ が計算できる.

$$\begin{array}{r} A_2 - A_1 \\ A_3 - A_2 \\ A_4 - A_3 \\ \vdots \\ +)\ A_{n+1} - A_n \\ \hline A_{n+1} - A_1 \end{array}$$

ところで,n を真ん中にもつ連続する3整数の積
$$(n-1)n(n+1)$$
を T_n とおくと,
$$T_{k+1} - T_k = k(k+1)(k+2) - (k-1)k(k+1)$$
$$= k(k+1)\{(k+2) - (k-1)\}$$
$$= 3 \cdot k(k+1)$$
$$\therefore \quad k(k+1) = \frac{1}{3}(T_{k+1} - T_k)$$
である.
よって,

$$\sum_{k=1}^{n} k(k+1) = \frac{1}{3} \sum_{k=1}^{n} (T_{k+1} - T_k)$$
$$= \frac{1}{3}(T_{n+1} - T_1).$$

これで次の関係が証明された.

> (vi) $\sum_{k=1}^{n} k(k+1) = \frac{1}{3} n(n+1)(n+2)$

問 7-18 $k(k+1)(k+2) = \frac{1}{4} \{ k(k+1)(k+2)(k+3) - (k-1)k(k+1)(k+2) \}$
であることを用いて，連続する3整数の積の和
$$\sum_{k=1}^{n} k(k+1)(k+2)$$
を求めよ.

II-5　$a_k = k^2$, $a_k = k^3$, $\cdots$ の場合

II-3, II-4 で導いた公式
$$\sum_{k=1}^{n} k = \frac{1}{2} n(n+1)$$
$$\sum_{k=1}^{n} k(k+1) = \frac{1}{3} n(n+1)(n+2)$$
の辺々の差を作ることにより，高校数学で大切な公式
$$\sum_{k=1}^{n} (k^2 + k) - \sum_{k=1}^{n} k = \sum_{k=1}^{n} k^2 = \frac{1}{3} n(n+1)(n+2) - \frac{1}{2} n(n+1)$$
すなわち

> (vii) $\sum_{k=1}^{n} k^2 = \frac{1}{6} n(n+1)(2n+1)$

が出てくる.

Notes この公式は，
$$k^3-(k-1)^3=3k^2-3k+1 \quad \text{や} \quad (k+1)^3-k^3=3k^2+3k+1$$
という恒等式に基づいて証明することもできます．教科書の多くはこの方法を採用しているようですが，連続する整数の積の和に注目する，よりエレガントな方法に注目して下さい！

同様に，
$$\sum_{k=1}^{n} k(k+1)(k+2) = \frac{1}{4}n(n+1)(n+2)(n+3)$$
を利用することにより

$$\sum_{k=1}^{n} k^3 = \frac{1}{4}n^2(n+1)^2$$

が得られます．

問 7-19 上の公式を導け．

例題 158

数列 $\{a_n\}$, $\{b_n\}$ の初項がそれぞれ $a_1=2$, $b_1=1$ であり，それぞれの階差数列が $\{2(n+1)\}$, $\{2^{n-1}\}$ である．つまり，
$$a_{n+1}-a_n=2(n+1),\quad b_{n+1}-b_n=2^{n-1}$$
である．このとき，a_n, b_n を n の式で表せ．

アプローチ

階差数列の公式の練習です．$n\geq 2$ のとき，次式が成り立つことを利用します．
$$a_n=a_1+\sum_{k=1}^{n-1}(a_{k+1}-a_k)$$

解答

(1) 階差数列の公式により，$n\geq 2$ のとき，
$$a_n=a_1+\sum_{k=1}^{n-1}2(k+1)=2+2\sum_{k=1}^{n-1}(k+1)$$
$$=2+2\left\{\frac{n(n-1)}{2}+n-1\right\}$$
$\therefore\ \boldsymbol{a_n=n(n+1)}$.

これは，$n=1$ のときも正しい．

◀ $\sum_{k=1}^{n-1}k=\dfrac{n(n-1)}{2}$

$\sum_{k=1}^{n-1}1=n-1$

(2) (1)と同様に，$n\geq 2$ のときは
$$b_n=b_1+\sum_{k=1}^{n-1}2^{k-1}=1+\frac{2^{n-1}-1}{2-1}$$
$\therefore\ \boldsymbol{b_n=2^{n-1}}$.

これは，$n=1$ のときも正しい．

◀ $\sum_{k=1}^{n-1}2^{k-1}$
$=1+2+2^2$
$\quad+\cdots+2^{n-2}$

> **注** (1)で $\sum_{k=1}^{n-1}k$ を計算するのには，公式 $\sum_{k=1}^{n}k=\dfrac{n(n+1)}{2}$ において，n の代わりに $n-1$ とおくことにより $\sum_{k=1}^{n-1}k=\dfrac{(n-1)\{(n-1)+1\}}{2}=\dfrac{n(n-1)}{2}$ とする．意味を考えて，$\sum_{k=1}^{n-1}(k+1)$ を，初項 2, 末項 n, 項数 $n-1$ の等差数列の和と見て計算することもできる．

例題 159

数列 $\{a_n\}$ が，次の関係式を満たすとき，一般項 a_n を求めよ．
$$a_1+2a_2+3a_3+\cdots+na_n=n(n+1)(n+2) \quad (n=1,\ 2,\ \cdots)$$

アプローチ

左辺が数列 $\{na_n\}$ の初項から第 n 項までの和になっていることに気づきましたか．和から一般項を求める手法（☞ 注）で数列 $\{na_n\}$ の一般項を求めることができます．

解答

$n \geqq 2$ のとき
$$a_1+2a_2+3a_3+\cdots+na_n$$
$$=n(n+1)(n+2) \quad \cdots\cdots ①$$

①の n を $n-1$ に置き換えると，
$$a_1+2a_2+3a_3+\cdots+(n-1)a_{n-1}$$
$$=(n-1)n(n+1) \quad \cdots\cdots ②$$

①$-$②より
$$na_n=n(n+1)(n+2)-(n-1)n(n+1)$$
$$=n(n+1)\{n+2-(n-1)\}$$
$$=3n(n+1) \quad \cdots\cdots ③$$
$$\therefore \quad a_n=3(n+1) \quad \cdots\cdots ④$$

となる．

一方，①式に $n=1$ を代入すると
$$a_1=1\cdot 2\cdot 3=6$$

となり，この値は④式に $n=1$ を代入して得られる値と一致するので，④式は $n=1$ のときも成り立つと考えてよい．

よって，求める一般項 a_n は，
$$\boldsymbol{a_n=3(n+1)}$$

である．

注 数列 $\{a_n\}$ の初項から第 n 項までの和 S_n が与えられたとき，一般項 a_n を求めるには，
$$\begin{cases} a_1=S_1 \\ a_n=S_n-S_{n-1} \quad (n \geqq 2) \end{cases}$$
を利用します．

例題 160

次の和を計算せよ．
(1) $n+(n+1)+(n+2)+\cdots+(2n)$
(2) $n^2+(n+1)^2+(n+2)^2+\cdots+(2n-1)^2$

アプローチ

ともに Σ 記号を用いて表現しなおせば，Σ の公式が利用できます．その際，注意しなければならないことは，

$$\sum_{k=0}^{n} k = 0+1+2+\cdots+n = \sum_{k=1}^{n} k \quad (\text{0 は加えても変わらない})$$

ですが，

$$\underbrace{\sum_{k=0}^{n} 1 = 1+1+1+\cdots+1}_{n+1\text{ 個}} \neq \underbrace{\sum_{k=1}^{n} 1 = 1+1+\cdots+1}_{n\text{ 個}}$$

であるということです．

解答

(1) $n+(n+1)+(n+2)+\cdots+(n+n)$

$$= \sum_{k=0}^{n}(n+k) = n\sum_{k=0}^{n} 1 + \sum_{k=1}^{n} k \quad \blacktriangleleft \sum_{k=0}^{n} k = \sum_{k=1}^{n} k$$

$$= n(n+1) + \frac{n(n+1)}{2} = \frac{3n(n+1)}{2}.$$

(2) $n^2+(n+1)^2+(n+2)^2+\cdots+\{n+(n-1)\}^2$

$$= \sum_{k=0}^{n-1}(n+k)^2$$

$$= \sum_{k=0}^{n-1}(n^2+2nk+k^2)$$

$$= n^2\sum_{k=0}^{n-1} 1 + 2n\sum_{k=1}^{n-1} k + \sum_{k=1}^{n-1} k^2$$

$$= n^2 \cdot n + 2n \cdot \frac{n(n-1)}{2} + \frac{(n-1)n(2n-1)}{6}$$

$$= \frac{n(2n-1)(7n-1)}{6}.$$

例題 161

次の数列の和を計算せよ．

(1) $A = \dfrac{1}{1\cdot 2} + \dfrac{1}{2\cdot 3} + \cdots + \dfrac{1}{n(n+1)}$

(2) $B = \dfrac{1}{1\cdot 2\cdot 3} + \dfrac{1}{2\cdot 3\cdot 4} + \cdots + \dfrac{1}{n(n+1)(n+2)}$

アプローチ

前問と同様に直接 Σ の公式を用いることはできません．そこで，p.37 で学んだ考え方を応用しましょう．

解 答

(1) $A = \displaystyle\sum_{k=1}^{n} \dfrac{1}{k(k+1)}$

$= \displaystyle\sum_{k=1}^{n} \left(\dfrac{1}{k} - \dfrac{1}{k+1} \right)$

$= \left(\dfrac{1}{1} - \cancel{\dfrac{1}{2}} \right) + \left(\cancel{\dfrac{1}{2}} - \cancel{\dfrac{1}{3}} \right) + \cdots + \left(\cancel{\dfrac{1}{n-1}} - \cancel{\dfrac{1}{n}} \right) + \left(\cancel{\dfrac{1}{n}} - \dfrac{1}{n+1} \right)$

$= 1 - \dfrac{1}{n+1}$

$= \boldsymbol{\dfrac{n}{n+1}}.$

(2) $B = \displaystyle\sum_{k=1}^{n} \dfrac{1}{k(k+1)(k+2)}$

$= \dfrac{1}{2} \displaystyle\sum_{k=1}^{n} \left\{ \dfrac{1}{k(k+1)} - \dfrac{1}{(k+1)(k+2)} \right\}$

$= \dfrac{1}{2} \left\{ \left(\dfrac{1}{1\cdot 2} - \cancel{\dfrac{1}{2\cdot 3}} \right) + \left(\cancel{\dfrac{1}{2\cdot 3}} - \cancel{\dfrac{1}{3\cdot 4}} \right) + \cdots + \left(\cancel{\dfrac{1}{(n-1)\cdot n}} - \cancel{\dfrac{1}{n(n+1)}} \right) \right.$

$\left. + \left(\cancel{\dfrac{1}{n(n+1)}} - \dfrac{1}{(n+1)(n+2)} \right) \right\}$

$= \dfrac{1}{2} \left\{ \dfrac{1}{1\cdot 2} - \dfrac{1}{(n+1)(n+2)} \right\}$

$= \boldsymbol{\dfrac{n(n+3)}{4(n+1)(n+2)}}.$

§3 一般の数列

例題 162

$S_n = \sum_{k=1}^{n} k \cdot 2^{k-1}$ および $T_n = \sum_{k=1}^{n} S_k$ を求めよ．

アプローチ

$$S_n = \sum (\text{等差数列}) \cdot (\text{等比数列})$$

の計算は，S_n に公比に相当するものを掛けて，それを S_n から引くという手順で行きます．ちょうど，等比数列の和の公式を導くアイデアと似ていますね！（☞ p.445）

解答

$$S_n = 1 + 2 \cdot 2 + 3 \cdot 2^2 + \cdots + n \cdot 2^{n-1} \quad \cdots\cdots ①$$

両辺に 2 を掛けて

$$2S_n = \quad 1 \cdot 2 + 2 \cdot 2^2 + \cdots + (n-1) \cdot 2^{n-1} + n \cdot 2^n \quad \cdots\cdots ②$$

①－② より，

$$-S_n = 1 + 2 + 2^2 + \cdots + 2^{n-1} - n \cdot 2^n \quad \cdots\cdots ③$$

$$= (2^n - 1) - n \cdot 2^n$$

$$\therefore \quad S_n = (n-1) \cdot 2^n + 1.$$

したがって，

$$T_n = \sum_{k=1}^{n} \{(k-1) \cdot 2^k + 1\}$$

$$= 2 \sum_{k=1}^{n} k \cdot 2^{k-1} - \sum_{k=1}^{n} 2^k + \sum_{k=1}^{n} 1$$

$$= 2 S_n - 2(2^n - 1) + n$$

$$= (n-1) \cdot 2^{n+1} + 2 - 2(2^n - 1) + n$$

$$= (n-2) \cdot 2^{n+1} + n + 4.$$

Notes

①，②から③を導くときに，右辺で「1項ずらして引く」ところがこの技巧のポイントです．この考え方は，習わないと独力では気づきにくいでしょうが，等比数列の和についての古代より伝わる人類の知恵の一つです！

例題 163

自然数 n が，n 個ずつ順番に並んだ数列
$$1,\ 2,\ 2,\ 3,\ 3,\ 3,\ 4,\ 4,\ 4,\ 4,\ 5,\ \cdots$$
がある．
(1) 初めて 100 が現れるのはこの数列の第何項か．
(2) この数列の第 100 項はどのような数か．
(3) この数列の初項から第 100 項までの和を求めよ．

アプローチ

書き並べていけば，いつかはわかるでしょうが，それではあまりにも原始的です．この数列の生成規則に沿って"群"に分けて考えると見通しが開けます．

解 答

(1) $\quad 1\,|\,2\ 2\,|\,3\ 3\ 3\,|\,4\ 4\ 4\ 4\,|\,5\ \cdots$

のように仕切りを入れ，k 個の自然数 k を 1 つの群としてまとめて考える．

すると，この数列に初めて 100 が現れるのは，第 100 群の初めの項としてである．

99 群までに含まれる数列の項の個数は，
$$\sum_{k=1}^{99} k = \frac{99 \times 100}{2} = 4950$$
から，初めて現れる 100 は **第 4951 項** である．

(2) 第 n 群までに含まれる項の個数を $N(n)$ とおくと，
$$N(n) = \sum_{k=1}^{n} k = \frac{1}{2} n(n+1)$$
であるから，第 100 項が第 n 群に属するとは，
$$N(n-1) < 100 \leq N(n) \qquad \cdots\cdots(*)$$
が成立することである．
$$N(n) = \{1,\ 3,\ 6,\ 10,\ 15,\ \cdots\cdots\}$$
で，$(*)$ を満たす n を求めると，$n = 14$

よって，第 100 項は **14** である．

◀第 100 項が第 n 群までには属しているが，第 $n-1$ 群までには属していない．

◀$13 \times 14 = 182$
$14 \times 15 = 210$

(3) 第 13 群の末項は初めから数えて，
$$\frac{13 \times 14}{2} = 91 \text{ 番目}$$

であるから，第100項は第14群の初めから数えて，
$$100-91=9 \text{ 番目}$$
の数である．

第 k 群に含まれる自然数の和は，自然数 k を k 個加えたものであるから，
$$k \times k = k^2$$
である．よって，求める和は，
$$\sum_{k=1}^{13} k^2 + 14 \times 9$$
$$= \frac{1}{6} \times 13 \times 14 \times 27 + 126 = \mathbf{945}$$

例題 164

数列 $1, 2, 3, \cdots, n$ ($n \geq 2$) において，互いに異なる2数の積の総和 S_n を求めよ．

アプローチ

互いに異なる2数の積の総和 S_n とは，

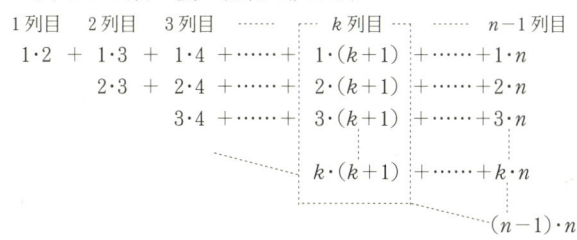

$$
\begin{array}{cccccc}
\text{1列目} & \text{2列目} & \text{3列目} & \cdots & k\text{列目} & \cdots & n-1\text{列目} \\
1\cdot 2 & +\ 1\cdot 3 & +\ 1\cdot 4 & +\cdots + & 1\cdot(k+1) & +\cdots + & 1\cdot n \\
 & 2\cdot 3 & +\ 2\cdot 4 & +\cdots + & 2\cdot(k+1) & +\cdots + & 2\cdot n \\
 & & 3\cdot 4 & +\cdots + & 3\cdot(k+1) & +\cdots + & 3\cdot n \\
 & & & & \vdots & & \vdots \\
 & & & & k\cdot(k+1) & +\cdots + & k\cdot n \\
 & & & & & & \vdots \\
 & & & & & & (n-1)\cdot n
\end{array}
$$

という和です．縦にまとめて k 列目の和 T_k は $(1+2+\cdots+k)(k+1)$ となります．

解答

$1, 2, \cdots, k$ と $k+1$ との積の和を T_k とおくと，T_k は

$$T_k = (1+2+\cdots+k)(k+1) = \frac{k(k+1)^2}{2}$$

である．S_n は，このような T_k ($k=1, 2, \cdots, n-1$) の和であるので，

$$S_n = \sum_{k=1}^{n-1} T_k = \frac{1}{2}\sum_{k=1}^{n-1}(k^3 + 2k^2 + k)$$

$$= \frac{1}{2}\left\{\frac{1}{4}n^2(n-1)^2 + \frac{1}{3}n(n-1)(2n-1) + \frac{1}{2}n(n-1)\right\}$$

$$= \frac{1}{24}n(n-1)\{3n(n-1) + 4(2n-1) + 6\} = \frac{n(n-1)(n+1)(3n+2)}{24}.$$

別解

一般に $(1+2+\cdots+n)^2 = 1^2 + 2^2 + \cdots + n^2 + 2S_n$ により，

$$\left(\sum_{k=1}^{n} k\right)^2 = \sum_{k=1}^{n} k^2 + 2S_n$$

$$\therefore\ S_n = \frac{1}{2}\left[\left\{\frac{n(n+1)}{2}\right\}^2 - \frac{n(n+1)(2n+1)}{6}\right]$$

$$= \frac{1}{24}n(n+1)\{3n(n+1) - 2(2n+1)\} = \frac{1}{24}n(n+1)(n-1)(3n+2)$$

例題 165

平面上の3点 $(0, 0)$, $(n, 0)$, $(0, n)$ を頂点とする三角形の周および内部にある格子点の個数 S_n を求めよ．ただし，格子点とは，x, y がともに整数であるような点 (x, y) のことである．

アプローチ

右図において，右端から順番に数えてゆけば，
$$S_n = 1 + 2 + 3 + \cdots + (n+1)$$
となることがわかります．しかし，一般に平面上の格子点の数を求めるには，直線 $x=k$ （または $y=k$）上の格子点を求めて，それを加えてゆくという手順をふみます．ちょうど前問の第 k 列目の和を Σ （シグマ）する方法と同じですね！

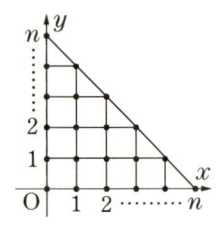

解答

三角形に含まれる直線 $x=k$ 上の格子点の個数は，$n-k+1$ $(k=0, 1, 2, \cdots, n)$ であるので，

$$S_n = \sum_{k=0}^{n}(n-k+1) = (n+1)\sum_{k=0}^{n}1 - \sum_{k=0}^{n}k$$
$$= (n+1)\cdot(n+1) - \frac{n(n+1)}{2}$$
$$= \frac{(n+1)(n+2)}{2}.$$

◀ $\sum_{k=0}^{n} 1 = n+1$

$\sum_{k=0}^{n} k = \sum_{k=1}^{n} k$

注　S_n はいわゆる三角数で，下図からもわかるように
$$S_{n+1} - S_n = n+2 \quad (n \geq 1)$$
を満たします．

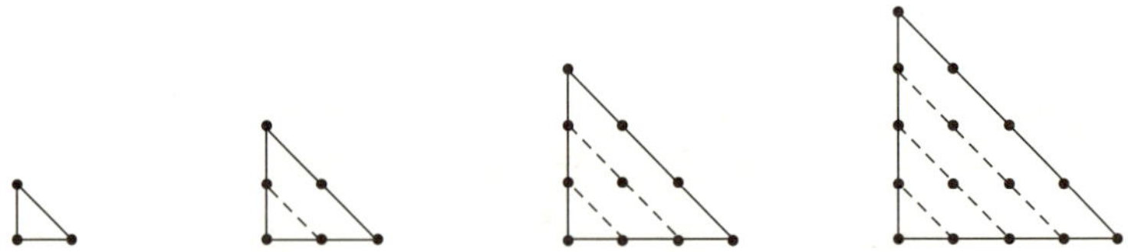

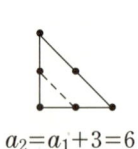

$a_1 = 3$　　$a_2 = a_1 + 3 = 6$　　$a_3 = a_2 + 4 = 10$　　$a_4 = a_3 + 5 = 15$

§4 漸化式と数学的帰納法

I 漸化式（帰納的定義）

I-1 なぜ漸化式か

数列 $\{a_n\}$ を定義するには，その項である

$$a_1, \ a_2, \ a_3, \ \cdots, \ a_n, \ \cdots$$

がすべて定められればよいが，無限に続くすべての項の1つ1つを書きあげることは不可能である．これに対し，"**第 n 項 a_n を n の式で表す**" ことができれば，たった1つの式ですべての項を表したことになる．これが p.433 で学んだ **一般項** の考え方である．

しかし，数列によっては，一般項を表す簡単な式が作れないことがある．

例 7-8 数列 $\{a_n\}$ が

$$（各項）=（直前の項）^2-（直前の項） \quad \cdots\cdots(*)$$

という規則で作られるものとすると，数列 $\{a_n\}$ は，たとえば $a_1=3$ のとき，

$$a_2=3^2-3=6, \ a_3=6^2-6=30, \ a_4=30^2-30=870, \ \cdots$$

と定められるが，a_n を n の簡単な式で表すことはできない．

しかし，$\{a_n\}$ を定める規則(*)自身は単純であり，これは，

$$a_{n+1}=a_n^2-a_n \quad (n=1, \ 2, \ 3, \ \cdots) \quad \cdots\cdots(**)$$

のように簡単な式で表せる．

上の例が示唆しているように，数列を定めるには，一般項を表す方法のほかに，それより自然で強力な方法がある．これが **帰納的定義** である．

> **示唆**：ほのめかすこと．数学では，明白に指示するかわりに，相手の能動的な努力の余地を残して，あえて漠然と指し示すことの意味で使う

I-2 漸化式

上の(**)のような関係式が与えられていると，この関係式により

$$a_1\text{の値がわかれば，}a_2=a_1^2-a_1 \text{ の値もわかり，}$$

したがって，以下順に

$$a_2\text{の値から} \quad a_3=a_2^2-a_2\text{の値}$$
$$a_3\text{の値から} \quad a_4=a_3^2-a_3\text{の値}$$
$$\cdots$$

が計算でき，$\{a_n\}$ のすべての項の値が決定されることになる．

(**)のような式を **漸化式** と呼び，初項と漸化式を与えて数列を定義する方法を **帰納的定義** と呼ぶ．

> **Notes** 漸化式（＝「次第に変化していく式」）という名前は
> $$a_{n+1} = a_n^2 - a_n$$
> という式が，n の値の変化につれて
> $$a_2 = a_1^2 - a_1, \quad a_3 = a_2^2 - a_2, \quad a_4 = a_3^2 - a_3, \cdots$$
> と化けていくということをイメージした命名であろうと思われますが，この把握は論理的には正確ではありません．より正確には，
> $$\begin{cases} a_2 = a_1^2 - a_1 \\ a_3 = a_2^2 - a_2 \\ a_4 = a_3^2 - a_3 \\ \vdots \end{cases}$$
> という無限に続く連立等式を $a_{n+1} = a_n^2 - a_n \ (n=1, \ 2, \ 3, \ \cdots)$ と表しているのです．単なる添え物のように表されていますが，"$(n=1, \ 2, \ 3, \ \cdots)$" の部分が実は重要なのです．
>
> なお "帰納的" というのは，後に述べる「数学的帰納法」の "帰納" と同義であって，
> > "a_1 が決まる，a_k が決まれば a_{k+1} も決まる
> > $\implies a_n \ (n=1, \ 2, \ 3, \ \cdots)$ が決まる"
>
> というような意味です．したがって，本来は「数学的帰納的定義」と呼ぶべきものです．「帰納」の本来の意味については，☞ II-1．

I-3 基本的な漸化式

漸化式が与えられたとき，それを満足する数列を決定すること（普通は，一般項を求めること）を **「漸化式を解く」** という．

一般に，漸化式だけでは，これを満たす数列は 1 つに定まらないが，それらをすべて表す式を漸化式の **一般解** と呼ぶ．

例 7-9 漸化式 $a_{n+1} = 2a_n \ (n=1, \ 2, \ 3, \ \cdots)$ の一般解は
$$a_n = C \cdot 2^n \quad (C：任意定数) である．$$

漸化式のほかに初項の値などの付帯条件を与えれば，数列がただ 1 つに決まる．

例 7-10 $\begin{cases} a_{n+1}=2a_n & (n=1, 2, 3, \cdots) \\ a_1=1 \end{cases}$

を満たす $\{a_n\}$ の一般項は, $a_n=2^{n-1}$

すでに学んだことがらだけで解ける漸化式の例をあげよう．

(i) 数列 $\{a_n\}$ が公差 d の等差数列をなすとは,

$$a_{n+1}=a_n+d \quad (n=1, 2, 3, \cdots)$$

という漸化式が成り立つことである．これを満たす数列 $\{a_n\}$ の一般項は
$$a_n=a_1+(n-1)d$$
で与えられる．

(ii) 数列 $\{a_n\}$ が公比 r の等比数列をなすとは,

$$a_{n+1}=a_n\times r \quad (n=1, 2, 3, \cdots)$$

という漸化式が成り立つことである．これを満たす数列 $\{a_n\}$ の一般項は
$$a_n=a_1 r^{n-1}$$
で与えられる．

(iii) 数列 $\{a_n\}$ の階差数列が $\{b_n\}$ であることは,

$$a_{n+1}=a_n+b_n \quad (n=1, 2, 3, \cdots)$$

という漸化式が成り立つことである．$\{b_n\}$ が与えられたとき，これを満たす $\{a_n\}$ の一般項は
$$a_n=a_1+\sum_{k=1}^{n-1} b_k \quad (n=2, 3, 4, \cdots)$$
で与えられる．

Notes

$1°$ (ii)は，今後もっとも良く使う関係です．ただし，
$$\text{``}a_{n+1}=a_n\times r \iff a_n=a_1\times r^{n-1}\text{''}$$
とするのは，あまりに気楽です．
$$\text{``}a_{n+1}=a_n\times r \ (n=1, 2, 3, \cdots)\text{''}$$
で表される無限個の等式 $\begin{cases} a_2=a_1\times r \\ a_3=a_2\times r \\ a_4=a_3\times r \\ \vdots \end{cases}$ が，

$$\text{``}a_n=a_1\times r^{n-1} \ (n=1, 2, 3, \cdots)\text{''}$$

すなわち
$$\begin{cases} a_1 = a_1 \\ a_2 = a_1 \times r \\ a_3 = a_1 \times r^2 \\ a_4 = a_1 \times r^3 \\ \vdots \end{cases}$$
という無限個の等式と同値になる，ということをきちんと理解すべきです．

$2°$ (iii)は(i)の一般化です．すなわち，(iii)で $\{b_n\}$ が $\{d, d, d, \cdots\}$ という定数数列の場合が(i)なのです．

I-4 応用上重要な漸化式

高校数学 B の範囲でもっとも重要な漸化式は，前ページの(i)と(ii)を結合させた形の
$$a_{n+1} = pa_n + q \quad (n=1, 2, 3, \cdots)$$
というタイプである．
$$\begin{cases} p=1 \text{ なら，(i)で考えた 等差数列} \\ q=0 \text{ なら，(ii)で考えた 等比数列} \end{cases}$$
としてすでに解決済みであるので，p, q がこれ以外の定数である場合を考えればよい．そこで，以下
$$p \neq 1, \quad q \neq 0$$
として話を進めることにする．

まず，$p=2, q=-3$ という具体例で考えてみよう．漸化式
$$a_{n+1} = 2a_n - 3 \quad (n=1, 2, 3, \cdots) \qquad \cdots\cdots(*)$$
において，たとえば，$a_1 = 2$ であるとすると，
$a_2 = 1, a_3 = -1, a_4 = -5, a_5 = -13, a_6 = -29, a_7 = -61, a_8 = -125, \cdots$
となる．$\{a_n\}$ の階差数列を $\{b_n\}$ とおくと
$b_1 = -1, b_2 = -2, b_3 = -4, b_4 = -8, b_5 = -16, b_6 = -32, b_7 = -64, \cdots$
となることから，その一般項は
$$b_n = -2^{n-1}$$
と予想でき，この予想が正しいという仮定のもとで，$n \geq 2$ のとき
$$a_n = a_1 + \sum_{k=1}^{n-1} b_k = 2 + \sum_{k=1}^{n-1} (-2^{k-1}) = 2 + \frac{(-1) \cdot (2^{n-1} - 1)}{2 - 1}$$
$$\therefore \quad a_n = -2^{n-1} + 3$$

が導かれる．一方，一般項がこのように表される数列 $\{a_n\}$ が与えられた漸化式 (*) を満たすことは，代入して確かめられる．

問 7-20 一般項が $a_n = -2^{n-1} + 3$ で与えられる数列が，条件 $a_1 = 2$ と漸化式 $a_{n+1} = 2a_n - 3$ $(n = 1, 2, \cdots)$ を満たすことを確かめよ．

しかし，このように「階差数列をとって予想する」という方法は，発見的で楽しいが，一方，

　　　　　毎度，予想が正しいことを証明しなくてはならない

だけでなく，

　　　　　初項が変われば，初めから全部やりなおさなければならない

という欠点もある．

問 7-21 $\begin{cases} a_{n+1} = 2a_n - 3 \ (n = 1, 2, 3, \cdots) \\ a_1 = 4 \end{cases}$
で定められる数列 $\{a_n\}$ の一般項を予想せよ．

そこで，一般項をより能率的に求める方法を上の (*) についての具体例として，次の3つを紹介する．この漸化式を解くことだけが目標の読者は，初めの2つをとばし，3つめの解法だけをマスターすればよい．それが最も能率的な解法であるからだ．

[1] 階差を利用して q を消去する

$n \geq 1$ であるとすると
$$\begin{cases} a_{n+2} = 2a_{n+1} - 3 \\ a_{n+1} = 2a_n - 3 \end{cases}$$
という2式が成り立つので，辺々差し引くと，右辺の定数項 -3 が消去され
$$a_{n+2} - a_{n+1} = 2(a_{n+1} - a_n)$$
となる．ここで，
$$b_n = a_{n+1} - a_n \quad (n = 1, 2, 3, \cdots)$$
で定まる $\{a_n\}$ の階差数列 $\{b_n\}$ を考えると，
$$b_{n+1} = 2b_n \quad (n = 1, 2, 3, \cdots)$$
となるから，$\{b_n\}$ は公比 2 の等比数列をなす．

よって，$\qquad b_n = b_1 \cdot 2^{n-1} = (a_2 - a_1) \cdot 2^{n-1}$

つまり $\{a_n\}$ の階差数列 $\{b_n\}$ が，$(a_2 - a_1)2^{n-1}$ を一般項にもつ等比数列であることがわかる．

よって，$n \geq 2$ のとき
$$a_n = a_1 + \sum_{k=1}^{n-1}(a_2 - a_1) \cdot 2^{k-1}$$
$$= a_1 + (a_2 - a_1)\frac{1 \cdot (2^{n-1} - 1)}{2 - 1}$$
$$= a_1 + (a_2 - a_1)(2^{n-1} - 1)$$

これに a_1, a_2 の値を代入すれば，a_n ($n \geq 2$) が求められる．

[2] $p=1$ のタイプに還元する
$$a_{n+1} = 2a_n - 3$$
の両辺を 2^{n+1} で割ると
$$\frac{a_{n+1}}{2^{n+1}} = \frac{a_n}{2^n} - \frac{3}{2^{n+1}}$$

となる．ここで，$b_n = \dfrac{a_n}{2^n}$ ($n=1, 2, 3, \cdots$) とおけば，数列 $\{b_n\}$ は
$$b_{n+1} = b_n - \frac{3}{2^{n+1}}$$

という漸化式を満たす．これは，$\{b_n\}$ の階差数列が，$\left\{-\dfrac{3}{2^{n+1}}\right\}$ すなわち $\left\{-\dfrac{3}{4} \cdot \left(\dfrac{1}{2}\right)^{n-1}\right\}$ であることを意味する．

よって，$n \geq 2$ のとき
$$b_n = b_1 + \sum_{k=1}^{n-1}\left\{-\frac{3}{4}\left(\frac{1}{2}\right)^{k-1}\right\} = \frac{a_1}{2} + \frac{-\dfrac{3}{4}\left\{1 - \left(\dfrac{1}{2}\right)^{n-1}\right\}}{1 - \dfrac{1}{2}}$$

$$\therefore \quad b_n = \frac{1}{2}\left\{a_1 - 3 + \frac{3}{2^{n-1}}\right\}$$

両辺に 2^n を掛ければ，$2^n b_n = a_n$ であることから
$$a_n = 2^{n-1}(a_1 - 3) + 3$$

これに a_1 の値を代入すれば，a_n ($n \geq 2$) が求められる．

[3] 数列の各項をある値だけずらして等比数列を作る
漸化式 $a_{n+1} = 2a_n - 3$ を変形して
$$a_{n+1} - \alpha = 2(a_n - \alpha)$$

となるような定数 α を見つけようと考える．これを整理すると
$$a_{n+1} = 2a_n - \alpha$$

となるので，与えられたもとの漸化式と見比べれば

$\alpha = 3$

が見つかる．つまり，与えられた漸化式は
$$a_{n+1} - 3 = 2(a_n - 3)$$
と変形できる．そこで
$$b_n = a_n - 3 \quad (n=1, 2, 3, \cdots)$$
とおけば，
$$b_{n+1} = 2b_n$$
が，任意の $n=1, 2, 3, \cdots$ で成り立つことから，$\{b_n\}$ は公比 2 の等比数列となる．

よって，
$$b_n = b_1 \cdot 2^{n-1}$$
である．いいかえると
$$a_n - 3 = (a_1 - 3) \cdot 2^{n-1}$$
$$\therefore \quad a_n = 3 + (a_1 - 3) \cdot 2^{n-1}$$

これに a_1 の値を代入すれば，a_n が求められる．

以上，[1]～[3] の結果に $a_1 = 4$ を代入するとそれぞれ $a_n = 2^{n-1} + 3$ がたしかめられる．

Notes 解説を交えて書いたので [3] も [1]，[2] と変わらない処理量に見えますが，慣れてくると，[3] が最も能率的です．特に，$\alpha = 3$ という値は，漸化式で
$$a_{n+1} \text{ と } a_n \text{ を } \alpha \text{ に}$$
置き換えた式 $\quad \alpha = 2\alpha - 3$
を解くことによってほとんど暗算で求めることができるのです．これに基づく標準的な書き方を下にあげましょう．

> 漸化式 $a_{n+1} = 2a_n - 3$ は
> $$a_{n+1} - 3 = 2(a_n - 3)$$
> と変形できる．これが任意の n で成り立つことから
> $$a_n - 3 = 2^{n-1} \cdot (a_1 - 3)$$
> $$\therefore \quad a_n = 3 + 2^{n-1} \cdot (a_1 - 3)$$

この解法を抽象的に述べるならば，
$$a_{n+1} = pa_n + q \quad \cdots\cdots \text{(i)}$$
において，a_{n+1} と a_n を α に置き換えた式
$$\alpha = p\alpha + q \quad \cdots\cdots \text{(ii)}$$
を作れば，(i)−(ii) により，q が消去されて
$$a_{n+1} - \alpha = p(a_n - \alpha) \quad \cdots\cdots \text{(iii)}$$

が得られる，ということに過ぎないのですが，この解法を，便宜的有効性を超えて理論的に理解することは，高校数学のレベルをやや超えたセンスが必要です．「(i)が(iii)の形になったらウレシイナ，そのためには(ii)があればよい」という程度で，いまは我慢して下さい．より詳しくは，後の例題で取り上げます．

　（同じことは解法 [1], [2] にもいえますが，[3] に比べれば，[1], [2] の方が少しは，納得し易いでしょう．どうしても納得できない読者は，大学生用の「微分方程式」の教科書の線型非同次形を同次形に還元する議論を勉強して下さい．）

I-5　その他の漸化式

　上にあげたもの以外の漸化式で重要なものは，例題で取り上げるが，基本的に，I-3, I-4で述べたものに帰着できるものばかりであるから，漸化式の解法のテクニックに神経質になる必要はない．本節 I-1（p. 469）で述べたように，漸化式は，本当は **一般項が求められない場合** に真骨頂を発揮するのだから！

II 数学的帰納法

II-1 一般の帰納法と数学的帰納法

「夕焼け空ならば明日は天気」という「法則」を知っている人は多い．これは，膨大な数の観測の経験から導かれた先人の知恵であり，"夕焼け空"と"明日の天気"の間に働くメカニズムを気象学的，ひいては流体力学的な必然性において解明したものではない．（その証拠に，この法則の例外がしばしば起こる．）"結核になった人はガンにかかりにくい"，"父親が禿げていると息子も禿げやすい"，…といった生命現象についての命題も，しばしばこのようなものである．このように多くの経験をもとに，そこから一般法則を導くことを **帰納**（induction）という．帰納は，われわれ人間の認識を発展させる基本的方法だが，得られた結論が「論理的に絶対とはいえない」という欠点をもつ．

これに対し，絶対的な帰納法がある．それが **数学的帰納法** である．たとえば，
$$a_n = n^5 - n \quad (n=1, 2, 3, \cdots)$$
で定められる数列 $\{a_n\}$ の項のはじめの方を調べてみると
$$a_1 = 0,\ a_2 = 30,\ a_3 = 240,\ a_4 = 1020,\ \cdots$$
となるので，
  "$a_n\ (n=1, 2, 3, \cdots)$ はどれも 5 の倍数である"
ことが予想できる．（この段階では，単なる一般の帰納的な推論である．）

ところで，
[1] $a_1 = 0$ であるから，a_1 は確かに 5 の倍数である．
[2] また，k を 1 以上の整数とするとき，
$$\begin{aligned}a_{k+1} - a_k &= \{(k+1)^5 - (k+1)\} - \{k^5 - k\} \\ &= 5k^4 + 10k^3 + 10k^2 + 5k \\ &= 5(k^4 + 2k^3 + 2k^2 + k)\end{aligned}$$
つまり，
$$a_{k+1} - a_k = (ある 5 の倍数)$$
であるから，
  もし a_k が 5 の倍数であるなら，a_{k+1} も 5 の倍数
である．

以上 [1] と [2] を結合すると，次のようにして，$a_n\ (n=1, 2, 3, \cdots)$ が 5 の倍数であることが，次々に証明できる．このような証明法を **数学的帰納法** という．（フランスのように，完全帰納法と呼ぶ国もある．）

> [1]→ a_1 は 5 の倍数
> 　　　↓　←[2] で $k=1$ の場合
> 　　a_2 は 5 の倍数
> 　　　↓　←[2] で $k=2$ の場合
> 　　a_3 は 5 の倍数
> 　　　↓　←[2] で $k=3$ の場合
> 　　a_4 は 5 の倍数
> 　　　↓
> 　　　⋮

そこで,
$$\text{“}n^5-n \text{ は 5 の倍数である”}$$
のように，自然数 n の値によって真か偽かが確定される文を $p(n)$ と表すことにしよう．（論理と集合の用語を利用すれば,「n についての条件」と呼ぶべきものである．）

この $p(n)$ が,
$$\text{“}n^5-n \text{ は 5 の倍数である”}$$
という場合には，$p(n)$ は n のどんな値に対しても成り立つことを上で見た．

そこで用いた証明方法を抽象的にまとめると，次のようになる．

> 　　　"任意の自然数 n に対して $p(n)$ が成り立つ"
> ことを証明するには，
> 　[1]　$n=1$ のとき，すなわち $p(1)$ が成り立つ
> 　[2]　$n=k$ のとき成り立つとすれば $n=k+1$ のときも成り立つ．
> 　　　すなわち
> $$p(k) \implies p(k+1)$$
> の 2 つを示せばよい．

例 7-11　$1^3+2^3+3^3+\cdots+n^3=\left\{\dfrac{1}{2}n(n+1)\right\}^2$ ……(*)

という公式の証明を数学的帰納法で与えよう．

[1]　$n=1$ のときは，
$$\begin{cases} (*) \text{の左辺}=1^3=1 \\ (*) \text{の右辺}=\left(\dfrac{1}{2}\cdot 1\cdot 2\right)^2=1 \end{cases}$$

だから，(*)が成り立つ．

[2]　$n=k$（k はある自然数）のとき(*)が成り立つと仮定すると，この仮定より
$$1^3+2^3+3^3+\cdots+k^3=\left\{\frac{1}{2}k(k+1)\right\}^2 \qquad \cdots\cdots ①$$
である．この両辺に $(k+1)^3$ を加えると
$$1^3+2^3+3^3+\cdots+k^3+(k+1)^3=\left\{\frac{1}{2}k(k+1)\right\}^2+(k+1)^3 \qquad \cdots\cdots ②$$
となるが，

$$②の右辺=\frac{1}{4}k^2(k+1)^2+(k+1)^3$$
$$=\frac{1}{4}(k+1)^2\{k^2+4(k+1)\}$$
$$=\frac{1}{4}(k+1)^2(k+2)^2=\left\{\frac{1}{2}(k+1)(k+2)\right\}^2$$

である．これは，(*)が，$n=k+1$ のときも成り立つことを示す．

　[1]，[2]より，数学的帰納法により，(*)はすべての自然数 n について成り立つ．

例題 166

$a_1 = 5$, $a_{n+1} = 2a_n - 3$ ($n = 1, 2, 3, \cdots$) で定まる数列 $\{a_n\}$ の一般項 a_n を求めよ.

アプローチ

漸化式処理の基本形は

$r \neq 0$ のとき

$a_{n+1} = ra_n$ ($n = 1, 2, 3, \cdots$) $\Longrightarrow$ $a_n = a_1 r^{n-1}$ ($n = 1, 2, 3, \cdots$)

です. 本問の漸化式

$$a_{n+1} = 2a_n - 3 \quad \cdots\cdots ①$$

も, 余分な -3 を両辺に上手に分けて

$$a_{n+1} - \alpha = 2(a_n - \alpha) \quad \cdots\cdots ②$$

の形に変形できれば, 上の基本形に帰着 ($a_n - \alpha = b_n$ とおく) されます.

ところで, ①から②への変形は, ①で a_n と a_{n+1} を α とおいて得られる α の方程式

$$\alpha = 2\alpha - 3 \quad \cdots\cdots ③$$

の解 $\alpha = 3$ に対し, ①$-$③ を作るということと同じことです.

いいかえると, $a_n = 3$ ($n = 1, 2, 3, \cdots$) という定数数列は①を満たすので, 漸化式①の「**特殊解**」なのですが, これを利用して①を変形する, というわけです.

解答

$\qquad a_{n+1} = 2a_n - 3 \quad \cdots\cdots ①$

は, $\quad a_{n+1} - 3 = 2(a_n - 3) \quad \cdots\cdots ②$ ◀ ①$-$③

と変形される.

よって, この関係式②が $n = 1, 2, 3, \cdots$ で成立することより, 数列 $\{a_n - 3\}$ は初項 $a_1 - 3 = 5 - 3 = 2$, 公比 2 の等比数列をなす.

したがって,

$\qquad a_n - 3 = 2 \cdot 2^{n-1}$

$\quad \therefore \quad \boldsymbol{a_n = 2^n + 3} \quad (\boldsymbol{n = 1, 2, 3, \cdots})$

となる.

例題 167

(1) $a_0=5$, $a_{n+1}=2a_n-3$ $(n=0, 1, 2, \cdots)$
(2) $a_1=5$, $a_n=2a_{n-1}-3$ $(n=2, 3, 4, \cdots)$
(3) $a_0=5$, $a_n=2a_{n-1}-3$ $(n=1, 2, 3, \cdots)$

で定まる数列 $\{a_n\}$ の一般項 a_n を求めよ。

アプローチ

それぞれ微妙に違いますが，本質的な式変形は前問と変わりません．本問は，漸化式の意味をしっかり理解するための問題です．

解 答

(1) $a_{n+1}=2a_n-3$ は
$$a_{n+1}-3=2(a_n-3)$$
と変形され，この関係式が $n=0, 1, 2, \cdots$ で成立することより，数列 $\{a_n-3\}$ は初項 $a_0-3=5-3=2$，公比 2 の等比数列をなす．

◀ $A_{n+1}=rA_n (n\geq 0)$
↓
$A_n=A_0 r^n (n\geq 0)$

よって，a_n-3 がこの数列の第 $n+1$ 項であることを考え，
$$a_n-3=2\cdot 2^n$$
$$\therefore \quad a_n=2^{n+1}+3 \quad (n=0, 1, 2, \cdots).$$

(2) $a_n=2a_{n-1}-3$ が $n=2, 3, 4, \cdots$ で成立するということは，
$a_{n+1}=2a_n-3$ が $n=1, 2, 3, \cdots$ で成立するということと同じである．

よって，初項が一致していることより前問と同じ結果
$$a_n=2^n+3 \quad (n=1, 2, 3, \cdots)$$
となる．

(3) $a_n=2a_{n-1}-3$ が $n=1, 2, 3, \cdots$ で成立するということは，
$a_{n+1}=2a_n-3$ が $n=0, 1, 2, \cdots$ で成立するということと同じである．

よって，(1)の結果が求める答えである．

◀ 初項も同じ！

例題 168

$$a_1=5,\ a_{n+1}=3a_n-2^n\ (n=1,\ 2,\ 3,\ \cdots)$$

で定まる数列 $\{a_n\}$ の一般項 a_n を次の方法で求めよ.
(1) $a_n=3^n b_n$ とおく.
(2) $a_n=k\cdot 2^n$ (k：定数) が漸化式を満たすように定数 k の値を定め，それを利用する.

アプローチ

$$a_{n+1}=3a_n-2^n \qquad \cdots\cdots ①$$

(1) ①の両辺を 3^{n+1} で割ると，

$$\frac{a_{n+1}}{3^{n+1}}=\frac{a_n}{3^n}-\frac{2^n}{3^{n+1}}$$

となるので，$\dfrac{a_n}{3^n}=b_n$ とおくと，（$a_n=3^n b_n$ とおくことと同じ！）

$$b_{n+1}=b_n-\frac{2^n}{3^{n+1}}$$

これは，数列 $\{b_n\}$ の階差数列が $\left\{-\dfrac{2^n}{3^{n+1}}\right\}$ であることを意味します.

(2) ①が，$\qquad a_{n+1}-k\cdot 2^{n+1}=3(a_n-k\cdot 2^n) \qquad \cdots\cdots ②$

の形に変形できれば，数列 $\{a_n-k\cdot 2^n\}$ が公比 3 の等比数列をなすことになります.

①を満たす $a_n=k\cdot 2^n$ の形の特殊解があれば，

$$k\cdot 2^{n+1}=3k\cdot 2^n-2^n \qquad \cdots\cdots ③$$

が成り立つので，①$-$③ を作れば，①が②の形に変形できることになります.

解答

(1) $\qquad a_{n+1}=3a_n-2^n \qquad \cdots\cdots ①$

$a_n=3^n b_n$ とおくと，$a_{n+1}=3^{n+1}b_{n+1}$ であるので，①は

$$3^{n+1}b_{n+1}=3^{n+1}b_n-2^n \quad \therefore\quad b_{n+1}=b_n-\frac{1}{3}\left(\frac{2}{3}\right)^n$$

◀両辺を 3^{n+1} で割った.

と変形される.

よって，$n\geqq 2$ のとき，

$$b_n = b_1 + \sum_{k=1}^{n-1}\left\{-\frac{1}{3}\left(\frac{2}{3}\right)^k\right\}$$

$$= \frac{5}{3} - \frac{1}{3} \cdot \frac{\frac{2}{3}\left\{1-\left(\frac{2}{3}\right)^{n-1}\right\}}{1-\frac{2}{3}} = 1 + \left(\frac{2}{3}\right)^n \qquad \blacktriangleleft b_1 = \frac{a_1}{3} = \frac{5}{3}$$

となり，この式は $n=1$ のときも正しい．

ゆえに，$a_n = 3^n b_n$ より

$$\boldsymbol{a_n = 3^n + 2^n} \qquad (n=1, 2, 3, \cdots).$$

(2) $a_n = k \cdot 2^n$ が①を満たすとすると， $\blacktriangleleft a_{n+1} = k \cdot 2^{n+1}$

$$k \cdot 2^{n+1} = 3k \cdot 2^n - 2^n$$

$$\therefore \quad 2k = 3k - 1 \qquad \therefore \quad k = 1$$

となるので，$a_n = 2^n$ が①を満たす．つまり，

$$2^{n+1} = 3 \cdot 2^n - 2^n \qquad \cdots\cdots ② \qquad \blacktriangleleft a_n = 2^n \text{ を①に代入した．}$$

がつねに成立するので，①-② を作ることにより①が

$$a_{n+1} - 2^{n+1} = 3(a_n - 2^n) \qquad \blacktriangleleft a_n - 2^n = c_n$$
とおけば，
$c_{n+1} = 3c_n$
$\therefore \ c_n = c_1 \cdot 3^{n-1}$

と変形される．

よって， $a_n - 2^n = (a_1 - 2) \cdot 3^{n-1}$

$$\therefore \quad \boldsymbol{a_n = 3^n + 2^n} \qquad (n=1, 2, 3, \cdots).$$

注 (1)は，漸化式

$$a_{n+1} = pa_n + q(n) \quad \cdots\cdots ① \quad (p \neq 0, \ p \neq 1)$$

の一般的処理方法で，最終的に $\sum_{k=1}^{n-1} \frac{q(k)}{p^{k+1}}$ の計算に帰着されます．ただし，この計算が必ずしも楽ではありません．それに対し(2)の方法は，①を満たす特殊解 $a_n = \alpha_n$ を見つけるというもので，この特殊解さえ求めてしまえば，①が，

$$a_{n+1} - \alpha_{n+1} = p(a_n - \alpha_n)$$

と変形されることになり，かなり効率がよく，一般解が得られます．この特殊解 α_n は $q(n)$ の形によって変わってきますが，今までに，

$q(n) = $ 定数 $\implies \alpha_n = $ 定数 （☞ **例題** 166）

$q(n) = -2^n \implies \alpha_n = k \cdot 2^n$ （☞ **例題** 168）

の2つのパターンを経験しています．

（その他の例については ☞ **例題** 172）

§4 漸化式と数学的帰納法

例題 169

$a_1=1$, $a_2=5$, $a_{n+2}-5a_{n+1}+6a_n=0$ $(n=1, 2, 3, \cdots)$ ……①
で定まる数列 $\{a_n\}$ について，
(1) ①を $a_{n+2}-\alpha a_{n+1}=\beta(a_{n+1}-\alpha a_n)$ $(n=1, 2, 3, \cdots)$ ……②
の形に変形せよ．ただし，α, β は定数である．
(2) a_n を n の式で表せ．

アプローチ

①，②を比較すれば α, β が満たすべき条件が見えます．

解 答

(1) ②より，$a_{n+2}-(\alpha+\beta)a_{n+1}+\alpha\beta a_n=0$ ……②′
①，②′の係数を比較することにより，
$$\begin{cases} \alpha+\beta=5 \\ \alpha\beta=6 \end{cases}$$
この連立方程式を解くと，
$(\alpha, \beta)=(2, 3)$ または $(3, 2)$
この結果より，①は次の2通りに変形される．
$$a_{n+2}-2a_{n+1}=3(a_{n+1}-2a_n)$$
$$a_{n+2}-3a_{n+1}=2(a_{n+1}-3a_n)$$

◀ α, β は
  $t^2-5t+6=0$
  ∴ $(t-2)(t-3)=0$
  の2解（解と係数の関係☞第3章 p.96）

(2) 上の2式が $n=1, 2, 3, \cdots$ で成立することにより，
$$\begin{cases} a_{n+1}-2a_n=(a_2-2a_1)\cdot 3^{n-1}=3^n & \cdots\cdots③ \\ a_{n+1}-3a_n=(a_2-3a_1)\cdot 2^{n-1}=2^n & \cdots\cdots④ \end{cases}$$
③-④ より a_{n+1} を消去して，
$$a_n=3^n-2^n \quad (n=1, 2, 3, \cdots).$$

◀ $a_2-2a_1=3$
◀ $a_2-3a_1=2$

注 $a_n=t^n$ $(t\neq 0)$ が①を満たすとすると，
$$t^{n+2}-5t^{n+1}+6t^n=0 \quad \therefore \quad t^n(t^2-5t+6)=0$$
$$t^2-5t+6=0 \quad \therefore \quad t=2 \text{ または } t=3$$
したがって，$a_n=2^n$ や $a_n=3^n$ は漸化式①を満たす①の特殊解ですが，それらの実数倍の和
$$a_n=C_1\cdot 2^n+C_2\cdot 3^n \quad (C_1, C_2 \text{ は定数})$$
が①の一般解を与えます．

例題 170

数列 $\{a_n\}$ の初項から第 n 項までの和を S_n とするとき，
$$S_n = 3a_n - n \quad (n=1, 2, 3, \cdots)$$
が成り立つという．a_n を n の式で表せ．

アプローチ

a_n と S_n を含む漸化式では
$$a_n = S_n - S_{n-1} \quad (n \geq 2) \quad (\text{☞ p. 452})$$
という関係式を用いて，a_n または S_n だけの漸化式に変形します．

解答

$$S_n = 3a_n - n \quad \cdots\cdots ①$$ ◀ $n \geq 1$

①で n の代わりに $n+1$ とおくと，
$$S_{n+1} = 3a_{n+1} - (n+1) \quad \cdots\cdots ②$$ ◀ $n \geq 0$

②－①を作り，$S_{n+1} - S_n = a_{n+1}$ であることを用いると，
$$a_{n+1} = 3a_{n+1} - 3a_n - 1$$
$$\therefore \quad a_{n+1} = \frac{3}{2}a_n + \frac{1}{2}$$ ◀ $\{a_n\}$ の漸化式

が $n \geq 1$ で成立する．

よって，
$$a_{n+1} + 1 = \frac{3}{2}(a_n + 1)$$
$$\therefore \quad a_n + 1 = (a_1 + 1) \cdot \left(\frac{3}{2}\right)^{n-1} \quad \cdots\cdots ③$$

また，①で $n=1$ とおくと，$S_1 = a_1$ より，
$$a_1 = 3a_1 - 1 \quad \therefore \quad a_1 = \frac{1}{2}$$

となるので，③から
$$a_n = \left(\frac{3}{2}\right)^n - 1.$$

注 与えられた式を，
$$S_n = 3(S_n - S_{n-1}) - n$$
$$\therefore \quad 2S_n = 3S_{n-1} + n$$
と変形して，まず $\{S_n\}$ を求めていく手もある．

§4 漸化式と数学的帰納法

例題 171

次の漸化式を解け．

(1) $\begin{cases} a_1 = 1 \\ (n+1)a_{n+1} = na_n \quad (n \geq 1) \end{cases}$

(2) $\begin{cases} a_1 = 1 \\ na_{n+1} = (n+1)a_n \quad (n \geq 1) \end{cases}$

アプローチ

一般に，$b_{n+1} = b_n$ $(n = 1, 2, 3, \cdots)$ が成り立つとき，数列 $\{b_n\}$ は定数数列をなすといい，一般項は
$$b_n = b_1 \quad (n = 1, 2, 3, \cdots) \text{ となります．}$$

解答

(1) 与えられた漸化式は，数列 $\{na_n\}$ が定数数列をなすことを示している．

◀ $na_n = b_n$ とおくと
$b_{n+1} = b_n$ $(n \geq 1)$

よって，
$$na_n = 1 \cdot a_1 = 1 \quad \therefore \quad a_n = \frac{1}{n}.$$

(2) $\quad na_{n+1} = (n+1)a_n \quad \cdots\cdots ①$

の両辺を $n(n+1)$ で割ると
$$\frac{a_{n+1}}{n+1} = \frac{a_n}{n} \quad \cdots\cdots ②$$

これは数列 $\left\{\dfrac{a_n}{n}\right\}$ が定数数列であることを示している．

よって，$\dfrac{a_n}{n} = \dfrac{a_1}{1} = 1 \quad \therefore \quad a_n = n.$

注 ①から②への変形に気づかずとも，①を
$$a_{n+1} = \frac{n+1}{n} a_n$$
と変形し，この関係式が $n = 1, 2, 3, \cdots$ で成立することを考えれば，
$a_2 = \dfrac{2}{1} a_1 = \dfrac{2}{1} \cdot 1 = 2$, $a_3 = \dfrac{3}{2} a_2 = \dfrac{3}{2} \cdot \dfrac{2}{1} \cdot 1 = 3$, $a_4 = \dfrac{4}{3} a_3 = \dfrac{4}{3} \cdot \dfrac{3}{2} \cdot \dfrac{2}{1} \cdot 1 = 4$, $\cdots$, $a_n = \dfrac{n}{n-1} \cdot \dfrac{n-1}{n-2} \cdot \dfrac{n-2}{n-3} \cdots \dfrac{3}{2} \cdot \dfrac{2}{1} \cdot 1 = n$ とわかります．

例題 172

$a_1=1$, $a_{n+1}=3a_n+4n$ ($n=1, 2, 3, \cdots$) で定まる数列 $\{a_n\}$ がある.
(1) $b_n=a_n-(\alpha n+\beta)$ が等比数列になるような定数 α, β を求めよ.
(2) a_n を求めよ.

アプローチ

漸化式 $a_{n+1}=pa_n+q(n)$ において, $q(n)$ が定数や, 2^n の形などの場合は前に学びました. 本問は $q(n)$ が n の1次式のときです.

そこで, $a_n=\alpha n+\beta$ という1次式の特殊解を利用し,
$$a_{n+1} = 3a_n + 4n \quad \cdots\cdots ①$$
$$\alpha(n+1)+\beta = 3(\alpha n+\beta)+4n \quad \cdots\cdots ②$$
①－② から①を
$$a_{n+1}-\{\alpha(n+1)+\beta\}=3\{a_n-(\alpha n+\beta)\} \quad \therefore \quad b_{n+1}=3b_n$$
と変形せよ, というのが(1)の趣旨です. 漸化式の問題では, 多くの場合, 本問のように解き方のヒントが与えられているので, このような解法の技巧に神経質になる必要はありません.

解 答

(1) $a_n=b_n+\alpha n+\beta$ を与えられた漸化式に代入すると,
$$b_{n+1}+\alpha(n+1)+\beta=3(b_n+\alpha n+\beta)+4n$$
$$\therefore \quad b_{n+1}=3b_n+2(\alpha+2)n+2\beta-\alpha$$
となる. したがって, 数列 $\{b_n\}$ が等比数列になるためには, n の値によらず
$$2(\alpha+2)n+2\beta-\alpha=0$$
が成り立つことが必要十分である. よって,
$$\begin{cases} \alpha+2=0 \\ 2\beta-\alpha=0 \end{cases} \quad \therefore \quad \begin{cases} \boldsymbol{\alpha=-2} \\ \boldsymbol{\beta=-1}. \end{cases}$$

(2) (1)の α, β の値に対し, $b_n=a_n+2n+1$ $\cdots\cdots ①$
であり, また, $b_{n+1}=3b_n$ より
$$b_n=b_1\cdot 3^{n-1}=4\cdot 3^{n-1} \quad \cdots\cdots ② \quad \blacktriangleleft b_1=a_1+2+1$$
$$=4$$
よって, ①, ②より
$$\boldsymbol{a_n=4\cdot 3^{n-1}-2n-1} \quad (n=1, 2, 3, \cdots).$$

例題 173

数列 $\{a_n\}$, $\{b_n\}$ が $\begin{cases} a_1=3, \ b_1=1 \\ a_{n+1}=2a_n+b_n \\ b_{n+1}=a_n+2b_n \end{cases}$ $(n=1, 2, 3, \cdots)$

で定められている．
(1) a_n+b_n を n の式で表せ． (2) a_n-b_n を n の式で表せ．
(3) a_n, b_n を n の式で表せ．

アプローチ

一見難しそうな"連立漸化式"ですが，(1), (2)のヒントに乗って考えることができれば難しくありません．

解答

(1) $\begin{cases} a_{n+1}=2a_n+b_n & \cdots\cdots ① \\ b_{n+1}=a_n+2b_n & \cdots\cdots ② \end{cases}$

①+② より，
$$a_{n+1}+b_{n+1}=3(a_n+b_n) \quad (n \geq 1)$$
$$\therefore \quad a_n+b_n=(a_1+b_1) \cdot 3^{n-1}=\mathbf{4 \cdot 3^{n-1}} \quad \cdots\cdots ③$$

◀数列 $\{a_n+b_n\}$ は公比 3 の等比数列．

(2) ①−② より，
$$a_{n+1}-b_{n+1}=a_n-b_n \quad (n \geq 1)$$
$$\therefore \quad a_n-b_n=a_1-b_1=\mathbf{2}. \quad \cdots\cdots ④$$

◀数列 $\{a_n-b_n\}$ は定数数列．

(3) ③±④ を計算することにより，
$$\begin{cases} \boldsymbol{a_n=2 \cdot 3^{n-1}+1} \\ \boldsymbol{b_n=2 \cdot 3^{n-1}-1} \end{cases} (n=1, 2, 3, \cdots).$$

注 ①より，
$$b_n=a_{n+1}-2a_n \quad \cdots\cdots ①'$$
$$\therefore \quad b_{n+1}=a_{n+2}-2a_{n+1} \quad \cdots\cdots ①''$$

①′, ①″を②に代入して b_n を消去すれば，
$$a_{n+2}-4a_{n+1}+3a_n=0$$
という a_n の 3 項間漸化式が得られ，これを処理することもできます．
(☞ p.484 例題 169) 上の方法は，連立漸化式
$\begin{cases} a_{n+1}=pa_n+qb_n \\ b_{n+1}=qa_n+pb_n \end{cases}$ の場合に有効な特殊な方法です．

例題 174

2辺の長さが1と2の長方形と1辺の長さが2の正方形の2種類のタイルがある．縦2，横 n の長方形の部屋をこれらのタイルで過不足なく敷きつめることを考える．そのような並べ方の総数を A_n で表す．ただし，n は正の整数である．たとえば，$A_1=1$，$A_2=3$，$A_3=5$ である．

(1) $n \geq 3$ のとき，A_n を A_{n-1}，A_{n-2} を用いて表せ．
(2) A_{10} を求めよ．

アプローチ

横が $n-1$，$n-2$ の長方形にタイルを置き，横が n の長方形を作るにはどうすればよいのかを考えますが，その際，横が n の長方形の左端または右端に注目するとわかりやすいでしょう．

解答

(1) 縦2，横 n の長方形の部屋を2種類のタイルで敷きつめた A_n 通りのすべての場合について，その左端のタイルの埋め込み方は次の3通りである．

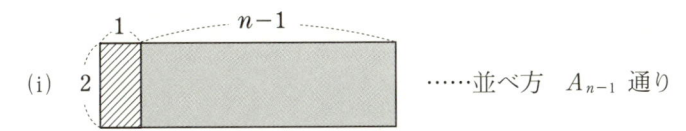

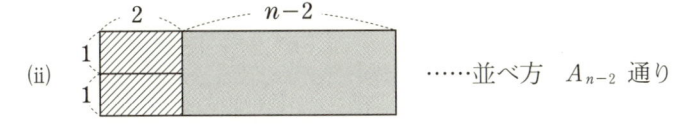

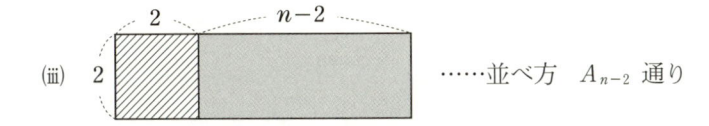

(i) ……並べ方 A_{n-1} 通り

(ii) ……並べ方 A_{n-2} 通り

(iii) ……並べ方 A_{n-2} 通り

§4 漸化式と数学的帰納法

よって，
$$A_n = A_{n-1} + 2A_{n-2} \quad (n \geq 3)$$
が成り立つ．

(2) $A_3 = A_2 + 2A_1 = 5$,
$A_4 = A_3 + 2A_2 = 11$,
$A_5 = A_4 + 2A_3 = 21$,
$A_6 = A_5 + 2A_4 = 43$,
$A_7 = A_6 + 2A_5 = 85$,
$A_8 = A_7 + 2A_6 = 171$,
$A_9 = A_8 + 2A_7 = 341$,
$A_{10} = A_9 + 2A_8 = 683$.

Notes

(1)で得られた漸化式は，次の2通りに変形できる．
$$\begin{cases} A_n - 2A_{n-1} = -(A_{n-1} - 2A_{n-2}) \\ A_n + A_{n-1} = 2(A_{n-1} + A_{n-2}) \end{cases}$$
$$\therefore \begin{cases} A_n - 2A_{n-1} = (A_2 - 2A_1) \cdot (-1)^{n-2} = (-1)^{n-2} & \cdots\cdots① \\ A_n + A_{n-1} = (A_2 + A_1) \cdot 2^{n-2} = 2^n & \cdots\cdots② \end{cases}$$
よって，①＋②×2 より A_{n-1} を消去して，
$$A_n = \frac{1}{3}\{(-1)^{n-2} + 2^{n+1}\} \quad (n \geq 1)$$
を得る．

例題 175

$a_1 = \dfrac{3}{4}$, $a_{n+1} = \dfrac{3a_n}{2a_n+1}$ ($n=1, 2, 3, \cdots$) で定められる数列 $\{a_n\}$ がある．一般項を推定し，数学的帰納法を用いて証明せよ．

アプローチ

一般項を推定するには，漸化式の意味にたちかえり，具体的に $n=1$, 2, 3, $\cdots$ と代入して，a_2, a_3, a_4, $\cdots$ を求めていきます．

解答

$$a_{n+1} = \dfrac{3a_n}{2a_n+1} \quad \cdots\cdots ①$$

①で $n=1$ とおき，$a_1 = \dfrac{3}{4}$ であることを用いると，

$$a_2 = \dfrac{3a_1}{2a_1+1} = \dfrac{3 \times \dfrac{3}{4}}{2 \times \dfrac{3}{4}+1}$$

$$= \dfrac{9}{10} = \dfrac{3^2}{3^2+1}$$

さらに，①で $n=2$ とおきこれを用いると

$$a_3 = \dfrac{3a_2}{2a_2+1} = \dfrac{3 \times \dfrac{9}{10}}{2 \times \dfrac{9}{10}+1}$$

$$= \dfrac{27}{28} = \dfrac{3^3}{3^3+1}$$

となるので，

$$a_n = \dfrac{3^n}{3^n+1} \quad (n=1, 2, 3, \cdots) \quad \cdots\cdots ②$$

と推定できる．

　まず，$n=1$ のとき②は成り立つ．
　次に，$n=k$ のとき②が成り立つとすると，①により，

$$a_{k+1} = \frac{3a_k}{2a_k+1}$$
$$= \frac{3 \cdot \dfrac{3^k}{3^k+1}}{2 \cdot \dfrac{3^k}{3^k+1}+1}$$
$$= \frac{3^{k+1}}{3^{k+1}+1}$$

◀仮定の $a_k = \dfrac{3^k}{3^k+1}$ を代入した．

これは，②が $n=k+1$ のときも成り立つことを示している．

よって，数学的帰納法により，②はすべての自然数 n について成立する．∎

注 ①の逆数をとり，$\dfrac{1}{a_n} = b_n$ とおくと，最も基本的な漸化式に帰着できます．

一般に
$$a_{n+1} = \frac{pa_n+q}{ra_n+s} \quad (p,\ q,\ r,\ s \text{ は定数で，} ps-qr \neq 0)$$

という分数式で表される漸化式も，適当な置換によって基本的な漸化式になおすことができます．

例題 176

すべての自然数 n に対して，次の不等式が成り立つことを示せ．

$$1+\frac{1}{2}+\frac{1}{3}+\cdots+\frac{1}{n} \geqq \frac{2n}{n+1} \quad \cdots\cdots(*)$$

アプローチ

無限個の自然数 n について成り立つことを示すのに，たった2つのことを示せばよいというのが数学的帰納法の威力です．ただし，不等式の証明は等式の証明より少し高級です．

解答

まず，$n=1$ のとき
$\begin{cases} (*)の左辺=1 \\ (*)の右辺=1 \end{cases}$ より，左辺≧右辺で，$(*)$ は成り立つ．

次に，$n=k$ のとき $(*)$ が成り立つ．つまり

$$1+\frac{1}{2}+\frac{1}{3}+\cdots+\frac{1}{k} \geqq \frac{2k}{k+1} \quad \cdots\cdots①$$

が成り立つと仮定して，$n=k+1$ のときの $(*)$，すなわち

$$1+\frac{1}{2}+\frac{1}{3}+\cdots+\frac{1}{k}+\frac{1}{k+1} \geqq \frac{2(k+1)}{k+2} \quad \cdots\cdots②$$

を証明する．

①，②を見比べて，①の両辺に $\frac{1}{k+1}$ を加えると，

$$1+\frac{1}{2}+\cdots+\frac{1}{k}+\frac{1}{k+1} \geqq \frac{2k}{k+1}+\frac{1}{k+1} = \frac{2k+1}{k+1} \quad \cdots\cdots①'$$

が得られる．ここで，

$$\frac{2k+1}{k+1}-\frac{2(k+1)}{k+2} = \frac{k}{(k+1)(k+2)} > 0$$

$$\therefore \quad \frac{2k+1}{k+1} > \frac{2(k+1)}{k+2} \quad \cdots\cdots③$$

であるので，①'と③から②が得られる．つまり $n=k+1$ のときも $(*)$ が成り立つ．

よって，数学的帰納法により，すべての自然数 n について $(*)$ は成り立つ．■

例題 177

n を正の整数とするとき，$2^{n+1}+3^{2n-1}$ は 7 で割り切れることを証明せよ．

アプローチ

$a_n=2^{n+1}+3^{2n-1}$ とおくと，$a_1=2^2+3^1=7$，$a_2=2^3+3^3=35=7\times 5$，$a_3=2^4+3^5=259=7\times 37$，… と，$a_n$ は確かに 7 の倍数になりそうですが，いくら計算を続けても，すべての自然数 n について示したことにはなりません．そこで活躍するのが"数学的帰納法"です．

解答

$a_n=2^{n+1}+3^{2n-1}$ とおき，すべての自然数 n について，
$$a_n=(7\text{ の倍数}) \quad \cdots\cdots(*)$$
であることを数学的帰納法により証明する．

まず，$n=1$ のとき，
$$a_1=2^2+3^1=7=(7\text{ の倍数})$$
となり，$(*)$ は成立する．

次に，$n=k$ のとき $(*)$ が成り立つ．すなわち，
$$a_k=2^{k+1}+3^{2k-1}=(7\text{ の倍数})$$
であると仮定すると，
$$a_{k+1}=2^{k+2}+3^{2k+1}=2\cdot 2^{k+1}+3^{2k+1}$$
$$=2(a_k-3^{2k-1})+3^{2k+1}$$
$$=2a_k+3^{2k-1}(3^2-2)$$
$$\therefore\quad a_{k+1}=2a_k+7\cdot 3^{2k-1}=(7\text{ の倍数})$$
よって，$(*)$ は $n=k+1$ のときも成立する．■

◀ $2^{k+1}=a_k-3^{2k-1}$ を代入した．

◀ 帰納法の仮定が効く．

注 上では $a_n=2^{n+1}+3^{2n-1}$ が満たす漸化式
$$a_{n+1}=2a_n+7\cdot 3^{2n-1}$$
を導くことがポイントですが，a_n が満たす漸化式は
$$a_{n+1}=2^{n+2}+3^2\cdot 3^{2n-1}=2^{n+2}+9(a_n-2^{n+1})$$
$$\therefore\quad a_{n+1}=9a_n-7\cdot 2^{n+1}$$
のように，一意的（ただ 1 通り）ではありません．

例題 178

整数からなる数列 $\{a_n\}$ を漸化式
$$a_1=1,\ a_2=3,\ a_{n+2}=3a_{n+1}-7a_n \quad (n=1,\ 2,\ 3,\ \cdots)$$
で定める．a_n が偶数となる n を決定せよ．

アプローチ

3項間漸化式を解いて一般項を求めても全く意味がありません．そこで，具体的に a_3, a_4, $\cdots$ と求めてゆき，a_n が偶数となるのは，n がどのような値のときかを推定します．

解答

与えられた漸化式により，
$$a_1=1,\ a_2=3,\ \underline{a_3=2},\ a_4=-15,\ a_5=-59,$$
$$\underline{a_6=-72},\ a_7=197,\ a_8=1095,\ \underline{a_9=1906},\ \cdots$$
となるので，a_n が偶数となるのは，n が3の倍数のときであると推定できる．

この推定が正しいことを数学的帰納法で証明する． ◀ 少し変わった数学的帰納法．

まず，
$$a_1,\ a_2 \text{ が奇数であり，} a_3 \text{ が偶数である} \cdots\cdots ①$$
ことは上で示した．

次に，与えられた漸化式を用いると， ◀ $a_{n+3}-a_n$ を作るところがポイント．
$$a_{n+3}-a_n=3a_{n+2}-7a_{n+1}-a_n$$
$$=3(3a_{n+1}-7a_n)-7a_{n+1}-a_n$$
$$=2(a_{n+1}-11a_n)=(\text{偶数})$$

◀ $\begin{cases} \text{偶}-\text{偶}=\text{偶} \\ \text{奇}-\text{奇}=\text{偶} \end{cases}$

となるので，a_n と a_{n+3} の偶奇は一致する．
すなわち，
$$\begin{cases} a_n \text{ を偶数とすると } a_{n+3} \text{ も偶数} \\ a_n \text{ を奇数とすると } a_{n+3} \text{ も奇数} \end{cases} \cdots\cdots ②$$
となる．

以上，①，② より
$$a_n=\begin{cases} \text{偶数} & (n \text{ が 3 の倍数のとき}) \\ \text{奇数} & (n \text{ が 3 の倍数でないとき}) \end{cases}$$
が成り立つので，求める n は，**3 の倍数** である．

例題 179

$x = a + \dfrac{1}{a}$ に対し，$a^n + \dfrac{1}{a^n}$ は x の n 次式となることを数学的帰納法により証明せよ．

アプローチ

本問は，普通の数学的帰納法では解決しません．そこで，n に関する命題 $p(n)$ がすべての自然数 n で成立することを示すのに，
- (i) $P(1)$ と $P(2)$ が成立
- (ii) $P(k)$ と $P(k+1)$ が成立 $\Longrightarrow P(k+2)$ が成立

の2つのことを示すという，少しすすんだ数学的帰納法を用います．

解答

まず，$n=1, 2$ のとき，
$$a + \dfrac{1}{a} = x, \quad a^2 + \dfrac{1}{a^2} = \left(a + \dfrac{1}{a}\right)^2 - 2 = x^2 - 2$$
はそれぞれ x の1次式，2次式である．

次に，$n=k, k+1$ のとき成り立つとすると，
$$a^{k+2} + \dfrac{1}{a^{k+2}} = \left(a^{k+1} + \dfrac{1}{a^{k+1}}\right)\left(a + \dfrac{1}{a}\right) - \left(a^k + \dfrac{1}{a^k}\right)$$

において，右辺の $a^{k+1} + \dfrac{1}{a^{k+1}}$ は $k+1$ 次式であるので $\left(a^{k+1} + \dfrac{1}{a^{k+1}}\right)\left(a + \dfrac{1}{a}\right)$ は $k+2$ 次式，また，$a^k + \dfrac{1}{a^k}$ は k 次式であるので，それらの差 $a^{k+2} + \dfrac{1}{a^{k+2}}$ は $k+2$ 次式となる．

◀ ($k+2$ 次式)
$-(k$ 次式)
$= (k+2$ 次式)

よって，$n=k+2$ のときも成り立つ．■

章末問題（第7章　数　列）

Aランク

56 第10項が2，第15項が17の等差数列の第n項a_nをnの式で表せ．また，初項から第n項までの和が最小となるnの値を求めよ．
（東京薬大）

57 1と9の間にk個の数を並べて，これらが公差dの等差数列をなすようにしたところ，1も9も含めた総和が245になったという．このとき，k，dの値を求めよ．
（東京薬大）

58 初項5で公差7の等差数列と，初項6で公差4の等差数列に共通な項のうちで，2000以下のものの和を求めよ．
（昭和女大）

59 ある等比数列の初項から第n項までの和が54，初項から第$2n$項までの和が63であるとき，この等比数列の初項から第$3n$項までの和を求めよ．
（摂南大）

60 $a_1=1$，$a_{n+1}=3a_n+3^{n+1}$ $(n=1,\ 2,\ 3\cdots)$で与えられる数列$\{a_n\}$がある．次の問いに答えよ．

(1) $b_n=\dfrac{a_n}{3^n}$とおくとき，数列$\{b_n\}$の一般項を求めよ．

(2) 数列$\{a_n\}$の一般項を求めよ．

(3) 数列$\{a_n\}$の初項から第n項までの和を求めよ．　（前橋工科大・改）

61 $a_1=3$, $a_{n+1}=3a_n-2n+3$ $(n=1, 2, 3, \cdots)$ で定義される数列 $\{a_n\}$ がある．このとき，次の問いに答えよ．
(1) $a_{n+1}-\alpha(n+1)-\beta=3(a_n-\alpha n-\beta)$ を満たす定数 α, β を求めよ．
(2) 一般項 a_n を求めよ．
(3) $\sum_{k=1}^{n} a_k$ を求めよ． （千葉大）

62 $a_1=1$, $a_{n+1}=\dfrac{a_n}{2a_n+1}$ $(n=1, 2, \cdots)$ で定まる数列 $\{a_n\}$ がある．次の問いに答えよ．
(1) $a_n>0$ $(n=1, 2, \cdots)$ を証明せよ．
(2) $b_n=\dfrac{1}{a_n}$ とおくとき，数列 $\{b_n\}$ の一般項を求めよ．
(3) $\sum_{k=1}^{n} a_k a_{k+1}$ を n の式で表せ． （東邦大・改）

63 次の関係式で定まる 2 つの数列 $\{a_n\}$, $\{b_n\}$ がある．
$a_1=b_1=1$, $a_{n+1}=a_n+b_n$, $b_{n+1}=4a_n+b_n$ $(n=1, 2, 3, \cdots)$
このとき，次の各問いに答えよ．
(1) 数列 $\{a_n+kb_n\}$ が等比数列となるように定数 k の値を定めよ．
(2) 数列 $\{a_n\}$, $\{b_n\}$ の一般項を求めよ． （北海道教育大）

Bランク

64 数列 $\{a_n\}$ ($n=1, 2, 3, \cdots$) は次の関係式を満たしている．
$$a_1=1, \quad 3(a_1+a_2+\cdots\cdots+a_n)=(n+2)a_n$$
(1) $na_{n+1}=(n+2)a_n$ が成り立つことを示せ．
(2) 一般項 a_n を求めよ．
(3) $\dfrac{1}{a_1}+\dfrac{1}{a_2}+\cdots+\dfrac{1}{a_n}$ を求めよ． （千葉大）

65 数列 $\{a_n\}$ の初項から第 n 項までの和を S_n とするとき，関係式
$$S_n=\dfrac{3}{2}a_n-n \quad (n=1, 2, \cdots)$$
が成り立っているとする．
(1) 一般項 a_n を求めよ．
(2) すべての自然数 n について，$3(a_n+1)+4^{2n-1}$ は 13 の倍数であることを示せ． （大阪府大）

66 自然数を右の図のように並べる．
(1) n が偶数のとき，1 番上の段の左から n 番目の数を n の式で表せ．
(2) n が奇数のとき，1 番上の段の左から n 番目の数を n の式で表せ．
(3) 1000 は左から何番目，上から何段目にあるか． （岩手大）

1	3	4	10	11	…
2	5	9	12	…	
6	8	13	…	…	
7	14	…	…	…	
15	17	…	…	…	
16	…	…	…	…	

67 2 の倍数でも 3 の倍数でもない自然数全体を小さい順に並べてできる数列を $a_1, a_2, a_3, \cdots, a_n, \cdots$ とする．このとき，次の問いに答えよ．
(1) 1003 は数列 $\{a_n\}$ の第何項か．
(2) a_{2000} の値を求めよ．
(3) m を自然数とするとき，数列 $\{a_n\}$ の初項から第 $2m$ 項までの和を求めよ． （神戸大）

68 平面上に，どの3本の直線も1点を共有しない，n本の直線がある．次の問いに答えよ．

(1) どの2本の直線も平行でないとき，平面がn本の直線によって分けられる部分の個数a_nをnで表せ．

(2) n本の直線の中に，2本だけ平行なものがあるとき，平面がn本の線によって分けられる部分の個数b_nをnで表せ．ただし，$n \geq 2$とする． 　　　　　　　　　　　　　　　　　　　　　　　　　　（滋賀大）

69 nを1以上の整数とする．

(1) $x+y \leq n$, $x \geq 0$, $y \geq 0$を満たす整数の組(x, y)は全部で何個あるか．

(2) $x+y+z \leq n$, $x \geq 0$, $y \geq 0$, $z \geq 0$を満たす整数の組(x, y, z)は全部で何個あるか． 　　　　　　　　　　　　　　　　　　　　　　（上智大）

70 nが自然数のとき，次の問いに答えよ．

(1) 不等式 $n! \geq 2^{n-1}$ が成り立つことを証明せよ．

(2) 不等式 $1 + \dfrac{1}{1!} + \dfrac{1}{2!} + \cdots\cdots + \dfrac{1}{n!} < 3$ が成り立つことを証明せよ． 　　　　　　　　　　　　　　　　　　　　　　　　　　（佐賀大）

71 有理数の数列 $\{a_n\}$, $\{b_n\}$ を $(3+\sqrt{5})^n = a_n + b_n\sqrt{5}$ $(n=1, 2, \cdots)$ により定めるとき，次の設問に答えよ．

(1) a_{n+1}, b_{n+1} を a_n, b_n を用いて表せ．

(2) $(3-\sqrt{5})^n = a_n - b_n\sqrt{5}$ $(n=1, 2, \cdots)$ が成り立つことを数学的帰納法で証明せよ．

(3) 数列 $\{a_n\}$, $\{b_n\}$ の一般項を求めよ． 　　　　　　　　（岡山理大・改）

72 数列 $\{a_n\}$（ただし，$a_n > 0$）について，次の関係式が成り立つとする．
$$(a_1 + a_2 + \cdots\cdots + a_n)^2 = a_1^3 + a_2^3 + \cdots\cdots + a_n^3$$

(1) a_1, a_2, a_3を求め，一般項a_nを推定せよ．

(2) 数学的帰納法を用いて，(1)での推定が正しいことを証明せよ． 　　　　　　　　　　　　　　　　　　　　　　　　　　　　　　（熊本女大）

第 8 章

微分とその応用

　世界史上初めて，厳密な論理的学問として数学が構築された古代ギリシアでは，比は，同種の量（たとえば，正方形の面積どうし，円の面積どうし，…）の間でしか考えないことになっていました．しかし，ちょっとでも実用的な観点に立つと，

　　「かさばるわりには，軽い」（重さと体積の比）とか「仕事が速い」
　　　（仕事の分量と所要時間の比）

のように，異なる種類の量の間でも比を考えたくなります．こうしたものの中で，最も身近なものは，運動あるいは移動の能率を表す目安としての速さの考え方でしょう．実際，$速さ = \dfrac{距離}{時間}$ という公式は，今日では小学生にも，よく親しまれている，といいます．しかし，実際の運動は，まっすぐ，一定の速さで行われるものではありません．（ニュートンの運動法則によれば，どんなに軽い物体でも，いきなり，ある速さで動かそうとすると加速度が無限大になり，そのために無限大の力が必要です！）上の公式は，より正確には，$平均の速さ = \dfrac{移動した道のり}{所要時間}$ と書かなければいけない，ということです．

　しかし考えてみると，「平均の速さ」というのは，「速いときも遅いときもあるが，全体として見ると，平均では」という意味であるはずです．となると，「平均の速さ」ということばを使わなければいけないといいながら，実際には，「速いとき」の瞬間的な速さや「遅いとき」の瞬間的の速さについて知っている，ということになります．

　これでは，ニワトリが先か，タマゴが先か，という循環論法になってしまいますね．

　本章をマスターすれば，この循環論法を断ち切ることができるでしょう．

§1 関数の変化と平均変化率

1次関数 $y=ax+b$ (a, b：定数) では，

　　x の値が●●●●だけ増えると，

　　y の値は××××だけ変化する

といういい方をした．それは，$\dfrac{××××}{●●●●}$ の比がいつも一定であったからである．（この比のことを，グラフの **傾き** とか **勾配** と呼んだ．）

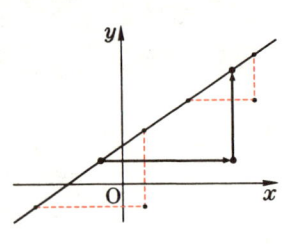

しかし，他の種類の関数，たとえば，2次関数になると，この性質は成り立たない．出発点となる x の値や終点となる x の値によって，この比の値が違ってくるからである．

たとえば，
$$y = x^2$$

x	…	-2	-1	0	1	2	…
y		4	1	0	1	4	

の場合，x が -1 から出発して 0 まで増えるとすると，y の値は，1 から出発して，0 になるので，

$$\dfrac{y \text{の変化量}}{x \text{の変化量}} = \dfrac{0-1}{0-(-1)} = -1.$$

一方，x が -1 から出発して 1 まで増えるとすると

$$\dfrac{y \text{の変化量}}{x \text{の変化量}} = \dfrac{1-1}{1-(-1)} = 0.$$

さらにまた x が -1 から出発して，2 まで増えるとすると

$$\dfrac{y \text{の変化量}}{x \text{の変化量}} = \dfrac{4-1}{2-(-1)} = \dfrac{3}{3} = 1$$

となる．ここで得られた 3 つの値 -1, 0, 1 は，それぞれ，上図の直線 AO, AB, AC の傾きを表している．

定義

$a \neq b$ とする．関数 $y = f(x)$ に対し，

$$\dfrac{f(b)-f(a)}{b-a}$$

を，$x=a$ から $x=b$ までの関数 $y=f(x)$ の **平均変化率** という．

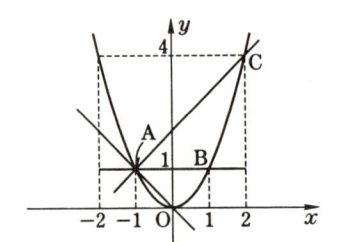

Notes

1° 平均変化率は，右図のように，曲線 $y=f(x)$ 上の2点 $(a, f(a))$，$(b, f(b))$ を結ぶ直線の傾きです．

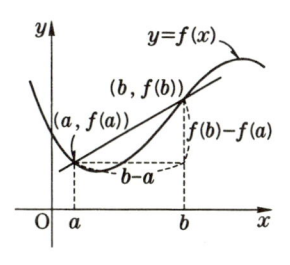

2° 平均変化率ということばを定義しましたが，「変化率とは何か」「その平均とは何か」については，まったく問題にしていません．

問 8-1 $f(x)=x^2+2x$ とおく．次の平均変化率を計算せよ．
(1) x が -1 から 0 まで変化するときの平均変化率
(2) x が -1 から 1 まで変化するときの平均変化率
(3) x が -1 から -2 まで変化するときの平均変化率

3° 上の問 8-1 の(3)が示唆するように，平均変化率を与える式において，a, b の大小は
$$a < b$$
でなければならないわけではありません！ $a > b$ でも構わないわけです．

4° x の値の変化する幅を，**x の増分** と呼び，Δx と表すことがあります．上の例では $b-a$ が Δx にあたります．これに対応して，y の変化する幅 $f(b)-f(a)$ を，**y の増分** と呼び，Δy と表します．これらの記号を使うと，平均変化率は
$$\frac{\Delta y}{\Delta x}$$
と表されます．Δx や Δy は，これでまとまった記号で，$\Delta \times x$ や $\Delta \times y$ ではありません！
だから分子・分母の Δ を約してはいけません！

> Δ：英語の D に相当するギリシア文字．デルタと読む．

一般に，$x=a$ から $x=a+h$ までの関数 $f(x)$ の平均変化率は
$$\frac{f(a+h)-f(a)}{(a+h)-a} = \frac{f(a+h)-f(a)}{h}$$
である．

Notes $\dfrac{f(a+h)-f(a)}{h}$ は，右図の点線で表された直線の傾きです．

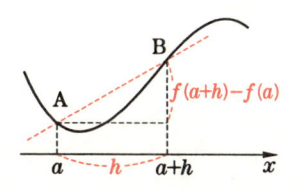

§1 関数の変化と平均変化率

刻一刻と変化する運動の速さを考えるときは，できるだけ，計測時間の幅を短縮して計る方が正確になる．そこで，平均変化率についても，x の変化の幅を小さくして考えてみよう．

$x=-1$ から出発して，$x=-1+h$ まで変化するときの関数 $y=x^2$ の平均変化率

$$\frac{(-1+h)^2-1}{(-1+h)-(-1)}=\frac{-2h+h^2}{h}=-2+h$$

は，下表のように，h の値が 0 に近いほど，-2 に接近していく．

h	…	-1	…	$-\dfrac{1}{10}$	…	$-\dfrac{1}{100}$	⟶	0	⟵	$\dfrac{1}{100}$	…	$\dfrac{1}{10}$	…	1	…
$-2+h$	…	-3	…	-2.1	…	-2.01	⟶	-2	⟵	-1.99	…	-1.9	…	-1	…

§2 微分

I 極限値

一般に，$\dfrac{f(a+h)-f(a)}{h}$ の値は，a を一定としても，h の値を変化させると，これに応じて変化していく．

このことは，曲線 $y=f(x)$ 上に，$A(a, f(a))$ を止めたまま，$B(a+h, f(a+h))$ を動かしていくと，直線 AB の傾きが変化していくことと同じである．h を 0 に接近させていくことは，大雑把にいって点 B を点 A に接近させていくことである．

$h=0$ とすると，A と B が一致してしまうので，"2 点 A，B を通る直線"を決めることはできないが，$h \neq 0$ であれば，h がいくら小さくても，直線 AB を考えることができる．

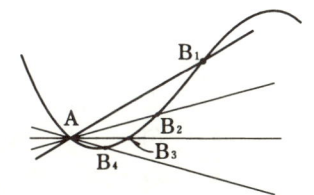

そこで，$h \neq 0$ として，しかし，h を **限りなく 0 に近づけて** やることを考える．これが **極限** ないし **極限値** の考え方である．

定義

関数 $F(x)$ において，変数 x の値がある定数 a に限りなく近づくとき，$F(x)$ の値が，ある定数 l に限りなく近づく，という現象が起こるとき，この定数 l を

$$x \to a \text{ のときの } F(x) \text{ の極限値}$$

と呼び，

$$\lim_{x \to a} F(x) = l$$

と表す．

Notes

1°　「限りなく近づく」ことは，「最終的には一致する」ことを意味しません．この両者を区別することが一番のポイントですが，これまでに学んできた関数はこの区別をしなくてよいものばかりでした．たとえば

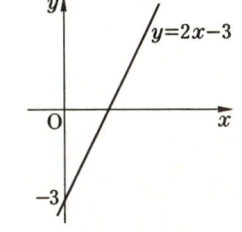

　　$F(x)=2x-3$ のときは，右図のように

$$\lim_{x \to 0} F(x) = -3$$

となります．-3 は，「x が限りなく 0 に近づいたときに $F(x)$ が限りなく近づく値であるだけでなく，「x が 0 に一致したときの $F(x)$ の値」でもあるわけです．

$2°$　しかし，たとえば，
$$F(x) = \frac{2x^2 - 3x}{x}$$
という関数では，$x=0$ とすると，右辺の分母が 0 になるので，このままでは $x=0$ で定義されません！　つまり，$F(0)$ は存在しないのです．

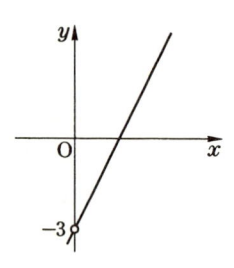

一方，$x \neq 0$ のときは，約分できて
$$F(x) = 2x - 3$$
となります．よって，x が「限りなく 0 に近づいたときの $F(x)$ の値」は -3 であるが，これは，「x が 0 に一致したときの $F(x)$ の値」つまり $F(0)$ ではないのです！

$3°$　$2°$ の解説を読んで，「なぁーんだ，そんなことか！」と思った人は，もう大丈夫です．これ以上に深い理解を要求される場面は，高校数学Ⅱでは，（実は数学Ⅲでも）ありません．

極限の概念を厳密に定式化することは，大学以上の課題です．

$4°$　なお，$x \to a$ というとき，x の値が a に近づくには，右図のように 2 通りがあります．しかし，数学Ⅱの範囲では区別しなくて大丈夫です．

Ⅱ　微分係数，導関数

関数 $f(x)$ と定数 a に対し，$x=a$ から $x=a+h$（ただし，$h \neq 0$）まで変化するときの $f(x)$ の平均変化率
$$\frac{f(a+h) - f(a)}{h}$$
の値は，h の関数（h の値を決めると決まる）である（a は単なる定数としている）．そこで，$h \to 0$ のときの，この関数の極限値を考える．

> **定義**
>
> 関数 $f(x)$ と定数 a に対し,極限値 $\displaystyle\lim_{h\to 0}\frac{f(a+h)-f(a)}{h}$ を,$x=a$ における $f(x)$ の **微分係数** と呼び,$f'(a)$ と表す.

Notes

1° とても重要な概念なので,頭の中に深く落ち着くまで,少し練習しましょう.

たとえば,$f(x)=x^2$,$a=-1$ とすると
$$\begin{aligned}\lim_{h\to 0}\frac{f(a+h)-f(a)}{h}&=\lim_{h\to 0}\frac{f(-1+h)-f(-1)}{h}\\&=\lim_{h\to 0}\frac{(-1+h)^2-(-1)^2}{h}\\&=\lim_{h\to 0}\frac{(1-2h+h^2)-1}{h}\\&=\lim_{h\to 0}\frac{h(-2+h)}{h}\\&=\lim_{h\to 0}(-2+h)=-2\end{aligned}$$
$$\therefore\quad f'(-1)=-2$$

同じ $f(x)$ に対し,$a=1$ とすると
$$\begin{aligned}\lim_{h\to 0}\frac{f(a+h)-f(a)}{h}&=\lim_{h\to 0}\frac{f(1+h)-f(1)}{h}\\&=\lim_{h\to 0}\frac{(1+h)^2-1}{h}\\&=\lim_{h\to 0}\frac{(1+2h+h^2)-1}{h}\\&=\lim_{h\to 0}(2+h)=2\quad\therefore\quad f'(1)=2\end{aligned}$$

2° $f'(-1)$,$f'(1)$ は,次ページの図のように,曲線 $y=f(x)$ のそれぞれ,$x=-1$,$x=1$ の点 A,A′ における接線の傾きを表します.

したがって,放物線 $y=x^2$ の

点 A$(-1,\ 1)$ における接線は,
$$y=-2(x+1)+1\quad\therefore\quad y=-2x-1$$
点 A′$(1,\ 1)$ における接線は,
$$y=2(x-1)+1\quad\therefore\quad y=2x-1$$

です.

傾き $=2$　　　傾き $=-2$

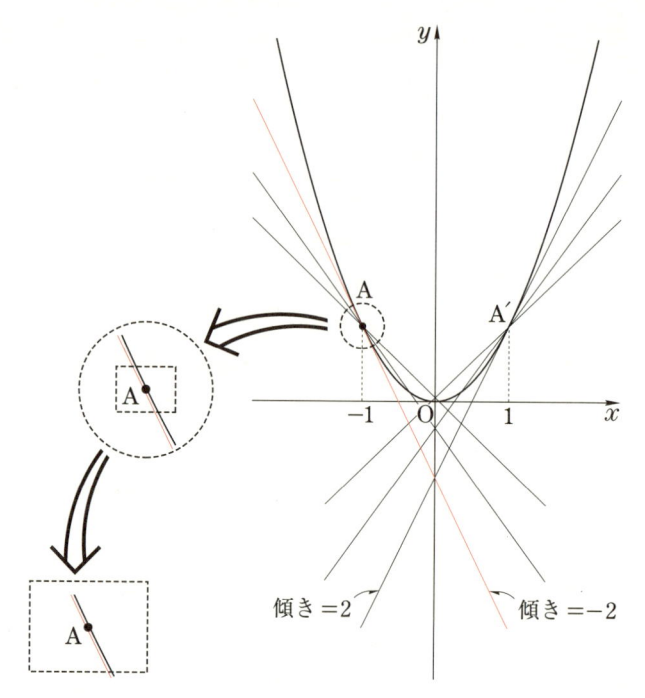

　曲線は，その上のある1点のごく近くだけを見ると，その点における接線と区別できないほどぴったり寄り添っています．
　接線については，後で詳しく学びましょう．

3° ところで同じ $f(x)$ に対して，$f'(-1)$, $f'(1)$ をいちいちこのように計算するのは，煩わしいですね．つまり

$$f'(a) = \lim_{h \to 0} \frac{f(a+h) - f(a)}{h}$$
$$= \lim_{h \to 0} \frac{(a+h)^2 - a^2}{h} = \lim_{h \to 0} \frac{2ah + h^2}{h}$$
$$= \lim_{h \to 0} (2a + h) = 2a$$

と一度だけ一般的に計算しておけば，この最後の結果に，$a = -1$ や $a = 1$ を代入するだけで

$$f'(-1) = 2 \times (-1) = -2$$
$$f'(1) = 2 \times 1 = 2$$

が得られます．
　そもそも微分係数に $f'(a)$ という記号を用いるのは，これが a の関数と見なせるからです．関数を表すときは，変数に x

を用いるのが一般的ですので，$f'(x)$ と表すことにして，これを $f(x)$ の **導関数** というのです．次にこれを学びましょう．

> **定義**
>
> 関数 $f(x)$ に対し，
> $$f'(x) = \lim_{h \to 0} \frac{f(x+h) - f(x)}{h}$$
> で定まる関数 $f'(x)$ を，$f(x)$ の **導関数** と呼ぶ．$f(x)$ の導関数を求めることを，$f(x)$ を **微分する** という．

Notes

1° 導関数の定義と微分係数のそれとの本質的な違いはありません．導関数 $f'(x)$ において，x に特定の値を代入したものが，微分係数だと思えばよいでしょう．実際，$f(x) = x^2$ なら，

$$f'(x) = \lim_{h \to 0} \frac{(x+h)^2 - x^2}{h} = \lim_{h \to 0} \frac{(x^2 + 2xh + h^2) - x^2}{h}$$
$$= \lim_{h \to 0} \frac{2xh + h^2}{h} = \lim_{h \to 0} (2x + h)$$
$$\therefore \quad f'(x) = 2x$$

ですから，$f'(1) = 2$，$f'(-1) = -2$，$f(a) = 2a$，… という具合です．

2° 導関数を 1° のようにきちんと計算するなら，微分することのメリットはたいしてありません！ 実は，次節で述べるように，微分の計算自身は，ごく単純な機械的な方法でできるのです．

一方，上のように極限値を計算することによって，導関数を求めることを，「定義に従って微分する」という．

問 8-2 $f(x) = 3x^2$ を定義に従って微分せよ．

3° 関数を $y = f(x)$ と表したときは，$f'(x)$ のことを，しばしば，微積分法の創始者の 1 人ニュートンに因んで，y' と表します．また，

$$\begin{cases} h \text{ を } \varDelta x \\ f(x+h) - f(x) \text{ を } \varDelta y \end{cases}$$

で表し，$\boxed{y' = \lim_{\varDelta x \to 0} \frac{\varDelta y}{\varDelta x}}$ と書くこともあります．

§2 微分

さらに，これを x の"無限小増分" dx と y の"無限小増分" dy の比と考えた微積分法の創始者の 1 人ライプニッツに因んで $\boxed{\dfrac{dy}{dx}}$ という記号で表すこともあります．しかし，これは普通の分数のように分子と分母に分けて考えることは（高校では）しません．

例 8-1　$y=x^3$ のとき　$y'=3x^2$ や $\dfrac{dy}{dx}=3x^2$

注　微分係数 $f'(a)$ を計算するには，関数 $f(x)$ を微分してその導関数 $f'(x)$ を求め，$x=a$ を代入します．この順序を間違えてはいけません．実際，関数 $f(x)$ に，$x=a$ を代入して $f(a)$ を求めると，これは定数ですから（x で）微分すると，0 になってしまいます！

$$\begin{array}{c}
\text{関数 } f(x) \xrightarrow{\text{微分}} \text{導関数 } f'(x) \xrightarrow{x=a \text{ とおく}} f'(a) \\
\text{関数 } f(x) \xrightarrow{x=a \text{ とおく}} f(a) \xrightarrow{\text{微分}} 0
\end{array}$$

III　微分の計算

$f(x)=x^3$ を定義に従って微分すると
$$\begin{aligned}
f'(x) &= \lim_{h \to 0} \frac{f(x+h)-f(x)}{h} = \lim_{h \to 0} \frac{(x+h)^3-x^3}{h} \\
&= \lim_{h \to 0} \frac{(x^3+3hx^2+3h^2x+h^3)-x^3}{h} = \lim_{h \to 0} \frac{h(3x^2+3hx+h^2)}{h} \\
&= \lim_{h \to 0} (3x^2+3hx+h^2)
\end{aligned}$$
$\therefore\quad f'(x)=3x^2$

となる．多少計算は複雑になるが，これと本質的に同じ計算によって次の公式が導かれる．

> n を正の整数とする．関数 $f(x)=x^n$ の導関数は
> $$f'(x)=nx^{n-1}$$
> である．

1° この公式の使い方は，ごく簡単です．たとえば，

$$x^2 \xrightarrow{\text{微分}} 2x$$
$$x^3 \longrightarrow 3x^2$$
$$x^4 \longrightarrow 4x^3$$
$$x^5 \longrightarrow 5x^4$$

という具合です．文部科学省は，数学Ⅱでは4次以上の関数を扱ってはならない．という制約を教科書に要求していますが，何次になろうと，同じように扱える，というのが上の公式の意味です．

2° 一般的な証明は，次のようにします．

$$\lim_{h \to 0} \frac{(x+h)^n - x^n}{h}$$
$$= \lim_{h \to 0} \frac{\left\{x^n + nx^{n-1}h + \frac{n(n-1)}{2}x^{n-2}h^2 + \cdots + h^n\right\} - x^n}{h}$$
$$= \lim_{h \to 0} \left\{nx^{n-1} + \frac{n(n-1)}{2}x^{n-2}h + \cdots + h^{n-1}\right\}$$
$$= nx^{n-1}$$

この最初に使った変形は，

$$(x+h)^n = x^n + {}_nC_1 x^{n-1}h + {}_nC_2 x^{n-2}h^2 + \cdots + h^n$$

という二項定理（数学A）ですが，そのほか，

$$a^n - b^n = (a-b)(a^{n-1} + a^{n-2}b + \cdots + ab^{n-2} + b^{n-1})$$

という因数分解の公式を利用して，次のように導くこともできます．

$$\lim_{h \to 0} \frac{(x+h)^n - x^n}{h}$$
$$= \lim_{h \to 0} \{(x+h)^{n-1} + (x+h)^{n-2} \cdot x + \cdots + (x+h) \cdot x^{n-2} + x^{n-1}\}$$
$$= \underbrace{x^{n-1} + x^{n-1} + \cdots + x^{n-1} + x^{n-1}}_{n \text{ 個}} = nx^{n-1}$$

3° 上の公式では「n を正の整数とする」と最初に限定していますが，

$$\boxed{f(x) = c \text{（定数）} \to f'(x) = 0}$$

ですから

$$f(x) = x^n \longrightarrow f'(x) = nx^{n-1}$$

の公式は，$n=0$ のときも成り立ちます．

実は n がどんな数でも成り立つのですが，これについては数学Ⅲで学びます．

上の公式と，次の公式を結びつけることによって，微分できる関数の範囲は，一気に拡がる．

微分について，次の公式が成り立つ．
(1) $\{kf(x)\}' = kf'(x)$　　k：定数
(2) $\{f(x)+g(x)\}' = f'(x)+g'(x)$

Notes

1° この公式は次のように使います．
$$(4x^3)' = 4\cdot(x^3)' = 4\cdot 3x^2 = 12x^2$$
$$(x^3+x^2)' = (x^3)' + (x^2)' = 3x^2+2x$$

さらに，(1)，(2)を組み合わせて
$$(4x^3+3x^2-2x+5)' = 4\cdot(x^3)' + 3\cdot(x^2)' + (-2)\cdot(x)' + (5)'$$
$$= 4\cdot 3x^2 + 3\cdot 2x - 2\cdot 1 + 0$$
$$= 12x^2 + 6x - 2$$

のようにも使えます．これを公式としてまとめると

$$\{af(x)+bg(x)\}' = af'(x)+bg'(x)$$

となります．

2°　　　$\{f(x)-g(x)\}' = f'(x)-g'(x)$

は，(1)，(2)から導かれるものの1つに過ぎません．上の公式の中にわざわざ出していないのは，そのためです．

3°　$f(x)$，$g(x)$ の和 $f(x)+g(x)$ と差 $f(x)-g(x)$ についての微分の公式があるなら，積 $f(x)\times g(x)$ や商 $\dfrac{f(x)}{g(x)}$ についての微分の公式が欲しくなるのは人情です．これらについては数学Ⅲで学ぶのですが，一度くらい見ておくのも悪くないでしょう．

積の微分公式
$$\{f(x)g(x)\}' = f'(x)g(x) + f(x)g'(x)$$

商の微分公式
$$\left\{\frac{f(x)}{g(x)}\right\}' = \frac{f'(x)g(x) - f(x)g'(x)}{\{g(x)\}^2}$$

最初は，形の複雑さに驚きますが，すぐに使いこなせるようになるものです．例えば
$$F(x)=(x^2+1)(3x^4+5x)$$
$$\implies F'(x)=2x(3x^4+5x)+(x^2+1)(12x^3+5)$$
$$=\cdots\cdots$$

4° 高校では，関数を考えるときは
$$y=f(x)$$
のように，変数 x の関数 y というように文字を使うことが多いのですが，変数の置き換えによって
$$y=t^2$$
のように（この場合は，y が変数 t の関数である）違う文字で表されることもあります．

このような場合，t の関数としての y の導関数であることをはっきりとわからせたいときには
$$\frac{dy}{dt}=2t$$
のように表します．

例えば，$y=(x^3+1)^2$ において，$t=x^3+1$ とおくと，$y=t^2$ です．
$$\frac{dy}{dt}=2t(=2(x^3+1))$$
他方，$y=x^6+2x^3+1$ より
$$\frac{dy}{dx}=6x^5+6x^2$$
$$(=6x^2(x^3+1))$$
このように $\frac{dy}{dt}$ と $\frac{dy}{dx}$ は異なります．これらのくわしい関係は数学Ⅲで学びます．

§3 微分の応用

I 接線

曲線 $y=f(x)$ 上の点 $A(a, f(a))$ における接線は，その傾きが $f'(a)$ であることから，その方程式は，

$$y-f(a)=f'(a)(x-a)$$

である．ここで微分係数 $f'(a)$ は，導関数 $f'(x)$ を求めれば，その x に a を代入するだけで求められる．

Notes

1° 曲線 $y=x^2-2x$ 上の点 $(-1, 3)$ における接線を求める手順をゆっくり解説しましょう．まず初めに導関数

$$y'=2x-2$$

を求めておいて，これに，$x=-1$ を代入すれば

接線の傾き $=2\times(-1)-2=-4$

が求められます．そして

$$\begin{cases} 点 (-1, 3) を通る \\ 傾きが -4 \end{cases}$$

の直線として

$$y-3=-4(x+1)$$

$$\therefore y=-4x-1$$

を導くのです．

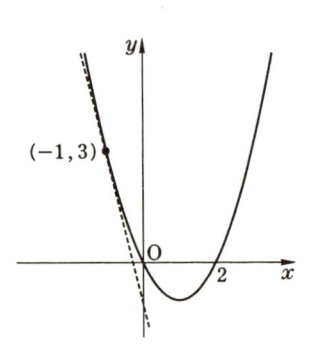

問 8-3 次の接線の方程式を求めよ．

(1) 曲線 $y=x^2-2x$ 上の $x=2$ の点における接線

(2) 曲線 $y=x^2-2x$ 上の $x=1$ の点における接線

2° 曲線と接線との関係は，円や放物線のように，曲線が接線の片側だけにあるとは限りません．たとえば，曲線

$$y=x^3-x$$

の原点における接線は

$$y=-x$$

ですが，これらを図示すると上図のように，接点で，曲線と接

線の位置関係は，逆転します．

II 関数の増減

関数 $f(x)$ の導関数 $f'(x)$ の値は，曲線 $y=f(x)$ の接線の傾きを表す．接線は，曲線の様子を無限に小さい範囲で近似するものであるから，接線の傾き $f'(a)$ が

$$\begin{cases} f'(a)>0 \text{ のときは，その付近で曲線 } y=f(x) \text{ は右上がり} \\ f'(a)<0 \text{ のときは，その付近で曲線 } y=f(x) \text{ は右下がり} \end{cases}$$

になっている．

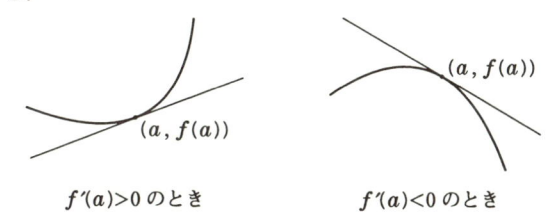

$f'(a)>0$ のとき $f'(a)<0$ のとき

また，$f'(a)=0$ のときは，右上がりでも右下がりでもないが，どうなっているかは，これだけでは判定できない．（下図のようにいろいろな場合があります．）

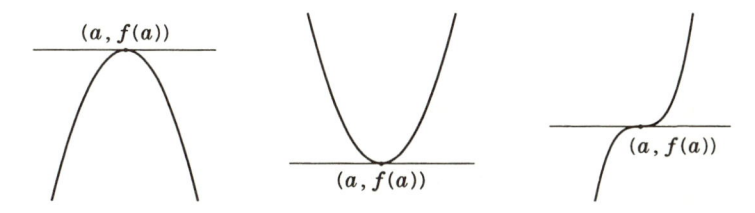

微分に関する最も重要なものは，次の定理である．

定理

関数 $f(x)$ の導関数 $f'(x)$ が，
$$\begin{cases} \text{i) ある区間 } I \text{ で } f'(x)>0 \implies \text{その区間 } I \text{ で } f(x) \text{ は増加} \\ \text{ii) ある区間 } I \text{ で } f'(x)<0 \implies \text{その区間 } I \text{ で } f(x) \text{ は減少} \end{cases}$$

Notes

1° たとえば，$f(x)=x^3-3x$ とすると
$$f'(x)=3x^2-3=3(x+1)(x-1)$$
ですから，

§3 微分の応用 515

$$\begin{cases} \text{区間 } x<-1 \text{ および区間 } x>1 \text{ では } f'(x)>0 \\ \text{区間 } -1<x<1 \text{ で } f'(x)<0 \end{cases}$$

したがって，

$\begin{cases} \text{区間 } x<-1 \text{ および区} \\ \text{間 } x>1 \text{ で } f(x) \text{ は増加} \\ \text{区間 } -1<x<1 \text{ で} \\ f(x) \text{ は減少} \end{cases}$

x		-1		1	
$f'(x)$	$+$	0	$-$	0	$+$
$f(x)$	増加	極大	減少	極小	増加

します．これらの事実をまとめて上のような表にします．

$\begin{cases} x=-1 \text{ のときの } f(x) \text{ の値 } f(-1)=(-1)^3-3\cdot(-1)=2 \text{ を 極大値} \\ x=1 \text{ のときの } f(x) \text{ の値 } f(1)=1^3-3\cdot1=-2 \text{ を 極小値} \end{cases}$

と呼びますが，これらは，局所的に（その値を含むごく小さな範囲だけで）見れば，唯一の最大値，唯一の最小値になっているという意味です．

2° 上の表をさらに記号化して，右のように表します．高校数学で **増減表** と呼ぶのは，このような表のことです．

x		-1		1	
$f'(x)$	$+$	0	$-$	0	$+$
$f(x)$	↗	2	↘	-2	↗

このような増減表は，関数 $y=f(x)$ のグラフに極めて近いものであることは，上の表と右のグラフを比較すれば，納得できるでしょう．

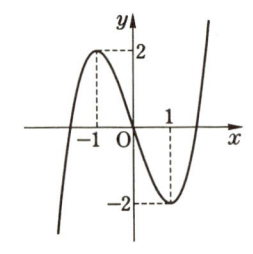

3° $f(x)$ が極値（極大値や極小値）をとる x の値は，
$$f'(x)=0$$
を満たしますが，$f'(x)=0$ となる x の値が，必ず，極値を与えるとは限りません！

たとえば，
$$f(x)=x^3-3x^2+3x-1$$
は，$x=1$ に対して
$$f'(x)=3x^2-6x+3=0$$
を満たしますが，$f(1)$ は極値ではありません．

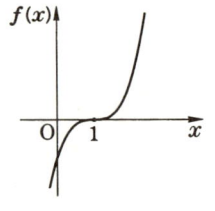

4° 「関数 $f(x)$ が区間 I で増加する」ことを定義すると
　"$x_1 \in I$, $x_2 \in I$ について
$$x_1 < x_2 \text{ ならば } f(x_1) < f(x_2)"$$
となります．減少のときは $f(x_1) > f(x_2)$ となります．**1°** にあげた例では，$x = \pm 1$ の2点では増加でも減少でもありませんが，この定義に従うと，
$$f(x) = x^3 - 3x$$
は，
$$\begin{cases} \text{区間 } x \leqq -1 \text{ と区間 } x \geqq 1 \text{ で増加} \\ \text{区間 } -1 \leqq x \leqq 1 \text{ で減少} \end{cases}$$
することになります．

関数の増減を調べることは，
　ⅰ) 関数 $y = f(x)$ のグラフを正確に描く
ことのほかに，
　ⅱ) 関数 $f(x)$ の最大値・最小値を求める
　ⅲ) 方程式 $f(x) = 0$ の実数解を調べる
　ⅳ) 不等式 $f(x) > 0$ の成立，不成立を調べる
など，多くの応用がある．これについては，例題などを通じて，実践的に解説しよう．

Ⅲ　速度

数直線上を運動する点の動きは，その座標 x を時刻 t の関数として与えることによって数学的に表すことができる．

このとき，運動の速度（瞬間速度）v は導関数 $\dfrac{dx}{dt}$ で与えられる．

$$v = \frac{dx}{dt}$$

Notes

1°　重い物体を高い所から時刻 $t = 0$ において静かに落下（自由落下）させると，t 秒後には，落下距離 x は
$$x = \frac{1}{2} g t^2 \text{ [m]}$$
となります．ここで g は重力加速度と呼ばれる物理定数（地球

の質量と半径で決まります）で，約
$$g \fallingdotseq 9.8 \, [\mathrm{m}/秒^2]$$
です．
・G. ガリレイがピサの斜塔から鉄球を落下させた，という逸話は有名ですが，歴史的根拠はあいまいです！

2° この落下運動の速度は
$$\frac{dx}{dt} = gt$$
です．つまり，自由落下運動では，速度がどんな短い時間も，その速度が継続することはなく，毎瞬毎瞬変化していくが，それは落下の所要時間に比例する，ということです．

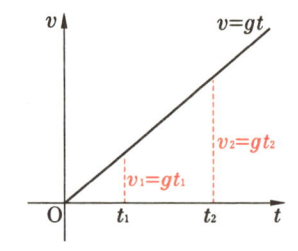

右図を見れば，瞬間速度 v が毎瞬変化していくということがとりたてて珍らしいことでないことも理解できるでしょう．

3° x が時刻 t の関数であれば，$v = \dfrac{dx}{dt}$ も t の関数であるので，次に，v を t で微分することができます．

これは，**加速度** と呼ばれるものです．

$$\alpha = \frac{dv}{dt} = \frac{d}{dt}\left(\frac{dx}{dt}\right)$$

上にあげた自由落下の場合だと，
$$\alpha = g$$
となります．これが g を重力加速度と呼ぶ理由です．

例題 180

関数 $f(x)=x^3+ax^2+bx+1$ が, $x=-1$ と $x=1$ で極値をとるという. 実数の定数 a, b の値と, 2つの極値の差を求めよ.

アプローチ

"3次関数 $f(x)$ が $x=\pm 1$ で極値をとる $\Longrightarrow f'(\pm 1)=0$" が成立します.

解答

$$f(x)=x^3+ax^2+bx+1$$
$$f'(x)=3x^2+2ax+b$$

$f(x)$ が $x=\pm 1$ で極値をとることから

$$\begin{cases} f'(1)=3+2a+b=0 \\ f'(-1)=3-2a+b=0 \end{cases} \therefore \begin{cases} a=0 \\ b=-3 \end{cases} \quad \cdots\cdots ① \blacktriangleleft 必要条件 \square 注2°$$

このとき,
$$f'(x)=3(x+1)(x-1)$$

より $f(x)=x^3-3x+1$ の増減は右表のようになるので

x		-1		1	
$f'(x)$	$+$	0	$-$	0	$+$
$f(x)$	↗		↘		↗

極大値－極小値 $=f(-1)-f(1)=3-(-1)=\mathbf{4}$

注 **1°** 条件 $f'(\pm 1)=0$ は x の2次方程式 $f'(x)=0$ の2解が $x=\pm 1$ であることと同じなので, 解と係数の関係によって,

$$\begin{cases} 1+(-1)=-\dfrac{2}{3}a \\ 1\cdot(-1)=\dfrac{b}{3} \end{cases}$$

から a, b の値を決定することもできます.

2° 正確には $f'(\pm 1)=0$ から得られた①は, 関数 $f(x)$ が $x=\pm 1$ で極値をとるための必要条件であって, 十分条件ではありません. つまり上の〈アプローチ〉における右向きの矢印($\Rightarrow$)は成立しますが逆向き($\Leftarrow$)は成立するとはいえません. (☞ 例題 181)

つまり, 「a, b の値を求めよ」という設問だけならば, ①を導くだけでは不完全ということになり, さらに, 増減表(またはグラフ)をかくことにより, ①が $x=\pm 1$ で極値をとるための十分条件でもあることを示していることになるのです.

後半の設問「極値の差を求めよ」が問題を正しく解くためのヒントになっていることに気付いたら立派です.

例題 181

関数 $f(x)=x^3+3x^2+3ax+2$ が極値をもつような a の値の範囲を求めよ．

アプローチ

3次関数 $f(x)$ が極値をもつための必要十分条件は $f'(x)$ に符号変化が起こることです．

解答

関数 $f(x)=x^3+3x^2+3ax+2$
が極値をもつためには
$$f'(x)=3x^2+6x+3a$$
$$=3(x^2+2x+a)$$
に符号変化が起こることが必要十分である．
その条件は，
　$f'(x)=0$ の判別式を D とすると，
$$\frac{D}{4}=1-a>0$$
$$\therefore \quad a<1$$
である．

注 この手の問題の誤答として多いものは，$f(x)$ が極値をもつ条件を $f'(x)=0$ から得られる x の2次方程式
$$x^2+2x+a=0$$
が実数解をもつ条件として
$$\frac{D}{4}=1-a\geqq 0 \quad \therefore \quad a\leqq 1$$
としてしまうものです．正解と微妙な違いのようですが，数学的には重大な違いです．

実際，$a=1$ のときは
$$f'(x)=3(x+1)^2\geqq 0$$
となり一瞬（$x=-1$ のとき）接線の傾きは 0 となりますが $y=f(x)$ のグラフは右のように単調増加です‼

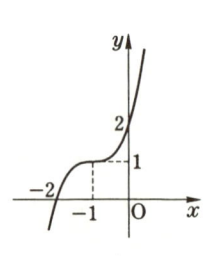

例題 182

$f(x)=|x|(x-3)^2$ とする．$y=f(x)$ のグラフを図示し，$f(x)$ の極値とそれを与える x の値を求めよ．

アプローチ

絶対値の記号がついたままでは微分することは（積分することも）できません．まず，定義に従って絶対値記号をはずします．

解答

$$f(x)=\begin{cases} x(x-3)^2=x^3-6x^2+9x & (x\geqq 0) \\ -x(x-3)^2=-(x^3-6x^2+9x) & (x\leqq 0) \end{cases} \cdots\cdots(*)$$

◀ x：実数のとき
$|x|=\begin{cases} x & (x\geqq 0) \\ -x & (x\leqq 0) \end{cases}$

まず，$x>0$ のとき，
$f'(x)=3x^2-12x+9=3(x-1)(x-3)$
より，$y=f(x)$ の $x>0$ 範囲における増減は右のようになる．

x	0		1		3	
$f'(x)$		$+$	0	$-$	0	$+$
$f(x)$	0	↗	4	↘	0	↗

また，$x<0$ のとき
$\quad f'(x)=-3(x-1)(x-3)<0$ より
$y=f(x)$ は $x<0$ で減少する．

以上により，$y=f(x)$ のグラフは右のようになるので，$f(x)$ は

$\begin{cases} x=1 \text{ のときに } 極大値=4 \\ x=0 \text{ と } x=3 \text{ のときに } 極小値=0 \end{cases}$

をとる．

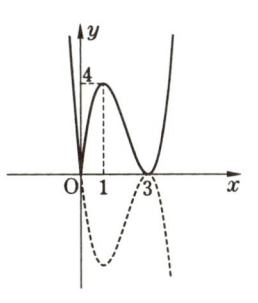

研究 1° $f(x)=|x|(x-3)^2=|x(x-3)^2|$ であるので，$y=f(x)$ のグラフは $y=x(x-3)^2$ のグラフの $y\geqq 0$ の部分と，$y\leqq 0$ の部分を x 軸に関して折り返したものを合わせたものです．

2° $(*)$ から直接，$f'(x)=\begin{cases} 3(x-1)(x-3) & (x\geqq 0) \quad\cdots\cdots① \\ -3(x-1)(x-3) & (x\leqq 0) \quad\cdots\cdots② \end{cases}$

とすることは許されません！

なぜなら，①で $x=0$ とおくと，$f'(0)=9$ となりますが②で $x=0$ とおくと $f'(0)=-9$ となり $f'(0)$ の値が異なってしまうからです．しかし，この手の詳しい議論は数学Ⅲの学習を待たねばなりません．

例題 183

k を実数の定数とする。関数 $f(x)=2x^3+3x^2+6kx$ が極大値と極小値をもち、その差が 8 であるように、k の値を定めよ。

解 答

$$f(x)=2x^3+3x^2+6kx$$

が極値をもつことより

$$f'(x)=6x^2+6x+6k=0$$

$$\therefore \quad x^2+x+k=0 \quad \cdots\cdots ①$$

は異なる実数解 α, β ($\alpha<\beta$) をもち、$f(x)$ の増減は右のようになる。

これより、考えるべき条件は

$$f(\alpha)-f(\beta)=8 \quad \cdots\cdots ②$$

となる。

x		α		β	
$f'(x)$	$+$	0	$-$	0	$+$
$f(x)$	↗		↘		↗

ここで、3 次式 $f(x)$ を①の左辺の 2 次式で割ることにより

$$f(x)=(x^2+x+k)(2x+1)+(4k-1)x-k$$

とかけることに注目すると、 ◀実際に割り算を実行

$$\begin{cases} f(\alpha)=(4k-1)\alpha-k \\ f(\beta)=(4k-1)\beta-k \end{cases}$$

◀ $\begin{cases} \alpha^2+\alpha+k=0 \\ \beta^2+\beta+k=0 \end{cases}$

となるので、条件②は $(4k-1)(\alpha-\beta)=8 \quad \cdots\cdots ②'$
とかける。

また、①から $\alpha=\dfrac{-1-\sqrt{1-4k}}{2}$, $\beta=\dfrac{-1+\sqrt{1-4k}}{2}$

$$\therefore \quad \alpha-\beta=-\sqrt{1-4k}$$

であるので②$'$は $(1-4k)\sqrt{1-4k}=8$
という k の方程式となり、これを変形して

$$(\sqrt{1-4k})^3=2^3 \quad \therefore \quad \sqrt{1-4k}=2$$

$$\therefore \quad 1-4k=4 \quad \therefore \quad k=-\dfrac{3}{4}$$

を得る。

注 $f(\alpha)-f(\beta)=2(\alpha^3-\beta^3)+3(\alpha^2-\beta^2)+6k(\alpha-\beta)$
$=(\alpha-\beta)\{2(\alpha^2+\alpha\beta+\beta^2)+3(\alpha+\beta)+6k\}$

という変形も可能です。

例題 184

曲線 $C : y = x^3$ の $x > 0$ の部分に点 P をとり，P における接線が x 軸，y 軸および曲線 C と交わる点を，それぞれ Q, R, S とおく．このとき，PQ：QR：RS は一定であることを示せ．

アプローチ

$x = a$ における関数 $f(x)$ の微分係数 $f'(a)$ は $y = f(x)$ のグラフの $x = a$ における接線の傾きを与える．すなわち，接点を指定すれば接線の方程式が直ちに求められるということが微分法の最大の魅力です．

解答

$$C : y = x^3 \quad \cdots\cdots ①$$

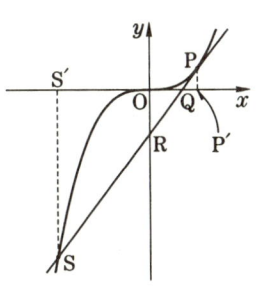

点 P の x 座標を $x = t \ (t > 0)$ とおくと，① より

$$y' = 3x^2$$

であるので，P における曲線 C の接線の方程式は，

$$y - t^3 = 3t^2(x - t)$$

$$\therefore \ y = 3t^2 x - 2t^3 \quad \cdots\cdots ②$$

となる．② で $y = 0$ とおけば点 Q の x 座標

$$x = \frac{2}{3}t$$

が得られ，また，①，② から y を消去すると，

$$x^3 - 3t^2 x + 2t^3 = 0$$

$$\therefore \ (x - t)^2 (x + 2t) = 0$$

となり，これから点 S の x 座標

$$x = -2t$$

がわかる．

◀ ①，② は $x = t$ なる点 P で接しているので，$(x - t)^2$ を因数にもつことはわかっている．

よって，2 点 P, S から x 軸に下ろした垂線の足をそれぞれ P′, S′，さらに原点を O とすると，考えるべき比は

$$\begin{aligned}
PQ : QR : RS &= P'Q : QO : OS' \\
&= \left(t - \frac{2}{3}t\right) : \frac{2}{3}t : 2t \\
&= 1 : 2 : 6
\end{aligned}$$

より一定である． ∎

◀ 平行線と比例
x 軸上に正射影するのがポイント．

例題 **185**

2曲線 $C_1: y=x^2$, $C_2: y=x^3$ の共通接線の方程式を求めよ.

アプローチ

一般的には，2曲線 C_1, C_2 のそれぞれ $x=s$, t なる点での接線が一致すると考える（☞ 別解 ）のですが，曲線 C_1 が放物線（2次関数）であることに注目すれば，C_2 の接線が C_1 と接すると考えたくなります.

解答

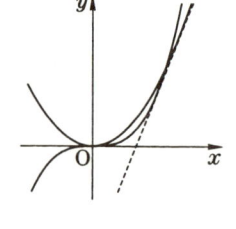

$C_1: y=x^2$ ……①
$C_2: y=x^3$ ……②

②の $x=t$ での接線の方程式は，$y'=3x^2$ より
$$y-t^3=3t^2(x-t)$$
$$\therefore\ y=3t^2x-2t^3 \quad \cdots\cdots ③$$

直線③が曲線 C_1 と接するのは①，③から y を消去して得られる x の2次方程式
$$x^2-3t^2x+2t^3=0$$
が重解をもつ，つまり，
$$判別式=(-3t^2)^2-8t^3=0$$
$$\therefore\ t^3(9t-8)=0 \quad \therefore\ t=0\ または\ t=\frac{8}{9} \quad \cdots\cdots ④$$

のときである．

よって，求める共通接線は2本あり，その方程式は④の値を③に代入することにより
$$y=0\ \ と\ \ y=\frac{64}{27}x-\frac{1024}{729}$$
となる．

◀ $y=0$（x軸）も $y=x^3$ と原点 O で接している．

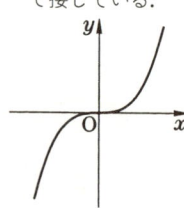

別解 2曲線 C_1, C_2 のそれぞれ $x=s$, t なる点での接線
$$y=2sx-s^2, \quad y=3t^2x-2t^3$$
が一致する条件は
$$\begin{cases} 2s=3t^2 \\ s^2=2t^3 \end{cases}$$
であり，これから s を消去すれば上の④が得られる．

例題 186

a を正の定数とするとき，区間 $0 \leq x \leq a$ における関数 $f(x) = x^3 - 4x$ の最大値を M とおく．a と M の関係を表すグラフを描け．

アプローチ

$f(x)$ のおおまかなグラフは微分しなくても描けます．そこで，考えるべき区間の右端の値 a を動かしてどこで最大になるかをグラフから読みとるのです．

解 答

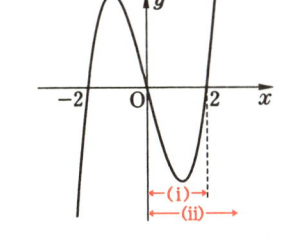

$f(x)$ は 3 次の項の係数が正の奇関数で，x 軸との交点の x 座標は

$$x(x^2 - 4) = 0 \text{ から } x = 0, \pm 2$$

これより，$y = f(x)$ のグラフは右のようになる．

(i) $0 < a < 2$ のとき
$$M = f(0) = 0$$

(ii) $a \geq 2$ のとき
$$M = f(a) = a^3 - 4a$$

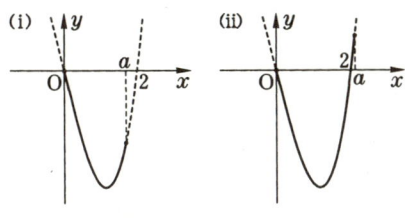

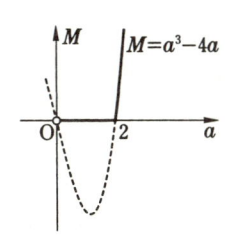

以上の結果を aM 平面に図示して右図を得る．

研究 $f(x)$ の区間 $0 \leq x \leq a$ の部分は下に凸な曲線です．したがって，その区間における最大は区間の両端である $x = 0$ または $x = a$ で起こります．そこで，$\max\{a, b\}$ を a と b のうち大きい方（正確には小さくない方）を表す記号とすれば，

$$M = \max\{f(0), f(a)\} = \max\{0, a^3 - 4a\}$$

と表せます．したがって，aM 平面上で直線 $M = 0$ と曲線 $M = a^3 - 4a$ の上側にある（正確には下側にない）部分を $a > 0$ の範囲で図示したものが求めるグラフになるのです．

> **例題 187**
> a を正の定数として,関数 $f(x)=x(x-3a)^2$ を考える.区間 $0 \leq x \leq 1$ における最大値を M とするとき,a と M の関係をグラフに表せ.

アプローチ

　前問とは異なり,a の値によって関数 $f(x)$ のグラフが動きます.しかし,まず $f(x)$ のグラフを描き,区間の右端:$x=1$ の位置により分類するという考え方は前問と同じです.

解答

$$f(x)=x(x-3a)^2$$
$$=x^3-6ax^2+9a^2x$$
$$f'(x)=3x^2-12ax+9a^2$$
$$=3(x-a)(x-3a)$$

x		a		$3a$	
$f'(x)$	$+$	0	$-$	0	$+$
$f(x)$	↗		↘		↗

　$a>0$ より $f(x)$ の増減は右のようになり,$y=f(x)$ のグラフが描ける.まず,
$$f(x)=f(a) \text{ かつ } x>3a$$
となる x の値は,
$$x^3-6ax^2+9a^2x-4a^3=0$$
$$\therefore \quad (x-a)^2(x-4a)=0$$
から,$x=4a$.

　そこで,$x=1$ の位置を考え,分類する.

(i) $1 \leq a$ のとき,
$$M=f(1)=(1-3a)^2=9\left(a-\frac{1}{3}\right)^2$$

(ii) $a \leq 1 \leq 4a$ つまり $\frac{1}{4} \leq a \leq 1$ のとき,
$$M=f(a)=4a^3$$

(iii) $4a \leq 1$ つまり $0<a \leq \frac{1}{4}$ のとき,
$$M=f(1)=9\left(a-\frac{1}{3}\right)^2$$

　以上の結果を aM 平面に図示して右図を得る.

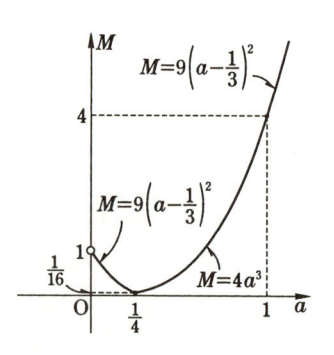

例題 188

1辺の長さ 4cm の正方形の紙の四隅から，同じ大きさの正方形を切り取って，点線に沿って折り曲げて箱を作るとき，この箱の容積の最大値を求めよ．

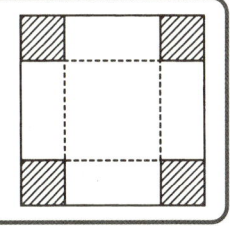

アプローチ

切り取る正方形の1辺の長さを変数 x にとり，箱の容積が x の関数として表すことが出来ればあとは微分法の出番です．その際，注意すべきことは変数 x の変域です．

解答

切り取る正方形の1辺の長さを x cm とすると，作られる箱は底面が1辺の長さ $4-2x$ の正方形で，高さが x の直方体であるので，その容積 V は

$$V = x(4-2x)^2$$
$$= 4x(x-2)^2 \quad \cdots\cdots ①$$
$$= 4(x^3 - 4x^2 + 4x) \quad \cdots\cdots ①'$$

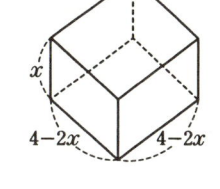

と表され，また，x の変域は

$$\begin{cases} x > 0 \\ 4-2x > 0 \end{cases} \text{から} \quad 0 < x < 2 \quad \cdots\cdots ②$$

◀現れる量がすべて正

である．

①' から，

$$\frac{dV}{dx} = 4(3x^2 - 8x + 4)$$
$$= 4(x-2)(3x-2)$$

となるので区間②における x の関数 V の増減は右のようになる．

x	0		$\frac{2}{3}$		2
$\frac{dV}{dx}$		+	0	−	
V		↗		↘	

よって，V は $x = \frac{2}{3}$ のときに

最大値 $= 4 \cdot \frac{2}{3} \left(\frac{2}{3} - 2\right)^2 = \dfrac{128}{27}$ (cm³)

◀ $x = \frac{2}{3}$ を①に代入

をとる．

> **例題 189**
>
> 右図のような，高さが h，底面の半径が r の直円すいに内接する円柱を考える．ただし，円柱と円すいの中心軸は一致し，円柱の底面は，円すいの底面上にあるものとする．
> (1) 円柱の高さを x とするとき，円柱の底円の半径を x を用いて表せ．
> (2) 円柱の体積 V を x を用いて表せ．
> (3) V の最大値を求めよ．

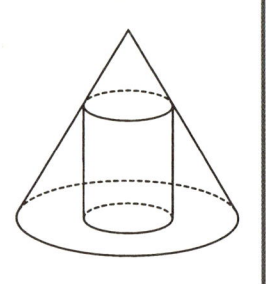

アプローチ

円すいと円柱の中心軸を含む断面を考えるのがポイントです．

解答

(1) 中心軸を含む断面を考え，円柱の底円の半径を y とおくと，右図の三角形の相似比から
$$x : h = (r-y) : r$$
$$\therefore \; rx = h(r-y)$$
$$\therefore \; y = r - \frac{r}{h}x = \frac{r}{h}(h-x)$$

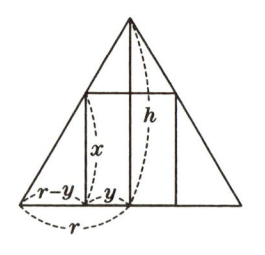

を得る．

(2) (1)の結果から
$$V = \pi y^2 x = \pi \left\{\frac{r}{h}(h-x)\right\}^2 x = \frac{\pi r^2}{h^2}x(x-h)^2$$

(3) $f(x) = x(x-h)^2 = x^3 - 2hx^2 + h^2 x$

とおき，$0 < x < h$ の範囲における $f(x)$ の最大値を調べる．
$$f'(x) = 3x^2 - 4hx + h^2$$
$$= 3(x-h)\left(x - \frac{h}{3}\right)$$

x	0		$\frac{h}{3}$		h
$f'(x)$		$+$	0	$-$	
$f(x)$		↗		↘	

よって，右表から，$f(x)$，したがって，V は $x = \frac{h}{3}$ のときに

最大値 $= \frac{\pi r^2}{h^2} f\left(\frac{h}{3}\right) = \frac{\pi r^2}{h^2} \cdot \frac{4}{27}h^3 = \frac{4}{27}\pi r^2 h$

をとる．

例題 190

a を実数の定数とする．方程式 $x^3-3x+a=0$ を満たす実数 x の値の個数を，a の値に応じて調べよ．

アプローチ

方程式 $x^3-3x+a=0$ を満たす実数 x の値は，関数 $y=x^3-3x+a$ のグラフと x 軸の共有点の x 座標に対応します．したがって，a の値の変化に伴うグラフの上下方向への動きを考察しても解決しますが，やや考えにくいです．そこで，以後の数学にもしばしば現れる "パラメータの分離" という有効な手法を用いてみましょう．

解答

$$x^3-3x+a=0 \quad \cdots\cdots ①$$
$$\iff -x^3+3x=a$$

◀ パラメータ a の分離

これより，①を満たす実数 x の値は，
曲線 $y=-x^3+3x$ ……②
と直線 $y=a$ ……③
の共有点の x 座標である．

②より，$y'=-3x^2+3$
$=-3(x+1)(x-1)$

◀ ②は奇関数より，グラフは原点対称

となるので増減表から②のグラフが描ける．

x		-1		1	
y'	$-$	0	$+$	0	$-$
y	↘		↗		↘

よって，a の値に応じて上下に動く直線③と曲線②の共有点の個数として，①を満たす実数 x の値の個数は

$$\begin{cases} -2<a<2 & \text{のとき} \quad 3 \text{個} \\ a=\pm 2 & \text{のとき} \quad 2 \text{個} \\ a<-2 \text{ または } a>2 & \text{のとき} \quad 1 \text{個} \end{cases}$$

となる．

Notes

このように，微分を利用して方程式の実数解を関数のグラフを考えながら論ずることができます．同様に微分を利用して不等式を論ずることもできます．これについては，次問でやりましょう．

例題 191

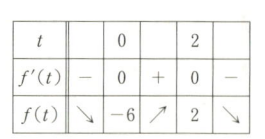

　点 A$(2, a)$ から曲線 $C: y=x^3-3x$ に3本の接線が引けるような定数 a の値の範囲を求めよ．

アプローチ

　まず接点 (t, t^3-3t) における接線が点 A を通ると考えます．すると t についての3次方程式が得られます．この方程式の解の個数と接線の本数との対応を考えればよいわけです．

解答

　$y=x^3-3x$ より $y'=3x^2-3$ となるので，曲線 C 上の点 (t, t^3-3t) における接線の方程式は
$$y-(t^3-3t)=(3t^2-3)(x-t)$$
$$\therefore \quad y=(3t^2-3)x-2t^3$$
である．これが点 A$(2, a)$ を通るのは
$$a=2(3t^2-3)-2t^3$$
$$\therefore \quad -2t^3+6t^2-6=a \quad \cdots\cdots ①$$
が成り立つときである．

　t の3次方程式①が，異なる3つの実数解をもつような a の値の範囲が求めるものである．①の左辺を $f(t)$ とおくと
$$f'(t)=-6t^2+12t$$
$$=-6t(t-2)$$
より，$f(t)$ の増減は右表のようになる．

t		0		2	
$f'(t)$	−	0	+	0	−
$f(t)$	↘	−6	↗	2	↘

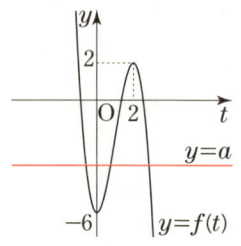

　よって，①が異なる3つの実数解をもつためには，$y=f(t)$ のグラフと直線 $y=a$ が異なる3つの共有点をもてばよいので，グラフより
$$-6 < a < 2$$
である．

研究　A$(2, a)$ を (x_0, y_0) と一般化することにより，3本の接線が引ける点全体を同様に求めることができる．

　点 (x_0, y_0) の存在範囲は右図の斜線部である．ただし，境界は含まない．

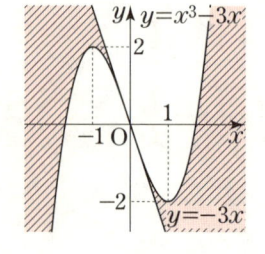

例題 192

$x \geqq 0$ のとき，つねに不等式 $x^3-3x+a>0$ ……(*) が成り立つような定数 a の値の範囲を求めよ．

アプローチ

「$x \geqq 0$ のとき，つねに不等式 $x^3-3x+a>0$ が成り立つ」とは，「$x \geqq 0$ において，関数 $y=x^3-3x+a$ のグラフが x 軸の上側にある」といいかえることができます．これを利用して解くのが標準的ですが，前問で学んだ手法を応用するとさらに明解です．

解答

$f(x)=-x^3+3x$ とおき，

「$y=f(x)$ のグラフが，$x \geqq 0$ の範囲で直線 $y=a$ の下側にある」

ための条件を求めればよい．

ところで

$$f'(x)=-3x^2+3$$
$$=-3(x+1)(x-1)$$

より，$f(x)$ の増減表とグラフは右のようになる．

x		-1		1	
f'	$-$	0	$+$	0	$-$
f	$\searrow$	-2	$\nearrow$	2	$\searrow$

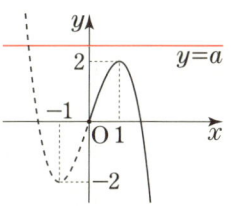

よって，(*) が成り立つための必要十分条件は

$$a>2$$

となることである．

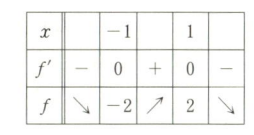

注 下のように関数 $y=x^3-3x+a$ のグラフを利用して $a>2$ を導くこともできる．

$$y'=3x^2-3=3(x+1)(x-1)$$

より，$x \geqq 0$ の範囲での y の増減は右のように $x=1$ で最小値 $a-2$ をとるから，「$x \geqq 0$ のとき，つねに(*)は成り立つ」ための必要十分条件は，$a-2>0$ となることである．

x	0		1	
y'		$-$	0	$+$
y		$\searrow$	$a-2$	$\nearrow$

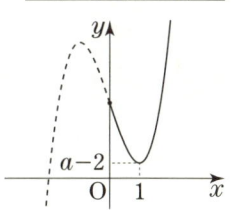

章末問題（第8章　微分とその応用）

Aランク

73 3次関数 $f(x)=x^3+3ax^2+3bx+1$ は $x=-1$ で極大値をとるとする.
(1) $f(x)$ が $x=p$ で極小値をとるとき, b と p を a で表せ.
(2) $f(x)$ の極大値と極小値の差が $\dfrac{1}{2}$ のとき, a の値を求めよ.
（大阪市大）

74 関数 $f(x)=\dfrac{2}{3}x^3-px^2+px+1$ は, $x=\alpha$ で極大になり, $x=\beta$ で極小になるとする. このとき, 次の問いに答えよ.
(1) p の値の範囲を求めよ.
(2) p が(1)で求めた範囲を動くとき, 2点 $(\alpha, f(\alpha))$, $(\beta, f(\beta))$ の中点の軌跡を図示せよ.
（島根大）

75 xy 平面において, 点PとQは, それぞれ, 放物線 $y=x^2+2x+2$ と直線 $y=x-1$ の上を動くものとする. 線分PQの長さの最小値と, その最小値をあたえるPとQの座標を求めよ.
（法政大）

76 半径 r の球に直円錐が内接している. 直円錐の高さを h とする.
(1) 直円錐の体積 V を h で表せ.
(2) 体積 V の最大値およびそのときの h の値を求めよ.
（山口大）

77 $f(x)=x^3-3kx^2+3kx-k^2$ について, 次の各問いに答えよ.
(1) $y=f(x)$ が極大値と極小値をもつように k の値の範囲を求めよ.
(2) $f(x)=0$ が異なる3つの実数解をもつように k の値の範囲を定めよ.
（酪農学園大）

78 3次方程式 $2x^3 - ax^2 + 1 = 0$ の異なる実数解の個数を定数 a の値によって分類せよ. （順天堂大・改）

79 $f(x) = x^3 + 2x^2 - 4x$ に対して，次の問いに答えよ．
(1) 曲線 $y = f(x)$ 上の点 $(t, f(t))$ における接線の方程式を求めよ．
(2) 点 $(0, k)$ から曲線 $y = f(x)$ にひくことができる接線の本数を，k の値によって調べよ． （大阪市大）

80 $a > 0, b > 0, c > 0$ とする．
(1) $f(x) = x^3 - 3abx + a^3 + b^3$ の $x > 0$ における増減を調べ，極値を求めよ．
(2) (1)の結果を利用して，$a^3 + b^3 + c^3 \geq 3abc$ が成り立つことを示せ．また，等号が成立するのは $a = b = c$ のときに限ることを示せ． （学習院大）

Bランク

81 x の整式 $f(x)$ が $xf''(x) + (1-x)f'(x) + 3f(x) = 0$, $f(0) = 1$ を満たすとき，次の各問いに答えよ．
(1) $f(x)$ の次数を求めよ．
(2) $f(x)$ を求めよ． （神戸大）

82 3次関数 $f(x) = x^3 + ax^2 + 2bx$ が，$0 < x < 2$ の範囲で極大値と極小値をもつための実数 a, b の条件を求め，その範囲を ab 平面上に図示せよ． （千葉大・改）

83 曲線 $C: y = \dfrac{1}{3}x^3$ 上の点 $A\left(a, \dfrac{1}{3}a^3\right)$ における接線を l_1 とする．また，l_1 とは異なる C の接線のうち，点 A を通る接線を l_2 とするとき，次の問いに答えよ．ただし，$a > 0$ とする．
(1) l_1 が l_2 となす角を θ （ただし，$0° < \theta < 90°$）とするとき，$\tan\theta$ を a を用いて表せ．
(2) $\tan\theta$ の最大値と，そのときの a の値を求めよ． （星薬大・改）

84 $a > 0$ とする．関数 $f(x) = |x^3 - 3a^2 x|$ の $-1 \leqq x \leqq 1$ における最大値を $M(a)$ とするとき，次の各問いに答えよ．
(1) $M(a)$ を a を用いて表せ．
(2) $M(a)$ を最小にする a の値を求めよ． （神戸大）

85 実数 x, y, z が $x + y + z = 2$, $xy + yz + zx = 1$ を満たすとき，次の問いに答えよ．
(1) z のとり得る値の範囲を求めよ．
(2) xyz を z の式で表せ．
(3) xyz の最小値と，そのときの x, y, z の値を求めよ． （早　大）

86 方程式 $2x^3 - 3x^2 - 12x + p = 0$ が異なる 3 個の実数解 α, β, γ $(\alpha < \beta < \gamma)$ をもつような p の値の範囲を求めよ．また，p がその範囲を動くとき実数解 α, β, γ がとる値の範囲を求めよ． （東北薬大・改）

第 9 章

積分とその応用

　面積や体積を正確に求めることは，田畑に対する租税を合理的に課したり，ワインや油の売買を合理的に行うために大切なことだったからでしょうか，人類の歴史の中に，遠い起源をもっています．しかし，円のように曲線で囲まれた図形の面積や，球のように曲面で囲まれた立体の体積を厳密に求めることは，直線図形や平面図形の場合よりはるかに難しく，アルキメデスのような天才の巧妙な工夫を通してのみ，接近することができる難問でした．

　ところが，17世紀になって，この難問が簡単な計算で解決できること，その計算は，接線を求めるための微分の計算を逆にしたものに過ぎないということが発見されました．これが，ニュートン，ライプニッツによる微積分法の発見です．

　微積分法はその後，単なる数学の一分野にとどまらず，変化する自然現象を精密に記述するための強力な武器となり，これを利用することにより，人間は巨大なエネルギーを制御する科学産業を築いてきました．今日，地球上に見られる先進国地域とそうでない地域との経済的，政治的，軍事的較差は，この科学文明をいち早く取り入れたか否かで決まったといっても過言ではないでしょう．その意味で，微積分法の発見は，人類史上の最も大きな事件の1つといってよいのです．

　ところで，たいへん興味深いことに，ニュートンとライプニッツの2人は，ほぼ同じ時期に互いに独立にこの偉大な発見に到達しました．「機が熟する」という言葉の意味を考えさせられます．高校2年生は，微積分法を学ぶのにちょうど良い時機だと思います．

§1 積分

I 面積と積分

少し難しいかも知れないが，初めに，なぜ，微分の逆で面積が求められるのか，簡単に触れておこう．検定教科書では丁寧に解説されることが希であるからである．

関数 $y=f(x)$ のグラフが右図のようになっているとき，a, t を定数として，

　　曲線 $y=f(x)$, x 軸, 直線 $x=a$

そして

　　　　　　直線 $x=t$

で囲まれた図形の面積 S を考える．

t を変数と考えると，S は，t の関数であるから，その意味で

$$S=F(t)$$

とおく．そして，t をわずかな値 Δt だけ増加させると，S は $F(t+\Delta t)$ となるから，S の増加分 ΔS は

$$\Delta S = F(t+\Delta t) - F(t)$$

と表される．ΔS は，長方形の面積ではないが，Δt を小さくしていけば，非常に幅の狭い長方形の面積のようなものであり，したがって ΔS をその横幅 Δt で割った $\dfrac{\Delta S}{\Delta t}$ は，$\Delta t \to 0$ とすると $f(t)$ に近づいていく．つまり

$$\lim_{\Delta t \to 0} \frac{\Delta S}{\Delta t} = f(t)$$

$$\therefore \quad \frac{dS}{dt} = f(t) \quad \cdots\cdots(*)$$

である．

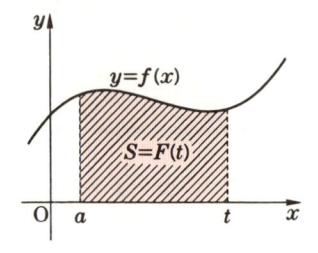

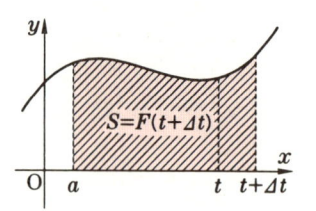

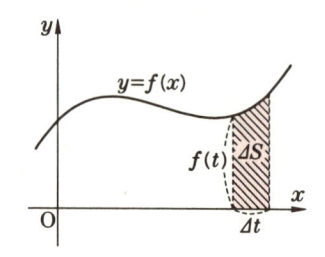

1° 直線 $y=x$ と x 軸, 直線 $x=1$, および直線 $x=t$ で囲まれた図形の面積を S とおきましょう. すると, 台形の面積の公式から $S=\dfrac{1}{2}(1+t)(t-1)$ です. しかし, これは上の考えを利用して次のようにして導くことができます. まず (*) より

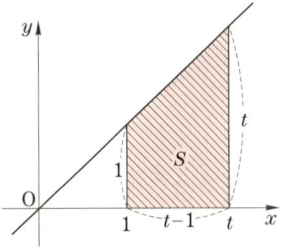

$$\frac{dS}{dt}=t$$

が成り立ちます.

ところで, t で微分して t になる関数には,

$\dfrac{1}{2}t^2$, $\dfrac{1}{2}t^2+1$, $\dfrac{1}{2}t^2-10$, …

など, いろいろありますが, このうち, $t=1$ のときにちょうど 0 になるものは, $\dfrac{1}{2}t^2-\dfrac{1}{2}$ だけです. このことから,

$S=\dfrac{1}{2}t^2-\dfrac{1}{2}$ とわかるのです.

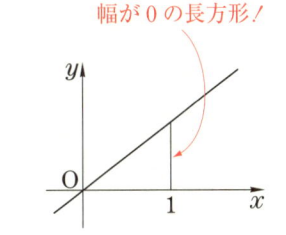

幅が 0 の長方形!

2° 放物線 $y=x^2$ について同様に考えて見ると,

$$\begin{cases} \dfrac{dS}{dt}=t^2 \\ t=1 \text{ のとき } S=0 \end{cases}$$

から,

$$S=\frac{1}{3}t^3-\frac{1}{3}$$

が得られます.

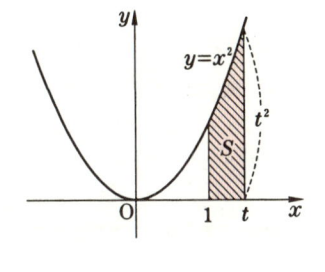

以上のことから, 右図のような
　曲線 $y=f(x)$,
　x 軸,
　直線 $x=a$,
　直線 $x=t$
で囲まれた図形の面積 $S(t)$ を求めるためには

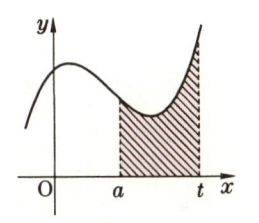

1) 微分したら $f(t)$ となる t の関数 $F(t)$, すなわち, $F'(t)=f(t)$ となるような $F(t)$ を1つ見つける．1つ見つかると, 他のものは, $F(t)$ に，勝手な定数 C を加えて
$$F(t)+C$$
として見出される．

2) その中で, $t=a$ のとき, すなわち $S(a)=0$ となるようなものを見つける．
（具体的には, C を $C=-F(a)$ と定めればよい.）

3) $S(t)=F(t)-F(a)$

Notes 難しそうに見えますが，次節以降で，やや高級なことばと記号をマスターした後で読めば，もっとよくわかるはずです．

II 不定積分（原始関数）

定義

関数 $f(x)$ に対し，
$$F'(x)=f(x)$$
すなわち，微分したら $f(x)$ になるような関数 $F(x)$ のことを, $f(x)$ の **原始関数** という．
　$F(x)$ が, $f(x)$ の原始関数なら, $F(x)$ に任意の定数 C を加えた関数 $F(x)+C$ も $f(x)$ の原始関数である．
　そして, $f(x)$ の原始関数は，このようなもので尽くされる．

Notes たとえば, $f(x)=3x^2$ に対し,
$$F(x)=x^3,\ F(x)=x^3+1,\ F(x)=x^3-2,\ \cdots$$
などは，みな $f(x)$ の原始関数です．

問 9-1 次の関数の原始関数 $F(x)$ を3個ずつあげよ．
(1) $f(x)=x^2$
(2) $f(x)=x^2+2x$
(3) $f(x)=2x^2-3x+1$

> **定義**
>
> 関数 $f(x)$ が与えられたとき，$f(x)$ の原始関数を求めることを，$f(x)$ を **積分する** という．$f(x)$ の原始関数は，定数差を考慮すると，無数にあるので，これを，C を任意の定数として
> $$\int f(x)\,dx = F(x) + C$$
> と表し，$f(x)$ の **不定積分** と呼ぶ．C は定数であるが，値は定まっていないので，特に **積分定数** と呼ぶ．

例 9-1 $\displaystyle\int x^2\,dx = \frac{1}{3}x^3 + C$ （C：積分定数）

例 9-2 $\displaystyle\int (3x^2 - 2x + 1)\,dx = x^3 - x^2 + x + C$ （C：積分定数）

Notes

1° 高校では，「原始関数」と「不定積分」という用語の違いには，神経質にならなくてかまいません．

2° 記号 $\int$ はインテグラルと読みますが，元は「和」を意味することば（英語なら sum）の頭文字 S に由来するものです．

> 不定積分において，次の公式が成り立つ．
>
> (1) $\displaystyle\int x^n\,dx = \frac{1}{n+1}x^{n+1} + C$ （C：積分定数）
>
> (2) $\displaystyle\int \{f(x) + g(x)\}\,dx = \int f(x)\,dx + \int g(x)\,dx$
>
> $\displaystyle\int \{af(x)\}\,dx = a\int f(x)\,dx$ （a：定数）

Notes

この公式は次のような使い方をマスターするだけで十分です．たとえば

$$\int \{3x^2 - 2x\}\,dx = 3\times (x^2 \text{ の積分}) - 2\times (x \text{ の積分}) \quad \cdots\cdots ①$$
$$= 3\times \frac{1}{3}x^3 - 2\times \frac{1}{2}x^2 + C \quad \cdots\cdots ②$$
$$= x^3 - x^2 + C$$

という具合です．①から②に移るとき，いきなり，C が出てくるのは，ビックリするかもしれませんが，不定積分なので，これが必要です．

III 定積分

> **定義**
> 関数 $f(x)$ の原始関数の1つを $F(x)$ とするとき,
> $$F(b)-F(a)$$
> のことを,
> $F(x)$ を用いて $\left[F(x)\right]_a^b$ と表し,
> $f(x)$ を用いて $\displaystyle\int_a^b f(x)dx$ とかく.
> これを $f(x)$ を**被積分関数**とする**定積分**と呼び, a をこの定積分の**下端**, b を**上端**と呼ぶ.

例 9-3 $\displaystyle\int_1^2 x^2 dx = \left[\frac{1}{3}x^3\right]_1^2 = \frac{1}{3}\cdot 2^3 - \frac{1}{3}\cdot 1^3 = \frac{7}{3}$

問 9-2 次の定積分の値を計算せよ.

(1) $\displaystyle\int_0^2 x^2 dx$ (2) $\displaystyle\int_{-1}^2 x^2 dx$ (3) $\displaystyle\int_1^{-1} x^2 dx$

(4) $\displaystyle\int_{-1}^2 (4x^3 - 3x^2)dx$ (5) $\displaystyle\int_{-3}^{-1} 2dx$

Notes 上の問 9-2 の(3)からわかるように, 定積分 $\displaystyle\int_a^b f(x)dx$ において, $a<b$ とは限りません！

上の定義から, 定積分に関して次の公式が成り立つことが証明できる.

> (1) $\displaystyle\int_a^b f(x)dx + \int_b^c f(x)dx = \int_a^c f(x)dx$
>
> (2) $\displaystyle\int_a^a f(x)dx = 0$
>
> (3) $\displaystyle\int_a^b f(x)dx = -\int_b^a f(x)dx$

これらの式は, §2 に述べる面積と関連させて理解するとよい.

§2 積分の応用

I 面積を求める基本公式

> 曲線 $y=f(x)$ が，区間 $a \leqq x \leqq b$ で x 軸の上側にある
> (すなわち，$f(x) \geqq 0$) ならば，これと，
> 3直線 (x 軸，$x=a$，$x=b$)
> で囲まれた図形の面積は
> $$\int_a^b f(x)dx$$
> に等しい．

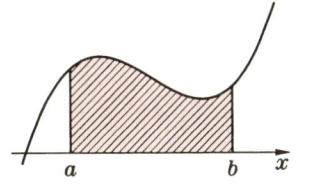

Notes

1° 上の説明の「3直線」は「2直線」や「直線」になる場合もあります．たとえば，放物線 $y=x^2$ と x 軸，直線 $x=1$ で囲まれた図形の面積は
$$\int_0^1 x^2 dx = \left[\frac{1}{3}x^3\right]_0^1 = \frac{1}{3}$$
となります．

また，放物線 $y=-x^2+x$ と x 軸とで囲まれた部分の面積は
$$\int_0^1 (-x^2+x)dx = \left[-\frac{1}{3}x^3 + \frac{1}{2}x^2\right]_0^1$$
$$= -\frac{1}{3} + \frac{1}{2} = \frac{1}{6}$$

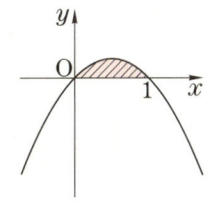

2° 放物線 $y=x^2-x$ について $\int_0^1 (x^2-x)dx$ を計算すると，
$$\int_0^1 (x^2-x)dx = -\frac{1}{6}$$
となります．負の値が出てしまったのは，$y=x^2-x$ が，$0 \leqq x \leqq 1$ の範囲で，上にあげた定理の条件 "$f(x) \geqq 0$" を満たしていないためです．

このような場合に，正しく面積を求めるためには，次の定理を用います．

定理

2曲線 $y=f(x)$, $y=g(x)$ に対し，区間 $a \leq x \leq b$ で
$$f(x) \geq g(x)$$
であるならば，
$$\begin{cases} 2曲線\ y=f(x),\ y=g(x) \\ 2直線\ x=a,\ x=b \end{cases},$$
で囲まれる図形の面積は
$$\int_a^b \{f(x)-g(x)\}dx$$
である．

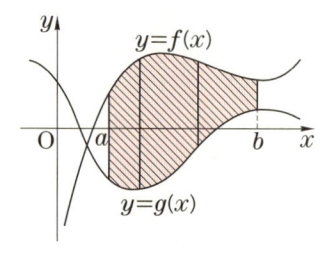

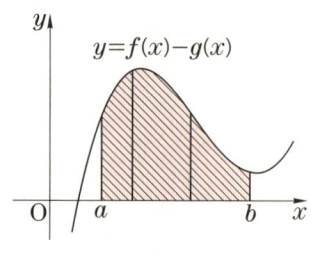

Notes

たとえば，放物線 $y=x^2-x$ と x 軸とで囲まれる図形の面積 S は，
$$f(x)=0$$
$$g(x)=x^2-x$$
の場合であると考えればよいので，
$$S = \int_0^1 \{-(x^2-x)\}dx$$
$$= \left[-\frac{1}{3}x^3 + \frac{1}{2}x^2\right]_0^1 = -\frac{1}{3} + \frac{1}{2} = \frac{1}{6}$$
となります．

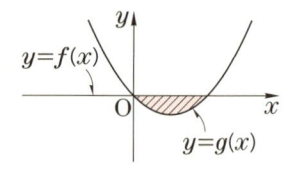

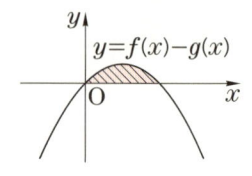

一般に，曲線 $y=f(x)$ が区間 $a \leq x \leq b$ で x 軸の下側にあるならば，これと，x 軸，直線 $x=a$，直線 $x=b$ で囲まれた図形の面積は
$$-\int_a^b f(x)dx$$
になる．

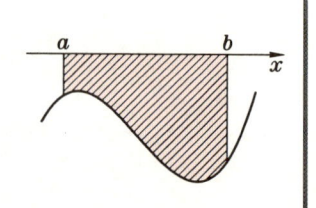

II 応用上重要な面積

面積を論ずる応用上頻繁に現れるのは，放物線で作られる次のような形である．

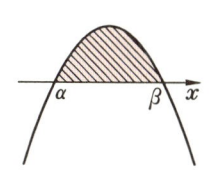

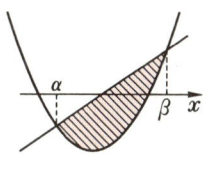

これらは，いずれも

$$\int_\alpha^\beta (x-\alpha)(\beta-x)\,dx$$

という形の積分の定数倍で表すことができる．

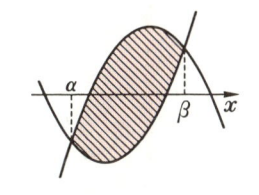

Notes 被積分関数が x について
$$-a(x-\alpha)(x-\beta)$$
と整理されていないことが気になるかもしれません．不慣れなうちは，このように書いても構いませんが，次のことを考えると，上にあげた形の方が気持ちいいのです．

図のように $\alpha<\beta$ であるとすると，積分区間 $\alpha \leqq x \leqq \beta$ では，
$$\begin{cases} x-\alpha \geqq 0 \\ \beta-x \geqq 0 \end{cases} \quad \therefore \quad (x-\alpha)(\beta-x) \geqq 0$$

例 9-4 2つの放物線
$$y=x^2+x-1, \quad y=-x^2+2x$$
は，右図のような位置関係にある．それゆえ，これらで囲まれる図形の面積は
$$\int_{-\frac{1}{2}}^1 \{(-x^2+2x)-(x^2+x-1)\}\,dx$$
$$=\int_{-\frac{1}{2}}^1 (-2x^2+x+1)\,dx = 2\int_{-\frac{1}{2}}^1 \left(x+\frac{1}{2}\right)(1-x)\,dx$$

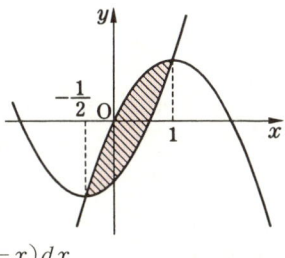

次の公式は実践的に有用である．

$$\int_\alpha^\beta (x-\alpha)(\beta-x)\,dx = \frac{1}{6}(\beta-\alpha)^3$$

Notes

1° 証明は，いろいろありますが，一番簡単なのは，左辺の被積分関数を展開して実直に計算して右辺を導くものです．詳しくは 例題 193 を参照して下さい．

2° この公式を用いれば，例 9-4 の面積は $2 \times \dfrac{1}{6}\left(1+\dfrac{1}{2}\right)^3 = \dfrac{9}{8}$ と出ます．

$$\int_{-\frac{1}{2}}^{1}(-2x^2+x+1)dx = \left[-\dfrac{2}{3}x^3+\dfrac{1}{2}x^2+x\right]_{-\frac{1}{2}}^{1}$$

$$= -\dfrac{2}{3}\left\{1-\left(-\dfrac{1}{2}\right)^3\right\}+\dfrac{1}{2}\left\{1-\left(-\dfrac{1}{2}\right)^2\right\}+\left\{1-\left(-\dfrac{1}{2}\right)\right\}$$

で計算するのと比べると，労力の差が随分大きいことがわかるでしょう．より抽象的な問題では，公式の威力はもっと大きくなります．

III 体積

これまでの積分の知識でわかる最も画期的な事柄は，積分を応用して立体の体積が計算できることである．「学習指導要領」では，指導項目に指定されていないが，ここではこの目覚ましい事実について，その最重要ポイントを紹介しよう．

底面が S で，高さが h の円すいを考える．

この円すいの，高さが x までの部分の体積を $V(x)$ とおくと $V'(x) = \dfrac{S}{h^2}x^2$ となる．

このことから，

$$V(h) = \int_0^h \dfrac{S}{h^2}x^2 dx = \left[\dfrac{S}{h^2}\cdot\dfrac{1}{3}x^3\right]_0^h = \dfrac{1}{3}Sh$$

つまり，円すいの体積は　**底面の面積×高さ÷3**　という公式が得られる．

Notes

小学生のとき以来，不思議だった錐(すい)の体積を計算するときの"割る 3"は，相似比 $\dfrac{x}{h}$ の 2 乗，すなわち $\dfrac{1}{h^2}x^2$ を x で積分することから出てくる係数 $\dfrac{1}{2+1} = \dfrac{1}{3}$ にほかならない，ということです！

例題 193

次の公式が成り立つことを証明せよ．
$$\int_\alpha^\beta (x-\alpha)(\beta-x)dx = \frac{1}{6}(\beta-\alpha)^3$$

アプローチ

左辺を計算する際，実直に左辺の被積分関数を展開してから積分するほかに $(x-\alpha)$ の多項式とみて展開し積分する，という方法もあります．このとき公式
$$\int (x-\alpha)^n dx = \frac{1}{n+1}(x-\alpha)^{n+1}+C$$
(α：定数，$n=0,\ 1,\ 2,\ \cdots$) を使います．

解答

（方法1）

$$\begin{aligned}
\text{左辺} &= \int_\alpha^\beta \{-x^2+(\alpha+\beta)x-\alpha\beta\}dx \quad \blacktriangleleft \text{項別に積分}\\
&= \left[-\frac{x^3}{3}+\frac{(\alpha+\beta)}{2}x^2-\alpha\beta x\right]_\alpha^\beta \\
&= -\frac{\beta^3-\alpha^3}{3}+\frac{\alpha+\beta}{2}(\beta^2-\alpha^2)-\alpha\beta(\beta-\alpha) \\
&= \frac{\beta-\alpha}{6}\{-2(\alpha^2+\alpha\beta+\beta^2)+3(\alpha+\beta)^2-6\alpha\beta\} \\
&= \frac{1}{6}(\beta-\alpha)(\alpha^2-2\alpha\beta+\beta^2) = \frac{1}{6}(\beta-\alpha)^3 = \text{右辺} \ \blacksquare
\end{aligned}$$

（方法2）

$$\begin{aligned}
\text{左辺} &= \int_\alpha^\beta (x-\alpha)\{(\beta-\alpha)-(x-\alpha)\}dx \quad \blacktriangleleft (x-\alpha) \text{ の多項式}\\
&= \int_\alpha^\beta \{(\beta-\alpha)(x-\alpha)-(x-\alpha)^2\}dx \qquad\qquad \text{とみて展開．}\\
&= \left[\frac{\beta-\alpha}{2}(x-\alpha)^2-\frac{(x-\alpha)^3}{3}\right]_\alpha^\beta \\
&= \frac{(\beta-\alpha)^3}{2}-\frac{(\beta-\alpha)^3}{3} = \frac{1}{6}(\beta-\alpha)^3 = \text{右辺} \ \blacksquare
\end{aligned}$$

注 この公式は，放物線 $y=(x-\alpha)(\beta-x)$ と x 軸とが囲む部分の面積のみならず，放物線と直線，放物線と放物線とが囲む図形の面積にも利用できます．応用例については☞例題 194

> **例題 194**
> 次の図形の面積を求めよ．
> (1) 放物線 $y=-2x^2+5x-2$ と x 軸で囲まれる図形の面積 S_1
> (2) 放物線 $y=2x^2$ と直線 $y=5x-2$ で囲まれる図形の面積 S_2
> (3) 放物線 $y=-x^2+1$ と放物線 $y=x^2-5x+3$ で囲まれる図形の面積 S_3

解 答

(1) 右のグラフから

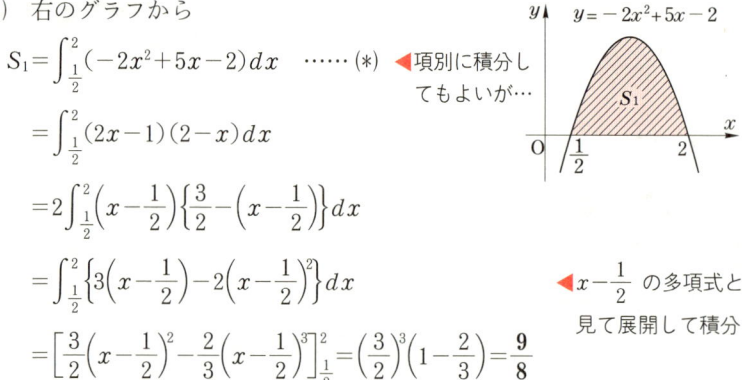

$$S_1=\int_{\frac{1}{2}}^{2}(-2x^2+5x-2)dx \quad \cdots\cdots (*)$$

◀項別に積分してもよいが…

$$=\int_{\frac{1}{2}}^{2}(2x-1)(2-x)dx$$

$$=2\int_{\frac{1}{2}}^{2}\left(x-\frac{1}{2}\right)\left\{\frac{3}{2}-\left(x-\frac{1}{2}\right)\right\}dx$$

$$=\int_{\frac{1}{2}}^{2}\left\{3\left(x-\frac{1}{2}\right)-2\left(x-\frac{1}{2}\right)^2\right\}dx$$

◀ $x-\dfrac{1}{2}$ の多項式と見て展開して積分

$$=\left[\frac{3}{2}\left(x-\frac{1}{2}\right)^2-\frac{2}{3}\left(x-\frac{1}{2}\right)^3\right]_{\frac{1}{2}}^{2}=\left(\frac{3}{2}\right)^3\left(1-\frac{2}{3}\right)=\frac{9}{8}$$

(2) 両者の交点の x 座標は y を消去して 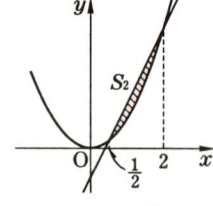
$2x^2=5x-2$ ∴ $(2x-1)(x-2)=0$
∴ $x=\dfrac{1}{2}$ または $x=2$

右図を参照して $S_2=\int_{\frac{1}{2}}^{2}(5x-2-2x^2)dx$

となるが，これは S_1 を与える定積分 (*) と同じなので $S_2=S_1=\dfrac{9}{8}$．

(3) 両者の交点の x 座標は(1), (2)と同じであるから右図を参照して

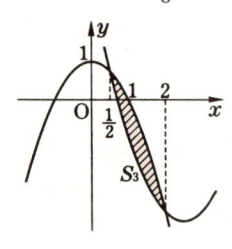

$$S_3=\int_{\frac{1}{2}}^{2}\{-x^2+1-(x^2-5x+3)\}dx$$

$$=\int_{\frac{1}{2}}^{2}(-2x^2+5x-2)dx$$

これも S_1 と同じで $S_3=\dfrac{9}{8}$．

注 (1)は前問の公式を用いれば，次のように計算できる．

$$S_1=\int_{\frac{1}{2}}^{2}(2x-1)(2-x)dx=2\int_{\frac{1}{2}}^{2}\left(x-\frac{1}{2}\right)(2-x)dx=2\cdot\frac{1}{6}\left(2-\frac{1}{2}\right)^3=\frac{9}{8}$$

例題 195

放物線 $y=x^2$ 上の異なる2点 $A(\alpha, \alpha^2)$, $B(\beta, \beta^2)$ $(\alpha<\beta)$ における接線の交点を C とする.
(1) C の座標を求めよ.
(2) 放物線と直線 AB が囲む部分の面積 S_1 と △ABC の面積 S_2 との比は A, B の位置によらず一定であることを示せ.

アプローチ

素直に2点 A, B における接線の方程式を求め, それらを連立して, 交点 C の座標を求めます.

解 答

(1) $y=x^2$ より $y'=2x$ であるので, $x=\alpha$ なる点 A における接線の方程式は
$$y-\alpha^2=2\alpha(x-\alpha)$$
$$\therefore \quad y=2\alpha x-\alpha^2 \quad \cdots\cdots ①$$
となり, ①において α の代わりに β とおけば点 B における接線の方程式
$$y=2\beta x-\beta^2 \quad \cdots\cdots ②$$
が得られる. C の座標は, ①, ②を連立して求められる.

まず, ①−② より y を消去して, x を求めると,
$$2(\alpha-\beta)x=(\alpha-\beta)(\alpha+\beta)$$
$$\alpha \neq \beta \text{ により } x=\frac{\alpha+\beta}{2}. \quad \cdots\cdots ③$$

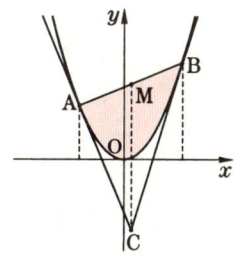

③を①に代入すると, $y=\alpha\beta$.

よって, 2接線①, ②の交点 C の座標は $C\left(\dfrac{\alpha+\beta}{2}, \alpha\beta\right)$.

(2) 直線 AB の傾き $=\dfrac{\alpha^2-\beta^2}{\alpha-\beta}=\alpha+\beta$ より, その方程式は
$$y-\alpha^2=(\alpha+\beta)(x-\alpha)$$
$$\therefore \quad y=(\alpha+\beta)x-\alpha\beta \quad \cdots\cdots ④$$
であるので, 右図を参照して
$$S_1=\int_\alpha^\beta \{(\alpha+\beta)x-\alpha\beta-x^2\}dx$$
$$=\int_\alpha^\beta (x-\alpha)(\beta-x)dx=\frac{1}{6}(\beta-\alpha)^3 \quad \cdots\cdots ⑤$$

と，S_1 が求められる．

他方，S_2 については線分 AB の中点を M とおくと

$$S_2 = \frac{1}{2}\mathrm{MC} \times (\beta - \alpha) \qquad \cdots\cdots ⑥$$

と求められる．

そこで，M の y 座標を求めるために，④に交点 C の x 座標：$x = \dfrac{\alpha+\beta}{2}$ を代入すると，M の y 座標

$y = (\alpha+\beta) \cdot \dfrac{\alpha+\beta}{2} - \alpha\beta = \dfrac{\alpha^2+\beta^2}{2}$　が得られる．

これを⑥に代入して

$$S_2 = \frac{1}{2}\left(\frac{\alpha^2+\beta^2}{2} - \alpha\beta\right)(\beta-\alpha) = \frac{1}{4}(\beta-\alpha)^3 \qquad \cdots\cdots ⑦$$

以上⑤，⑦から

$$S_1 : S_2 = \frac{1}{6}(\beta-\alpha)^3 : \frac{1}{4}(\beta-\alpha)^3 = 2 : 3$$

となり α，β の値つまり，A，B の位置によらず一定である．■

例題 196

曲線 $C : y = x^3 - 3x$ 上の点 $A(a, a^3 - 3a)$ における接線が再び，A 以外の点 B で曲線 C と交わるという．
(1) a の満たすべき条件を求めよ．
(2) 曲線と直線 AB で囲まれる図形の面積 S を求めよ．

アプローチ

接線の方程式を求め，曲線 C の方程式とから y を消去するところまでは 1 本道です．問題は (2) の定積分計算の要領です．

解答

(1) $C : y = x^3 - 3x$ ……① より $y' = 3x^2 - 3$

これより点 $A(a, a^3 - 3a)$ における接線の方程式は
$$y - (a^3 - 3a) = (3a^2 - 3)(x - a)$$
$$\therefore \quad y = (3a^2 - 3)x - 2a^3 \quad \cdots\cdots ②$$

①，② から y を消去して，
$$x^3 - 3a^2 x + 2a^3 = 0 \quad \cdots\cdots ③$$
$$\therefore \quad (x - a)^2 (x + 2a) = 0$$
$$\therefore \quad x = a \ \text{または}\ x = -2a$$

これより，①，② の点 A 以外の共有点 B の x 座標は $x = -2a$ となるので 2 点 A，B が異なる条件は
$$a \neq -2a \quad \therefore \quad \boldsymbol{a \neq 0} \ \text{である．}$$

◀ ①，② は $x = a$ なる点で接しているので $(x-a)^2$ を因数にもつことは，初めからわかっている！

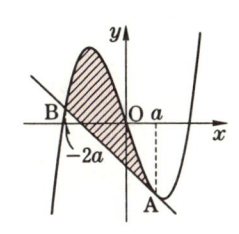

(2) (i) $a > 0$ のとき，右図から
$$S_1 = \int_{-2a}^{a} [x^3 - 3x - \{(3a^2 - 3)x - 2a^3\}] dx$$
$$= \int_{-2a}^{a} (x^3 - 3a^2 x + 2a^3) dx$$
$$= \int_{-2a}^{a} (x - a)^2 (x + 2a) dx$$
$$= \int_{-2a}^{a} (x - a)^2 \{(x - a) + 3a\} dx$$
$$= \int_{-2a}^{a} \{(x - a)^3 + 3a(x - a)^2\} dx$$
$$= \left[\frac{1}{4}(x - a)^4 + a(x - a)^3 \right]_{-2a}^{a} = \frac{27}{4} a^4$$

◀ $(x - a)$ の多項式とみて展開

◀ $(x - a)$ の多項式とみて積分

(ii) $a < 0$ のとき，右図から
$$S_2 = \int_a^{-2a} \{(3a^2-3)x - 2a^3 - (x^3-3x)\}dx$$
$$= -\int_a^{-2a}(x^3 - 3a^2x + 2a^3)dx$$
$$= -\int_a^{-2a}(x-a)^2(x+2a)dx$$
$$= -\left[\frac{1}{4}(x-a)^4 + a(x-a)^3\right]_a^{-2a} = \frac{27}{4}a^4$$

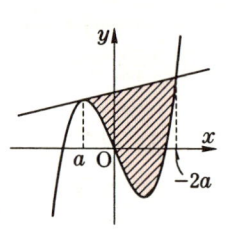

以上 (i), (ii) よりいずれの場合も求める面積は
$$S = \frac{27}{4}a^4$$
である．

◀被積分関数の計算で(i)と同じ状況が起こる．

注 ①，②の交点を求めるために①，②から y を消去して得られる x の3次方程式③の左辺と，面積を求めるために上側を表す曲線から下側を表す曲線を引いて得られる被積分関数とは全体の符号の違いを除けば同じものです．

例題 197

曲線 $y=x^3-x^2-2x$ と x 軸とで囲まれる $x \leq 0$ と $x \geq 0$ の2つの部分の面積をそれぞれ S_1, S_2 とする．和 S_1+S_2 と差 S_1-S_2 を求めよ．

アプローチ

まずはグラフを描き，「2つの部分」を正確につかむことが最初の仕事です．

解答

$$y=x^3-x^2-2x=x(x+1)(x-2)$$

よりグラフは右のようになる．

これより，

$$S_1=\int_{-1}^{0}(x^3-x^2-2x)dx$$
$$=\left[\frac{x^4}{4}-\frac{x^3}{3}-x^2\right]_{-1}^{0}=\frac{5}{12}$$
$$S_2=-\int_{0}^{2}(x^3-x^2-2x)dx$$
$$=-\left[\frac{x^4}{4}-\frac{x^3}{3}-x^2\right]_{0}^{2}=\frac{8}{3}$$

となるので，これらの和と差

$$S_1+S_2=\frac{37}{12}, \quad S_1-S_2=-\frac{9}{4}$$

を得る．

注 $f(x)=x^3-x^2-2x$ とおくと $\begin{cases} -1 \leq x \leq 0 \text{ では } f(x) \geq 0 \\ 0 \leq x \leq 2 \text{ では } f(x) \leq 0 \end{cases}$

であるので，$x=-1$ から $x=2$ までの定積分は

$$\int_{-1}^{2}f(x)dx=\int_{-1}^{0}f(x)dx+\int_{0}^{2}f(x)dx$$
$$=S_1+(-S_2) \quad \cdots\cdots ①$$

となります．したがって①と

$$S_1=\int_{-1}^{0}f(x)dx \quad \cdots\cdots ②$$

を求め②×2−①を計算すると，S_1+S_2 がわかります．

例題 198

曲線 $y=x(x-3)^2$ と直線 $y=ax$ とが囲む2つの図形の面積が等しくなるように，定数 a $(0<a<9)$ の値を定めよ．

アプローチ

右図のような点 $x=\alpha, \beta, \gamma$ $(\alpha<\beta<\gamma)$ で交わる2曲線 $y=f(x)$, $y=g(x)$ が囲む2つの図形の面積が等しくなる条件は，

$$\int_\alpha^\beta \{f(x)-g(x)\}dx = \int_\beta^\gamma \{g(x)-f(x)\}dx$$
$$\iff \int_\alpha^\beta \{f(x)-g(x)\}dx + \int_\beta^\gamma \{f(x)-g(x)\}dx = 0$$
$$\iff \int_\alpha^\gamma \{f(x)-g(x)\}dx = 0$$

解 答

2曲線の共有点を調べるために2式から y を消去すると，
$$x(x-3)^2 = ax$$
$$\therefore\ x(x^2-6x+9-a) = 0$$
$0<a<9$ の仮定より
$$x^2-6x+9-a = 0 \quad \cdots\cdots ①$$

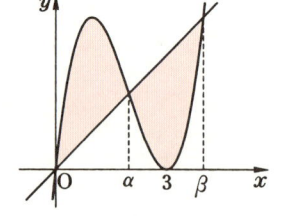

①の2実数解は α, β $(0<\alpha<3<\beta)$ とおくことができ，2つの図形の面積が等しくなる条件は，
$$\int_0^\beta \{x(x-3)^2-ax\}dx = 0$$
と表される．これを計算すると
$$\therefore\ \int_0^\beta \{x^3-6x^2+(9-a)x\}dx = 0$$
$$\therefore\ \frac{\beta^4}{4}-2\beta^3+\frac{9-a}{2}\beta^2 = 0$$
となる．ここで，$\beta \ne 0$ より，これは
$$\beta^2-8\beta+2(9-a) = 0 \quad \cdots\cdots ②$$

と同値である．

一方，β は，①の解であるので
$$\beta^2 - 6\beta + 9 - a = 0 \quad \cdots\cdots ③$$
を満たす．②，③を連立し，まず③×2−② を作り a を消去すると，$\beta^2 - 4\beta = 0$ が得られるが，$\beta \neq 0$ であるので $\beta = 4$ でなければならない．これを③に代入して $a = 1$ を得る．

逆に，$a = 1$ のとき，与えられた条件が成り立つことは，同様の計算を辿ることによりわかる．

◀これは曲線と直線が異なる 3 点で交わる条件：$0 < a < 9$ を満たしている．

注 ②，③から β，a と求めるためには，
②−③により
$$-2\beta + (9-a) = 0$$
を導く，という道もあります．

研究 3 次曲線が自己対称の中心をもつという事実を用いると鮮やかに解決します．
$$y = x^3 - 6x^2 + 9x \quad \text{より}$$
$$y' = 3(x-1)(x-3)$$
これより，y は $x = 1, 3$ で極値をとるので，その中央の $x = 2$ が対称の中心 M の x 座標であるはずです．

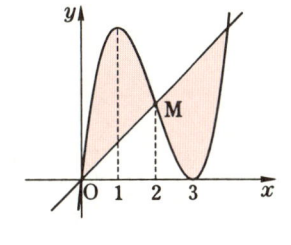

よって，直線がこの中心 M$(2, 2)$ を通るように，a の値を決めれば良いことに気づけば簡単に $a = 1$ が得られます．

例題 199

a, b, c は実数の定数として $f(x)=ax^2+bx+c$ とする．このとき
$$\int_{-h}^{h} f(x)dx = \frac{h}{3}\{f(-h)+4f(0)+f(h)\}$$
が，h の値によらず成り立つことを示せ．

アプローチ

一般の定積分の近似公式（シンプソンの公式）を導くときに利用されます．

解 答

$$\int_{-h}^{h} f(x)dx = \int_{-h}^{h}(ax^2+bx+c)dx$$
$$= \left[\frac{1}{3}ax^3+\frac{1}{2}bx^2+cx\right]_{-h}^{h}$$
$$= \left(\frac{1}{3}ah^3+\frac{1}{2}bh^2+ch\right)-\left(-\frac{1}{3}ah^3+\frac{1}{2}bh^2-ch\right)$$
$$= \frac{2}{3}ah^3+2ch \quad \cdots\cdots ①$$

一方，
$$\begin{cases} f(-h)=ah^2-bh+c \\ 4f(0)=4c \\ f(h)=ah^2+bh+c \end{cases}$$

より
$$\frac{h}{3}\{f(-h)+4f(0)+f(h)\}=\frac{h}{3}(2ah^2+6c)=\frac{2}{3}ah^3+2ch \quad \cdots\cdots ②$$

①，②より
$$\int_{-h}^{h} f(x)dx = \frac{h}{3}\{f(-h)+4f(0)+f(h)\}$$
が成り立つ．■

Notes

関数 $f(x)$ の $x=-h$ から $x=h$ までの定積分の値が，関数 $f(x)$ の $x=\pm h,\ x=0$ における値で表されるなんて不思議ですね．$f(x)$ が（高々）2次関数である，という仮定が効くのです．したがって証明は単なる計算です．

例題 200

t を実数の定数として積分 $2\int_0^1 |x-t|\,dx$ を考え，これを $F(t)$ とおく．
(1) $t \leqq 0$ のとき $F(t)$ を求めよ．
(2) $t \geqq 1$ のとき $F(t)$ を求めよ．
(3) $0 < t < 1$ のとき $F(t)$ を求めよ．

アプローチ

絶対値の記号をはずさなければ積分は計算できません．
積分区間が $0 \leqq x \leqq 1$ ですから，
  (1) $t \leqq 0$ のとき   (2) $t \geqq 1$ のとき   (3) $0 < t < 1$ のとき
と場合分けして計算する必要があります．

解 答

(1) $t \leqq 0$ のとき
$0 \leqq x \leqq 1$ において $|x-t| = x-t$
よって，
$F(t) = 2\int_0^1 (x-t)\,dx$
$\quad = 2\left[\dfrac{1}{2}x^2 - tx\right]_0^1 = \boldsymbol{-2t+1}$

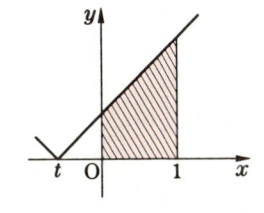

(2) $t \geqq 1$ のとき
$0 \leqq x \leqq 1$ において $|x-t| = -x+t$
よって，
$F(t) = 2\int_0^1 (-x+t)\,dx$
$\quad = 2\left[-\dfrac{1}{2}x^2 + tx\right]_0^1 = \boldsymbol{2t-1}$

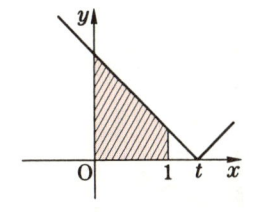

(3) $0 < t < 1$ のとき
$|x-t| = \begin{cases} -x+t & (0 \leqq x \leqq t) \\ x-t & (t \leqq x \leqq 1) \end{cases}$
よって，
$F(t) = 2\left\{\int_0^t (-x+t)\,dx + \int_t^1 (x-t)\,dx\right\}$
$\quad = 2\left(\left[-\dfrac{1}{2}x^2 + tx\right]_0^t + \left[\dfrac{1}{2}x^2 - tx\right]_t^1\right)$
$\quad = \boldsymbol{2t^2 - 2t + 1}$

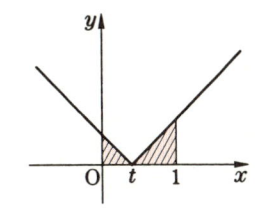

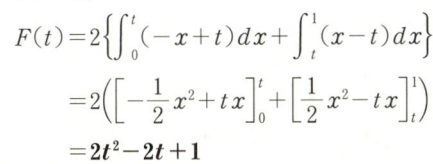

例題 201

(1) 任意の x に対し
$$f(x) = x - \frac{1}{2}\int_0^1 f(t)dt$$
となるような関数 $f(x)$ を求めよ.

(2) $\begin{cases} f_1(x) = x+1 \\ f_n(x) = x + \dfrac{1}{2}\int_0^1 f_{n-1}(x)dx \quad (n=2,\ 3,\ 4,\ \cdots) \end{cases}$

を満たす関数の列 $\{f_n(x)\}$ の一般項を求めよ.

アプローチ

(1) $\dfrac{1}{2}\int_0^1 f(t)dt$ は積分の上端,下端が定数なので,この定積分は t によらない定数です.

(2) $f_n(x) = x + a_n \ (n=2,\ 3,\ 4,\ \cdots)$

という形であることがわかります.この式を問題文に与えられた式に代入して数列 $\{a_n\}$ の漸化式を導き,$a_1 = 1$ を用いて数列 $\{a_n\}$ を決定すればよいでしょう.

解答

(1) $\dfrac{1}{2}\int_0^1 f(t)dt$ は未知ではあるが定数だから,これを C とおけば,与えられた式より

$$f(x) = x - C \quad (C\text{ は定数}) \quad \cdots\cdots①$$

とかける.そこで,これが

$$C = \frac{1}{2}\int_0^1 f(x)dx \quad \cdots\cdots②$$

を満たすように定数 C を定めればよい.①を②に代入すると,

$$C = \frac{1}{2}\int_0^1 (x-C)dx = \frac{1}{2}\left[\frac{1}{2}x^2 - Cx\right]_0^1 = \frac{1}{2}\left(\frac{1}{2} - C\right)$$

これより,$C = \dfrac{1}{6}$ したがって,$\boldsymbol{f(x) = x - \dfrac{1}{6}}$

(2) $\dfrac{1}{2}\int_0^1 f_{n-1}(x)dx$ は未知ではあるが,n によって決まる数であるので,これを a_n とおく.すなわち,

$$a_n = \frac{1}{2}\int_0^1 f_{n-1}(x)dx \quad (n=2,\ 3,\ 4,\ \cdots) \quad \cdots\cdots③$$

第 9 章 積分とその応用

このとき，$a_1=1$ と見なせば，$n=1, 2, 3, \cdots$ について
$$f_n(x)=x+a_n \quad (n=1, 2, 3, \cdots) \quad \cdots\cdots ④$$
となる．

③，④より
$$a_n=\frac{1}{2}\int_0^1 (x+a_{n-1})dx=\frac{1}{2}\left[\frac{1}{2}x^2+a_{n-1}x\right]_0^1$$
$$=\frac{1}{2}\left(\frac{1}{2}+a_{n-1}\right)=\frac{1}{2}a_{n-1}+\frac{1}{4} \quad (n=2, 3, 4, \cdots) \quad \cdots\cdots ⑤$$

⑤を書き直すと，$a_n-\dfrac{1}{2}=\dfrac{1}{2}\left(a_{n-1}-\dfrac{1}{2}\right) \quad \cdots\cdots ⑤'$

⑤'と $a_1=1$ より，$\left\{a_n-\dfrac{1}{2}\right\}$ は初項 $a_1-\dfrac{1}{2}=\dfrac{1}{2}$，公比 $\dfrac{1}{2}$ の等比数列であるので
$$a_n-\frac{1}{2}=\frac{1}{2}\cdot\left(\frac{1}{2}\right)^{n-1}=\left(\frac{1}{2}\right)^n$$
$$\therefore \quad a_n=\frac{1}{2}+\left(\frac{1}{2}\right)^n \quad \cdots\cdots ⑥$$

したがって，④，⑥より
$$f_n(x)=x+\frac{1}{2}+\left(\frac{1}{2}\right)^n \quad (n=1, 2, 3, \cdots)$$

IV　定積分と微分法

関数 $f(x)$ が与えられると，定積分 $\int_a^b f(x)dx$ は a，b の値だけで定まる．いいかえると，記号 $\int_a^b f(x)dx$ において x という文字——**積分変数**と呼ばれる——には，特別の意味がない．実際 x をたとえば t に置き換えて $\int_a^b f(t)dt$ と表してもこの値は変わらない．そこで今度は定積分 $\int_a^x f(t)dt$ を考える．これは，a を定数とすると積分の上端 x の関数である．

たとえば　$a=-1$，$f(x)=x^4$ のとき，

$$\int_{-1}^x f(t)dt = \int_{-1}^x t^4 dt$$
$$= \left[\frac{1}{5}t^5\right]_{-1}^x$$
$$= \frac{1}{5}\{x^5-(-1)^5\}$$

となる．これを x について微分すると

$$\frac{d}{dx}\int_{-1}^x f(t)dt = \frac{d}{dx}\int_{-1}^x t^4 dt$$
$$= \left(\frac{1}{5}(x^5+1)\right)'$$
$$= x^4 = f(x)$$

となる．

一般に，a が定数のとき，関数 $f(t)$ の原始関数の1つを $F(t)$ とすると，

$$\int_a^x f(t)dt = F(x)-F(a), \quad ただし\ F'(t)=f(t)$$

よって，$F(a)$ は定数であることに注意して両辺を x で微分すると

$$\frac{d}{dx}\int_a^x f(t)dt = \frac{d}{dx}\{F(x)-F(a)\} = F'(x) = f(x)$$

したがって，次の公式が成り立つ．

> **定積分と微分の関係**
>
> a が定数のとき，　$\dfrac{d}{dx}\displaystyle\int_a^x f(t)dt = f(x)$

この関係式はやがて学ぶ数学Ⅲではよく用いられる．
簡単な応用については ☞ 例題 **202**，**203**

例題 202

1次以上の整式で表された関数 $f(x)$ が，任意の実数 x について
$$\int_0^x f(t)dt = f(x) + \frac{1}{3}x^3 + x - 3 \quad \cdots\cdots (*)$$
を満たすという．
(1) $f(x)$ の次数を求めよ．
(2) $f(x)$ を求めよ．

アプローチ

$f(x)$ が整式で表される関数なので，次数がわかれば次定されます．

解答

(1) $f(x)$ が n 次式（$n \geq 1$）であるとすると
$$\begin{cases} (*) \text{の左辺は } n+1 \text{ 次式} \\ (*) \text{の右辺は } m \text{ 次式，ただし } m \text{ は } n \text{ と } 3 \text{ の最大値} \end{cases}$$
である．(*)が成り立つためには，両辺の次数が一致（$n+1=m$）すべきであるから
$$n+1=3 \quad \therefore \quad n=2$$
すなわち，$f(x)$ は **2次式** でなければならない．

(2) いま示したことから，$f(x) = ax^2 + bx + c$
（a, b, c：定数，$a \neq 0$）とおくと
$$\begin{cases} (*) \text{の左辺} = \int_0^x (at^2+bt+c)dt = \left[\frac{a}{3}t^3 + \frac{b}{2}t^2 + ct\right]_0^x \\ \qquad\qquad = \frac{a}{3}x^3 + \frac{b}{2}x^2 + cx \\ (*) \text{の右辺} = (ax^2+bx+c) + \frac{1}{3}x^3 + x - 3 \end{cases}$$
であるので，両辺の係数を比較して
$$a=1, \quad b=2, \quad c=3$$
すなわち，$\boldsymbol{f(x) = x^2 + 2x + 3}$

Notes p.558 で学んだ「定積分と微分の関係」を利用して(*)の両辺を x で微分すると
$$f(x) = f'(x) + x^2 + 1$$
という関係が得られる．これを用いると，$f(x)$ を決定するのがより簡単になる．

例題 203

すべての実数 x に対して，$\int_a^{2x-1} f(t)dt = x^2 - 2x$ ……(*) を満たす関数 $f(x)$ について，次の問いに答えよ．ただし，a を定数とする．

(1) 定数 a の値を求めよ．　(2) $\int_a^z f(t)dt$ を z の式で表せ．
(3) $f(x)$ を求めよ．

アプローチ

『$F(x) = \int_a^x f(t)dt \implies \begin{cases} F'(x) = f(x) \\ F(a) = 0 \end{cases}$』を利用します．

解答

(1) $2x - 1 = a$ を満たす x の値，つまり $x = \dfrac{a+1}{2}$ を(*)に代入すると
$$0 = \left(\dfrac{a+1}{2}\right)^2 - 2 \cdot \dfrac{a+1}{2}$$
となり，この式を展開して整理すると
$$a^2 - 2a - 3 = 0 \quad \therefore \quad (a+1)(a-3) = 0$$
よって，**$a = -1$ または $a = 3$**．

(2) $z = 2x - 1$ とおくと，$x = \dfrac{z+1}{2}$ が得られ，これを(*)に代入すると
$$\int_a^z f(t)dt = \dfrac{z^2}{4} - \dfrac{z}{2} - \dfrac{3}{4} \quad \text{……(**)}$$

(3) (2)の(**)を z で微分すると
$$f(z) = \dfrac{z}{2} - \dfrac{1}{2}$$
が得られる．よって，z を x に置き換えて
$$f(x) = \dfrac{x}{2} - \dfrac{1}{2}.$$

注 上の解答では必要条件，つまり
$$\text{「}a = -1 \quad \text{または} \quad a = 3, \ f(x) = \dfrac{x}{2} - \dfrac{1}{2}\text{」}$$
でなければならない，ことがいえただけですが，これらが十分条件でもあることは，(*)に直接代入することでも確かめられます．実は，アプローチで述べた事実の逆（$\impliedby$）も成り立つので，これは必然的なのです．

章末問題（第9章 積分とその応用）

Aランク

87 次の等式を満たす関数 $f(x)$ を求めよ．
$$f(x)=1+2\int_0^1 (xt+1)f(t)dt$$
（島根大）

88 関数 $f_1(x),\ f_2(x),\ f_3(x),\ \cdots\cdots,\ f_n(x)$ が $n\geqq 2$ において $f_n(x)=x^2+\int_0^1 f_{n-1}(t)dt$ を満たし，$f_1(x)=x^2-2$ であるとき，次の問いに答えよ．
(1) $f_2(x)$ を求めよ．
(2) $f_n(x)$ を n を用いて表せ． （星薬大）

89 $a\geqq 0$ に対して，$f(a)=\int_{-1}^1 |x^2-a^2|dx$ とおくとき，次の問いに答えよ．
(1) $f(a)$ を a を用いて表せ．
(2) a が $a\geqq 0$ の範囲を動くとき，$f(a)$ の最小値とそのときの a の値を求めよ． （鳴門教育大）

90 2つの曲線 $y=x^2$ …①, $y=x^2-4x$ …② の共通接線を l とする.
(1) 共通接線 l の方程式を求めよ.
(2) 曲線①と l の接点および②と l との接点の x 座標を求めよ.
(3) 2つの曲線①と②および共通接線 l で囲まれる部分の面積 S を求めよ.
　　　　　　　　　　　　　　　　　　　　　　　　　　　　（明星大）

91 曲線 $C:y=x^2-2x+1$ と直線 $l:y=x+k$ が異なる2点P, Qで交わり, 点Pにおける曲線 C の接線と, 点Qにおける曲線 C の接線が直交している.
(1) k の値を求めよ.
(2) 2点P, Qの座標を求めよ.
(3) 曲線 C と直線 l で囲まれる部分の面積 S を求めよ.　　　（大分大）

92 放物線 $C:y=x^2$ 上の点 $P(t, t^2)$ $(t>0)$ における C の接線と直交し P を通る直線を l とする. C と l で囲まれる部分の面積を S とする. 次の問いに答えよ.
(1) l の方程式を求めよ.
(2) S を t の式で表せ.
(3) t が $t>0$ の範囲を動くとき, S の最小値とそのときの t の値を求めよ.
　　　　　　　　　　　　　　　　　　　　　　　　　　　　（横浜国大）

Bランク

93 直線 $y=m(x-1)$ と $y=|x(x-1)|$ のグラフが相異なる3点で交わるとき，この直線とこのグラフとで囲まれる図形の面積を S とする．
(1) m の値の範囲を求めよ．
(2) S を m を用いて表せ．
(3) S の最小値とそのときの m の値を求めよ． (長崎大)

94 次の問いに答えよ．
(1) 点 $(0, a)$ を中心とする半径1の円が放物線 $y=x^2$ に異なる2点で接するように定数 a の値を定めよ．ただし，$a>1$ とする．
(2) (1)のとき，この円の外部で円と放物線とで囲まれた図形の面積 S を求めよ． (上智大)

95 2つの曲線 $y=x(x-1)^2$, $y=kx^2$ ($k>0$) について，次の問いに答えよ．
(1) この2つの曲線は相異なる3点で交わることを示せ．
(2) この2つの曲線で囲まれる2つの部分の面積が等しくなるような k の値を求めよ． (防衛大)

96 平面上の点 $A(a, a-1)$ から，放物線 $y=x^2$ にひいた2つの接線の接点を P, Q とする．
(1) 直線 PQ と放物線 $y=x^2$ とで囲まれた部分の面積 S を求めよ．
(2) 点 A が直線 $y=x-1$ の上を動くとき，面積 S の最小値を求めよ． (早 大)

問の解答

第1章　式の証明

1-1　$x^2-x^3=(-2)^2-(-2)^3$
$=4+8=\mathbf{12}$

1-2　$x^2-y^2=1^2-(-3)^2$
$=1-9=\mathbf{-8}$

1-3　（割る式 $x-1$ の次数）$=1$,
（余り x^2 の次数）$=2$ であるから
（余りの次数）<（割る式の次数）
に反する.
$x^3=x^2(x-1)+x^2$
$=x^2(x-1)+x(x-1)+x$
$=x^2(x-1)+x(x-1)+(x-1)+1$
$=(x-1)(x^2+x+1)+1$
より, 正しい余りは, **1** である.

注　$x^3-1=(x-1)(x^2+x+1)$
を使ってもよいし, 実際に割ってもよい.

1-4　$f(-2)=(-2)^3=\mathbf{-8}$

1-5　$f\left(-\dfrac{1}{2}\right)=\left(-\dfrac{1}{2}\right)^3=-\dfrac{\mathbf{1}}{\mathbf{8}}$

1-6　$f(x)=2x^2+5x+2$
$g(x)=x^2-2x-3$
$h(x)=2x^3-7x^2+2x+3$
とおくと,
$f(3)=2\cdot 3^2+5\cdot 3+2\neq 0$
$f\left(-\dfrac{1}{2}\right)=2\left(-\dfrac{1}{2}\right)^2+5\left(-\dfrac{1}{2}\right)+2$
$=\dfrac{1}{2}-\dfrac{5}{2}+2$
$=0$
$g(3)=3^2-2\cdot 3-3=0$
$g\left(-\dfrac{1}{2}\right)=\left(-\dfrac{1}{2}\right)^2-2\left(-\dfrac{1}{2}\right)-3$
$=\dfrac{1}{4}+1-3\neq 0$

$h(3)=2\cdot 3^3-7\cdot 3^2+2\cdot 3+3$
$=54-63+6+3$
$=0$
$h\left(-\dfrac{1}{2}\right)=2\left(-\dfrac{1}{2}\right)^3-7\left(-\dfrac{1}{2}\right)^2$
$+2\left(-\dfrac{1}{2}\right)+3$
$=-\dfrac{1}{4}-\dfrac{7}{4}-1+3$
$=0$
よって,
$x-3$ で割り切れるものは(2), (3)
$2x+1$ で割り切れるものは(1), (3)
である.

1-7　$\dfrac{2x^2+5x+2}{x^2+3x+2}$
$=\dfrac{(2x+1)(x+2)}{(x+1)(x+2)}=\dfrac{\mathbf{2x+1}}{\mathbf{x+1}}$

1-8　$\dfrac{4x}{x^2-1}\times\dfrac{x-1}{x^2+x}$
$=\dfrac{4x(x-1)}{(x+1)(x-1)x(x+1)}$
$=\dfrac{\mathbf{4}}{\mathbf{(x+1)^2}}$

1-9　$\dfrac{x^2-2x-3}{x^2+2x-8}\div\dfrac{x^2-1}{x^2-5x+6}$
$=\dfrac{(x+1)(x-3)(x-2)(x-3)}{(x+4)(x-2)(x+1)(x-1)}$
$=\dfrac{\mathbf{(x-3)^2}}{\mathbf{(x+4)(x-1)}}$

1-10　$\dfrac{1}{x}-\dfrac{1}{x+1}$
$=\dfrac{x+1}{x(x+1)}-\dfrac{x}{x(x+1)}$
$=\dfrac{x+1-x}{x(x+1)}$
$=\dfrac{\mathbf{1}}{\mathbf{x(x+1)}}$

1-11
$$\frac{1}{x-1}-\frac{2}{x}+\frac{1}{x+1}$$
$$=\frac{x(x+1)}{x(x+1)(x-1)}-\frac{2(x+1)(x-1)}{x(x+1)(x-1)}$$
$$+\frac{x(x-1)}{x(x+1)(x-1)}$$
$$=\frac{x^2+x-2x^2+2+x^2-x}{x(x+1)(x-1)}$$
$$=\frac{2}{x(x+1)(x-1)}$$

第2章 不等式の証明とその応用

2-1 性質(i)と $a>b$ より
$$a+c>b+c \quad \cdots\cdots ①$$
性質(i)と $c>d$ より
$$b+c>b+d \quad \cdots\cdots ②$$
Ⅰ-2 の推移律と①，②より
$$a+c>b+d \quad ∎$$

2-2 2)において，c として b をとれば
$$a>b \iff a-b>b-b$$
$$\iff a-b>0$$
すなわち 2)′が導かれる．

2-3 p.51 の 2)′と $a>b$ より
$$a-b>0$$
であるので，性質(v)より，
$$(a-b)c>0$$
$$\therefore \quad ac-bc>0$$
よって 2)′より
$$ac>bc \quad ∎$$

2-4 性質(vi)と $a>b$ かつ $-c>0$ より
$$a(-c)>b(-c)$$
$$\therefore \quad -ac>-bc$$
であるので，性質(iv)より
$$-ac+(ac+bc)>-bc+(ac+bc)$$
$$\therefore \quad bc>ac \quad ∎$$

2-5 両辺に x^2 (>0) をかけると，
$$x<x^2$$
$$\therefore \quad x^2-x>0$$
$$\therefore \quad x(x-1)>0$$
よって，$x<0$ または $x>1$

2-6 (1) （左辺）−（右辺）
$$=x^2-2xy+y^2$$
$$=(x-y)^2 \geqq 0$$
よって，（左辺）≧（右辺） ∎

(2) （左辺）−（右辺）
$$=2(x^2+y^2)-(x+y)^2$$
$$=x^2-2xy+y^2=(x-y)^2 \geqq 0$$
よって，（左辺）≧（右辺） ∎

(3) （左辺）−（右辺）

$$=\frac{2x^2+y^2}{3}-\left(\frac{2x+y}{3}\right)^2$$
$$=\frac{1}{9}\{6x^2+3y^2-(4x^2+4xy+y^2)\}$$
$$=\frac{2}{9}(x^2+y^2-2xy)$$
$$=\frac{2}{9}(x-y)^2\geqq 0$$
よって，（左辺）≧（右辺） ■

2-7 （左辺）－（右辺）
$$=\frac{x^4+y^4}{2}-\left(\frac{x^2+y^2}{2}\right)^2$$
$$=\frac{1}{4}\{2x^4+2y^4-(x^4+2x^2y^2+y^4)\}$$
$$=\frac{1}{4}(x^4+y^4-2x^2y^2)$$
$$=\frac{1}{4}(x^2-y^2)^2\geqq 0$$
よって，（左辺）≧（右辺） ■

2-8 (1) $a>0$ のとき，
$$a+\frac{1}{a}\geqq 2\sqrt{a\cdot\frac{1}{a}}=2$$
等号が成立するのは $a=\frac{1}{a}$ より
$a=1$ のときである． ■

(2) $a=-b$ とおくと，$b>0$
よって(1)より
$$b+\frac{1}{b}\geqq 2$$
$b=-a$ であるから，
$$-a+\frac{1}{-a}\geqq 2$$
すなわち
$$a+\frac{1}{a}\leqq -2$$
等号が成立するのは $a=\frac{1}{a}$ より
$a=-1$ のときである． ■

(別解)
$a<0$ のとき，$-a>0$
よって(1)より
$$(-a)+\frac{1}{(-a)}\geqq 2$$
すなわち

$$a+\frac{1}{a}\leqq -2 \quad ■$$

(3) $a^4+b^4\geqq 2\sqrt{a^4b^4}=2a^2b^2$ ……①
$c^4+d^4\geqq 2\sqrt{c^4d^4}=2c^2d^2$ ……②
①，②の辺々を加えて
$$(a^4+b^4)+(c^4+d^4)\geqq 2(a^2b^2+c^2d^2)$$
……③
他方
$$a^2b^2+c^2d^2\geqq 2\sqrt{a^2b^2\cdot c^2d^2}=2abcd$$
……④
③，④より
$a^4+b^4+c^4+d^4\geqq 4abcd$ ……⑤
⑤で等号が成り立つのは，③，④で同時に等号が成り立つときである．
③で等号が成り立つのは，①，②で同時に等号が成り立つときである．すなわち
$$\begin{cases}a^4=b^4\\c^4=d^4\end{cases}\therefore\begin{cases}a=b\\c=d\end{cases}\cdots\cdots(*)$$
のときであり，④で等号が成り立つのは
$$a^2b^2=c^2d^2 \quad\therefore\quad ab=cd\cdots\cdots(**)$$
のときである．よって⑤で等号が成り立つのは(*)かつ(**)すなわち
$$a=b=c=d$$
のときである． ■

2-9 (1) コーシーの不等式で，$x=2$，$y=1$ とおくと，
$$(a^2+b^2)(2^2+1^2)\geqq (a\cdot 2+b\cdot 1)^2$$
$$\therefore\ 5(a^2+b^2)\geqq (2a+b)^2$$
よって不等式は成り立つ．
また等号が成り立つのは，
$$a=2b$$
のときである． ■

(2) コーシーの不等式で $x=2$，$y=-3$ とおくと，
$$(a^2+b^2)\{2^2+(-3)^2\}$$
$$\geqq\{a\cdot 2+b(-3)\}^2$$
$$\therefore\ 13(a^2+b^2)\geqq (2a-3b)^2$$
よって不等式は成り立つ．
また等号が成り立つのは，
$$-3a=2b$$
のときである． ■

第3章　複素数と方程式

3-1 (1) $x = \pm 2i$
(2) $x = \pm 3i$
(3) $x = \pm \sqrt{2}\, i$

3-2 (1) $(1+i)(2+3i)$
$= 2 + 3i + 2i + 3i^2$
$= (2-3) + (3+2)i$
$= \boldsymbol{-1 + 5i}$

(2) $(3+4i)(3-4i)$
$= 3^2 - (4i)^2$
$= 9 - (-16) = 9 + 16 = \boldsymbol{25}$

(3) $(1+i)^2$
$= 1 + 2i + i^2$
$= 1 + 2i - 1 = \boldsymbol{2i}$

(4) $(1+i)^3$
$= 1 + 3i + 3i^2 + i^3$
$= 1 + 3i - 3 + i^2 \cdot i$
$= 1 + 3i - 3 - i$
$= \boldsymbol{-2 + 2i}$

3-3 (1) $\dfrac{1-2i}{1+i}$
$= \dfrac{(1-2i)(1-i)}{(1+i)(1-i)}$
$= \dfrac{1 - i - 2i + 2i^2}{1^2 + 1^2}$
$= \dfrac{-1 - 3i}{2}$
$= \boldsymbol{-\dfrac{1}{2} - \dfrac{3}{2}i}$

(2) $\dfrac{2+i}{3+4i} = \dfrac{(2+i)(3-4i)}{(3+4i)(3-4i)}$
$= \dfrac{6 - 8i + 3i - 4i^2}{9 + 16}$
$= \dfrac{10 - 5i}{25}$
$= \boldsymbol{\dfrac{2}{5} - \dfrac{1}{5}i}$

(3) $\dfrac{1}{i} = \dfrac{1 \cdot i}{i \cdot i} = \dfrac{i}{-1} = \boldsymbol{-i}$

(4) $\dfrac{1}{(1+i)^3} = \dfrac{1}{1 + 3i + 3i^2 + i^3}$
$= \dfrac{1}{-2 + 2i} = \dfrac{1(-2-2i)}{(-2+2i)(-2-2i)}$
$= \dfrac{-2 - 2i}{4 + 4} = \boldsymbol{-\dfrac{1}{4} - \dfrac{1}{4}i}$

3-4 $\alpha = a + bi$ (a, b は実数) とおく.

(2) $\overline{\alpha} = \alpha \iff a - bi = a + bi$
$\iff a = a$ かつ $-b = b$
$\iff b = 0$
$\iff \alpha = a$ (実数) ■

(3) $\alpha + \overline{\alpha} = (a+bi) + (a-bi)$
$= 2a$ (実数) ■

3-5 (1) $x = -2$ を解にもつことに注目する.

$$\begin{array}{r} x^2 - x + 2 \\ x+2 \overline{)\, x^3 + x^2 + 4} \\ \underline{x^3 + 2x^2 } \\ -x^2 \\ \underline{-x^2 - 2x} \\ 2x + 4 \\ \underline{2x + 4} \\ 0 \end{array}$$

上の割り算より，与えられた方程式は
$(x+2)(x^2 - x + 2) = 0$
∴ $x = -2$, $x^2 - x + 2 = 0$
と変形できる．よって解は，
$$x = -2 \text{ または } x = \dfrac{1 \pm \sqrt{7}\, i}{2}.$$

(2) $x^3 - 1 = 0$ は
$(x-1)(x^2 + x + 1) = 0$
と変形できる．よって解は，
$$x = 1 \text{ または } \dfrac{-1 \pm \sqrt{3}\, i}{2}.$$

(3) $x = 1$ を解にもつことに注目する．

$$\begin{array}{r} x^2 + 4x + 4 \\ x-1 \overline{)\, x^3 + 3x^2 - 4} \\ \underline{x^3 - x^2 } \\ 4x^2 \\ \underline{4x^2 - 4x} \\ 4x - 4 \\ \underline{4x - 4} \\ 0 \end{array}$$

上の割り算より，与えられた方程式は
$$(x-1)(x^2+4x+4)=0$$
$$\therefore \ (x-1)(x+2)^2=0$$
よって解は，
$$x=1 \ \text{または} \ x=-2$$

(4) $x=-1$ を解にもつことに注目する.

$$\begin{array}{r}x^3+2x^2-4x\ -8\\x+1\overline{)x^4+3x^3-2x^2-12x-8}\\\underline{x^4+x^3}\\2x^3-2x^2\\\underline{2x^3+2x^2}\\-4x^2-12x\\\underline{-4x^2\ -4x}\\-8x-8\\\underline{-8x-8}\\0\end{array}$$

上の割り算より，与えられた方程式は
$$(x+1)(x^3+2x^2-4x-8)=0$$
$$\therefore \ (x+1)\{x^2(x+2)-4(x+2)\}=0$$
$$\therefore \ (x+1)(x+2)(x^2-4)=0$$
$$\therefore \ (x+1)(x+2)^2(x-2)=0$$
よって解は，
$$x=-2 \ \text{または} \ x=-1 \ \text{または} \ x=2.$$

3-6 1 の虚数立方根の 1 つを
$$\omega=\frac{-1+\sqrt{3}\,i}{2}$$
とおく．

(1) $x=2$ は $x^3=8$ を満たすから，
8 の立方根は，
$$x=2,\ 2\omega,\ 2\omega^2$$
$$=2,\ -1+\sqrt{3}\,i,\ -1-\sqrt{3}\,i$$

(2) $x=-2$ は $x^3=-8$ を満たすから，
-8 の立方根は，
$$x=-2,\ -2\omega,\ -2\omega^2$$
$$=-2,\ 1-\sqrt{3}\,i,\ 1+\sqrt{3}\,i$$

3-7 (1) 解と係数の関係より
$$1+2=-\frac{b}{a} \ \text{かつ} \ 1\cdot 2=\frac{c}{a}$$
よって
$$\frac{b}{a}=-3 \ \text{かつ} \ \frac{c}{a}=2$$
$$(b=-3a \ \text{かつ} \ c=2a)$$

(2) 解と係数の関係より
$$1+1=-\frac{b}{a} \ \text{かつ} \ 1\cdot 1=\frac{c}{a}$$
よって
$$\frac{b}{a}=-2 \ \text{かつ} \ \frac{c}{a}=1$$
$$(b=-2a \ \text{かつ} \ c=a)$$

第4章　図形と式

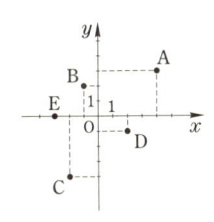

4-1 $C(3), E(-2)$

4-2

（図：座標平面上に点 A, B, C, D, E）

4-3 (1) $|3-(-1)|=4$
(2) $|-1-(-5)|=4$
(3) $|3-(-5)|=8$

4-4 (1) $\dfrac{1\cdot 0+1\cdot 12}{1+1}=6$
よって，$M(6)$.
(2) $\dfrac{1\cdot 0+2\cdot 12}{2+1}=8$
よって，$P(8)$.
(3) $\dfrac{3\cdot 0+1\cdot 12}{1+3}=3$
よって，$Q(3)$.

4-5 (1) $M\left(\dfrac{0+5}{2}\right)=M\left(\dfrac{5}{2}\right)$
(2) $M\left(\dfrac{5+(-1)}{2}\right)=M(2)$
(3) $M\left(\dfrac{(-1)+(-5)}{2}\right)=M(-3)$

4-6 (1) $\dfrac{-1\cdot 0+3\cdot 4}{3-1}=6$
よって，$P(6)$.
(2) $\dfrac{-3\cdot 0+1\cdot 4}{1-3}=-2$
よって，$Q(-2)$.
(3) $\dfrac{-2\cdot 4+1\cdot (-2)}{1-2}=10$
よって，$R(10)$.

4-7
(1) $C\left(\dfrac{1\cdot 2+2\cdot 6}{2+1},\ \dfrac{1\cdot 0+2\cdot 2}{2+1}\right)$
$=C\left(\dfrac{14}{3},\ \dfrac{4}{3}\right)$
(2) $D\left(\dfrac{-1\cdot 2+2\cdot 6}{2-1},\ \dfrac{-1\cdot 0+2\cdot 2}{2-1}\right)$
$=D(10,\ 4)$
(3) $P\left(\dfrac{(1-t)\cdot 2+t\cdot 6}{t+(1-t)},\ \dfrac{(1-t)\cdot 0+t\cdot 2}{t+(1-t)}\right)$
$=P(4t+2,\ 2t)$

4-8 (1) $-2x+y=0$
(2) $3x+2y=0$
(3) $y=0$
(4) $x=0$
(5) $-(a+1)x+ay=0$

4-9 (1) $y=2x$
(2) $y=2x+3$
(3) $y=2(x+2)-3$
　∴ $y=2x+1$
(4) $y=-\dfrac{1}{2}(x-1)-1$
　∴ $y=-\dfrac{1}{2}x-\dfrac{1}{2}$

4-10 (1) $y=\dfrac{6-0}{4-1}(x-1)+0$
　∴ $y=2x-2$
(2) $y=\dfrac{-1-5}{4-1}(x-1)+5$
　∴ $y=-2x+7$
(3) $y=\dfrac{-4+2}{3+1}(x-3)-4$
　∴ $y=-\dfrac{1}{2}x-\dfrac{5}{2}$
(4) 2点の x 座標がともに -1 であるから，求める方程式は，$x=-1$.

4-11 (1) $\dfrac{x}{4}+\dfrac{y}{3}=1$
(2) $\dfrac{x}{-4}+\dfrac{y}{-3}=1$
　∴ $\dfrac{x}{4}+\dfrac{y}{3}=-1$
(3) $\dfrac{x}{-4}+\dfrac{y}{3}=1$

$$\therefore \quad \frac{x}{4} - \frac{y}{3} = -1$$

4-12 それぞれの直線の傾きは，
(1) $-\frac{13}{5}$ (2) $\frac{13}{5}$ (3) $-\frac{13}{5}$
(4) $\frac{13}{5}$ (5) $\frac{5}{13}$

であるから，
　平行なものは，(1)と(3)，(2)と(4)
　直交するものは，(1)と(5)，(3)と(5)
である．

4-13 直線 $3x+2y+2=0$ の傾きは $-\frac{3}{2}$ であるから，求める直線の方程式は，
$$y = -\frac{3}{2}(x+1)+1$$
$$\therefore \quad y = -\frac{3}{2}x - \frac{1}{2}$$

(別解) 直線 $3x+2y+2=0$ に平行であるから，求める直線の方程式は，
$$3x+2y+c=0$$
とおける．点 $(-1, 1)$ を通ることより
$$3 \cdot (-1) + 2 \cdot 1 + c = 0$$
$$\therefore \quad c = 1$$
よって
$$3x + 2y + 1 = 0.$$

4-14 (1) $\dfrac{|2 \cdot 1 + 1 \cdot 3 + 5|}{\sqrt{2^2+1^2}} = \dfrac{10}{\sqrt{5}}$
$ = 2\sqrt{5}$

(2) $\dfrac{|1 \cdot (-1) - 2 \cdot 2 + 2|}{\sqrt{1^2+(-2)^2}} = \dfrac{3}{\sqrt{5}}$
$ = \dfrac{3}{5}\sqrt{5}$

(3) $\dfrac{\left|3 \cdot 1 - 4 \cdot \frac{3}{2} + 4\right|}{\sqrt{3^2+(-4)^2}} = \dfrac{1}{5}$

(4) $\dfrac{|a \cdot a + b \cdot b|}{\sqrt{a^2+b^2}} = \sqrt{a^2+b^2}$

4-15 (1) 求める垂直二等分線上の点を (x, y) とおくと，
$(x+1)^2 + (y-3)^2 = (x-2)^2 + (y-1)^2$
展開すると，
$(x^2+2x+1) + (y^2-6y+9)$
$= (x^2-4x+4) + (y^2-2y+1)$
よって，
$$6x - 4y + 5 = 0$$
$$\therefore \quad y = \frac{3}{2}x + \frac{5}{4}$$

(2) 求める垂直二等分線上の点を (x, y) とおくと，
$(x-a)^2 + (y-b)^2$
$= \{x-(a+1)\}^2 + (y-2b)^2$
展開すると，
$(x^2 - 2ax + a^2) + (y^2 - 2by + b^2)$
$= \{x^2 - 2(a+1)x + a^2+2a+1\}$
$ + (y^2 - 4by + 4b^2)$
よって，
$$2x + 2by - 2a - 3b^2 - 1 = 0$$

4-16 (1) $x^2+y^2=2^2$ より
$$x^2+y^2-4=0$$
(2) $(x-2)^2+(y+1)^2=1^2$ より
$$x^2+y^2-4x+2y+4=0$$
(3) $(x+2)^2+(y+1)^2=(\sqrt{5})^2$ より
$$x^2+y^2+4x+2y=0$$

4-17
$(x+1)(x-3)+(y-2)(y+4)=0$
より
$$x^2+y^2-2x+2y-11=0$$

4-18 (1) 円の中心 $(0, 0)$ から直線 $x+y=2$ までの距離 d は
$$d = \frac{|0+0-2|}{\sqrt{1^2+1^2}} = \frac{2}{\sqrt{2}} = \sqrt{2}$$
円の半径 $r=\sqrt{2}$ より
$$d = r$$
よって，共有点の個数は **1**．

(2) 円の中心 $(1, 2)$ から直線 $3x+4y=9$ までの距離 d は
$$d = \frac{|3 \cdot 1 + 4 \cdot 2 - 9|}{\sqrt{3^2+4^2}} = \frac{2}{5}$$

円の半径 $r=1$ より
$$d<r$$
よって，共有点の個数は **2**.

(3) $x^2+y^2+2x-2y=0$ を変形すると，
$$(x+1)^2+(y-1)^2=2$$
であるから，円の中心 $(-1,\ 1)$ から直線 $x-y-1=0$ までの距離 d は
$$d=\frac{|1\cdot(-1)-1\cdot 1-1|}{\sqrt{1^2+(-1)^2}}$$
$$=\frac{3}{\sqrt{2}}=\frac{3}{2}\sqrt{2}$$
円の半径 $r=\sqrt{2}$ より
$$d>r$$
よって，共有点の個数は **0**.

4-19 (1) $1\cdot x+1\cdot y=2$ より
$$\boldsymbol{x+y=2}$$
(2) $(0-1)(x-1)+(0+2)(y+2)=5$ より
$$\boldsymbol{-x+2y=0}$$
(3) 円 $x^2+y^2+2x+by-4=0$ は点 $(-1,\ 1)$ を通るから，
$$(-1)^2+1^2+2\cdot(-1)+b\cdot 1-4=0$$
$$\therefore\ b=4$$
よって円は
$$x^2+y^2+2x+4y-4=0$$
$$\therefore\ (x+1)^2+(y+2)^2=9$$
と変形できる．ゆえに求める接線の方程式は
$$(-1+1)(x+1)+(1+2)(y+2)=9$$
より
$$\boldsymbol{y=1}$$

4-20 (1) 円 C_1，C_2 の半径を r_1，r_2，2円の中心間の距離を d とおくと，
$$d=\sqrt{1^2+2^2}=\sqrt{5}$$
$$r_1+r_2=\sqrt{10}+1$$
$$|r_1-r_2|=\sqrt{10}-1$$
ここで，
$$(\sqrt{5})^2-(\sqrt{10}-1)^2$$
$$=-6+2\sqrt{10}>-6+2\sqrt{9}=0$$
に注意すると，

$$|r_1-r_2|<d<r_1+r_2$$
より，2円は **異なる 2 点で交わる**．

(2) 円 C_3，C_4 の半径を r_3，r_4，2円の中心間の距離を d' とおくと，
$$d'=\sqrt{(1+1)^2+(2+8)^2}$$
$$=\sqrt{104}=2\sqrt{26}$$
$$r_3+r_4=2\sqrt{5}$$
であるから，
$$r_3+r_4<d'$$
より，2円は **互いに外部にある**．

第5章 ベクトル

5-1 (1) $\vec{u} = \overrightarrow{OB} - \overrightarrow{OA}$
(2) $\vec{v} = \overrightarrow{OC} - \overrightarrow{OA}$
(3) $\vec{w} = -\overrightarrow{OD}$

5-2

```
────┼──────┼──┼──┼────
    Q      A  B  P
```

5-3 (1) $\overrightarrow{OA} = (3,\ 1)$
(2) $\overrightarrow{OB} = (1,\ 4)$
(3) $\overrightarrow{OO} = (0,\ 0)$

5-4 (1) $(2,\ 3) + (1,\ 0)$
$= (2+1,\ 3+0) = (3,\ 3)$
(2) $2 \cdot (2,\ -1) + 3 \cdot (-1,\ 1)$
$= (4,\ -2) + (-3,\ 3) = (1,\ 1)$
(3) $(4,\ 5) - (1,\ 3)$
$= (4,\ 5) + (-1,\ -3)$
$= (3,\ 2)$
(4) $(3,\ -2) - (-1,\ 2)$
$= (4,\ -4)$

5-5 (1) $\vec{u} = (1,\ -1)$ より
$|\vec{u}| = \sqrt{1^2 + (-1)^2} = \sqrt{2}$
(2) $\vec{v} = \overrightarrow{AB} = \overrightarrow{OB} - \overrightarrow{OA}$
$= (-2,\ 3) - (1,\ -1)$
$= (-3,\ 4)$
より
$|\vec{v}| = \sqrt{(-3)^2 + 4^2} = 5$
(3) $\vec{w} = -\vec{v} = (3,\ -4)$
より
$|\vec{w}| = \sqrt{3^2 + (-4)^2} = 5$

5-6 (1) $\cos\theta$
$= \dfrac{1 \cdot 4 + 2 \cdot (-2)}{\sqrt{1^2 + 2^2}\sqrt{4^2 + (-2)^2}} = 0$
より,$\theta = 90°$
(2) $\cos\theta$
$= \dfrac{\sqrt{3} \cdot \sqrt{3} + (-1) \cdot 1}{\sqrt{(\sqrt{3})^2 + (-1)^2}\sqrt{(\sqrt{3})^2 + 1^2}}$
$= \dfrac{2}{4} = \dfrac{1}{2}$
より,$\theta = 60°$

5-7

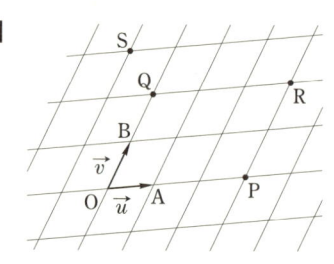

5-8

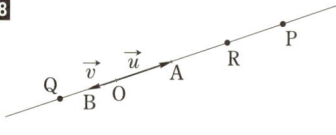

5-9 (1) $\overrightarrow{AC} = \dfrac{1}{1+2}\overrightarrow{AB}$ より
$\overrightarrow{OC} - \overrightarrow{OA} = \dfrac{1}{3}(\overrightarrow{OB} - \overrightarrow{OA})$
$3\overrightarrow{OC} - 3\overrightarrow{OA} = \overrightarrow{OB} - \overrightarrow{OA}$
$3\overrightarrow{OC} = 2\overrightarrow{OA} + \overrightarrow{OB}$
$\therefore\ \overrightarrow{OC} = \dfrac{2\overrightarrow{OA} + \overrightarrow{OB}}{3}$

(2) $\overrightarrow{AD} = \dfrac{2}{2+1}\overrightarrow{AB}$ より
$\overrightarrow{OD} - \overrightarrow{OA} = \dfrac{2}{3}(\overrightarrow{OB} - \overrightarrow{OA})$
$3\overrightarrow{OD} - 3\overrightarrow{OA} = 2\overrightarrow{OB} - 2\overrightarrow{OA}$
$3\overrightarrow{OD} = \overrightarrow{OA} + 2\overrightarrow{OB}$
$\therefore\ \overrightarrow{OD} = \dfrac{\overrightarrow{OA} + 2\overrightarrow{OB}}{3}$

(3) $\overrightarrow{CE} = \dfrac{1}{1+1}\overrightarrow{CD}$ より
$\overrightarrow{OE} - \overrightarrow{OC} = \dfrac{1}{2}(\overrightarrow{OD} - \overrightarrow{OC})$
$2\overrightarrow{OE} - 2\overrightarrow{OC} = \overrightarrow{OD} - \overrightarrow{OC}$
$2\overrightarrow{OE} = \overrightarrow{OC} + \overrightarrow{OD}$
$= \dfrac{1}{3}(2\overrightarrow{OA} + \overrightarrow{OB} + \overrightarrow{OA} + 2\overrightarrow{OB})$
$= \overrightarrow{OA} + \overrightarrow{OB}$
$\therefore\ \overrightarrow{OE} = \dfrac{\overrightarrow{OA} + \overrightarrow{OB}}{2}$

5-10 (1) $\vec{c} = \dfrac{-2\vec{a}+3\vec{b}}{3-2}$
$= -2\vec{a}+3\vec{b}$

(2) $\vec{d} = \dfrac{3\vec{a}-2\vec{b}}{-2+3} = 3\vec{a}-2\vec{b}$

(3) $\vec{e} = \dfrac{2\vec{c}+3\vec{d}}{3+2}$
$= \dfrac{1}{5}\{2(-2\vec{a}+3\vec{b})+3(3\vec{a}-2\vec{b})\}$
$= \vec{a}$

5-11 (1) $\vec{u}\cdot\vec{v} = 1\cdot 3 + 2\cdot 4$
$= 11$

(2) $\vec{u}\cdot\vec{v} = 1\cdot(-1)+(-1)\cdot 1$
$= -2$

(3) $\vec{u}\cdot\vec{v} = 3\cdot 4+4\cdot(-3) = 0$

5-12 (1) $|\vec{u}+\vec{v}|^2$
$= (\vec{u}+\vec{v})\cdot(\vec{u}+\vec{v})$
$= \vec{u}\cdot\vec{u}+\vec{u}\cdot\vec{v}+\vec{v}\cdot\vec{u}+\vec{v}\cdot\vec{v}$
$= |\vec{u}|^2 + 2\vec{u}\cdot\vec{v} + |\vec{v}|^2$

(2) $|\vec{u}-\vec{v}|^2 = (\vec{u}-\vec{v})\cdot(\vec{u}-\vec{v})$
$= \vec{u}\cdot\vec{u}-\vec{u}\cdot\vec{v}-\vec{v}\cdot\vec{u}+\vec{v}\cdot\vec{v}$
$= |\vec{u}|^2 - 2\vec{u}\cdot\vec{v} + |\vec{v}|^2$

(3) $|2\vec{u}+3\vec{v}|^2$
$= (2\vec{u}+3\vec{v})\cdot(2\vec{u}+3\vec{v})$
$= 4|\vec{u}|^2 + 12\vec{u}\cdot\vec{v} + 9|\vec{v}|^2$

5-13
(1) $\cos\theta = \dfrac{2\cdot(-1)+(-1)\cdot 3}{\sqrt{2^2+(-1)^2}\sqrt{(-1)^2+3^2}}$
$= -\dfrac{1}{\sqrt{2}}$
よって,$\theta = 135°$

(2) $\cos\theta = \dfrac{-1\cdot 1+0\cdot(-\sqrt{3})}{\sqrt{(-1)^2+0^2}\sqrt{1^2+(-\sqrt{3})^2}}$
$= -\dfrac{1}{2}$
よって,$\theta = 120°$

5-14 (1) $\vec{u}\cdot\vec{v} = 1\cdot t + 2\cdot 3$ より
$t+6 = 0$
$\therefore\ t = -6$

(2) $\vec{u}\cdot\vec{v} = x\cdot x + 1\cdot(-4)$ より
$x^2 - 4 = 0$
$\therefore\ x = \pm 2$

5-15 A(3, 2, 1), B(2, 2, 1), C(2, 1, 2), D(1, 1, 1), E(1, 1, 3), F(0, 1, 2), G(0, −1, 1), H(−1, −1, 1)

5-16 (1) (0, 0, 1)
(2) (0, 2, 0)
(3) (3, 2, −1)
(4) (−3, −2, −1)

5-17 (1) $\overrightarrow{OA} = (3, -1, 2)$
(2) $\overrightarrow{OB} = (1, 1, -2)$

第6章 いろいろな関数

6-1 (1) $y=-2\cdot(-1)+1=3$
$y=-2\cdot 2+1=-3$
より，$-3 \leqq y < 3$

(2) $y=0^2-2\cdot 0-1=-1$
$y=2^2-2\cdot 2-1=-1$
および
$y=x^2-2x-1$
$=(x-1)^2-2$
より，$-2 \leqq y < -1$

6-2 (1) $g(f(x))=g(2x-1)$
$=-(2x-1)+3$
$=-2x+4$

(2) $f(g(x))=f(-x+3)$
$=2(-x+3)-1=-2x+5$

6-3 (1) $x=\dfrac{1}{2}y$ より
$y=\dfrac{1}{2}x$

(2) $x=y+1$ より $y=x+1$

(3) $x=\dfrac{5}{9}(y-32)=\dfrac{5}{9}y-\dfrac{160}{9}$ より
$y=\dfrac{5}{9}x-\dfrac{160}{9}$

6-4 (1) (2)

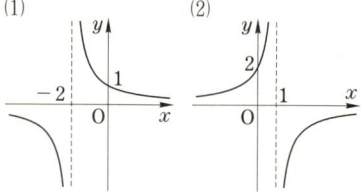

6-5 (1) (2)

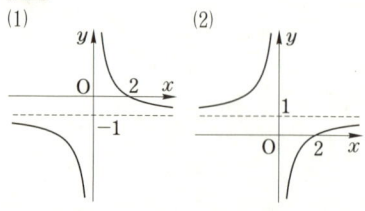

6-6 (1) (2)

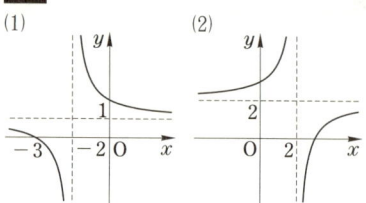

6-7 (1) (2)

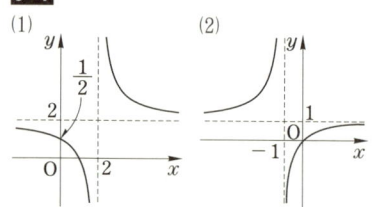

6-8 $y=\sqrt{2x}$
$(x \geqq 0)$

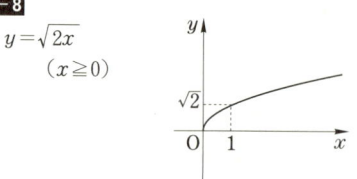

6-9 (1) (2) (3) 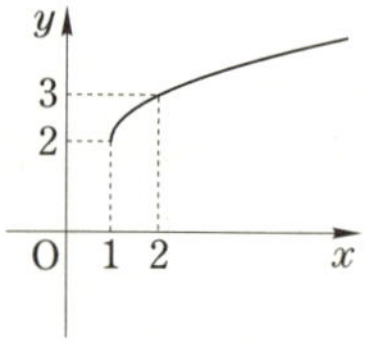 (4)

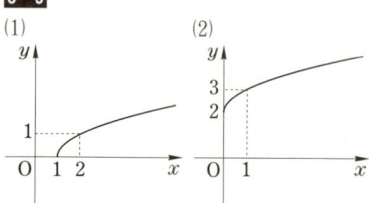

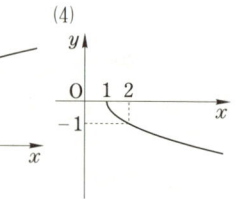

(5) [グラフ: y軸上2、x軸上1と5を通る減少曲線]

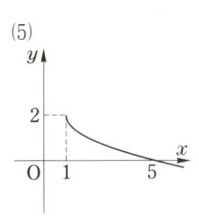

6-10
(1) [グラフ: y軸に1、x軸に-1、増加曲線]
(2) [グラフ: y軸に1、x軸に1、増加曲線]
(3) [グラフ: x軸に2、y軸に$-\sqrt{2}$の点を通る曲線]

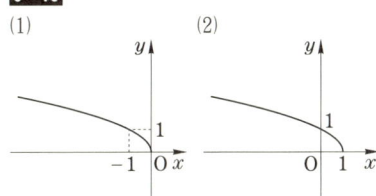

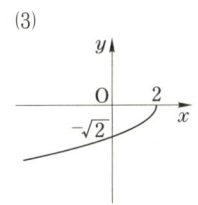

6-11 (1) $\dfrac{1}{\sqrt{3}}$ (2) $-\dfrac{\sqrt{3}}{2}$
(3) $\dfrac{1}{\sqrt{2}}$ (4) 1 (5) $-\dfrac{1}{2}$
(6) $-\dfrac{1}{\sqrt{2}}$

6-12 $180° = \pi$ ラジアン より

(1) $90° = 180° \times \dfrac{90}{180}$

$= \pi \times \dfrac{1}{2}$ ラジアン

$= \dfrac{\pi}{2}$ ラジアン

(2) $120° = 180° \times \dfrac{120}{180}$

$= \pi \times \dfrac{2}{3}$ ラジアン

$= \dfrac{2}{3}\pi$ ラジアン

(3) $15° = 180° \times \dfrac{15}{180}$

$= \pi \times \dfrac{1}{12}$ ラジアン

$= \dfrac{\pi}{12}$ ラジアン

(4) $360° = 180° \times \dfrac{360}{180}$

$= \pi \times 2$ ラジアン

$= 2\pi$ ラジアン

6-13 (1) 1 (2) $-\dfrac{1}{2}$ (3) $-\dfrac{1}{2}$
(4) $\dfrac{1}{\sqrt{2}}$

6-14
[グラフ: (1) $y = 2\cos x$, (2) $y = \cos 2x$]

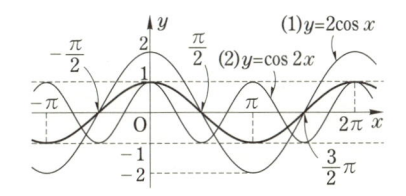

6-15
[グラフ: (1) $y = \sin(-x)$, (2) $y = \sin\left(\dfrac{\pi}{2} - x\right)$]

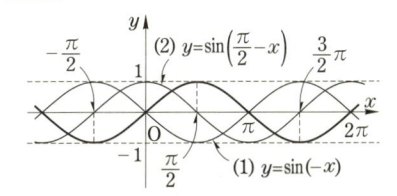

6-16 $\cos(x + 2\pi)$
$= \cos((x+\pi) + \pi)$
$= -\cos(x+\pi)$
$= -(-\cos x) = \cos x$
$\sin(x + 2\pi)$
$= \sin((x+\pi) + \pi)$
$= -\sin(x+\pi)$
$= -(-\sin x) = \sin x$ ∎

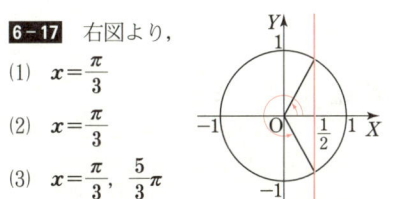

6-17 右図より，
(1) $x = \dfrac{\pi}{3}$
(2) $x = \dfrac{\pi}{3}$
(3) $x = \dfrac{\pi}{3}, \dfrac{5}{3}\pi$

[図: 単位円、$\dfrac{1}{2}$の位置]

6-18

(1) $0 \leq x \leq \pi$
のとき
$0 \leq 2x \leq 2\pi$
右図より 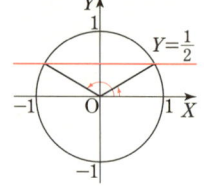
$2x = \dfrac{\pi}{6}$
または $2x = \dfrac{5\pi}{6}$
よって
$$x = \dfrac{\pi}{12}, \dfrac{5\pi}{12}$$

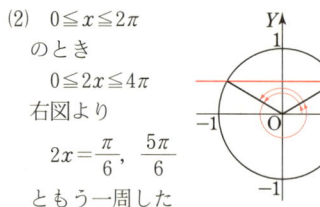

(2) $0 \leq x \leq 2\pi$
のとき
$0 \leq 2x \leq 4\pi$
右図より
$2x = \dfrac{\pi}{6}, \dfrac{5\pi}{6}$
ともう一周した
$2x = \dfrac{13\pi}{6}, \dfrac{17\pi}{6}$
があるから,
$$x = \dfrac{\pi}{12}, \dfrac{5\pi}{12}, \dfrac{13\pi}{12}, \dfrac{17\pi}{12}$$

6-19 $\cos(\alpha+\beta) = \mathrm{OD}$
$= \mathrm{OC} - \mathrm{BE}$
また,
$\begin{cases} \mathrm{OC} = \mathrm{OB}\cos\beta = \cos\alpha\cos\beta \\ \mathrm{BE} = \mathrm{AB}\sin\beta = \sin\alpha\sin\beta \end{cases}$
より,
$\cos(\alpha+\beta)$
$= \cos\alpha\cos\beta - \sin\alpha\sin\beta$ ∎

6-20 $\sin 75° = \sin(45° + 30°)$
$= \sin 45°\cos 30° + \cos 45°\sin 30°$
$= \dfrac{1}{\sqrt{2}} \cdot \dfrac{\sqrt{3}}{2} + \dfrac{1}{\sqrt{2}} \cdot \dfrac{1}{2}$
$= \dfrac{\sqrt{3}+1}{2\sqrt{2}} = \dfrac{\sqrt{6}+\sqrt{2}}{4}$

6-21 $\cos 75° = \cos(45° + 30°)$
$= \cos 45°\cos 30° - \sin 45°\sin 30°$
$= \dfrac{1}{\sqrt{2}} \cdot \dfrac{\sqrt{3}}{2} - \dfrac{1}{\sqrt{2}} \cdot \dfrac{1}{2}$
$= \dfrac{\sqrt{3}-1}{2\sqrt{2}} = \dfrac{\sqrt{6}-\sqrt{2}}{4}$

6-22 $\sin\left(\left(\dfrac{\pi}{2}-\alpha\right)-\beta\right)$
$= \sin\left(\dfrac{\pi}{2}-\alpha\right)\cos\beta - \cos\left(\dfrac{\pi}{2}-\alpha\right)\sin\beta$
$= \cos\alpha\cos\beta - \sin\alpha\sin\beta$
また, $\sin\left(\left(\dfrac{\pi}{2}-\alpha\right)-\beta\right)$
$= \sin\left(\dfrac{\pi}{2}-(\alpha+\beta)\right)$
$= \cos(\alpha+\beta)$
よって,
$\cos(\alpha+\beta) = \cos\alpha\cos\beta - \sin\alpha\sin\beta$
を得る.

6-23 $\sin(\pi-\theta)$
$= \sin\pi\cos\theta - \cos\pi\sin\theta$
$= \sin\theta$
$\cos(\theta+\pi) = \cos\theta\cos\pi - \sin\theta\sin\pi$
$= -\cos\theta$

6-24 $\tan 15° = \tan(45° - 30°)$
$= \dfrac{\tan 45° - \tan 30°}{1 + \tan 45°\tan 30°}$
$= \dfrac{1 - \dfrac{1}{\sqrt{3}}}{1 + 1 \cdot \dfrac{1}{\sqrt{3}}}$
$= \dfrac{\sqrt{3}-1}{\sqrt{3}+1} = 2 - \sqrt{3}$
$\tan 75° = \tan(45° + 30°)$
$= \dfrac{\tan 45° + \tan 30°}{1 - \tan 45°\tan 30°}$
$= \dfrac{1 + \dfrac{1}{\sqrt{3}}}{1 - 1 \cdot \dfrac{1}{\sqrt{3}}}$
$= \dfrac{\sqrt{3}+1}{\sqrt{3}-1} = 2 + \sqrt{3}$

6-25 $\tan 2\alpha = \tan(\alpha+\alpha)$
$= \dfrac{\tan\alpha + \tan\alpha}{1 - \tan\alpha\tan\alpha}$

$$= \frac{2\tan\alpha}{1-\tan^2\alpha}$$ ∎

6-26 $\cos\alpha < 0$ の場合, つまり
$$\cos\alpha = -\frac{\sqrt{6}+\sqrt{2}}{4}$$
となる α が求めるものである. よって,
$$\alpha = \frac{11}{12}\pi \quad \left(\frac{13}{12}\pi \text{ などでもよい.}\right)$$

6-27 $y = \sin x + \sqrt{3}\cos x$
$$= 2\left(\frac{1}{2}\sin x + \frac{\sqrt{3}}{2}\cos x\right)$$
$$= 2\left(\sin x\cos\frac{\pi}{3} + \cos x\sin\frac{\pi}{3}\right)$$
$$= 2\sin\left(x+\frac{\pi}{3}\right)$$

6-28 (1) $2^{-3} = \frac{1}{2^3} = \frac{1}{8}$

(2) $3^{-2} = \frac{1}{3^2} = \frac{1}{9}$

(3) $10^0 = 1$

(4) $\left(\frac{1}{3}\right)^{-3} = \frac{1}{\left(\frac{1}{3}\right)^3} = \frac{1}{\frac{1}{27}} = 27$

6-29 (1) $a^5 \div a^{-3} \times a^{-7} \div a^2$
$$= a^{5-(-3)+(-7)-2}$$
$$= a^{-1} = \frac{1}{a}$$

(2) $(a^{-3})^2 \times (-a)^2$
$$= a^{-6} \times a^2 = a^{-6+2}$$
$$= a^{-4} = \frac{1}{a^4}$$

(3) $(a^3)^2 \times (a^{-1})^3$
$$= a^6 \times a^{-3} = a^{6+(-3)}$$
$$= a^3$$

6-30 (1) $x = \pm 9$ (2) $x = \pm 3$
(3) $x = \pm\sqrt{3}$ (4) $x = 3$
(5) $x = -2$

6-31 (1) $\sqrt[3]{27} = 3$ (2) $\sqrt[4]{64} = 2\sqrt{2}$
(3) $\sqrt[5]{-32} = -2$ (4) $\sqrt[3]{8} = 2$

(5) $\sqrt[4]{81} = 3$ (6) $\sqrt[5]{32} = 2$

6-32 (1) $8^{\frac{2}{3}} = (\sqrt[3]{8})^2 = 2^2 = 4$

(2) $16^{\frac{3}{4}} = (\sqrt[4]{16})^3 = 2^3 = 8$

(3) $1024^{\frac{6}{5}} = (\sqrt[5]{1024})^6 = 4^6 = 4096$

(4) $8^{-\frac{2}{3}} = (\sqrt[3]{8})^{-2} = 2^{-2} = \frac{1}{4}$

(5) $16^{-\frac{3}{4}} = (\sqrt[4]{16})^{-3} = 2^{-3} = \frac{1}{8}$

(6) $1024^{-\frac{6}{5}} = (\sqrt[5]{1024})^{-6} = 4^{-6}$
$$= \frac{1}{4096}$$

6-33 (1) $\sqrt{a} \times \sqrt[3]{a^2} \times \sqrt[4]{a^3}$
$$= a^{\frac{1}{2}} \times a^{\frac{2}{3}} \times a^{\frac{3}{4}}$$
$$= a^{\frac{1}{2}+\frac{2}{3}+\frac{3}{4}} = a^{\frac{23}{12}}$$

(2) $\sqrt[3]{a^2b^2} \times \sqrt[4]{ab} \div \sqrt{ab}$
$$= (a^2b^2)^{\frac{1}{3}} \times (ab)^{\frac{1}{4}} \div (ab)^{\frac{1}{2}}$$
$$= a^{\frac{2}{3}}b^{\frac{2}{3}} \times a^{\frac{1}{4}}b^{\frac{1}{4}} \div a^{\frac{1}{2}}b^{\frac{1}{2}}$$
$$= a^{\frac{2}{3}+\frac{1}{4}-\frac{1}{2}} \times b^{\frac{2}{3}+\frac{1}{4}-\frac{1}{2}}$$
$$= a^{\frac{5}{12}}b^{\frac{5}{12}}$$

(3) $(\sqrt[3]{a\sqrt{a}})^6 = (a\sqrt{a})^{\frac{6}{3}}$
$$= (aa^{\frac{1}{2}})^{\frac{6}{3}} = (a^{\frac{3}{2}})^{\frac{6}{3}} = a^3$$

6-34 (1) $3^3 = 27$ より $\log_3 27 = 3$
(2) $2^6 = 64$ より $\log_2 64 = 6$
(3) $3^0 = 1$ より $\log_3 1 = 0$
(4) $2^{-1} = \frac{1}{2}$ より $\log_2 \frac{1}{2} = -1$

6-35 (1) $4^{\frac{1}{2}} = 2$ より $\log_4 2 = \frac{1}{2}$

(2) $9^{\frac{3}{2}} = 27$ より $\log_9 27 = \frac{3}{2}$

6-36 $\begin{cases} m = \log_a M \\ n = \log_a N \end{cases}$ とおくと, 対数の定義から
$$\begin{cases} M = a^m \\ N = a^n \end{cases} \cdots\cdots(*)$$
である.

[対数法則(1)ii)の証明]

(*)より $\dfrac{M}{N}=\dfrac{a^m}{a^n}=a^{m-n}$

よって，対数の定義より
$$\log_a \dfrac{M}{N}=m-n$$
となる．つまり
$$\log_a \dfrac{M}{N}=\log_a M - \log_a N \quad ■$$

[対数法則(2)の証明]

(*)より $M^p=(a^m)^p=a^{pm}$

よって，対数の定義より
$$\log_a M^p = pm$$
となる．つまり
$$\log_a M^p = p\log_a M \quad ■$$

6-37 (1) $\log_{10} 4 = \log_{10} 2^2$
$= 2\log_{10} 2 = 2\times 0.3010$
$= \mathbf{0.6020}$

(2) $\log_{10} 5 = \log_{10} \dfrac{10}{2}$
$= \log_{10} 10 - \log_{10} 2 = 1 - 0.3010$
$= \mathbf{0.6990}$

(3) $\log_{10} 6$
$= \log_{10}(2\times 3) = \log_{10} 2 + \log_{10} 3$
$= 0.3010 + 0.4771 = \mathbf{0.7781}$

(4) $\log_{10} 8 = \log_{10} 2^3 = 3\log_{10} 2$
$= 3\times 0.3010 = \mathbf{0.9030}$

(5) $\log_{10} 9 = \log_{10} 3^2 = 2\log_{10} 3$
$= 2\times 0.4771 = \mathbf{0.9542}$

(6) $\log_{10} 12 = \log_{10}(2^2 \times 3)$
$= 2\log_{10} 2 + \log_{10} 3$
$= 2\times 0.3010 + 0.4771$
$= \mathbf{1.0791}$

6-38 $\log_a b \times \log_b c \times \log_c a$
$= \log_a b \times \dfrac{\log_a c}{\log_a b} \times \dfrac{\log_a a}{\log_a c}$
$= \log_a a = 1 \quad ■$

6-39 (1) $\log_2 6 = \log_2(2\times 3)$
$= \log_2 2 + \log_2 3$
$= \mathbf{1+a}$

(2) $\log_3 2 = \dfrac{\log_2 2}{\log_2 3} = \mathbf{\dfrac{1}{a}}$

(3) $\log_{12} 18 = \dfrac{\log_2 18}{\log_2 12}$
$= \dfrac{\log_2(2\times 3^2)}{\log_2(2^2 \times 3)} = \dfrac{\log_2 2 + 2\log_2 3}{2\log_2 2 + \log_2 3}$
$= \mathbf{\dfrac{1+2a}{2+a}}$

6-40 真数条件より，
$x+2>0 \quad \cdots\cdots ①$
かつ $x-5>0 \quad \cdots\cdots ②$
よって，$x>5 \quad \cdots\cdots ③$ である．
③の条件の下で与えられた方程式は
$$\log_2(x+2)(x-5) = \log_2 8$$
∴ $(x+2)(x-5)=8 \quad \cdots\cdots ④$
∴ $x^2-3x-18=0$
∴ $(x+3)(x-6)=0 \quad \cdots\cdots ④'$
と同値変形できる．③かつ④'より，
$$x=6.$$

[真数条件が $x+2>0$ だけで良い理由]
上の解答では，真数条件として①，②を考え，その上で④を計算しているが，④の下では，①が成り立つならば必ず②も成り立つ．(一般には成り立つはずがない！)いいかえると，①と④を満たす x は必ず②を満たすので，真数条件としては実は①のみで良い．(同様に②のみでも良い．)

6-41 真数条件より，
$6-x>0 \quad \cdots\cdots ①$
かつ $x>0 \quad \cdots\cdots ②$
よって，$0<x<6 \quad \cdots\cdots ③$ である．
③の条件の下で与えられた方程式は
$$\dfrac{\log_3(6-x)}{\log_3 \dfrac{1}{3}} + 2\log_3 x = 0$$
∴ $\log_3 x^2 = \log_3(6-x)$
∴ $x^2 = 6-x \quad \cdots\cdots ④$
∴ $(x+3)(x-2)=0 \quad \cdots\cdots ④'$
と同値変形できる．③かつ④'より，
$$x=2.$$

[真数条件が $x>0$ だけで良い理由]
上の解答では，真数条件として①，②を考え，その上で④を計算しているが，④

の下では，②が成り立つならば必ず①も成り立つ．($x>0 \implies x^2>0$)

ゆえに真数条件としては，②を考えるだけで良い．

他方，たとえ④の下でも，①が成り立つならば②も成り立つとはいえない．だから真数条件として①を考えるだけでは足りない！

第7章　数　列

7-1　段　1　2　3　4　5　6　7
　　　三角数　1　3　6　10　15　21　28
　　　　　　　　2　3　4　5　6　7

よって，6段のとき **21**，7段のとき **28**

7-2　(1)　$1+2+3+\cdots+100$
$$=\frac{1}{2}\times 100\times 101 = \mathbf{5050}$$

(2)　$101+102+103+\cdots+200$
$$=\frac{1}{2}\times 200\times 201 - 5050$$
$$=20100-5050=\mathbf{15050}$$

(3)　$1+2+3+\cdots+(n-1)$
$$=\frac{1}{2}(n-1)\{(n-1)+1\}$$
$$=\frac{1}{2}\boldsymbol{n(n-1)}$$

(4)　$1+2+3+\cdots+2n$
$$=\frac{1}{2}2n(2n+1)=\boldsymbol{n(2n+1)}$$

7-3　$a_n = \boldsymbol{n(n+1)}$

7-4　$10^2 = \mathbf{100}$

7-5　階差数列は 2, 3, 4, 5, 6, … であるから，$b_n = \boldsymbol{n+1}$

7-6　初項1，公差3であるから，
$$a_n = 1+(n-1)\times 3$$
$$=\boldsymbol{3n-2}$$

7-7　初項1，第n項nであるから，
$$\frac{n}{2}(1+n)$$
または，初項1，公差1であるから，
$$\frac{n}{2}\{2\cdot 1+(n-1)\cdot 1\} = \frac{n(n+1)}{2}$$　∎

7-8　初項1，第n項$2n-1$であるから，
$$\frac{n}{2}\{1+(2n-1)\} = n^2$$
または，初項1，公差2であるから，

$$\frac{n}{2}\{2\cdot 1+(n-1)\cdot 2\}=n^2 \quad \blacksquare$$

7-9 $a_n=1\cdot 2^{n-1}=\boldsymbol{2^{n-1}}$

7-10 (1) 公比は $\frac{2}{8}=\frac{1}{4}$ より

$$x\times\frac{1}{4}=\frac{1}{8} \quad \therefore \quad \boldsymbol{x=\frac{1}{2}}$$

(2) 公比は $\frac{12}{8}=\frac{3}{2}$ より

$$y\times\frac{3}{2}=\frac{81}{2} \quad \therefore \quad \boldsymbol{y=27}$$

(3) 公比は $\frac{2}{-1}=-2$ より

$$z\times(-2)=-16 \quad \therefore \quad \boldsymbol{z=8}$$

7-11 初項 1, 公比 -1 であるから,
$$a_n=1\cdot(-1)^{n-1}=\boldsymbol{(-1)^{n-1}}$$

7-12 (1) 初項 1, 公比 2, 項数 10 であるから,
$$\frac{1\cdot(2^{10}-1)}{2-1}=\boldsymbol{1023}$$

(2) 初項 1, 公比 $\frac{1}{2}$, 項数 10 であるから,

$$\frac{1\cdot\left\{1-\left(\frac{1}{2}\right)^{10}\right\}}{1-\frac{1}{2}}=2\left(1-\frac{1}{2^{10}}\right)$$

$$=2\cdot\frac{2^{10}-1}{2^{10}}=\boldsymbol{\frac{1023}{512}}$$

(3) 初項 1, 公比 -2, 項数 10 であるから,
$$\frac{1\cdot\{1-(-2)^{10}\}}{1-(-2)}=\boldsymbol{-341}$$

(4) 初項 64, 公比 $\frac{1}{2}$, 項数 10 であるから,

$$\frac{64\cdot\left\{1-\left(\frac{1}{2}\right)^{10}\right\}}{1-\frac{1}{2}}=64\cdot\frac{1023}{512}$$

$$=\boldsymbol{\frac{1023}{8}}$$

7-13 例 7-3 のように解いても良いが, Notes の考え方を理解していると, 次のように簡単に答がわかります.

(1) 数列 $\{-1, 2, 7, 14, 23, \cdots\}$ は, 平方数列 $\{1, 4, 9, 16, \cdots, n^2, \cdots\}$ と同じ階差数列 $\{3, 5, 7, 9, \cdots\}$ をもっているが, 初項が -2 だけずれているので, $\boldsymbol{a_n=n^2-2}$ と予想される.

(2) 数列 $\{2, 3, 5, 9, 17, 33, \cdots\}$ は, 公比 2 の等比数列 $\{1, 2, 4, 8, \cdots, 2^{n-1}, \cdots\}$ と同じ階差数列 $\{1, 2, 4, 8, 16, 32, \cdots\}$ をもっているが, 初項が 1 だけずれているので $\boldsymbol{a_n=2^{n-1}+1}$ と予想される.

7-14 $\sum_{k=1}^{3}a_{2k}=a_2+a_4+a_6$

$\sum_{k=1}^{4}a_{3k-1}=a_2+a_5+a_8+a_{11}$

7-15 (1) $\sum_{k=1}^{5}k=1+2+3+4+5$
$$=\boldsymbol{15}$$

(2) $\sum_{k=1}^{5}(2k-1)=1+3+5+7+9$
$$=\boldsymbol{25}$$

(3) $\sum_{k=1}^{3}(k^2+2k)$
$$=(1+2)+(4+4)+(9+6)=\boldsymbol{26}$$

7-16 $S=\sum_{k=1}^{n}\{a+(k-1)d\}$ と表せるので,

$$S=\sum_{k=1}^{n}(a+kd-d)$$

$$=a\sum_{k=1}^{n}1+d\sum_{k=1}^{n}k-d\sum_{k=1}^{n}1$$

$$=an+\frac{d}{2}n(n+1)-dn$$

$$=\boldsymbol{\frac{n}{2}\{2a+(n-1)d\}}$$

7-17 与式は $\sum_{k=1}^{n}(k+2^{k-1})$ と表せるので,

$$\sum_{k=1}^{n}(k+2^{k-1})=\sum_{k=1}^{n}k+\sum_{k=1}^{n}2^{k-1}$$
$$=\frac{1}{2}n(n+1)+\frac{2^n-1}{2-1}$$
$$=\frac{1}{2}n(n+1)+2^n-1$$
$$=\frac{1}{2}\{2^{n+1}+(n+2)(n-1)\}$$

7-18 $\sum_{k=1}^{n}k(k+1)(k+2)$
$$=\frac{1}{4}\{n(n+1)(n+2)(n+3)-0\}$$
$$=\frac{1}{4}n(n+1)(n+2)(n+3)$$

7-19 $k(k+1)(k+2)=k^3+3k^2+2k$
の両辺に $\sum_{k=1}^{n}$ をつけると
$$左辺=\frac{1}{4}n(n+1)(n+2)(n+3)$$
$$右辺=\sum_{k=1}^{n}k^3+3\sum_{k=1}^{n}k^2+2\sum_{k=1}^{n}k$$
$$=\sum_{k=1}^{n}k^3+3\cdot\frac{1}{6}n(n+1)(2n+1)$$
$$\quad+2\cdot\frac{1}{2}n(n+1)$$
となる．この関係より
$$\sum_{k=1}^{n}k^3=\frac{1}{4}n(n+1)(n+2)(n+3)$$
$$\quad-\frac{1}{2}n(n+1)(2n+1)$$
$$\quad-n(n+1)$$
$$=\frac{1}{4}n(n+1)\{(n+2)(n+3)$$
$$\quad-2(2n+1)-4\}$$
$$=\frac{1}{4}n^2(n+1)^2$$

注 $k^3=k(k+1)(k+2)-3k(k+1)+k$
の両辺の $\sum_{k=1}^{n}$ を考える手もある．
$$\sum_{k=1}^{n}k^3=\sum_{k=1}^{n}k(k+1)(k+2)$$
$$\quad-3\sum_{k=1}^{n}k(k+1)+\sum_{k=1}^{n}k$$
$$=\frac{1}{4}n(n+1)(n+2)(n+3)$$

$$\quad-n(n+1)(n+2)+\frac{1}{2}n(n+1)$$
$$=\frac{1}{4}n(n+1)\{(n+2)(n+3)$$
$$\quad-4(n+2)+2\}$$
$$=\frac{1}{4}n^2(n+1)^2$$

7-20 $a_1=-2^{1-1}+3$
$$=-1+3=2$$
また，
$$a_{n+1}=-2^{n+1-1}+3$$
$$=-2^n+3 \quad\cdots\cdots①$$
$2a_n-3$ に $a_n=-2^{n-1}+3$ を代入すると，
$$2a_n-3=2(-2^{n-1}+3)-3$$
$$=-2^n+3 \quad\cdots\cdots②$$
①，②より $a_{n+1}=2a_n-3$ を満たす．

7-21 数列 $\{a_n\}$ は
$$4,\ 5,\ 7,\ 11,\ 19,\ 35,\ 67,\ \cdots$$
その階差数列を $\{b_n\}$ とすると，$\{b_n\}$ は
$$1,\ 2,\ 4,\ 8,\ 16,\ 32,\ \cdots$$
となるから，その一般項は
$$b_n=2^{n-1}$$
と予想できる．$n\geq 2$ のとき
$$a_n=a_1+\sum_{k=1}^{n-1}b_k$$
$$=4+\sum_{k=1}^{n-1}2^{k-1}$$
$$=4+\frac{1\cdot(2^{n-1}-1)}{2-1}$$
よって，
$$a_n=2^{n-1}+3$$
と予想される．

第8章 微分とその応用

8-1 (1) $\dfrac{f(0)-f(-1)}{0-(-1)}$
$=-(-1)^2-2(-1)$
$=1$

(2) $\dfrac{f(1)-f(-1)}{1-(-1)}=\dfrac{3+1}{2}=2$

(3) $\dfrac{f(-2)-f(-1)}{-2-(-1)}=\dfrac{2-1}{-1}=-1$

8-2 $f'(x)=\lim\limits_{h\to 0}\dfrac{3(x+h)^2-3x^2}{h}$
$=\lim\limits_{h\to 0}\dfrac{(3x^2+6xh+3h^2)-3x^2}{h}$
$=\lim\limits_{h\to 0}\dfrac{6xh+3h^2}{h}=\lim\limits_{h\to 0}(6x+3h)$
$=6x$

8-3 (1) 傾き$=2\cdot 2-2=2$ であり，点 (2, 0) を通るから
$y-0=2(x-2)$
$\therefore\ y=2x-4$

(2) 傾き$=2\cdot 1-2=0$ であり，点 (1, -1) を通るから
$y=-1$

第9章 積分とその応用

9-1 (1) $F(x)=\dfrac{1}{3}x^3$
$F(x)=\dfrac{1}{3}x^3+1$
$F(x)=\dfrac{1}{3}x^3-2$

(2) $F(x)=\dfrac{1}{3}x^3+x^2$
$F(x)=\dfrac{1}{3}x^3+x^2+1$
$F(x)=\dfrac{1}{3}x^3+x^2-2$

(3) $F(x)=\dfrac{2}{3}x^3-\dfrac{3}{2}x^2+x$
$F(x)=\dfrac{2}{3}x^3-\dfrac{3}{2}x^2+x+1$
$F(x)=\dfrac{2}{3}x^3-\dfrac{3}{2}x^2+x-2$

9-2 (1) $\displaystyle\int_0^2 x^2 dx=\left[\dfrac{1}{3}x^3\right]_0^2$
$=\dfrac{1}{3}\cdot 2^3-\dfrac{1}{3}\cdot 0^3=\dfrac{8}{3}$

(2) $\displaystyle\int_{-1}^2 x^2 dx=\left[\dfrac{1}{3}x^3\right]_{-1}^2$
$=\dfrac{1}{3}\cdot 2^3-\dfrac{1}{3}\cdot(-1)^3=3$

(3) $\displaystyle\int_1^{-1} x^2 dx=\left[\dfrac{1}{3}x^3\right]_1^{-1}$
$=\dfrac{1}{3}\cdot(-1)^3-\dfrac{1}{3}\cdot 1^3=-\dfrac{2}{3}$

(4) $\displaystyle\int_{-1}^2 (4x^3-3x^2)dx=\left[x^4-x^3\right]_{-1}^2$
$=(2^4-2^3)-\{(-1)^4-(-1)^3\}$
$=8-2=6$

(5) $\displaystyle\int_{-3}^{-1} 2dx=\left[2x\right]_{-3}^{-1}$
$=2\cdot(-1)-2\cdot(-3)=4$

章末問題の解答

第1章の章末問題

1 $a+b+c=0$ から，
$b+c=-a, c+a=-b, a+b=-c$
与式
$= \left(\dfrac{a}{b}+\dfrac{a}{c}\right)+\left(\dfrac{b}{c}+\dfrac{b}{a}\right)+\left(\dfrac{c}{a}+\dfrac{c}{b}\right)$
$= \dfrac{b+c}{a}+\dfrac{c+a}{b}+\dfrac{a+b}{c}$
$= \dfrac{-a}{a}+\dfrac{-b}{b}+\dfrac{-c}{c}$
$= -3$

（別解） 条件より，$c=-(a+b)$
これを与式に代入して，
与式
$= \left(\dfrac{a}{b}+\dfrac{a}{c}\right)+\left(\dfrac{b}{c}+\dfrac{b}{a}\right)+\left(\dfrac{c}{a}+\dfrac{c}{b}\right)$
$= \left(\dfrac{a}{b}+\dfrac{b}{a}\right)+\dfrac{a+b}{c}+c\left(\dfrac{1}{a}+\dfrac{1}{b}\right)$
$= \dfrac{a^2+b^2}{ab}+\dfrac{a+b}{-(a+b)}-(a+b)\dfrac{a+b}{ab}$
$= \dfrac{a^2+b^2-(a+b)^2}{ab}-1$
$= \dfrac{-2ab}{ab}-1$
$= -3$

2 $\dfrac{x+y}{5}=\dfrac{y+z}{6}=\dfrac{z+x}{7}=k\,(k\neq 0)$
とおくと，
$\begin{cases} x+y=5k & \cdots\cdots① \\ y+z=6k & \cdots\cdots② \\ z+x=7k & \cdots\cdots③ \end{cases}$
が成り立つ．①＋②＋③ より
$2(x+y+z)=18k$
$\therefore\ x+y+z=9k\quad \cdots\cdots④$
④－② より，$x=3k$
④－③ より，$y=2k$
④－① より，$z=4k$
よって，
$x:y:z=3k:2k:4k$
$\qquad\quad =3:2:4$

$\dfrac{xy+yz+zx}{x^2+y^2+z^2}=\dfrac{6k^2+8k^2+12k^2}{9k^2+4k^2+16k^2}$
$\qquad\qquad\qquad\ =\dfrac{26}{29}$

3 実際に割り算をすると，

$$\begin{array}{r} x+2 \\ x^2-2x-b\overline{\smash{\big)}\,x^3-ax-6} \\ \underline{x^3-2x^2-bx} \\ 2x^2+(b-a)x-6 \\ \underline{2x^2-4x-2b} \\ (b-a+4)x+2b-6 \end{array}$$

となり，割り切れるための条件は
$\begin{cases} b-a+4=0 \\ 2b-6=0 \end{cases}$
である．
よって，$a=7,\ b=3$

（別解） 整式 x^3-ax-6 を x^2-2x-b で割ったときの商を $x+c$ とおくと，割り切れるから，
$x^3-ax-6=(x^2-2x-b)(x+c)$
$\qquad\qquad\qquad\qquad \cdots\cdots(*)$
と表せる．右辺を展開して整理すると
$x^3+(c-2)x^2-(b+2c)x-bc$
となる．$(*)$は x についての恒等式より
$\begin{cases} c-2=0 \\ b+2c=a \\ bc=6 \end{cases}$
よって，$a=7,\ b=3$（$c=2$）

4 $P(x)$ を $(x-1)(x-3)$ で割ったときの商を $Q(x)$，余りを $ax+b$ とおくと，
$P(x)=(x-1)(x-3)Q(x)+ax+b$
$\qquad\qquad\qquad\qquad \cdots\cdots①$
と表せる．
　一方，$P(x)$ を $(x-1)(x-2)$，$(x-3)(x+2)$ で割ったときの商をそれぞれ $G(x),\ H(x)$ とおくと，
$P(x)=(x-1)(x-2)G(x)-3x+8$
$\qquad\qquad\qquad\qquad \cdots\cdots②$

$P(x)=(x-3)(x+2)H(x)-5x+6$
　　　　　　　　　　　……③
と表せる。
①,②より，$P(1)=a+b=5$　……④
①,③より，$P(3)=3a+b=-9$　……⑤
④,⑤より，$a=-7$, $b=12$
よって，求める余りは，**$-7x+12$**

5 (1) $P(x)$ を $(x-1)^2$ で割ったときの商を $Q(x)$ とおくと，
$P(x)=(x-1)^2Q(x)+4x-5$……①
と表せる。①より，$P(1)=-1$
よって，求める余りは，**-1**

(2) $P(x)$ を $(x-1)(x+2)$ で割ったときの商を $G(x)$，余りを $ax+b$ とおくと，
$P(x)=(x-1)(x+2)G(x)$
$\qquad +ax+b$　……②
と表せる。$P(x)$ を $x+2$ で割ったときの余りが -4 であるから
$P(-2)=-4$
一方，②から，
$P(-2)=-2a+b$
∴　$-2a+b=-4$　……③
また，①,②より，
$P(1)=a+b=-1$　……④
③,④より，$a=1$, $b=-2$
よって，求める余りは，**$x-2$**

(3) $P(x)$ を $(x-1)^2(x+2)$ で割ったときの商を $H(x)$，余りを px^2+qx+r とおくと，
$P(x)=(x-1)^2(x+2)H(x)$
$\qquad +px^2+qx+r$　……⑤
⑤と $P(-2)=-4$ より
$4p-2q+r=-4$　……⑥
次に，$P(x)$ を $(x-1)^2$ で割った余りは，$(x-1)^2(x+2)H(x)$ が $(x-1)^2$ で割り切れるから，px^2+qx+r を $(x-1)^2$ で割った余りに等しい。そこで実際に割ると，

$$\begin{array}{r} p \\ x^2-2x+1\overline{\smash{)}px^2+qx+r} \\ \underline{px^2-2px+p} \\ (2p+q)x+r-p \end{array}$$

この余り $(2p+q)x+r-p$ が $4x-5$ と一致するから，
$\begin{cases} 2p+q=4 & ……⑦ \\ r-p=-5 & ……⑧ \end{cases}$
⑥-⑧より，$5p-2q=1$　……⑨
⑦×2+⑨より，$9p=9$　∴　$p=1$
これを⑦,⑧に代入して
$q=2$, $r=-4$
よって，求める余りは，**x^2+2x-4**

(研究)　$P(x)$ を $(x-1)^2$ で割った余り $4x-5$ は px^2+qx+r を $(x-1)^2$ で割った余りに等しいから，割り算の恒等式を適用して，
$px^2+qx+r=p(x-1)^2+4x-5$
が成り立つので，⑤のかわりに
$P(x)=(x-1)^2(x+2)H(x)$
$\qquad +p(x-1)^2+4x-5$
と表せる。さらに，$P(x)$ を $x+2$ で割った余りが -4 より
$P(-2)=9p-13=-4$　∴　$p=1$
である。よって求める余りは
$(x-1)^2+4x-5=x^2+2x-4$

第2章の章末問題

6 (1) 与えられた不等式は，両辺が 0 以上より，その両辺を平方して得られる不等式
$$\frac{a+b}{2} \geq \left(\frac{\sqrt{a}+\sqrt{b}}{2}\right)^2$$
と同値である．ここで，
$$\frac{a+b}{2} - \left(\frac{\sqrt{a}+\sqrt{b}}{2}\right)^2$$
$$= \frac{a+b-2\sqrt{ab}}{4}$$
$$= \frac{(\sqrt{a}-\sqrt{b})^2}{4} \geq 0 \quad \cdots\cdots ①$$
$$\therefore \quad \frac{a+b}{2} \geq \left(\frac{\sqrt{a}+\sqrt{b}}{2}\right)^2$$
よって，
$$\sqrt{\frac{a+b}{2}} \geq \frac{\sqrt{a}+\sqrt{b}}{2}$$
また，等号が成り立つのは，①の等号が成り立つとき，つまり，
$$\sqrt{a} = \sqrt{b} \quad \therefore \quad a = b$$
のときである． ∎

(2) $a \geq 0,\ b \geq 0,\ c \geq 0,\ d \geq 0$ より，(1) の不等式の結果を用いると，
$$\sqrt{\frac{a+b+c+d}{4}}$$
$$= \sqrt{\frac{\left(\frac{a+b}{2}\right) + \left(\frac{c+d}{2}\right)}{2}}$$
$$\geq \frac{\sqrt{\frac{a+b}{2}} + \sqrt{\frac{c+d}{2}}}{2} \quad \cdots\cdots ②$$
$$\geq \frac{\frac{\sqrt{a}+\sqrt{b}}{2} + \frac{\sqrt{c}+\sqrt{d}}{2}}{2} \quad \cdots\cdots ③$$
$$= \frac{\sqrt{a}+\sqrt{b}+\sqrt{c}+\sqrt{d}}{4}$$
$$\therefore \quad \sqrt{\frac{a+b+c+d}{4}} \geq \frac{\sqrt{a}+\sqrt{b}+\sqrt{c}+\sqrt{d}}{4}$$
また，等号が成り立つのは，②，③の等号が同時に成り立つとき，すなわち，

$$\frac{a+b}{2} = \frac{c+d}{2} \quad \text{かつ} \quad a = b \quad \text{かつ} \quad c = d$$
$$\therefore \quad a = b = c = d$$
のときである． ∎

7 (1) $a > 0$ より，相加平均と相乗平均の関係を用いて，
$$a + \frac{1}{a} \geq 2\sqrt{a \cdot \frac{1}{a}} = 2$$
等号が成り立つのは，
$$a = \frac{1}{a} \quad \text{すなわち} \quad a^2 = 1$$
$a > 0$ より
$$a = 1$$
のときである． ∎

(2) $a > 0,\ b > 0$ より，相加平均と相乗平均の関係を用いて，
$$\left(a + \frac{1}{b}\right)\left(b + \frac{4}{a}\right) = ab + \frac{4}{ab} + 5$$
$$\geq 2\sqrt{ab \cdot \frac{4}{ab}} + 5 = 9$$
等号が成り立つのは，
$$ab = \frac{4}{ab} \quad \text{すなわち} \quad (ab)^2 = 4$$
$ab > 0$ より
$$ab = 2$$
のときである． ∎

8
$$a^2 p + b^2 q - (ap + bq)^2$$
$$= a^2 p + b^2 q - (a^2 p^2 + 2abpq + b^2 q^2)$$
$$= p(1-p)a^2 - 2pqab + q(1-q)b^2$$
$$\cdots\cdots (*)$$
ここで，$p + q = 1$ より
$$1 - p = q, \quad 1 - q = p$$
であるから，これらを(*)に代入すると
$$(*) \text{の右辺} = pqa^2 - 2pqab + pqb^2$$
$$= pq(a-b)^2 \geq 0$$
$$\therefore \quad a^2 p + b^2 q \geq (ap + bq)^2$$
等号が成立するのは
$p = 0$ または $q = 0$ または $a = b$
のときである． ∎

9 $\left(1+\dfrac{1}{x}\right)\left(1+\dfrac{1}{y}\right)$

$= 1 + \dfrac{1}{x} + \dfrac{1}{y} + \dfrac{1}{xy}$

$= 1 + \dfrac{x+y}{xy} + \dfrac{1}{xy}$

$= 1 + \dfrac{1}{xy} + \dfrac{1}{xy}$

$= 1 + \dfrac{2}{xy}$ ……(*)

ここで，$x>0$，$y>0$ より，相加平均と相乗平均の関係を用いて，

$x+y \geqq 2\sqrt{xy}$ ……①

が成り立つ．$x+y=1$ であるから

$1 \geqq 2\sqrt{xy}$

である．両辺ともに正より，辺々平方して，

$1 \geqq 4xy$ すなわち $\dfrac{1}{xy} \geqq 4$ ……②

が得られる．よって，(*)の右辺は

$1 + \dfrac{2}{xy} \geqq 9$

である．

$\therefore \left(1+\dfrac{1}{x}\right)\left(1+\dfrac{1}{y}\right) \geqq 9$

等号が成り立つのは，②つまり，①の等号が成立するとき，すなわち，

$x = y = \dfrac{1}{2}$

のときである．■

10 $\sqrt{2}$ が $\dfrac{a}{b}$ と $\dfrac{a+2b}{a+b}$ の間にあることと

$\left(\dfrac{a}{b} - \sqrt{2}\right)\left(\dfrac{a+2b}{a+b} - \sqrt{2}\right) < 0$ …(*)

であることは同値である．そこで，

$\left(\dfrac{a}{b} - \sqrt{2}\right)\left(\dfrac{a+2b}{a+b} - \sqrt{2}\right)$

$= \dfrac{a-\sqrt{2}b}{b} \cdot \dfrac{(1-\sqrt{2})a + (2-\sqrt{2})b}{a+b}$

$= \dfrac{a-\sqrt{2}b}{b}$

$\quad \times \dfrac{(1-\sqrt{2})a - \sqrt{2}(1-\sqrt{2})b}{a+b}$

$= \dfrac{a-\sqrt{2}b}{b} \cdot \dfrac{(1-\sqrt{2})(a-\sqrt{2}b)}{a+b}$

$= \dfrac{(1-\sqrt{2})(a-\sqrt{2}b)^2}{b(a+b)}$

ここで，a，b は正の整数である．

$a - \sqrt{2}b = 0$ とすると，$\sqrt{2} = \dfrac{a}{b}$ となり，左辺は無理数で右辺は有理数となるので矛盾する．

ゆえに，$a - \sqrt{2}b \neq 0$ であるから，

$(a-\sqrt{2}b)^2 > 0$

$\therefore \dfrac{(1-\sqrt{2})(a-\sqrt{2}b)^2}{b(a+b)} < 0$

$\therefore \left(\dfrac{a}{b} - \sqrt{2}\right)\left(\dfrac{a+2b}{a+b} - \sqrt{2}\right) < 0$

よって，$\sqrt{2}$ は $\dfrac{a}{b}$ と $\dfrac{a+2b}{a+b}$ の間にある．■

第 3 章の章末問題

11 2 次方程式 $x^2-(m+9)x+9m=0$ の 2 つの解を α, 3α とおくと, 解と係数の関係より
$$\begin{cases} \alpha+3\alpha=m+9 & \cdots\cdots① \\ \alpha\cdot 3\alpha=9m & \cdots\cdots② \end{cases}$$
が成り立つ. ①から,
$$m=4\alpha-9$$
が得られ, これを②に代入して,
$$3\alpha^2=9(4\alpha-9)$$
$$\therefore\ \alpha^2-12\alpha+27=0$$
$$\therefore\ (\alpha-3)(\alpha-9)=0$$
$$\therefore\ \alpha=3,\ 9$$
$\alpha=3$ のとき, $m=3$
$\alpha=9$ のとき, $m=27$
よって,
$$m=3\ \text{または}\ m=27$$

12 2 次方程式
$$x^2-2(a-1)x+a^2-9=0$$
の 2 解を α, β ($\alpha\leqq\beta$), 判別式を D とおく.

(1) 2 つの解がともに正であるための条件は,
$$\begin{cases} \dfrac{D}{4}=(a-1)^2-(a^2-9)\geqq 0 & \cdots\cdots① \\ \alpha+\beta=2(a-1)>0 & \cdots\cdots② \\ \alpha\beta=a^2-9>0 & \cdots\cdots③ \end{cases}$$
である.
①を解くと,
$$-2a+10\geqq 0\quad \therefore\ a\leqq 5$$
②より, $a>1$
③より, $a<-3,\ 3<a$
これらを同時に満たす a の値の範囲は
$$3<a\leqq 5$$

(2) 少なくとも 1 つの正の解をもつ条件は,
　　(ⅰ) $\alpha>0$ かつ $\beta>0$
　　(ⅱ) $\alpha=0$ かつ $\beta>0$
　　(ⅲ) $\alpha<0$ かつ $\beta>0$
のいずれかである.
(ⅰ)の場合, (1)より, $3<a\leqq 5$　……④

(ⅱ)の場合, $\alpha+\beta>0$ かつ $\alpha\beta=0$ と同値であるから,
$$a>1\ \text{かつ}\ a^2-9=0$$
$$\therefore\ a=3\ \cdots\cdots⑤$$
(ⅲ)の場合, $\alpha\beta<0$ と同値であるから,
$$\alpha\beta=a^2-9<0$$
$$\therefore\ -3<a<3\ \cdots\cdots⑥$$
である.
よって, ④, ⑤, ⑥より, 求める a の値の範囲は
$$-3<a\leqq 5$$

(別解) 与えられた 2 次方程式が実数解 α, β をもつ条件は,
$$\frac{(判別式)}{4}=(a-1)^2-(a^2-9)\geqq 0$$
$$\therefore\ a\leqq 5\ \cdots\cdots①$$
である. ここで, $\alpha\leqq 0$ かつ $\beta\leqq 0$ となる条件は①の下で,
$$\alpha+\beta=2(a-1)\leqq 0\quad \therefore\ a\leqq 1$$
かつ,
$$\alpha\beta=a^2-9\geqq 0\quad \therefore\ a\leqq -3,\ 3\leqq a$$
すなわち, $a\leqq -3$　……② である.
よって, 少なくとも 1 つ正の解をもつ条件は, ①の下で②でないときだから, 求める a の値の範囲は
$$-3<a\leqq 5$$

13 与えられた 2 次方程式を, i について整理すると,
$$(2x^2-ax-a-1)+(x-a)i=0\ \cdots(*)$$
である. a が実数であるから, (*)を満たす実数 x が存在するには,
$$\begin{cases} 2x^2-ax-a-1=0 & \cdots\cdots① \\ x-a=0 & \cdots\cdots② \end{cases}$$
となる x が存在すればよい.
②より, $x=a$
これを①に代入して,
$$a^2-a-1=0$$
$$\therefore\ a=\frac{1\pm\sqrt{5}}{2}$$

注 2 次方程式の係数に虚数が含まれる場合は, 判別式 D の符号で, 解の判別はできません.
例. $x^2-2ix-2=0$ の解は

複素数と方程式

$$x = i \pm 1$$
で虚数解であるが，
$$\frac{D}{4} = i^2 + 2 = 1 > 0$$
である．

14 (1) それぞれの方程式に，解と係数の関係を用いると，
$$\begin{cases} \alpha + \beta = a & \cdots\cdots① \\ \alpha\beta = b & \cdots\cdots② \end{cases}$$
$$\begin{cases} (\alpha-1)+(\beta-1) = -b & \cdots\cdots③ \\ (\alpha-1)(\beta-1) = a & \cdots\cdots④ \end{cases}$$
が成り立つ．
①を③に代入して，
$$a - 2 = -b \quad \cdots\cdots⑤$$
④を展開して，整理すると
$$\alpha\beta - (\alpha+\beta) + 1 = a$$
となる．この式に①，②を代入して，
$$b - a + 1 = a$$
$$\therefore\ 2a - b - 1 = 0 \quad \cdots\cdots⑥$$
⑤，⑥より，
$$a = 1,\ b = 1$$

(2) α は方程式 $x^2 - x + 1 = 0$ の解より
$$\alpha^2 - \alpha + 1 = 0$$
を満たす．この両辺に $(\alpha+1)$ をかけると，
$$(\alpha+1)(\alpha^2 - \alpha + 1) = 0$$
$$\alpha^3 + 1 = 0 \quad \therefore\ \boldsymbol{\alpha^3 = -1}$$
同様に，$\boldsymbol{\beta^3 = -1}$

(3) $\alpha + \beta = 1$，
$$\alpha^2 + \beta^2 = (\alpha+\beta)^2 - 2\alpha\beta = -1$$
$$\alpha^3 + \beta^3 = -1 + (-1) = -2$$
$$\alpha^4 + \beta^4 = \alpha^3\cdot\alpha + \beta^3\cdot\beta = -\alpha - \beta = -1$$
$$\alpha^5 + \beta^5 = \alpha^3\cdot\alpha^2 + \beta^3\cdot\beta^2 = -\alpha^2 - \beta^2 = 1$$
$$\alpha^6 + \beta^6 = 1 + 1 = 2$$
$$\alpha^{n+6} + \beta^{n+6} = \alpha^n\cdot\alpha^6 + \beta^n\cdot\beta^6$$
$$= \alpha^n + \beta^n$$
が成り立つので，周期6で $\alpha + \beta$，$\alpha^2 + \beta^2$，$\alpha^3 + \beta^3$，$\alpha^4 + \beta^4$，$\alpha^5 + \beta^5$，$\alpha^6 + \beta^6$ の値を繰り返す．
よって，$\alpha^n + \beta^n$ は，1，-1，-2，-1，1，2 を繰り返す．これより，$\alpha^n + \beta^n$ のとりうるすべての値は，$\boldsymbol{\pm 1,\ \pm 2}$

15 (1) 2次方程式の解と係数の関係より
$$\begin{cases} \alpha + \beta = -k & \cdots\cdots① \\ \alpha\beta = 2k - 3 & \cdots\cdots② \end{cases}$$
が成り立つ．
①より，$k = -(\alpha+\beta)$
これを②に代入して，
$$\alpha\beta = -2(\alpha+\beta) - 3$$
$$\therefore\ \boldsymbol{\alpha\beta + 2(\alpha+\beta) + 3 = 0}$$

(2) $\alpha\beta + 2(\alpha+\beta) + 3 = 0$ より
$$(\alpha+2)(\beta+2) = 1 \quad \cdots\cdots③$$
ここで，α，β は整数より，$\alpha+2$，$\beta+2$ も整数であるから，③を満たす α，β の組合せは
$$(\alpha+2,\ \beta+2) = (-1,\ -1),\ (1,\ 1)$$
から，
$$(\alpha,\ \beta) = (-3,\ -3),\ (-1,\ -1)$$
よって，
$(\boldsymbol{\alpha,\ \beta}) = (\boldsymbol{-3,\ -3})$ のとき，$\boldsymbol{k = 6}$
$(\boldsymbol{\alpha,\ \beta}) = (\boldsymbol{-1,\ -1})$ のとき，$\boldsymbol{k = 2}$

16 (1) $f(x) = x^3 - (2a-1)x^2 - 2(a-1)x + 2$
とおくと
$$f(-1) = -1 - (2a-1) + 2(a-1) + 2 = 0$$
より，$f(x)$ は $x+1$ を因数にもつ．
$$\therefore\ \boldsymbol{f(x) = (x+1)(x^2 - 2ax + 2)}$$

(2) $x^3 - (2a-1)x^2 - 2(a-1)x + 2 = 0 \quad \cdots\cdots①$
より
$$(x+1)(x^2 - 2ax + 2) = 0$$
$$\therefore\ x = -1,\ x^2 - 2ax + 2 = 0 \quad \cdots\cdots②$$
①が異なる3つの実数解をもつのは，②が -1 以外の異なる2つの実数解をもつときである．すなわち，
$$\frac{(判別式)}{4} = a^2 - 2 > 0 \quad \cdots\cdots③$$
かつ，
$$(-1)^2 - 2a\cdot(-1) + 2 \neq 0 \quad \cdots\cdots④$$
である．
③より，$a < -\sqrt{2},\ \sqrt{2} < a$
④より，$a \neq -\dfrac{3}{2}$

よって，求める a の値の範囲は
$$a < -\frac{3}{2} \text{ または } -\frac{3}{2} < a < -\sqrt{2}$$
$$\text{または } \sqrt{2} < a$$

17 $x^4 + ax^2 + 1 = 0$ ……①
$x^2 = t$ とおくと，$t \geq 0$ となり，このとき①は
$$t^2 + at + 1 = 0 \quad \text{……②}$$
となる．①が実数解をもたないのは，②が
 (i) 実数解をもたない
または，
 (ii) 2つの負の解をもつ
場合である．
(i)のとき
$$\text{（判別式）} = a^2 - 4 < 0$$
$$\therefore \quad -2 < a < 2$$
(ii)のとき，②の2解を $\alpha,\ \beta$ とすると
$$\begin{cases} \text{（判別式）} = a^2 - 4 \geq 0 \\ \qquad \therefore \quad a \leq -2,\ 2 \leq a \\ \alpha + \beta = -a < 0 \quad \therefore \quad a > 0 \\ \alpha\beta = 1 > 0 \quad \text{これは常に成り立つ} \end{cases}$$
よって，$a \geq 2$
以上(i), (ii)より，求める a の値の範囲は
$$a > -2$$

第4章の章末問題

18 (1) $AB=\sqrt{5}$
$AC=2\sqrt{5}$
$BC=5$
であるから，
$AB^2+AC^2=BC^2$
が成り立つ．
よって，
$\angle A=90°$ であるから，線分 BC は △ABC の外接円の直径である．
したがって，外接円の中心は $\left(\dfrac{3}{2},\ 0\right)$
半径は $\dfrac{1}{2}BC=\dfrac{5}{2}$

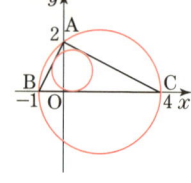

(2) △ABC の内接円の半径を r とすると △ABC の面積に着目して，
$$\dfrac{1}{2}(\sqrt{5}+2\sqrt{5}+5)r=\dfrac{1}{2}\cdot\sqrt{5}\cdot 2\sqrt{5}$$
$$\therefore\ r=\dfrac{10}{3\sqrt{5}+5}=\dfrac{3\sqrt{5}-5}{2}$$
次に，$\angle A$ の二等分線と辺 BC との交点を D，$\angle B$ の二等分線と線分 AD との交点（内心）を I とすると
$BD:DC=AB:AC=1:2$ より，
$$D\left(\dfrac{1\cdot 4+2\cdot(-1)}{1+2},\ \dfrac{1\cdot 0+2\cdot 0}{1+2}\right)$$
$$=\left(\dfrac{2}{3},\ 0\right)$$
また，
$$AI:ID=BA:BD=\sqrt{5}:\dfrac{5}{3}$$
$$=3\sqrt{5}:5$$
であるから，
$$I\left(\dfrac{3\sqrt{5}\cdot\dfrac{2}{3}+5\cdot 0}{3\sqrt{5}+5},\ \dfrac{3\sqrt{5}\cdot 0+5\cdot 2}{3\sqrt{5}+5}\right)$$
$$=\left(\dfrac{3-\sqrt{5}}{2},\ \dfrac{3\sqrt{5}-5}{2}\right)$$
よって，内接円の中心は
$$\left(\dfrac{3-\sqrt{5}}{2},\ \dfrac{3\sqrt{5}-5}{2}\right)$$
半径は $\dfrac{3\sqrt{5}-5}{2}$

19 (1) $x^2+y^2-18x-10y+81=0$ より
$$(x-9)^2+(y-5)^2=25$$
よって，円 C の中心 C は $(9,\ 5)$，半径は 5 である．求める軌跡 D は，直線 l に関して，円 C と対称な円である．その半径は円 C の半径と同じで 5 である．中心を $D(a,\ b)$ とすると線分 CD の中点が直線 l 上にあるから，
$$\dfrac{b+5}{2}=-2\cdot\dfrac{a+9}{2}+13$$
$$\therefore\ 2a+b=3\ \cdots\cdots①$$
一方，$CD\perp l$ より
$$\dfrac{b-5}{a-9}\times(-2)=-1$$
$$\therefore\ a-2b=-1\ \cdots\cdots②$$
①，②を解いて，
$$a=1,\ b=1$$
よって，図形 D の方程式は
$$(x-1)^2+(y-1)^2=25$$

(2) 円 C と円 D は直線 l に関して対称より，この 2 円の交点は直線 l 上にあるから，円 D と直線 l の交点を求めればよい．円 D と直線 l の方程式を連立すると，
$$(x-1)^2+(-2x+12)^2=25$$
$$\therefore\ x^2-10x+24=0$$
$$\therefore\ (x-4)(x-6)=0$$
$$\therefore\ x=4,\ 6$$
$x=4$ のとき，$y=5$
$x=6$ のとき，$y=1$
よって，求める交点の座標は
$$(4,\ 5),\ (6,\ 1)$$

(3) 求める円は，円 C と直線 l との交点を通る円であるから，その方程式は
$$x^2+y^2-18x-10y+81$$
$$+k(y+2x-13)=0$$
と表せる．この円が点 $(2,\ 1)$ を通るから
$$40-8k=0\quad\therefore\ k=5$$
よって，求める円の方程式は
$$x^2+y^2-8x-5y+16=0$$

20 $x^2+y^2+mx+6y-m-2=0$ ……①
$x^2+y^2+2x+3my-4=0$ ……②

①－②より
$(m-2)x-3(m-2)y-(m-2)=0$
……③

が得られる.

ここで, $m=2$ とすると, ①と②は一致するので, 題意に反する.

よって, $m\neq 2$ となるので, ③の両辺を $m-2$ で割ると, ③は
$x-3y-1=0$ ……④

となり, これが共通弦の方程式である.

②は
$(x+1)^2+\left(y+\dfrac{3}{2}m\right)^2=\dfrac{20+9m^2}{4}$

となり, 中心 $C\left(-1,\ -\dfrac{3}{2}m\right)$, 半径 $\dfrac{\sqrt{20+9m^2}}{2}$ の円である. 中心 C から, 共通弦 AB に下ろした垂線の足を H とすると, 点 H は共通弦 AB の中点であるから

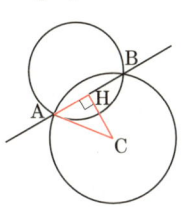

$AH=\dfrac{1}{2}AB=1$

一方, $CH=\dfrac{\left|\dfrac{9}{2}m-2\right|}{\sqrt{1^2+(-3)^2}}$
$=\dfrac{|9m-4|}{2\sqrt{10}}$

ここで, △ACH において, 三平方の定理より
$AH^2+CH^2=AC^2$
∴ $1+\dfrac{(9m-4)^2}{40}=\dfrac{20+9m^2}{4}$
∴ $m^2+8m+16=0$
∴ $(m+4)^2=0$

よって, $m=-4$

21 (1) 放物線 C と直線 l が異なる 2 点で交わるのは,
$x^2=m(x-1)\iff x^2-mx+m=0$
……①

が異なる 2 つの実数解をもつとき, つまり,
(判別式) $=m^2-4m>0$
∴ $m<0,\ 4<m$ ……②

のときである.

(2) ①の 2 解を $\alpha,\ \beta$ とおくと, 解と係数の関係より
$\alpha+\beta=m,\ \alpha\beta=m$

となる.

このとき 2 点 A, B の座標は
$A(\alpha,\ m(\alpha-1))$, $B(\beta,\ m(\beta-1))$
とおける.

よって, 線分 AB の中点 $M(X,\ Y)$ は,
$\begin{cases} X=\dfrac{\alpha+\beta}{2}=\dfrac{m}{2} & \cdots\cdots③\\ Y=m(X-1) & \cdots\cdots④\end{cases}$

と表される.

③より, $m=2X$

が得られ, これを④および②に代入して, m を消去すると
$Y=2X(X-1)$
かつ, $X<0,\ 2<X$

である. よって, 求める軌跡は,
放物線 $y=2x^2-2x$ の $x<0,\ 2<x$ の部分.

注 ④のかわりに,
$Y=\dfrac{m(\alpha-1)+m(\beta-1)}{2}$
$=\dfrac{m(\alpha+\beta)-2m}{2}=\dfrac{m^2-2m}{2}$

でもよい.

22 $x^2+y^2-2a(x+ay)$
$+(2a^2-3)(a^2+1)=0$ より
$(x-a)^2+(y-a^2)^2=-a^4+2a^2+3$
……①

と変形できる.

まず, ①が円である条件は,
$-a^4+2a^2+3>0$
∴ $a^4-2a^2-3<0$
∴ $(a^2+1)(a^2-3)<0$
$a^2+1>0$ より, $a^2-3<0$
∴ $-\sqrt{3}<a<\sqrt{3}$ ……②

である.
　この円の中心を (X, Y) とおくと，①より
$$\begin{cases} X = a & \cdots\cdots ③ \\ Y = a^2 & \cdots\cdots ④ \end{cases}$$
と表される.
　③を④および②に代入して，a を消去すると，
$$Y = X^2$$
かつ，$\quad -\sqrt{3} < X < \sqrt{3}$
である.
　よって，この円の中心が描く図形は，右図の実線部分（端点は除く）である. 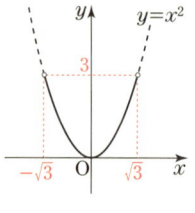
　次に，①の右辺を $f(a)$ とおくと，
$$f(a) = -(a^2 - 1)^2 + 4$$
となり，$0 \leq a^2 < 3$ であるから，$a^2 = 1$ のとき，$f(a)$ は最大値 4 をとる.
　よって，この円の最大半径の値は，**2**

23 (1) 直線 OA の方程式は，
$$y = \frac{1}{2}x$$
$\therefore \ x = 2y$
これを円の方程式に代入して，点 P の y 座標を求めると， 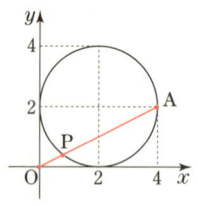
$$(2y-2)^2 + (y-2)^2 = 4$$
$\therefore \ 5y^2 - 12y + 4 = 0$
$\therefore \ (5y-2)(y-2) = 0$
$P \neq A$ より，$y = \dfrac{2}{5}$ $\quad \therefore \ x = \dfrac{4}{5}$
よって，$\mathbf{P\left(\dfrac{4}{5}, \dfrac{2}{5}\right)}$

(2) $P(x, y)$，$\triangle$OAP の重心を $G(X, Y)$ とすると，
$$\begin{cases} X = \dfrac{x+4}{3} & \cdots\cdots ① \\ Y = \dfrac{y+2}{3} & \cdots\cdots ② \end{cases}$$

$$\begin{cases} x = 3X - 4 & \cdots\cdots ③ \\ y = 3Y - 2 & \cdots\cdots ④ \end{cases}$$
ここで，点 P は円周上を動くので
$$(x-2)^2 + (y-2)^2 = 4 \quad\cdots\cdots ⑤$$
を満たす.
　また，3 点 O，A，P は同一直線上にないので，(1) より
$$(x, y) \neq \left(\frac{4}{5}, \frac{2}{5}\right), (4, 2) \quad\cdots\cdots ⑥$$
である. ③，④を⑤に代入して，
$$(3X-6)^2 + (3Y-4)^2 = 4$$
$$\therefore \ (X-2)^2 + \left(Y - \frac{4}{3}\right)^2 = \frac{4}{9}$$
また，⑥を①，②に代入して，
$$(X, Y) \neq \left(\frac{8}{5}, \frac{4}{5}\right), \left(\frac{8}{3}, \frac{4}{3}\right)$$
よって，$\triangle$OAP の重心の軌跡は
中心 $\left(2, \dfrac{4}{3}\right)$，半径 $\dfrac{2}{3}$ の円から，2 点 $\left(\dfrac{8}{5}, \dfrac{4}{5}\right)$，$\left(\dfrac{8}{3}, \dfrac{4}{3}\right)$ を除いたもの
である.

(3) $\triangle$OAP の面積が最大となるのは，OA を底辺と見なしたとき，高さが最大となるときである.
　それは，円の中心 (2, 2) を通り，直線 OA に垂直な直線と円との交点のうち，直線 OA に関して，中心と同じ側に点 P がきたときである. 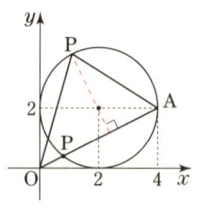
　ここで円の中心 (2, 2) から直線 OA: $x - 2y = 0$ までの距離は
$$\frac{|2-4|}{\sqrt{1+4}} = \frac{2}{\sqrt{5}}$$
であるから，高さの最大値は
$$2 + \frac{2}{\sqrt{5}}$$
また，OA $= \sqrt{4^2 + 2^2} = 2\sqrt{5}$ であるから，$\triangle$OAP の面積の最大値は
$$\frac{1}{2} \cdot 2\sqrt{5}\left(2 + \frac{2}{\sqrt{5}}\right) = \mathbf{2(\sqrt{5} + 1)}$$

24 (1) 点 $P(x, y)$ は，中心が $A(3, 2)$，半径 1 の円 C の周および内部を動く． 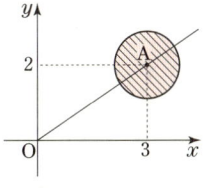
$x^2+y^2=OP^2$ であるから，OP が最大となるのは，直線 OA と円 C との交点のうち，原点から遠い方に点 P があるときである．

このとき，$OP=OA+AP=\sqrt{13}+1$
よって，x^2+y^2 の最大値は
$(\sqrt{13}+1)^2=\mathbf{14+2\sqrt{13}}$

(2) $\dfrac{y}{x}=k$ とおくと，$y=kx$ は原点を通り傾き k の直線を意味し，k の最大値は，この直線 $kx-y=0$ が円 C に接するときの k の値のうち大きい方である．すなわち，円 C の中心 $A(3, 2)$ から，直線までの距離が 1 のとき

$$\dfrac{|3k-2|}{\sqrt{k^2+1}}=1$$
$$\therefore\ (3k-2)^2=k^2+1$$
$$\therefore\ 8k^2-12k+3=0$$
$$\therefore\ k=\dfrac{3\pm\sqrt{3}}{4}$$

であり，このうち大きい方が最大値となる．

よって，$\dfrac{y}{x}$ の最大値は $\mathbf{\dfrac{3+\sqrt{3}}{4}}$

(3) $x+y=l$ とおくと，$y=-x+l$ は傾き -1，y 切片 l の直線を意味し，l のとり得る値の範囲は，この直線 $x+y-l=0$ と領域が共有点をもつような l の値の範囲であるから，

$$\dfrac{|5-l|}{\sqrt{2}}\leqq 1$$
$$\therefore\ |l-5|\leqq\sqrt{2}$$
$$\therefore\ 5-\sqrt{2}\leqq l\leqq 5+\sqrt{2}$$

よって，
$$10(5-\sqrt{2})\leqq 10l\leqq 10(5+\sqrt{2})$$
$$\fallingdotseq 64.1\cdots$$

となり，$10l=10(x+y)$ の最大値は，この範囲に含まれる最大の整数より，**64**

25

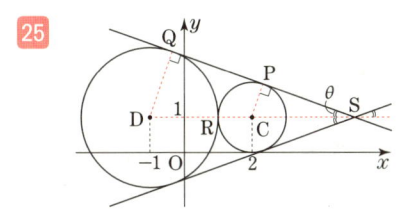

(1) 円 $C:(x-2)^2+(y-1)^2=1$ より，円 C の中心は $C(2, 1)$，半径 1 であり，円 D の中心は $D(-1, 1)$ であるから，2円 C, D は点 $R(1, 1)$ で外接している．よって，円 D の半径は 2 である．

したがって，円 D の方程式は
$$(x+1)^2+(y-1)^2=4$$

(2) 図より，求める共通接線の 1 つは
$$\text{直線}\quad x=1\quad \cdots\cdots ①$$
である．これ以外に接線は 2 本存在する．その 2 本の接線の交点を S，一方の接線と 2 円 C, D との接点をそれぞれ P, Q とする．

CP ∥ DQ より
$$SC:SD=CP:DQ=1:2$$
よって，$SC=CD=3$
これと，中心 C の x 座標が 2 より
S の x 座標は，$2+3=5$ である．
ゆえに，S の座標は $(5, 1)$ である．
一方，△CPS において，三平方の定理より
$$SP=\sqrt{3^2-1^2}=2\sqrt{2}$$
である．ここで，$\angle CSP=\theta$ とおくと
$$\tan\theta=\dfrac{CP}{SP}=\dfrac{1}{2\sqrt{2}}$$
である．したがって，①以外の 2 本の接線の方程式は，
$$y=\pm\dfrac{1}{2\sqrt{2}}(x-5)+1\quad \cdots\cdots ②$$
以上より，求める共通接線の方程式は
$$x=1,\quad y=\pm\dfrac{1}{2\sqrt{2}}(x-5)+1$$

注 $x=1$ 以外の共通接線を
$$y=ax+b$$
とおき，これと円 C, D がそれぞれ接する条件から，a, b を求めてもよい．

26 (1) l_t を t について整理すると
$$2t^2-2(x+1)t+x+y=0 \quad \cdots(*)$$
である．

直線 l_t が点 (x, y) を通る条件は，(*)を満たす実数 t が存在することである．すなわち，
$$\frac{(判別式)}{4}=(x+1)^2-2(x+y)\geqq 0$$
$$\therefore \quad y\leqq \frac{1}{2}x^2+\frac{1}{2}$$

よって，l_t の通り得る範囲は右図の斜線部．(境界を含む)

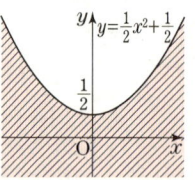

(2) 直線 l_t が点 (x, y) を通る条件は，$0\leqq t\leqq 1$ の範囲に，(*)を満たす実数 t が存在することである．

(*)の左辺を $f(t)$ とおくと，$f(t)$ のグラフが t 軸の $0\leqq t\leqq 1$ の部分と共有点をもてばよい．

(i) $\dfrac{x+1}{2}\leqq 0$

$\therefore \quad x\leqq -1$

のとき，
$f(0)\leqq 0$ かつ
$f(1)\geqq 0$
であればよい． 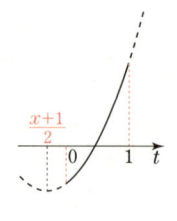
$$\therefore \quad \begin{cases} y\leqq -x \\ y\geqq x \end{cases}$$

(ii) $0\leqq \dfrac{x+1}{2}\leqq 1$

$\therefore \quad -1\leqq x\leqq 1$

のとき， 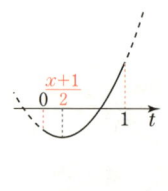
$$\frac{(判別式)}{4}\geqq 0$$
かつ
$f(0)\geqq 0$ または $f(1)\geqq 0$
であればよい．

$$\begin{cases} y\leqq \dfrac{1}{2}x^2+\dfrac{1}{2} \\ y\geqq -x \text{ または } y\geqq x \end{cases}$$

(iii) $\dfrac{x+1}{2}\geqq 1$

$\therefore \quad x\geqq 1$

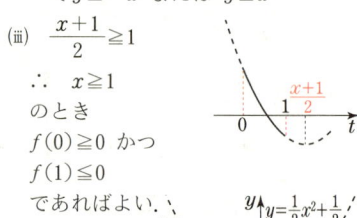

のとき，
$f(0)\geqq 0$ かつ
$f(1)\leqq 0$
であればよい．
$$\begin{cases} y\geqq -x \\ y\leqq x \end{cases}$$

以上を図示すると右図の斜線部．(境界を含む)

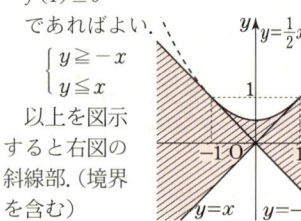

27 点 Q を (x, y) とおくと，
$$x=\alpha+\beta \quad \cdots\cdots①, \quad y=\alpha\beta \quad \cdots\cdots②$$
である．与えられた条件は，
$$(\alpha+\beta)^2-\alpha\beta<1 \quad \cdots\cdots③$$
と変形できる．

ここで，①，②を③に代入して，
$$x^2-y<1$$
$$\therefore \quad y>x^2-1 \quad \cdots\cdots④$$
である．

一方，α, β は，2 次方程式
$$t^2-xt+y=0$$
の 2 つの実数解であるから，
$$(判別式)=x^2-4y\geqq 0$$
$$\therefore \quad y\leqq \frac{1}{4}x^2 \quad \cdots\cdots⑤$$

$y=x^2-1$ と $y=\dfrac{1}{4}x^2$ を連立すると，
$$x^2-1=\frac{1}{4}x^2 \quad \therefore \quad x^2=\frac{4}{3}$$
$$\therefore \quad x=\pm\frac{2}{\sqrt{3}}=\pm\frac{2\sqrt{3}}{3}$$

である．④，⑤を図示すると，右図の斜線部．(境界は実線部分のみ含む)

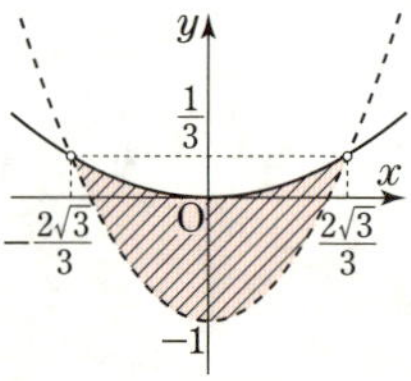

28 Mを原点として右図のように座標軸を設定する．

A(a, b)
B$(-c, 0)$
C$(c, 0)$

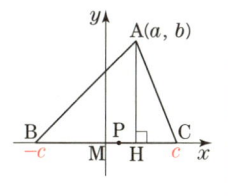

とし，

$$0 \leq a < c \quad \cdots\cdots ①$$

としても一般性は失わない．

P を $(x, 0)(0 \leq x \leq a)$ とおくと，
$AB^2 + AC^2 - (2AP^2 + BP^2 + CP^2)$
$= (a+c)^2 + b^2 + (a-c)^2 + b^2$
$\quad - 2(a-x)^2 - 2b^2 - (x+c)^2 - (c-x)^2$
$= 4ax - 4x^2$
$= 4x(a-x) \geq 0 \quad (\because \ ①より)$

∴ $AB^2 + AC^2 \geq 2AP^2 + BP^2 + CP^2$ ■

第5章の章末問題

29 (1) 点 P は CD 上にあるので,
$$CP:PD = s:1-s$$
とおくと,
$$\vec{AP} = s\vec{AD} + (1-s)\vec{AC}$$
$$= \frac{3}{4}s\vec{AB} + (1-s)\vec{AC} \quad \cdots\cdots ①$$

と表せる. 一方, 点 P は BE 上にあるので, $BP:PE = t:1-t$ とおくと,
$$\vec{AP} = (1-t)\vec{AB} + t\vec{AE}$$
$$= (1-t)\vec{AB} + \frac{4}{7}t\vec{AC} \quad \cdots\cdots ②$$

と表せる.
$\vec{AB}$ と $\vec{AC}$ は $\vec{0}$ でなく, 平行でないので①, ②より

$$\begin{cases} \dfrac{3}{4}s = 1-t & \cdots\cdots ③ \\ 1-s = \dfrac{4}{7}t & \cdots\cdots ④ \end{cases}$$

③, ④を連立して,
$$s = \frac{3}{4}, \quad t = \frac{7}{16}$$

となる. よって,
$$\vec{AP} = \frac{9}{16}\vec{AB} + \frac{1}{4}\vec{AC}$$

(2) Q は直線 AP 上にあるから,
$$\vec{AQ} = k\vec{AP}$$
$$= \frac{9}{16}k\vec{AB} + \frac{1}{4}k\vec{AC} \quad \cdots\cdots ⑤$$

と表せる. 一方, Q は辺 BC 上にあるから, ⑤の $\vec{AB}$ と $\vec{AC}$ の係数の和が1となる. よって,
$$\frac{9}{16}k + \frac{1}{4}k = 1 \quad \therefore \quad k = \frac{16}{13}$$

これを⑤に代入して,
$$\vec{AQ} = \frac{9}{13}\vec{AB} + \frac{4}{13}\vec{AC}$$

(3) $\vec{AQ} = \frac{16}{13}\vec{AP} = \frac{9}{13}\vec{AB} + \frac{4}{13}\vec{AC}$ より
$$AP:PQ = 13:3$$
$$BQ:QC = 4:9$$

であるから,

$$\triangle ABP = \frac{13}{16}\triangle ABQ$$
$$= \frac{13}{16} \cdot \frac{4}{13}\triangle ABC = \frac{1}{4}\triangle ABC$$
$$\triangle CAP = \frac{13}{16}\triangle ACQ$$
$$= \frac{13}{16} \cdot \frac{9}{13}\triangle ABC$$
$$= \frac{9}{16}\triangle ABC$$

また,
$$\triangle BCP = \triangle ABC - (\triangle ABP + \triangle CAP)$$
$$= \triangle ABC$$
$$\quad - \left(\frac{1}{4}\triangle ABC + \frac{9}{16}\triangle ABC\right)$$
$$= \frac{3}{16}\triangle ABC$$

よって,
$$\triangle BCP : \triangle CAP : \triangle ABP$$
$$= \frac{3}{16} : \frac{9}{16} : \frac{1}{4}$$
$$= 3 : 9 : 4$$

[参考図]

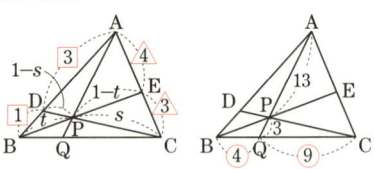

30 $\vec{OQ} = \dfrac{p}{3}(3\vec{OA}) + \dfrac{q}{4}(4\vec{OB})$

と変形できる.
$$\frac{p}{3} \geqq 0, \quad \frac{q}{4} \geqq 0, \quad \frac{p}{3} + \frac{q}{4} \leqq 1$$

であるから, $\dfrac{p}{3} = p'$, $\dfrac{q}{4} = q'$ とおき,
$3\vec{OA} = \vec{OA'}$, $4\vec{OB} = \vec{OB'}$ なる点 A', B' をとると,
$$\vec{OQ} = p'\vec{OA'} + q'\vec{OB'}$$

かつ
$$p' \geqq 0, \quad q' \geqq 0$$
$$p' + q' \leqq 1$$

であるから, 点

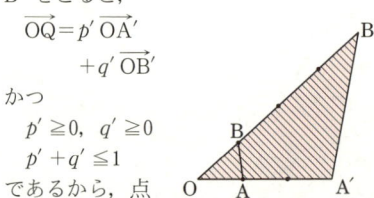

Q は △OA′B′ の周および内部を動く.
△OAB において, 余弦定理より
$$\cos\angle AOB = \frac{5^2+6^2-4^2}{2\cdot 5\cdot 6} = \frac{3}{4}$$
よって,
$$\sin\angle AOB = \sqrt{1-\cos^2\angle AOB}$$
$$= \sqrt{1-\left(\frac{3}{4}\right)^2}$$
$$= \frac{\sqrt{7}}{4}$$
∴ $\triangle OAB = \frac{1}{2}\cdot 5\cdot 6\cdot \frac{\sqrt{7}}{4} = \frac{15\sqrt{7}}{4}$

求める面積を S とおくと,
$$S = \triangle OA'B'$$
$$= 3\cdot 4\times\triangle OAB = \mathbf{45\sqrt{7}}$$

31 (1) $\overrightarrow{OM} = \dfrac{2\vec{a}+\vec{b}}{3}$

点 P は直線 OM 上にあるから,
$\overrightarrow{OP} = k\overrightarrow{OM}$
$= \dfrac{2}{3}k\vec{a} + \dfrac{1}{3}k\vec{b}$
⋯⋯①
と表せる.

一方, 点 P は線分 AN 上にあるから,
$\overrightarrow{OP} = \overrightarrow{OA} + t\overrightarrow{AN}$
$= \vec{a} + t(\overrightarrow{ON} - \overrightarrow{OA})$
$= \vec{a} + t\left(\dfrac{2}{3}\vec{b} - \vec{a}\right)$
$= (1-t)\vec{a} + \dfrac{2}{3}t\vec{b}$ ⋯⋯②

$\vec{a}$ と $\vec{b}$ は $\vec{0}$ でなく, 平行でないので ①, ②から
$$\begin{cases} \dfrac{2}{3}k = 1-t & \cdots\cdots③ \\ \dfrac{1}{3}k = \dfrac{2}{3}t & \cdots\cdots④ \end{cases}$$

③, ④を連立して,
$$k = \frac{6}{7},\ t = \frac{3}{7}$$
となる. よって,

$\overrightarrow{OP} = \dfrac{4}{7}\vec{a} + \dfrac{2}{7}\vec{b}$

(2) $\overrightarrow{OM}\perp\overrightarrow{AN}$ より, $\overrightarrow{OM}\cdot\overrightarrow{AN}=0$ である.

∴ $\left(\dfrac{2}{3}\vec{a}+\dfrac{1}{3}\vec{b}\right)\cdot\left(\dfrac{2}{3}\vec{b}-\vec{a}\right)=0$

∴ $(2\vec{a}+\vec{b})\cdot(2\vec{b}-3\vec{a})=0$

∴ $-6|\vec{a}|^2 + \vec{a}\cdot\vec{b} + 2|\vec{b}|^2 = 0$ ⋯⋯⑤

$|\vec{a}|=1,\ |\vec{b}|=\sqrt{3}$ を⑤に代入して,
$\vec{a}\cdot\vec{b} = 0$ ⋯⋯⑥

$\vec{a},\ \vec{b}$ ともに $\vec{0}$ でないので, ⑥より
$$\vec{a}\perp\vec{b}$$
であるから, **∠AOB=90°** である.

(3) $|\overrightarrow{OP}|^2 = \left|\dfrac{4}{7}\vec{a} + \dfrac{2}{7}\vec{b}\right|^2$
$= \dfrac{2^2}{7^2}(4|\vec{a}|^2 + 4\vec{a}\cdot\vec{b} + |\vec{b}|^2)$
$= \dfrac{2^2}{7^2}\times 7$

∴ $|\overrightarrow{OP}| = \dfrac{2}{7}\sqrt{7}$

32 (1) 点 D は線分 AB 上にあるので,
AD : DB $= t : 1-t$
とおくと,
$\overrightarrow{OD} = (1-t)\overrightarrow{OA} + t\overrightarrow{OB}$
と表せる.

$\overrightarrow{OD}\perp\overrightarrow{AB}$ より, $\overrightarrow{OD}\cdot\overrightarrow{AB}=0$ である.
$\{(1-t)\overrightarrow{OA} + t\overrightarrow{OB}\}\cdot(\overrightarrow{OB}-\overrightarrow{OA}) = 0$

∴ $(t-1)|\overrightarrow{OA}|^2 + (1-2t)\overrightarrow{OA}\cdot\overrightarrow{OB}$
$\qquad\qquad + t|\overrightarrow{OB}|^2 = 0$

$|\overrightarrow{OA}|=3,\ |\overrightarrow{OB}|=2,\ \overrightarrow{OA}\cdot\overrightarrow{OB}=1$ を上式に代入して,
$$9(t-1) + 1 - 2t + 4t = 0$$

∴ $t = \dfrac{8}{11}$

よって,
AD : DB $= \dfrac{8}{11} : \dfrac{3}{11} = \mathbf{8:3}$

(2) (1)より，$\overrightarrow{OD} = \dfrac{3}{11}\overrightarrow{OA} + \dfrac{8}{11}\overrightarrow{OB}$
である．
　点Hは直線OD上にあるので，
$\overrightarrow{OH} = k\overrightarrow{OD} = \dfrac{3}{11}k\overrightarrow{OA} + \dfrac{8}{11}k\overrightarrow{OB}$
と表せる．
　一方，$\overrightarrow{AH} \perp \overrightarrow{OB}$ より，$\overrightarrow{AH} \cdot \overrightarrow{OB} = 0$
である．
$\therefore\ (\overrightarrow{OH} - \overrightarrow{OA}) \cdot \overrightarrow{OB} = 0$
$\therefore\ \left\{\left(\dfrac{3}{11}k - 1\right)\overrightarrow{OA} + \dfrac{8}{11}k\overrightarrow{OB}\right\} \cdot \overrightarrow{OB} = 0$
$\therefore\ \left(\dfrac{3}{11}k - 1\right)\overrightarrow{OA} \cdot \overrightarrow{OB} + \dfrac{8}{11}k|\overrightarrow{OB}|^2 = 0$
$\therefore\ \dfrac{3}{11}k - 1 + \dfrac{32}{11}k = 0$
よって，$k = \dfrac{11}{35}$
ゆえに，$\overrightarrow{OH} = \dfrac{3}{35}\overrightarrow{OA} + \dfrac{8}{35}\overrightarrow{OB}$

33 (1) 各面が1辺の長さ1の正三角形であるから， 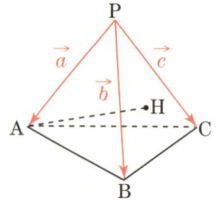
$|\vec{a}| = |\vec{b}| = |\vec{c}| = 1$
$\therefore\ \vec{a} \cdot \vec{b} = 1 \cdot 1 \cdot \cos 60° = \dfrac{1}{2}$
同様にして，
$\vec{c} \cdot \vec{a} = \vec{b} \cdot \vec{c} = \dfrac{1}{2}$

(2) 点Hは平面PBC上にあるから，
$\overrightarrow{PH} = s\vec{b} + t\vec{c}$ ……①
と表せる．
　一方，AHが平面PBCに垂直より，
$\begin{cases} \overrightarrow{AH} \perp \vec{b} \\ \overrightarrow{AH} \perp \vec{c} \end{cases}\ \therefore\ \begin{cases} \overrightarrow{AH} \cdot \vec{b} = 0\ \cdots\cdots② \\ \overrightarrow{AH} \cdot \vec{c} = 0\ \cdots\cdots③ \end{cases}$
①より
$\overrightarrow{AH} = \overrightarrow{PH} - \overrightarrow{PA} = -\vec{a} + s\vec{b} + t\vec{c}$

であるから，これを②，③に代入して，
$\begin{cases} (-\vec{a} + s\vec{b} + t\vec{c}) \cdot \vec{b} = 0 \\ (-\vec{a} + s\vec{b} + t\vec{c}) \cdot \vec{c} = 0 \end{cases}$
$\therefore\ \begin{cases} -\vec{a} \cdot \vec{b} + s|\vec{b}|^2 + t\vec{b} \cdot \vec{c} = 0 \\ -\vec{c} \cdot \vec{a} + s\vec{b} \cdot \vec{c} + t|\vec{c}|^2 = 0 \end{cases}$
$\therefore\ \begin{cases} -\dfrac{1}{2} + s + \dfrac{1}{2}t = 0\ \cdots\cdots②' \\ -\dfrac{1}{2} + \dfrac{1}{2}s + t = 0\ \cdots\cdots③' \end{cases}$
となる．②'，③' を連立して，
$s = t = \dfrac{1}{3}$
よって，$\overrightarrow{PH} = \dfrac{1}{3}\vec{b} + \dfrac{1}{3}\vec{c}$

注　Hは△PBCの重心である．

(3) $\triangle PBC = \dfrac{1}{2}\sqrt{|\vec{b}|^2|\vec{c}|^2 - (\vec{b} \cdot \vec{c})^2}$
$= \dfrac{1}{2}\sqrt{1 \cdot 1 - \dfrac{1}{4}} = \dfrac{\sqrt{3}}{4}$
一方，
$|\overrightarrow{AH}|^2 = \left|-\vec{a} + \dfrac{1}{3}\vec{b} + \dfrac{1}{3}\vec{c}\right|^2$
$= \dfrac{1}{3^2}\left|-3\vec{a} + \vec{b} + \vec{c}\right|^2$
$= \dfrac{1}{3^2}(9|\vec{a}|^2 + |\vec{b}|^2 + |\vec{c}|^2$
$\quad -6\vec{a} \cdot \vec{b} + 2\vec{b} \cdot \vec{c} - 6\vec{c} \cdot \vec{a})$
$= \dfrac{1}{3^2}(9 + 1 + 1 - 3 + 1 - 3)$
$= \dfrac{6}{3^2}$
$\therefore\ |\overrightarrow{AH}| = \dfrac{\sqrt{6}}{3}$
よって，求める体積をVとすると，
$V = \dfrac{1}{3} \cdot \dfrac{\sqrt{3}}{4} \cdot \dfrac{\sqrt{6}}{3} = \dfrac{\sqrt{2}}{12}$

34 $\overrightarrow{AO} = s\vec{b} + t\vec{c}$ ……①
と表せる． 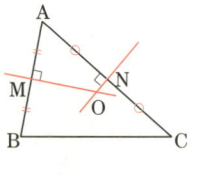
　Oは△ABCの外心であるから，線分AB，ACの垂直二等分線の交点である．

そこで，線分 AB，AC の中点をそれぞれ，M，N とすると，MO が線分 AB の垂直二等分線であるから，
$$\begin{cases} \overrightarrow{AM}=\dfrac{1}{2}\vec{b} & \cdots\cdots ② \\ \overrightarrow{MO}\perp\vec{b} & \cdots\cdots ③ \end{cases}$$
である．③から
$$\overrightarrow{MO}\cdot\vec{b}=0$$
$$\therefore\ (\overrightarrow{AO}-\overrightarrow{AM})\cdot\vec{b}=0$$
である．①，②を上式に代入して，
$$\left\{\left(s-\dfrac{1}{2}\right)\vec{b}+t\vec{c}\right\}\cdot\vec{b}=0$$
$$\therefore\ \left(s-\dfrac{1}{2}\right)|\vec{b}|^2+t\vec{b}\cdot\vec{c}=0$$
ここで，
$$|\vec{b}|=2$$
$$\vec{b}\cdot\vec{c}=2\cdot 3\cos 60°=3$$
であるから，
$$4s+3t=2\quad\cdots\cdots ④$$
また，NO が線分 AC の垂直二等分線であるから，
$$\begin{cases} \overrightarrow{AN}=\dfrac{1}{2}\vec{c} & \cdots\cdots ⑤ \\ \overrightarrow{NO}\perp\vec{c} & \cdots\cdots ⑥ \end{cases}$$
である．⑥から
$$\overrightarrow{NO}\cdot\vec{c}=0$$
$$\therefore\ (\overrightarrow{AO}-\overrightarrow{AN})\cdot\vec{c}=0$$
である．①，⑤を上式に代入して，
$$\left\{s\vec{b}+\left(t-\dfrac{1}{2}\right)\vec{c}\right\}\cdot\vec{c}=0$$
$$\therefore\ s\vec{b}\cdot\vec{c}+\left(t-\dfrac{1}{2}\right)|\vec{c}|^2=0$$
$$\therefore\ 2s+6t=3\quad\cdots\cdots ⑦$$
④，⑦を連立して，
$$s=\dfrac{1}{6},\ t=\dfrac{4}{9}$$
である．よって，
$$\overrightarrow{AO}=\dfrac{1}{6}\vec{b}+\dfrac{4}{9}\vec{c}$$

注 内積の図形的意味から，
$$\begin{cases} \overrightarrow{AO}\cdot\overrightarrow{AB}=AB\times AM=2 \\ \overrightarrow{AO}\cdot\overrightarrow{AC}=AC\times AN=\dfrac{9}{2} \end{cases}$$
として，解いてもよい．

また，O が外心であることから
$$|\overrightarrow{AO}|=|\overrightarrow{BO}|=|\overrightarrow{CO}|$$
として，解いてもよい．

35 (1) 条件式から
$$\begin{cases} |\overrightarrow{OA}|=1 & \cdots\cdots ① \\ |\overrightarrow{OA}+\overrightarrow{OB}|=1 & \cdots\cdots ② \\ |2\overrightarrow{OA}+\overrightarrow{OB}|=1 & \cdots\cdots ③ \end{cases}$$
②の両辺を平方して，
$$|\overrightarrow{OA}|^2+2\overrightarrow{OA}\cdot\overrightarrow{OB}+|\overrightarrow{OB}|^2=1$$
となる．①を上式に代入して，
$$2\overrightarrow{OA}\cdot\overrightarrow{OB}+|\overrightarrow{OB}|^2=0\quad\cdots\cdots ②'$$
③の両辺を平方して，
$$4|\overrightarrow{OA}|^2+4\overrightarrow{OA}\cdot\overrightarrow{OB}+|\overrightarrow{OB}|^2=1$$
となる．①を上式に代入して，
$$4\overrightarrow{OA}\cdot\overrightarrow{OB}+|\overrightarrow{OB}|^2=-3\quad\cdots\cdots ③'$$
③′－②′ より，
$$\overrightarrow{OA}\cdot\overrightarrow{OB}=-\dfrac{3}{2}\quad\cdots\cdots ④$$
が得られ，これを②′ に代入して，
$$|\overrightarrow{OB}|^2=3\quad\therefore\ |\overrightarrow{OB}|=\sqrt{3}$$
$$|\overrightarrow{AB}|^2=|\overrightarrow{OB}-\overrightarrow{OA}|^2$$
$$=|\overrightarrow{OB}|^2-2\overrightarrow{OA}\cdot\overrightarrow{OB}+|\overrightarrow{OA}|^2$$
$$=7$$
$$\therefore\ |\overrightarrow{AB}|=\sqrt{7}$$
また，
$$\triangle OAB=\dfrac{1}{2}\sqrt{|\overrightarrow{OA}|^2|\overrightarrow{OB}|^2-(\overrightarrow{OA}\cdot\overrightarrow{OB})^2}$$
$$=\dfrac{1}{2}\sqrt{1^2\cdot(\sqrt{3})^2-\left(-\dfrac{3}{2}\right)^2}$$
$$=\dfrac{\sqrt{3}}{4}$$

(2) $|\overrightarrow{OP}|=|\overrightarrow{OB}|=\sqrt{3}$ より，点 P は O を中心とし，半径 OB の円周上を動く．頂点 O から辺 AB に下ろした垂線と辺 AB との交点を H とすると，3点 H，O，P がこの順に一直線上に並んだとき，△PAB の面積は

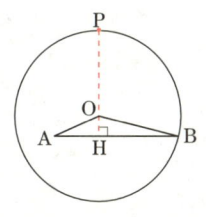

最大となる.

まず，OH の長さを求める．△OAB の面積に着目して，

$$\frac{1}{2} \cdot AB \cdot OH = \frac{\sqrt{3}}{4}$$

$$\therefore \ \frac{\sqrt{7}}{2} OH = \frac{\sqrt{3}}{4}$$

より，$OH = \frac{\sqrt{3}}{2\sqrt{7}}$

よって，△PAB の面積の最大値は

$$\frac{1}{2} \cdot AB \cdot PH = \frac{1}{2} \cdot AB \cdot (PO + OH)$$

$$= \frac{1}{2} \cdot \sqrt{7} \left(\sqrt{3} + \frac{\sqrt{3}}{2\sqrt{7}} \right) = \frac{\sqrt{3} + 2\sqrt{21}}{4}$$

36 (1) $\overrightarrow{AG} = \frac{1}{3}\overrightarrow{AB} + \frac{1}{3}\overrightarrow{AC}$

と表せる．

$$\overrightarrow{AB} = \frac{1}{k}\overrightarrow{AP}, \ \overrightarrow{AC} = \frac{1}{l}\overrightarrow{AQ}$$

であるから，

$$\overrightarrow{AG} = \frac{1}{3k}\overrightarrow{AP} + \frac{1}{3l}\overrightarrow{AQ}$$

重心 G は直線 PQ 上にあるので $\overrightarrow{AP}$ と $\overrightarrow{AQ}$ の係数の和が 1 より

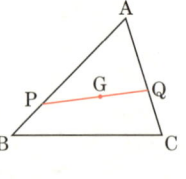

$$\frac{1}{3k} + \frac{1}{3l} = 1$$

$$\therefore \ \frac{1}{k} + \frac{1}{l} = 3 \ \blacksquare$$

(2) $\triangle APQ = \frac{1}{2} AP \cdot AQ \sin A$

$\triangle ABC = \frac{1}{2} AB \cdot AC \sin A$

であるから，

$$\frac{\triangle APQ}{\triangle ABC} = \frac{AP}{AB} \cdot \frac{AQ}{AC} = kl$$

$\therefore \ \triangle APQ = kl \triangle ABC$

よって，$T = klS$

(3) $0 < k \leq 1$ ……①，$0 < l \leq 1$ ……②

相加平均と相乗平均に関する不等式から，

$$3 = \frac{1}{k} + \frac{1}{l} \geq 2\sqrt{\frac{1}{kl}}$$

辺々ともに正より

$$9 \geq \frac{4}{kl} \quad \therefore \ kl \geq \frac{4}{9}$$

となる．等号が成立するのは，

$$\frac{1}{k} = \frac{1}{l} = \frac{3}{2} \quad \therefore \ k = l = \frac{2}{3}$$

のときであり，①，②を満たす．

したがって，$k = l = \frac{2}{3}$ のとき，kl は最小となり，このとき，△APQ の面積も最小となる．

37 (1) O が外心であるから，3 点 P，Q，R はそれぞれ辺 BC，CA，AB の中点である．よって，

$$\overrightarrow{OP} = \frac{1}{2}\overrightarrow{OB} + \frac{1}{2}\overrightarrow{OC}$$

$$\overrightarrow{OQ} = \frac{1}{2}\overrightarrow{OC} + \frac{1}{2}\overrightarrow{OA}$$

$$\overrightarrow{OR} = \frac{1}{2}\overrightarrow{OA} + \frac{1}{2}\overrightarrow{OB}$$

であるから，これらを

$$\overrightarrow{OP} + 2\overrightarrow{OQ} + 3\overrightarrow{OR} = \vec{0}$$

に代入して整理すると，

$$5\overrightarrow{OA} + 4\overrightarrow{OB} + 3\overrightarrow{OC} = \vec{0}$$

(2) まず，∠BOC を求めるために，内積 $\overrightarrow{OB} \cdot \overrightarrow{OC}$ を求める．そこで(1)より，

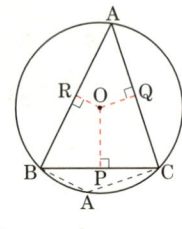

$$5\overrightarrow{OA} = -(4\overrightarrow{OB} + 3\overrightarrow{OC}) \quad \cdots\cdots ①$$

$\therefore \ 5|\overrightarrow{OA}| = |4\overrightarrow{OB} + 3\overrightarrow{OC}|$

この辺々を平方して，

$$25|\overrightarrow{OA}|^2 = 16|\overrightarrow{OB}|^2 + 24\overrightarrow{OB} \cdot \overrightarrow{OC} + 9|\overrightarrow{OC}|^2 \quad \cdots\cdots ②$$

さらに，O は △ABC の外心であるから

$$|\overrightarrow{OA}| = |\overrightarrow{OB}| = |\overrightarrow{OC}| \quad \cdots\cdots ③$$

である．②，③より

$\overrightarrow{OB} \cdot \overrightarrow{OC} = 0$
よって，$\angle BOC = 90°$ である．
①より，外心 O は $\triangle ABC$ の内部の点であるから
$$\angle A = \frac{1}{2}\angle BOC = \mathbf{45°}$$

注　①より
$$-\frac{5}{7}\overrightarrow{OA} = \frac{4\overrightarrow{OB} + 3\overrightarrow{OC}}{7}$$
と変形でき，辺 BC を $3:4$ に内分する点を D とすると，
$$-\frac{5}{7}\overrightarrow{OA} = \overrightarrow{OD}$$
$$\therefore \quad \overrightarrow{OA} = -\frac{7}{5}\overrightarrow{OD}$$
より，外心 O は線分 AD を $7:5$ に内分する点である．
よって，外心 O は $\triangle ABC$ の内部の点である．

38 (1) $\overrightarrow{OR}$
$= \frac{1}{3}\overrightarrow{OQ} + \frac{2}{3}\overrightarrow{OC}$
$= \frac{1}{3}\left(\frac{1}{3}\overrightarrow{OP} + \frac{2}{3}\overrightarrow{OB}\right) + \frac{2}{3}\overrightarrow{OC}$
$= \frac{1}{3}\left(\frac{1}{3} \cdot \frac{2}{3}\overrightarrow{OA} + \frac{2}{3}\overrightarrow{OB}\right) + \frac{2}{3}\overrightarrow{OC}$
$= \dfrac{\mathbf{2}}{\mathbf{27}}\vec{a} + \dfrac{\mathbf{2}}{\mathbf{9}}\vec{b} + \dfrac{\mathbf{2}}{\mathbf{3}}\vec{c}$

(2) 点 S は直線 OR 上にあるから
$\overrightarrow{OS} = k\overrightarrow{OR}$
（k は実数）
と表せる．
$\therefore \quad \overrightarrow{OS}$
$= \frac{2}{27}k\vec{a} + \frac{2}{9}k\vec{b} + \frac{2}{3}k\vec{c}$
一方，点 S は平面 ABC 上にあるから，$\vec{a},\ \vec{b},\ \vec{c}$ の係数の和が 1 である．
$\therefore \quad \frac{2}{27}k + \frac{2}{9}k + \frac{2}{3}k = 1$
$\therefore \quad k = \dfrac{\mathbf{27}}{\mathbf{26}}$

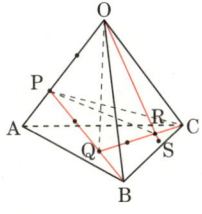

よって，$\overrightarrow{OS} = \dfrac{1}{13}\vec{a} + \dfrac{3}{13}\vec{b} + \dfrac{9}{13}\vec{c}$

(3) $V_2 = \frac{2}{3} \cdot$ (四面体 OPQC)
$= \frac{2}{3} \cdot \frac{2}{3} \cdot$ (四面体 OPBC)
$= \frac{2}{3} \cdot \frac{2}{3} \cdot \frac{2}{3} \cdot$ (四面体 OABC)
$= \dfrac{8}{27} V_1$
$\therefore \quad \dfrac{V_2}{V_1} = \dfrac{\mathbf{8}}{\mathbf{27}}$

39 (1) $\vec{p} = \overrightarrow{OP}$
$= \overrightarrow{OA} + \overrightarrow{AP}$
$= \overrightarrow{OA} + t\vec{a}$
$= (1,\ 3,\ 0) + t(-1,\ 1,\ -1)$
$= (\mathbf{-t+1,\ t+3,\ -t})$

(2) (1)と同様にして，
$\overrightarrow{OQ} = \overrightarrow{OB} + s\vec{b}$
$= (-1,\ 3,\ 2) + s(-1,\ 2,\ 0)$
$= (-s-1,\ 2s+3,\ 2)$
と表せる．
$\therefore \quad \overrightarrow{PQ} = \overrightarrow{OQ} - \overrightarrow{OP}$
$= (t-s-2,\ -t+2s,\ t+2)$
$|\overrightarrow{PQ}|^2 = (t-s-2)^2 + (-t+2s)^2 + (t+2)^2$
$= 3t^2 - 6st + 5s^2 + 4s + 8$
$= 3(t-s)^2 + 2s^2 + 4s + 8$
$= 3(t-s)^2 + 2(s+1)^2 + 6$

よって，$t = s$ かつ $s = -1$ のとき，つまり，$s = t = -1$ のとき，$|\overrightarrow{PQ}|$ は最小値 $\sqrt{6}$ をとり，そのとき，
$\mathbf{P(2,\ 2,\ 1),\ Q(0,\ 1,\ 2)}$ である．

注　$|\overrightarrow{PQ}|$ が最小となるとき，
$\begin{cases} \overrightarrow{PQ} \perp \vec{a} \\ \overrightarrow{PQ} \perp \vec{b} \end{cases}$
すなわち，
$\begin{cases} \overrightarrow{PQ} \cdot \vec{a} = 0 \\ \overrightarrow{PQ} \cdot \vec{b} = 0 \end{cases}$

が成り立つ．

∴ $\begin{cases} -(t-s-2)+(-t+2s)-(t+2)=0 \\ -(t-s-2)+2(-t+2s)=0 \end{cases}$

これを解いて，$s=t=-1$
以下，同様．

40 (1) $\overrightarrow{AP} \cdot (\overrightarrow{BP}+2\overrightarrow{CP})=0$

$\iff \overrightarrow{AP} \cdot (-\overrightarrow{PB}-2\overrightarrow{PC})=0$

$\iff \overrightarrow{AP} \cdot \left(-\dfrac{\overrightarrow{PB}+2\overrightarrow{PC}}{3}\right)=0$ ……①

ここで，線分 BC を 2：1 に内分する点を D とすると，①は，さらに，

$\overrightarrow{AP} \cdot (-\overrightarrow{PD})=0$

$\iff \overrightarrow{AP} \cdot \overrightarrow{DP}=0$ ……②

と変形できる．②より

$\overrightarrow{AP}=\vec{0}$ または $\overrightarrow{DP}=\vec{0}$ または
$\overrightarrow{AP} \perp \overrightarrow{DP}$

である．すなわち，

P=A または P=D または AP⊥DP
となるので，点 P は線分 AD を直径とする球面 S 上を動く．

よって，点 P は線分 AD の中点 Q から一定の距離にある．■

(2) (1)より，点 Q は平面 ABC 上の 2 点 A, D を結ぶ線分の中点であるから，点 Q は平面 ABC 上にある．■

(3) 点 P から平面 ABC に下ろした垂線の足を H とすると，四面体 ABCP の体積 V は

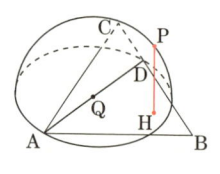

$V=\dfrac{1}{3} \cdot \triangle ABC \cdot PH$

であるから，PH が最大のとき V も最大となる．平面 ABC が球面 S の中心を通るので，PH の最大値は，球面 S の半径の長さ $\dfrac{1}{2}AD$ である．

ここで，点 D の座標は
$D\left(\dfrac{1 \cdot 0+2 \cdot 0}{2+1}, \dfrac{1 \cdot 2+2 \cdot 0}{2+1}, \dfrac{1 \cdot 0+2 \cdot 3}{2+1}\right)$

$=\left(0, \dfrac{2}{3}, 2\right)$

であるから，

$\overrightarrow{AD}=\overrightarrow{OD}-\overrightarrow{OA}=\left(-1, \dfrac{2}{3}, 2\right)$

∴ $|\overrightarrow{AD}|=\sqrt{(-1)^2+\left(\dfrac{2}{3}\right)^2+2^2}=\dfrac{7}{3}$

よって，$\dfrac{1}{2}AD=\dfrac{7}{6}$

一方，$\overrightarrow{AB}=(-1, 2, 0)$,
$\overrightarrow{AC}=(-1, 0, 3)$

より，$|\overrightarrow{AB}|=\sqrt{5}$, $|\overrightarrow{AC}|=\sqrt{10}$
$\overrightarrow{AB} \cdot \overrightarrow{AC}=(-1) \cdot (-1)+2 \cdot 0+0 \cdot 3=1$

∴ △ABC
$=\dfrac{1}{2}\sqrt{|\overrightarrow{AB}|^2|\overrightarrow{AC}|^2-(\overrightarrow{AB} \cdot \overrightarrow{AC})^2}$
$=\dfrac{1}{2}\sqrt{(\sqrt{5})^2 \cdot (\sqrt{10})^2-1^2}$
$=\dfrac{7}{2}$

ゆえに，四面体 ABCP の体積 V の最大値は

$\dfrac{1}{3} \cdot \dfrac{7}{2} \cdot \dfrac{7}{6} = \boldsymbol{\dfrac{49}{36}}$

(別解 1) (1) 始点を A に統一すると，

$\overrightarrow{AP} \cdot \{\overrightarrow{AP}-\overrightarrow{AB}+2(\overrightarrow{AP}-\overrightarrow{AC})\}=0$

$\iff \overrightarrow{AP} \cdot \{3\overrightarrow{AP}-(\overrightarrow{AB}+2\overrightarrow{AC})\}=0$

$\iff |\overrightarrow{AP}|^2-\dfrac{1}{3}(\overrightarrow{AB}+2\overrightarrow{AC}) \cdot \overrightarrow{AP}=0$

$\iff \left|\overrightarrow{AP}-\dfrac{\overrightarrow{AB}+2\overrightarrow{AC}}{6}\right|^2$
$=\dfrac{1}{36}|\overrightarrow{AB}+2\overrightarrow{AC}|^2$

ここで，$\overrightarrow{AQ}=\dfrac{\overrightarrow{AB}+2\overrightarrow{AC}}{6}$ ……(*)

とおくと，

$|\overrightarrow{AP}-\overrightarrow{AQ}|^2=|\overrightarrow{AQ}|^2$ となり，
$|\overrightarrow{AP}-\overrightarrow{AQ}|=|\overrightarrow{AQ}|$
∴ $|\overrightarrow{QP}|=|\overrightarrow{AQ}|$

となるので，P は定点 Q から一定の距離にある．■

(2) (1)の(*)より，Q は平面 ABC 上にある．■

(別解 2) (1) P(x, y, z) とおくと
$\overrightarrow{AP} = (x-1, y, z)$
$\overrightarrow{BP} + 2\overrightarrow{CP} = (x, y-2, z)$
$\qquad\qquad + 2(x, y, z-3)$
$\qquad\qquad = (3x, 3y-2, 3z-6)$

であるから,
$\overrightarrow{AP} \cdot (\overrightarrow{BP} + 2\overrightarrow{CP}) = 0$ より
$\quad 3x(x-1) + y(3y-2)$
$\qquad\qquad + z(3z-6) = 0$

$\therefore\ x^2 - x + y^2 - \dfrac{2}{3}y + z^2 - 2z = 0$

$\therefore\ \left(x - \dfrac{1}{2}\right)^2 + \left(y - \dfrac{1}{3}\right)^2$
$\qquad\qquad + (z-1)^2 = \dfrac{49}{36}$

よって, 点 P は中心 Q$\left(\dfrac{1}{2}, \dfrac{1}{3}, 1\right)$,
半径 $\dfrac{7}{6}$ の球面上にあるから, 点 P は
定点 Q から一定の距離にある. ■

(2) $\overrightarrow{OQ} = l\overrightarrow{OA} + m\overrightarrow{OB} + n\overrightarrow{OC}$ とおくと
$\left(\dfrac{1}{2}, \dfrac{1}{3}, 1\right) = (l, 0, 0) + (0, 2m, 0)$
$\qquad\qquad\qquad + (0, 0, 3n)$

より
$\begin{cases} l = \dfrac{1}{2} \\ 2m = \dfrac{1}{3} \\ 3n = 1 \end{cases} \quad \therefore\ \begin{cases} l = \dfrac{1}{2} \\ m = \dfrac{1}{6} \\ n = \dfrac{1}{3} \end{cases}$

よって, $l + m + n = \dfrac{1}{2} + \dfrac{1}{6} + \dfrac{1}{3} = 1$
となるので, 点 Q は平面 ABC 上にある. ■

第6章の章末問題

41 (1) $x = \sqrt{3}\sin\theta + \cos\theta$
$= 2\left(\sin\theta \cdot \dfrac{\sqrt{3}}{2} + \cos\theta \cdot \dfrac{1}{2}\right)$
$= 2\left(\sin\theta \cos\dfrac{\pi}{6} + \cos\theta \sin\dfrac{\pi}{6}\right)$
$= 2\sin\left(\theta + \dfrac{\pi}{6}\right)$

と表せる. $\dfrac{\pi}{6} \leqq \theta + \dfrac{\pi}{6} \leqq \dfrac{7}{6}\pi$ より

$-\dfrac{1}{2} \leqq \sin\left(\theta + \dfrac{\pi}{6}\right) \leqq 1$

であるから, $-1 \leqq x \leqq 2$

(2) $x = \sqrt{3}\sin\theta + \cos\theta$
の両辺を平方すると
$x^2 = 3\sin^2\theta + 2\sqrt{3}\sin\theta\cos\theta + \cos^2\theta$
$= 3\sin^2\theta + \sqrt{3}\sin 2\theta + 1 - \sin^2\theta$
$= 2\sin^2\theta + \sqrt{3}\sin 2\theta + 1$

となり, この式から
$2\sin^2\theta + \sqrt{3}\sin 2\theta = x^2 - 1$

が得られるので,
$y = x^2 - 1 + ax$
$\therefore\ \boldsymbol{y = x^2 + ax - 1}$

(3) $y = \left(x + \dfrac{a}{2}\right)^2 - \dfrac{1}{4}a^2 - 1$

と変形でき, $-1 \leqq x \leqq 2$ における最大値および最小値を求めればよい.
$a > 0$ に注意して,

(i) $-1 \leqq -\dfrac{a}{2} < 0$

$\therefore\ \boldsymbol{0 < a \leqq 2}$ のとき
$x = 2$ のとき, 最大値 $\boldsymbol{2a + 3}$,
$x = -\dfrac{a}{2}$ のとき, 最小値 $-\dfrac{1}{4}a^2 - 1$.

(ii) $-\dfrac{a}{2} < -1$ $\therefore\ \boldsymbol{a > 2}$ のとき
$x = 2$ のとき, 最大値 $\boldsymbol{2a + 3}$,
$x = -1$ のとき, 最小値 $\boldsymbol{-a}$.

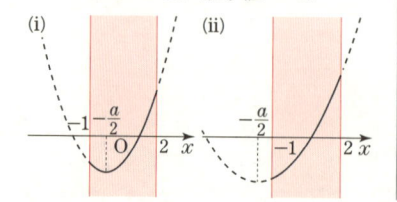

(i) (ii) のグラフ

42 (1) 直径を弦とする円周角は $90°$ より, $\angle APB = 90°$ であるから
$PA = 2\cos\theta$
$PB = 2\sin\theta$
となる. よって,
$l = PA + PB + AB$
$= 2\cos\theta + 2\sin\theta + 2$
$\therefore\ \boldsymbol{l = 2(\sin\theta + \cos\theta + 1)}$

(2) $l = 2\sqrt{2}\left(\sin\theta \cdot \dfrac{1}{\sqrt{2}} + \cos\theta \cdot \dfrac{1}{\sqrt{2}}\right) + 2$
$= 2\sqrt{2}(\sin\theta\cos 45° + \cos\theta\sin 45°) + 2$
$= 2\sqrt{2}\sin(\theta + 45°) + 2$

と変形でき, $45° < \theta + 45° < 135°$ より
$\theta + 45° = 90°$ $\therefore\ \boldsymbol{\theta = 45°}$
のとき, l は最大となる.

(3) $S = \dfrac{1}{2} \cdot AP \cdot BP = 2\sin\theta\cos\theta$
$\therefore\ \boldsymbol{S = \sin 2\theta}$

(4) $\dfrac{S}{l} = \dfrac{2\sin\theta\cos\theta}{2 + 2(\sin\theta + \cos\theta)}$

ここで, $t = \sin\theta + \cos\theta$ とおくと
$t^2 = (\sin\theta + \cos\theta)^2$
$= \sin^2\theta + 2\sin\theta\cos\theta + \cos^2\theta$
$= 1 + 2\sin\theta\cos\theta$

であるから
$2\sin\theta\cos\theta = t^2 - 1$

と表せる.
$\therefore\ \dfrac{S}{l} = \dfrac{t^2 - 1}{2t + 2} = \dfrac{(t+1)(t-1)}{2(t+1)}$
$= \dfrac{t - 1}{2}$

ところで,
$t = \sqrt{2}\left(\sin\theta \cdot \dfrac{1}{\sqrt{2}} + \cos\theta \cdot \dfrac{1}{\sqrt{2}}\right)$
$= \sqrt{2}(\sin\theta\cos 45° + \cos\theta\sin 45°)$
$= \sqrt{2}\sin(\theta + 45°)$

と変形でき, $45° < \theta + 45° < 135°$ より
$\theta + 45° = 90°$ $\therefore\ \theta = 45°$
のとき, t は最大値 $\sqrt{2}$ をとり, このとき, $\dfrac{S}{l}$ は最大値 $\dfrac{\sqrt{2} - 1}{2}$ をとる.

43 (1) △OPSに着目すると
$$OS = OP\cos\theta = \cos\theta$$
$$PS = OP\sin\theta = \sin\theta$$
一方，△OQR に着目すると，
$$OR = \frac{1}{\sqrt{3}}QR$$
$$= \frac{1}{\sqrt{3}}PS$$
$$= \frac{1}{\sqrt{3}}\sin\theta$$

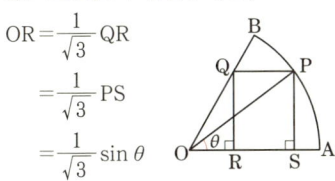

よって，
$$RS = OS - OR$$
$$= \cos\theta - \frac{1}{\sqrt{3}}\sin\theta$$

(2) $S = PS \cdot RS$
$$= \sin\theta\left(\cos\theta - \frac{1}{\sqrt{3}}\sin\theta\right)$$
$$= \sin\theta\cos\theta - \frac{1}{\sqrt{3}}\sin^2\theta$$
$$= \frac{1}{2}\sin 2\theta - \frac{1}{2\sqrt{3}}(1 - \cos 2\theta)$$
$$= \frac{1}{2\sqrt{3}}(\sqrt{3}\sin 2\theta + \cos 2\theta) - \frac{1}{2\sqrt{3}}$$
$$= \frac{1}{2\sqrt{3}}\{2\sin(2\theta + 30°) - 1\}$$

と表せる．$30° < 2\theta + 30° < 150°$ より
$$2\theta + 30° = 90° \quad \therefore \quad \theta = 30°$$

のとき，S は最大値 $\dfrac{1}{2\sqrt{3}} = \dfrac{\sqrt{3}}{6}$ をとる．

44 (1) $3^x > 0$, $3^{-x} > 0$ より，相加平均と相乗平均に関する不等式から
$$t = 3^x + 3^{-x} \geq 2\sqrt{3^x \cdot 3^{-x}} = 2$$
（等号成立は，$3^x = 3^{-x}$ すなわち，$x = 0$ のとき）
が成り立つ．
さらに，右のグラフより，t は 2 以上のすべての実数値をとるので，t のとり得る値の範囲は，$t \geq 2$ である．

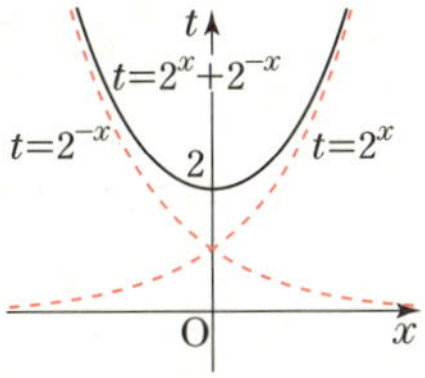

(2) $t = 3^x + 3^{-x}$
の辺々を平方すると
$$t^2 = 3^{2x} + 2\cdot 3^x \cdot 3^{-x} + 3^{-2x}$$
$$= 3^{2x} + 3^{-2x} + 2$$
となり，この式から
$$3^{2x} + 3^{-2x} = t^2 - 2$$
が得られるので，
$$y = 3^{2x} + 3^{-2x} - 2a(3^x + 3^{-x})$$
$$= t^2 - 2 - 2at$$
$$\therefore \quad \boldsymbol{y = t^2 - 2at - 2}$$

したがって，$t \geq 2$ における y の最小値を求めればよい．
$$y = (t-a)^2 - a^2 - 2$$
より
(ⅰ) $a < 2$ のとき
$t = 2$ で
最小値 $-4a + 2$
をとる． 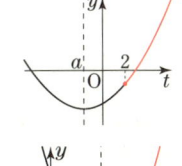
(ⅱ) $a \geq 2$ のとき
$t = a$ で
最小値 $-a^2 - 2$
をとる．

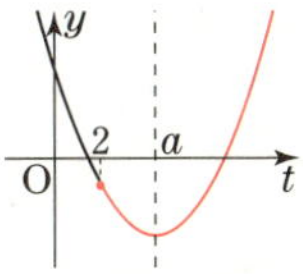

以上(ⅰ), (ⅱ)より
最小値 $\begin{cases} -4a + 2 & (a < 2 \text{ のとき}) \\ -a^2 - 2 & (a \geq 2 \text{ のとき}) \end{cases}$

45 (1) 真数および底の条件より
$$x > 0 \text{ かつ } x \neq 1 \text{ かつ } x^2 > 0$$
$$\therefore \quad x > 0 \text{ かつ } x \neq 1 \quad \cdots\cdots ①$$

この条件の下で，与えられた方程式は
$$\frac{1}{\log_4 x} - 2\log_4 x - 1 = 0$$
と変形できる．この式の両辺に $\log_4 x$ をかけると
$$2(\log_4 x)^2 + \log_4 x - 1 = 0$$
$$\therefore \quad (2\log_4 x - 1)(\log_4 x + 1) = 0$$
$$\therefore \quad \log_4 x = \frac{1}{2} \text{ または } \log_4 x = -1$$

よって，$\boldsymbol{x = 2}$ **または** $\boldsymbol{x = \dfrac{1}{4}}$

これは，①を満たす．

(2) 真数の条件より，$x > 0$
よって，与えられた方程式の両辺はと

もに正であるから，常用対数をとると，
$$\log_{10} x^{\log_{10} x} = \log_{10} \frac{10^6}{x}$$
∴ $\log_{10} x \cdot \log_{10} x = 6 - \log_{10} x$
∴ $(\log_{10} x)^2 + \log_{10} x - 6 = 0$
∴ $(\log_{10} x + 3)(\log_{10} x - 2) = 0$
よって，
$\log_{10} x = -3$ または $\log_{10} x = 2$
ゆえに，$x = \dfrac{1}{1000}$ または $x = 100$

46 $x > 0$，$y > 0$ より，相加平均と相乗平均に関する不等式から
$$2x + 3y \geq 2\sqrt{2x \cdot 3y}$$
すなわち，
$$12 \geq 2\sqrt{6xy}$$
∴ $6 \geq \sqrt{6xy}$ ……①
が成り立つ．(等号成立は $2x = 3y = 6$ すなわち，$x = 3$，$y = 2$ のとき)
①の辺々はともに正より，辺々平方すると
$$xy \leq 6$$
となる．よって，
$$\log_6 x + \log_6 y = \log_6 xy \leq \log_6 6 = 1$$
したがって，$x = 3$，$y = 2$ のとき，求める最大値は **1** である．

(別解) $2x + 3y = 12$ より
$$y = 4 - \frac{2}{3}x$$
である．$y > 0$ より
$4 - \dfrac{2}{3}x > 0$ ∴ $x < 6$
よって，$0 < x < 6$ である．このとき，
$\log_6 x + \log_6 y$
$= \log_6 x + \log_6 \left(4 - \dfrac{2}{3}x\right)$
$= \log_6 x \left(4 - \dfrac{2}{3}x\right)$
$= \log_6 \left\{-\dfrac{2}{3}(x-3)^2 + 6\right\}$
と変形できるので，$x = 3$，$y = 2$ のとき，求める最大値は $\log_6 6 = 1$ である．

47 与えられた条件式は
$x \geq 1$ より，$\log_2 x \geq \log_2 1 = 0$
$y \geq 1$ より，$\log_2 y \geq \log_2 1 = 0$
$\log_2 x + \log_2 y = (\log_2 x)^2 + (\log_2 y)^2$
である．ここで，$X = \log_2 x$，$Y = \log_2 y$ とおくと，これらの条件式は
$X \geq 0$ ……①，$Y \geq 0$ ……②
$X + Y = X^2 + Y^2$ ……③
となる．さらに，③は
$$\left(X - \frac{1}{2}\right)^2 + \left(Y - \frac{1}{2}\right)^2 = \frac{1}{2} \quad \cdots\cdots ③'$$
と変形できる．

①，②，③′ を満たす (X, Y) が描く図形は右図のようになる．
(円弧と原点)

①，②，③′ の条件の下で，$\log_2 xy$ のとり得る値を求める．
そこで，$\log_2 xy = k$ とおくと，
$$\log_2 x + \log_2 y = k$$
すなわち，
$$X + Y = k \quad \cdots\cdots ④$$
となるので，(X, Y) が描く図形と直線④が共有点をもつ条件を求めればよい．

(i) 直線④が原点を通るとき
$0 + 0 = k$ ∴ $k = 0$
このとき，$\log_2 xy = 0$ より
$$xy = 1$$

(ii) 直線④が円③′ の $X \geq 0$，$Y \geq 0$ の部分と共有点をもつとき
図より，直線④の y 切片 k は
$$1 \leq k \leq 2$$
このとき，$1 \leq \log_2 xy \leq 2$ より
$$2 \leq xy \leq 4$$

以上(i)，(ii)より，xy の値のとり得る範囲は
$$xy = 1 \text{ または } 2 \leq xy \leq 4$$

48 (1) $\log_{10} 5 = \log_{10} \dfrac{10}{2} = 1 - \log_{10} 2$
$\qquad\qquad\qquad = 1 - 0.3010 = 0.6990$
$\log_{10} 5^{50} = 50 \log_{10} 5$
$\qquad\quad = 50 \times 0.6990$
$\qquad\quad = 34.95$ ……①

であるから，
$$34 < \log_{10} 5^{50} < 35$$
$\therefore\ \log_{10} 10^{34} < \log_{10} 5^{50} < \log_{10} 10^{35}$
さらに，底が 1 より大きいので
$$10^{34} < 5^{50} < 10^{35}$$
である．よって，5^{50} は **35 桁** の数である．次に，①の小数部分は，
$$3 \times 0.3010 < 0.95 < 2 \times 0.4771$$
$\therefore\ 3 \log_{10} 2 < 0.95 < 2 \log_{10} 3$
$\therefore\ \log_{10} 8 < 0.95 < \log_{10} 9$
と表せる．この辺々に 34 を加えると
$$34 + \log_{10} 8 < 34.95 < 34 + \log_{10} 9$$
$\therefore\ \log_{10}(8 \cdot 10^{34}) < \log_{10} 5^{50}$
$\qquad\qquad\qquad < \log_{10}(9 \cdot 10^{34})$
と変形でき，底が 1 より大きいから，
$$8 \cdot 10^{34} < 5^{50} < 9 \cdot 10^{34}$$
となる．よって，5^{50} の最高位の数は **8** である．

(2) $\log_{10}\left(\dfrac{2}{5}\right)^{50}$
$= 50(\log_{10} 2 - \log_{10} 5)$
$= 50 \times (0.3010 - 0.6990)$
$= -19.9$
であるから，
$$-20 < \log_{10}\left(\dfrac{2}{5}\right)^{50} < -19$$
$\therefore\ \log_{10} 10^{-20} < \log_{10}\left(\dfrac{2}{5}\right)^{50}$
$\qquad\qquad\qquad < \log_{10} 10^{-19}$
さらに，底が 1 より大きいので
$$10^{-20} < \left(\dfrac{2}{5}\right)^{50} < 10^{-19}$$
である．よって，$\left(\dfrac{2}{5}\right)^{50}$ は **小数第 20 位に初めて 0 でない数が現れる**．

49 (1) $\angle OAB = \alpha$，
$\angle OAC = \beta$
とする．$\triangle OAB$，
$\triangle OAC$ に着目
すると，
$$\tan \alpha = \dfrac{1}{3}$$
$$\tan \beta = 1$$
である．よって
$\tan \angle BAC$
$= \tan(\beta - \alpha)$
$= \dfrac{\tan \beta - \tan \alpha}{1 + \tan \beta \tan \alpha}$
$= \dfrac{1 - \dfrac{1}{3}}{1 + 1 \cdot \dfrac{1}{3}} = \dfrac{1}{2}$

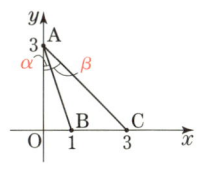

(2) $\angle OPB = \alpha'$，
$\angle OPC = \beta'$
とする．
点 P の y 座標を
$p\ (0 < p < 3)$
とし，
$\triangle OPB$，$\triangle OPC$ に着目すると，
$$\tan \alpha' = \dfrac{1}{p},\ \tan \beta' = \dfrac{3}{p}$$
である．よって，
$\tan \angle BPC$
$= \tan(\beta' - \alpha')$
$= \dfrac{\tan \beta' - \tan \alpha'}{1 + \tan \beta' \tan \alpha'}$
$= \dfrac{\dfrac{3}{p} - \dfrac{1}{p}}{1 + \dfrac{3}{p} \cdot \dfrac{1}{p}} = \dfrac{2}{p + \dfrac{3}{p}}$ ……①

となる．ここで相加平均と相乗平均に関する不等式から
$$p + \dfrac{3}{p} \geq 2\sqrt{p \cdot \dfrac{3}{p}} = 2\sqrt{3}$$
が成り立つ．等号は，$p = \dfrac{3}{p}$ すなわち，
$$p^2 = 3 \quad \therefore\ p = \sqrt{3}$$
のとき成り立つ．
①は，分母が最小のとき，最大となる

から，$\tan\angle BPC$ の最大値は
$\dfrac{2}{2\sqrt{3}}=\dfrac{1}{\sqrt{3}}$ である．このとき，
$P(0,\sqrt{3})$ のときである．

50 (1) この円の半径を R とすると，$\triangle ABC$ において，正弦定理により
$$2R=\dfrac{1}{\sin 60°}$$
$$=\dfrac{2}{\sqrt{3}} \quad \cdots\cdots ①$$
である．一方，$\triangle APC$ において，正弦定理を用いると，
$$\dfrac{AP}{\sin\theta}=2R=\dfrac{2}{\sqrt{3}} \quad (\because ①より)$$
である．よって，
$$\mathbf{AP}=\dfrac{2}{\sqrt{3}}\sin\theta$$

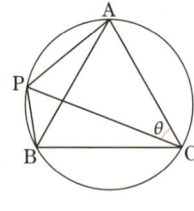

(2) 弧 PB に対する円周角として，
$$\angle PAB=\angle PCB=60°-\theta$$
である．また，
$$\angle PAC=\angle PAB+\angle BAC$$
$$=60°-\theta+60°$$
$$=120°-\theta$$
である．よって，
$$S=\dfrac{1}{2}AP\cdot AB\sin(60°-\theta)$$
$$\quad+\dfrac{1}{2}AP\cdot AC\sin(120°-\theta)$$
$$=\dfrac{1}{\sqrt{3}}\sin\theta\sin(60°-\theta)$$
$$\quad+\dfrac{1}{\sqrt{3}}\sin\theta\sin(120°-\theta)$$
$$=\dfrac{1}{\sqrt{3}}\sin\theta\{\sin(60°-\theta)$$
$$\quad+\sin(120°-\theta)\}$$
$$=\dfrac{1}{\sqrt{3}}\sin\theta\cdot 2\sin(90°-\theta)$$
$$\quad\times\cos(-30°)$$
$$=\sin\theta\cos\theta$$
$$=\dfrac{1}{2}\sin 2\theta$$

(3) $0°<2\theta<120°$ より
$$2\theta=90°$$
すなわち，$\boldsymbol{\theta=45°}$ のとき，S は
最大値 $\dfrac{1}{2}$ をとる．

注 (2)の解答で，
$$\sin(60°-\theta)+\sin(120°-\theta)$$
$$=2\sin(90°-\theta)\cos(-30°)$$
の変形は "和を積に直す" 公式を用いたが，加法定理を用いて，
$$\sin(60°-\theta)+\sin(120°-\theta)$$
$$=\sin 60°\cos\theta-\cos 60°\sin\theta$$
$$\quad+\sin 120°\cos\theta-\cos 120°\sin\theta$$
$$=\dfrac{\sqrt{3}}{2}\cos\theta-\dfrac{1}{2}\sin\theta$$
$$\quad+\dfrac{\sqrt{3}}{2}\cos\theta+\dfrac{1}{2}\sin\theta$$
$$=\sqrt{3}\cos\theta$$
としてもよい．

51 $\cos 2x=2\cos^2 x-1$ より，与えられた方程式は
$$2\cos^2 x-4a\cos x-2a=0$$
$$\therefore \cos^2 x-2a\cos x-a=0 \quad \cdots\cdots ①$$
となる．ここで，$t=\cos x$ とおくと $0\leqq x<2\pi$ より，$-1\leqq t\leqq 1$ であり，①は
$$t^2-2at-a=0 \quad \cdots\cdots ②$$
となる．t と x との対応は，$-1<t<1$ である1つの t に対して，x は2つ対応し，$t=-1$ または $t=1$ に対して，x は1つ対応する．②の左辺を $f(t)$ とおく．
$f(-1)=0$ のとき，
$$1+a=0 \quad \therefore a=-1$$
このとき，②は
$$t^2+2t+1=0$$
$$\therefore (t+1)^2=0$$
よって，$t=-1$
　　　　　　(重解)

$f(1)=0$ のとき，
$$1-3a=0 \quad \therefore a=\dfrac{1}{3}$$
このとき，②は
$$t^2-\dfrac{2}{3}t-\dfrac{1}{3}=0$$

∴ $3t^2-2t-1=0$
∴ $(3t+1)(t-1)=0$
よって，$t=-\dfrac{1}{3}$, 1

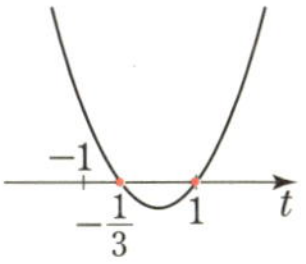

以上のことを考慮して，与えられた方程式の解の個数で分類すると
(i) 4個の解をもつ場合
　②が $-1<t<1$ の範囲に異なる2つの解をもつときである．
$$\begin{cases} \dfrac{D}{4}=a^2+a>0 \\ 軸：-1<a<1 \\ f(-1)=1+a>0 \\ f(1)=1-3a>0 \end{cases}$$ 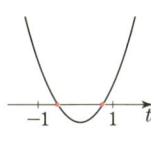
∴ $0<a<\dfrac{1}{3}$

(ii) 3個の解をもつ場合
　②が 1 と $-1<t<1$ の範囲にもう1つ解をもつときである．
∴ $a=\dfrac{1}{3}$

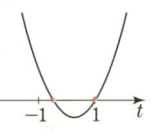

(iii) 2個の解をもつ場合
　(ア) ②が異なる2つの解をもち，そのうち，1つの解が $-1<t<1$ の範囲にあるときである．
$f(-1)f(1)<0$ より
$(1+a)(1-3a)<0$
∴ $(a+1)(3a-1)>0$
∴ $a<-1$ または $\dfrac{1}{3}<a$

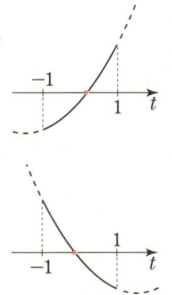

　(イ) ②が $-1<t<1$ の範囲で重解をもつときである．
$\dfrac{D}{4}=a^2+a=0$
かつ，軸：$-1<a<1$
∴ $a=0$

(iv) 1個の解をもつ場合
　②が $t=-1$（重解）を解にもつときである． 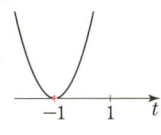
∴ $a=-1$

(v) 解をもたない場合
　(i)～(iv)以外の a の値の範囲のときである． 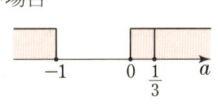
∴ $-1<a<0$

以上(i)～(v)より，求める解の個数は
$$\begin{cases} -1<a<0 \text{ のとき，0個．} \\ a=-1 \text{ のとき，1個．} \\ a<-1 \text{ または } \dfrac{1}{3}<a \text{ または } \\ \quad a=0 \text{ のとき，2個．} \\ a=\dfrac{1}{3} \text{ のとき，3個．} \\ 0<a<\dfrac{1}{3} \text{ のとき，4個．} \end{cases}$$

(研究) ② $\Longleftrightarrow$ $t^2=2a\left(t+\dfrac{1}{2}\right)$

よって，②の実数解は，
放物線 $y=t^2$ ……③
と直線 $y=2a\left(t+\dfrac{1}{2}\right)$ ……④
との共有点の t 座標と一致する．
④が点 (1, 1) を通るとき，
$a=\dfrac{1}{3}$
④が点 $(-1, 1)$ を通るとき，
$a=-1$ 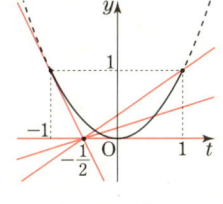
③と④が接するとき，すなわち②の $D=0$ のとき，
$a=-1$ または $a=0$
以上の考察と，④が定点 $\left(-\dfrac{1}{2}, 0\right)$ を通る直線であることから，グラフより，簡単に答が得られる．

52 $t=3^x$ とおくと，$t>0$ であり，与えられた方程式は
$t^2+2at+2a^2+a-6=0$ ……①

となる．

t と x は 1 対 1 に対応し，$0<t<1$ のとき，$x<0$ $t>1$ のとき，$x>0$ であるから，与えられた方程式が正の解と負の解を 1 つずつもつ条件は，①が，$0<t<1$ と $1<t$ の範囲にそれぞれ 1 つずつ解をもつことである．①の左辺を $f(t)$ とおくと，

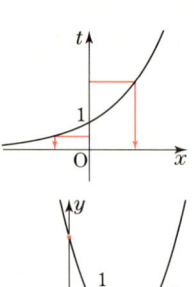

$$\begin{cases} f(0)=2a^2+a-6>0 & \cdots\cdots ② \\ f(1)=2a^2+3a-5<0 & \cdots\cdots ③ \end{cases}$$

②を解くと，$(2a-3)(a+2)>0$

$$\therefore \quad a<-2 \quad \text{または} \quad \frac{3}{2}<a$$

③を解くと，$(2a+5)(a-1)<0$

$$\therefore \quad -\frac{5}{2}<a<1$$

よって，求める a の値の範囲は

$$-\frac{5}{2}<a<-2$$

53 (1) $f(t)=\log_2 t+\dfrac{\log_2 4}{\log_2 t}$

$\qquad =\log_2 t+\dfrac{2}{\log_2 t}$

$t>1$ より，$\log_2 t>0$ であるから，相加平均と相乗平均に関する不等式より，

$$\log_2 t+\frac{2}{\log_2 t} \geqq 2\sqrt{\log_2 t \cdot \frac{2}{\log_2 t}} = 2\sqrt{2}$$

である．等号は

$\log_2 t=\dfrac{2}{\log_2 t} \quad \therefore \quad (\log_2 t)^2=2$

$\therefore \quad \log_2 t=\sqrt{2}$

すなわち，$t=2^{\sqrt{2}}$ のとき成り立つ．

よって，$t=2^{\sqrt{2}}$ のとき，$f(t)$ の最小値は $2\sqrt{2}$ である．

(2) $t>1$ のとき，$\log_2 t>0$ より，

$$k\log_2 t<(\log_2 t)^2-\log_2 t+2$$

$\iff k<\log_2 t-1+\dfrac{2}{\log_2 t}$

$\iff f(t)>k+1$

であるから，これが $t>1$ なるすべての t に対して成り立つためには，

$\qquad (f(t)$ の最小値$)>k+1$

$$\therefore \quad 2\sqrt{2}>k+1$$

よって，$\boldsymbol{k<2\sqrt{2}-1}$

54 (1) $\log_2 9$ を有理数と仮定すると

$\log_2 9=\dfrac{n}{m}$ （m, n は互いに素な自然数）と表せる．この式は，さらに，

$$9=2^{\frac{n}{m}}$$

と変形でき，上式の両辺を m 乗すると

$$9^m=2^n$$

となる．この等式の左辺は奇数で，右辺は偶数であるから，矛盾する．よって，$\log_2 9$ は無理数である．■

(2) $\sqrt{2}^{\log_2 9}=2^{\frac{1}{2}\log_2 9}=2^{\log_2 3}=3$ であるから，$\sqrt{2}^{\log_2 9}$ は有理数である．■

注 公式 $a^{\log_a b}=b$

55 $\log_3(x-3)=\log_9(kx-6) \quad \cdots\cdots ①$

より

$$\log_3(x-3)=\frac{\log_3(kx-6)}{\log_3 9}$$

$\therefore \quad 2\log_3(x-3)=\log_3(kx-6)$

$\therefore \quad \log_3(x-3)^2=\log_3(kx-6)$

よって，$(x-3)^2=kx-6 \quad \cdots\cdots ①'$

ところで，与えられた方程式①の真数条件より，

$\quad x-3>0$ かつ $kx-6>0 \quad \cdots\cdots ②$

でなければならないが，①$'$ の下では $x-3>0$ を満たす実数 x は，$kx-6>0$ を満たす．よって，②のかわりに

$\quad x>3 \quad \cdots\cdots ③$

を考えるだけでよい．

したがって，x についての方程式①が異なる 2 つの解をもつためには，x の 2 次方程式①$'$ が③の範囲で異なる 2 つの

解をもてばよい．

　つまり，放物線 $y=(x-3)^2$ ……④
と直線 $y=kx-6$ ……⑤ が③の範囲
で異なる2点で交わればよい．

(ⅰ) 直線⑤が点
(3, 0) を通ると
き，
$$0=3k-6$$
$$\therefore\ k=2$$

(ⅱ) 直線⑤が放物線
④と第1象限で接
するとき，
①' $\iff x^2-(k+6)x+15=0$
の判別式を D とすると，
$$D=(k+6)^2-60=0\ \ かつ\ \ k>0$$
$$\therefore\ k=-6+2\sqrt{15}$$

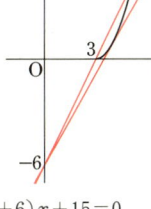

(ⅰ), (ⅱ)より，求める k の値の範囲は
$$\boldsymbol{-6+2\sqrt{15}<k<2}$$

第7章の章末問題

56 等差数列 $\{a_n\}$ の初項を a,公差を d とおくと,
$$a_{10}=a+9d,\ a_{15}=a+14d$$
であり,与えられた条件は
$$\begin{cases} a+9d=2 & \cdots\cdots① \\ a+14d=17 & \cdots\cdots② \end{cases}$$
と表される.②−①より
$$5d=15 \quad \therefore\ d=3$$
これを①に代入して,
$$a+27=2 \quad \therefore\ a=-25$$
よって,数列 $\{a_n\}$ の第 n 項は,
$$a_n=-25+3(n-1)$$
$$\therefore\ \boldsymbol{a_n=3n-28}$$
また,初項 $a=-25<0$ かつ公差 $d=3>0$ より,初項から第 n 項までの和 S_n が最小となるのは,$a_n \leqq 0$ を満たす最大の n で起こる.すなわち,
$$3n-28 \leqq 0 \quad \therefore\ n \leqq \frac{28}{3}=9.3\cdots$$
より,**$n=9$** のとき S_n は最小となる.

注 $a_{15}=a_{10}+5d$ より
$$17=2+5d \quad \therefore\ d=3$$
$a_{10}=a_1+9d$ より
$$2=a_1+27 \quad \therefore\ a_1=-25$$

57 この数列は初項が1,末項が9,項数が $(k+2)$ 個の等差数列より,与えられた条件は
$$\begin{cases} 9=1+\{(k+2)-1\}d & \cdots\cdots① \\ \dfrac{(1+9)(k+2)}{2}=245 & \cdots\cdots② \end{cases}$$
となる.
②より,**$k=47$**
これを①に代入すると $d=\dfrac{1}{6}$

58 初項5,公差7の等差数列を $\{a_n\}$,初項6,公差4の等差数列を $\{b_n\}$ とすると,
$$\{a_n\}:5,\ 12,\ 19,\ \boxed{26},\ 33,\ 40,\ \cdots$$
$$\{b_n\}:6,\ 10,\ 14,\ 18,\ 22,\ \boxed{26},\ \cdots$$
であり,数列 $\{a_n\}$,$\{b_n\}$ に共通な項を小さい順に並べた数列を $\{c_n\}$ とすると,数列 $\{c_n\}$ は,初項が26,公差が7と4の最小公倍数である28の等差数列より,
$$c_n=26+28(n-1)=28n-2$$
ここで,$c_n \leqq 2000$ を満たす最大の n は
$$28n-2 \leqq 2000$$
$$\therefore\ n \leqq \frac{143}{2}=71.5$$
より,$n=71$ である.よって求める和は
$$\frac{71(2\cdot 26+70\cdot 28)}{2}=\boldsymbol{71426}$$

注 数列 $\{a_n\}$ の第 k 項と数列 $\{b_n\}$ の第 l 項が共通項とすると,
$$5+7(k-1)=6+4(l-1)$$
$$\therefore\ 7k=4(l+1)$$
が成り立つ.右辺は4の倍数であるから,左辺も4の倍数である.ところが,7と4は互いに素であるから,k が4の倍数でなければならない.よって,$k=4m$(m は自然数)とおくと,共通項は,
$$5+7(4m-1)=28m-2$$
と表せる.

59 等比数列 $\{a_n\}$ の初項を a,公比を r とすると,与えられた条件は $r=1$ とすると,
$$\begin{cases} na=54 & \cdots\cdots① \\ 2na=63 & \cdots\cdots② \end{cases}$$
と表され,①,②を同時に満たす n,a は存在しない.
よって,$r \neq 1$ であるので,与えられた条件は
$$\therefore\ \begin{cases} \dfrac{a(r^n-1)}{r-1}=54 & \cdots\cdots③ \\ \dfrac{a(r^{2n}-1)}{r-1}=63 & \cdots\cdots④ \end{cases}$$
と表される.④÷③より
$$\frac{r^{2n}-1}{r^n-1}=\frac{7}{6}$$
$$\therefore\ \frac{(r^n+1)(r^n-1)}{r^n-1}=\frac{7}{6}$$
$$\therefore\ r^n+1=\frac{7}{6}$$

よって，　　$r^n = \dfrac{1}{6}$　……⑤

求める和は
$$\dfrac{a(r^{3n}-1)}{r-1} = \dfrac{a(r^n-1)(r^{2n}+r^n+1)}{r-1}$$
$$= \dfrac{a(r^n-1)}{r-1} \cdot (r^{2n}+r^n+1)$$
$$= 54 \cdot \left\{\left(\dfrac{1}{6}\right)^2 + \dfrac{1}{6} + 1\right\}$$
$$= \boldsymbol{\dfrac{129}{2}} \quad (\because \ ③,⑤より)$$

60 (1) 与えられた漸化式の両辺を 3^{n+1} で割ると
$$\dfrac{a_{n+1}}{3^{n+1}} = \dfrac{a_n}{3^n} + 1$$
$$\therefore \ b_{n+1} = b_n + 1$$
となる．よって，数列 $\{b_n\}$ は初項 $b_1 = \dfrac{a_1}{3} = \dfrac{1}{3}$，公差 1 の等差数列であるから，
$$b_n = \dfrac{1}{3} + (n-1) = \boldsymbol{\dfrac{3n-2}{3}}$$

(2) $b_n = \dfrac{a_n}{3^n}$ より，
$$a_n = b_n \cdot 3^n = \boldsymbol{(3n-2)3^{n-1}}$$

(3) $S_n = \displaystyle\sum_{k=1}^{n}(3k-2)3^{k-1}$ とおくと，
$$S_n = 1\cdot 1 + 4\cdot 3 + \cdots + (3n-2)3^{n-1} \quad \cdots ①$$
①の辺々に 3 をかけると，
$$3S_n = \quad 1\cdot 3 + 4\cdot 3^2 + \cdots + (3n-2)3^n \quad \cdots ②$$
となる．①－②より，
$$-2S_n = 1 + 3(3+3^2+\cdots+3^{n-1}) - (3n-2)3^n$$
$$= 1 + 3 \cdot \dfrac{3(3^{n-1}-1)}{3-1} - (3n-2)3^n$$
$$= \dfrac{2+3\cdot 3^n - 9 - 2(3n-2)3^n}{2}$$
$$= \dfrac{-(6n-7)3^n - 7}{2}$$
$$\therefore \ S_n = \boldsymbol{\dfrac{(6n-7)3^n + 7}{4}}$$

注 $b_n = \dfrac{a_n}{3^n}$ より，$a_n = 3^n b_n$
$$\therefore \ a_{n+1} = 3^{n+1} b_{n+1}$$

これらを与えられた漸化式に代入すると，
$$3^{n+1} b_{n+1} = 3\cdot 3^n b_n + 3^{n+1}$$
となる．この辺々を 3^{n+1} で割ると
$$b_{n+1} = b_n + 1$$
が得られる．

61 (1) $a_{n+1} = 3a_n - 2n + 3$　……①
$$a_{n+1} - \alpha(n+1) - \beta$$
$$= 3(a_n - \alpha n - \beta) \quad \cdots ②$$
②を展開し，整理すると
$$a_{n+1} = 3a_n - 2\alpha n + (\alpha - 2\beta) \quad \cdots ②'$$
となる．②'と①が一致するためには，
$$-2n + 3 = -2\alpha n + (\alpha - 2\beta)$$
がすべての自然数 n に対して成り立たなければならない．よって，
$$\begin{cases} -2\alpha = -2 \\ \alpha - 2\beta = 3 \end{cases}$$
$$\therefore \ \boldsymbol{\alpha = 1, \ \beta = -1}$$

(2) ①は
$$a_{n+1} - (n+1) + 1 = 3(a_n - n + 1)$$
と変形でき，$b_n = a_n - n + 1$ とおくと，
$$b_{n+1} = 3b_n$$
となる．数列 $\{b_n\}$ は初項
$$b_1 = a_1 - 1 + 1 = 3$$
公比 3 の等比数列より，
$$b_n = 3 \cdot 3^{n-1} = 3^n$$
$$\therefore \ a_n - n + 1 = 3^n$$
よって，
$$\boldsymbol{a_n = 3^n + n - 1}$$

(3) $\displaystyle\sum_{k=1}^{n} a_k = \sum_{k=1}^{n}(3^k + k - 1)$
$$= \dfrac{3(3^n - 1)}{3-1} + \dfrac{1}{2}n(n+1) - n$$
$$= \dfrac{3^{n+1} - 3}{2} + \dfrac{n^2 + n}{2} - n$$
$$= \boldsymbol{\dfrac{3^{n+1} + n^2 - n - 3}{2}}$$

62 (1) $a_n > 0 \ (n=1, 2, \cdots)$　……(*)

(i) $n=1$ のとき，
$a_1 = 1 > 0$ であるから(*)は成り立つ．

(ii) $n=k$ のとき，

(*)が成り立つ，すなわち，$a_k > 0$ と仮定すると，与えられた漸化式より，
$$a_{k+1} = \frac{a_k}{2a_k + 1} > 0$$
となり，$n = k+1$ のときも(*)は成り立つ．(i), (ii)より，すべての自然数 n に対して，(*)は成り立つ．■

(2) (1)から，$a_n \neq 0$ より，与えられた漸化式の辺々の逆数をとると，
$$\frac{1}{a_{n+1}} = \frac{2a_n + 1}{a_n} = 2 + \frac{1}{a_n}$$
と変形でき，$b_n = \frac{1}{a_n}$ とおくと，
$$b_{n+1} = b_n + 2$$
となり，数列 $\{b_n\}$ は初項 $b_1 = \frac{1}{a_1} = 1$ 公差 2 の等差数列より，
$$b_n = 1 + 2(n-1) = \bm{2n - 1}$$

(3) $b_n = \frac{1}{a_n}$ より
$$a_n = \frac{1}{b_n} = \frac{1}{2n-1}$$
であるので
$$\sum_{k=1}^{n} a_k a_{k+1}$$
$$= \sum_{k=1}^{n} \frac{1}{(2k-1)(2k+1)}$$
$$= \frac{1}{2} \sum_{k=1}^{n} \left(\frac{1}{2k-1} - \frac{1}{2k+1} \right)$$
$$= \frac{1}{2} \left(\frac{1}{1} - \frac{1}{2n+1} \right)$$
$$= \bm{\frac{n}{2n+1}}$$

63 (1) 数列 $\{a_n + kb_n\}$ が公比 r の等比数列であるとき，
$$a_{n+1} + kb_{n+1} = r(a_n + kb_n) \quad \cdots\cdots ①$$
と表される．
①の左辺に
$$a_{n+1} = a_n + b_n, \quad b_{n+1} = 4a_n + b_n$$
を代入すると，
$$a_n + b_n + k(4a_n + b_n) = ra_n + rkb_n$$
$$\therefore \quad (4k+1)a_n + (k+1)b_n = ra_n + rkb_n$$
となり，この等式がすべての自然数 n に対して成り立つので，両辺の a_n，b_n の係数を比較して，
$$\begin{cases} 4k+1 = r & \cdots\cdots ② \\ k+1 = rk & \cdots\cdots ③ \end{cases}$$
となる．②を③に代入して，
$$k + 1 = k(4k+1)$$
$$\therefore \quad 4k^2 = 1 \quad \therefore \quad \bm{k = \pm \frac{1}{2}}$$

(2) (1)の②，③を満たす (k, r) の組は
$$(k, r) = \left(\frac{1}{2}, 3 \right), \left(-\frac{1}{2}, -1 \right)$$
である．このとき，①はそれぞれ
$$a_{n+1} + \frac{1}{2} b_{n+1} = 3 \left(a_n + \frac{1}{2} b_n \right) \quad \cdots\cdots ④$$
$$a_{n+1} - \frac{1}{2} b_{n+1} = -\left(a_n - \frac{1}{2} b_n \right) \quad \cdots\cdots ⑤$$
となる．④より数列 $\left\{ a_n + \frac{1}{2} b_n \right\}$ は初項 $a_1 + \frac{1}{2} b_1 = \frac{3}{2}$，公比 3 の等比数列より，
$$a_n + \frac{1}{2} b_n = \frac{3}{2} \cdot 3^{n-1} = \frac{1}{2} \cdot 3^n \quad \cdots\cdots ④'$$
一方，⑤より，数列 $\left\{ a_n - \frac{1}{2} b_n \right\}$ は初項 $a_1 - \frac{1}{2} b_1 = \frac{1}{2}$，公比 -1 の等比数列より，
$$a_n - \frac{1}{2} b_n = \frac{1}{2} \cdot (-1)^{n-1} \quad \cdots\cdots ⑤'$$
($④' + ⑤') \div 2$ より
$$\bm{a_n = \frac{3^n + (-1)^{n-1}}{4}}$$
$④' - ⑤'$ より
$$\bm{b_n = \frac{3^n - (-1)^{n-1}}{2}}$$

64 (1) $3(a_1 + a_2 + \cdots + a_n) = (n+2) a_n \quad \cdots\cdots ①$
①の n を $n+1$ におきかえると，
$$3(a_1 + a_2 + \cdots + a_n + a_{n+1}) = (n+3) a_{n+1} \quad \cdots\cdots ②$$
が得られる．② $-$ ①より，
$$3a_{n+1} = (n+3) a_{n+1} - (n+2) a_n$$
$$\therefore \quad n a_{n+1} = (n+2) a_n \quad ■$$

(2) $na_{n+1}=(n+2)a_n$ ……③

③の両辺に $\dfrac{1}{n(n+1)(n+2)}$ をかけると

$$\dfrac{a_{n+1}}{(n+1)(n+2)}=\dfrac{a_n}{n(n+1)}$$

と変形できる．上式は数列 $\left\{\dfrac{a_n}{n(n+1)}\right\}$ が定数数列であることを意味し，

$$\dfrac{a_n}{n(n+1)}=\dfrac{a_1}{1\cdot 2}=\dfrac{1}{2}$$

よって，$\boldsymbol{a_n=\dfrac{n(n+1)}{2}}$

(3) 求める和は

$$\sum_{k=1}^{n}\dfrac{1}{a_k}=\sum_{k=1}^{n}\dfrac{2}{k(k+1)}$$
$$=2\sum_{k=1}^{n}\left(\dfrac{1}{k}-\dfrac{1}{k+1}\right)$$
$$=2\left(\dfrac{1}{1}-\dfrac{1}{n+1}\right)$$
$$=\boldsymbol{\dfrac{2n}{n+1}}$$

注 (2)の式変形は，かなり高級であるが是非マスターして欲しい．また，次のように解いてもよい．
③より

$$a_{n+1}=\dfrac{n+2}{n}a_n$$

となり，n を順次下げていくと，

$$a_n=\dfrac{n+1}{n-1}a_{n-1} \quad (n\geqq 2 \text{ のとき})$$
$$=\dfrac{n+1}{n-1}\cdot\dfrac{n}{n-2}a_{n-2}$$
$$=\dfrac{n+1}{\cancel{n-1}}\cdot\dfrac{n}{n-2}\cdot\dfrac{\cancel{n-1}}{n-3}a_{n-3}$$
$$\cdots\cdots$$
$$=\dfrac{n+1}{\cancel{n-1}}\cdot\dfrac{n}{\cancel{n-2}}\cdot\dfrac{\cancel{n-1}}{\cancel{n-3}}\cdots\dfrac{\cancel{5}}{\cancel{3}}\cdot\dfrac{\cancel{4}}{2}\cdot\dfrac{3}{1}a_1$$
$$=\dfrac{(n+1)\cdot n}{2\cdot 1}a_1$$
$$=\dfrac{n(n+1)}{2}$$

上式は，$n=1$ のときも成り立つ．

65 (1) $S_n=\dfrac{3}{2}a_n-n$ ……①

①に $n=1$ を代入すると

$$S_1=\dfrac{3}{2}a_1-1$$

となり，$S_1=a_1$ であるから，

$$a_1=\dfrac{3}{2}a_1-1 \quad \therefore \quad a_1=2$$

一方，①の n を $n+1$ におきかえると，

$$S_{n+1}=\dfrac{3}{2}a_{n+1}-(n+1)$$ ……②

②－①より

$$S_{n+1}-S_n=\dfrac{3}{2}a_{n+1}-\dfrac{3}{2}a_n-1$$

ここで，$S_{n+1}-S_n=a_{n+1}$ であるから，

$$a_{n+1}=\dfrac{3}{2}a_{n+1}-\dfrac{3}{2}a_n-1$$
$$\therefore \quad a_{n+1}=3a_n+2$$

さらに，

$$a_{n+1}+1=3(a_n+1)$$

と変形すると，数列 $\{a_n+1\}$ は初項 $a_1+1=3$，公比 3 の等比数列より，

$$a_n+1=3^n \quad \therefore \quad \boldsymbol{a_n=3^n-1}$$

(2) $3(a_n+1)+4^{2n-1}=3^{n+1}+4^{2n-1}$ …(*)

(i) $n=1$ のとき，
(*)は $3^2+4=13$ であり，確かに 13 の倍数である．

(ii) $n=k$（k は自然数）のとき，
(*)が 13 の倍数，すなわち，

$$3^{k+1}+4^{2k-1}=13m \quad (m \text{ は自然数})$$
……③

と表せると仮定すると，

$$3^{k+2}+4^{2k+1}=3\cdot 3^{k+1}+4^{2k+1}$$
$$=3(13m-4^{2k-1})+4^2\cdot 4^{2k-1}$$
$$(\because \text{③より})$$
$$=3\cdot 13m+13\cdot 4^{2k-1}$$
$$=13(3m+4^{2k-1})$$

と表せるので，$n=k+1$ のときも(*)は 13 の倍数である．

(i), (ii)よりすべての自然数 n に対して(*)は 13 の倍数である．■

66 図のように並べられた自然数を
$1|2, 3|4, 5, 6|7, 8, 9, 10|11, \cdots$

のように仕切りを入れて，第 n 群に n 個の自然数を含むように，群に分ける．

(1) 1番上の段の左から n 番目の数は，n が偶数のとき，第 n 群の末項であるから，求める数は
$$1+2+\cdots+n=\frac{1}{2}n(n+1)$$

(2) 1番上の段の左から n 番目の数は，n が奇数のとき，第 n 群の初項であるから，求める数は
$$1+2+\cdots+(n-1)+1=\frac{1}{2}n(n-1)+1$$
$$=\frac{1}{2}(n^2-n+2)$$

(3) 1000 が第 n 群に属するとすると，
$\begin{pmatrix}第\ n-1\ 群\\ の末項まで\\ の全項数\end{pmatrix} < 1000 \leqq \begin{pmatrix}第\ n\ 群の末\\ 項までの全\\ 項数\end{pmatrix}$

$\therefore\ \dfrac{1}{2}(n-1)n < 1000 \leqq \dfrac{1}{2}n(n+1)$

$\therefore\ (n-1)n < 2000 \leqq n(n+1)$ ……①

が成り立つ．

ここで，
$$44\times 45 = 1980,\ 45\times 46 = 2070$$
より，①を満たす自然数 n は，$n=45$ に限る．第 44 群の末項までに $\dfrac{1}{2}\times 44\times 45 = 990$ 項あるから，1000 は第 45 群の初めから，
$$1000-990=10\ 番目$$
である．

もとの図において，第 45 群の初項は 1 番上の段の左から 45 番目にあるから，1000 は左から $45-9=\mathbf{36}$ 番目，上から **10** 段目にある．

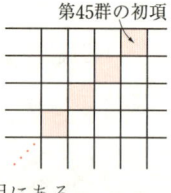

第45群の初項

67 2の倍数でも3の倍数でもない自然数を小さい方から順に並べると
$$1,\ 5,\ 7,\ 11,\ 13,\ 17,\ \cdots$$
である．これらの数を 6 で割ると 1 余る数と，5 余る数が交互に並ぶ．よって，
$$a_{2k-1}=1+6(k-1)=6k-5$$
$$a_{2k}=5+6(k-1)=6k-1$$
と表される．

(1) $1003=6\times 168-5=a_{2\times 168-1}$
$=a_{335}$
であるから，**第 335 項**である．

(2) $a_{2000}=a_{2\times 1000}=6\times 1000-1$
$\phantom{a_{2000}}=\mathbf{5999}$

(3) $\displaystyle\sum_{k=1}^{2m} a_k$
$=(a_1+a_3+\cdots+a_{2m-1})$
$+(a_2+a_4+\cdots+a_{2m})$
$=\displaystyle\sum_{k=1}^{m} a_{2k-1}+\sum_{k=1}^{m} a_{2k}$
$=\displaystyle\sum_{k=1}^{m}(a_{2k-1}+a_{2k})$
$=\displaystyle\sum_{k=1}^{m}\{(6k-5)+(6k-1)\}$
$=\displaystyle\sum_{k=1}^{m}(12k-6)$
$=12\cdot\dfrac{1}{2}m(m+1)-6m$
$=\mathbf{6m^2}$

注 自然数 n を 6 で割った余りで分類すると $6k-5,\ 6k-4,\ 6k-3,\ 6k-2,\ 6k-1,\ 6k$（$k$ は自然数）と表される．このうち 2 の倍数と 3 の倍数を除くと
$$6k-5,\ 6k-1\ \cdots\cdots(*)$$
が残る．
$$6k-5<6k-1\ \text{かつ}$$
$$6k-1<6(k+1)-5$$
が成り立つので，(*) に $k=1,\ 2,\ \cdots$ を代入した数をこの順に左から並べた数列が $\{a_n\}$ である．

68 (1) まず，1 本の直線によって，平面は 2 つの部分に分けられるから $a_1=2$ である．

次に，どの 2 本も平行でない n 本の直線によって，平面が a_n 個の部分に分けられている状態に，$n+1$ 本目の直線を引くと，すでにある n 本の直線と n 個の交点

をもつ．したがって，新たに平面が $n+1$ 個増えるから，
$$a_{n+1}=a_n+(n+1)$$
が成り立つ．
$n≧2$ のとき
$$a_n=a_1+\sum_{k=1}^{n-1}(k+1)$$
$$=2+\frac{1}{2}(n-1)n+(n-1)$$
$$=\frac{1}{2}(n^2+n+2)$$
となる．上式に $n=1$ を代入すると，$a_1=2$ が得られるので，$n=1$ のときも成り立つ．
よって，$a_n=\dfrac{1}{2}(n^2+n+2)$（個）

(2) どの 2 本も平行でない $n-1$ 本の直線によって分けられる平面の個数は(1)より，
$$a_{n-1}=\frac{1}{2}\{(n-1)^2+(n-1)+2\}$$
$$=\frac{1}{2}(n^2-n+2)\text{（個）}$$
である．この状態に，すでに引かれた $n-1$ 本の直線のどれか 1 本と平行な直線を引くと，$n-2$ 本の直線と $n-2$ 個の交点をもつ．したがって，新たに平面が $n-1$ 個増えるから，
$$b_n=a_{n-1}+(n-1)$$
$$=\frac{1}{2}(n^2-n+2)+n-1$$
$$=\frac{1}{2}n(n+1)\text{（個）}$$

69 (1) 不等式
$$x+y≦n,\quad x≧0,\quad y≧0$$
の表す領域を D とすると，D 内に含まれ，直線 $x=k$ ($k=0$, 1, $\cdots$, n) 上の格子点（x 座標，y 座標がともに整数の点）の個数は
$$n-k+1\text{（個）}$$
であるから，求める個数は
$$\sum_{k=0}^{n}(n-k+1)$$
$$=\sum_{k=0}^{n}(n+1)-\sum_{k=0}^{n}k$$
$$=(n+1)^2-\sum_{k=1}^{n}k$$
$$=(n+1)^2-\frac{1}{2}n(n+1)$$
$$=\frac{1}{2}(n+1)(n+2)$$

(2) ある整数 k に対して，
$$z=k\quad (k=0,\ 1,\ \cdots,\ n)$$
に対して，与えられた不等式は
$$x+y≦n-k,\quad x≧0,\quad y≧0$$
となり，これらを満たす整数の組 $(x,\ y)$ の個数は，(1)の結果の n を $n-k$ におきかえた
$$\frac{1}{2}(n-k+1)(n-k+2)$$
$$=\frac{1}{2}\{k^2-(2n+3)k+(n+1)(n+2)\}$$
である．よって，求める個数は
$$\sum_{k=0}^{n}\frac{1}{2}\{k^2-(2n+3)k+(n+1)(n+2)\}$$
$$=\frac{1}{2}\sum_{k=0}^{n}k^2-\frac{1}{2}(2n+3)\sum_{k=0}^{n}k$$
$$\quad+\frac{1}{2}(n+1)^2(n+2)$$
$$=\frac{1}{2}\sum_{k=1}^{n}k^2-\frac{1}{2}(2n+3)\sum_{k=1}^{n}k$$
$$\quad+\frac{1}{2}(n+1)^2(n+2)$$
$$=\frac{1}{12}n(n+1)(2n+1)$$
$$\quad-\frac{1}{4}n(n+1)(2n+3)$$
$$\quad+\frac{1}{2}(n+1)^2(n+2)$$
$$=\frac{1}{12}(n+1)\{n(2n+1)-3n(2n+3)$$
$$\quad+6(n+1)(n+2)\}$$
$$=\frac{1}{12}(n+1)(2n^2+10n+12)$$
$$=\frac{1}{6}(n+1)(n^2+5n+6)$$
$$=\frac{1}{6}(n+1)(n+2)(n+3)$$

注 (2)は x, y, z の3変数からなる不等式をまず，z を $z=k$ と固定して，2変数 x, y の不等式とみなすところがポイントである．実は上図の四面体の周及び内部に含まれる格子点の個数を求めたことになる．

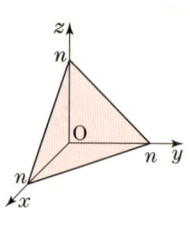

70 (1) $n! \geq 2^{n-1}$ ……(*)

(i) $n=1$ のとき，
左辺$=1!=1$，右辺$=2^0=1$
であるから(*)は成り立つ．

(ii) $n=k$（k は自然数）のとき，(*)が成り立つ，すなわち，
$$k! \geq 2^{k-1} \quad \text{①}$$
と仮定すると，①の辺々に2をかけて，$\quad 2k! \geq 2^k \quad \text{②}$

ここで，$(k+1)!$ と $2k!$ の大小関係を調べると，
$(k+1)! - 2k!$
$= (k+1)k! - 2k!$
$= (k-1)k! \geq 0 \quad (\because \ k \geq 1)$
$\therefore \quad (k+1)! \geq 2k! \quad \text{③}$
である．②，③より，
$$(k+1)! \geq 2^k$$
であるから，$n=k+1$ のときも(*)が成り立つ．

(i), (ii)より，すべての自然数 n に対して，(*)は成り立つ．■

(2) (1)より，$k! \geq 2^{k-1}$ $(k=1, 2, \cdots, n)$
が成り立つので
$$\frac{1}{k!} \leq \frac{1}{2^{k-1}} \quad \text{④}$$
である．④に $k=1, 2, \cdots, n$ を代入すると，
$$\frac{1}{1!} \leq 1$$
$$\frac{1}{2!} \leq \frac{1}{2}$$
$$\cdots\cdots\cdots$$
$$\frac{1}{n!} \leq \frac{1}{2^{n-1}}$$

となり，上式の辺々を加えると
$$\frac{1}{1!} + \frac{1}{2!} + \cdots + \frac{1}{n!}$$
$$\leq 1 + \frac{1}{2} + \cdots + \frac{1}{2^{n-1}}$$
$$= \frac{1-\left(\frac{1}{2}\right)^n}{1-\frac{1}{2}}$$
$$= 2\left(1-\frac{1}{2^n}\right) < 2$$

であるから，この式の辺々に1を加えると
$$1 + \frac{1}{1!} + \frac{1}{2!} + \cdots + \frac{1}{n!} < 3$$
が成り立つ．■

71 (1) $(3+\sqrt{5})^n = a_n + b_n\sqrt{5}$ ……①
①の n を $n+1$ におきかえると，
$a_{n+1} + b_{n+1}\sqrt{5}$
$= (3+\sqrt{5})^{n+1}$
$= (3+\sqrt{5})^n(3+\sqrt{5})$
$= (a_n + b_n\sqrt{5})(3+\sqrt{5})$
$= 3a_n + 5b_n + (a_n + 3b_n)\sqrt{5}$

ここで，a_{n+1}, b_{n+1}, $3a_n + 5b_n$, $a_n + 3b_n$ は有理数であるから，
$$\begin{cases} \boldsymbol{a_{n+1} = 3a_n + 5b_n} \\ \boldsymbol{b_{n+1} = a_n + 3b_n} \end{cases}$$

(2) $(3-\sqrt{5})^n = a_n - b_n\sqrt{5}$ ……②
①に $n=1$ を代入すると
$$3+\sqrt{5} = a_1 + b_1\sqrt{5}$$
である．a_1, b_1 は有理数より
$$a_1 = 3, \ b_1 = 1 \quad \text{③}$$

(i) $n=1$ のとき，
②の左辺$=3-\sqrt{5}$
②の右辺$=a_1 - b_1\sqrt{5}$
$\qquad = 3-\sqrt{5} \quad (\because \ \text{③より})$
よって，②は成り立つ．

(ii) $n=k$ のとき，
②が成り立つ，すなわち，
$$(3-\sqrt{5})^k = a_k - b_k\sqrt{5} \quad \text{④}$$
と仮定すると
④の両辺に $3-\sqrt{5}$ をかけると，

$$(3-\sqrt{5})^{k+1}$$
$$=(a_k-b_k\sqrt{5})(3-\sqrt{5})$$
$$=3a_k+5b_k-(a_k+3b_k)\sqrt{5}$$
$$=a_{k+1}-b_{k+1}\sqrt{5}$$
$$(\because \text{(1)の結果より})$$

となり, これは $n=k+1$ のときも ② が成り立つことを意味する.

以上(i), (ii)より, すべての自然数 n に対して, ② は成り立つ. ■

(3) ①+② より
$$2a_n=(3+\sqrt{5})^n+(3-\sqrt{5})^n$$
$$\therefore \ a_n=\frac{1}{2}\{(3+\sqrt{5})^n+(3-\sqrt{5})^n\}$$

①−② より
$$2\sqrt{5}\,b_n=(3+\sqrt{5})^n-(3-\sqrt{5})^n$$
$$\therefore \ b_n=\frac{1}{2\sqrt{5}}\{(3+\sqrt{5})^n-(3-\sqrt{5})^n\}$$

72
$$(a_1+a_2+\cdots+a_n)^2$$
$$=a_1^3+a_2^3+\cdots+a_n^3 \quad \cdots\cdots(*)$$

(1) $(*)$に $n=1$ を代入すると
$$a_1^2=a_1^3 \quad \therefore \ a_1^2(a_1-1)=0$$
$a_1>0$ より, $\boldsymbol{a_1=1}$ ……①

$(*)$に $n=2$ を代入すると
$$(a_1+a_2)^2=a_1^3+a_2^3$$
上式に①を代入すると
$$(1+a_2)^2=1+a_2^3$$
$$\therefore \ a_2^3-a_2^2-2a_2=0$$
$$\therefore \ a_2(a_2^2-a_2-2)=0$$
$$\therefore \ a_2(a_2+1)(a_2-2)=0$$
$a_2>0$ より, $\boldsymbol{a_2=2}$ ……②

$(*)$に $n=3$ を代入すると
$$(a_1+a_2+a_3)^2=a_1^3+a_2^3+a_3^3$$
上式に①, ②を代入すると
$$(1+2+a_3)^2=1^3+2^3+a_3^3$$
$$\therefore \ a_3^3-a_3^2-6a_3=0$$
$$\therefore \ a_3(a_3^2-a_3-6)=0$$
$$\therefore \ a_3(a_3+2)(a_3-3)=0$$
$a_3>0$ より, $\boldsymbol{a_3=3}$ ……③

以上①, ②, ③より, $\boldsymbol{a_n=n}$ と推定できる.

(2) $a_n=n$ ……$(**)$

(i) $n=1$ のとき

$a_1=1$ より, $(**)$は成り立つ.

(ii) $n=1, 2, \cdots, k$ のとき $(**)$が成り立つ, すなわち,
$$a_1=1, a_2=2, \cdots, a_k=k \quad \cdots\cdots④$$
と仮定すると,
$(*)$に $n=k+1$ を代入して,
$$(a_1+a_2+\cdots+a_k+a_{k+1})^2$$
$$=a_1^3+a_2^3+\cdots+a_k^3+a_{k+1}^3$$
となり, この式に④を代入すると,
$$(1+2+\cdots+k+a_{k+1})^2$$
$$=1^3+2^3+\cdots+k^3+a_{k+1}^3 \quad \cdots\cdots⑤$$
$$\therefore \ \left\{\frac{k(k+1)}{2}+a_{k+1}\right\}^2$$
$$=\left\{\frac{k(k+1)}{2}\right\}^2+a_{k+1}^3$$
$$\therefore \ a_{k+1}^3-a_{k+1}^2-k(k+1)a_{k+1}=0$$
$$\therefore \ a_{k+1}\{a_{k+1}^2-a_{k+1}-k(k+1)\}=0$$
$$\therefore \ a_{k+1}(a_{k+1}+k)\{a_{k+1}-(k+1)\}=0$$

$a_{k+1}>0$ より, $a_{k+1}=k+1$

となり, これは $n=k+1$ のときも $(*)$が成り立つことを意味する.

以上(i), (ii)より, すべての自然数 n に対して$(**)$は成り立ち, (1)の推定は正しい. ■

注 (ii)で $n=k$ のときだけ仮定したのでは, $a_k=k$ のみが成り立ち, $a_1=1$, $a_2=2, \cdots$ としてはいけない. したがって $n \leq k$ なるすべての n に対して$(**)$が成り立つ, すなわち, ④が成り立つと仮定しなければ, a_{k+1} の値を求めることができない.

そもそも(1)でa_1, a_2 の値を用いて a_3 の値が得られたように, a_1, a_2, $\cdots$, a_kの値を用いて a_{k+1} の値が得られることからも, $n \leq k$ のすべての n に対して$(**)$が成り立つと仮定しなければならないことがわかる.

第8章の章末問題

73 (1) $f'(x)=3x^2+6ax+3b$
である. $x=-1$ で極大値をとるためには,
$$f'(-1)=0 \quad \therefore\quad 3-6a+3b=0$$
$$\therefore\quad b=2a-1$$
が必要である. このとき,
$$f'(x)=3x^2+6ax+3(2a-1)$$
$$=3(x+1)(x+2a-1)$$
である.

さて, $f(x)$ が $x=-1$ で極大値をとるためには, $x=-1$ の前後で $f'(x)$ の符号が正から負へ変わることが必要十分で, その条件は
$$-2a+1>-1$$
$$\therefore\quad a<1 \quad\cdots\cdots ①$$
となることである. このとき, $x=-2a+1$ で極小値をとるので
$$p=-2a+1$$

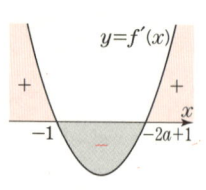

(2) $f(x)=x^3+3ax^2+3(2a-1)x+1$ である.

今, $\alpha=-1,\ \beta=-2a+1$ とおくと極大値と極小値の差は,
$$f(\alpha)-f(\beta)$$
$$=\alpha^3-\beta^3+3a(\alpha^2-\beta^2)$$
$$\quad +3(2a-1)(\alpha-\beta)$$
$$=(\alpha-\beta)(\alpha^2+\alpha\beta+\beta^2)$$
$$\quad +3a(\alpha+\beta)(\alpha-\beta)$$
$$\quad +3(2a-1)(\alpha-\beta)$$
$$=(\alpha-\beta)\{\alpha^2+\alpha\beta+\beta^2$$
$$\quad +3a(\alpha+\beta)+3(2a-1)\}$$
$$=(\alpha-\beta)\{(\alpha+\beta)^2-\alpha\beta$$
$$\quad +3a(\alpha+\beta)+6a-3\}$$
である. ここで,
$$\alpha-\beta=2(a-1),\ \alpha+\beta=-2a,$$
$$\alpha\beta=2a-1$$
であるから,
$$f(\alpha)-f(\beta)$$
$$=2(a-1)(4a^2-2a+1-6a^2+6a-3)$$
$$=2(a-1)\{-2(a-1)^2\}$$
$$=-4(a-1)^3$$
この差が $\dfrac{1}{2}$ より,
$$-4(a-1)^3=\dfrac{1}{2}$$
$$\therefore\quad (a-1)^3=-\dfrac{1}{8}=\left(-\dfrac{1}{2}\right)^3$$
$$\therefore\quad a-1=-\dfrac{1}{2} \quad\therefore\quad a=\dfrac{1}{2}$$
これは, $a<1$ を満たす.

注 積分法を学ぶと
$$f(\alpha)-f(\beta)=\Big[f(x)\Big]_\beta^\alpha$$
$$=\int_\beta^\alpha f'(x)dx$$
$$=\int_\beta^\alpha 3(x-\alpha)(x-\beta)dx$$
$$=3\left\{-\dfrac{1}{6}(\alpha-\beta)^3\right\}$$
$$=\dfrac{1}{2}(\beta-\alpha)^3$$
$$=\dfrac{1}{2}(-2a+2)^3$$
$$=-4(a-1)^3$$
と簡単に計算できる.

また, $f(x)$ を $f'(x)$ で実際に割り,
$$f(x)=\dfrac{1}{3}f'(x)(x+a)$$
$$\quad +(-2a^2+4a-2)x-2a^2+a+1$$
と表し, $f'(-1)=0,\ f'(-2a+1)=0$ であることに注意して,
$$f(-1)-f(-2a+1)$$
$$=-(-2a^2+4a-2)-2a^2+a+1$$
$$\quad -\{(-2a^2+4a-2)(-2a+1)$$
$$\quad -2a^2+a+1\}$$
$$=-(-2a^2+4a-2)(-2a+2)$$
$$=2(a-1)^2\{-2(a-1)\}$$
$$=-4(a-1)^3$$
としても少し計算が楽になる.

74 (1) $f'(x)=2x^2-2px+p$
より, $f(x)$ が極値をもつためには, $f'(x)$ の

符号変化が起こることが必要十分である.
$f'(x)=0$ の判別式を D とすると,
$$\frac{D}{4}=p^2-2p>0 \quad \therefore \quad p(p-2)>0$$
$$\therefore \quad p<0 \text{ または } 2<p$$
である.

(2) $2x^2-2px+p=0$ の 2 解が α, β ($\alpha<\beta$) より,解と係数の関係から
$$\alpha+\beta=p, \quad \alpha\beta=\frac{p}{2}$$
である.2 点 $(\alpha, f(\alpha))$, $(\beta, f(\beta))$ の中点を (X, Y) とおくと,
$$X=\frac{\alpha+\beta}{2}=\frac{p}{2} \quad \cdots\cdots ①$$
$$Y=\frac{f(\alpha)+f(\beta)}{2}$$
$$=\frac{1}{3}(\alpha^3+\beta^3)-\frac{p}{2}(\alpha^2+\beta^2)$$
$$\quad +\frac{p}{2}(\alpha+\beta)+1$$
$$=\frac{1}{3}\{(\alpha+\beta)^3-3\alpha\beta(\alpha+\beta)\}$$
$$\quad -\frac{p}{2}\{(\alpha+\beta)^2-2\alpha\beta\}$$
$$\quad +\frac{p}{2}(\alpha+\beta)+1$$
$$=\frac{1}{3}\left(p^3-\frac{3}{2}p^2\right)-\frac{p}{2}(p^2-p)+\frac{p^2}{2}+1$$
$$=-\frac{1}{6}p^3+\frac{1}{2}p^2+1 \quad \cdots\cdots ②$$

①より,$p=2X$ $\cdots\cdots ①'$
となり,これを②に代入すると
$$Y=-\frac{4}{3}X^3+2X^2+1$$
である.
一方,①' を
$$p<0 \text{ または } 2<p$$
に代入すると
$$2X<0 \text{ または } 2<2X$$
$$\therefore \quad X<0 \text{ または } 1<X$$
となる.よって,求める軌跡の方程式は
$$y=-\frac{4}{3}x^3+2x^2+1 \quad (x<0, \ 1<x)$$
である.

$y'=-4x^2+4x=-4x(x-1)$
より,y の増減は

x	$\cdots$	0	$\cdots$	1	$\cdots$
y'	$-$	0	$+$	0	$-$
y	↘	1	↗	$\frac{5}{3}$	↘

である.よって,軌跡を図示すると右図の実線部分である.

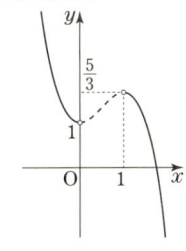

[75] 放物線 $C: y=x^2+2x+2$ 上の点 P における接線が,直線
$$l: y=x-1$$
に平行になるのは,点 P の x 座標を t とおくと $y'=2x+2$ より,
$$2t+2=1 \quad \therefore \quad t=-\frac{1}{2}$$ 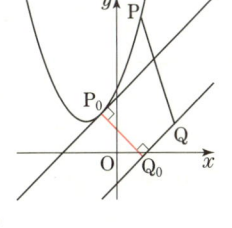
のときである.このときの P を P_0 とすると,その座標は $\left(-\frac{1}{2}, \frac{5}{4}\right)$ である.

この点 P_0 から直線 l に下ろした垂線の足を Q_0 とする.点 P_0 を通り,直線 l に垂直な直線の方程式は,
$$y-\frac{5}{4}=-\left(x+\frac{1}{2}\right)$$
$$\therefore \quad y=-x+\frac{3}{4}$$
である.
$$\begin{cases} y=-x+\frac{3}{4} \\ y=x-1 \end{cases}$$
を連立して,$x=\frac{7}{8}$, $y=-\frac{1}{8}$ より,
Q_0 の座標は $\left(\frac{7}{8}, -\frac{1}{8}\right)$ である.
$P_0Q_0 \perp l$ であるから,

$$PQ \geq P_0Q_0 = \frac{11\sqrt{2}}{8}$$

であり，等号は $P=P_0$，$Q=Q_0$ のときに限り成り立つ．よって，

$$P\left(-\frac{1}{2},\ \frac{5}{4}\right),\ Q\left(\frac{7}{8},\ -\frac{1}{8}\right)$$

のとき，線分 PQ の最小値は $\dfrac{11\sqrt{2}}{8}$ である．

注 放物線 C 上の任意の点 $P(t,\ t^2+2t+2)$ から直線 l までの距離は，

$$\frac{|-t^2-t-3|}{\sqrt{2}} = \frac{1}{\sqrt{2}}|t^2+t+3|$$
$$= \frac{1}{\sqrt{2}}\left|\left(t+\frac{1}{2}\right)^2+\frac{11}{4}\right|$$
$$= \frac{1}{\sqrt{2}}\left\{\left(t+\frac{1}{2}\right)^2+\frac{11}{4}\right\}$$

となり，$t=-\dfrac{1}{2}$ のとき，最小値

$$\frac{1}{\sqrt{2}} \cdot \frac{11}{4} = \frac{11\sqrt{2}}{8}$$

をとり，これが線分 PQ の最小値である．

76 (1) 直円錐の中心軸を含む断面で考える．

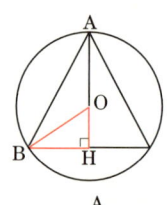

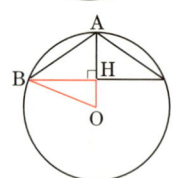

右図において，いずれの場合も $OH=|h-r|$ である．$\triangle OBH$ において，三平方の定理を用いると

$$BH^2 = OB^2 - OH^2$$
$$= r^2 - |h-r|^2$$
$$= 2rh - h^2$$

である．よって，直円錐の体積 V は

$$V = \frac{1}{3}\pi BH^2 h$$
$$= \frac{1}{3}\pi(2rh-h^2)h$$

(2) $V = \dfrac{1}{3}\pi(2rh^2-h^3)$ より

$$\frac{dV}{dh} = \frac{1}{3}\pi(4rh-3h^2)$$
$$= \frac{1}{3}\pi h(4r-3h)$$

h	0	$\cdots$	$\dfrac{4}{3}r$	$\cdots$	$2r$
$\dfrac{dV}{dh}$		$+$	0	$-$	
V		↗		↘	

$0 < h < 2r$ における V の増減は上の表のようになる．

よって $h=\dfrac{4}{3}r$ のとき V は最大値 $\dfrac{32}{81}\pi r^3$ をとる．

77 (1) $f'(x) = 3x^2 - 6kx + 3k$
$= 3(x^2-2kx+k)$

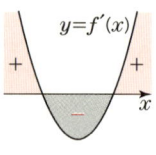

である．$f(x)$ が極大値と極小値をもつためには，$f'(x)$ の符号が正から負，負から正へと変化することが必要十分である．

$f'(x)=0$ の判別式を D とすると，

$$\frac{D}{4} = k^2 - k > 0$$

$$\therefore\ k(k-1) > 0$$

$$\therefore\ \mathbf{k<0\ \text{または}\ 1<k}$$

(2) 3次方程式 $f(x)=0$ が異なる3つの実数解をもつ条件は，3次関数 $f(x)$ が極値をもち，かつ，極大値が正，極小値が負であることである．これは極大値と極小値の積が負であることと同値であり，その条件は2次方程式

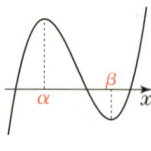

$$x^2-2kx+k=0\ \cdots\cdots ①$$

の2つの解を $\alpha,\ \beta\ (\alpha<\beta)$ とおくと，

$$f(\alpha)f(\beta) < 0\ \cdots\cdots ②$$

である．ここで，$f(x)$ を①の左辺で割ることにより，

$$f(x)$$
$$= (x^2-2kx+k)(x-k)+2k(1-k)x$$

となるから

$$f(\alpha) = 2k(1-k)\alpha$$

$$f(\beta)=2k(1-k)\beta$$
となり，②は
$$4k^2(1-k)^2\alpha\beta<0 \quad \cdots\cdots ②'$$
となる．2次方程式①の解と係数の関係より，
$$\alpha\beta=k$$
であるから，②′は
$$4k^2(1-k)^2 k<0 \quad \cdots\cdots ②''$$
一方，$k<0$ または $k>1$ より，
$$k^2>0,\ (1-k)^2>0$$
であるから，②″を解くと，
$$k<0$$
となる．

78 $f(x)=2x^3-ax^2+1$ とおくと，
$$f'(x)=6x^2-2ax=2x(3x-a)$$

(i) $\dfrac{a}{3}=0$ ∴ $a=0$ のとき

$f'(x)=6x^2$ となり，常に $f'(x)\geqq 0$ であるから，関数 $f(x)$ は単調に増加するので，方程式 $f(x)=0$ は，ただ1つの実数解をもつ．

(ii) $\dfrac{a}{3}\neq 0$ ∴ $a\neq 0$ のとき

関数 $f(x)$ は極値をもち，
$a>0$ のとき
$$\begin{cases} 極大値\ f(0)=1 \\ 極小値\ f\left(\dfrac{a}{3}\right)=-\dfrac{a^3}{27}+1 \end{cases}$$
$a<0$ のとき
$$\begin{cases} 極大値\ f\left(\dfrac{a}{3}\right)=-\dfrac{a^3}{27}+1 \\ 極小値\ f(0)=1 \end{cases}$$
である．3次方程式 $f(x)=0$ の異なる実数解の個数を
$$(極大値)\times(極小値)\ \cdots\cdots (*)$$
の符号で分類すると，

(ア) (*)が正のとき
　　1個 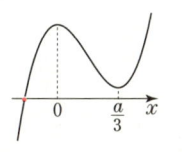
このとき
$$-\dfrac{a^3}{27}+1>0$$
∴ $a^3-27<0$
∴ $(a-3)(a^2+3a+9)<0$

常に
$$a^2+3a+9>0$$ 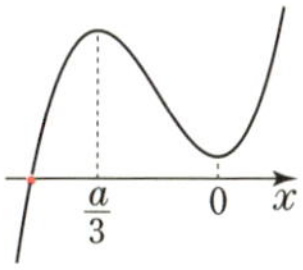
より，$a-3<0$
∴ $a<3$
ただし，$a\neq 0$

(イ) (*)が0のとき
　　2個 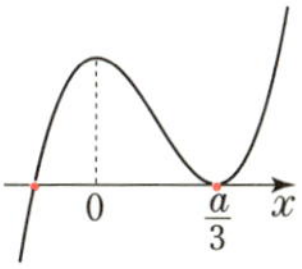
このとき
$$-\dfrac{a^3}{27}+1=0$$
∴ $a^3=27$
a は実数より，$a=3$

(ウ) (*)が負のとき
　　3個 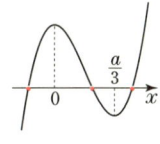
このとき
$$-\dfrac{a^3}{27}+1<0$$
∴ $(a-3)(a^2+3a+9)>0$
常に $a^2+3a+9>0$ より，
　　$a-3>0$ ∴ $a>3$

以上(i), (ii)より，求める個数は
$$\begin{cases} a<3\ のとき，\mathbf{1個} \\ a=3\ のとき，\mathbf{2個} \\ a>3\ のとき，\mathbf{3個} \end{cases}$$

（**研究**）3次方程式 $f(x)=0$ の異なる実数解の個数は

(i) $f(x)$ が極値をもたないとき
　　　1個
(ii) $f(x)$ が極値をもつとき
　　（極大値）×（極小値）>0 ならば 1個
　　（極大値）×（極小値）$=0$ ならば 2個
　　（極大値）×（極小値）<0 ならば 3個

[参考図]

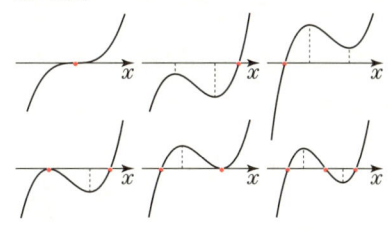

79 (1) $f'(x)=3x^2+4x-4$ より，求める接線の方程式は
$$y-(t^3+2t^2-4t)=(3t^2+4t-4)(x-t)$$
$$\therefore\ y=(3t^2+4t-4)x-2t^3-2t^2\ \cdots\text{①}$$

(2) 点 $(t,\ t^3+2t^2-4t)$ における接線①が点 $(0,\ k)$ を通るのは
$$k=-2t^3-2t^2\ \cdots\cdots\text{②}$$
が成り立つときである．

点 $(0,\ k)$ から，曲線 $y=f(x)$ にひける接線の本数は，接点の個数であり，②の異なる実数解の個数と一致する．

よって，曲線 $y=-2t^3-2t^2$ と直線 $y=k$ との異なる共有点の個数を調べればよい．

$g(t)=-2t^3-2t^2$ とおくと
$$g'(t)=-6t^2-4t=-2t(3t+2)$$
より，$g(t)$ の増減は

t	$\cdots$	$-\dfrac{2}{3}$	$\cdots$	0	$\cdots$
$g'(t)$	$-$	0	$+$	0	$-$
$g(t)$	$\searrow$	$-\dfrac{8}{27}$	$\nearrow$	0	$\searrow$

となるから，$y=g(t)$ のグラフは右のようになる．よって，求める接線の本数は
$$\begin{cases} k<-\dfrac{8}{27}\ \text{または}\\ \quad 0<k\ \text{のとき，1本}\\ k=-\dfrac{8}{27}\ \text{または}\ k=0\ \text{のとき，2本}\\ -\dfrac{8}{27}<k<0\ \text{のとき，3本}\end{cases}$$
である．

80 (1) $f'(x)=3x^2-3ab$
$$=3(x+\sqrt{ab})(x-\sqrt{ab})$$
より，$x>0$ における $f(x)$ の増減は

x	0	$\cdots$	$\sqrt{ab}$	$\cdots$
$f'(x)$		$-$	0	$+$
$f(x)$		$\searrow$		$\nearrow$

であり，$x=\sqrt{ab}$ のとき

極小値 $f(\sqrt{ab})=a^3+b^3-2ab\sqrt{ab}$
$$=(a\sqrt{a}-b\sqrt{b})^2$$
をとる．

(2) $a^3+b^3+c^3\geqq 3abc$
$\Longleftrightarrow a^3+b^3+c^3-3abc\geqq 0\ \cdots\cdots(*)$
であるから，$(*)$ が成り立つことを示せばよい．

$a,\ b$ を固定して，c を動かすと，$(*)$ の左辺は $f(c)$ であるから(1)より，$c=\sqrt{ab}$ のとき，$f(c)$ は
$$\text{最小値}(a\sqrt{a}-b\sqrt{b})^2$$
をとる．よって，
$$f(c)\geqq(a\sqrt{a}-b\sqrt{b})^2\geqq 0$$
となり，$(*)$は成り立つ．等号は
$$c=\sqrt{ab}\quad\text{かつ}\quad a\sqrt{a}=b\sqrt{b}$$
すなわち，
$$a=b=c$$
のとき成り立つ．■

注 (2)の不等式の辺々を3で割った
$$\dfrac{a^3+b^3+c^3}{3}\geqq abc$$
において，$a,\ b,\ c$ をそれぞれ $\sqrt[3]{a}$, $\sqrt[3]{b}$, $\sqrt[3]{c}$ におきかえると，3変数の相加平均と相乗平均の不等式
$$\dfrac{a+b+c}{3}\geqq\sqrt[3]{abc}$$
が得られる．

81 $xf''(x)+(1-x)f'(x)+3f(x)=0$
$\cdots\cdots(*)$

(1) $f(x)$ を最高次の係数が $a(\neq 0)$ の n 次式とすると
$$f(x)=ax^n+\cdots$$
と表せる．
$$f'(x)=anx^{n-1}+\cdots$$
$$f''(x)=an(n-1)x^{n-2}+\cdots$$
であるから，$(*)$ の左辺の最高次の項は
$(-an+3a)x^n$ であるので，
$$-an+3a=0\quad\therefore\ (3-n)a=0$$
である．
$a\neq 0$ より，$n=3$
よって，$f(x)$ は**3次式**である．

(2) $f(x)$ は3次式で，$f(0)=1$ より
$$f(x)=ax^3+bx^2+cx+1$$

とおける．
$$f'(x)=3ax^2+2bx+c$$
$$f''(x)=6ax+2b$$
より，(*)は
$x(6ax+2b)$
$+(1-x)(3ax^2+2bx+c)$
$+3(ax^3+bx^2+cx+1)=0$
∴ $(9a+b)x^2+(4b+2c)x+c+3=0$
となり，x の恒等式であるから，
$$\begin{cases} 9a+b=0 \\ 4b+2c=0 \\ c+3=0 \end{cases}$$
である．これらを連立して，
$$a=-\frac{1}{6},\ b=\frac{3}{2},\ c=-3$$
よって，
$$f(x)=-\frac{1}{6}x^3+\frac{3}{2}x^2-3x+1$$

82 $f'(x)=3x^2+2ax+2b$
である．関数 $f(x)$ が，$0<x<2$ の範囲で極大値と極小値をもつためには，方程式
$$3x^2+2ax+2b=0\quad\cdots\cdots①$$
が，$0<x<2$ の範囲に異なる2つの実数解をもつことが必要十分である．
①の左辺を $g(x)$ とおくと，
$$g(x)=3\left(x+\frac{a}{3}\right)^2-\frac{a^2}{3}+2b$$
である．①の判別式を D とすると，
$$\begin{cases} \dfrac{D}{4}=a^2-6b>0 \\ 0<-\dfrac{a}{3}<2 \\ g(0)=2b>0 \\ g(2)=4a+2b+12>0 \end{cases}$$
∴ $\begin{cases} b<\dfrac{a^2}{6} \\ -6<a<0 \\ b>0 \\ b>-2a-6 \end{cases}$

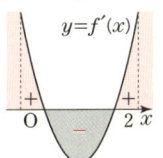

がともに成立することが (a, b) の満たすべき条件である．よって，求める点 (a, b) の存在範囲は右図の斜線部（境界は除く）である．

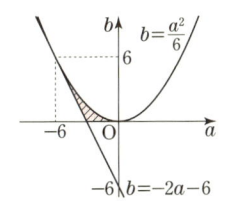

83 $f(x)=\dfrac{1}{3}x^3$ とおくと，$f'(x)=x^2$
より，曲線 C 上の点 $\left(t,\ \dfrac{1}{3}t^3\right)$ における接線の方程式は
$$y-\frac{1}{3}t^3=t^2(x-t)$$
∴ $y=t^2x-\dfrac{2}{3}t^3$
これが点 $A\left(a,\ \dfrac{1}{3}a^3\right)$ を通るとき，
$$\frac{1}{3}a^3=t^2a-\frac{2}{3}t^3$$
∴ $2t^3-3at^2+a^3=0$
∴ $(t-a)^2(2t+a)=0$
∴ $t=a,\ -\dfrac{a}{2}$
である．

(1) $l_1,\ l_2$ の接点の x 座標はそれぞれ a，$-\dfrac{a}{2}$ であるから，$l_1,\ l_2$ が x 軸の正の向きとのなす角をそれぞれ $\alpha,\ \beta$ とすると 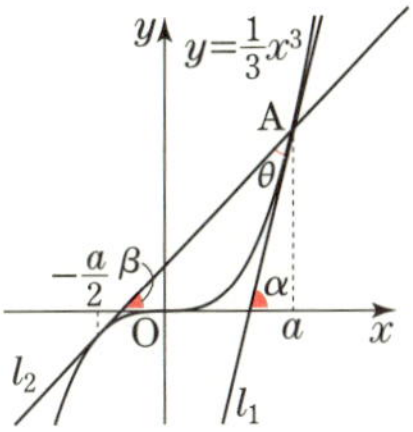
$$\tan\alpha=f'(a)=a^2$$
$$\tan\beta=f'\left(-\frac{a}{2}\right)=\frac{a^2}{4}$$
である．よって，
$$\tan\theta=\tan(\alpha-\beta)$$
$$=\frac{\tan\alpha-\tan\beta}{1+\tan\alpha\tan\beta}$$
$$=\frac{a^2-\dfrac{a^2}{4}}{1+a^2\cdot\dfrac{a^2}{4}}=\frac{3a^2}{a^4+4}$$

(2) $\tan\theta = \dfrac{3}{a^2 + \dfrac{4}{a^2}}$ ……(*)

と変形すると，$a^2 > 0$ より，相加平均と相乗平均に関する不等式から

$$a^2 + \dfrac{4}{a^2} \geq 2\sqrt{a^2 \cdot \dfrac{4}{a^2}} = 4$$

となり，等号は，

$$a^2 = \dfrac{4}{a^2} \quad \therefore \quad a^4 = 4$$

$$\therefore \quad a^2 = 2$$

$a > 0$ より，$a = \sqrt{2}$ のとき成り立つ．
よって，$\boldsymbol{a = \sqrt{2}}$ のとき，(*)の分母は最小となり，このとき，$\tan\theta$ は**最大値 $\dfrac{3}{4}$** をとる．

84 (1) $g(x) = x^3 - 3a^2 x$ とおくと，
$$g'(x) = 3x^2 - 3a^2 = 3(x+a)(x-a)$$
であるから，$g(x)$ の増減は

x	$\cdots$	$-a$	$\cdots$	a	$\cdots$
$g'(x)$	$+$	0	$-$	0	$+$
$g(x)$	↗	$2a^3$	↘	$-2a^3$	↗

となる．
$g(x) = 2a^3$ を満たす x は，
$$x^3 - 3a^2 x - 2a^3 = 0$$
$$\therefore \quad (x+a)^2(x-2a) = 0$$
$$\therefore \quad x = -a,\ 2a$$
である．一方，
$$g(-x) = -g(x)$$
が成り立ち，
$$f(x) = |g(x)|$$
であるから，
$$f(-x) = |g(-x)| = |-g(x)| = |g(x)| = f(x)$$
より，$f(x)$ は偶関数である．よって $y = f(x)$ のグラフは y 軸対称となり，次の図のようになる．

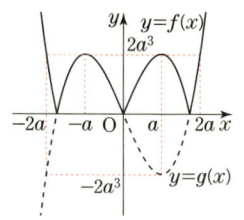

(i) $2a \leq 1$ すなわち，
$0 < a \leq \dfrac{1}{2}$ のとき，
$$M(a) = f(1) = f(-1) = 1 - 3a^2$$

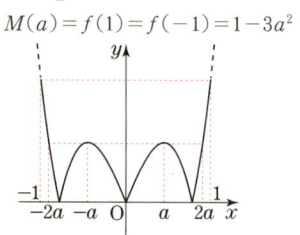

(ii) $a \leq 1 < 2a$ すなわち，
$\dfrac{1}{2} < a \leq 1$ のとき，
$$M(a) = f(a) = f(-a) = 2a^3$$

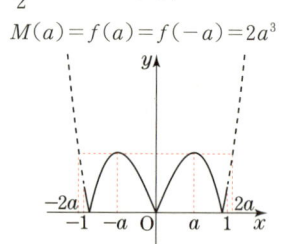

(iii) $a > 1$ のとき，
$$M(a) = f(1) = f(-1) = 3a^2 - 1$$

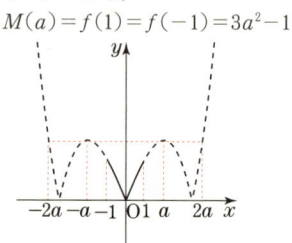

以上，(i)，(ii)，(iii)より，

$$M(a) = \begin{cases} 1 - 3a^2 & \left(0 < a \leq \dfrac{1}{2}\ \text{のとき}\right) \\ 2a^3 & \left(\dfrac{1}{2} < a \leq 1\ \text{のとき}\right) \\ 3a^2 - 1 & (a > 1\ \text{のとき}) \end{cases}$$

(2) $b=M(a)$ のグラフは右図のようになる．よって，$M(a)$ は，$a=\dfrac{1}{2}$ のとき最小となる．

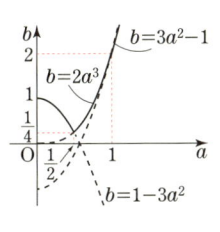

85 $x+y+z=2$ ……①
$xy+yz+zx=1$ ……②

(1) ①より，$x+y=2-z$ ……①′
②より，$xy+(x+y)z=1$ ……②′
となり，①′を②に代入すると
$xy+(2-z)z=1$
∴ $xy=z^2-2z+1$
$=(z-1)^2$ ……②″
①′，②″から，x，y は 2 次方程式
$t^2-(2-z)t+(z-1)^2=0$ ……③
の実数解であるから，③の判別式を D とすると，
$D=(2-z)^2-4(z-1)^2 \geqq 0$
∴ $z(-3z+4) \geqq 0$
∴ $0 \leqq z \leqq \dfrac{4}{3}$

である．

(2) ②″より，
$xyz=(z-1)^2 z$

(3) $f(z)=(z-1)^2 z$ とおくと，
$f(z)=z^3-2z^2+z$ より
$f'(z)=3z^2-4z+1=(3z-1)(z-1)$
である．$f(z)$ の増減は

z	0	$\cdots$	$\dfrac{1}{3}$	$\cdots$	1	$\cdots$	$\dfrac{4}{3}$
$f'(z)$		$+$	0	$-$	0	$+$	
$f(z)$	0	↗	$\dfrac{4}{27}$	↘	0	↗	$\dfrac{4}{27}$

となるので，$z=0$ または $z=1$ のとき xyz の最小値は **0** となる．
$z=0$ のとき，③は
$t^2-2t+1=0$
∴ $(t-1)^2=0$ ∴ $t=1$（重解）
となり，$x=y=1$ である．
また，$z=1$ のとき，③は
$t^2-t=0$ ∴ $t=0, 1$

となり，$\begin{cases} x=0 \\ y=1 \end{cases}$ または $\begin{cases} x=1 \\ y=0 \end{cases}$

である．よって，xyz が最小となる x，y，z の値は，
$(x, y, z)=(1, 1, 0), (0, 1, 1)$
$(1, 0, 1)$
である．

86 $2x^3-3x^2-12x+p=0$ ……①
∴ $-2x^3+3x^2+12x=p$
より，方程式①の実数解は，
曲線 $y=-2x^3+3x^2+12x$ ……②
と直線 $y=p$ ……③
の共有点の x 座標である．
②より，$y'=-6x^2+6x+12$
$=-6(x+1)(x-2)$
となるので増減表から②のグラフが描ける．

よって，①が異なる 3 つの実数解をもつ条件は，曲線②が直線③と異なる 3 つの共有点をもつことである．

x	$\cdots$	-1	$\cdots$	2	$\cdots$
y'	$-$	0	$+$	0	$-$
y	↘	-7	↗	20	↘

よって，
$-7<p<20$
である．このとき，曲線②と直線③の共有点の x 座標は，小さい方から順に α，β，γ である．
p の値が変化すると直線③は上下に動き，これに伴って，α，β，γ の値が，それぞれ変化する． 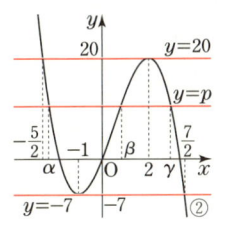
まず，グラフより
$-1<\beta<2$

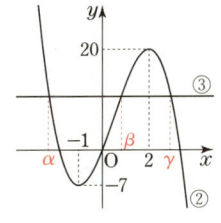

(i) 直線③が曲線②の極大点を通るとき，

$$-2x^3+3x^2+12x=20$$
∴ $2x^3-3x^2-12x+20=0$
∴ $(x-2)^2(2x+5)=0$
∴ $x=2, \ -\dfrac{5}{2}$

よって, $-\dfrac{5}{2}<\alpha<-1$ である.

(ⅱ) 直線③が曲線②の極小点を通るとき,
$$-2x^3+3x^2+12x=-7$$
∴ $2x^3-3x^2-12x-7=0$
∴ $(x+1)^2(2x-7)=0$
∴ $x=-1, \ \dfrac{7}{2}$

よって, $2<\gamma<\dfrac{7}{2}$ である.

第9章の章末問題

87 $f(x)$
$= 1 + 2x\int_0^1 tf(t)dt + 2\int_0^1 f(t)dt$

と変形すると，$\int_0^1 tf(t)dt$，$\int_0^1 f(t)dt$ は定数であるから，

$$a = \int_0^1 tf(t)dt \quad \cdots\cdots ①$$
$$b = \int_0^1 f(t)dt \quad \cdots\cdots ②$$

とおくと，
$$f(x) = 1 + 2ax + 2b$$
と表せる．

①より，$a = \int_0^1 t(1+2at+2b)dt$
$= \int_0^1 \{2at^2 + (2b+1)t\}dt$
$= \left[\frac{2}{3}at^3 + \frac{1}{2}(2b+1)t^2\right]_0^1$
$= \frac{2}{3}a + b + \frac{1}{2}$

∴ $2a - 6b = 3 \quad \cdots\cdots ③$

②より，$b = \int_0^1 (1+2at+2b)dt$
$= \left[at^2 + (2b+1)t\right]_0^1$
$= a + 2b + 1$

∴ $a + b = -1 \quad \cdots\cdots ④$

③，④を連立すると，
$$a = -\frac{3}{8}, \quad b = -\frac{5}{8}$$

よって，$\boldsymbol{f(x) = -\dfrac{3}{4}x - \dfrac{1}{4}}$

88 $f_n(x) = x^2 + \int_0^1 f_{n-1}(t)dt \quad \cdots\cdots (*)$

(1) (*)に $n=2$ を代入すると，
$f_2(x) = x^2 + \int_0^1 f_1(t)dt$
$= x^2 + \int_0^1 (t^2 - 2)dt$
$= x^2 + \left[\frac{t^3}{3} - 2t\right]_0^1$
$= \boldsymbol{x^2 - \dfrac{5}{3}}$

(2) $\int_0^1 f_{n-1}(t)dt$ は n の値によって定まる定数より，$n \geq 2$ において，

$$a_n = \int_0^1 f_{n-1}(t)dt \quad \cdots\cdots ①$$

とおくと，
$$f_n(x) = x^2 + a_n \quad (n \geq 2) \quad \cdots\cdots (**)$$
と表される．よって，$n \geq 2$ において，

$a_{n+1} = \int_0^1 f_n(t)dt$
$= \int_0^1 (t^2 + a_n)dt$
$= \left[\frac{t^3}{3} + a_n t\right]_0^1$
$= \frac{1}{3} + a_n$

が成り立つ．よって，数列 $\{a_n\}$ は，
$a_2 = \int_0^1 f_1(t)dt = -\dfrac{5}{3}$，公差 $\dfrac{1}{3}$ の等差数列より，
$$a_n = -\frac{5}{3} + \frac{1}{3}(n-2) = \frac{1}{3}n - \frac{7}{3}$$

となる．これを(**)に代入すると，
$$\boldsymbol{f_n(x) = x^2 + \dfrac{1}{3}(n-7)} \quad (n \geq 2)$$

となる．$f_1(x) = x^2 - 2$ より上式は $n=1$ のときも成り立つ．

89 (1) (i) $0 \leq a < 1$ のとき，
$f(a) = 2\int_0^1 |x^2 - a^2|dx$
$= 2\int_0^a (-x^2 + a^2)dx + 2\int_a^1 (x^2 - a^2)dx$
$= 2\left[-\frac{x^3}{3} + a^2 x\right]_0^a + 2\left[\frac{x^3}{3} - a^2 x\right]_a^1$
$= \dfrac{8}{3}a^3 - 2a^2 + \dfrac{2}{3}$

(ii) $a \geq 1$ のとき，
$f(a) = 2\int_0^1 |x^2 - a^2|dx$
$= 2\int_0^1 (-x^2 + a^2)dx$
$= 2\left[-\frac{x^3}{3} + a^2 x\right]_0^1$
$= 2a^2 - \dfrac{2}{3}$

以上(i), (ii)より
$$f(a) = \begin{cases} \dfrac{8}{3}a^3 - 2a^2 + \dfrac{2}{3} & (0 \leq a < 1) \\ 2a^2 - \dfrac{2}{3} & (a \geq 1) \end{cases}$$

[参考図]

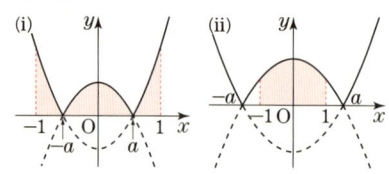

(i), (ii) のグラフ

(2) $f'(a)$
$= \begin{cases} 8a^2 - 4a = 4a(2a-1) & (0 < a < 1) \\ 4a & (a > 1) \end{cases}$

であるから，$a \geq 0$ における $f(a)$ の増減は

a	0	$\cdots$	$\dfrac{1}{2}$	$\cdots$	1	$\cdots$
$f'(a)$		$-$	0	$+$		$+$
$f(a)$		↘		↗		↗

である．よって，$a = \dfrac{1}{2}$ のとき，

$f(a)$ は最小値 $f\left(\dfrac{1}{2}\right) = \dfrac{1}{3}$ をとる．

90 (1) ①より，$y' = 2x$
である．曲線①上の点 (a, a^2) における接線の方程式は，
$$y - a^2 = 2a(x - a)$$
$$\therefore \quad y = 2ax - a^2 \quad \cdots\cdots ③$$
である．一方，
②より，$y' = 2x - 4$
である．曲線②上の点 $(b, b^2 - 4b)$ における接線の方程式は，
$$y - (b^2 - 4b) = (2b - 4)(x - b)$$
$$\therefore \quad y = (2b - 4)x - b^2 \quad \cdots\cdots ④$$
である．③と④が一致するときの接線が，①，②の共通接線であるから，
$$\begin{cases} 2a = 2b - 4 \\ -a^2 = -b^2 \end{cases}$$
$$\therefore \quad \begin{cases} b = a + 2 & \cdots\cdots ⑤ \\ b^2 = a^2 & \cdots\cdots ⑥ \end{cases}$$
である．⑤を⑥に代入すると，

$(a+2)^2 = a^2 \quad \therefore \quad a = -1$
である．これを⑤に代入すると，
$$b = 1$$
である．よって，共通接線 l の方程式は
$$y = -2x - 1$$

(2) (1)より，
曲線①と l の接点の x 座標は，-1
曲線②と l の接点の x 座標は，1
である．

(3) 曲線①，②の交点の x 座標を求めると
$x^2 = x^2 - 4x$
$\therefore \quad x = 0$
である．
よって， 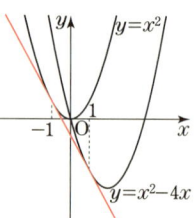
$S = \displaystyle\int_{-1}^{0} \{x^2 - (-2x - 1)\} dx$
$\qquad + \displaystyle\int_{0}^{1} \{x^2 - 4x - (-2x - 1)\} dx$
$= \displaystyle\int_{-1}^{0} (x + 1)^2 dx + \int_{0}^{1} (x - 1)^2 dx$
$= \left[\dfrac{(x+1)^3}{3}\right]_{-1}^{0} + \left[\dfrac{(x-1)^3}{3}\right]_{0}^{1}$
$= \dfrac{1}{3} + \dfrac{1}{3} = \dfrac{2}{3}$

注 (1)の共通接線 l を次のように求めてもよい．
③が②に接するとき，③は共通接線になるから，
$$2ax - a^2 = x^2 - 4x$$
$$\therefore \quad x^2 - 2(a+2)x + a^2 = 0$$
の判別式を D とすると，
$$\dfrac{D}{4} = (a+2)^2 - a^2 = 0$$
$$\therefore \quad a = -1$$
である．よって，共通接線 l の方程式は
$$y = -2x - 1$$
である．

91 (1) 曲線 C と直線 l の共有点の x 座標は
$$x^2 - 2x + 1 = x + k$$

$\therefore \quad x^2-3x+1-k=0 \quad \cdots\cdots ①$

①の解である．曲線 C と直線 l が異なる 2 点で交わっているので，①の判別式を D とすると，
$$D=9-4(1-k)>0$$
$$\therefore \quad k>-\frac{5}{4} \quad \cdots\cdots ②$$
でなければならない．

①の 2 解を α, β $(\alpha<\beta)$ とすると，解と係数の関係より
$$\alpha+\beta=3, \quad \alpha\beta=1-k \quad \cdots\cdots ③$$
となる．

また，$f(x)=x^2-2x+1$ とおくと，
$$f'(x)=2x-2=2(x-1)$$
より，曲線 C 上の点 P, Q における接線の傾きは，それぞれ
$$f'(\alpha)=2(\alpha-1), \quad f'(\beta)=2(\beta-1)$$
であり，この 2 本の接線が直交するから，
$$2(\alpha-1)\cdot 2(\beta-1)=-1$$
$$\therefore \quad 4\{\alpha\beta-(\alpha+\beta)+1\}=-1 \quad \cdots\cdots ④$$
となる．③を④に代入すると，
$$4(1-k-3+1)=-1$$
$$\therefore \quad \boldsymbol{k=-\frac{3}{4}}$$
となり，②を満たす．

(2) このとき，①は
$$x^2-3x+\frac{7}{4}=0 \quad \therefore \quad x=\frac{3\pm\sqrt{2}}{2}$$
となる．これらを，$y=x-\frac{3}{4}$ に代入して，
$$y=\frac{3\pm 2\sqrt{2}}{4} \quad (\text{複号同順})$$
である．よって，P, Q の座標は
$$\left(\frac{3-\sqrt{2}}{2}, \frac{3-2\sqrt{2}}{4}\right),$$
$$\left(\frac{3+\sqrt{2}}{2}, \frac{3+2\sqrt{2}}{4}\right)$$

(3) $S=\int_\alpha^\beta \left\{x-\frac{3}{4}-(x^2-2x+1)\right\}dx$
$\quad = \int_\alpha^\beta -\left(x^2-3x+\frac{7}{4}\right)dx$

$\quad = -\int_\alpha^\beta (x-\alpha)(x-\beta)dx$
$\quad = \frac{1}{6}(\beta-\alpha)^3$
$\quad = \frac{1}{6}\left(\frac{3+\sqrt{2}}{2}-\frac{3-\sqrt{2}}{2}\right)^3$
$\quad = \frac{1}{6}(\sqrt{2})^3 = \boldsymbol{\frac{\sqrt{2}}{3}}$

92 (1) $y=x^2$ より，$y'=2x$ であるから点 P における接線の傾きは，$2t$ である．

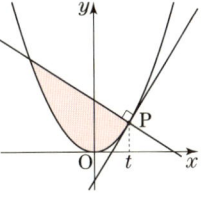

よって，l の傾きは，直交条件より $-\frac{1}{2t}$ となる．したがって，l の方程式は，
$$y-t^2=-\frac{1}{2t}(x-t)$$
$$\therefore \quad \boldsymbol{y=-\frac{1}{2t}x+t^2+\frac{1}{2}}$$

(2) 放物線 C と l との交点の x 座標は，
$$x^2=-\frac{1}{2t}x+t^2+\frac{1}{2}$$
$$\therefore \quad x^2+\frac{1}{2t}x-t^2-\frac{1}{2}=0$$
$$\therefore \quad (x-t)\left(x+t+\frac{1}{2t}\right)=0$$
$$\therefore \quad x=t, \quad -t-\frac{1}{2t}$$
である．よって，
$$S=\int_{-t-\frac{1}{2t}}^{t}\left(-\frac{1}{2t}x+t^2+\frac{1}{2}-x^2\right)dx$$
$$=-\int_{-t-\frac{1}{2t}}^{t}(x-t)\left(x+t+\frac{1}{2t}\right)dx$$
$$=\frac{1}{6}\left\{t-\left(-t-\frac{1}{2t}\right)\right\}^3$$

$$= \frac{1}{6}\left(2t + \frac{1}{2t}\right)^3$$

(3) $t > 0$ より，相加平均と相乗平均に関する不等式から

$$2t + \frac{1}{2t} \geqq 2\sqrt{2t \cdot \frac{1}{2t}} = 2$$

となり，等号は，

$$2t = \frac{1}{2t} \quad \therefore \quad (2t)^2 = 1$$

$t > 0$ より，$t = \dfrac{1}{2}$

のとき成り立つ．

よって，$t = \dfrac{1}{2}$ のとき，S は最小値

$\dfrac{1}{6} \cdot 2^3 = \dfrac{4}{3}$ をとる．

93 (1) $y = |x(x-1)|$

$$= \begin{cases} x(x-1) = f(x) \\ \quad (x \leqq 0, \ 1 \leqq x \ \text{のとき}) \\ -x(x-1) = g(x) \\ \quad (0 < x < 1 \ \text{のとき}) \end{cases}$$

において，$g'(x) = -2x + 1$ である．
$y = g(x)$ の点 $(1, 0)$ における接線の傾きは，$g'(1) = -1$ であるから，求める m の値の範囲は，図より

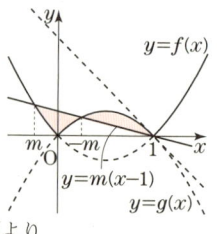

$$-1 < m < 0$$

である．

(2) 曲線 $y = g(x)$ と直線 $y = m(x-1)$ との交点の x 座標は，

$$-x(x-1) = m(x-1)$$
$$\therefore \quad (x-1)(x+m) = 0$$
$$\therefore \quad x = -m, \ 1$$

である．また，曲線 $y = f(x)$ と直線 $y = m(x-1)$ との交点の x 座標は，

$$x(x-1) = m(x-1)$$
$$\therefore \quad (x-1)(x-m) = 0$$
$$\therefore \quad x = 1, \ m$$

である．よって，

$$S = \int_m^1 \{m(x-1) - f(x)\} dx$$
$$\quad - \int_0^1 f(x) dx - \int_0^1 g(x) dx$$
$$\quad + 2\int_{-m}^1 \{g(x) - m(x-1)\} dx$$
$$= \int_m^1 -(x-1)(x-m) dx$$
$$\quad + 2\int_0^1 x(x-1) dx$$
$$\quad + 2\int_{-m}^1 -(x-1)(x+m) dx$$
$$= \frac{1}{6}(1-m)^3 - 2 \cdot \frac{1}{6} \cdot 1^3$$
$$\quad + 2 \cdot \frac{1}{6}(1+m)^3$$
$$= \frac{1}{6}(m^3 + 9m^2 + 3m + 1)$$

(3) $S' = \dfrac{1}{6}(3m^2 + 18m + 3)$

$\quad = \dfrac{1}{2}(m^2 + 6m + 1)$

$S' = 0$ を解くと，$-1 < m < 0$ の範囲において

$$m = -3 + 2\sqrt{2}$$

であり，S の増減は

m	-1	$\cdots$	$-3+2\sqrt{2}$	$\cdots$	0
S'		$-$	0	$+$	
S		$\searrow$		$\nearrow$	

であるので，$m = -3 + 2\sqrt{2}$ のとき，S は最小となり，

$$S = \frac{1}{6}\{(m^2 + 6m + 1)(m+3)$$
$$\quad - 16m - 2\}$$

と表せるから，最小値は

$$\frac{1}{6}\{-16(-3 + 2\sqrt{2}) - 2\} = \frac{23 - 16\sqrt{2}}{3}$$

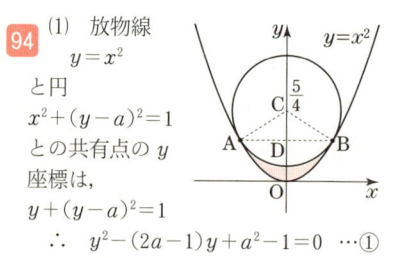

94 (1) 放物線 $y = x^2$ と円 $x^2 + (y-a)^2 = 1$ との共有点の y 座標は，

$$y + (y-a)^2 = 1$$
$$\therefore \quad y^2 - (2a-1)y + a^2 - 1 = 0 \quad \cdots \text{①}$$

の解である．放物線と円が接する条件は，①が正の重解をもつことである．①の判別式を D とすると，求める条件は

$$\begin{cases} D=(2a-1)^2-4(a^2-1)=0 & \cdots\cdots ② \\ 軸：\dfrac{2a-1}{2}>0 & \cdots\cdots ③ \end{cases}$$

である．

②を解くと，$a=\dfrac{5}{4}$

これは，③を満たす．

(2) $a=\dfrac{5}{4}$ のとき，①を解くと，

$$y^2-\dfrac{3}{2}y+\dfrac{9}{16}=0$$

$$\therefore \ \left(y-\dfrac{3}{4}\right)^2=0$$

$$\therefore \ y=\dfrac{3}{4}$$

図のように，円と放物線の接点を $A\left(-\dfrac{\sqrt{3}}{2},\ \dfrac{3}{4}\right)$, $B\left(\dfrac{\sqrt{3}}{2},\ \dfrac{3}{4}\right)$，円の中心を $C\left(0,\ \dfrac{5}{4}\right)$，直線 AB と y 軸との交点を $D\left(0,\ \dfrac{3}{4}\right)$ とする．

$\triangle$CAD は，$CA=1$, $CD=\dfrac{1}{2}$ なる直角三角形より，$\angle ACD=60°$ であるから，$\angle ACB=120°$ である．よって，扇形 CAB の面積を S_1 とすると，

$$S_1=\dfrac{1}{3}\cdot\pi\cdot 1^2=\dfrac{\pi}{3}$$

また，$\triangle$CAB の面積を S_2 とすると，

$$S_2=\dfrac{1}{2}\cdot\sqrt{3}\cdot\dfrac{1}{2}=\dfrac{\sqrt{3}}{4}$$

一方，放物線と直線 AB で囲まれる部分の面積を S_3 とすると，

$$S_3=\int_{-\frac{\sqrt{3}}{2}}^{\frac{\sqrt{3}}{2}}\left(\dfrac{3}{4}-x^2\right)dx$$

$$=\int_{-\frac{\sqrt{3}}{2}}^{\frac{\sqrt{3}}{2}}-\left(x+\dfrac{\sqrt{3}}{2}\right)\left(x-\dfrac{\sqrt{3}}{2}\right)dx$$

$$=\dfrac{1}{6}\left(\dfrac{\sqrt{3}}{2}+\dfrac{\sqrt{3}}{2}\right)^3$$

$$=\dfrac{\sqrt{3}}{2}$$

したがって，求める面積 S は

$$S=S_3-(S_1-S_2)$$
$$=\dfrac{3\sqrt{3}}{4}-\dfrac{\pi}{3}$$

(研究) 放物線と円が接する条件を次のように考えてもよい．

(その1) 円の中心 $C(0,\ a)$ と放物線上の点 $P(t,\ t^2)$ との距離が最短になるとき，点 P で円と放物線は接する．

$$CP^2=t^2+(t^2-a)^2$$
$$=t^4-(2a-1)t^2+a^2$$
$$=\left(t^2-\dfrac{2a-1}{2}\right)^2+a-\dfrac{1}{4}$$

$a>1$ より $t^2=\dfrac{2a-1}{2}$ のとき，CP^2 の最小値は $a-\dfrac{1}{4}$ となり，CP の最小値は円の半径 1 であるから，

$$a-\dfrac{1}{4}=1$$

$$\therefore \ a=\dfrac{5}{4} \ (a>1 \text{ に適する})$$

このとき，$t^2=\dfrac{3}{4}$ $\therefore \ t=\pm\dfrac{\sqrt{3}}{2}$

(その2) 放物線上の点 $P(t,\ t^2)$ を通り，この点における接線に垂直な直線の方程式は，

$$y=-\dfrac{1}{2t}(x-t)+t^2$$

$$\therefore \ y=-\dfrac{1}{2t}x+t^2+\dfrac{1}{2}$$

が，円の中心 $(0,\ a)$ を通るとき，円と放物線は接する．よって，

$$a=t^2+\dfrac{1}{2}$$

$$\therefore \ t^2=a-\dfrac{1}{2} \quad \cdots\cdots ①$$

一方，円の半径が 1 より

$$CP^2=t^2+(t^2-a)^2=1 \quad \cdots\cdots ②$$

①を②に代入して，

$$a-\dfrac{1}{2}+\left(a-\dfrac{1}{2}-a\right)^2=1$$

$$\therefore \ a=\dfrac{5}{4} \ (a>1 \text{ に適する})$$

これを①に代入すると，$t = \pm\dfrac{\sqrt{3}}{2}$

95 (1) $y = x(x-1)^2$ ……①
 $y = kx^2 \ (k > 0)$ ……②

①，②の共有点の x 座標は，
$$x(x-1)^2 = kx^2$$
$$\therefore \ x\{x^2 - (k+2)x + 1\} = 0$$
$$\therefore \ x = 0 \ \text{または，}$$
$$x^2 - (k+2)x + 1 = 0 \ \text{……③}$$

の解である．③の判別式を D，2解を α, β とすると，$k > 0$ より
$$\begin{cases} D = (k+2)^2 - 4 = k(k+4) > 0 \\ \alpha + \beta = k+2 > 0 \\ \alpha\beta = 1 > 0 \end{cases}$$

が成り立つから，③は異なる2つの正の解をもつ．よって，2曲線①，②は相異なる3点で交わる．■

(2) $\alpha < \beta$ とする．2つの曲線で囲まれる2つの面積が等しくなるのは，

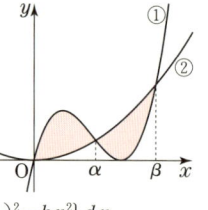

$$\int_0^\alpha \{x(x-1)^2 - kx^2\}\,dx$$
$$= \int_\alpha^\beta \{kx^2 - x(x-1)^2\}\,dx$$
$$\iff \int_0^\alpha \{x(x-1)^2 - kx^2\}\,dx$$
$$ + \int_\alpha^\beta \{x(x-1)^2 - kx^2\}\,dx = 0$$
$$\iff \int_0^\beta \{x(x-1)^2 - kx^2\}\,dx = 0$$

が成り立つときである．

$$\therefore \ \int_0^\beta \{x^3 - (k+2)x^2 + x\}\,dx = 0$$
$$\therefore \ \left[\dfrac{x^4}{4} - \dfrac{k+2}{3}x^3 + \dfrac{x^2}{2}\right]_0^\beta = 0$$
$$\therefore \ \dfrac{\beta^4}{4} - \dfrac{(k+2)\beta^3}{3} + \dfrac{\beta^2}{2} = 0$$

$\beta > 0$ より，上式の両辺を β^2 で割って整理すると，
$$3\beta^2 - 4(k+2)\beta + 6 = 0 \ \text{……④}$$
となる．一方，β は③の解であるから，

$$\beta^2 - (k+2)\beta + 1 = 0 \ \text{……⑤}$$

である．
④ $- 3 \times$ ⑤ より，β^2 の項を消去すると，
$$-(k+2)\beta + 3 = 0 \ \text{……⑥}$$
$$\therefore \ (k+2)\beta = 3 \ \text{……⑥′}$$

が得られ，逆に，$3 \times$ ⑤ $+$ ⑥ より，④が得られるから，④かつ⑤と，⑤かつ⑥は同値である．⑥′を⑤に代入すると
$$\beta^2 = 2$$
となり，$\beta > 0$ より，$\beta = \sqrt{2}$ である．これを⑥′に代入すると
$$k = \dfrac{3\sqrt{2} - 4}{2}$$
である．

96 (1) 放物線 $y = x^2$ 上の点 (t, t^2) における接線の方程式は，$y' = 2x$ より 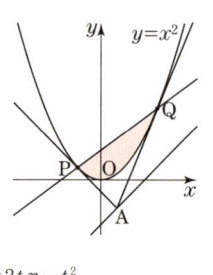
$$y - t^2 = 2t(x - t)$$
$$\therefore \ y = 2tx - t^2$$
である．これが点 $A(a, a-1)$ を通るので，
$$a - 1 = 2ta - t^2$$
$$\therefore \ t^2 - 2at + a - 1 = 0 \ \text{……①}$$
である．①の2解を $\alpha, \beta \ (\alpha < \beta)$ とすると，2点 P, Q の座標は
$$(\alpha, \alpha^2), \ (\beta, \beta^2)$$
と表せるから，直線 PQ の方程式は
$$y - \alpha^2 = \dfrac{\beta^2 - \alpha^2}{\beta - \alpha}(x - \alpha)$$
$$= (\beta + \alpha)(x - \alpha)$$
$$\therefore \ y = (\alpha + \beta)x - \alpha\beta$$
である．よって，求める面積 S は
$$S = \int_\alpha^\beta \{(\alpha + \beta)x - \alpha\beta - x^2\}\,dx$$
$$= -\int_\alpha^\beta \{x^2 - (\alpha + \beta)x + \alpha\beta\}\,dx$$
$$= -\int_\alpha^\beta (x - \alpha)(x - \beta)\,dx$$
$$= \dfrac{1}{6}(\beta - \alpha)^3 \ \text{……②}$$

第9章 積分とその応用

ここで，α, β ($\alpha<\beta$) は①の解より
$$\alpha = a - \sqrt{a^2-a+1}$$
$$\beta = a + \sqrt{a^2-a+1}$$
で，これらを②に代入すると，
$$S = \frac{1}{6}(2\sqrt{a^2-a+1})^3$$
$$= \frac{4}{3}(\sqrt{a^2-a+1})^3$$

(2) $S = \dfrac{4}{3}\left(\sqrt{\left(a-\dfrac{1}{2}\right)^2 + \dfrac{3}{4}}\right)^3$

となり，$a = \dfrac{1}{2}$ のとき，S は最小値

$\dfrac{4}{3}\left(\sqrt{\dfrac{3}{4}}\right)^3 = \dfrac{\sqrt{3}}{2}$ をとる．

(研究) 実は直線 PQ の方程式は求めなくてもよく，仮に直線 PQ の方程式を $y=mx+n$ とおくと，
$$S = \int_\alpha^\beta (mx+n-x^2)dx$$
$$= \int_\alpha^\beta -\{x^2-(mx+n)\}dx$$
$$= \int_\alpha^\beta -(x-\alpha)(x-\beta)dx$$
$$= \frac{1}{6}(\beta-\alpha)^3$$

となる．なぜならば，直線 PQ と放物線 $y=x^2$ との共有点の x 座標は，
$$x^2 = mx+n$$
$$\therefore \quad x^2-(mx+n) = 0$$
の 2 解であり，この 2 解が α, β であるから．

索 引

あ

arg〔アーギュメント〕 …………113
i ……………………………………82
アポロニオスの円 …………191, 281
余り ………………………………31
余りの定理 ………………………33
移項 ………………………………51
1次結合 ………………………237
1次独立 ………………………239
1の n 乗根 ……………………93
1の4乗根 ………………………95
1の立法根 ………………………93
位置ベクトル …………………257
一般解 …………………………470
一般角 …………………………320
一般形 …………………………175
一般項 …………………………433
因数定理 ………………………34
x の増分 ………………………503
n 乗根 …………………118, 389
円周等分方程式 ………………119
円と円との位置関係 …………185
円と直線の位置関係 …………178
円の接線の方程式 ……………181
円のベクトル方程式 …………263
円の方程式 ……………………174
扇形の弧の長さ ………………325
扇形の面積 ……………………325
ω ……………………………94, 103

か

階差数列 ………………………434
外心 ……………………………154
解と係数の関係 ………………96
解と係数の関係(3次方程式) ……97
解の公式 ………………………87
外分 ……………………………133
ガウス平面 ………………112, 113
加速度 …………………………518
下端 ……………………………540
加法定理 ………………………350
関数 ……………………………306
関数の合成 ……………………310
完全平方式 ……………………21
幾何平均 ………………………54
軌跡 ……………………………170
帰納 ……………………………477
帰納的定義 ……………………469
逆関数 …………………………312
逆ベクトル ……………………224
球面の方程式 …………………293
共線 ……………………………155
共線条件 ………………………244
共点 ……………………………155
共役複素数 ……………………88
極形式表示 ……………………113
極限 ……………………………505
極限値 …………………………505
極小値 …………………………516

極大値	516
虚軸	112
虚数	82
虚部	84, 113
距離	160
空間ベクトル	285
係数比較法	17
原始関数	538
項	433
公差	435
高次方程式	90
合成関数	310
恒等式	14
恒等的に	13
公比	444
コーシー・シュバルツの不等式	55, 57
コーシーの不等式	55, 57, 77, 284
cos〔コサイン〕	321
五心	154
弧度法	324

さ

sin〔サイン〕	321
座標	126
三角関数	320
三角関数の合成	371
三角形数	431
三角形不等式	231
三角数	431
三角不等式	59, 231, 282
算術平均	54
3倍角の公式	362
360度法	324
四角数	430
式の値	12
Σ	454
シグマ記号	454
指数関数	395
指数不等式	399, 402
指数法則	385
指数方程式	399, 400
実軸	112
実部	84, 113
斜交座標	240
周期関数	328
重心	136, 264, 296
従属変数	326
十分条件	205
純虚数	83
商	31
上端	540
商の微分公式	512
剰余定理	33
初項	433
除法	30
真数	408
真数条件	418
真理集合	205
垂心	154
数学的帰納法	477
数値代入法	17
数直線	127
数列	432

正弦	321
正射影	278
正接	321
成分表示（空間）	288
成分表示（平面）	227
正方形数	430
正領域	201
積の微分公式	512
積分する	539
積分定数	539
積分変数	558
積を和に直す公式	378
接線	514
絶対不等式	53
切片形	146
漸化式	470
漸近線	314
線型計画法	209
線型結合	237
線型独立	239
相加平均	54
双曲線	314
増減表	516
相乗平均	54
相反方程式	91
速度	517

た

第 n 項	433
対数	408
代数学の基本定理	90

対数関数	414
対数不等式	420
対数法則	410
対数方程式	417
体積	544
互いに共役	88
単位ベクトル	234
tan〔タンジェント〕	321
単振動	369
単振動の合成	369
値域	308
チェーバ（チェバ）の定理	251
中線	136
中点	131
直線束	157
直線族	157
直線のベクトル方程式	261
直線の方程式	139
直交座標	128
通分	37
底	395, 408
定義域	308
定数数列	435
定積分	540
定積分と微分の関係	558
底の変換公式	413
$\varDelta x$	503
$\varDelta y$	503
点と直線の距離	167, 280
導関数	509
動径	320
等差数列	435
等差数列の和	436